U0268972

高等学校计算机科学与技术**项目驱动案例实践**规划教材

ASP.NET应用开发案例教程
——基于MVC模式的ASP.NET+C#+ADO.NET

徐大伟 杨丽萍 焦学理 编著

清华大学出版社
北京

内 容 简 介

本书应用“项目驱动”最新教学模式，通过完整的项目案例系统地介绍了使用 ASP. NET 进行 Web 应用设计与开发的方法和技术。全书论述了 ASP. NET 开发概述、C＃及 ADO. NET 背景知识、ASP. NET Web 窗体的基本控件、数据控件和数据绑定技术、用户控件和自定义控件、ASP. NET 内置对象和缓存技术、ASP. NET 应用程序配置及编译和部署、ASP. NET 与 Web 服务、ASP. NET 与 XML 技术、JavaScript 技术、ASP. NET 和 AJAX 等内容。

本书注重理论与实践相结合，内容详尽，提供了大量实例，突出应用能力的培养，将一个实际项目的知识点分解在各章作为案例讲解，是一本实用性突出的教材，可作为普通高等学校计算机专业本科生和专科生 ASP. NET 课程的教材，也可供设计开发人员参考使用。

图书在版编目（CIP）数据

ASP. NET 应用开发案例教程：基于 MVC 模式的 ASP. NET＋C＃＋ADO. NET / 徐大伟，杨丽萍，焦学理编著．—北京：清华大学出版社，2012.1 （2018.1 重印）
（高等学校计算机科学与技术项目驱动案例实践规划教材）
ISBN 978-7-302-27460-5

Ⅰ．①A…　Ⅱ．①徐…　②杨…　③焦…　Ⅲ．①网页制作工具－程序设计－高等学校－教材
Ⅳ．①TP393.092

中国版本图书馆 CIP 数据核字(2011)第 249230 号

责任编辑：张瑞庆　顾　冰
封面设计：常雪影
责任校对：时翠兰
责任印制：杨　艳

出版发行：清华大学出版社
　　网　　址：http://www.tup.com.cn，http://www.wqbook.com
　　地　　址：北京清华大学学研大厦 A 座　　**邮　　编**：100084
　　社 总 机：010-62770175　　**邮　　购**：010-62786544
　　投稿与读者服务：010-62776969，c-service@tup.tsinghua.edu.cn
　　质量反馈：010-62772015，zhiliang@tup.tsinghua.edu.cn
印 装 者：北京中献拓方科技发展有限公司
经　　销：全国新华书店
开　　本：185mm×260mm　　**印　　张**：32.25　　**字　　数**：758 千字
版　　次：2012 年 1 月第 1 版　　**印　　次**：2018 年 1 月第 3 次印刷
印　　数：3301～3400
定　　价：56.00 元

产品编号：043325-02

高等学校计算机科学与技术项目驱动案例实践规划教材

编写指导委员会

主　任

李晓明

委　员

（按姓氏笔画排序）

卢先和　杨　波

梁立新　蒋宗礼

策　划

张瑞庆

FOREWORD

序　言

作为教育部高等学校计算机科学与技术教学指导委员会的工作内容之一，自从2003年参与清华大学出版社的“21世纪大学本科计算机专业系列教材”的组织工作以来，陆续参加或见证了多个出版社的多套教材的出版，但是现在读者看到的这一套“高等学校计算机科学与技术项目驱动案例实践规划教材”有着特殊的意义。

这个特殊性在于其内容。这是第一套我所涉及的以项目驱动教学为特色，实践性极强的规划教材。如何培养符合国家信息产业发展要求的计算机专业人才，一直是这些年人们十分关心的问题。加强学生的实践能力的培养，是人们达成的重要共识之一。为此，高等学校计算机科学与技术教学指导委员会专门编写了《高等学校计算机科学与技术专业实践教学体系与规范》(清华大学出版社出版)。但是，如何加强学生的实践能力培养，在现实中依然遇到种种困难。困难之一，就是合适教材的缺乏。以往的系列教材，大都比较“传统”，没有跳出固有的框框。而这一套教材，在设计上采用软件行业中卓有成效的项目驱动教学思想，突出“做中学”的理念，突出案例(而不是“练习作业”)的作用，为高校计算机专业教材的繁荣带来了一股新风。

这个特殊性在于其作者。本套教材目前规划了10余本，其主要编写人不是我们常见的知名大学教授，而是知名软件人才培训机构或者企业的骨干人员，以及在该机构或者企业得到过培训的并且在高校教学一线有多年教学经验的大学教师。我以为这样一种作者组合很有意义，他们既对发展中的软件行业有具体的认识，对实践中的软件技术有深刻的理解，对大型软件系统的开发有丰富的经验，也有在大学教书的经历和体会，他们能在一起合作编写教材本身就是一件了不起的事情，没有这样的作者组合是难以想象这种教材的规划编写的。我一直感到中国的大学计算机教材尽管繁荣，但也比较“单一”，作者群的同质化是这种风格单一的主要原因。对比国外英文教材，除了Addison Wesley和Morgan Kaufmann等出版的经典教材长盛不衰外，我们也看到O’Reilly“动物教材”等的异军突起——这些教材的作者，大都是实战经验丰富的资深专业人士。

这个特殊性还在于其产生的背景。也许是由于我自己在计算机技术方面的动手能力相对比较弱，其实也不太懂如何教学生提高动手能力，因此一直希望有一个机会实际地了解所谓“实训”到底是怎么回事，也希望能有一种安排让

FOREWORD

现在教学岗位的一些青年教师得到相关的培训和体会。于是作为2006—2010年教育部高等学校计算机科学与技术教学指导委员会的一项工作，我们和教育部软件工程专业大学生实习实训基地（亚思晟）合作，举办了6期“高等学校青年教师软件工程设计开发高级研修班”，每期时间虽然只是短短的1～2周，但是对于大多数参加研修的青年教师来说都是很有收获的一段时光，在对他们的结业问卷中充分反映了这一点。从这种研修班得到的认识之一，就是目前市场上缺乏相应的教材。于是，这套“高等学校计算机科学与技术项目驱动案例实践规划教材”应运而生。

当然，这样一套教材，由于“新”，难免有风险。从内容程度的把握、知识点的提炼与铺陈，到与其他教学内容的结合，都需要在实践中逐步磨合。同时，这样一套教材对我们的高校教师也是一种挑战，只能按传统方式讲软件课程的人可能会觉得有些障碍。相信清华大学出版社今后将和作者以及高等学校计算机科学与技术教学指导委员会一起，举办一些相应的培训活动。总之，我认为编写这样的教材本身就是一种很有意义的实践，祝愿成功。也希望看到更多业界资深技术人员加入到大学教材编写的行列中来，和高校一线教师密切合作，将学科、行业的新知识、新技术、新成果写入教材，开发适用性和实践性强的优秀教材，共同为提高高等教育教学质量和人才培养质量做出贡献。

教育部高等学校计算机科学与技术教学指导委员会副主任

2011年8月 于 北京大学

P R E F A C E

前　言

21世纪，什么技术将影响人类的生活？什么产业将决定国家的发展？信息技术与信息产业是首选的答案。大专院校学生是企业和政府的后备军，国家教育部门计划在大专院校中普及政府和企业信息技术与软件工程教育。经过多所院校的实践，信息技术与软件工程教育受到同学们的普遍欢迎，取得了很好的教学效果。然而也存在一些不容忽视的共性问题，其中突出的是教材问题。

从近两年的信息技术与软件工程教育研究来看，许多任课教师提出目前教材不合适的问题。具体体现在：第一，来自信息技术与软件工程专业的术语很多，对于没有这些知识背景的同学学习起来具有一定难度；第二，书中案例比较匮乏，已有的一些案例与企业的实际情况相差太远，致使案例可参考性差；第三，缺乏具体的课程实践指导和真实项目。因此，针对大专院校信息技术与软件工程课程教学特点与需求，编写适用的规范化教材已刻不容缓。

本书就是针对以上问题编写的，它围绕一个完整的项目来组织和设计学习ASP.NET应用开发。作者希望推广一种最有效的学习与培训的捷径，这就是Project-Driven Training，也就是用项目实践来带动理论的学习（或者叫做“做中学”）。基于此，作者采用艾斯医药商务系统项目案例贯穿ASP.NET应用开发各个模块的理论讲解，具体内容包括ASP.NET开发概述，C#和ADO.NET基础，ASP.NET Web窗体的基本控件，数据控件和数据绑定技术，用户控件和自定义控件，ASP.NET内置对象和缓存技术，ASP.NET应用程序配置、编译和部署，ASP.NET与Web Services，XML技术，JavaScript技术和AJAX技术等。通过项目实践，可以明确技术应用的目的（为什么学），更好地融会贯通技术原理（学什么），也可以更好地检验学习效果（学的怎样）。

本书特色：

1. 重项目实践

作者多年从事项目开发的经验体会是“IT是做出来的，不是想出来的”，理论虽然重要，但一定要为实践服务。以项目为主线，带动理论的学习是最好、最快、最有效的方法。本书的特色是提供了一个完整的医药商务系统项目。通过此书，作者希望读者对ASP.NET Web开发技术和流程有一个整体了解，减少对项目的盲目感和神秘感，能够根据本书的体系循序渐进地动手做出自己的真实项目来。

2. 重理论要点

本书以项目实践为主线，着重介绍 ASP. NET Web 开发理论中最重要、最精华的部分，以及它们之间的融会贯通；而不是面面俱到，没有重点和特色。读者首先通过项目把握整体概貌，再深入局部细节，系统学习理论；然后不断优化和扩展细节，完善整体框架和改进项目。既有整体框架，又有重点理论和技术。一书在手，思路清晰，项目无忧。

为了便于教学，本教材配有教学课件，读者可从清华大学出版社的网站下载。

鉴于编者的水平有限，书中难免有不足之处，敬请广大读者批评指正。

C O N T E N T S

目 录

C O N T E N T S

CONTENTS

CONTENTS

C O N T E N T S

C O N T E N T S

CONTENTS

第1章 ASP.NET开发概述

学习目的与要求

本章讲解 ASP. NET 的基本概念，以及. NET 框架的基本概念。这些概念在初学 ASP. NET 时会觉得非常困难，但是在随后引入的开发项目中会逐渐清晰。同时着重讲解 Visual Studio 2008 开发环境，以及如何安装 SQL Server 2005，以便于 ASP. NET 应用程序的数据存储。Visual Studio 2008 和 SQL Server 2005 的紧密集成能够提高 ASP. NET 应用程序的开发效率和运行效率。本章主要介绍 ASP. NET 的基本概念，通过本章的学习将能够：

- 掌握 ASP. NET 开发工具的基本知识。
- 掌握. NET 框架的基本知识。
- 了解如何安装 Visual Studio 2008。
- 了解如何安装 SQL Server 2005。
- 掌握简单的 ASP. NET 应用程序基础安装、编译和运行。

本章主要内容

- . NET 历史与展望：包括. NET 应用程序的过去和未来发展前景。
- ASP. NET 与 ASP：讲解 ASP. NET 与 ASP 的不同之处。
- ASP. NET 开发工具：讲解 ASP. NET 开发工具的基本知识。
- . NET 框架：讲解. NET 框架的基本知识。
- 公共语言运行时(CLR)：讲解. NET 框架的公共语言进行时。
- . NET Framework 类库：讲解. NET 框架的. NET Framework 类库的基本知识。

- 安装Visual Studio 2008：讲解如何安装Visual Studio 2008。
- 安装SQL Server 2005：讲解如何安装SQL Server 2005。
- ASP. NET应用程序基础：讲解ASP. NET应用程序的安装、编译和运行。

目前，国外信息化建设已经进入以基于Web应用为核心的阶段，ASP. NET作为应用于网络的技术，前景无限好。ASP. NET作为. NET平台的一个核心组件，起着至关重要的作用。在这里首先概要地介绍一下. NET平台和ASP. NET核心技术，然后再简单介绍一些和ASP. NET相关的技术。

1.1 Microsoft .NET介绍

1.1.1 Microsoft. NET概述

随着网络经济的到来，微软公司希望帮助用户在任何时候、任何地方、利用任何工具都能获得网络上的信息，并享受网络通信带来的快乐。. NET战略就是为了实现这样的目标而设立的。微软公司公开宣布，今后将着重于网络服务和网络资源共享的研发工作，并称将会为公众提供更加丰富、有用的网络资源和服务。

而随着计算机技术的发展，越来越高的要求和越来越多的需求让开发人员不断地进行新技术的学习，包括云计算和云存储等新概念。. NET平台同样为最新的概念和软件开发理念做出准备，这其中就包括3.0中出现并不断完善的Windows Workflow Foundation、Windows Communication Foundation、Windows CardSpace和Windows Presentation Foundation等应用。

微软公司推出. NET的雄心不仅于此，其. NET平台还在为多核化、虚拟化、云计算做准备。随着时间的推移，. NET平台已经逐渐完善，学习. NET平台以及. NET技术对开发人员而言能够在未来的计算机应用中起到促进作用。

1.1.2 Microsoft .NET平台的意义

下面来看一下Microsoft .NET对开发人员、IT专业人员以及企业应用的巨大意义。

1. 对于开发人员

Microsoft .NET的策略是将因特网本身作为构建新一代操作系统的基础，对因特网和操作系统的设计思想进行合理扩展。. NET对开发人员来说十分重要，它不但会改变开发人员开发应用程序的方式，而且使得开发人员能创建出全新的各种应用程序。新型开发范例的核心是“Web服务”这个概念的引入。Web服务是一种应用程序，它可以通过编程并使用标准的Internet协议，像超文本传输协议(HTTP)和XML，将功能展示在因特网和企业内部网上。可以将Web服务视做Web上的组件编程，从理论上讲，开发人员可通过调用Web应用编程接口(API)将Web服务集成到应用程序中。其调用方法与调用本地服务类似，不同的是Web API调用可通过因特网发送给位于远程系统中的某一服务。

. NET正是根据这种Web服务原则而创建的，微软目前正着手提供这个基本结构，以便通过. NET平台的每一部分来实现这种新型的Web服务。而Visual Studio .NET、. NET框架、Windows .NET和. NET企业服务器正是为进行基于Web服务模型的应用程序开发而量身定做的新一代开发工具和基本结构。

2. 对于 IT 专业人员

目前,IT 专业人员能够构建与.NET 平台所使用的相同的技术。.NET 企业服务器和 Windows 操作系统为创建具有高度可管理性的、能迅速投入市场的应用程序提供了坚实基础。它们利用的是可扩展标记语言(XML),因此随着 Web 体系结构的革新,在此平台上创建的程序依然很有价值。

开发应用程序的.NET Web 服务模型将为企业应用程序的创建开辟一条新路。通过企业内外多种服务的联合,很容易把企业内部数据和客户及合作伙伴的相关数据结合在一起,这大大简化了应用程序的创建过程,为最终用户发掘了巨大的功能涵盖性。

3. 对于企业

Microsoft .NET 平台将从根本上改善计算机和用户之间进行交互的方式,最大限度地发挥电子商务中计算技术的重要作用。.NET 能确保用户从任何地点、任何设备都可访问其个人数据和应用程序。除此之外,.NET 技术还可实现多个应用程序在逻辑上松散或紧密的耦合链接。根据设计,.NET 使得用户无需在如何与计算机进行交互上费力,从而可全身心地投入到使计算机自动执行任务、实现最终目标的工作中。通过使用 XML 行业标准,可将用户数据进行跨站点和应用程序的链接,从而轻松实现当前很难实现的操作。

.NET 把雇员、客户和商务应用程序整合成一个协调的、能进行智能交互的整体,而各公司无疑将是这场效率和生产力革命的最大受益者。简言之,.NET 将致力于为人类创造一个消除任何鸿沟的商务世界。

1.1.3 Microsoft .NET 的基本模块

.NET 包括 5 个主要组成部分,即 Windows .NET、.NET 框架(.NET Framework)、.NET 企业服务器、模块构建服务(Building Block Services)和 Visual Studio .NET。Window .NET 是融入了.NET 技术的 Windows,它紧密地整合了.NET 的一系列核心构造模块,为数字媒体及应用间协同工作提供支持,是 Microsoft 公司的下一代 Windows 桌面平台。.NET 框架的目的是便于开发商更容易地建立网络应用程序和 Web 服务,它的关键特色是提供了一个多语言组件的开发和执行环境。.NET 企业服务器是企业集成和管理所有基于 Web 的各种应用的基础,它为企业未来开展电子商务提供了高可靠性、高性能、可伸缩性以及可管理性。模块构建服务是.NET 平台中的核心网络服务集合。Visual Studio .NET 是基于 XML 的编程工具和环境,它便于快速开发符合.NET 体系的软件服务,使其在独立设备、企业数据中心和因特网之间的传送更加容易。

上述最核心的部分是.NET 框架,.NET 框架的设计目标包括以下几项:

(1) 提供一个一致的面向对象的编程环境,而无论对象代码是在本地存储和执行的,还是在本地执行但在因特网上分布的,抑或是在远程执行的。

(2) 提供一个将软件部署和版本控制冲突最小化的代码执行环境。

(3) 提供一个可提高代码(包括由未知的或不完全受信任的第三方创建的代码)执行安全性的代码执行环境。

(4) 提供一个可消除脚本环境或解释环境的性能问题的代码执行环境。

(5) 使开发人员的经验在面对类型大不相同的应用程序(如基于 Windows 的应用程序和基于 Web 的应用程序)时保持一致。

(6) 按照工业标准生成所有通信,以确保基于.NET 框架的代码可与任何其他代码集成。

.NET 框架包括两个主要组件:公共语言运行时(Common Language Runtime,CLR)和.NET 框架类库(Framework Class Library,FCL)。

公共语言运行时是.NET 框架的基础,可以将它看做一个在执行时管理代码的代理,它提供内存管理、线程管理和远程处理等核心服务,并且强制实施严格的类型安全,以及可提高安全性和可靠性的其他形式的代码准确性。代码管理的概念是公共语言运行时的基本原则。以公共语言运行时为目标的代码称为托管代码。.NET 框架用统一的命令集来支持任何一种编程语言,支持混合语言编程,确保程序的可移植性。托管代码只是意味着在内部可执行代码与运行自身间存在已定义好的合作契约。对于像生成对象、调用方法等任务被委托给了运行语言,这使得运行语言能为可执行代码提供额外的服务。

.NET 框架类库是一个综合性的面向对象的可重用类的集合,可以使用它来开发多种应用程序,这些应用程序包括传统的命令或图形用户界面应用程序,也包括基于 ASP.NET 所提供的最新创新的应用程序(如 Web 窗体和 XML Web 服务)。.NET 框架类库确保用户程序能够访问公共语言运行时环境。

语言互操作是一种代码与使用其他编程语言编写的另一种代码进行交互的能力。语言互操作有助于最大程度地提高代码的重用率,从而提高开发过程的效率。公共语言运行时提供内置的语言互操作支持。.NET 框架通过如下三个基础来保障语言互操作:

- 中间语言(Microsoft Intermediate Language,MSIL 或 IL):所有的.NET 语言都被编译为中间语言。这是一组可以有效地转换为本机代码且独立于 CPU 的指令。IL 包括用于加载、存储、初始化对象及调用对象的方法的指令,还包括用于算术和逻辑运算、控制流、直接内存访问、异常处理和其他操作的指令。要使代码可运行,必须先将 IL 编译为特定 CPU 的机器码,这通常是通过即时(JIT)编译器来完成的。在编译过程中,必须通过验证过程来查看是否可以将代码确定为类型安全。代码只需即时编译一次。当再次运行编译过的代码时,将运行已经通过 JIT 编译得到的机器码。这种进行 JIT 编译然后执行代码的过程一直重复到执行完成时为止。
- 通用类型系统(Common Type System,CTS):通用类型系统提供了定义、管理和使用类型的规范。它提供了所有支持语言互操作的语言都必须遵守的规则集,以确保不同语言所创建的类型能够进行交互操作。
- 公共语言规范(Common Language Specification,CLS):公共语言规范定义了编译器和库管理器必须遵守的规则,以确保它们所生成的语言和代码能够与其他.NET 语言进行互操作。公共语言规范是通用类型系统的一个子集。

C#是一种完全符合公共语言规范的语言,能够与其他.NET 语言进行互操作。C#与 Microsoft .NET 的关系体现在两个方面:其一,C#的设计目标就是用来开发在.NET 框架中运行的代码,因此.NET 框架是 C#程序的运行环境;其二,C#的编程库是.NET 框架类库,即 C#的数据类型和操作类都来自.NET 类库。

1.2 ASP.NET 概述

ASP.NET 又称为 ASP+，但它并不仅仅是 ASP 的简单升级，而是微软公司推出的新一代 Active Server Pages 脚本语言。ASP.NET 是微软公司发展的新型体系结构.NET 的一部分，它的全新技术架构会让每一个人的网络生活都变得更为轻松。

首先需要特别指出的是，ASP.NET 不仅仅是有了一个新界面并且修复了一些缺陷的 ASP3.0 的升级版本(即不同于 ASP2.0 升级到 ASP3.0 的转变)。更为重要的是，ASP.NET 吸收了 ASP 以前版本的最大好处并参照 Java、VB 语言的研发优势加入了许多新的特色，同时也修正了以前 ASP 版本的运行错误。

1.2.1 ASP.NET 的历史和特性

ASP 的第一个版本是 0.9 测试版，它给 Web 开发带来一阵暴风，它能够将代码直接嵌入 HTML，使得设计 Web 页面变得更简单、更强大，并且能够通过内置组件实现强大的功能。

稍后出场的是 Active Server Page 1.0，它作为 IIS 的附属产品免费发送，并且不久就在 Windows 平台上广泛使用。ASP 与 ADO 的结合使开发者可以很容易地在数据库中建立和打开一个记录集。这无疑是它如此之快就被大众接受的原因，因为现在能使用这些脚本建立和打开一个记录集，处理和输出任何数据，以任何顺序它都能完成。

1998 年，微软公司又发布了 ASP 2.0。ASP 1.0 和 ASP 2.0 的主要区别是外部的组件是否需要实例化。有了 ASP 2.0 和 IIS 4.0，就有可能开发 ASP 应用了，而且每个组件有自己单独的内存空间。内置的 Microsoft Transaction Server(MTS)也使制作组件变得简单。微软公司接着开发了 Windows 2000 操作系统。这个 Windows 版本给我们带来了 IIS 5.0 以及 ASP 3.0。此次并不是简单地对 ASP 进行补充，核心的不同实际上是把很多的事情交给 COM 来做。在 Windows 2000 中，微软公司结合 MTS 与 COM 核心环境做出了 COM+，这就让主机有了一种新的方法来使用组件，同样给主机带来了更多的稳定性，成为一个可以升级的高效率工作平台。IIS 5.0 表面上似乎没有修改什么，但是在接口上变化比较大。在内部，它使用 COM+组件服务来为组件提供一个更好的执行环境。

有了上述基础之后，微软公司又推出了 ASP.NET，它不是 ASP 的简单升级，而是 Microsoft 推出的新一代 Active Server Pages。ASP.NET 是微软公司发展的新体系，是.NET 的一部分，其中全新的技术架构会让每个人的编程生活变得更加简单。

ASP.NET 利用 Common Language Runtime 和服务框架网络应用程序提供了一个可靠的、自动化的、可扩展的主机环境。ASP.NET 也受益于 Common Language Runtime 集成模板，简化了应用程序的配制。另外，它还提供了简化应用程序开发的服务(如状态管理服务)以及高水平的编程模板(如 ASP.NET Web Forms 和 ASP.NET Web Services)。

ASP.NET 使用基于构件的 Microsoft .NET 框架配制模板，因此它获得了如 XCOPY 配制、构件并行配制、基于 XML 配制等优点。ASP.NET 的另一个主要优点是支持应用程序的实时更新。管理员不必关掉网络服务器，甚至不用停止应用程序的运行就可以更新应用程序文件。应用程序文件永远不会被加锁，因此甚至在程序运行时文件就可以被覆盖。

当文件更新后，系统会温和地转换到新的版本。系统检测文件的变化，并用新的应用程序代码建立一个新的应用程序实例，然后将引入的请求路由到应用程序。当所有被现存的应用程序实例处理的未完成的请求处理完后，该实例就被销毁了。

ASP.NET已经不再支持“代码块”了，一些动态的HTML都由Web服务器控件控制，通过Visible="False|True"属性来决定控件的显示和隐藏，从而实现页面代码与应用程序分开。简单地说，一个ASP.NET应用程序其实是由两个文件.aspx和.cs构成的。其中页面代码通常放置HTML、HTML控件和Web控件，后缀名为.aspx，而主程序代码则放在另一个后缀名为.cs的C#类文件中，也就是常说的Code Behind。另外，可以把所有相关的.cs类代码编译成后缀名为.dll的文件，称为“复用控件”，也就是把一些重用性高的用户自己开发的控件集成在一起一次编译而成.dll文件，这个dll文件是不能反编译回C#代码的，从而可以很有效地保护代码，并且能用来开发商业控件。因此，除了要学会C#的基本语法外，还必须熟悉Web控件的各项基本属性、行为和事件。但这些都不是很难，Web控件大约有20个，花几天时间练习这些控件的用法，一般都能掌握。当然，不必记忆这些控件的属性和方法，而应该在本地机器上安装Microsoft.NET框架和Visual Studio .NET开发平台，通过简单地拖放控件和属性面板来学习这些控件，这种学习效率会比手写代码高好几倍。

1.2.2 ASP.NET与ASP

ASP.NET和ASP的最大区别在于编程思维的转换，而不仅仅在于功能的增强。ASP使用VBS/JS这样的脚本语言混合HTML来编程，而那些脚本语言属于弱类型、面向结构的编程语言，而非面向对象。以上是语言本身的弱点，在功能方面ASP同样存在问题，首先是功能太弱，一些底层操作只能通过组件来完成，在这点上是远远比不上PHP/JSP的；其次就是缺乏完善的纠错/调试功能，这和ASP/PHP/JSP差不多。

ASP.NET摆脱了以前ASP使用脚本语言来编程的缺点，理论上可以使用任何编程语言，包括C++、VB和JS等。当然，最合适的编程语言还是微软公司为.Net Framework专门推出的C#(读c sharp)，它可以看作VC和Java的混合体。首先它是面向对象的编程语言，而不是一种脚本，所以它具有面向对象编程语言的一切特性，比如封装性、继承性和多态性等，这就解决了刚才谈到的ASP的那些弱点。封装性使得代码逻辑清晰，易于管理，并且应用到ASP.NET上就可以使业务逻辑和HTML页面分离，这样无论页面原型如何改变，业务逻辑代码都不必做任何改动。继承性和多态性使得代码的可重用性大大提高，可以通过继承已有的对象最大限度地保护以前的投资。并且C#和C++、Java一样提供了完善的调试/纠错体系。

ASP(Active Server Pages)是微软公司于1996年11月推出的Web应用程序开发技术，它既不是一种程序语言，也不是一种开发工具，而是一种技术框架，无需使用微软公司的产品就能编写它的代码，能产生和执行动态、交互式、高效率的Web服务器的应用程序。运用ASP将VBScript、JavaScript等脚本语言嵌入到HTML中，可快速完成网站的应用程序，无需编译，即可在服务器端直接执行。容易编写，使用普通的文本编辑器编写，如记事本就可以完成。由脚本在服务器上而不是客户端运行，ASP所使用的脚本语言都在服务端运行，用户端的浏览器不需要提供任何额外的支持，这样大大提高了用户与服务器之间的交互速度。此外,它可通过内置的组件实现更强大的功能,如使用 A-DO 可以轻松地访问数据库。

微软公司后又推出 ASP.NET,它不是 ASP 的简单升级,而是全新一代的动态网页实现系统,用于一台 Web 服务器建立强大的应用程序。它是微软公司发展的新体系结构.NET 的一部分,是 ASP 和.NET 技术的结合。提供基于组件、事件驱动的可编程网络表单,大大简化了编程。还可以用 ASP.NET 建立网络服务。

ASP 与 ASP.NET 的区别主要有以下几个方面:

(1) 开发语言不同。

ASP 仅局限于使用 non-type 脚本语言来开发,用户给 Web 页中添加 ASP 代码的方法与客户端脚本中添加代码的方法相同,导致代码杂乱。

ASP.NET 允许用户选择并使用功能完善的 strongly-type 编程语言,也允许使用潜力巨大的.NET Framework。

(2) 运行机制不同。

ASP 是解释运行的编程框架,所以执行效率较低。

ASP.NET 是编译型的编程框架,对于运行时服务器与编译好的公共语言运行时库代码,可以利用早期绑定,实施编译来提高效率。

(3) 开发方式不同。

ASP 把界面设计和程序设计混在一起,难以维护和重用。

ASP.NET 把界面设计和程序设计以不同的文件分离开,提高了可复用性和可维护性。

1.2.3 ASP.NET 开发工具

相对于 ASP 而言,ASP.NET 具有更加完善的开发工具。在传统的 ASP 开发中,可以使用 Dreamweaver、FrontPage 等工具进行页面开发。当使用 Dreamweaver、FrontPage 等工具进行 ASP 应用程序开发时,其效率并不能提升,并且这些工具对 ASP 应用程序的开发和运行也不会带来性能提升。

相比之下,对于 ASP.NET 应用程序而言,微软公司开发了 Visual Studio 开发环境提供给开发人员以进行高效的开发,开发人员还能够使用现有的 ASP.NET 控件进行高效的应用程序开发,这些控件包括日历控件、分页控件、数据源控件和数据绑定控件。开发人员能够在 Visual Studio 开发环境中拖动相应的控件到页面中实现复杂的应用程序编写。

Visual Studio 开发环境在人机交互的设计理念上更加完善,使用 Visual Studio 开发环境进行应用程序开发能够极大地提高开发效率,实现复杂的编程应用,如图 1-1 所示。

Visual Studio 开发环境为开发人员提供了诸多控件,使用这些控件能够实现在 ASP 中难以实现的复杂功能,极大地简化了开发人员的工作。如图 1-1 所示,在传统的 ASP 开发过程中需要实现日历控件是非常复杂和困难的,而在 ASP.NET 中,系统提供了日历控件用于日历的实现,开发人员只需要将日历控件拖动到页面中就能够实现日历效果。

使用 Visual Studio 开发环境进行 ASP.NET 应用程序开发还能够直接编译和运行 ASP.NET 应用程序。在使用 Dreamweaver、FrontPage 等工具进行页面开发时需要安装 IIS 运行 ASP.NET 应用程序,而 Visual Studio 提供了虚拟的服务器环境,用户可以像

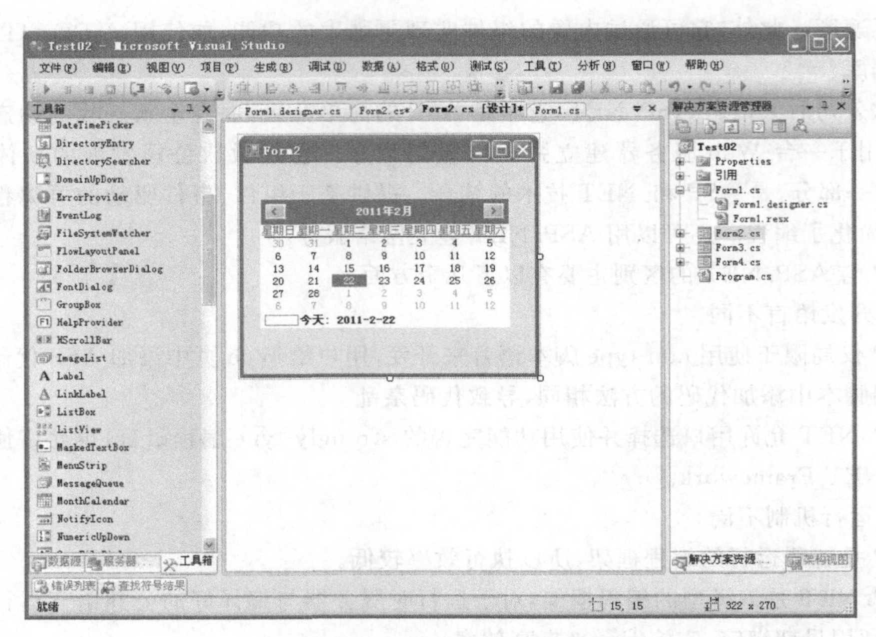

图 1-1　Visual Studio 开发环境

C/C++ 应用程序编写一样在开发环境中进行应用程序的编译和运行。

1.2.4　ASP.NET 客户端

ASP.NET 应用程序是基于 Web 的应用程序，所以用户可以使用浏览器作为 ASP.NET 应用程序的客户端访问 ASP.NET 应用程序。浏览器已经是操作系统中必备的常用工具，包括 IE 7、IE 8、Firefox 和 Opera 等常用浏览器都可以支持 ASP.NET 应用程序的访问和使用。对于 ASP.NET 应用程序而言，由于其客户端为浏览器，因此 ASP.NET 应用程序的客户端部署成本低，可以在服务器端进行更新而无需进入客户端进行客户端更新。

1.2.5　ASP.NET 的优势

ASP.NET 是一种建立在通用语言上的程序构架，可用于 Web 服务器建立强大的 Web 应用程序。ASP.NET 提供了许多比现在的 Web 开发模式强大的优势。

(1) 执行效率大幅提高。ASP.NET 把基于通用语言的程序放在服务器上运行。不像以前的 ASP 即时解释程序，ASP.NET 在服务器端首次运行时编译程序，这样的执行效果当然比一条一条地解释强很多。

(2) 世界级的工具支持。ASP.NET 构架可以用 Microsoft 公司最新的产品 Visual Studio .NET 开发环境支持 WYSIWYG(What You See Is What You Get，所见即所得)功能。这些仅是 ASP.NET 强大支持的一小部分。

(3) 强大性和适应性。因为 ASP.NET 是基于通用语言的编译运行的程序，所以它的强大性和适应性可以使它运行在 Web 应用软件开发者的几乎全部平台上。通用语言的基本库、消息机制、数据接口的处理都能无缝地整合到 ASP.NET 的 Web 应用中。ASP.NET 同时也是 Language-Independent(语言独立化)的，所以可以选择一种最适合自己的语言来编写程序,或者用很多种语言来写程序,现在已经支持的语言有 C#(C++ 和 Java 的结合体)、VB 和 JavaScript。将来,这样的多种程序语言协同工作的能力可以保证现在基于 COM+开发的程序能够完整地移植到 ASP.NET。

(4) 简单性和易学性。ASP.NET 使运行一些很平常的任务(如表单的提交、客户端的身份验证、分布系统和网站的配置)变得非常简单。例如,ASP.NET 页面构架允许你建立自己的用户分界面,使其不同于常见的 VB-Like 界面。

(5) 高效性和可管理性。ASP.NET 使用一种字符基础的、分级的配置系统,使服务器环境和应用程序的设置变得更加简单。因为配置信息都保存在简单文本中,新的设置有可能都不需要启动本地的管理员工具就可以实现。这种称为"Zero Local Administration"的哲学观念使 ASP.NET 基于应用的开发更加具体和快捷。一个 ASP.NET 的应用程序在一台服务器系统上的安装只需要简单地复制一些必需的文件,而不需要重新启动系统。一切就是这么简单。

(6) 多处理器环境的可靠性。ASP.NET 已经被刻意设计成为一种可以用于多处理器的开发工具,它在多处理器的环境下使用特殊的无缝连接技术,将大大提高运行速度。即使现在使用的 ASP.NET 应用软件是为一个处理器开发的,将来多处理器运行时也不需要任何改变就能提高它们的效能,而现在的 ASP 做不到这一点。

(7) 自定义性和可扩展性。ASP.NET 在设计时考虑了让网站开发人员可以在代码中自己定义 Plug-In 的模块。这与原来的包含关系不同,ASP.NET 可以加入自己定义的任何组件。网站程序的开发从来没有这么简单过。

(8) 安全性。基于 Windows 认证技术和应用程序配置,可以确保自己的程序是安全的。

1.3 ASP.NET 开发环境的搭建

1.3.1 安装和配置 IIS

1. 安装 IIS

在 Windows XP 上安装的 IIS 的版本号是 5.1。安装 IIS 的步骤如下:

(1) 选择"开始"→"控制面板"→"添加或删除程序"命令,显示图 1-2 所示窗口,该窗口显示当前已经安装的程序。

(2) 在窗口左侧单击"添加/删除 Windows 组件"按钮,弹出"Windows 组件向导"对话框,如图 1-3 所示。

(3) 在"Windows 组件向导"对话框中找到"Internet 信息服务(IIS)",如果尚未安装,则其左侧的复选框不会被选中。如果复选框处于不可选状态,说明 IIS 的组件没有全部安装;否则说明 IIS 已经全部安装,退出安装过程。

(4) 如果复选框没有被选中,则选中该复选框。如果复选框处于不可选状态,则选中该项,单击"详细信息"按钮,弹出图 1-4 所示对话框。

(5) 在"Internet 信息服务 (IIS)"对话框中选择要安装的选项,"公用文件"是一定要选中的。选择完要安装的选项后,单击"确定"按钮,返回到"Windows组件向导"对话框。单

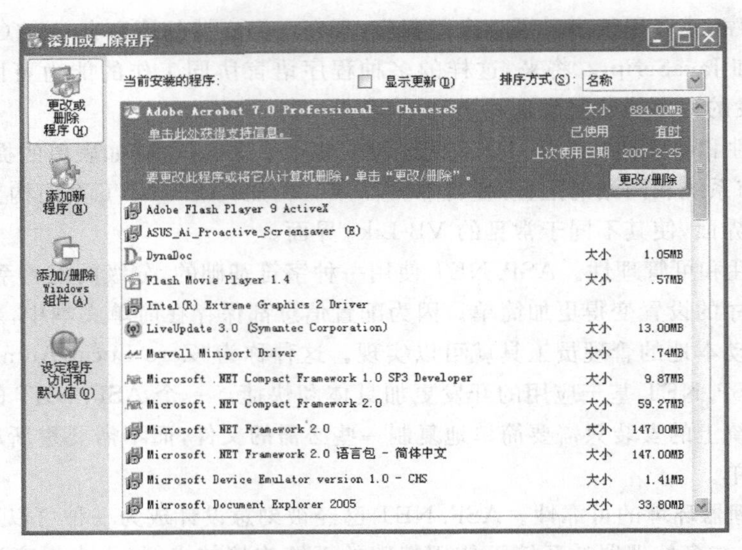

图 1-2 “添加或删除程序”窗口

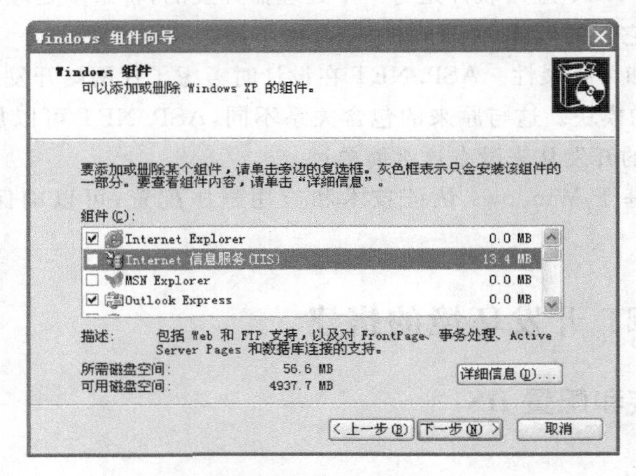

图 1-3 “Windows 组件向导”对话框

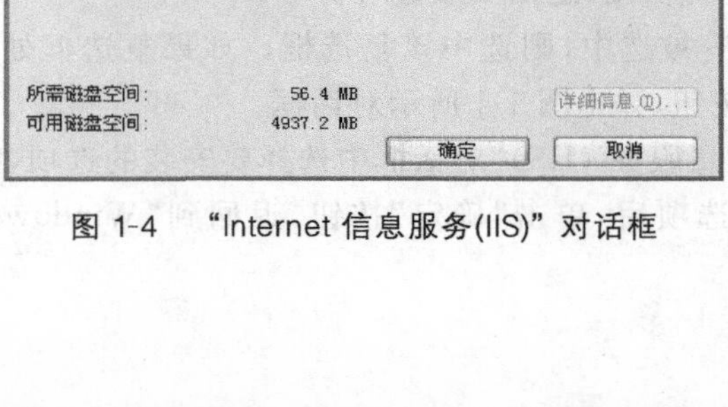

图 1-4 “Internet 信息服务(IIS)”对话框

击“下一步”按钮安装 IIS 5.1，此时系统可能会提示用户将 Windows XP 系统盘放入光驱。

(6) 安装完毕之后，返回到“添加或删除程序”对话框。

一旦安装完成，系统会自动启动 IIS，而且在此之后，无论何时启动 Windows，系统都会自动启动 IIS。因此，用户不需要运行启动程序，也不需要像启动 Word 等程序那样单击快捷方式。

用户可以通过“Internet 信息服务(IIS)”对话框关闭 IIS，步骤如下：

(1) 选择“控制面板”→“管理工具”→“Internet 信息服务”命令，弹出“Internet 信息服务”窗口。

(2) 依次展开根节点、“网站”节点、“默认网站”节点，如图 1-5 所示。

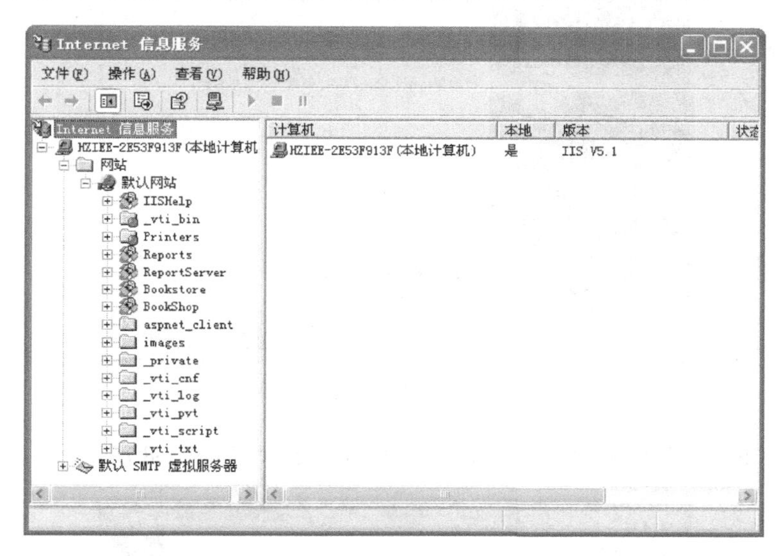

图 1-5 “Internet 信息服务”窗口

(3) 右击“默认网站”节点，弹出图 1-6 所示的快捷菜单。

(4) 用户可以选择“停止”命令关闭 IIS 服务，也可以选择“暂停”命令暂停 IIS 服务。后面讲述管理 Web 服务器目录时还会说明通过“新建”命令来建立新的网站。

图 1-6 “默认网站”快捷菜单

如果采用默认安装，IIS 则在硬盘驱动器 C 的根目录中创建 InetPub 目录，该目录包含用于存放所创建的 Web 页面文件的子目录。本书创建的 Web 网站在默认情况下都会保存到 InetPub 的子目录 wwwroot 中。ftproot、mailroot、nntproot 目录构成使用 FTP、邮件和新闻服务的站点目录树的顶级目录。

2. 管理 Web 服务器的目录

当用户通过 HTTP 浏览位于 Web 服务器上的一些 Web 页面时，Web 服务器需要确定与该页面对应的文件位于服务器硬盘上的什么位置。事实上，在由 URL 给出的信息与包含页面的文件的物理位置(在 Web 服务器的文件系统中)之间有着重要的关系。这个关系是通过虚拟目录来实现的。

虚拟目录相当于物理目录在Web服务器上的别名，它不仅使用户避免了冗长的URL，而且也是一种很好的安全措施，因为虚拟目录对所有浏览者隐藏了物理目录结构。下面通过一个具体例子来说明如何创建虚拟目录。创建虚拟目录的步骤如下：

(1) 在硬盘上创建一个物理目录，这里在C盘的根目录下创建一个目录，命名为ASPTest。

(2) 启动Internet信息服务，右击“默认网站”节点，在图1-6所示的快捷菜单中选择“新建”→“虚拟目录”命令，启动虚拟目录创建向导，如图1-7所示。

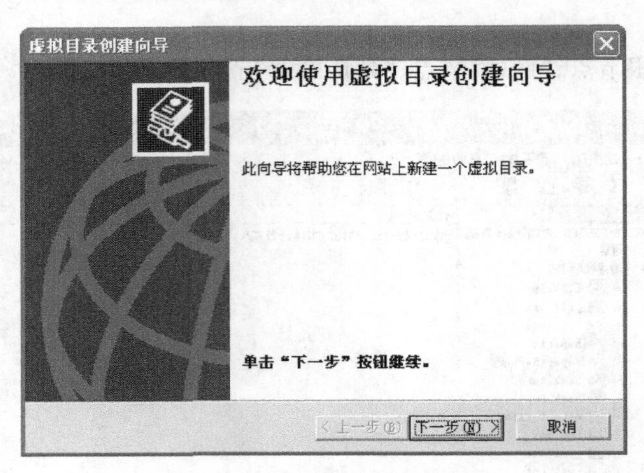

图1-7 虚拟目录创建向导

(3) 单击“下一步”按钮，弹出“虚拟目录别名”对话框，如图1-8所示。

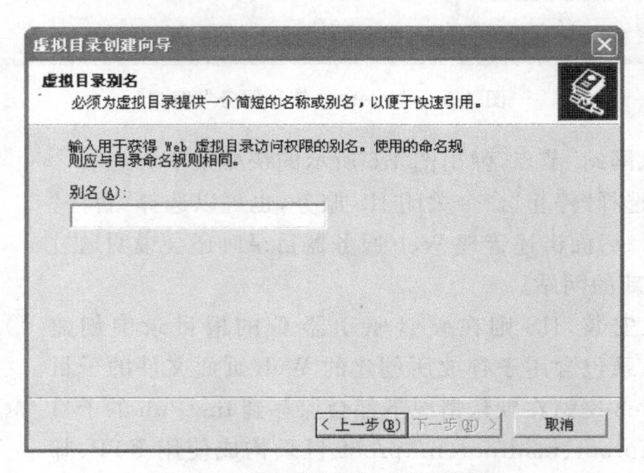

图1-8 “虚拟目录别名”对话框

(4) 在“别名”文本框中输入虚拟目录的名字，这里命名为ASPTest，与它的物理目录的名字相同。然后单击“下一步”按钮，弹出图1-9所示的对话框。

(5) 选择刚才创建的物理目录C:\ASPTest，单击“下一步”按钮，弹出“访问权限”对话框，如图1-10所示。

(6) 在“访问权限”对话框中设置虚拟目录的访问权限，除非明白自己需要什么样的权

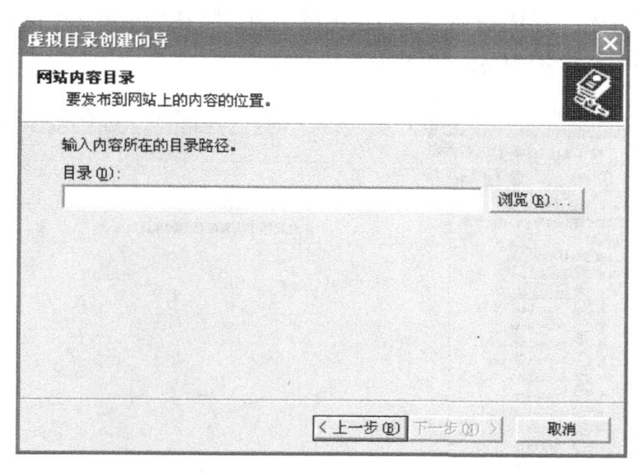

图 1-9 “网站内容目录”对话框

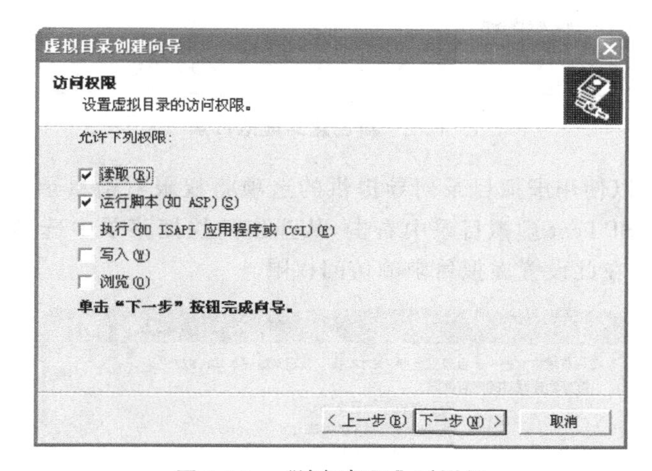

图 1-10 “访问权限”对话框

限,否则不要改变创建时默认的权限。单击“下一步”按钮,弹出图 1-11 所示对话框。

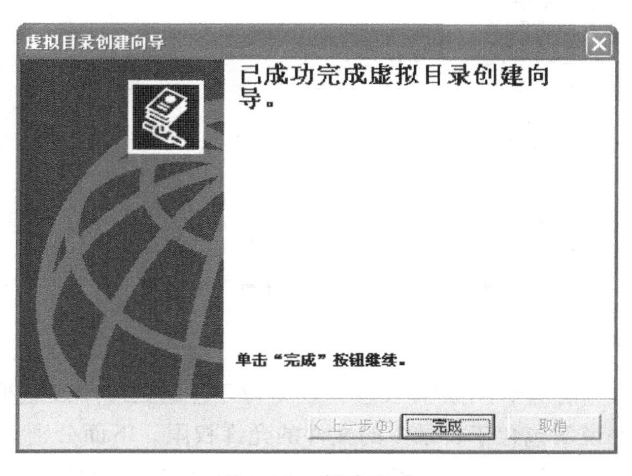

图 1-11 创建完成

(7) 单击"完成"按钮,完成虚拟目录的创建。此时,在"Internet 信息服务"窗口的目录树中将显示该 ASPTest 虚拟目录,如图 1-12 所示。

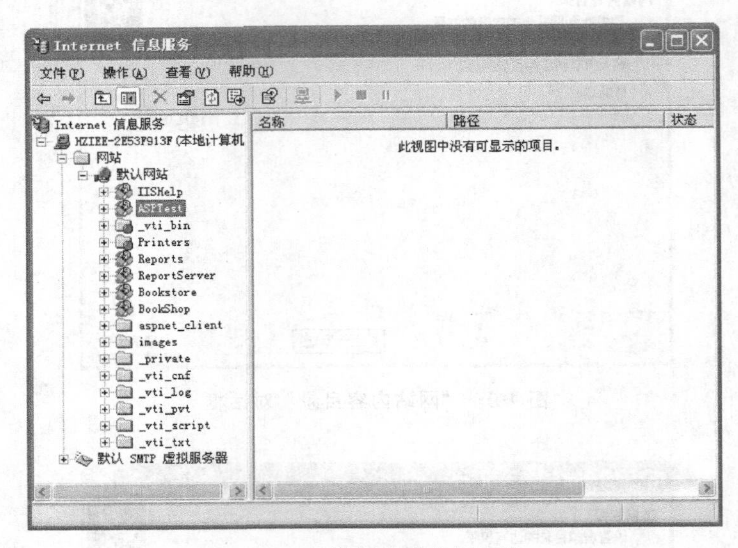

图 1-12 新创建的虚拟目录

创建目录时,可以使用虚拟目录向导提供的选项将权限赋给目录,也可以在"Internet 信息服务"窗口的 ASPTest 虚拟目录中右击,从弹出的快捷菜单中选择"属性"命令,弹出图 1-13 所示对话框,在此设置虚拟目录的访问权限。

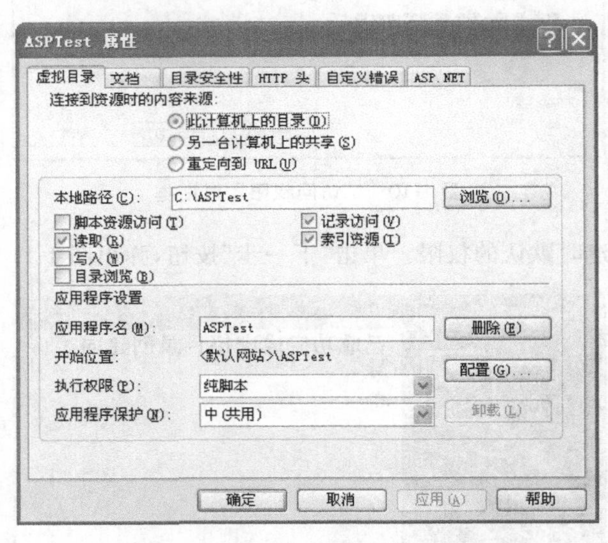

图 1-13 "ASPTest 属性"对话框

(1) 访问权限。

在图 1-13 所示的对话框中,用户需要注意的是位于左边的 4 个复选框。它们用于确定给定目录的访问类型,并说明包含于目录中的文件的允许权限。下面分别介绍这 4 个选项。

- 脚本资源访问:该权限允许用户访问 ASP.NET 页面的源代码。只有赋予了读取或写入权限后，才允许使用该权限。但通常不希望用户能够浏览 ASP.NET 源代码，因此，一般情况下包含 ASP.NET 页面的任何目录均不选中该复选框。默认情况下，在设置过程中所有目录均禁用脚本资源访问权限，应保留该默认设置。

- 读取：该权限允许浏览器读取或下载保存在主目录或虚拟目录中的文件。如果浏览器向无读取权限的目录请求了一个文件，Web 服务器将只返回一个错误消息。注意，当关闭文件夹的读取权限时，就不能读取位于文件夹中的 HTML 文件，但文件夹中的 ASP.NET 代码仍能够运行。总的来说，包含希望发布的信息（如 HTML 文件）的目录应具有读取权限。
- 写入：如果启用虚拟目录中的写入权限，用户就能够在该目录中创建或修改文件，并修改这些文件的属性。出于安全性考虑，通常并不启用该权限，而且建议用户不要改变该设置。
- 目录浏览：如果用户希望他人浏览目录的内容（即查看包含在目录中的所有文件列表），那么可通过选中“目录浏览”复选框来使该权限有效。

(2) 执行权限。

在图 1-13 所示对话框的底部有一个“执行权限”下拉列表框，它用于确定在包含于指定目录中的页面上允许执行什么级别的程序。这里有三种可能的值：无、纯脚本、脚本和可执行文件。

将执行权限设置为“无”，表示用户只能访问静态文件，如图像文件、HTML 文件。对用户来说，包含于指定目录的其他任何基于脚本的可执行文件都是不可访问的。如果用户试图从权限被设置成“无”的文件夹中运行一个 ASP.NET 页面，就会在页面上得到禁止执行访问的消息。

将执行权限设置为“纯脚本”，表示用户不仅能访问静态文件，也能访问任何一个基于脚本的页面，如 ASP.NET 页面。因此，如果用户请求了一个包含于指定目录中的 ASP.NET 页面，Web 服务器将允许执行 ASP.NET 代码，并且由此得到的 HTML 会传递回浏览器。

将执行权限设置为“脚本和可执行文件”，表示用户能够执行包含在目录中的任何类型的文件。通常不应采用该设置，以禁止用户在 Web 服务器上执行具有潜在破坏性的应用程序。

对于包含要发布的 ASP.NET 文件的任何目录，最好将执行权限设置为“纯脚本”。

1.3.2 安装 Visual Studio 2008

在安装 Visual Studio 2008 之前，首先要确保 IE 浏览器版本为 6.0 或更高，同时可安装 Visual Studio 2008 开发环境的计算机配置要求如下所示：

(1) 支持的操作系统：Windows Server 2003、Windows Vista 和 Windows XP。

(2) 最低配置：1.6GHz CPU，384MB 内存，1024×768 显示分辨率，5400RPM 硬盘。

(3) 建议配置：2.2GHz 或更快的 CPU，1024MB 或更大的内存，1280×1024 显示分辨率，7200RPM 或更快的硬盘。

(4) 在 Windows Vista 上运行的配置要求：2.4GHz CPU，768MB 内存。

Visual Studio 2008 在硬件方面对计算机的配置要求如下所示：

(1) CPU：600MHz Pentium 处理器、AMD 处理器或更高配置的 CPU。

（2）内存：至少需要 128MB 内存，推荐 256MB 或更高。

（3）硬盘：要求至少有 5GB 空间进行应用程序的安装，推荐 10GB 硬盘或更高。

（4）显示器：推荐使用 800×600 分辨率或更高。

当计算机满足以上条件后即可安装 Visual Studio 2008，安装 Visual Studio 2008 的过程非常简单。

（1）单击 Visual Studio 2008 的光盘或 MSDN 版的 Visual Studio 2008（90 天试用版）中的 setup. exe 进入安装程序，如图 1-14 所示。

图 1-14　Visual Studio 2008 安装界面

（2）进入 Visual Studio 2008 界面后，可以选择进行 Visual Studio 2008 的安装。单击"安装 Visual Studio 2008"链接进行 Visual Studio 2008 的安装，如图 1-15 所示。

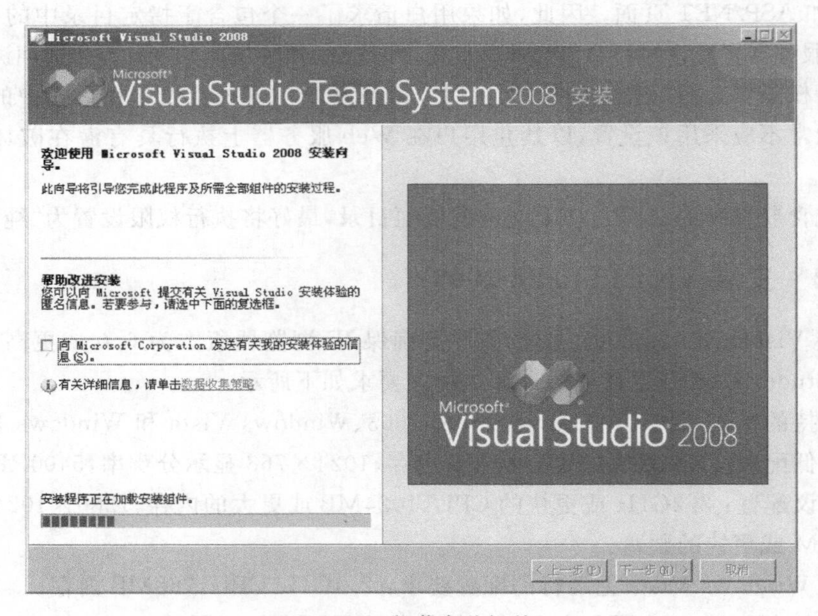

图 1-15　加载安装组件

在安装 Visual Studio 2008 前，Visual Studio 2008 安装程序首先会加载安装组件，这些组件为 Visual Studio 2008 的顺利安装提供了基础保障，在安装程序完成组件加载前用户不能够进行安装步骤的选择。

(3) 在安装组件加载完毕后，可以单击"下一步"按钮进行 Visual Studio 2008 的安装，进行 Visual Studio 2008 安装路径的选择，如图 1-16 所示。

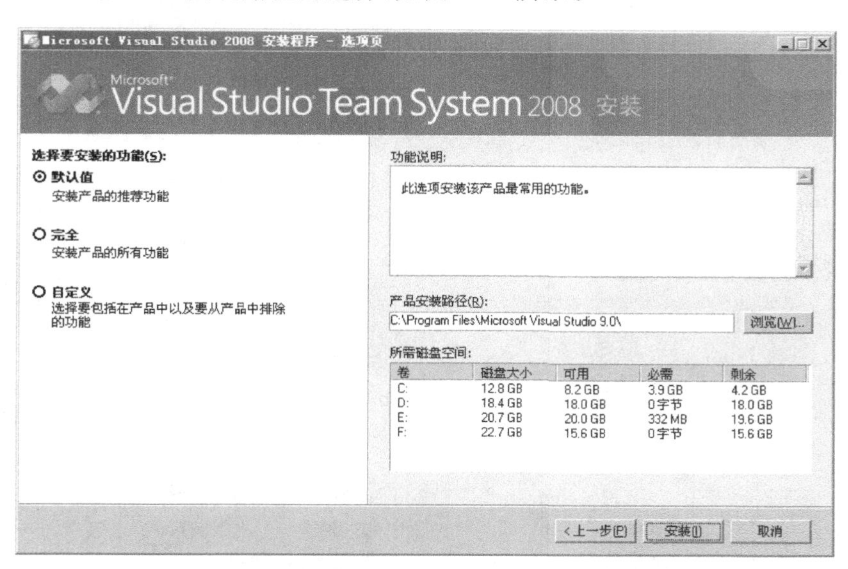

图 1-16 选择 Visual Studio 2008 安装路径

当选择安装路径后就能够进行 Visual Studio 2008 的安装了。在选择路径前可以选择相应的安装功能，可以选择"默认值"、"完全"和"自定义"。选择"默认值"将会安装 Visual Studio 2008 提供的默认组件，选择"完全"将安装 Visual Studio 2008 的所有组件，而如果用户只需要安装几个组件，可以选择"自定义"进行组件的选择安装。

(4) 选择后，单击"安装"按钮就能够进行 Visual Studio 2008 的安装了，如图 1-17 所示。

等待图 1-17 中安装界面左侧的安装列表进度，安装完毕后就会出现安装成功界面，说明已经在本地计算机中成功地安装了 Visual Studio 2008。

1.3.3 安装 SQL Server 2005

Visual Studio 2008 和 SQL Server 2005 都是微软公司为开发人员提供的开发工具和数据库工具，所以微软公司将 Visual Studio 2008 和 SQL Server 2005 紧密集成在一起，使用微软公司的 SQL Server 进行.NET 应用程序数据开发能够提高.NET 应用程序的数据存储效率。

(1) 打开 SQL Server 2005 安装盘，单击 SPLASH.HTA 文件进行安装，安装界面如图 1-18 所示。

(2) 进入 SQL Server 2005 安装界面选择相应的平台，开发人员可以为相应的开发平台选择安装环境，如图 1-19 所示。

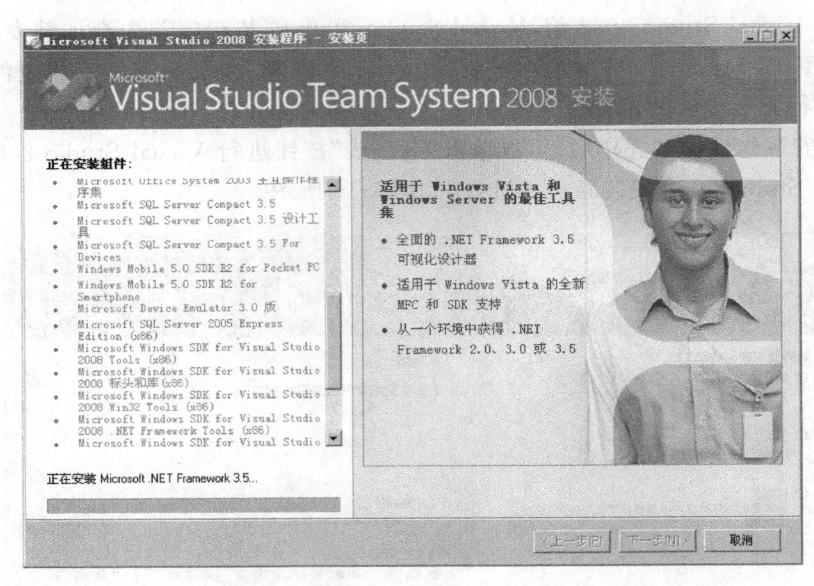

图 1-17　Visual Studio 2008 的安装

图 1-18　SQL Server 2005 安装界面

图 1-19　选择安装平台

（3）开发人员可以选择相应的平台进行安装，现在大部分操作系统均基于 x86 平台，而 x64 平台虽少，却有长足的发展前景。选择相应的开发平台后会进入安装选择界面，如图 1-20 所示。

图 1-20 安装选择界面

在安装选择界面中进行安装准备，安装准备包括检查硬件和软件要求、阅读发行说明和安装 SQL Server 升级说明。在安装准备界面中的准备选项中开发人员可以检查自己所在的系统能否进行 SQL Server 2005 安装，以及安装 SQL Server 2005 所需要遵守的协议。

（4）在安装选择界面中选择“安装”链接进行 SQL Server 2005 应用程序的安装，选择“服务器组件、工具、联机丛书和示例”链接进行 SQL Server 2005 组件和应用程序的安装。单击“服务器组件、工具、联机丛书和示例”链接后出现图 1-21 所示界面。

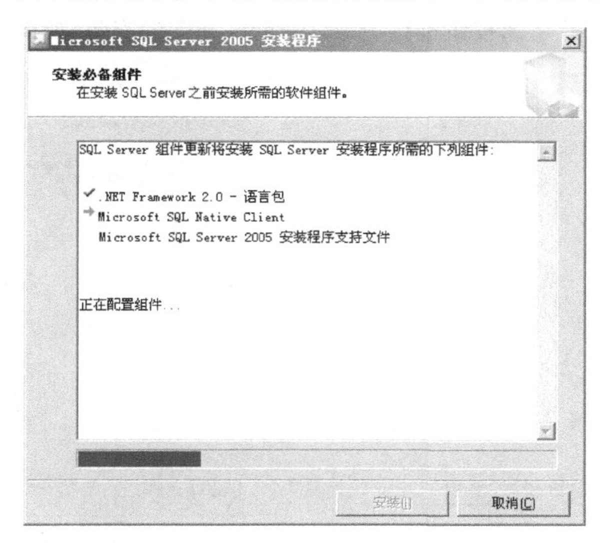

图 1-21 检查安装组件

（5）在安装 SQL Server 2005 之前，首先需要安装 SQL Server 2005 所必备的组件，这些组件包括. NET Framework 2.0 语言包，以及相应的 SQL Server 2005 客户端组件。安装完成后就能够正式进入安装步骤，如图 1-22 所示。

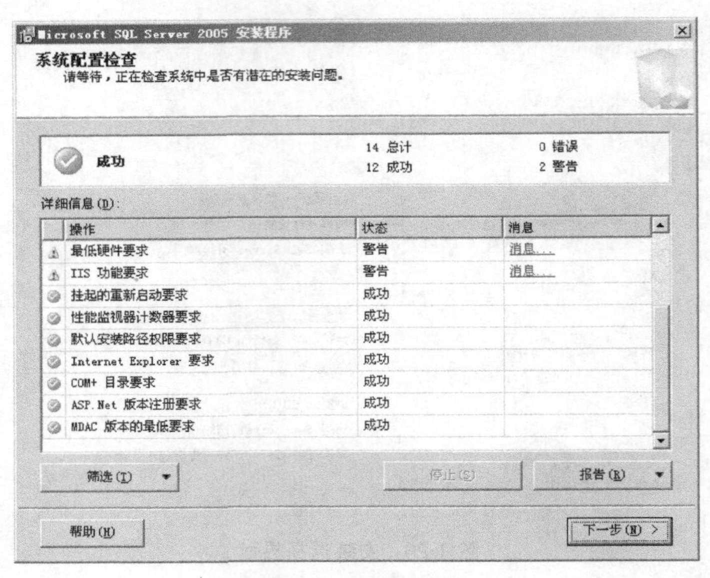

图 1-22　系统配置检查

SQL Server 2005 会进行应用程序的检查，检查系统的最低配置、IIS 功能要求、挂起的重新启动要求、ASP. NET 版本注册要求等，系统会自行检查这些要求，如果 SQL Server 2005 安装程序提示安装成功，则能够进行 SQL Server 2005 进一步的安装。

（6）单击“下一步”按钮进行系统组件的安装，如图 1-23 所示。

（7）选择相应的组件后单击“下一步”按钮就可以进行实例的选择，对于普通用户而言，可以选择“默认实例”单选按钮进行 SQL Server 2005 的安装，如图 1-24 所示。

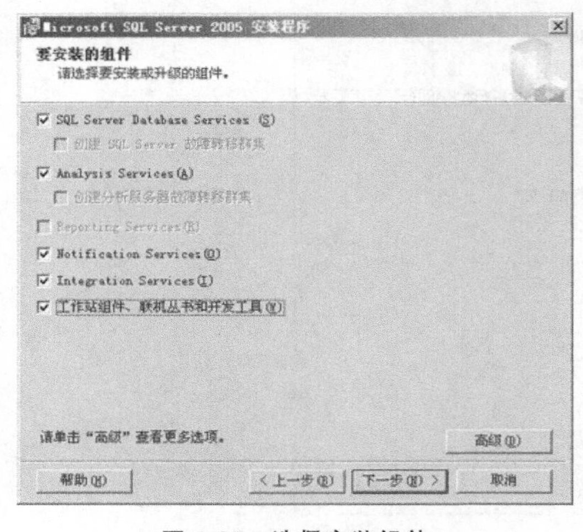

图 1-23　选择安装组件

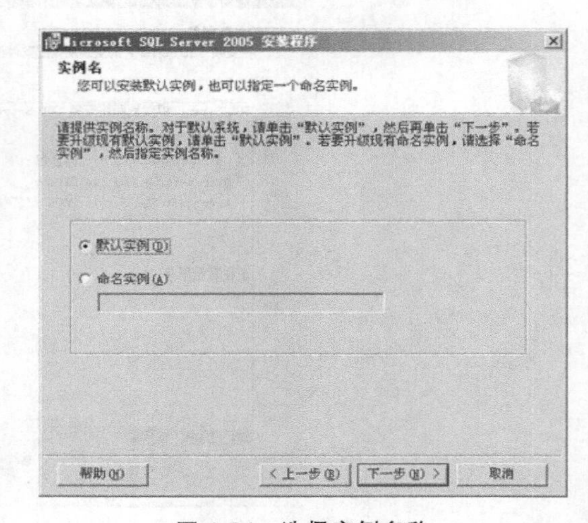

图 1-24　选择实例名称

(8) 在选择了“默认实例”单选按钮后就需要进行服务账户的配置，如果用户需要使用域用户账户，可以选择“使用域用户账户”单选按钮进行域配置，否则可以选择“使用内置系统账户”单选按钮进行 SQL Server 2005 的安装并进行密码配置，如图 1-25 和图 1-26 所示。

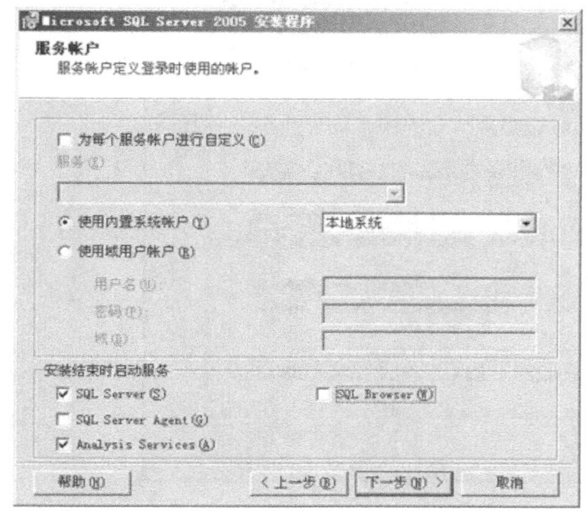

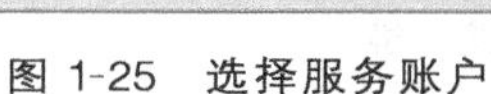
图 1-25 选择服务账户

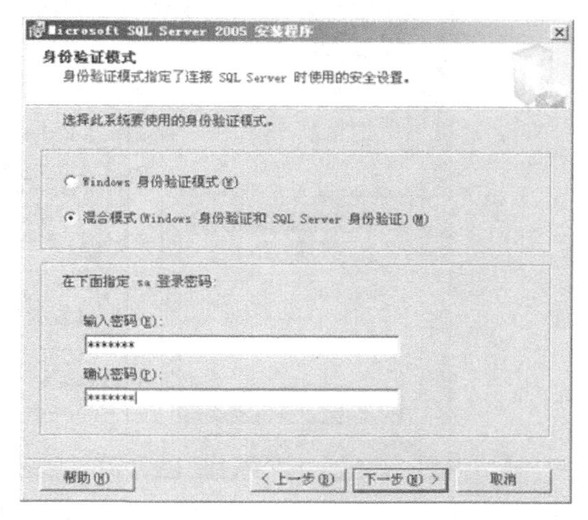

图 1-26 身份验证模式

(9) 单击“下一步”按钮，进行身份验证模式选择，开发人员可以选择“Windows 身份验证模式”和“混合模式”(Windows 身份验证和 SQL Server 身份验证)，为了数据库服务器的安全，推荐使用“混合模式”进行身份验证。

(10) 单击“下一步”按钮，进行错误信息的配置和字符的配置。普通用户可以直接单击“下一步”按钮进行默认配置，直至安装程序安装完毕。

1.4 ASP.NET 应用程序基础

1.4.1 集成开发环境 Visual Studio 介绍

Visual Studio 2008 是一个功能强大的集成开发环境(IDE)，在该开发环境中可以创建 Windows 应用程序、ASP.NET 应用程序、ASP.NET 服务和控制台程序等。

打开 Visual Studio 2008 集成开发环境，如图 1-27 所示，可以看到界面主要由几个不同的部分组成。

在进行页面设计时需要用到“属性”对话框。在此对话框中，用户可以对页面的一些属性值进行设置，这些设置的属性值会自动添加到源代码中，属性值会随着标签值的改变而改变，当没有任何工程打开时，该对话框中一无所有，如图 1-28 所示。

在 Visual Studio.NET 的窗口左侧有一个隐藏的工具箱，当用户将鼠标放置在“工具箱”按钮上时会弹出一个“工具箱”窗体，如图 1-29 所示。在此窗体中列出了开发 ASP.NET Web 窗体的多种控件，用户可以直接使用这些控件，省去了编辑代码的时间，加快了程序开发的进度。与“属性”窗体相同，当没有任何工程打开时，这个窗体中也没有任何内容。后面创建工程后，可以将这两个窗体中显示的内容相比较，从而进一步加深印象。

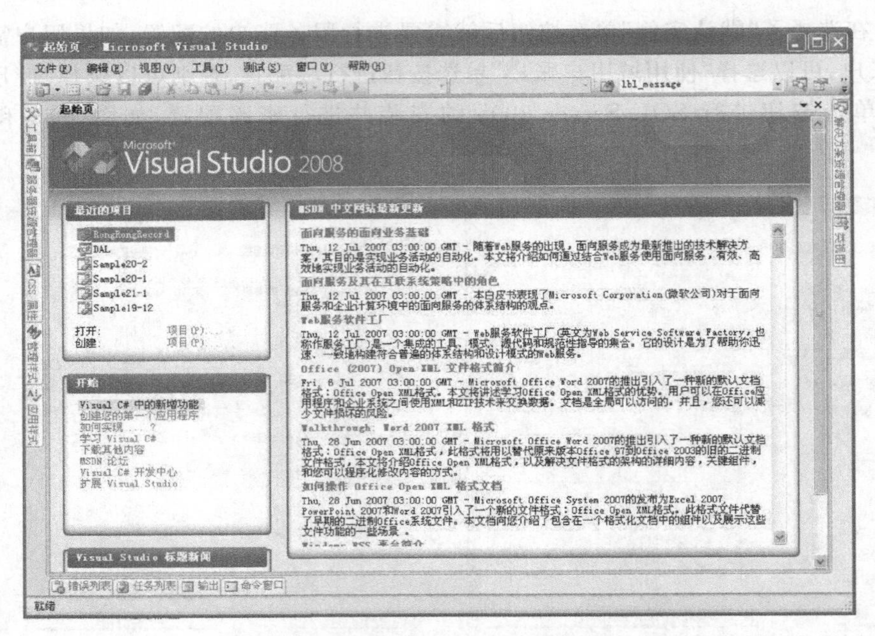

图 1-27　Visual Studio 2008 集成开发环境

图 1-28　"属性"窗体

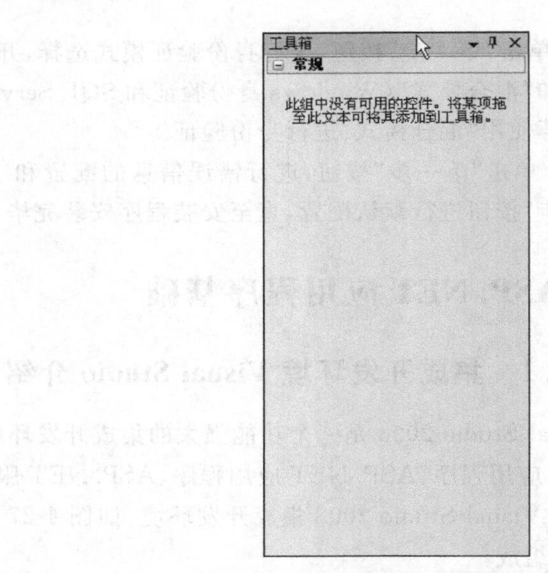

图 1-29　"工具箱"窗体

1.4.2　创建 ASP.NET 应用程序

使用 Visual Studio 2008 能够进行 ASP.NET 应用程序的开发，微软公司提供了数十种服务器控件，能够快速地进行应用程序开发。

(1) 打开 Visual Studio 2008 应用程序后如图 1-30 所示。

(2) 打开 Visual Studio 2008 初始界面后，可以选择"文件"→"新建项目"命令创建 ASP.NET 应用程序，如图 1-31 所示。

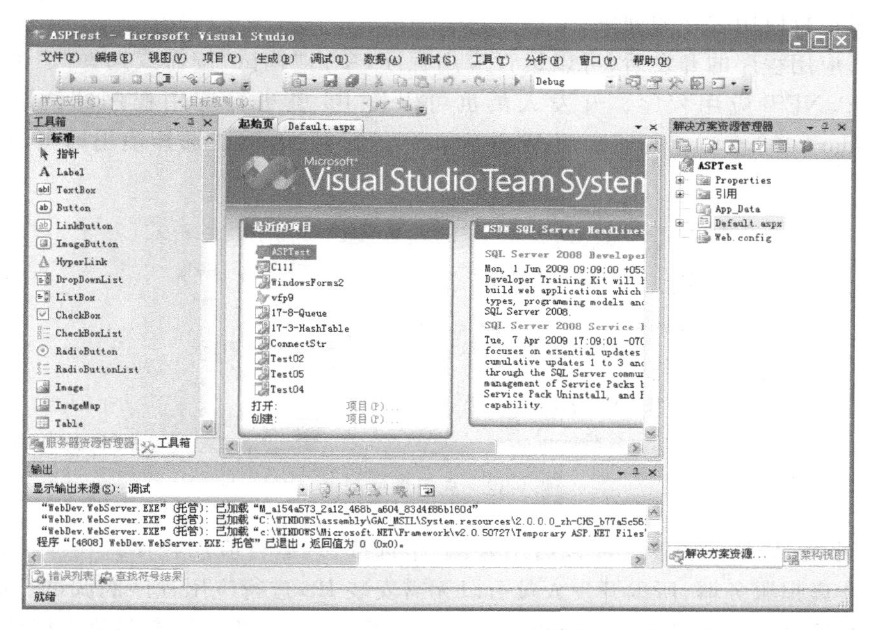

图 1-30 Visual Studio 2008 初始界面

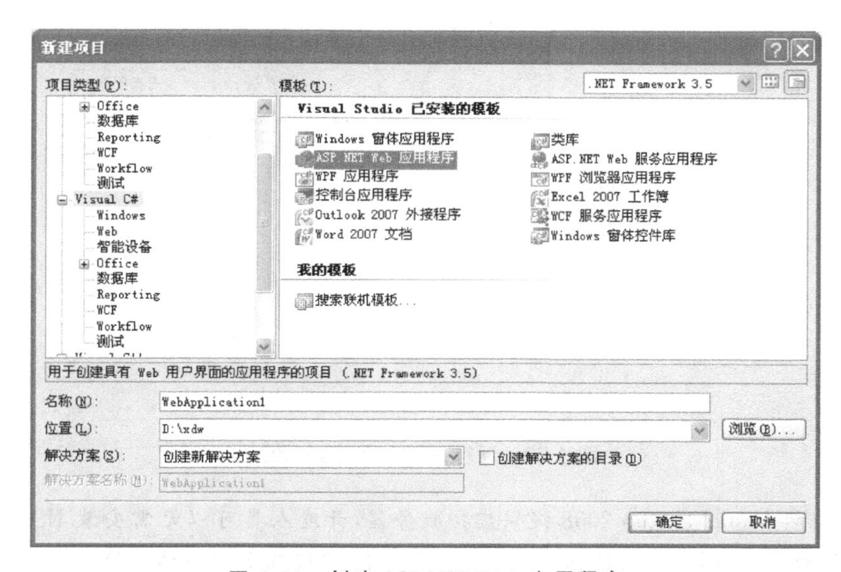

图 1-31 创建 ASP.NET Web 应用程序

(3) 选择“ASP. NET Web 应用程序”选项，单击“确定”按钮，创建一个最基本的 ASP. NET Web 应用程序。创建完成后，系统会创建 default. aspx、default. aspx. cs、default. aspx. designer. cs 以及 Web. config 等文件用于应用程序的开发。

1.4.3 运行 ASP. NET 应用程序

创建 ASP. NET 应用程序后，开发人员可以在“资源管理器”中添加相应的文件和项目进行 ASP. NET 应用程序和组件开发。Visual Studio 2008 提供了数十种服务器控件，以便开发人员进行应用程序的开发。

在完成应用程序的开发后，可以运行应用程序，单击“调试”按钮或选择“启动调试”按钮调试 ASP. NET 应用程序。开发人员也可以按 F5 键进行应用程序的调试，调试前 Visual Studio 2008 会选择是否启用 Web. config 进行调试，默认选择使用即可，如图 1-32 所示。

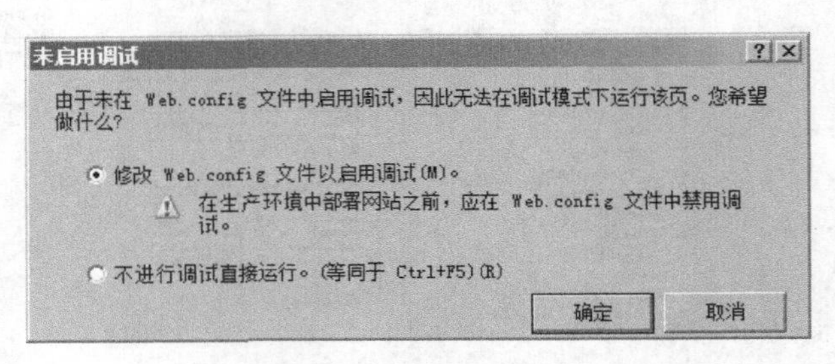

图 1-32　启用调试配置

选择“修改 Web. config 文件以启用调试”单选按钮，运行应用程序。在 Visual Studio 2008 中包含虚拟服务器，所以开发人员可以无需安装 IIS 进行应用程序的调试。但是一旦进入调试状态，就无法在 Visual Studio 2008 中进行 cs 页面以及类库等源代码的修改，如图 1-33 所示。

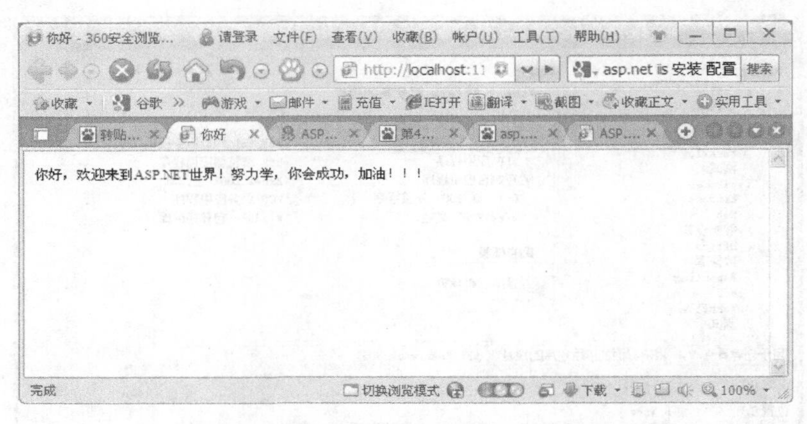

图 1-33　运行 ASP.NET 应用程序

注意：虽然 Visual Studio 2008 提供虚拟服务器，开发人员可以无需安装 IIS 进行应用程序调试，但是为了完好模拟 ASP. NET 网站应用程序，建议在发布网站前使用 IIS 进行调试。

1.4.4　编译 ASP. NET 应用程序

与传统的 ASP 应用程序开发不同的是，ASP. NET 应用程序能够将相应的代码编译成 DLL(动态链接库)文件，这样不仅能够提高 ASP. NET 应用程序的安全性，还能够提高 ASP. NET 应用程序的速度。在现有的项目中，打开相应的项目文件，其项目源代码均可读取，如图 1-34 所示。

开发人员能够将源代码文件放置在服务器中运行，但是直接运行源代码会产生潜在的风险，例如用户下载 default. aspx 或其他页面进行源代码的查看，这样就有可能造成源代

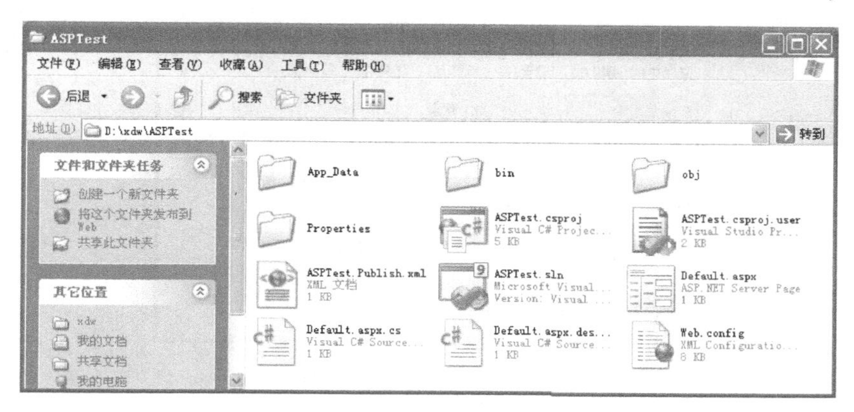

图 1-34 源代码文件

码的泄露和漏洞的发现，是非常不安全的。将 ASP. NET 应用程序代码编译成动态链接库能够提高安全性，就算非法用户下载了相应的页面也无法看到源代码。

右击项目图标，从弹出的快捷菜单中选择“发布”命令发布 ASP. NET 应用程序，系统会弹出“发布 Web”对话框，如图 1-35 所示。

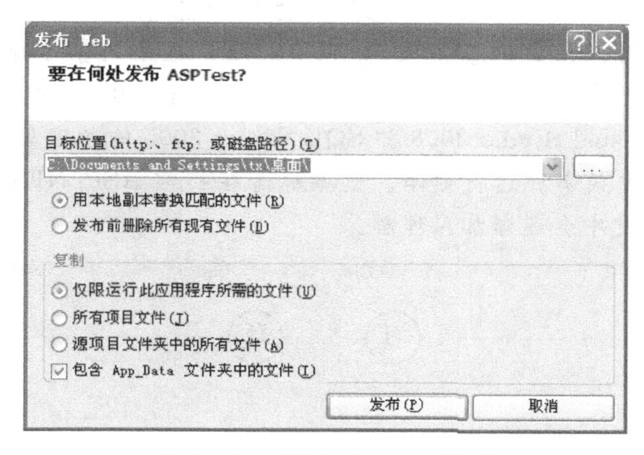

图 1-35 “发布 Web”对话框

单击“发布”按钮后，Visual Studio 2008 就能够编译网站并生成 ASP. NET 应用程序，如图 1-36 所示。编译后的 ASP. NET 应用程序没有 cs 源代码，因为编译后的文件会存放在 bin 目录下并编译成动态链接库文件，如图 1-37 所示。

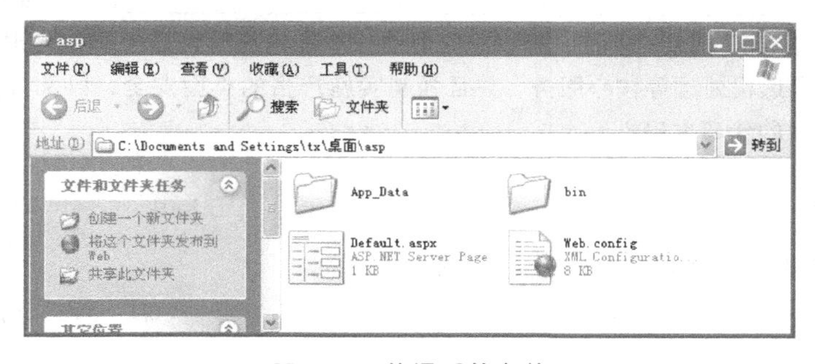

图 1-36 编译后的文件

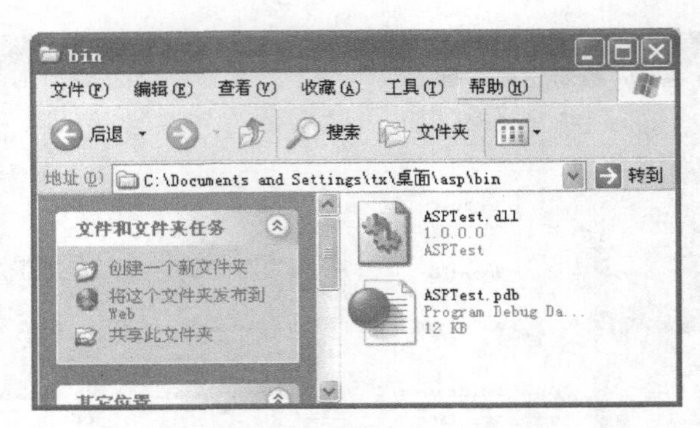

图 1-37　动态链接库文件

正如图 1-33 所示，在项目文件夹中只包含 default. aspx 页面而并没有包含 default. aspx 页面的源代码 default. aspx. cs 等文件，因为这些文件都被编译成了动态链接库文件。编译后的 ASP. NET 应用程序在第一次应用时会有些慢，在运行后，每次对 ASP. NET 应用程序的请求都可以直接从 DLL 文件中请求，这能够提高应用程序的运行速度。

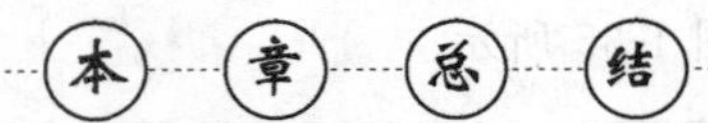

本章讲解了 ASP. NET 的基本概念，以及.NET 框架的基本概念。重点讲解了 Visual Studio 2008 开发环境，以及如何安装 SQL Server 2005 以便于 ASP. NET 应用程序的数据存储。Visual Studio 2008 和 SQL Server 2005 的紧密集成能够提高 ASP. NET 应用程序的开发效率和运行效率。这些概念在初学 ASP. NET 时会觉得非常困难，但是在今后的开发中会逐渐加深理解。

习 题

一、填空题

1. Microsoft .NET 是________平台。
2. ASP .NET 是一种________技术，它是________的一部分。
3. 以运行库为目标的代码称为________，而不以运行库为目标的代码称为________。
4. .NET 框架具有两个主要组件：________和________。
5. .NET 包括________、________、________、________和________ 5 个主要组成部分。
6. ________是.NET 框架的基础，可以将它看作一个在执行时管理代码的代理，它提供内存管理、线程管理和远程处理等核心服务，并且强制实施严格的类型安全，以及可提高安全性和可靠性的其他形式的代码准确性。

二、选择题

1. ASP .NET 不能使用下面的（　　）语言进行开发。

A. VB.NET　　B. C++.NET　　C. C#　　D. JavaScript .NET

2. ADO .NET 借用 XML 的力量来提供对数据的（　　）访问。

A. 连续式　　B. 集中式　　C. 断开式　　D. 循环式

3. ASP .NET 应用程序（　　）.NET 框架。

A. 可以使用大部分　　B. 可以使用整个　　C. 可以使用小部分　　D. 不可以使用

4. ASP .NET 页面（　　）。

A. 只限于用单一编程语言编写的代码

B. 可以用多种编程语言混合编写代码

C. 既能用单一语言编写，也可以用多种语言混合编写代码

D. 视情况而定

5. 运行 ASP .NET 应用程序，以下（　　）不是必需的。

A. Visual Studio .NET　　B. .NET Framework

C. IIS　　D. MDAC

6. 在 Windows XP、Windows 2000、Windows 2003 操作系统下，安装 .NET Framework 的步骤（　　）。

A. 完全相同　　B. Windows XP 与其他不同

C. Windows 2000 与其他不同　　D. Windows 2003 与其他不同

7. 在一个 ASP .NET 解决方案中，关于是否可以同时存在多个项目的说法正确的是（　　）。

A. 能　　B. 不能

C. 不能确定　　D. 一个解决方案只能有一个项目

8. ASP .NET 应用程序部署到其他服务器上时，关于是否需要复制程序源码(.cs 文件)的说法正确的是（　　）。

A. 需要　　B. 不需要　　C. 不能确定　　D. 视情况而定

三、简答题

1. 简述 Microsoft .NET 平台的意义。

2. 什么是公共语言运行时（CLR）？

第2章 艾斯医药商务系统项目案例

学习目的与要求

本章主要介绍软件统一开发流程(RUP)和软件统一建模语言(UML),并详细阐述艾斯医药商务系统项目概况及项目的需求与UML建模。通过本章学习能够:

- 了解RUP。
- 了解UML。
- 了解艾斯医药商务系统项目案例。

本章主要内容

- RUP:包括RUP工作阶段和核心工作流。
- UML:UML技术。
- 艾斯医药商务系统:项目开发背景,项目需求分析与设计建模。

在学习语言的过程中,一种最有效的学习与培训的捷径是Project-Driven Training,也就是通过项目实践来带动理论学习。所以这里先介绍一些项目开发的背景知识。

2.1 项目开发的背景知识

2.1.1 项目开发流程

项目开发并不是一个简单的过程,需要遵循一些开发流程。一个项目的开发会被分成很多步骤来实现,每一个步骤都有自己的起点和终点。也正如此,使得开发过程中每个步骤的起点和终点在不同的软件项目中出现不同难度的"坎",使其难于达到该步骤开始或是终结的条件,开发过程也就不会一帆风顺。

不同的开发模式其实就是重新定义步骤的起点和终点，甚至重新组合排列，虽然任何一个开发模式的最终目的都是完成软件项目的开发，但期间所经历的过程不一样，过程步骤之间的起点和终点的定义不同所带来的“坎”也就不一样，于是项目周期自然各不相同。因此，根据软件项目的实际情况选择一个适合的开发模式能减少开发周期中“坎”的出现次数与难度，可以在很大程度上缩短开发周期。

首先了解一下传统瀑布式(Waterfall)开发流程，如图 2-1 所示。

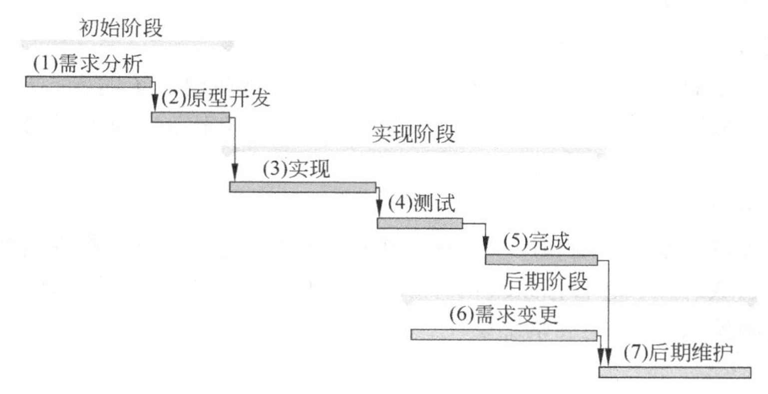

图 2-1 瀑布式开发流程

瀑布模型是由 W. W. Royce 在 1970 年最初提出的软件开发模型，在瀑布模型中，开发被认为是按照需求分析，设计，实现，测试（确认），集成和维护坚定地、顺畅地进行。线性模型太理想化，太单纯，以至于很多人认为瀑布模型已不再适合现代的软件开发模式，几乎被业界抛弃。

本书向大家推荐的是统一开发流程(Rational Unified Process，RUP)。它是目前最流行的一套项目开发流程模式。它的基本特征是通过多次迭代完成一个项目的开发，每次迭代会带来项目整体的递增，如图 2-2 所示。

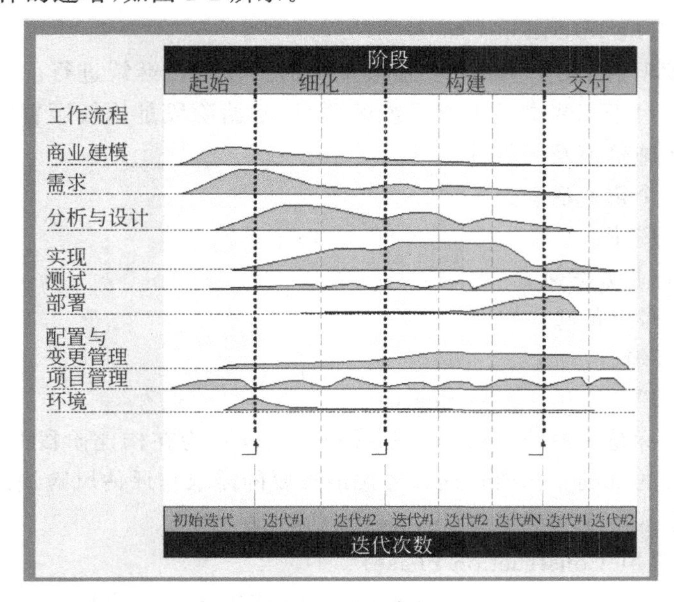

图 2-2 RUP 流程

从纵向来看,项目的生命周期或工作流包括项目需求分析、系统分析和设计、实现、测试和维护。从横向来看,项目开发可以分为4个阶段:起始(inception)、细化(elaboration)、建造(construction)和移交(transition)。每个阶段都包括一次或者多次迭代。在每次迭代中,根据不同的要求或工作流(如需求、分析和设计等)投入不同的工作量。也就是说,在不同阶段的每次迭代中,生命周期的每个步骤是同步进行的,但权重不同。

1. 项目生命周期

1) 项目需求分析

需求分析阶段的活动包括定义潜在的角色(角色是指使用系统的人,以及与系统相互作用的软、硬件环境),识别问题域中的对象和关系,以及基于需求规范说明和角色的需要发现用例(use case)和详细描述用例。

2) 系统分析和设计

系统分析阶段是基于问题和用户需求的描述,建立现实世界的计算机实现模型。系统设计是结合问题域的知识和目标系统的体系结构(求解域),将目标系统分解为子系统,然后基于分析模型添加细节,完成系统设计。

3) 实现

实现又称编码或开发阶段,也就是将设计转换为特定的编程语言或硬件,同时保持先进性、灵活性和可扩展性。在这个阶段,设计阶段的类被转换为使用面向对象编程语言编制(不推荐使用过程语言)的实际代码。这一任务可能比较困难,也可能比较容易,主要取决于所使用的编程语言。

4) 测试和维护

测试是检验系统是否满足用户功能需求,以便增加用户对系统的信心。系统经过测试后,整个开发流程告一段落,进入运行维护或新的功能扩展时期。

2. 项目开发阶段

1) 起始阶段(The Inception Phase)

对于新的开发项目来说,起始阶段是很重要的。在项目继续进行前,必须处理重要的业务与需求风险。对于那些增强现有系统的项目,起始阶段是比较短暂的,但是其目的仍是确定该项目的实施价值及可行性。

起始阶段有4个重要活动:

① 制定项目的范围。

② 计划并准备业务案例。

③ 综合分析,得出备选构架。

④ 准备项目环境。

2) 细化阶段(The Elaboration Phase)

细化阶段的目标是为系统构架设立基线(baseline),为在构建阶段开展的大量设计与实施工作打下坚实的基础。构架是通过考虑最重要的需求与评估风险演进而来的,构架的稳定性是通过一个或多个构架原型(prototype)进行评估的。

3) 构建阶段(The Construction Phase)

构建阶段的目标是完成系统开发。构建阶段从某种意义上来看是一个制造过程,其中重点工作就是管理资源、控制操作,以优化成本、日程和质量。因此,在此阶段,管理理念应该进行一个转换:从起始阶段和细化阶段的知识产品开发转换到构建和交付阶段的部署产品的开发。

构建阶段的每次迭代都具有三个关键活动:

① 管理资源与控制过程。

② 开发与测试组件。

③ 对迭代进行评估。

4) 交付阶段(The Transition Phase)

交付阶段的焦点就是确保软件对于最终用户是可用的。交付阶段包括为发布应用而进行的产品测试,在用户反馈的基础上做微小的调整等内容。在生命周期的这个时刻,用户反馈主要集中在精确调整产品、配置、安装以及可用性等问题上。

交付阶段的关键活动如下:

① 确定最终用户支持资料。

② 在用户的环境中测试可交付的产品。

③ 基于用户反馈精确调整产品。

④ 向最终用户交付最终产品。

2.1.2 UML 概述

UML(Unified Modeling Language)是实现项目开发流程的一个重要工具,它是一套可视化建模语言,由各种图来表达。图就是用来显示各种模型元素符号的实际图形,这些元素经过特定的排列组合来阐明系统的某个特定部分或方面。一般来说,一个系统模型拥有多个不同类型的图。一个图是某个特定视图的一部分。通常,图是被分配给视图来绘制的。另外,根据图中显示的内容,某些图可以是多个不同视图的组成部分。

图具体分为静态模型和动态模型两大类。其中静态模型包括:

(1) 用例图(Use Case Diagrams)。

(2) 类图(Class Diagrams)。

(3) 对象图(Object Diagrams)。

(4) 组件图(Component Diagrams)。

(5) 部署图(Deployment Diagrams)。

动态模型包括:

(1) 序列图(Sequence Diagrams)。

(2) 协作图(Collaboration Diagrams)。

(3) 状态图(State Chart Diagrams)。

(4) 行为图(Activity Diagrams)。

1. 用例图

用例图显示多个外部参与者及其与系统之间的交互和连接,如图 2-3 所示。一个用例是对系统提供的某个功能(该系统的一个特定用法)的描述。虽然实际的用例通常

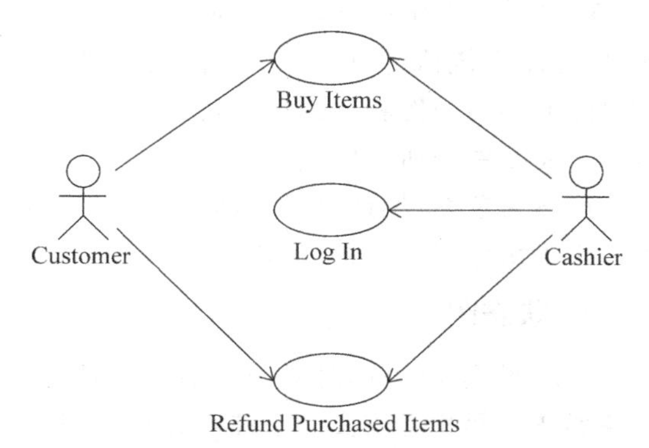

图 2-3 一个超市系统的用例图

用普通文本来描述,但是也可以利用一个活动图来描述用例。用例仅仅描述系统参与者从外部通过对系统的观察而得到的那些功能,并不描述这些功能在系统内部是如何实现的。也就是说,用例定义系统的功能需求。

2. 类图

类图用来显示系统中各个类的静态结构,如图2-4所示。类代表系统内处理的事物。这些类可以以多种方式相互连接在一起,包括关联(类互相连接)、依赖(一个类依赖/使用另一个类)、特殊化(一个类是另一个类的特化)或者打包(多个类组合为一个单元)。所有的这些关系连同每个类的内部结构都在类图中显示。其中,一个类的内部结构是用该类的属性和操作表示的。因为类图所描述的结构在系统生命周期的任何一处都是有效的,所以通常认为类图是静态的。

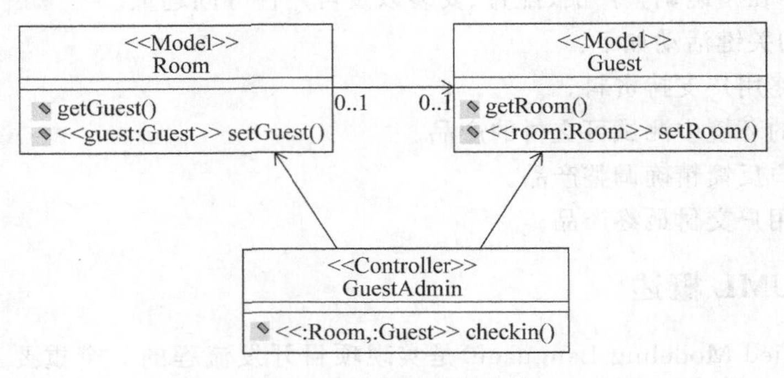

图2-4 旅馆系统的类图

我们常常会使用特殊化(specialize)、一般化(generalize)、特化(specialization)和泛化(generalization)这几个术语来描述两个类之间的关系。例如,对于一个类A(即父类)派生出另一个类B(即子类)这样一个过程,也常常这样描述:类A可以特殊化为类B,而类B可以一般化为类A;或者类A是类B的泛化,而类B是类A的特化。

一个系统一般都有多个类图(并不是所有的类都放在一个类图中),并且一个类可以参与到多个类图中。

3. 对象图

对象图是类图的一个变体,它使用的符号与类图几乎一样。对象图和类图之间的区别是:对象图用于显示类的多个对象实例,而不是实际的类。所以,对象图就是类图的一个实例,显示系统执行时的一个可能的快照——在某一时间点上系统可能呈现的样子。虽然对象图使用与类图相同的符号,但是有两处例外:用带下划线的对象名称来表示对象和显示一个关系中的所有实例,如图2-5所示。

虽然对象图没有类图那么重要,但是它们可以用于为一个复杂类图提供示例,对象图也可作为协作图的一部分,用于显示一群对象之间的动态协作关系。

4. 状态图

一般来说,状态图是对类的描述的补充。它用于显示类的对象可能具备的所有状态,以及那些引起状态改变的事件,如图2-6所示。对象的一个事件可以是另一个对象向其发送的消息,例如到了某个指定时刻,或者已经满足了某条件。状态的变化称为转换

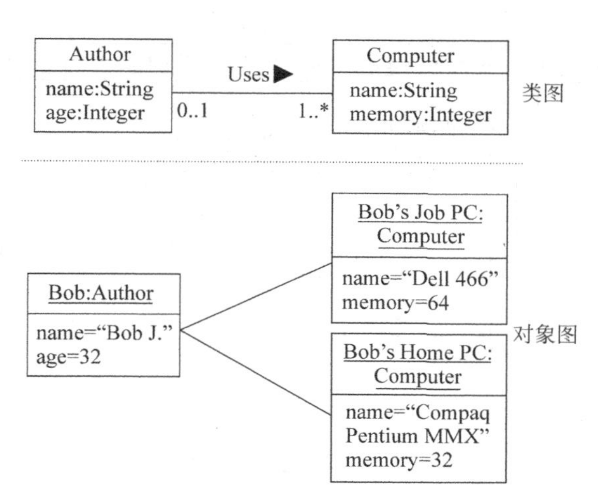

图 2-5 显示类的类图和显示类的实例的对象图

(transition)。一个转换也可以有一个与之相连的动作,后者用以指定完成该状态转换应该执行的操作。

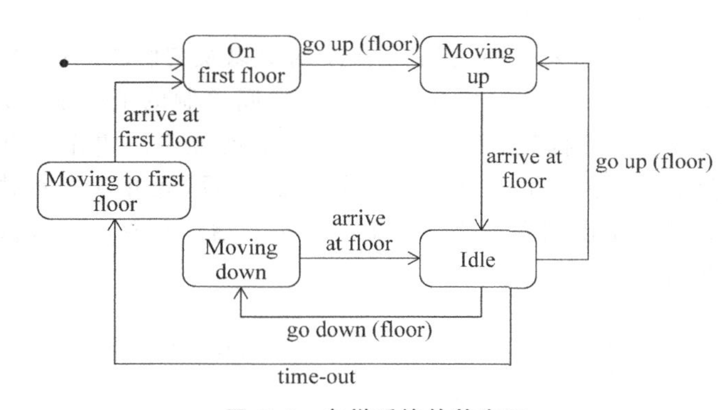

图 2-6 电梯系统的状态图

在实际建模时,并不需要为所有的类绘制状态图,仅对那些具有多个明确状态的类,并且类的这些不同状态会影响和改变类的行为才绘制类的状态图。另外,也可以为系统绘制整体状态图。

5. 序列图

序列图显示多个对象之间的动态协作,如图 2-7 所示。序列图的重点是显示对象之间发送的消息的时间顺序。它也显示对象之间的交互,也就是在系统执行时,某个指定时刻将发生的事情。序列图由多个用垂直线显示的对象组成,图 2-7 中时间从上到下推移,并且序列图显示对象之间随着时间的推移而交换的消息或函数。消息是用带消息箭头的直线表示的,并且它位于垂直对象线之间。时间说明以及其他注释放到一个脚本中,并将其放置在顺序图的页边空白处。

6. 协作图

协作图像顺序图一样显示动态协作。为了显示一个协作,通常需要在顺序图和协作图

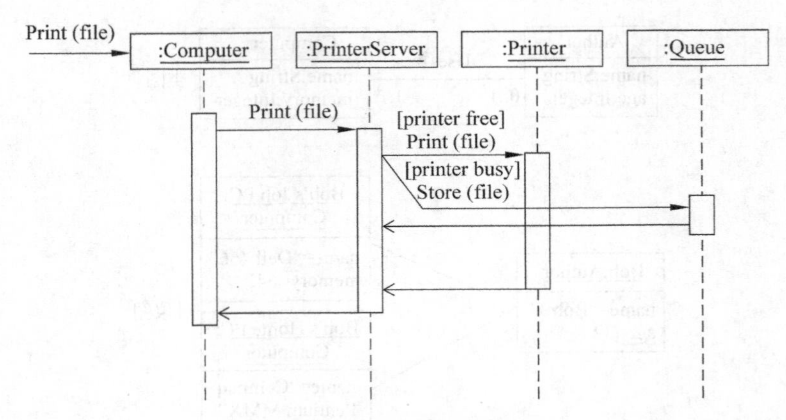

图 2-7　打印服务器的序列图

之间做选择。除了显示消息的交换(称之为交互)以外,协作图也显示对象以及它们之间的关系(上下文)。通常,选择序列图还是协作图的决定条件是:如果时间或顺序是需要重点强调的方面,那么选择序列图;如果上下文是需要重点强调的方面,那么选择协作图。序列图和协作图都用于显示对象之间的交互。

协作图可当作一个对象图来绘制,它显示多个对象以及它们之间的关系(利用类/对象图中的符号来绘制),如图 2-8 所示。协作图中对象之间绘制的箭头显示对象之间的消息流向。图 2-8 中的消息上放置标签,用于显示消息发送的顺序。协作图也可以显示条件、迭代和返回值等信息。当开发人员熟悉消息标签语法之后,就可以读懂对象之间的协作,以及跟踪执行流程和消息交换顺序。协作图也可以包括活动对象,这些活动对象可以与其他活动对象并发地执行。

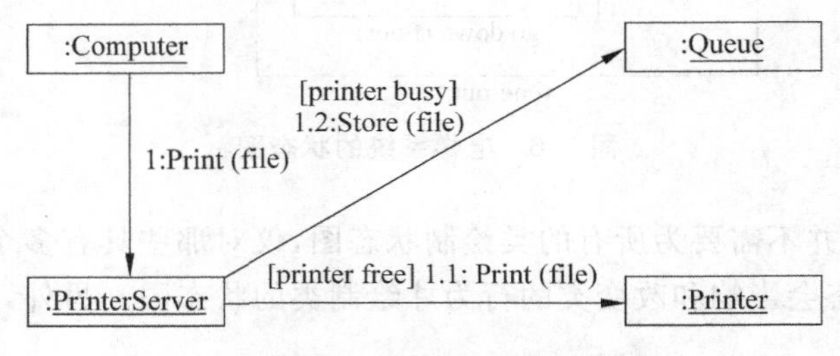

图 2-8　打印服务器的协作图

7. 活动图

活动图用于显示一系列顺序的活动,如图 2-9 所示。尽管活动图也可以用于描述像用例或交互这类的活动流程,但是一般来说,它主要还是用于描述在一个操作内执行的那些活动。活动图由多个动作状态组成,后者包含将被执行的活动(即一个动作)的规格说明。当动作完成后,动作状态将会改变,转换为一个新的状态(在状态图内,状态在进行转换之前需要标明显式的事件)。于是,控制就在这些互相连接的动作状态之间流动。同时,在活动图中也可以显示决策和条件,以及动作状态的并发执行。另外,活动图也可以包含那些被发送或接收的消息的规格说明,这些消息是被执行动作的一部分。

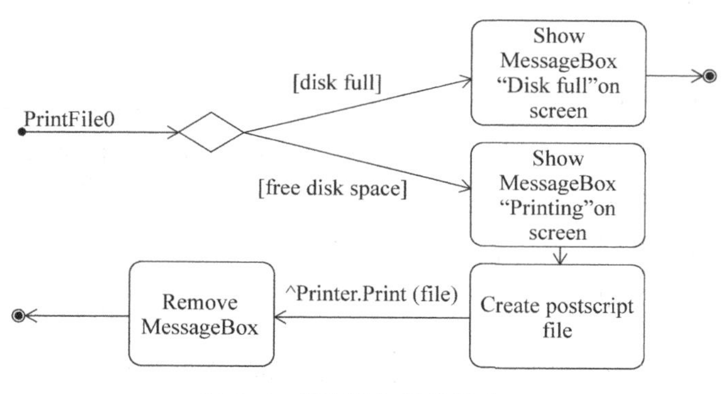

图 2-9 打印服务器的活动图

8. 组件图

组件图是用代码组件来显示代码物理结构的。其中,组件可以是源代码组件、二进制组件或一个可执行的组件。因为一个组件包含它所实现的一个或多个逻辑类的相关信息,于是就创建了一个从逻辑视图到组件视图的映射。根据组件图中显示的那些组件之间的依赖关系,可以很容易地分析出其中某个组件的变化将会对其他组件产生什么样的影响。另外,组件也可以用它们输出的任意接口来表示,并且它们可以被聚集在包内。一般来说,组件图用于实际编程工作,如图 2-10 所示。

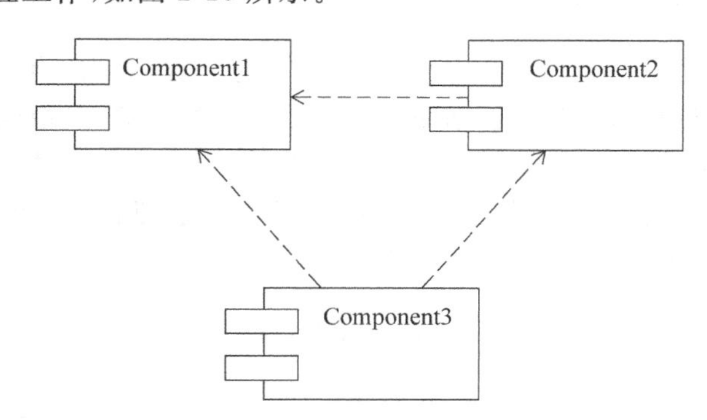

图 2-10 显示代码组件之间依赖关系的组件图

9. 部署图

部署图用于显示系统中的硬件和软件的物理结构。这些部署图可以显示实际的计算机和设备(节点),同时还有它们之间的必要连接,也可以显示这些连接的类型,如图 2-11 所示。在图中显示的那些节点内,已经分配了可执行的组件和对象,以显示这些软件单元分别在哪个节点上运行。另外,部署图也可以显示组件之间的依赖关系。

正如前面所说的那样,显示部署视图的部署图描述系统的实际物理结构,这与用例视图的功能描述完全不同。但是,对一个明确定义的模型来说,可以实现从头到尾的完整导航:从物理结构中的一个节点导航到分配给该节点的组件,再到该组件实现的类,接着到该类的对象参与的交互,最终到达用例。系统的不同视图在总体上给系统一个一致的描述。

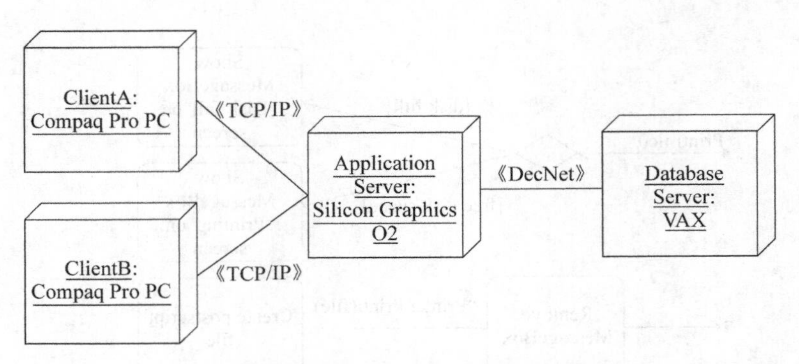

图 2-11　系统物理结构的部署图

2.2　艾斯医药商务系统概述

本书采用先进的“项目驱动式”教学法，通过一个完整的“艾斯医药系统”项目来贯穿 ASP. NET 应用开发的理论学习过程。这个项目的开发过程将会贯穿在后续各个章节中，结合相关知识点给予详细讲解和实现。这里先简单介绍一下“艾斯医药系统”项目的背景知识，为以后的学习做好铺垫。

2.2.1　项目需求分析

艾斯医药商务系统的功能包括用户登录、商品浏览、商品查询、购物管理和后台管理等模块。其中用户登录管理负责用户注册及用户登录信息的维护；登录成功的用户可以浏览商品；查询特定商品的信息；对于选中的商品进行购买，包括加入购物车和生成订单；后台管理处理从购物网站转过来的订单，发送邮件；以及商品管理和用户管理。医药商务系统模块结构图如图 2-12 所示。

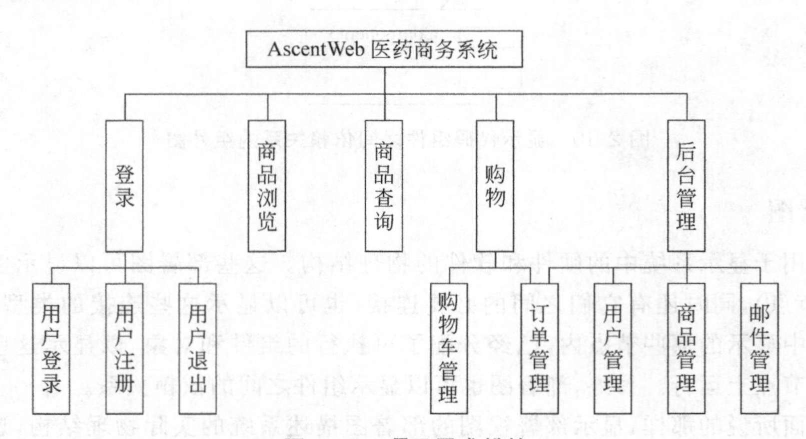

图 2-12　项目需求模块

1. 用户管理

1）注册用户信息

对于新用户，单击“注册”按钮，进入用户注册页面，填写相关注册信息，“＊”为必填项。

填写完成后单击“确定”按钮，弹出“注册成功”对话框，即成功注册。

2）用户登录验证

对于已注册的用户，进入用户登录页面，如图 2-13 所示。

图 2-13　用户登录页面

填写用户名和密码，单击 Login 按钮，登录成功页面如图 2-14 所示。

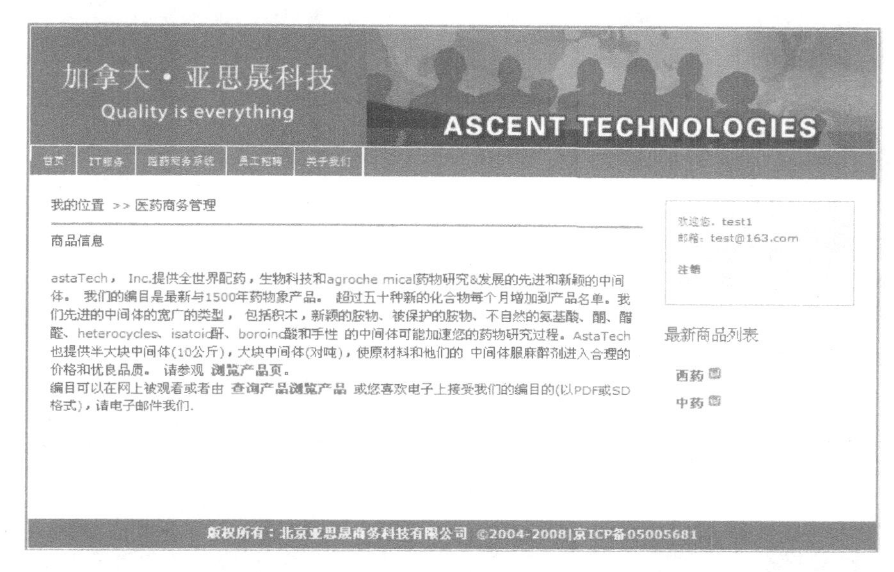

图 2-14　用户登录成功页面

2. 浏览商品(开发用例为药品)

网站的商品列表要列出当前网站所有的商品名称。当用户单击某一商品名称时，要列出该商品的详细信息(包括商品名称、商品编号和图片等)，如图 2-15 所示。

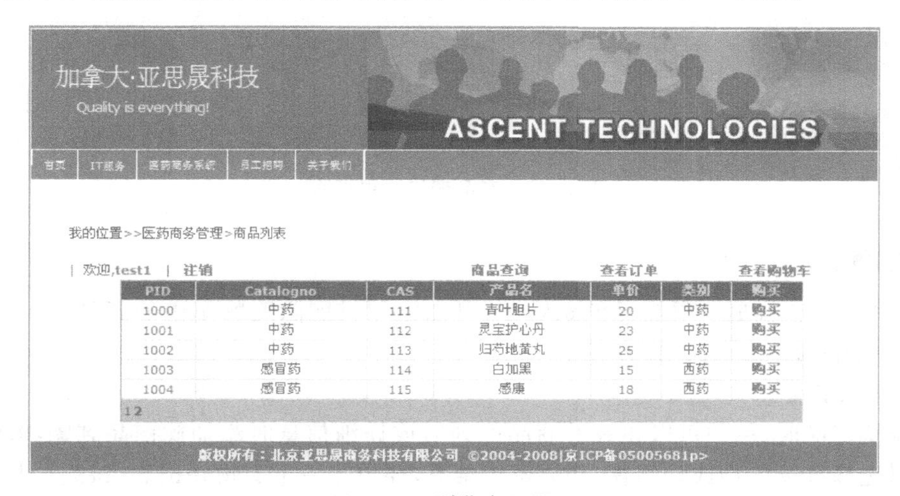

PID	Catalogno	CAS	产品名	单价	类别	购买
1000	中药	111	青叶胆片	20	中药	购买
1001	中药	112	灵宝护心丹	23	中药	购买
1002	中药	113	归芍地黄丸	25	中药	购买
1003	感冒药	114	白加黑	15	西药	购买
1004	感冒药	115	感康	18	西药	购买

图 2-15　浏览商品页面

3. 查询商品

用户可以在网站的商品查询页面(如图 2-16 所示)选择查询条件,输入查询关键字,单击“查询”按钮,查看网站是否有此商品,系统将查找结果返回给用户(如果有此商品,返回商品的详细信息;如果没有,返回当前没有此商品的信息),如图 2-17 所示。

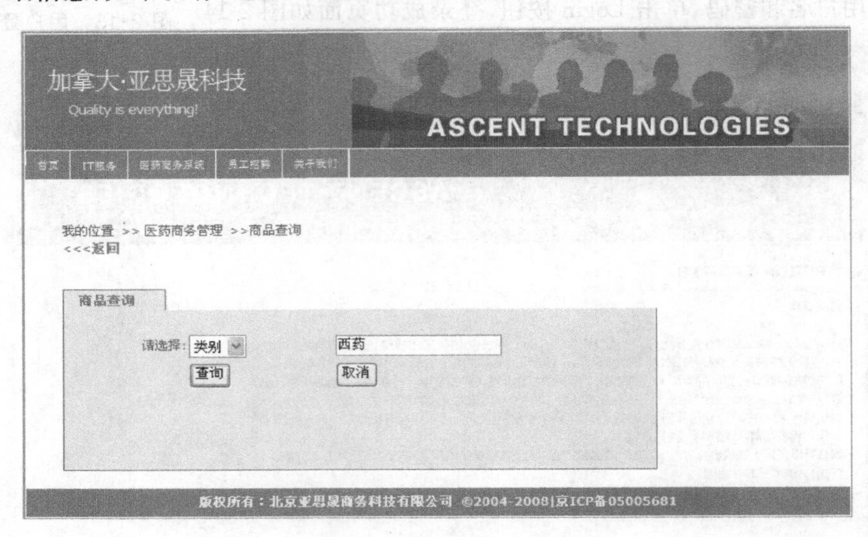

图 2-16 商品查询页面

图 2-17 商品查询结果页面

4. 购物管理

(1) 用户可以随时查看自己的购物车,可以添加或删除购物车中的商品,可以修改商品购买量,如图 2-18～图 2-20 所示。

(2) 生成订单。

在浏览商品时,用户可以在查看商品的列表或详细信息时添加此商品到购物车,添加完毕可以选择继续购物或是结算,如果选择结算,要填写一个购物登记表,该表包括购物人姓名、地址、E-mail、所购商品的列表等,如图 2-21 所示。

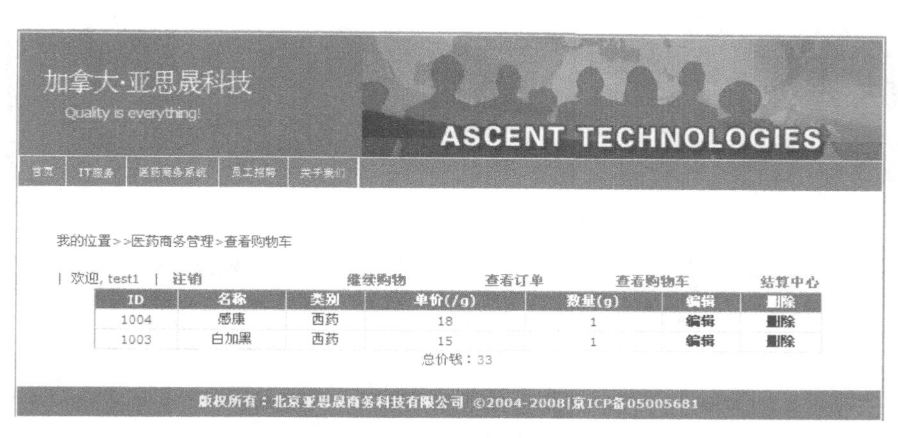

图 2-18 购物车管理页面

图 2-19 继续增加商品购物车页面

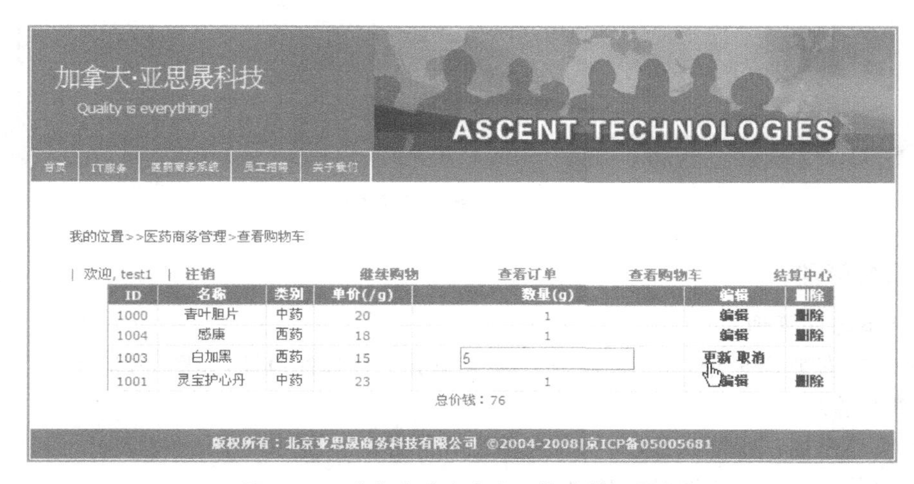

图 2-20 购物车减少商品及修改数量页面

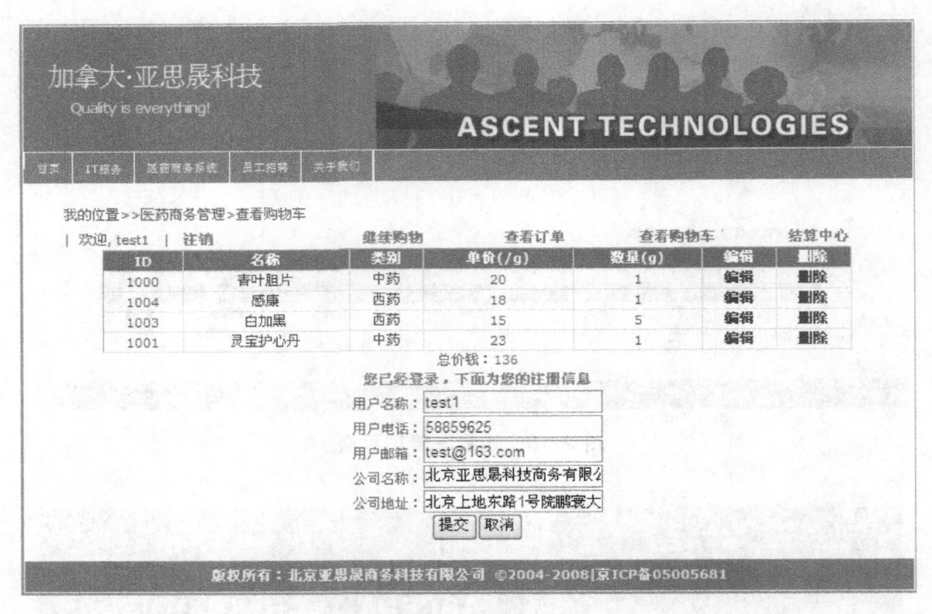

图 2-21　购物结算页面

购物提交结束后，看到的提示信息页面如图 2-22 所示。

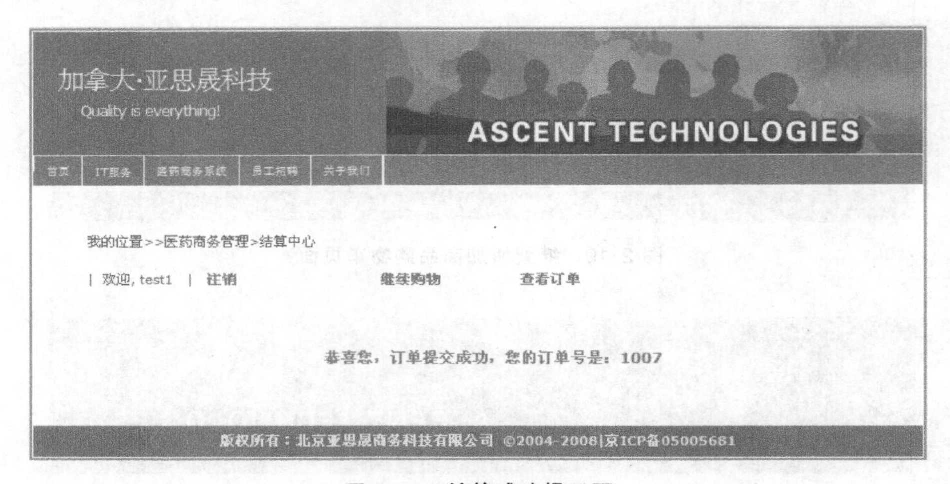

图 2-22　结算成功提示页

5. 后台管理

1）订单邮件管理

设置管理员邮箱地址，包括转发邮件及管理员接收邮件地址，如图 2-23 所示。

2）商品管理

（1）商品添加。添加商品，包括各项信息和图片的上传等。

（2）商品修改。修改商品的信息。

（3）商品删除。管理员对商品进行删除操作，如图 2-24 所示。

加拿大·亚思晟科技
Quality is everything
ASCENT TECHNOLOGIES
| 欢迎,admin | 注销 |
用户列表 商品列表 邮件管理
已设邮箱
发件Email地址 @163.com
发件Email密码
收件Email地址
提交 取消
帮助:
<1>请正确的设置发件箱地址及密码,该邮件是负责发送邮件的地址
<2>请正确的设置收件箱地址,该邮件是接收邮件的地址,当客户在结算中心提交后,邮件会发送到该邮件
<3>试运行时请重新设置自己的邮箱,库中邮件地址您无法查看测试
<4>请点击已置邮箱,查看你设置的邮箱邮箱是否正确
版权所有:北京亚思晟商务科技有限公司 ©2004-2008|京ICP备05005681

图 2-23 邮件管理页面

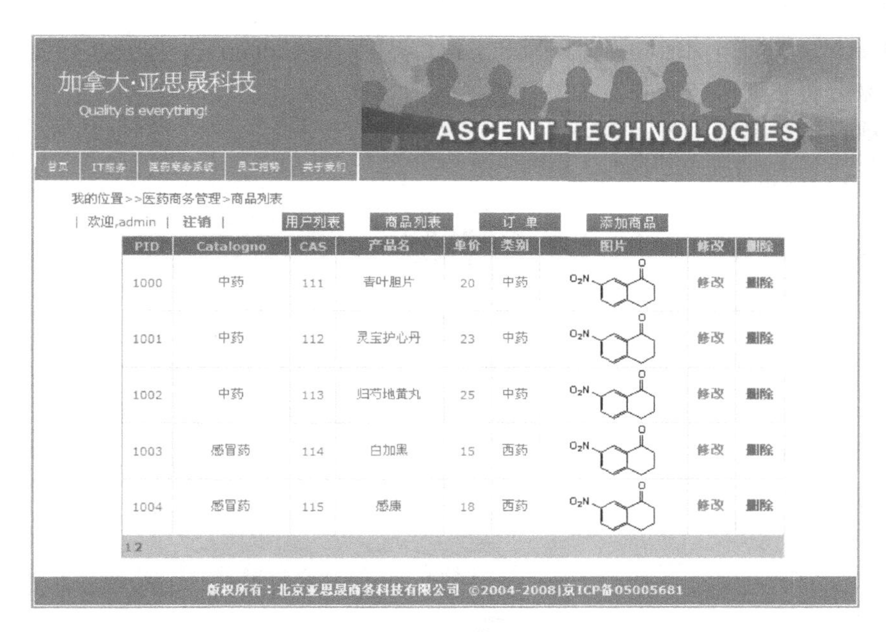

图 2-24 商品管理页面

3) 用户管理

① 用户修改。用户各项信息的修改,如图 2-25 所示。

② 用户权限管理。管理员对用户进行授权。

③ 用户删除。管理员对用户进行删除操作,该删除为“软删除”,还可以恢复。

2.2.2 项目系统分析和设计

系统是由 Web 服务器、数据服务器和浏览器客户端组成的多层 Web 计算机服务系统。采用 ASP.NET 技术,具有灵活性、可扩展性等特点。

图 2-25 用户管理页面

1. 系统分析

通过 UML 中的用例图（use case diagram）、类图（class diagram）以及序列图（sequence diagram）来分析艾斯医药商务系统项目。

（1）项目用例图如图 2-26 所示。

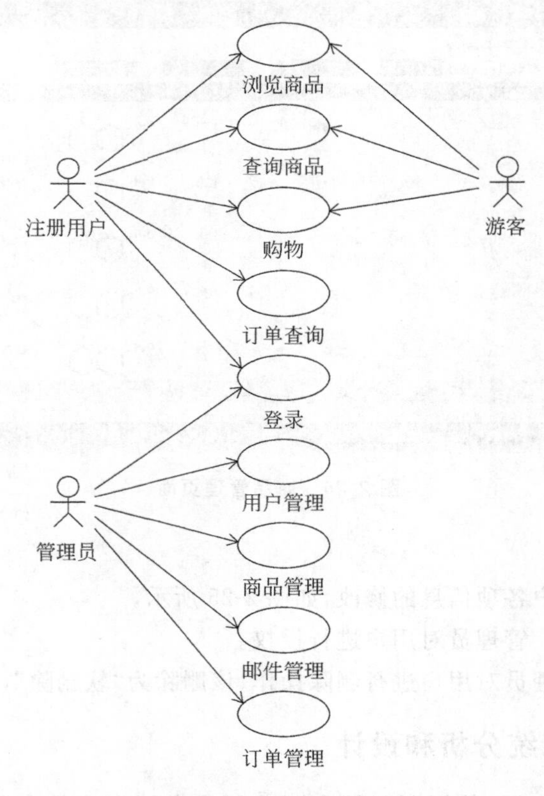

图 2-26 项目用例图

(2) 系统类图如图 2-27 所示。

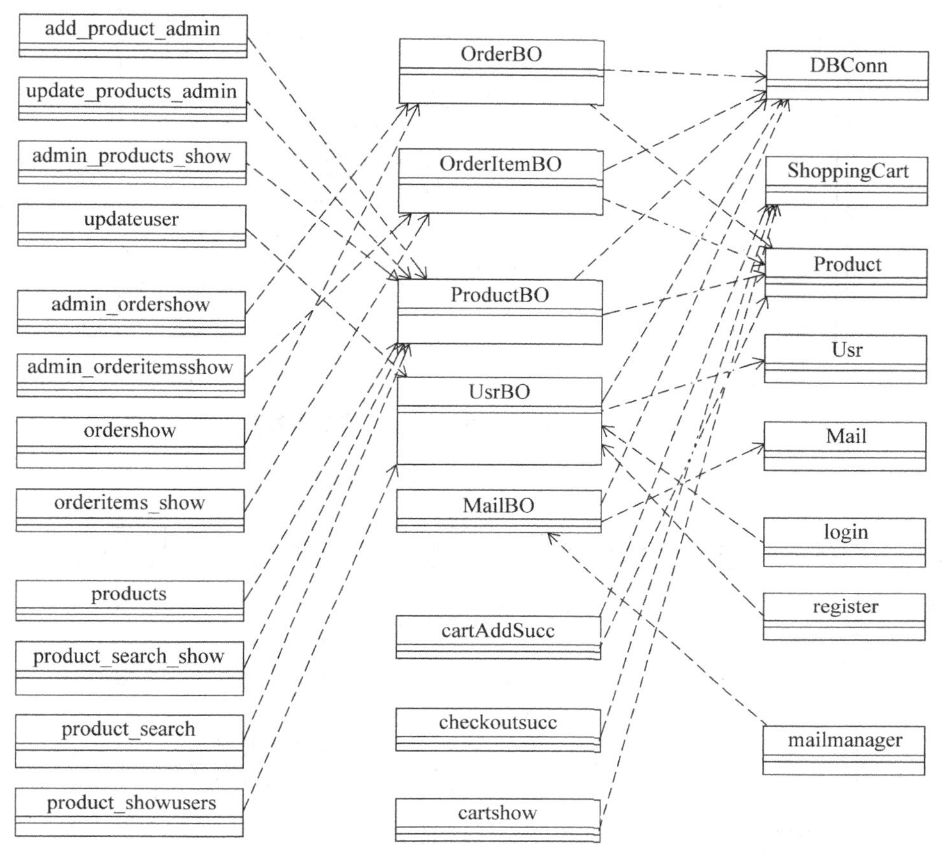

图 2-27 系统类图

(3) 序列图如图 2-28～图 2-43 所示。

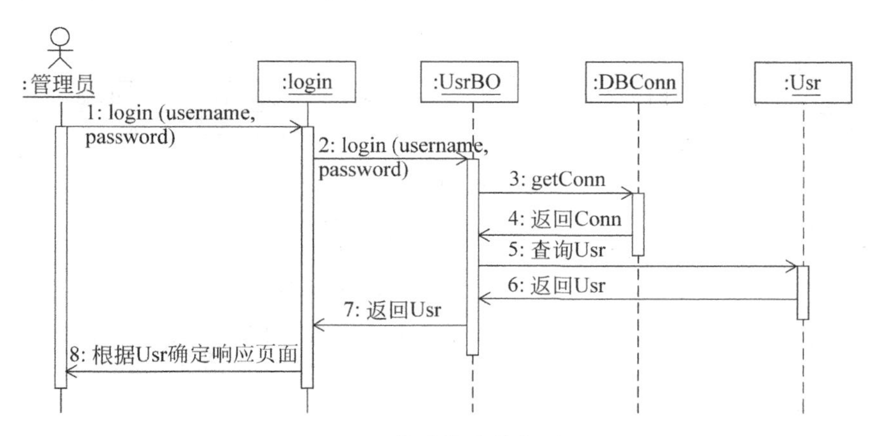

图 2-28 管理员登录序列图

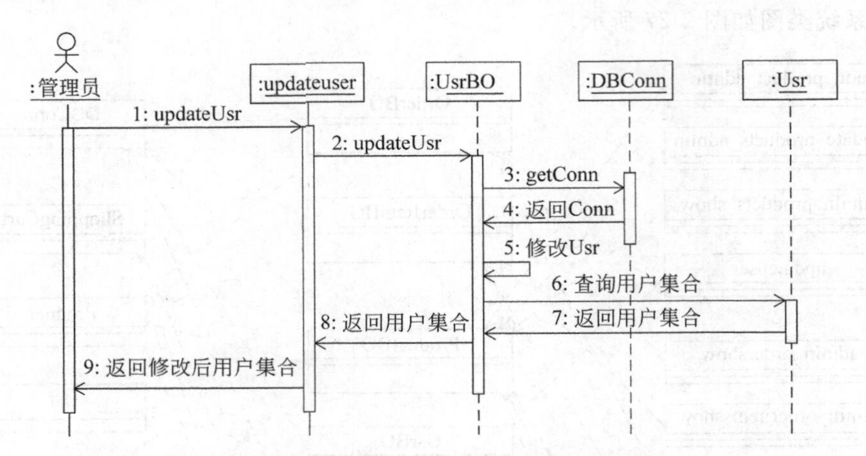

图 2-29　用户管理模块修改用户信息序列图

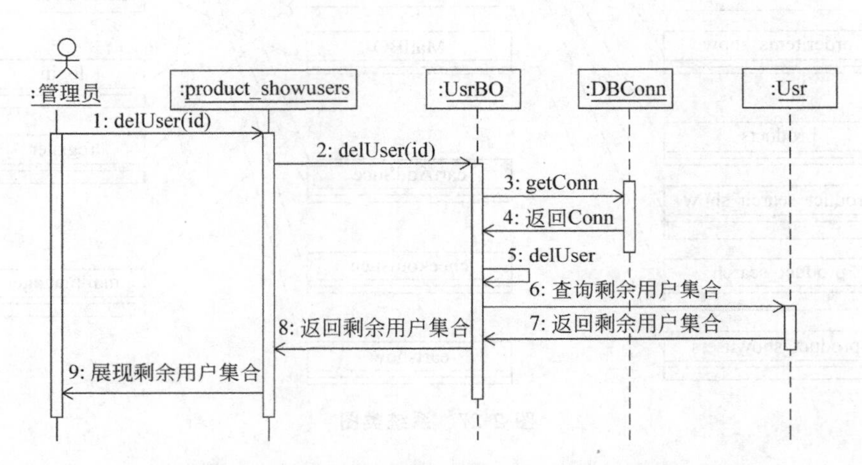

图 2-30　用户管理模块删除用户信息序列图

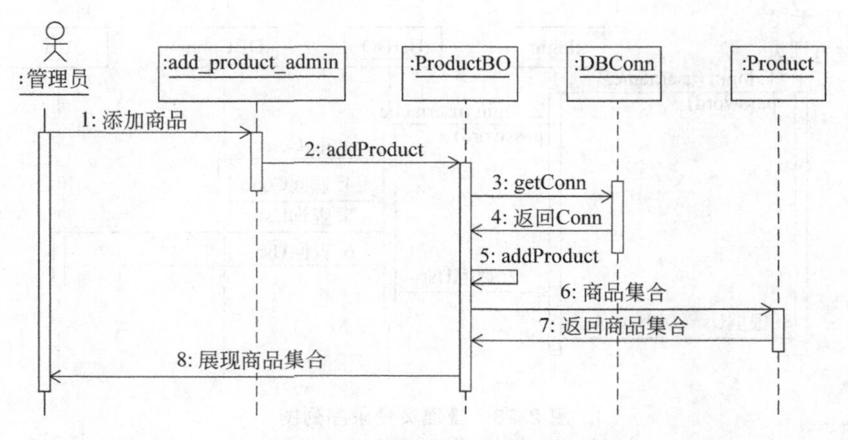

图 2-31　商品管理模块增加商品序列图

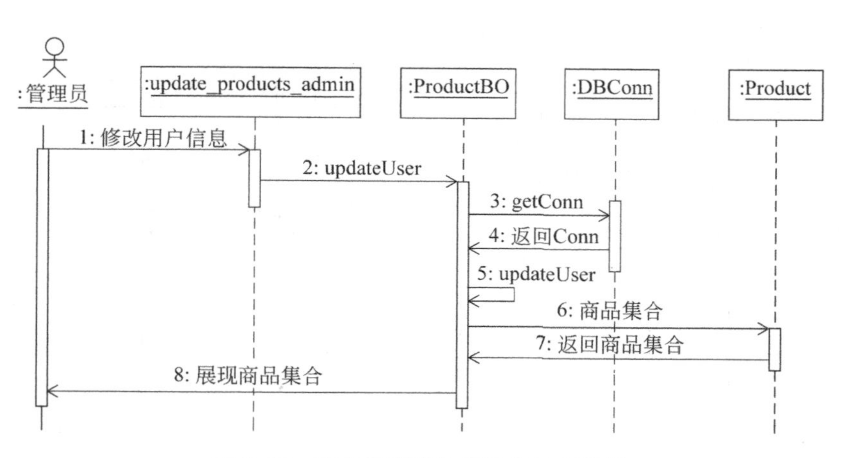

图 2-32 商品管理模块修改商品序列图

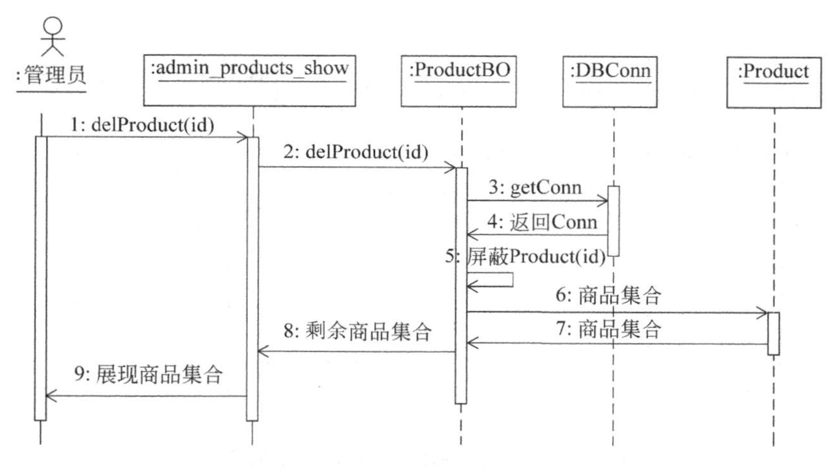

图 2-33 商品管理模块屏蔽商品序列图

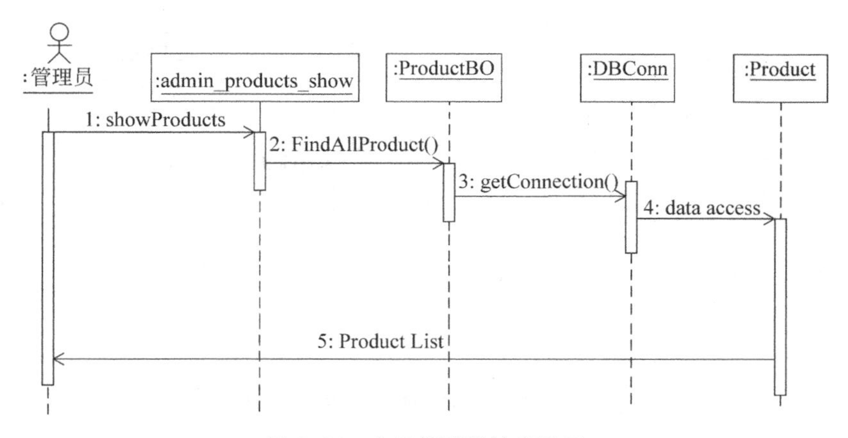

图 2-34 商品管理模块序列图

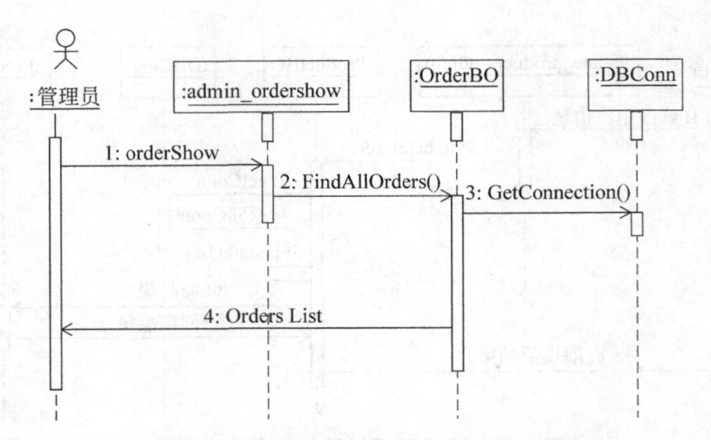

图 2-35 订单管理模块查看订单信息序列图

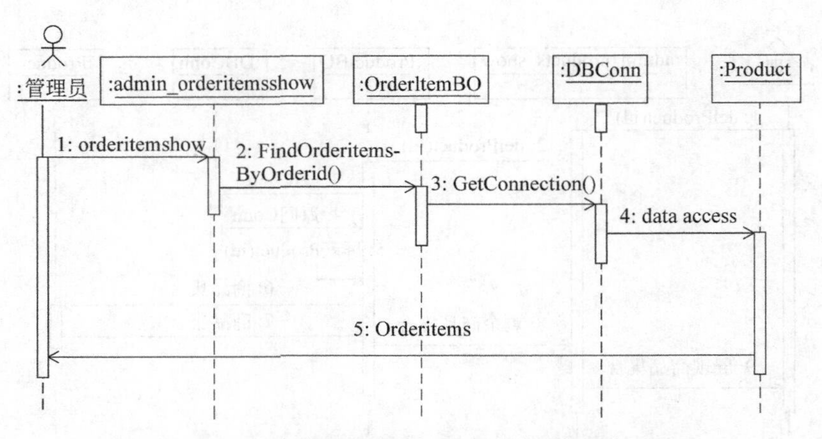

图 2-36 订单管理模块查看用户订单项信息序列图

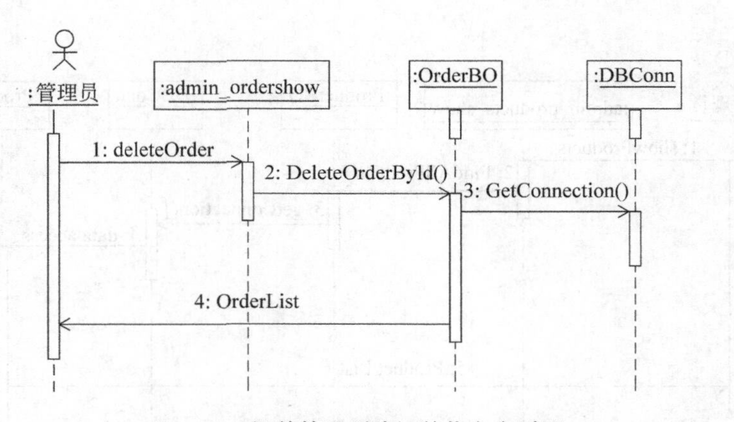

图 2-37 订单管理删除订单信息序列图

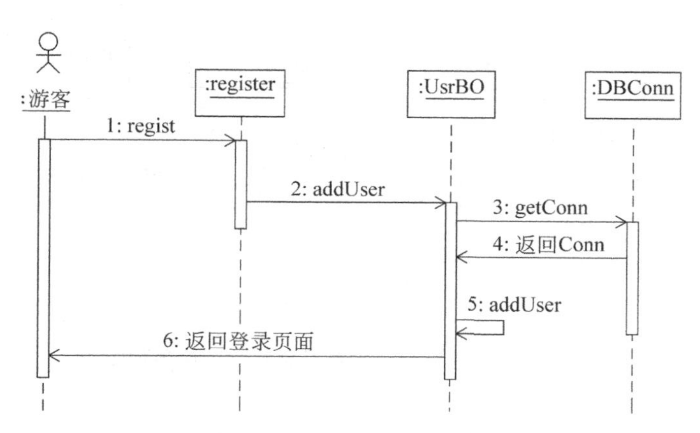

图 2-38 注册用户信息序列图

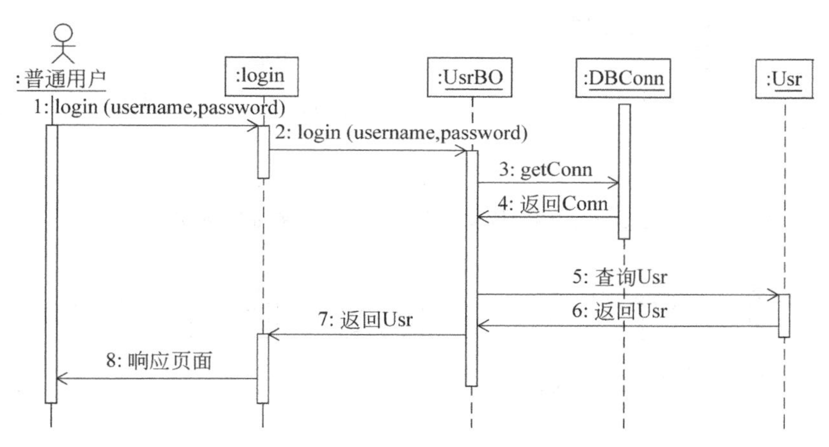

图 2-39 普通用户登录序列图

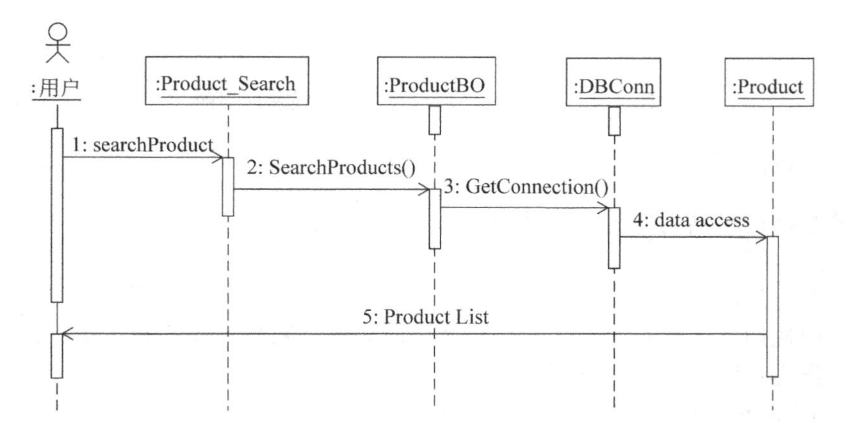

图 2-40 商品查询模块序列图

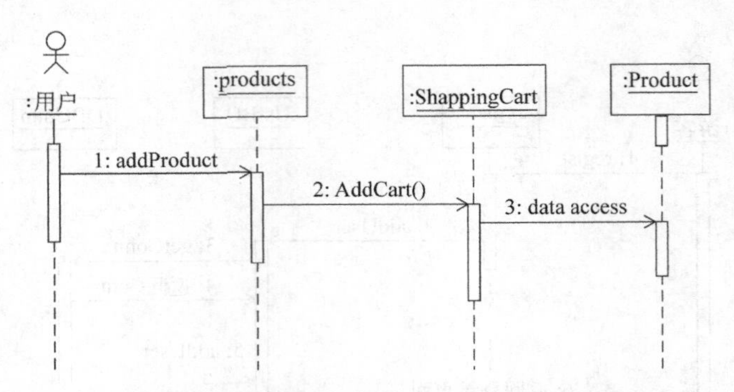

图 2-41 购物模块添加商品到购物车中序列图

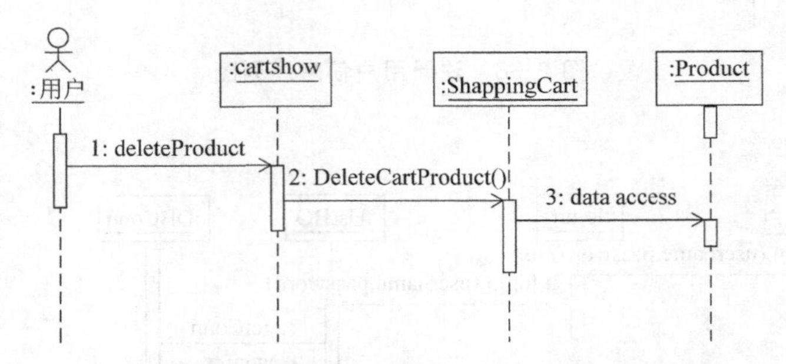

图 2-42 购物模块从购物车中移除商品序列图

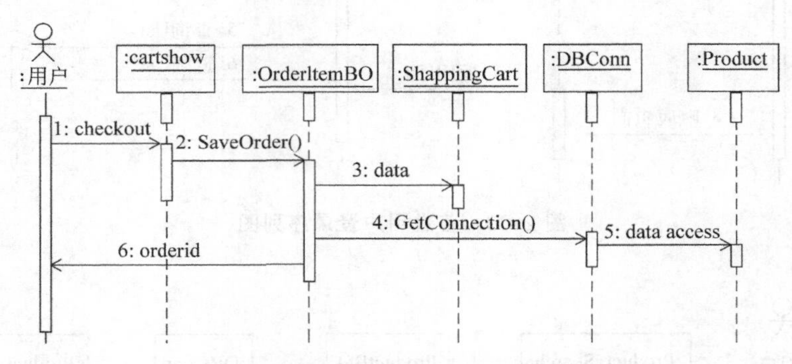

图 2-43 购物模块用户提交订单模块序列图

2. 系统设计

系统的整体逻辑结构如图 2-44 所示。

具体描述如下：

(1) Web 应用程序设计。

本项目中使用了.NET 技术建立艾斯医药商务系统网站。在这套技术中，ASP 用于前端展现——作为视图层，C#用于数据封装。

Web 应用程序的组织结构可以分为以下 4 个部分：

- Web 应用根目录下放置用于前端展现的 ASP 文件。
- com. ascent. vo 放置数据封装类。
- com. ascent. bo 放置处理请求相应的类。
- com. ascent. util 放置帮助类和一些其他类。

下面针对项目组织结构中的 4 个部分分别进行详细介绍。

表 2-1 列出了每个 ASP 文件实现的功能。

表 2-1 ASP 列表

文件名称	功　　能
login. aspx	首页
add_products_admin. aspx	添加商品页面
admin_ordarshow. aspx	管理员订单页面
admin_orderitemsshow. aspx	查看订单项页面
admin_products_show. aspx	管理员管理商品页面
cartshow. aspx	购物车管理页面
orderitem_show. aspx	订单项显示页面
cartAddSucc. aspx	购物车添加成功页面
checkoutsucc. aspx	结算成功页面
mailmanager. aspx	邮件管理页面
product/contactUs. html	联系我们页面
product/employee. html	招聘信息页面
product/itservice. html	服务页面
product_search. aspx	商品搜索页面
products_search_show. aspx	商品搜索结果页面
products_showusers. aspx	注册用户管理页面
products. aspx	商品展现页面
register. aspx	注册页面
update_products_admin. aspx	修改商品信息页面
updateusr. aspx	修改用户信息页面

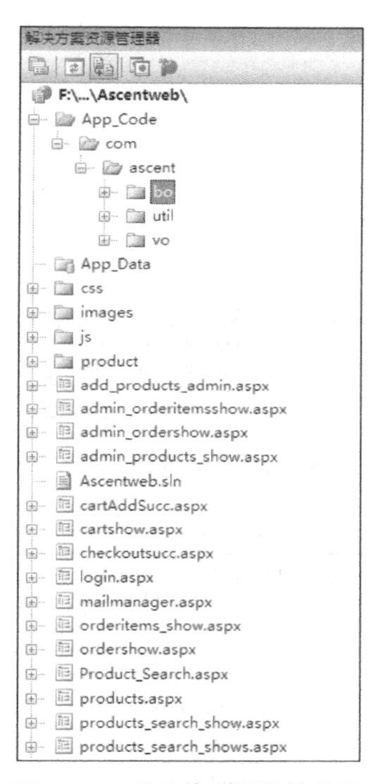

图 2-44 项目整体逻辑结构图

vo 类对象包括两个逻辑类，如表 2-2 所示。

表 2-2 vo 类列表

文件名称	功能	文件名称	功能
Product. cs	商品类	Usr. cs	用户类

bo 数据层方法类如表 2-3 所示。

表 2-3 bo 类列表

文件名称	功　　能
OrderItemBO. cs	处理订单项功能的类
OrderBO. cs	处理订单管理相关的类(删除、修改和查询等)
ProductBO. cs	处理商品管理相关功能的类
UsrBO. cs	处理用户管理相关功能的类

util 工具类如表 2-4 所示。

表 2-4 util 类列表

文件名称	功 能
DBConn. cs	数据库连接类
ShoppingCart. cs	购物车类

(2) 数据库设计(Data Model)。

实体关系(entity-relationship)图如图 2-45 和图 2-46 所示。

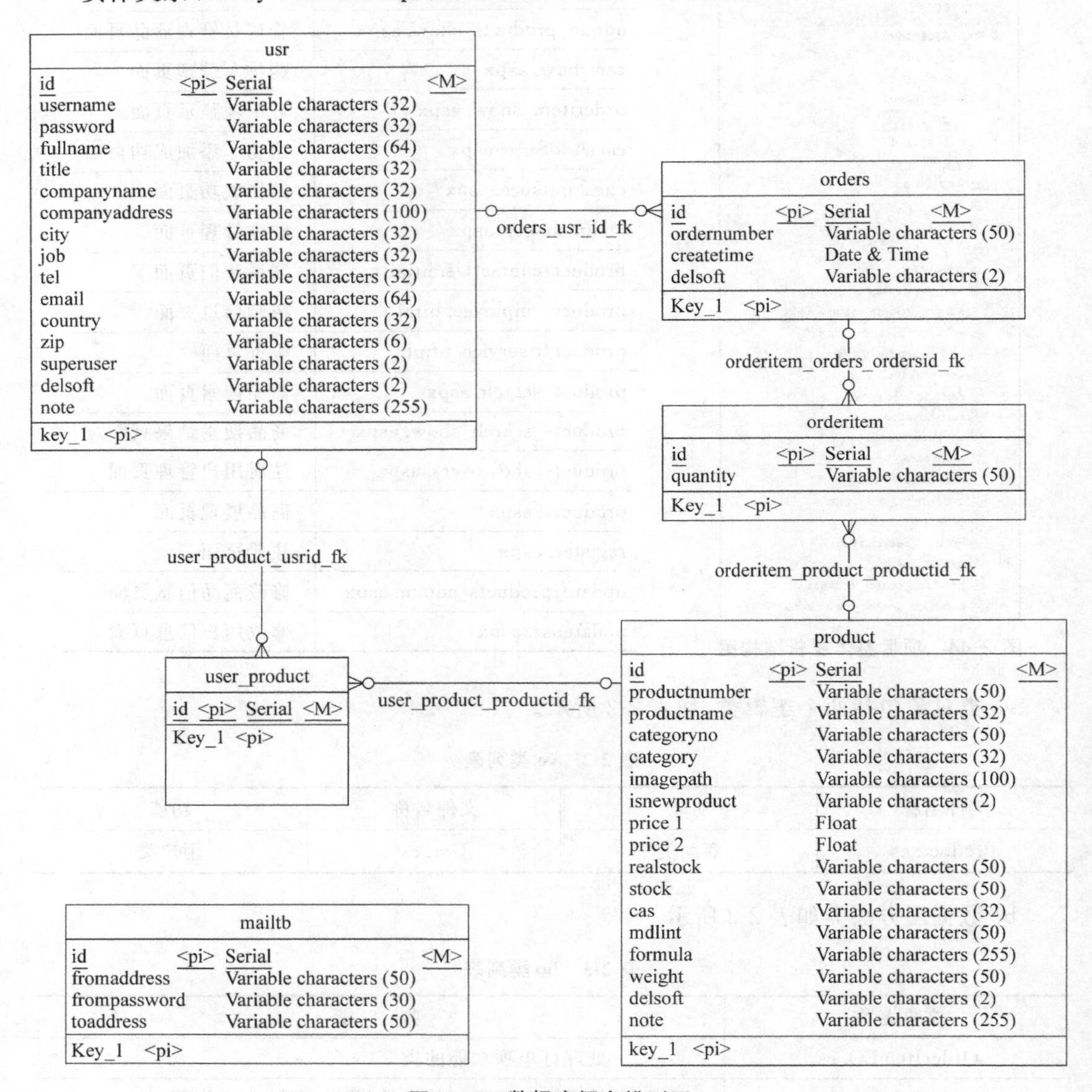

图 2-45 数据库概念模型图

数据库表的结构如表 2-5～表 2-9 所示。

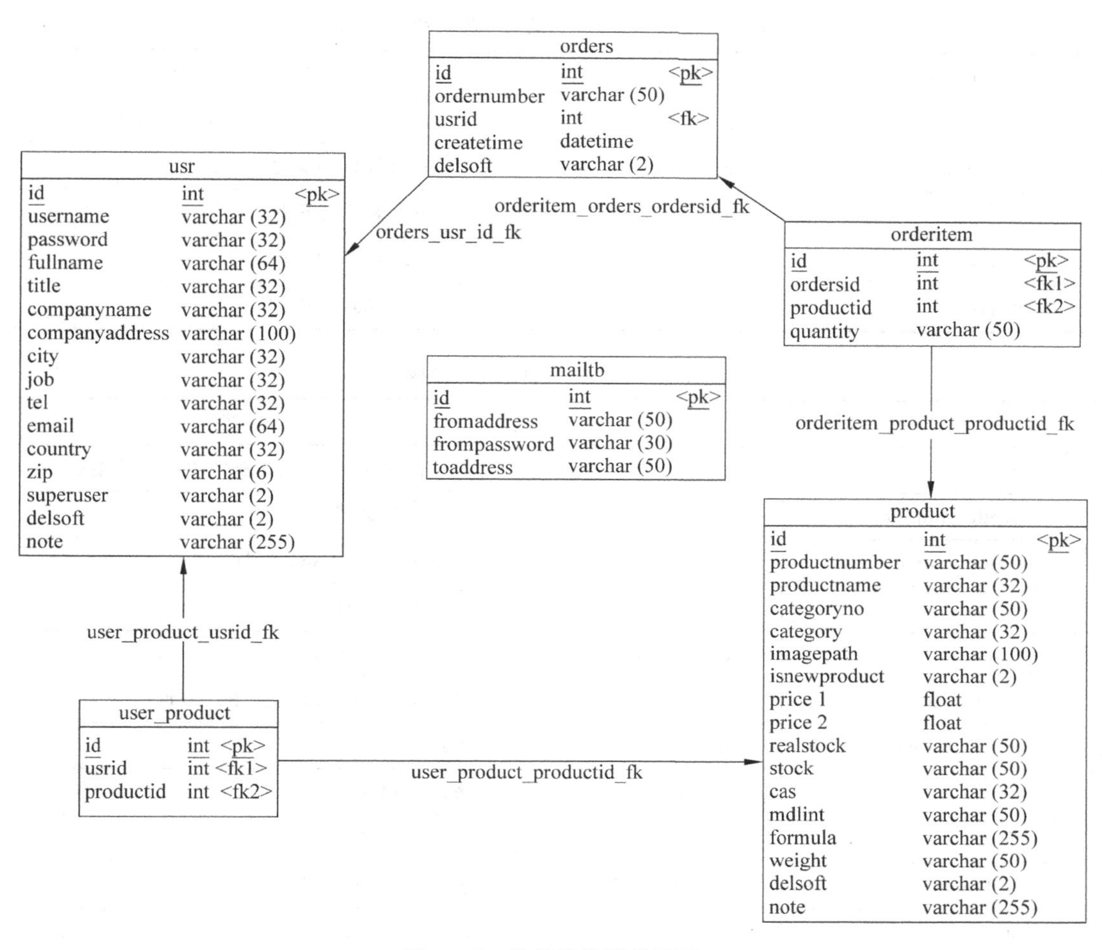

图 2-46 数据库物理模型图

表 2-5 mailtb(邮件表)表结构

列 名	类 型	描 述
id	int	表示邮件 ID,是自动递增的主键
fromaddress	varchar (35)	表示发邮件地址
frompassword	varchar (20)	表示发邮件密码
toaddress	varchar (35)	表示收邮件地址

表 2-6 orderitem(订单项表)表结构

列 名	类 型	描 述
id	int	表示订单项 ID,是自动递增的主键
ordersid	int	表示订单 ID
productid	int	表示商品 ID
quantity	varchar(50)	表示商品数量

表 2-7　orders(订单)表结构

列　名	类　型	描　　述
id	int	表示订单ID,是自动递增的主键
ordernumber	varchar(50)	表示订单的编号
usrid	int	表示客户标识号
createtime	datetime	表示订单的时间
delsoft	varchar(2)	表示删除标志位

表 2-8　product(商品)表结构

列　名	类　型	描　　述
id	int	表示商品ID标识号,是自动递增的主键
productnumber	varchar(32)	表示商品编号
productname	varchar(32)	表示ProductName属性
categoryno	varchar(32)	表示CatalogNo属性
category	varchar(64)	表示Category属性
imagepath	varchar(64)	表示Imagepath属性,图片地址
isnewproduct	varchar(64)	表示是否新产品
price1	varchar(32)	表示价格1
price2	varchar(32)	表示价格2
realstock	varchar(32)	表示RealStock属性
stock	varchar(32)	表示Stock属性
cas	varchar(32)	表示CAS属性
mdlint	varchar(32)	表示Mdlint属性
formula	varchar(32)	表示Formula属性
weight	varchar(32)	表示Weight属性
delsoft	varchar(32)	表示删除标志位
note	varchar(225)	表示备注

表 2-9　usr(用户)表结构

列　名	类　型	描　　述
id	int	表示用户ID标识号,是自动递增的主键
username	varchar(32)	表示用户名称
password	varchar(32)	表示用户密码
fullname	varchar(32)	表示全名
title	varchar(32)	表示标题

续表

列 名	类 型	描 述
companyname	varchar(32)	表示用户公司名称
companyaddress	varchar(32)	表示用户公司地址
city	varchar(32)	表示用户生活城市
job	varchar(32)	表示用户工作
tel	varchar(32)	表示用户电话
email	varchar(32)	表示用户 E-mail
country	varchar(16)	表示用户国家
zip	varchar(32)	表示 ZIP
superuser	varchar(32)	表示用户权限标志 1. 普通注册用户 2. 高权限用户 3. 管理员
delsoft	varchar(32)	表示删除标志位
note	varchar(255)	表示备注

2.2.3 项目运行指南

1. 开发工具与环境

开发工具：Visual Studio 2008

服务器：IIS 或 Visual Studio 内置环境

数据库：SQL Server 2005

2. 项目运行指南

1）完成数据库部署

打开 SQL Server 2005，右击“数据库”，从弹出的快捷菜单中选择“附加”命令，如图 2-47 所示。

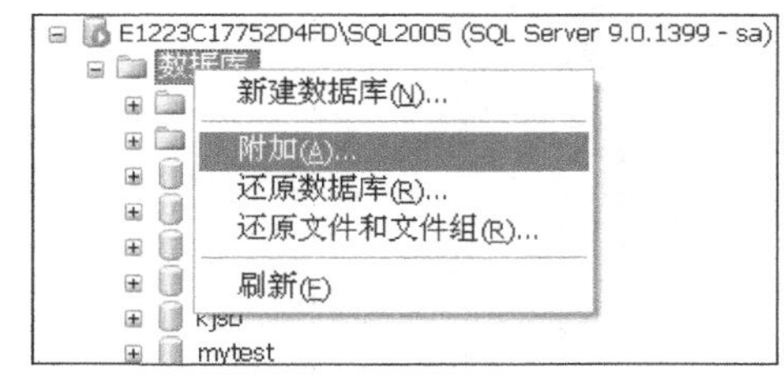

图 2-47 附加数据库

在打开的“附加数据库”窗口中单击“添加”按钮，选择要附加的数据库文件，如图 2-48 所示。

单击“确定”按钮，如图 2-49 所示。

在“附加数据库”窗口中单击“确定”按钮，完成数据附加。

根据需要，修改项目的 web. config 文件。

```
<!--   数据库连接 URL 的配置-->
  <connectionStrings>
    <add name="connUrl" connectionString="Data Source=localhost;Initial Catalog
=ascentsystem;User ID=sa;Password=123456"/>
    </connectionStrings>
```

注意：如果和你的 SQL Server 数据库配置不同，那么需要修改相关属性的值，例如

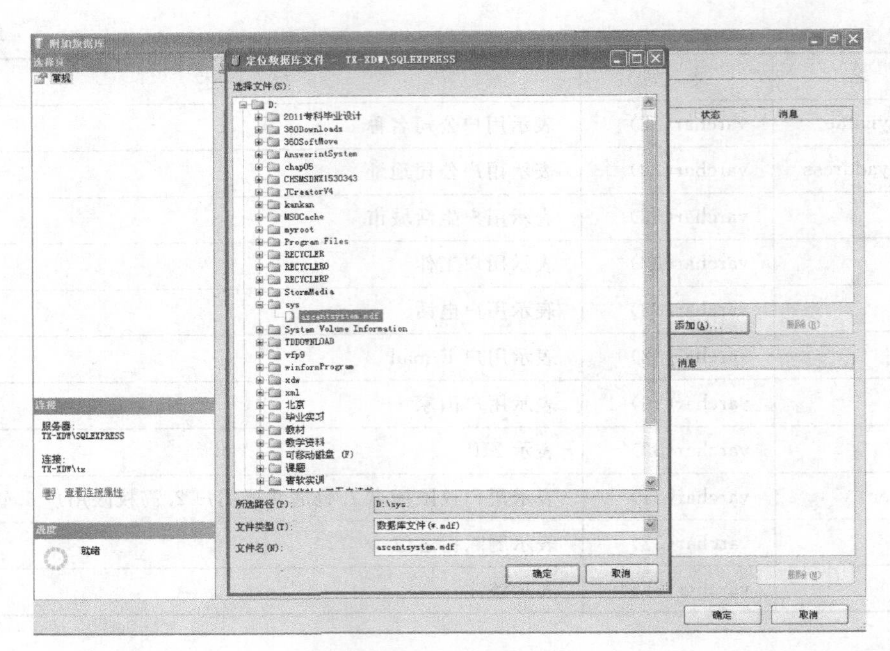

图 2-48　添加数据库

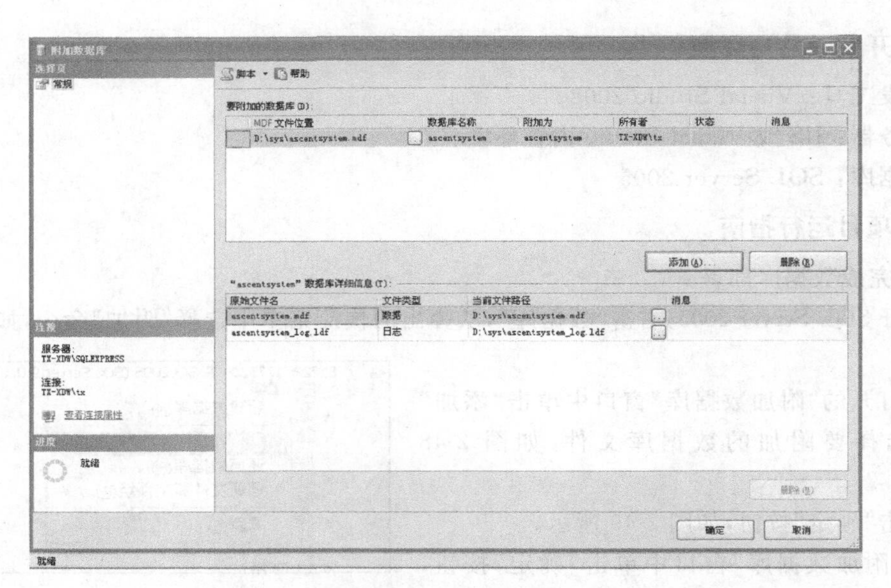

图 2-49　选择数据库

server=自己服务器的地址，user 和 pwd 是自己数据库服务器的用户名和密码等。

2）在 Visual Studio 中运行项目

在完成数据库部署后，启动 SQL Server 服务。然后启动 Visual Studio 2008，导入 ascentweb 项目方案（Solution），选择 login.aspx 页面，选择 Debug→Start Debugging 命令，如图 2-50 所示。

项目会启动并运行起来，如图 2-51 所示。

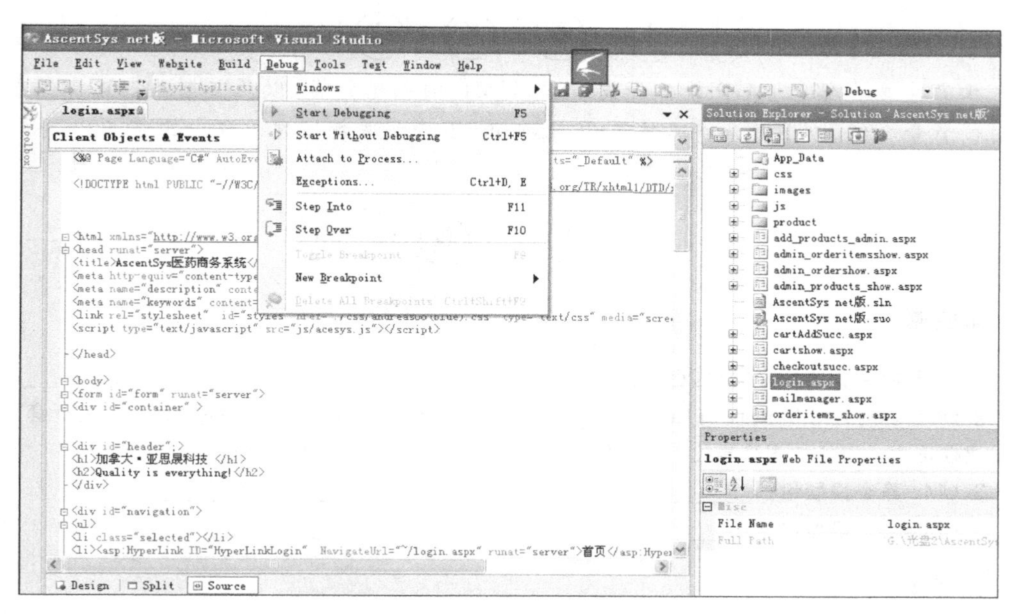

图 2-50 系统登录界面源码

图 2-51 系统启动页面

读者可以使用不同权限进入艾斯医药商务系统：

(1) 管理员用户：用户名：admin，密码：123456。

(2) 一般用户：用户名：ascent，密码：ascent。

(3) 游客：不需登录，可选择医药商务系统菜单后单击浏览产品。

本章总结

本章主要介绍了RUP软件开发过程,UML的基础知识,以及艾斯医药商务系统项目的背景介绍,以下几章将具体展开ASP.NET应用系统实现过程中的要点。

习题

一、填空题

1. 在RUP中，项目开发可以分为4个阶段：________、________、________、________。

2. UML（Unified Modeling Language）是实现项目开发流程的一个重要工具，它是一套可视化建模语言，由各种图来表达，图具体分为________和________两大类。

3. UML静态模型包括________、________、________、________、________。

4. UML动态模型包括________、________、________、________。

二、选择题

1. UML中属于静态视图的是（　　）。

   A. 顺序图、协作图、包图、类图　　　　B. 对象图、类图、构件图、包图

   C. 顺序图、用例图、对象图、类图　　　D. 对象、类图、构件图、部署图

2. 下列关于UML的叙述正确的是（　　）。

   A. UML是一种语言，语言的使用者不能对其进行扩展

   B. UML仅是一组图形的集合

   C. UML仅适用于系统的分析与设计阶段

   D. UML独立于软件开发过程

3. 下列描述中，（　　）不是建模的基本原则。

   A. 要仔细地选择模型

   B. 每一种模型可以在不同的精度级别上表示所要开发的系统

   C. 模型要与现实相联系

   D. 对一个重要的系统用一个模型就可以充分描述

4. 下列描述中，（　　）不是软件与硬件的区别。

   A. 软件是被开发或设计的，而不是被制造的

   B. 软件不会“磨损”，但会“退化”

   C. 软件的开发至今尚未摆脱手工艺的开发方式

   D. 软件开发与硬件开发的流程一样

三、简答题

1. UML包括哪些组成部分？

2. UML图有哪些？ 其中哪些是静态图？ 哪些是动态图？

第3章 C#基础

学习目的与要求

如果要深入 ASP. NET 3.5 应用程序开发，就需要对开发语言有更加深入的了解。而在. NET 平台上，微软公司主推的编程语言就是 C#，本章将讲解 C# 的语法、结构和特性，以便读者能够深入地了解 C# 程序设计。这部分是程序设计的基本知识和技巧，应该牢固掌握。通过本章的学习将能够：

- 掌握 C# 语言的基本知识，包括变量、变量规则、表达式、条件语句、循环语句以及异常处理。
- 掌握 C# 中面向概念的特性，包括类、对象、封装、继承、多态、委托和事件等。

本章主要内容

- C# 语言的基本知识：包括变量、变量规则、表达式、条件语句、循环语句以及异常处理。
- C# 中面向概念的特性：包括类、对象、封装、继承、多态、委托和事件等。

前面已经提到，在 ASP. NET 开发过程中需要使用 C# 或 VB. NET，而 C# 具有比 VB. NET 强大得多的功能，所以本书重点介绍 C# 技术。本章先介绍一下 C# 的基础知识。

3.1 C# 程序的基本结构

学习第一个程序一般都从“Hello World!”开始。下面的程序 Hello. cs 是传统“Hello World!”程序的 C# 版，该程序在控制台显示字符串 Hello World!。

```
//"Hello World!" program in C#
using System;
namespace Ascent
{
    class Hello
    {
        //变量
        static string s="Hello World!";
        //方法
        static void Main()
        {
            System.Console.WriteLine(s);
        }
    }
}
```

现在依次介绍此程序的重要组成部分。

1. 注释

第一行包含注释语句，注释是对程序的描述。

```
//"Hello World!" program in C#
```

“//”字符将这行的其余内容转换为注释内容。

2. using语句

为了能使用C#类库(稍后介绍)提供的类或别人写好的类，需要用using语句引入所需要的类。

```
using System;
```

3. 命名空间(namespace)

C#中同名的类有可能发生冲突。为了解决这一问题，C#提供了命名空间来管理类名。命名空间相当于文件系统里的文件夹或目录，而类相当于文件。

C#中用namespace语句将一个C#源文件中的类放入一个空间里。在我们的程序中，Hello类被放入Ascent命名空间内。

4. C#程序的基本元素

C#程序由类、程序块、分隔符、标识符、关键字、变量、方法和C#类库等组成。

1) 类

在这里定义了Hello类。C#程序的基本单位是类(class)，类也是面向对象语言的核心概念。类的成员包括变量和方法，其中变量代表数据部分，方法代表操作部分。

2) 程序块

整个Hello类的定义都位于一对花括号({})内；同样，方法或方法的一部分也都包含在一对花括号内。这些叫做程序块(block)，它代表一段相对独立的逻辑单元。注意，左大括号“{”一定要和右大括号“}”对应，并且保持对齐，尤其是使用很多对花括号时尤为重要。

3）分隔符（separators）

上面的 C# 程序块是由语句组成的，语句以分号（;）作为分隔符。例如：

```
System.Console.WriteLine(s);
```

C# 是一种形式自由的语言，这意味着不需要遵循任何特殊的缩进书写规范。不过通过使用空白分隔符，可以体现良好的书写格式。例如，虽然例子程序的所有代码可以位于同一行，但仍可按自己喜欢的方式输入程序代码，前提是必须在已经被运算符或分隔符描述的标记之间至少留出一个空白分隔符。在 C# 中，空白分隔符可以是空格、Tab 键或是换行符。在我们的实例中，在语句段之间适当采用了空行。另外，方法部分使用了空白分隔符的缩进，方法体内使用了下一级缩进，这很好地体现了类中的层次结构，便于阅读，一目了然。

4）标识符（identifiers）

标识符是赋给类、方法或是变量的名字。例如本程序使用了 Hello 标识符。一个标识符可以是大写和小写字母、数字、下划线、美元符号的任意顺序组合，但不能以一个数字开始。

5）C# 关键字

C# 关键字与运算符和分隔符一起构成 C# 语言的定义。这些关键字不能用于类名、变量名或方法名。本程序中使用了 namespace、class、static 和 void 等关键字。

6）变量

变量是类的重要成员。变量代表类中的数据，其定义包括修饰符、变量名、变量类型和变量值几个部分，例如：

```
static string s="Hello World!";
```

7）方法

方法也是类的重要成员。方法代表类中的功能或操作。这里使用了 Main 方法。C# 程序如果要能够单独运行就必须包含一个 Main 方法，程序控制在该方法中开始和结束。在 Main 方法中创建对象和执行其他方法。Main 方法是类或结构内的静态方法。用下列方式之一声明 Main 方法：

```
static void Main()
{
    //…
}
```

还可以返回 int：

```
static int Main()
{
    //…
    return 0;
}
```

还可以带有参数：

```
static void Main(String[] args)
{
//…
}
```

或者

```
static int Main(String[] args){
//…
return 0;
}
```

Main方法的参数是String数组，该数组表示用于激活程序的命令行参数。关于Main方法参数的使用，稍后通过实例讲解。

8) C#类库。

C#程序通常使用.NET Framework的运行时库提供的服务。在这个示例程序中用到了WriteLine方法，该方法是运行时库中的System.Console类的输出方法之一。它显示了标准输出流使用的字符串参数，输出流后面跟一个新行。其他Console方法用于不同的输入和输出操作。如果程序开始处包含using System;指令，则无需完全限定System类和方法即可直接使用它们。例如，可以改为调用Console.WriteLine，而不必指定System.Console.Writeline。

C#环境提供多个内置的类库，这些类库包含许多内置的方法，用以提供对诸如输入输出(I/O)、字符串处理、网络、图形的支持。标准的类还提供对窗口输出的支持。因此，作为一个整体，C#技术是C#语言本身和它的标准类库的组合体。

3.2 C#面向对象技术

我们知道，C#是一种面向对象的程序设计语言，具备面向对象技术的基本特性。下面要进入C#面向对象原理的学习，包括面向对象的核心概念和高级特性。

3.2.1 面向对象的概念

所谓面向对象的方法学，就是使我们分析、设计和实现一个系统的方法尽可能地接近在实际生活中认识一个系统的方法。包括面向对象的分析(Object-Oriented Analysis，OOA)、面向对象的设计(Object-Oriented Design，OOD)和面向对象的程序设计(Object-Oriented Program，OOP)。

首先介绍对象和类的基本概念。

1. 对象

对象有两个层次的概念，现实生活中的对象指的是可观世界的实体或事物；而程序中的对象就是一组变量和相关方法的集合，其中变量表明对象的状态，方法表明对象所具有的行为。

可以将现实生活中的对象经过抽象，映射为程序中的对象。对象在程序中是通过一种抽象数据类型(与基本数据类型对应)来描述的，这种抽象数据类型称为类(class)，如图 3-1 所示。

2. 类(Class)

类是描述对象的"基本原型"，它定义一类对象所能拥有的数据和能完成的操作。在面向对象的程序设计中，类是程序的基本单元。

相似的对象可以归并到同一个类中去，就像传统语言中的变量与类型关系一样。

程序中的对象是类的一个实例，是一个软件单元，它由一组结构化的数据和在其上的一组操作构成。它的基本概念有：

变量：指对象所知道的状态。

方法：指对象的功能单元。

消息：软件对象通过传递消息来相互作用和通信，如图 3-2 所示。一个消息由接收消息的对象、接收对象要采取的方法和方法需要的参数三部分组成。

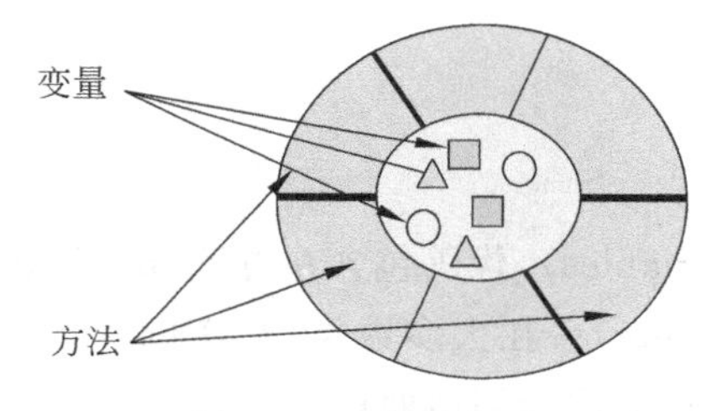

图 3-1 对象的组成

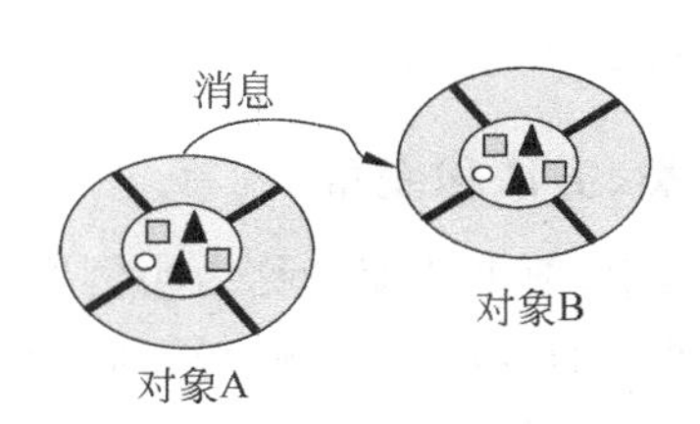

图 3-2 对象消息通信

下面来看一个实例 StringTest.cs：

```
using System;
class StringTest{
    private String s;
    public void PrintString(){
        System.Console.WriteLine(s);
    }
    public void ChangeString(String str){
        s=str;
    }
    public static void Main(String[] args){
       StringTest st=new StringTest ();
       st.ChangeString("Hello Lixin");
       st.PrintString();
    }
}
```

程序的输出结果如下：

```
Hello Lixin
```

当创建一个类时，就创建了一种新的数据类型。可以创建该种类型的对象。也就是说，类是对象的模板(template)，而对象就是类的一个实例(instance)。要获得一个类的对象需要两步：第一步，必须声明该类类型的一个变量，这个变量没有定义一个对象。实际上，它只是一个能够引用对象的简单变量。第二步，该声明要创建一个对象的实际物理拷贝，并把对于该对象的引用赋给该变量。这是通过使用new运算符实现的。new运算符为对象动态分配(即在运行时分配)内存空间，并返回对它的一个引用。这个引用是new分配给对象的内存地址，然后这个引用被存储在该变量中。这样，在C#中所有的类对象都必须动态分配。

例如在上面的程序中，可以创建一个对象，也就是类的一个实例：

```
StringTest st=new StringTest ();
```

然后可以使用对象。对象的使用通过一个引用类型的变量来实现，包括引用对象的成员变量和方法。通过运算符"·"可以实现对变量的访问和方法的调用。例如在前面的程序中这样调用方法：

```
st.printString();
```

3. 类、方法和变量

在类中，数据或变量称为实例变量(instance variables)，代码包含在方法(methods)内。定义在类中的方法和实例变量称为类的成员(members)。在大多数类中，实例变量定义该类中的方法操作和存取。这样，方法就决定了该类中的数据如何使用。

1) 类的定义及修饰字

基本语法如下：

```
[类的修饰字] class 类名称 [:基类或接口]
{
        变量定义及初始化;
        方法定义及方法体;
}
```

其中[ ]中的内容代表是可选的。

如果类不是在某个类内声明的(将在后面讲解)，这个类又叫顶级类，它的修饰字包括public和internal两种。public所修饰的类的可访问域是任何引用该程序的程序，访问不受限制。internal所修饰的类的可访问域是定义它的程序。当类没有指定修饰符时，默认的修饰符是internal。

类名是必需的，它是一种标识符，必须符合标识符的命名规则。类名最好能体现类的含义和用途。

基类或接口是和继承相关的概念，将在后面详细介绍。

2) 成员变量的定义及修饰字

基本语法如下：

```
[变量修饰字] 变量数据类型 变量名1,变量名2[=变量初值]…;
```

变量修饰字包括访问修饰符和其他修饰字(例如 const 用来修饰常量)。对类的成员变量和成员方法而言,其应用范围可以通过一定的访问权限来限定,类成员访问权限如表 3-1 所示。

表 3-1 访问权限

类 型	说 明
public	所有类均可以访问
private	只能被它所在的类内访问
protected	可以被类内和所有子类(关于子类和继承,后面会展开介绍)访问
internal	限定在类所在的程序内
protected internal	protected 或 internal,即可访问域限定在类所在的程序或那些由它所属的子类内

成员变量的类型可以是 C# 中任意的数据类型,包括简单类型、数组、类或接口类型(将在后面详细讲解)。在一个类中的成员变量应该是唯一的。

3) 方法的定义及修饰字

基本语法如下:

```
[方法修饰字] 返回类型  方法名称(参数 1,参数 2,…) [throws exceptionList]
{
    …(statements;)       //方法体:方法的内容
}
```

方法修饰字包括访问修饰符(同上面成员变量的访问修饰符一样)和其他修饰字(例如 static 用来修饰静态方法)。

返回类型可以是任意的 C# 数据类型。当一个方法不需要返回值时,返回类型为 void。

参数的类型可以是简单数据类型,也可以是引用数据类型(数组、类或接口)。

throws exceptionList 是和异常处理(将在后面详细讲解)相关的,可以保证程序的健壮性。

方法体是对方法的实现。它包括局部变量的声明以及所有合法的 C# 指令。局部变量的作用域只在该方法内部。

4) 方法参数

方法既可以带有参数,也可以不带参数。如果有参数,则定义在其形式化参数表内。如果不止一个参数,则参数之间需用逗号分隔。

方法为其所声明的参数和局部变量创建了单独的声明空间。方法的形式化参数表和在方法体中的局部变量声明把它们所声明的名称提供给此声明空间。如果方法声明空间的两个成员具有相同的名称,或者方法声明空间及嵌套的声明空间包含同名的元素,则会发生错误。

5) 构造方法和析构方法

构造方法(constructor)是一种特殊的方法。C# 中的每个类都有构造方法,用来初始化该类的一个新的对象。构造方法具有和类名相同的名称,而且不返回任何数据类型。系统在产生对象时会自动执行。如果程序中没有定义构造方法,C#会自动生成一个默认构造方法,它是一个无参数的空方法。但是特别要注意的是,如果程序中已经定义了构造方法,C#就不会再生成默认构造方法了。

对象的构造过程分为两部分:为对象开辟空间,并对对象的成员变量进行默认的初始化;对成员变量进行指定的初始化。

```
public class Xyz {
    //member variables go there
    private int i;
    //构造方法
    public Xyz(int x) {
        //set up the object with a parameter
        i=x;
    }
}
```

析构方法(destructor)用于实现销毁类的实例所需的操作,并释放实例所占的内存。析构方法的名称由类名前加上"～"字符组成。析构方法没有返回值类型(甚至不能使用析构方法 void),也没有返回值,没有参数。一个类只能有一个析构方法。析构方法是自动调用的,不能被显式调用,调用时机由公共语言运行时的垃圾回收机制确定,而不是由用户程序决定。

6) 方法的重载

方法重载即指多个方法可以享有相同的名字。但是这些方法的参数必须不同,或者是参数个数不同,或者是参数类型不同。

在以前不支持方法重载的语言中(例如C语言),每个方法必须有一个唯一的名字。但是,用户经常希望实现数据类型不同但本质上相同的方法。

例如,要打印不同类型的数据,int、float、String,C语言需要定义不同名的方法:

```
PrintInt(int);
PrintFloat(float);
PrintString(String);
```

这样就使得概念情况复杂许多。尽管每一个打印方法潜在的概念是相同的,但是仍然不得不记住这三个名字。在C#中就不会发生这种情况,可以使用方法重载这个概念,只需要定义一个方法名 Println(),接收不同的参数:

```
Println(int);
Println(float);
Println(String);
```

重载的价值在于它允许相关的方法可以使用同一个名字来访问。因此,Println 这个名字代表了它执行的通用动作(general action)。为特定环境选择正确的指定(specific)版本是编译器要做的事情。作为程序员只需要记住执行的通用操作就行了。

3.2.2 封装

在C#中,就是通过类这样的机制来完成封装性。在创建一个类时,实际上是在创建一种新的数据类型，不但要定义数据的属性，也要定义操作数据的代码，所以封装把对象的所有组成部分，包括数据和方法组合在一起。同时，封装也提供了另一个重要属性——访问控制(access control)。通过访问控制，可以阻止对象的滥用。也就是说，封装可以将类的数据隐藏起来，从而控制用户对类的修改和访问数据的程度。另外，方法定义了对该类数据相一致的控制接口。因此，可以通过类的方法来使用类，而没有必要担心它的实现细节或在类的内部数据实际上是如何被管理的。在某种意义上，一个类像“一台数据引擎”。可以通过操纵杆来控制使用引擎，而不需要知道引擎内是如何工作的。事实上，既然细节被隐蔽，当需要时，它的内部工作可以被改变。只要你的代码通过类的方法来使用它，内部的细节可以改变而不会对类的外部带来负面影响。

一个成员如何被访问取决于修改它的声明的访问指示符(access specifier)。C#提供了一套丰富的访问指示符，C#的这些访问控制机制将在以后讨论。现在，让我们从访问控制一个简单的类开始。一旦理解了访问控制的基本原理，其他部分就比较容易了。

从定义 public 和 private 开始。当一个类成员被 public 指示符修饰时，该成员可以被你的程序中的任何其他代码访问。当一个类成员被指定为 private 时，该成员只能被它的类中的其他成员访问。现在你能理解为什么 Main()总是被 public 指示符修饰，它被在程序外面的代码调用，也就是由 C#运行系统调用。如果不使用访问指示符，该类成员的默认访问设置为在它自己的包内为 public，但是在它的包以外不能被存取。

到目前为止，我们开发的类的所有成员都使用了默认访问模式，然而这并不是用户想要的典型方式。通常，用户想要对类数据成员的访问加以限制，只允许通过方法来访问它。另外，有时想把一个方法定义为类的一个私有方法。

访问指示符位于成员类型的其他说明的前面。也就是说，成员声明语句必须以访问指示符开头。下面是一个例子：

```
public int i;
private double j;
private int MyMethod(int a,char b) { //…
```

要理解 public 和 private 对访问的作用，下面的程序 AccessTest.cs 演示了数据封装性。

```
using System;
class EncapTest
{
    public int a;                          //公共存取(public access)控制
    public int b;                          //公共存取控制
    private int c;                         //私有存取(private access)控制
    //访问 c 的方法
    public void SetC(int i)
    { //设定 c 的值
        c=i;
    }
    public int GetC()
    { //获得 c 的值
```

```
            return c;
        }
    }
public class AccessTest
{
    public static void Main(String[] args)
    {
        EncapTest ob=new EncapTest();
        //以下代码是正确的
        ob.a=10;
        ob.b=20;
        //以下代码会产生错误
        //ob.c=30;
        //必须通过公共方法操作 c
        ob.SetC(30);                    //正确
        System.Console.WriteLine("a,b,and c: "+ob.a+" "+ob.b+" "+ob.GetC());
    }
}
```

可以看出，在 EncapTest 类中，a、b 被显式地指定为 public。成员 c 被指定为 private，因此它不能被它的类之外的代码访问。所以，在 AccessTest 类中不能直接使用 c，对它的访问只能通过它的 public 方法：setC()和 getC()。如果将语句：

```
//ob.c=100;                    //错误
```

开头的注释符号去掉，那么由于违反语法规则，将不能编译这个程序。

3.2.3 继承

1. 继承的概念

继承性是面向对象程序设计语言的另一个基本特征，通过继承可以实现代码的复用。运用继承能够创建一个通用类，它定义了一系列相关项目的一般特性。该类可以被更具体的类继承，每个具体的类都增加一些自己特有的东西。继承而得到的类为子类，被继承的类为基类或父类。继承是指子类利用父类中定义的方法和变量，就像它们属于子类本身一样。

C# 中不支持类之间的多重继承(注：C# 支持接口之间的多重继承)，即不允许一个子类继承多个父类。这是因为多重继承带来了许多必须处理的问题。多重继承只对编程人员有益，却增加了编译器和运行环境的负担。不要混淆的是，C# 支持多层继承，也就是说，可以如你所愿地建立包含任意多层继承的类层次。前面提到，用一个子类作为另一个类的超类是完全可以接受的。例如，给定三个类 A，B 和 C。C 是 B 的一个子类，而 B 又是 A 的一个子类。当这种类型的情形发生时，每个子类继承它的所有超类的属性。这种情况下，C 继承 B 和 A 的所有方面。

通过在类的声明中加入基类来创建一个类的子类：

```
class SubClass :SuperClass
```

```
{
    ...
}
```

如果缺省基类,则该类为 Object 的子类。Object 类没有任何直接或间接基类,并且是所有其他类的最终基类。无论基类成员的可访问性如何,除构造函数和析构函数外,所有其他基类的成员都能够被子类继承。然而,有些继承成员在派生类中是不可访问的,这取决于基类成员的可访问性。具体而言,基类的 public、internal、protected 和 internal protected 类型的成员将成为子类的 public、internal、protected 和 internal protected 类型成员。基类的 private 成员也是子类的 private 成员,但在子类中不可访问(例外:如果将子类的对象作为参数传入基类的方法内,在基类的代码内部就可以通过子类或子类的对象来访问基类的 private 成员)。

下面看一个实例 Employee.cs:

```
//这个类代表员工类
using System;
public class Employee {
    protected String name;
    protected int salary;

public Employee() {
}
public Employee(String n, int s) {
        name=n;
        salary=s;
    }
    public int GetSalary(){
      return salary;
    }
    public void SetSalary(int salary){
      this.salary=salary;
    }
}
//这个类代表经理类
public class Manager :Employee {
    private double bonus;
    //创建对象 (Creates a new instance of Manager)
    public Manager() {
    }
    public double GetBonus(){
      return bonus;
    }
    public void SetBonus(double bonus){
      this.bonus=bonus;
    }
```

```
    public static void Main(String[] args){
        Manager m=new Manager();
        m.SetSalary(1000);
        System.Console.WriteLine("Manager salary is: "+m.GetSalary());
        m.SetBonus(100.12);
        System.Console.WriteLine("Manager bonus is: "+m.GetBonus());
    }
}
```

在这里，Employee 是父类，Manager 是子类。Manager 中继承了 Employee 中的两个公共(public)方法：GetSalary( )和 SetSalary( )，同时又增加了两个新方法：GetBonus( )和 SetBonus( )。另外，Manager 还继承了 Employee 中的两个保护(protected)数据：name 和 salary，同时又增加了自己的私有数据 bonus。

程序的输出结果如下：

```
Manager salary is: 1000
Manager bonus is: 100.12
```

2. 虚方法与重写方法

如果一个实例方法的声明中有 virtual 修饰符，那么这个方法为虚方法。如果一个实例方法的声明中有 override 修饰符，那么这个方法为重写方法(override method)，重写方法用相同的签名重写所继承的虚方法。在虚方法调用中，对象的运行时类型(run-time type)确定了要被调用的究竟是方法的哪一个实现。

只有在包含了 override 修饰符时，一个方法才能重写另一个方法。否则，声明一个从基类继承而来的具有相同签名的方法只会隐藏被继承的基类方法。

重写方法允许通用类指定方法，这些方法对该类的所有派生类都是公用的，同时该方法允许子类定义这些方法中的某些或全部的特殊实现。

以下实例 OverrideMethodTest. cs 演示方法重写：

```
using System;
using System.Collections.Generic;
using System.Text;
public class SuperClass                         //基类
{
    public SuperClass()
    {
        Console.WriteLine("In SuperClass.Constructor");
    }
    public virtual void Method()                //用 virtual 才可以在子类中用 override
    {
        Console.WriteLine("In SuperClass.Method()");
    }
}
public class SubClass : SuperClass              //继承基类,看看 override 状态
```

```
{
    public SubClass()
    {
        Console.WriteLine("In SubClass.Constructor");
    }
    public override void Method()              //使用 override,是说把基类的方法重新定义
    {
        Console.WriteLine("In SubClass.Method() use override");
    }
}
class OverrideMethodTest
{
    static void Main()
    {
        SuperClass s=new SubClass();
        s.Method();
        Console.ReadKey();
    }
}
```

程序的输出结果如下：

```
In SuperClass.Constructor
In SubClass.Constructor
In SubClass.Method() use override
```

3.2.4 多态

1. 多态的概念

多态是面向对象设计中代码重用的最强大机制之一。多态从语义上讲是“多个结果”的意思。成功应用多态的关键部分是理解超类和子类形成了一个从简单到复杂的类层次。正确应用多态，超类提供子类可以直接运用的所有元素。多态也定义了这些派生类必须自己实现的方法。这允许子类在加强一致接口的同时，灵活地定义它们自己的方法。这样，超类可以定义供它的所有子类使用的方法的通用形式。同时，在程序运行时，对超类通用方法的调用实际上转换为对子类自己实现的方法的调用，从而产生多个动态结果。

2. 多态的实现条件

多态的实现有三个条件：

(1) 继承、虚方法和重写方法。

相关内容在前面刚刚讲解过。

(2) 子类对象声明基类类型。

例如：

```
public class Manager : Employee
{
```

```
    ...
}
```

则

```
Employee e=new Manager();                    //合法语句
```

(3) 运行时类型(Run-Time Type)识别。

对于重写的方法,C#运行时系统根据调用该方法的实例的运行时类型来决定选择哪个方法调用。这是由系统支持的。

以下实例 PolymTest.cs 演示了多态的使用:

```
using System;
public class Animal
{
    public virtual void Eat()
    {
        Console.WriteLine("Animal Eat ...");
    }
}
public class Cat : Animal
{
    public override void Eat()
    {
        Console.WriteLine("Cat Eat ...");
    }
}
public class Dog : Animal
{
    public override void Eat()
    {
        Console.WriteLine("Dog Eat ...");
    }
}
class PolymTest
{
    static void Main(string[] args)
    {
        Animal[] animals=new Animal[3];
        animals[0]=new Animal();
        animals[1]=new Cat();
        animals[2]=new Dog();
        for (int i=0; i<animals.Length; i++)
        {
            animals[i].Eat();
        }
        Console.ReadKey();
```

```
    }
}
```

在这里,因为继承关系,可以把 Cat 声明为 Animal 类型,而不是它真正的类型 Cat,但实际上类 Cat 中的 Eat( )方法将被调用。为什么呢?因为 C# 支持运行时类型识别技术,也就是说,C# 在程序运行时会检查对象的真正类型,而不仅仅是根据编译时对象所声明的类型来调用方法。

程序的运行结果是:

```
Animal Eat ...
Cat Eat ...
Dog Eat ...
```

3. 多态性的代码实现

基本模板如下:

(1) 继承和方法重写。

```
SubC1 :SuperC     override MethodA();
SubC2 :SuperC     override MethodA ();
SubC3 :SuperC     override MethodA ();
```

(2) 子类对象声明超类类型,这里使用数组。

```
SuperC[ ] sa={
    new SubC1( ),
    new SubC2( ),
    new SubC3( )
}
```

(3) 运行时类型识别。

```
foreach(SuperC sc in sa){
     sc.MethodA ();
}
```

或者

```
for (int i=0; i<sa.Length; i++)
{
     sa[i]. MethodA ();
}
```

来看以下实例 ShapeTest. cs:

```
using System;
class ShapeTest
{
    public ShapeTest()
    {     }
```

```
    public static void Main(String[] args)
    {
        Shape[] s ={new Shape(1,4),
             new Rectangle(1,2,3,4),
             new Circle(2,3,5)};
        foreach (Shape sp in s)
        {
            sp.Draw();
        }
        Console.ReadKey();
    }
}
class Shape
{
    protected int x;
    protected int y;
    public Shape() { }
    public Shape(int x, int y)
    {
        this.x=x;
        this.y=y;
    }
    public virtual void Draw()
    {
        System.Console.WriteLine("This is a test in shape.");
    }
}
class Rectangle : Shape
{
    private int heigth;
    private int weight;
    public Rectangle(int x, int y, int w, int h)
        : base(x, y)
    {
        this.weight=w;
        this.heigth=h;
    }
    public override void Draw()
    {
        System.Console.WriteLine("This is a test in  Rectangle.");
    }
}
class Circle : Shape
{
    private int r;
```

```
    public Circle(int x, int y, int r)
        : base(x, y)
    {
        this.r=r;

    }
    public override void Draw()
    {
        System.Console.WriteLine("This is a test in Circle.");
    }
}
```

程序运行结果如下：

```
This is a test in shape.
This is a test in Rectangle.
This is a test in Circle.
```

3.3 C#高级技术

3.2 节讲了面向对象的核心概念：封装、继承和多态。除此之外，面向对象技术还有一些高级特性，包括静态(static)变量和方法；密封(sealed)类和方法；访问控制(access control)；抽象类和方法(Abstract classes and methods)；接口(interface)；集合；类的转换；等等。这一章就来一一展开这些高级语法部分的讲解。

3.3.1 静态变量和方法

在类的变量或方法之前用 static 修饰，表明它们是属于类的，称为类方法(静态方法)或类变量(静态变量)。若无 static 修饰，则是实例方法和实例变量。

1. 静态变量

静态变量或类变量是一种全局变量，它可以在各对象实例间共享。见下例：

```
class ABCD
{
     char data;
     static int share_data;
}
class StaticDemo{
   ABCD  a,b,c,d;
}
```

static 变量的生存期不依赖于对象，其他类可以不通过实例化访问它们。

```
public class StaticVar
{
    public static int number=5;
```

```
}
public class OtherClass
{
    public void Method()
    {
            int x=StaticVar.number;
    }
}
```

2. 静态方法

同样,static的方法相当于C语言中的全局函数,其他类不用实例化即可调用它们。

```
public class StaticMethodTest
{
    public static int Add(int x,int y)
    {
        return x+y;
    }
}
public class UseStaticMethod
{
    public void Method()
    {
        int a=1;
        int b=2;
        int c=StaticMethodTest.Add(a,b);
    }
}
```

现在我们知道,全局变量可以分为实例变量(instance variable)和类变量(static variable)两种。同样,方法也可以分为实例方法和静态方法(加static关键字的方法)两种。在方法使用变量时,需要注意以下规则:

实例方法既可以使用实例变量,又可以使用类变量;而静态方法只能使用类变量,不能直接使用实例变量。

例如,以下实例使用了不正确的操作。

```
class StaticError
{
    String mystring="hello";
    public static void Main(String[] args)
    {
        System.Console.WriteLine(mystring);
    }
}
```

编译时的错误信息:

```
An object reference is required for the non-static field, method, or property
'StaticError.mystring'
```

不正确的原因:静态方法不能直接使用实例变量。

3.3.2 密封类和方法

sealed 也是一个重要的关键字,它可以用来修饰类、变量和方法。

sealed 修饰符放在类之前,就将类声明为密封类,表示该类不能被继承。密封类主要防止意外派生,同时可以提高程序的运行性能。在非密封类中,如果要防止一个实例成员在子类中被重写,可以将该成员声明为密封成员,包括密封方法、密封属性和密封索引器等。对于密封方法,它只能用于对基类的虚方法进行重写,并提供具体实现。所以在密封方法的声明中,sealed 修饰符总是和 override 修饰符同时使用,可以防止派生类进一步重写该方法。

下面看一个实例。

```
using System;
class A
{
    public virtual void F()
    {
        Console.WriteLine("A.F");
    }
    public virtual void G()
    {
        Console.WriteLine("A.G");
    }
}
class B : A
{
    sealed override public void F()
    {
        Console.WriteLine("B.F");
    }
    override public void G()
    {
        Console.WriteLine("B.G");
    }
}
class C : B
{
    override public void G()
    {
        Console.WriteLine("C.G");
    }
}
```

类B对基类A中的两个虚方法均进行了重载,其中F方法使用了sealed修饰符,成为一个密封方法。G方法不是密封方法,所以在B的派生类C中可以重载方法G,但不能重载方法F。

3.3.3 访问控制

前面介绍过,封装将数据和处理数据的代码组合起来。同时,封装也提供了另外一个重要属性——访问控制。通过封装可以控制程序的某个部分可以访问类的成员,防止对象的滥用,从而保护对象中数据的完整性。对于所有面向对象的语言,比如C++,访问控制都是一个很重要的方面。由于C#语言使用了命名空间的概念,使得它的访问控制相对来说更复杂一些。访问控制权限的修饰符主要分为两类:类和它的方法及变量。前面简单介绍过访问修饰符,这里再总结一下。

1. 类的访问控制

每个类都拥有自己的名字空间,即指类及其方法和变量可以在一定的范围内知道彼此的存在,可以使用。对类而言,public所修饰的类的可访问域是任何引用该程序的程序,访问不受限制。internal所修饰的类的可访问域是定义它的程序。

2. 类成员变量和成员方法的访问控制

对类的成员变量和成员方法而言,其应用范围可以通过一定的访问权限来限定。public,所有类均可以访问;private,只能被它所在的类内访问;protected,可以被类内和所有子类访问;internal,限定在类所在的程序内;protected internal、protected或者internal,即可访问域限定在类所在的程序或那些由它所属的类派生的类内。

3.3.4 抽象类与抽象方法

在现实生活中我们发现,一个类中的某个或某几个方法是无法具体实现的。例如前面使用的Shape类中的画图方法draw()。当不知道具体要画什么形状,比如长方形或者三角形时,怎么可能实现一个画形状的方法呢?在C#中,这样的方法叫做抽象方法。一个类如果有一个或多个抽象方法,这个类就叫做抽象类。

用abstract关键字修饰一个类时,该类叫做抽象类;用abstract关键字修饰一个方法时,该方法叫做抽象方法。

```
abstract ReturnType abstractMethod( [paramlist] );
```

(1) 抽象类必须被继承,抽象方法必须被重写。

(2) 抽象类不能被直接实例化,因此它一般作为其他类的基类。

(3) 抽象方法只需声明,而不需实现。定义抽象方法的类必须是抽象类。

下面来看一个实例。这里需要两个类Circle和Rectangle,完成相关参数的计算。

```
class Circle
{
    public float r;
    Circle(float r) {
          this.r=r;                                  //this 指"这个对象的"
```

```
        }
        public float Area() {
            return (float)3.14 * r * r;
        }
    }
    class Rectangle
    {
        public float width,height;
        Rectangle (float w, float h) {
            width=w;                          //这里不需 this
            height=h;
        }
        public float Area() {
            return width* height;
        }
    }
```

假设有若干个 Circle 以及若干个 Rectangle，希望计算它们的总面积，直截了当的做法是将它们分别放到两个数组中，用两个循环加上一个加法，但这种做法不是最好的。因为如果还有其他形状，如 triangle、ellipses 等，上述方法显得“累赘”。我们希望有一种统一的表示，例如用一个数组 Shape[]接受所有的形状，然后用：

```
foreach(Shape sp in s)
{
  area_total +=ap.Area( )
}
```

完成调用。这样的话，需要使用一个抽象类 Shape。请看以下实例 AbstractShapeTest. cs。

```
using System;
abstract class Shape
{
    public abstract float Area();
}
class Circle : Shape
{
    public float r;
    public Circle(float r)
    {
        this.r=r;
    }
    public override float Area()
    {
        return (float)3.14 * r * r;
    }
}
class Rectangle : Shape
```

```
{
    public float width, height;
    public Rectangle(float w, float h)
    {
        width=w;
        height=h;
    }
    public override float Area()
    {
        return width * height;
    }
}
public class AbstractShapeTest
{
    public static void Main(String[] args)
    {
        Shape circle1=new Circle((float)2.0);
        Shape rectangle1=new Rectangle((float)3.4, (float)6.8);
        Console.WriteLine("Circle's Area is: "+circle1.Area());
        Console.WriteLine("Rectangle's Area is: "+rectangle1.Area());
        Console.ReadKey();
    }
}
```

运行结果如下：

```
Circle's Area is: 12.56
Rectangle's Area is: 23.12
```

3.3.5 接口

从本质上讲，接口(interface)是一种特殊的抽象类，这种抽象类中指定实现该接口的类必须提供的成员，实现接口的类提供接口成员的实现。那么为什么要使用接口？首先，通过接口可以实现不相关类的相同行为，而不需要考虑这些类之间的层次关系；其次，通过接口可以指明多个类需要实现的方法；最后，通过接口可以了解对象的交互界面，而不需了解对象所对应的类。

另外，从软件设计的角度来看，我们希望把复杂的应用系统分割成为多个模块，而每个模块完成独立的功能，且模块之间能够协同工作，这样的模块称为组件。组件可以单独开发、编译和测试，把所有组件结合在一起，就得到了完整的系统。要使组件能够协同工作，就必须在组件之间提供一种工作协议，而接口就非常适合作为组件之间的协议描述工具。

1. 接口的定义

```
[接口修饰符] interface interfaceName [:SuperInterfaceList]
{
    …      //接口成员
```

```
}
```

其中接口修饰符是可选的，只允许 new 修饰符和访问修饰符 public、protected、internal 或 private。基接口也是可选的，接口可以从 0 个或多个接口继承。interface 和接口名是必需的，接口名是一种标识符，应符合标识符的命名规则，并且最好能体现接口的含义和用途。根据命名惯例，接口名总是以大写字母 I 开头。

对接口成员具有如下要求：

(1) 接口成员必须是方法、属性、事件或索引器。接口不能包含常量、字段、运算符、实例构造函数、析构函数或类型，也不能包含类的静态成员。

(2) 接口只包含方法、属性、事件或索引器的签名，而不提供它们的实现。

(3) 接口成员都是 public 类型的，但是不能使用 public 修饰符。

下面是接口的一个实例：

```
interface ITest{
    string Name;
    {
        get;
        set;
    }
    void MyMethod();
}
```

接口可实现多重继承，即一个接口可以继承多个接口，在冒号后跟上一个由逗号分开的基接口列表。

例如：

```
interface ITest1
{
   void M1();
}
interface ITest2
{
   void M2();
}
interface ITest3
{
   void M3();
}
interface ISubTest :ITest1, ITest2, ITest3
{
}
```

ISubTest 将多重继承 ITest1、ITest2 和 ITest3，同时具备方法 M1、M2 和 M3。

2. 接口的实现

在类中继承接口叫做对接口的实现(implementation)。

例如：

```
interface Collection
{
    void Add (Object obj);      //方法是public的,C#编译器会自动帮你加上。下同
    void Delete (Object obj);
    Object Find (Object obj);
    int CurrentCount ( );
}
class Queue : Collection
{
    public void Add ( Object obj )
    {
        ...
    }
    public void Delete( Object obj )
    {
        ...
    }
    public Object Find( Object obj )
    {
        ...
    }
    public int CurrentCount()
    {
        ...
    }
}
```

利用接口可实现多重继承，即一个类可以实现多个接口，在冒号后跟上一个由逗号分开的基接口列表。例如：

```
interface ITest1
{
   void M1();
}
interface ITest2
{
   void M2();
}
class TestImpl : ITest1, ITest2
{
public void M1()
{
}
public void M2()
```

```
{
}
}
```

再看一个完整实例 ShapeInterfaceTest.cs。为了演示效果，把前面使用的 Shape 类变为接口。

```
using System;

interface IShape
{
  void Draw();
  //{  //不能有任何实现部分
    //System.Console.WriteLine("draw in shape");
  //}
}
class Circle : IShape
  {
    private double x;
    private double y;
    private double r;
    public Circle()
    {
      r=1.0;
    }
    public Circle(double nr)
    {
      r=nr;
    }
    public Circle(double x, double y,double r)
    {
      this.x=x;
      this.y=y;
      this.r=r;
    }
    public void Draw()
    {
      System.Console.WriteLine("draw in circle");
      System.Console.WriteLine("x: "+x+"\n"+"y :"+y+"\n"+"r: "+r);
    }
  }
class Rectangle : IShape
{
  private double x;
  private double y;
  private double height;
```

```
    private double width;
    public Rectangle()
    {
      height=1.0;
      width=1.0;
    }
    public Rectangle(double nheight,double nwidth)
    {
      height=nheight;
      width=nwidth;
    }
    public Rectangle(double nx,double ny,double nheight,double nwidth)
    {
      this.x=nx;
      this.y=ny;
      height=nheight;
      width=nwidth;
    }
      public void Draw()
    {
      System.Console.WriteLine("draw in rectangle");
      System.Console.WriteLine("x: "+x+"\n"+"y :"+y+"\n" +
                         "height: "+height+"\n"+"weight: "+width);
    }
  }
  public class ShapeInterfaceTest
  {
      public static void Main(String[] args)
      {
          IShape circle1=new Circle(2.0,3.0,4.0);
          IShape rectangle1=new Rectangle(3.4, 6.8, 433, 6567);
          circle1.Draw();
          rectangle1.Draw();
          Console.ReadKey();
      }
  }
```

程序运行结果：

```
draw in circle
x: 2
y :3
r: 4
draw in rectangle
x: 3.4
y :6.8
```

```
height: 433
weight: 6567
```

3.3.6 集合

集合(collection)是 C# 中最常用、最重要的技术之一。集合是存放其他对象并且只能存放对象的对象,也可以叫做容器。集合中的元素类型都为对象(object)。从集合取得元素时,必须把它转换成原来的类型。另外,集合的大小是可以动态增减的,这是与前面介绍的数组不同的地方。

集合是组合在一起的数据组。System. Collections 命名空间中提供了大量的集合类和一系列接口,所有的集合类都实现了其中的一些接口。实现这些接口也可以设计出自定义的集合类。

1. 集合与接口

集合是一组组合在一起的类似的类型化对象。如果将紧密相关的数据组合到一个集合中,则能够更有效地处理这些紧密相关的数据。使用集合就能使用相同的代码来处理一个集合的所有元素,而不需要编写不同的代码来处理每一个单独的对象。集合的基本操作包括添加、移除和修改该集合中的个别元素或某一范围内的元素,也可以将整个集合复制到另一个集合中。

集合是基于 System. Collections. ICollection 接口、System. Collections. IList 接口、System. Collections. IDictionary 接口来实现的。IList 接口和 IDictionary 接口都是从 ICollection 接口派生的,因此,所有集合都直接或间接地实现了 ICollection 接口。对于基于 IList 接口的集合(如 Array、ArrayList 或 List)或者直接基于 ICollection 接口的集合(如 Queue、Stack 或 LinkedList 类)来说,每个元素都只包含一个值。对于基于 IDictionary 接口的集合(Hashtable 和 SortedList 类)来说,每个元素都包含一个键和一个值。

System. Collections. ICollection 是所有集合的基接口,它的声明如下:

```
public interface ICollection : IEnumerable
{
}
```

显然,System. Collections. ICollection 继承了 System. Collections. IEnumerable,并没有添加任何成员,因此它完全等价于 System. Collections. IEnumerable 接口。因此,实际上所有的集合类都必须实现 System. Collections. IEnumerable 接口。实现了这个接口的类就能够一一列举集合类所包含的数据元素。IEnumerable 接口的定义很简单:

```
public interface IEnumerable
{
  IEnumerator GetEnumurator();
}
```

列举器(enumerator)用于读取集合中的数据,但不能用于修改基础集合。实现 IEnumerable 接口的类必须实现方法 Reset 和 MoveNext,以及属性 Current。

下面是关于集合的几个重要概念：

1）容量和计数

集合的容量是它可以包含的元素的数目。集合的计数是它实际包含的元素的数目。System.Collections命名空间中的所有集合在达到当前容量时都会自动扩充容量。内存被重新分配，元素从旧集合复制到新集合中。这减少了使用集合所需的代码，但是集合的性能可能会受到消极影响，避免因多次重新分配而导致不佳性能的最佳方法是将初始容量设置为一个合理估计的大小。

2）下限

集合的下限是其第一个元素的索引。System.Collections命名空间中的所有索引集合的下限均为0。

3）同步

同步在访问集合的元素时提供线程安全。默认情况下集合不是线程安全的。在System.Collections命名空间中只有几个类型提供synchronize方法，该方法能够保证集合是线程安全的。但是System.Collections命名空间中所有类都提供SyncRoot属性，可供派生类创建自己的线程安全类，另外这些类还提供了IsSynchronized属性以确定是否是线程安全的。

4）列举器

列举器用于循环访问集合的对象，可以看成是指向集合中任何元素的可移动指针。一个列举器只能与一个集合关联，但一个集合可以具有多个列举器。C#的foreach语句使用列举器并隐藏了操作列举器的复杂性。

2. foreach循环语句

为了隐藏集合类型的内部实现方法，更有效地处理集合类型，C#定义foreach语句（前面简单介绍过），专门用于循环处理集合类型的元素。

foreach用于循环列举一个集合的元素，并对该集合中的每一个元素执行一次相关的嵌入语句。

foreach语句的形式为：

```
foreach ([类型] [迭代变量名] in [集合类型表达式])
```

foreach语句的[类型]和[迭代变量名]声明该语句的迭代变量(iteration variable)。迭代变量相当于一个范围覆盖整个嵌入语句的只读局部变量。在foreach语句执行期间，迭代变量表示当前正在为其执行迭代的集合元素。如果嵌入语句试图修改迭代变量（通过赋值或使用++或--运算符）或将迭代变量作为ref或out参数传递，都会发生编译时错误。

foreach语句的[集合类型表达式]必须有一个从该集合的元素类型到迭代变量的类型的显式转换。如果[集合类型表达式]的值为null，则会引发System.NullReferenceException异常。

支持foreach语句的集合类型必须实现System.Collections.IEnumerable接口，或者实现集合模式(collection pattern)。

C#语言中的foreach语句需要使用集合中元素的类型。由于Hashtable和

SortedList 的每一个元素都是一个键/值对，因此元素类型既不是键类型，也不是值类型，而是 DictionaryEntry 类型。因此，在 foreach 语句中需要用 DictionaryEntry 来操作集合元素。例如：

```
foreach (DictionaryEntry myDE in myHashtable) {…}
```

3. 迭代器

从前面的介绍中可以看出，如果要使用 foreach 语言，就需要在进行迭代的类中实现 IEnumerable 或者 ICollection 接口。为了简化 foreach 语句的使用，C＃2.0 增加了一种名为迭代器(iterator)的新功能。只要在类或结构中实现了迭代器，该类或者结构就能支持 foreach 迭代，而不必完全实现 IEnumerable 接口。因此，只需提供一个迭代器，即可遍历类中的数据结构。

当编译器检测到迭代器时，它将自动实现 IEnumerable 接口或者实现 IEnumerable 接口的 Current、MovexNext 等成员。

迭代器是一个产生相同类型的有序值序列的语句块。迭代器与普通语句块的区别在于迭代器存在一个或多个 yield 语句。

(1) yield return 语句产生迭代的下一个值。

(2) yield break 语句指示迭代完成，终止迭代。

(3) yield 关键字用于指定返回值。到达 yield return 语句时，会保存当前位置，下次调用迭代器时将从此位置重新开始执行。

迭代器的返回类型必须为 System. Collections. IEnumerable 或 System. Collections. IEnumerator。

4. 常用的集合类

System. Collections 命名空间中定义了一系列集合类，其中最常用的包括 ArrayList、Hashtable、Queue、SortedList 和 Stack。

System. Collections 命名空间中定义的大部分集合类都是弱类型的，即都存放 System. Object 的实例。由于所有. NET 框架类型都是直接或者间接从 System. Object 派生出来的，因此任何类型都可以显式转换成 System. Object 对象，所以这些集合类都能够存储任何类型的数据。这样做的缺点是操作时需要进行多次显示转换。

1. ArrayList

数组的长度是固定的，在声明数组时就必须指定。在许多情况下，使用长度可变的数组可以提高内存的利用率。ArrayList 满足了这样一种需求。

ArrayList 的主要属性和方法如表 3-2 所示。

表 3-2 ArrayList 的属性和方法

属性/方法	用　途
Capacity	获取或设置 ArrayList 可包含的元素数
Count	获取 ArrayList 中实际包含的元素数
IsFixedSize	指示 ArrayList 是否具有固定大小

续表

属性/方法	用　途
IsReadOnly	指示ArrayList是否只读
Isynchronized	指示是否同步对ArrayList的线程安全访问
Items	获取或设置指定索引处的元素
SyncRoot	获取用于同步ArrayList访问的对象
Add	将对象添加到ArrayList的末尾处
AddRange	将ICollection的元素添加到ArrayList的末尾
BinarySearch	使用对分检索算法在已排序的ArrayList或它的一部分中查找特定元素
Clear	从ArrayList中移除所有元素
Contains	确定某元素是否在ArrayList中
CopyTo	将ArrayList或它的一部分复制到一维数组中
FixedSize	返回具有固定大小的列表包装,其中的元素允许修改,但不允许添加或删除
GetEnumerator	返回循环访问ArrayList的列举器
GetRange	返回ArrayList,它表示源ArrayList中元素的子集
IndexOf	返回ArrayList或它的一部分中某个值的第一个匹配项从0开始的索引
Insert	将元素插入ArrayList的指定索引处
InsertRange	将集合中的某个元素插入ArrayList的指定索引处
LastIndexOf	返回ArrayList或它的一部分中某个值的最后一个匹配项从0开始的索引
ReadOnly	返回只读的列表包装
Remove	从ArrayList中移除特定对象的第一个匹配项
RemoveAt	移除ArrayList的指定索引处的元素
RemoveRange	从ArrayList中移除一定范围的元素
Repeat	返回ArrayList,它的元素是指定值的副本
Reverse	将ArrayList或它的一部分中元素的顺序反转
SetRange	将集合中的元素复制到ArrayList中一定范围的元素上
Sort	对ArrayList或它的一部分中的元素进行排序
Synchronized	返回同步的(线程安全)列表包装
ToArray	将ArrayLisl的元素复制到新数组中
TrimToSize	将容量设置为ArrayList中元素的实际数目

2. Hashtable

Hashtable(散列表)表示键/值对的集合,这些键/值对根据键的散列代码进行组织,是现在检索速度最快的数据组织方式。

Hashtable 的主要属性和方法如表 3-3 所示。

表 3-3 Hashtable 的主要属性和方法

属性/方法	用 途
Count	获取包含在 Hashtable 中的键/值对的数目
IsFixedSize	获取一个值,该值指示 Hashtable 是否具有固定大小
IsReadOnly	获取一个值,该值指示 Hashtable 是否为只读
IsSynchronized	获取一个值,该值指示是否同步对 Hashtable 的访问(线程安全)
Item	获取或设置与指定的键相关联的值
Keys	获取包含 Hashtable 的键的 ICollection
SyncRoot	获取可用于同步 Hashtable 访问的对象
Values	获取包含 Hashtable 中的值的 ICollection
Add	将带有指定键和值的元素添加到 Hashtable 中
Clear	从 Hashtable 中移除所有元素
Clone	创建 Hashtable 的浅表副本
Contains	确定 Hashtable 是否包含特定键
ContainsKey	确定 Hashtable 是否包含特定键
ContainsValue	确定 Hashtable 是否包含特定值
CopyTo	将 Hashtable 元素复制到一维 Array 实例中的指定索引位置
GetEnumerator	返回循环访问 Hashtable 的 IdictionaryEnumerator
GetObjectData	实现 ISerializable 接口,并返回序列化 Hashtable 所需的数据
OnDeserialization	实现 ISerializable 接口,并在完成反序列化之后引发反序列化事件
Remove	从 Hashtable 中移除带有指定键的元素
Synchronized	返回 Hashtable 的同步(线程安全)包装

3. Queue

Queue(队列)表示对象的先进先出集合。队列在按接收顺序存储消息方面非常有用,以便于进行顺序处理。Queue 是通过循环数组来实现的。Queue 中的对象总是从一端插入,从另一端移除。

Queue 的主要属性和方法如表 3-4 所示。

表 3-4 Queue 的主要属性和方法

属性/方法	用 途
Count	获取 Queue 中包含的元素数
IsSynchronized	获取一个值,该值指示是否同步对 Queue 的访问(线程安全)
SynRoot	获取可用于同步 Queue 访问的对象
Clear	从 Queue 中移除所有对象

续表

属性/方法	用　途
Clone	创建Queue的浅表副本
Contains	确定某元素是否在Queue中
CopyTo	从指定数组索引开始将Queue元素复制到现有一维数组中
Dequeue	移除并返回位于Queue开始处的对象
Enqueue	将对象添加到Queue的末尾处
GetEnumerator	返回循环访问Queue的列举器
Peek	返回位于Queue开始处的对象,但不将其移除
Synchronized	返回同步的(线程安全)Queue包装
ToArray	将Queue元素复制到新数组

4. SortedList

SortedList(排序表)表示键/值对的集合,这些键/值对按键排序并可按照键和索引访问。SortedList和Hashtable很相似。

SortedList的主要属性和方法如表3-5所示。

表3-5　SortedList的主要属性和方法

属性/方法	用　途
Capacity	获取或设置SortedList的容量
Count	获取SortedList中包含的元素数
IsFixedSize	获取一个值,该值指示SortedList是否具有固定大小
IsReadOnly	获取一个值,该值指示SortedList是否为只读
IsSynchronized	获取一个值,该值指示是否同步对SortedList的访问
Item	获取并设置与SortedList中的特定键相关联的值
Keys	获取Sortedlist中的键
SynRoot	获取可用于同步SortedList访问的对象
Values	获取Sortedlist中的值
Add	将带有指定键和值的元素添加到SortedList
Clear	从SortedList中移除所有元素
Clone	创建SortedList的浅表副本
Contains	确定SortedList是否包含特定键
ContainsKey	确定SortedList是否包含特定键
ContainsValue	确定SortedList是否包含特定值
CopyTo	将SortedList元素复制到一维Array实例中的指定索引位置

续表

属性/方法	用　途
GetByIndex	获取 SortedList 指定索引处的值
GetEnumerator	返回循环访问 SortedList 的 IDictionaryEnumerator
GetKey	获取 SordedList 指定索引处的键
GetKeyList	获取 SortedList 中的键
GetValueList	获取 SortedList 中的值
IndexOfKey	返回 SortedList 中指定键从 0 开始的索引
IndexOfValue	返回指定的值在 SortedList 中第一个匹配项从 0 开始的索引
Remove	从 SortedList 中移除带有指定键的元素
RemoveAt	移除 SortedList 指定索引处的元素
SetByIndex	替换 SortedList 中指定索引处的值
Synchronized	返回 SortedList 同步(线程安全)包装
TrimToSize	将容量设置为 SortedList 中元素的实际数目

5. Stack

Stack(栈)表示对象的后进先出的集合。Stack 的主要属性和方法如表 3-6 所示。

表 3-6　Stack 的主要属性和方法

属性/方法	用　途
Count	获取 Stack 中包含的元素数
IsSynchronized	获取一个值，该值指示是否同步对 Stack 的遍历访问(线程安全)
SynRoot	获取可用于同步 Stack 访问的对象
Clear	从 Stack 中移除所有对象
Clone	创建 Stack 的浅表副本
Contains	确定某元素是否在 Stack 中
CopyTo	从指定数组索引开始将 Stack 复制到现有一维 Array 中
GetEnumerator	返回 Stack 的 IEnumerator
Peek	返回位于 Stack 顶部的对象，但不将其移除
Pop	移除并返回位于 Stack 顶部的对象
Push	将对象插入 Stack 的顶部
Synchronized	返回 Stack 同步(线程安全)包装
ToArray	将 Stack 复制到新数组中

3.4 项目案例

3.4.1 学习目标

(1) 使用变量、变量规则、表达式、条件语句、循环语句。

(2) 异常语句的处理。

(3) 对类、对象、封装、继承、多态、委托和事件的了解及应用。

3.4.2 案例描述

本案例是在系统中模仿实现程序中的购物功能。通过散列表将来访者所选择的商品保存在里面,访问项目中的商品,实现用户预购商品,并且在确认订单时才确认是否购买以及对所选商品进行封装。

3.4.3 案例要点

本案例是对真实系统的模拟,通过来访者浏览该页面选择要购买的商品,因此在编写代码过程中要注意来访者并没有购买选择的商品而是选购商品,不能直接保存到数据库中,然后对所选商品进行封装,将其保存在散列表中,在确认订单的时候才真正购买所选的商品。

3.4.4 案例实施

在购物管理中,使用 C#开发了 ShoppingCart. cs,代码如下:

```
using System;
using System.Data;
using System.Configuration;
using System.Linq;
using System.Web;
using System.Web.Security;
using System.Web.UI;
using System.Web.UI.HtmlControls;
using System.Web.UI.WebControls;
using System.Web.UI.WebControls.WebParts;
using System.Xml.Linq;

using System.Collections;
using com.ascent.vo;

namespace com.ascent.util
{
    ///<summary>
    ///购物车类
    ///封装购物车的所有功能
```

```
///</summary>
public class ShoppingCart
{
    ///<summary>
    ///封装购物车项的集合属性
    ///</summary>
    private Hashtable cart=new Hashtable();

    ///<summary>
    ///购物车商品总价钱
    ///</summary>
    //private decimal totalPrice;

    ///<summary>
    ///购物车添加商品方法
    ///</summary>
    ///<param name="p">添加商品</param>
    public void AddItem(Product p)
    {
        if (p !=null)
        {
            bool flag=IsAdded(p.Id);
            if (!flag)//false代表没添加过
            {
                cart[p.Id]=p;
            }
        }
    }

    ///<summary>
    ///获得购物车商品项的方法
    ///</summary>
    ///<returns>返回所有商品集合</returns>
    public ICollection GetItems()
    {
        return cart.Values;
    }

    ///<summary>
    ///根据商品id删除商品项方法
    ///</summary>
    ///<param name="id"></param>
    public void DeleteItem(int pid)
    {
        Product p=(Product)cart[pid];
```

```
        if (p ==null)
        {
            return;
        }
        else
        {
            cart.Remove(pid);

        }
    }
    ///<summary>
    ///获取购物车商品总价钱的方法
    ///</summary>
    ///<returns>购物车商品总价钱</returns>
    public string GetTotalPrice()
    {
        decimal totalPrice=0;
        foreach (Product p in cart.Values)
        {
            totalPrice += (Convert.ToDecimal(p.Price1)) * (Convert.ToDecimal
            (p.Quantity));

        }

        return totalPrice.ToString ();
    }

    ///<summary>
    ///清空购物车方法
    ///</summary>
    public void ClearShoppingCart()
    {
        cart.Clear();
    }

    ///<summary>
    ///根据商品 id 修改商品数量的方法
    ///</summary>
    ///<param name="id">商品 id</param>
    ///<param name="quantity">数量</param>
    public void UpdateQuantity(int id, decimal quantity)
    {
        Product p= (Product)cart[id];
        p.Quantity=quantity.ToString ();
    }
```

```
        ///<summary>
        ///判断是否添加过该商品
        ///</summary>
        ///<param name="id"></param>
        ///<returns>true 添加过  fasle 没添加过</returns>
        public bool IsAdded(int id)
        {
            Product p= (Product)cart[id];
            if (p !=null) //已经添加过
            {
                return true;
            }
            else
            {
                return false;
            }
        }
    }
}
```

它使用的 Product 类代码如下：

```
using System;
using System.Data;
using System.Configuration;
using System.Linq;
using System.Web;
using System.Web.Security;
using System.Web.UI;
using System.Web.UI.HtmlControls;
using System.Web.UI.WebControls;
using System.Web.UI.WebControls.WebParts;
using System.Xml.Linq;


namespace com.ascent.vo
{
    ///<summary>
    ///Product 的摘要说明
    ///</summary>
    public class Product
    {
        private int id;

        public int Id
        {
```

```
        get { return id; }
        set { id=value; }
    }
    private string productnumber;

    public string Productnumber
    {
        get { return productnumber; }
        set { productnumber=value; }
    }
     private string productname, categoryno, category, imagepath, isnewproduct,
     realstock, stock, cas, mdlint, formula,weight,delsoft, note;
    private string price1, price2;

    public string Price2
    {
        get { return price2; }
        set { price2=value; }
    }

    public string Price1
    {
        get { return price1; }
        set { price1=value; }
    }
    public string Categoryno
    {
        get { return categoryno; }
        set { categoryno=value; }
    }

    public string Delsoft
    {
        get { return delsoft; }
        set { delsoft=value; }
    }

    public string Weight
    {
        get { return weight; }
        set { weight=value; }
    }

    public string Mdlint
    {
```

```
        get { return mdlint; }
        set { mdlint=value; }
    }

    public string Imagepath
    {
        get { return imagepath; }
        set { imagepath=value; }
    }

    public string Isnewproduct
    {
        get { return isnewproduct; }
        set { isnewproduct=value; }
    }

    public string Note
    {
        get { return note; }
        set { note=value; }
    }

    public string Category
    {
        get { return category; }
        set { category=value; }
    }



    public string Realstock
    {
        get { return realstock; }
        set { realstock=value; }
    }

    public string Stock
    {
        get { return stock; }
        set { stock=value; }
    }
    public string Formula
    {
        get { return formula; }
        set { formula=value; }
```

```
}
public string Productname
{
    get { return productname; }
    set { productname=value; }
}
public string Cas
{
    get { return cas; }
    set { cas=value; }
}
private string quantity="1";
public string Quantity
{
    get { return quantity; }
    set { quantity=value; }
}
public Product()
{
}
public Product(int id,
               string productnumber,
               string productname,
               string categoryno,
               string category,
               string imagepath,
               string isnewproduct,
               string price1,
               string price2,
               string realstock,
               string stock,
               string cas,
               string mdlint,
               string formula,
               string weight,
               string delsoft,
               string note

               )
{
    this.id=id;
    this.productnumber=productnumber;
    this.categoryno=categoryno;
    this.cas=cas;
    this.productname=productname;
```

```
        this.imagepath=imagepath;
        this.mdlint=mdlint;
        this.formula=formula;
        this.weight=weight;
        this.price1=price1;
        this.price2=price2;
        this.stock=stock;
        this.realstock=realstock;
        this.isnewproduct=isnewproduct;
        this.category=category;
        this.note=note;
        this.delsoft=delsoft;
    }
    public Product(string productnumber,
                   string productname,
                   string categoryno,
                   string category,
                   string imagepath,
                   string isnewproduct,
                   string price1,
                   string price2,
                   string realstock,
                   string stock,
                   string cas,
                   string mdlint,
                   string formula,
                   string weight,
                   string delsoft,
                   string note
                  )
    {
        this.productnumber=productnumber;
        this.categoryno=categoryno;
        this.cas=cas;
        this.productname=productname;
        this.formula=formula;
        this.price1=price1;
        this.price2=price2;
        this.stock=stock;
        this.realstock=realstock;
        this.isnewproduct=isnewproduct;
        this.category=category;
        this.note=note;
        this.weight=weight;
        this.mdlint=mdlint;
```

```
                this.imagepath=imagepath;
                this.delsoft=delsoft;
            }

        }
    }
```

3.4.5 特别提示

(1) 对product类进行封装,构造函数可以多样化,根据项目的需求,种类不固定。例如,本案例就应用到三个构造函数。

(2) 区分商品的选购和购买的含义,选购只是选中所要购买的商品,并没有真正购买,没有保存在库里,购买则在真正意义上确定选中的商品已经入库了。

3.4.6 拓展与提高

在项目中,如何使用常见的集合类?有兴趣的读者可以深入学习一下泛型集合的概念。

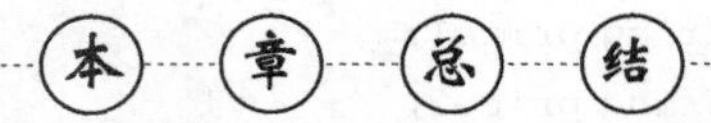

本章主要讲解了C#的基础知识和面向对象技术以及一些高级特性。C#语言的特性参考了Java的技术规则,在C#中也有一个虚拟机,叫公共语言运行环境(CLR)。C#的体系结构与Windows的体系结构十分相似,因此C#很容易被开发人员熟悉并使用,能够很快地适应开发。C#和C++也有很多的相似之处,学习C++的开发人员也能够适应C#的学习和开发。C#比C++又有了更多的增强功能,如类型安全、事件处理、代码安全性、垃圾回收等。

C#是基于.NET体系的,也是.NET体系中的“风云人物”。学好C#,不仅能够开发ASP.NET应用程序,也能够开发WinForm、WPF和WCF等应用程序。这些应用程序的开发原理上都是相通的,所以掌握好C#的基础是非常必要的。

习 题

一、填空题

1. C#程序进行编译前,必须安装________。

2. C#语言的数据类型包括________和________。

3. 委托声明定义一个从________类派生的类,它用一组特定的参数以及返回类型封装方法。

4. 循环语句包括________、________、________和________。

5. 装箱是________转换。
6. 取消装箱是________转换。
7. 类的构造函数分为________、________和________。
8. 在抽象方法声明中使用________或________修饰符是错误的。
9. 一般来说，可以这样理解：静态成员属于________，而实例成员属于________。
10. base 关键字用于从________访问________。
11. this 关键字可用于从________、________和________中访问成员。
12. 在 C# 中，所有的异常必须由从________派生的类类型的实例来表示。

二、选择题

1. 下面描述错误的是（　　）。
   A. C#提供自动垃圾回收功能　　B. C#不支持指针
   C. C#支持多重继承　　D. C#中一个类可以实现多个接口
2. 下面（　　）不是引用类型。
   A. 接口类型　　B. 委托类型　　C. 结构类型　　D. 数组类型
3. 下面（　　）不是值类型。
   A. 整数类型　　B. 浮点类型　　C. 结构类型　　D. 数组类型
4. 下面数组定义错误的是（　　）。
   A. int[] table;　　B. int table[];
   C. char sl[];　　D. numbers= new int[10]
5. 导入命名空间使用（　　）指令。
   A. import　　B. include　　C. using　　D. input
6. 类成员变量未指定访问修饰符，则默认的访问修饰符是（　　）。
   A. public　　B. protected　　C. private　　D. internal
7. 有关抽象类和抽象方法，下面（　　）说法是错误的。
   A. 抽象类不能实例化
   B. 抽象类必须包含抽象方法
   C. 只允许在抽象类中使用抽象方法声明
   D. 抽象方法实现由 overriding 方法提供
8. 以下修饰符中，（　　）必须由派生类实现。
   A. private　　B. final　　C. static　　D. abstract

三、简答题

1. 静态成员和非静态成员的区别是什么?
2. abstract 是什么意思?
3. internal 修饰符起什么作用?
4. sealed 修饰符是干什么的?
5. override 和 overload 的区别是什么?
6. new 修饰符起什么作用?

四、编程题

1. 编写一个控制台应用程序，完成下列功能。

（1）创建一个类，用无参数的构造函数输出该类的类名。

（2）增加一个重载的构造函数，带有一个 string 类型参数，在此构造函数中将传递的字符串打印出来。

（3）在 Main 方法中创建属于这个类的一个对象，不传递参数。

（4）在 Main 方法中创建属于这个类的另一个对象，传递一个字符串“This is a string.”。

（5）在 Main 方法中声明类型为这个类的一个具有 5 个对象的数组，但不用实际创建分配到数组里的对象。

（6）写出运行程序应该输出的结果。

2. 编写一个控制台应用程序，定义一个类 MyClass，类中包含有 public、private 以及 protected 数据成员及方法。然后定义一个从 MyClass 类继承的类 MyMain，将 Main 方法放在 MyMain 中，在 Main 方法中创建 MyClass 类的一个对象，并分别访问类中的数据成员及方法。要求注明在试图访问所有类成员时哪些语句会产生编译错误。

3. 编写一个控制台应用程序，完成下列功能，并回答提出的问题。

（1）创建一个类 A，在构造函数中输出“A”；再创建一个类 B，在构造函数中输出“B”。

（2）从 A 继承一个名为 C 的新类，并在 C 内创建一个成员 B。不要为 C 创建构造函数。

（3）在 Main 方法中创建类 C 的一个对象，写出运行程序后输出的结果。

（4）如果在 C 中也创建一个构造函数输出“C”，整个程序运行的结果又是什么？

第4章 数据库与ADO.NET基础

学习目的与要求

本章主要讲解数据库的基础知识，包括什么是数据库，数据库的作用。然后讲述 SQL Server 2005 数据库的基本使用，并介绍 SQL Server Management 管理工具的使用。通过介绍 SQL Server Management 管理工具，说明如何使用 SQL Server Management 管理工具和 SQL 语句创建表、删除表等过程。同时重点讲解 ADO. NET 的相关知识。通过本章的学习将能够：

- 了解数据库的基本概念及相关操作，表的创建、修改。
- 掌握利用 SQL Server 2005 实现表记录的维护，包括增、删、改、查操作。
- 掌握 ADO. NET 的相关知识及应用。

本章主要内容

- 数据库基础知识：包括数据库的基本概念和相关操作。
- SQL Server 2005 基本使用：如何利用 SQL Server 2005 创建数据库、数据表、建立存储过程及触发器等。
- ADO. NET 连接 SQL 数据库：使用 ADO. NET 连接 SQL 数据库示例。
- Connection 对象：Connection 对象概述。
- DataAdapter 对象：讲解 DataAdapter 对象的使用。
- Command 对象：讲解 Command 对象的使用。
- DataSet 对象：讲解 DataSet 对象中常用的方法，并高效使用 DataSet 开发。

- DataReader 对象：讲解 DataReader 对象。
- 连接池概述：讲解连接池。
- 参数化查询：讲解使用参数化查询提供安全性保证和简化开发。

4.1 数据库基础

4.1.1 结构化查询语言

结构化查询语言(SQL)最早是圣约瑟研究实验室为其关系数据库管理系统 SYSTEM R 开发的一种查询语言。现今的数据库，无论是大型数据库，如 Oracle、Sybase、Informix、SQL Server，还是 Visual FoxPro、PowerBuilder 这些微型计算机上常用的数据库开发系统，都支持 SQL 作为查询语言。

SQL 是高级的非过程化编程语言，允许用户在高层数据结构上工作，它不要求用户指定对数据的存放方法，也不需要用户了解具体的数据存放方式，所以具有完全不同底层结构的不同数据库系统都可以使用相同的 SQL 作为数据输入与管理的接口。它以记录集作为操作对象，所有 SQL 语句接受集合作为输入，返回集合作为输出，这种集合特性允许一条 SQL 语句的输出作为另一条 SQL 语句的输入，所以 SQL 可以嵌套，这也使 SQL 语句具有极大的灵活性和强大的功能。在多数情况下，在其他语言中需要一大段程序实现的一个单独事件只需要一个 SQL 语句就可以达到目的，这也意味着用 SQL 可以写出非常复杂的语句。下面给出一组例子来演示 SQL 语句的使用方法。

1. 查询表中所有记录

通过使用 select 关键字进行查询，示例代码如下。

```
SELECT * FROM Student
```

2. 带条件的查询语句

通过使用 where 语句进行带条件的查询，示例代码如下。

```
SELECT * FROM Student WHERE Sname='王一'
```

3. 使用函数

语句中也可以使用内置函数，示例代码如下。

```
SELECT COUNT(*) AS MYCOUNT FROM Student
```

4. 插入数据语句

通过使用 insert 进行插入数据库操作，示例代码如下。

```
INSERT INTO Student(sno,sname,sage,ssex)  VALUES ('06081201','王一','69','男')
```

5. 删除数据语句

通过使用 delete 关键字删除数据库中的数据，示例代码如下。

```
DELETE FROM Student WHERE Sno='06081201'
```

注意：当 delete 后面的条件没有限定时，则会删除该表的所有数据。

6. 更新数据语句

通过使用 update 关键字更新数据，示例代码如下。

```
UPDATE Student SET Sname='王一' WHERE Sno='06081201'
```

4.1.2 表和视图

表是关系数据库中最主要的数据对象，开发人员通过创建表并对表进行数据操作来存储和操作数据，表是用来存储和操作数据的一种逻辑结构。表通常以二维表形式呈现，在 SQL Server Management Studio 中可以看见表的结构，如图 4-1 所示。

结果　消息

	sno	sname	sage	ssex	sbirthday	depart	class
2	06081201	吴非	69	男	1986-02-12 00:00:00	土木系	测绘06
3	06081102	李刚	22	男	1986-04-02 00:00:00	土木系	测绘06
4	07081103	吴凡	20	男	1988-04-02 00:00:00	土木系	测绘07
5	07081104	刘阳	20	男	1988-07-02 00:00:00	土木系	测绘07
6	07091104	刘孜	20	女	1988-07-02 00:00:00	信息系	计算07
7	06091207	白兰	21	女	1987-07-12 00:00:00	信息系	计算06
8	06091210	李富阳	22	男	1986-10-12 00:00:00	信息系	计算06
9	07091221	钱征	20	男	1988-11-01 00:00:00	信息系	计算07
10	07091222	王露	20	女	1988-01-14 00:00:00	信息系	计算07
11	06071222	王非	20	女	1988-01-14 00:00:00	经济系	金融06
12	06071032	李斌	21	男	1987-09-10 00:00:00	经济系	金融06
13	07071219	刘博	20	男	1988-01-10 00:00:00	经济系	金融07

图 4-1　表的表现形式

可以使用 SQL 语句创建表，下面是创建表的表脚本代码。

```
CREATE TABLE [dbo].[student](
  [sno] [char](10) NOT NULL,
  [sname] [varchar](40) NOT NULL,
  [sage] [tinyint] NULL,
  [ssex] [char](4) NULL,
  [sbirthday] [smalldatetime] NULL,
  [depart] [char](20) NULL,
  [class] [char](10) NULL
  )
```

上述代码创建了一个学生表并且该表具有 7 个字段，表是一个具体的表，用于数据的存放和读取。视图不同于表，它并不是实际存在的表，而是一种虚拟的表。视图将按照一定的规则读取存在的表的若干列，组成新的结果集，视图在物理上并不存在。当对视图进行操作时，系统会根据视图的定义去操作与视图相关联的基本表。视图有助于隐藏现有表中的数据。创建视图的代码如下所示：

```
CREATE VIEW myview as
SELECT sno,sname from student
```

上述代码创建了一个视图,是基于查询语句 SELECT sno,sname from student 所查询的集合的。

4.1.3 存储过程和触发器

存储过程是一组为了完成特定功能的 SQL 语句集,在编写完成后,系统会编译代码并存储在数据库中。用户只需要指定存储过程的名字并给出传递的参数,就可以使用存储过程。存储过程的概念有点像应用程序开发中的方法。

1. 存储过程

存储过程是数据库中一个非常重要的对象,使用好存储过程能够将数据库应用与程序应用相分离。当维护与数据库相关的功能时,只需要维护存储过程即可。另外,使用存储过程能够提升性能,存储过程会在运行中被编译,当没有显著的数据更新时,可以直接从编译后的文件中获取相应的结果。存储过程的优点如下所示:

(1) 存储过程允许标准组件式编程。

(2) 存储过程的执行速度较快。

(3) 存储过程能够减少网络流量,降低应用程序读取数据库的次数。

(4) 存储过程比查询语句更加安全。

存储过程声明语法如下所示:

```
CREATEPROC[EDURE]procedure_name[;number]
    [{@parameterdata_type}
    [VARYING][=default][OUTPUT]
    ][,...n]
    [WITH
    {RECOMPILE|ENCRYPTION|RECOMPILE,ENCRYPTION}]
    [FORREPLICATION]
AS sql_statement[...n]
```

存储过程的各个参数的使用如表 4-1 所示。

表 4-1 存储过程的参数及功能

参　数	功　能
procedure_name	新存储过程的名称,过程名必须符合标识符规则,并且对于其所有者必须唯一
number	可选的整数,用来对同名的过程分组,以便用一条 DROPPROCEDURE 语句即可将同组的过程一起删除
@parameter	过程中的参数。在 CREATEPROCEDURE 语句中可以声明一个或多个参数。用户必须在执行过程时提供每个所声明参数的值
data_type	参数的数据类型。所有数据类型如 text、ntext 和 image 均可以用作存储过程的参数。而与之不同的是,cursor 数据类型只能用于 OUTPUT 参数
VARYING	指定作为输出参数支持的结果集,其由存储过程动态构造,内容可以变化,VARYING 仅适用于游标参数
Default	参数的默认值。如果定义了默认值,不必指定该参数的值即可执行过程,默认值必须是常量或 NULL。如果过程将对该参数使用 LIKE 关键字,那么默认值中可以包含通配符(*、_、[]和[^])

续表

参　数	功　能
OUTPUT	表明参数是返回参数。该选项的值可以返回给 EXEC[UTE]。使用 OUTPUT 参数可将信息返回给调用过程
N	表示最多可以指定参数的占位符
{RECOMPILE| ENCRYPTION| RECOMPILE, ENCRYPTION}	RECOMPILE 表明 SQL Server 不会缓存该过程的计划，该过程将在运行时重新编译；ENCRYPTION 表示 SQL Server 加密 syscomments 表中包含 CREATEPROCEDURE 语句文本的条目；使用 ENCRYPTION 可防止将过程作为 SQL Server 复制的一部分发布

通过以上参数可以声明一个存储过程，示例代码如下：

```
CREATE PROCEDURE UpdatenewsInfo
    @ID int,
    @title nvarchar(50),
    @time datetime,
    @content ntext,
AS
    UPDATE [newsInfo]
    Set NewsTitle=@title,NewsDatetime=@time
    where [ID]=@ID
GO
```

上述代码创建了一个名为 Updatenewsinfo 的存储过程，该存储过程的作用是修改新闻表中相应字段的值。

2. 触发器

触发器实际上也是一种存储过程，不过触发器是一种特殊的存储过程，当使用 UPDATE、INSERT 或 DELETE 的一种或多种对指定数据库的相关表进行操作时会触发触发器。触发器的语法格式如下所示：

```
CREATE TRIGGER trigger_name
ON { table | view }
     [ WITH ENCRYPTION ]
    {
    { { FOR | AFTER | INSTEAD OF } { [ INSERT ] [ , ] [ UPDATE ] }
     [ WITH APPEND ]
     [ NOT FOR REPLICATION ]
AS
     [ { IF UPDATE ( column )
     [ { AND | OR } UPDATE ( column ) ]
     [ ...n ]
    | IF ( COLUMNS_UPDATED ( ) { bitwise_operator } updated_bitmask )
    { comparison_operator } column_bitmask [ ...n ]
    } ]
    sql_statement [ ...n ]
```

```
    }
}
```

其中，触发器的各个参数的使用如表 4-2 所示。

表 4-2 触发器的参数及功能

参 数	功 能
trigger_name	触发器的名称。触发器的名称必须符合标识符规则，并且在数据库中必须唯一，开发人员可以选择是否指定触发器所有者名称
Table|view	在其上执行触发器的表或视图，有时称为触发器表或触发器视图，可以选择是否指定表或视图的所有者名称
WITH ENCRYPTION	加密 syscomments 表中包含 CREATE TRIGGER 语句文本的条目。使用 WITH ENCRYPTION 可防止将触发器作为 SQL Server 复制的一部分发布
AFTER	指定触发器只有在触发 SQL 语句中指定的所有操作都已成功执行后才激发，所有的引用级联操作和约束检查也必须成功完成后才能执行此触发器
INSTEAD OF	指定执行触发器而不是执行触发 SQL 语句，从而替代触发语句的操作
{[DELETE][,] [INSERT][,] [UPDATE]}	指定在表或视图上执行哪些数据修改语句时将激活触发器的关键字，必须至少指定一个选项。在触发器定义中允许使用以任意顺序组合的这些关键字。如果指定的选项多于一个，需用逗号分隔这些选项
WITHAPPEND	指定应该添加现有类型的其他触发器，只有当兼容级别是 65 或更低时，才需要使用该可选子句
NOT FOR REPLICATION	表示当复制进程更改触发器所涉及的表时，不应执行该触发器
AS	触发器要执行的操作
sql_statement	触发器的条件和操作。触发器的条件指定其他准则，以确定 DELETE、INSERT 或 UPDATE 语句是否导致执行触发器操作

触发器可以包含复杂的 SQL 语句，主要用于强制复杂的业务规则或要求。同时，触发器也能够维持数据库的完整性，当执行插入、更新或删除操作时，触发器会根据表与表之间的关系强制保持其数据的完整性。

4.2 使用 SQL Server 2005 管理数据库

SQL Server 2005 是微软公司继 SQL Server 2000 使用 5 年后发布的一款新的数据库产品。SQL Server 2005 不仅增加了许多功能，同时也在 UI、管理工具、性能上做了很多优化。使用 SQL Server 2005 管理网站数据库，不仅提高了开发中数据的存储和读写效率，也更加方便了数据的管理。

4.2.1 初步认识 SQL Server 2005

相比于 SQL Server 2000，SQL Server 2005 在安装上更加简单，基本上无需手动配置即可安装。在安装之前，SQL Server 2005 会检查宿主机器的配置是否适合安装 SQL Server 2005，如果机器的配置适合安装 SQL Server 2005，则会进入安装主界面。SQL Server 2005 的安装向导基于 Windows 的安装程序，用户使用起来会感觉更加友好，并且在它安装过程中为用户提供了可选方案,让用户选择自己需要的组件安装。

当安装完毕后,用户可以打开 SQL Server 2005 软件体系中的 SQL Server Management 来配置和管理 SQL Server 2005,并进行数据操作。在进入 SQL Server Management 时,对每个连接,SQL Server 2005 都要求一个连接实例,进行身份验证,如图 4-2 所示。

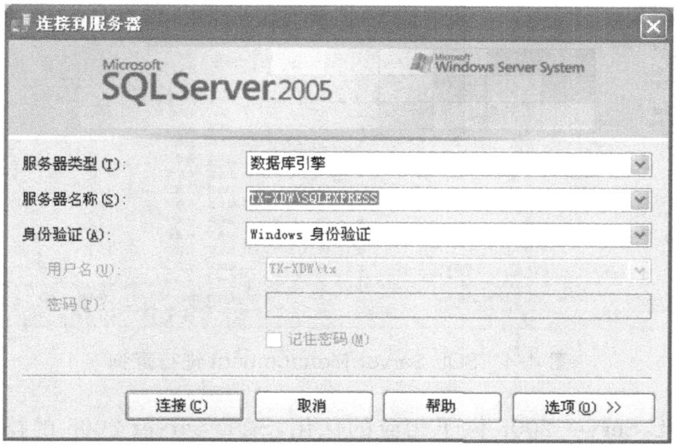

图 4-2　SQL Server 2005 身份验证

用户可以以 Windows 身份验证的方式登录 SQL Server 2005 管理工具,也可以使用 SQL Server 身份验证的方式登录 SQL Server 2005 管理工具,相比之下,SQL Server 身份验证的方式更加安全。SQL Server Management 管理工具界面如图 4-3 所示。

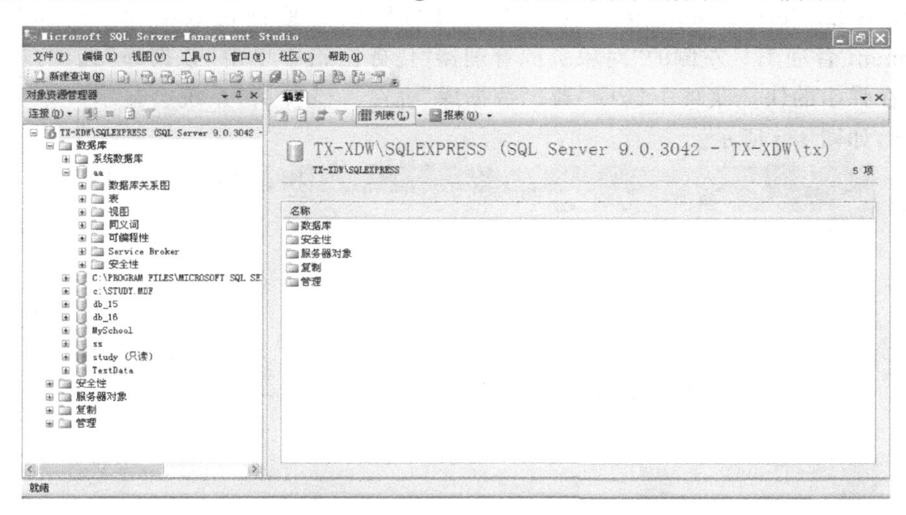

图 4-3　SQL Server Management 管理工具界面

在 SQL Server Management 管理工具中,表的操作与 SQL Server 2000 中并没有太大的差别,但是 SQL Server 2005 中没有了查询分析器,取而代之的是在 SQL Server 2005 中可以直接在同一个窗口进行查询和数据操作,只需要单击导航栏上的"新建查询"按钮即可,如图 4-4 所示。

对于普通应用而言,SQL Server 2005 与 SQL Server 2000 并没有太大的区别。而对

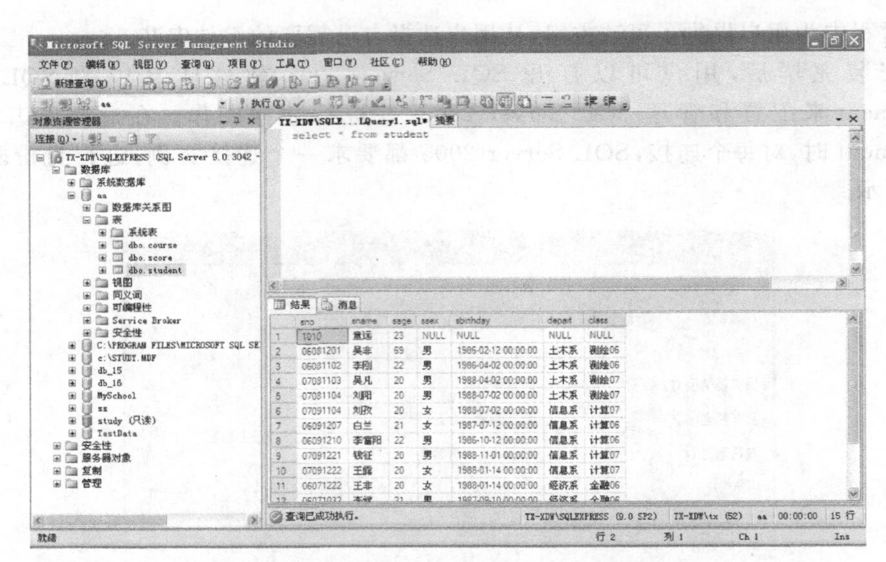

图 4-4　SQL Server Management 进行查询

于高级的应用，SQL Server 2005 做了相应的优化，SQL Server 2005 的操作更加友好，在数据的存储等性能上也有较大提升。

4.2.2　数据库相关操作

1. 创建数据库

使用 SQL Server Management 管理工具可以快速地创建数据库，在 SQL Server Management 管理工具左侧的“对象资源管理器”任务窗格中单击“数据库”选项，右击相应数据库，在弹出的快捷菜单中选择“新建数据库”命令。选择后，系统会显示一个创建数据库的向导，如图 4-5 所示。

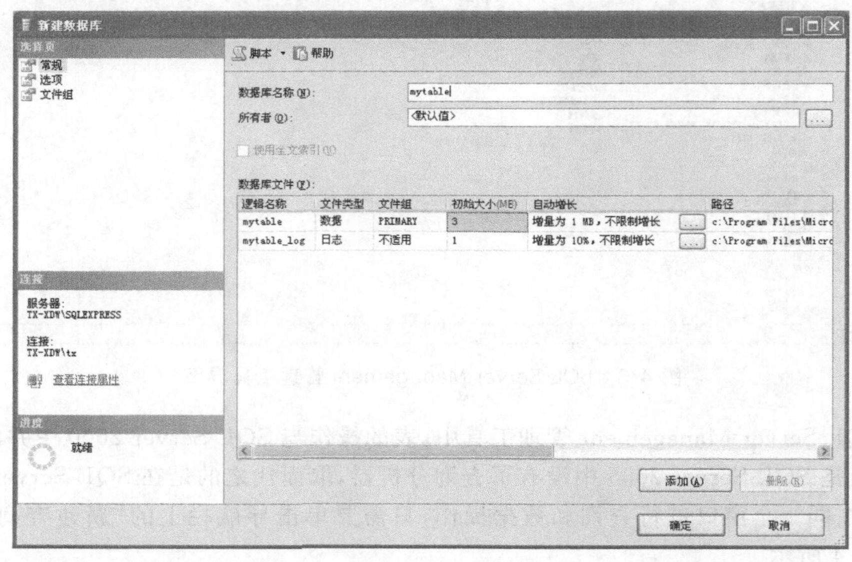

图 4-5　创建数据库

通常来说，对于一般的应用，只需要填写数据库的名称，系统会自动填写数据和日志逻辑名称。当有其他需求时，用户也可以更改逻辑名称，以及数据库存放的物理地址。在数据库的创建过程中，可以选择数据库的初始大小，最大值为多少，并且设置增量。当单击"确定"按钮后，系统就创建完成数据库 mytable，如图 4-6 所示。

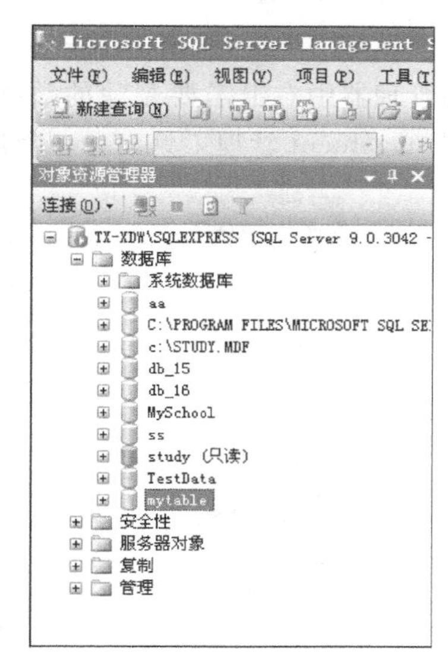

图 4-6 完成数据库的创建

对于任何可以使用 SQL Server Management 管理工具执行的操作，都可以通过 SQL 结构化查询语句来实现。同样，创建表的过程能够通过 SQL 语句来实现，示例代码如下：

```
CREATE DATABASE mytable
GO
```

在 SQL Server Management 管理工具中新建查询，并将上述代码复制到代码块中，单击"执行"按钮，则会创建一个表 mytable。上述代码只是创建了一个简单的没有任何约束或功能的表，在 SQL 语句创建表语句中，使用 ON 子句可以设置数据库文件的属性。ON 子句的参数如表 4-3 所示。

表 4-3 创建数据库的参数及功能

参 数	功 能
PRIMARY	设置主文件，ON 子句中只能出现一个 PRIMARY
NAME	指定文件的逻辑名称
FILENAME	指定文件的物理路径和名称
SIZE	指定文件的初始大小
MAXSIZE	指定文件的最大值
UNLIMITED	指定文件将增长到磁盘变满位置。如果不指定此参数，当文件大小达到 MAXSIZE 时，将存储为另外一个数据文件
FILEGROWTH	定义文件的增长量

当不指定表 4-3 中的参数时，系统会以默认方式创建数据库。若需要通过使用语句来自定义创建数据库，则可以使用 ON 子句并附上参数。示例代码如下：

```
CREATE DATABASE mytable
ON
PRIMARY (NAME=table1,
FILENAME='C:\\DATA\MYTABLEDAT1.MDF',
SIZE=10MB,MAXSIZE=20,FILEGROWTH=2)
GO
```

上述代码创建了一个 mytable 数据库，并指定了主文件为 table1，文件路径为 C:\DATA\MYTABLEDAT1.MDF，初始大小为 10MB，最大为 20MB，每次增加 2MB。

2. 删除数据库

在 SQL Server Management 管理工具中，可以直接对数据库进行删除操作。在对象资源管理器中右击需要删除的数据库，在弹出的快捷菜单中选择“删除”命令，SQL Server Management 管理工具出现一个删除向导，如图 4-7 所示。

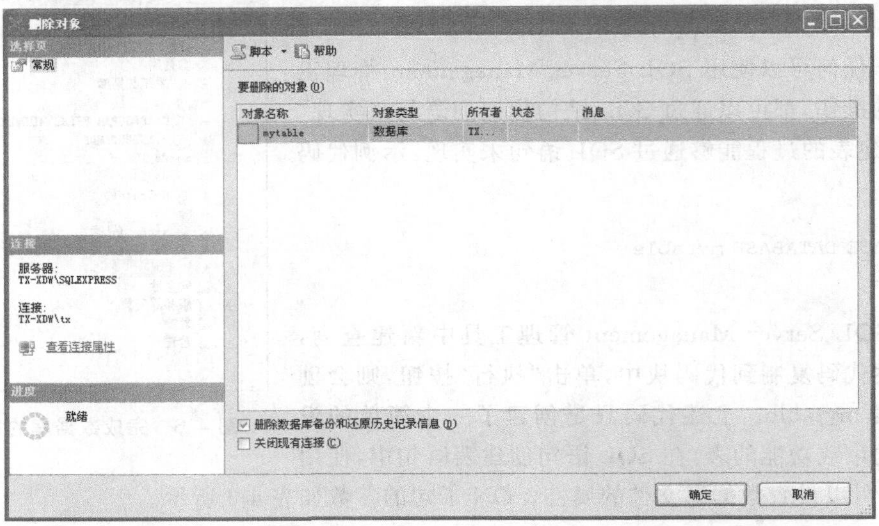

图 4-7 删除数据库

通常情况下，删除功能能够快速并安全地执行删除，但是有时无法执行删除，比如数据库的连接正在被打开或数据库中的信息正被使用时，这时必须选中“关闭现有连接”复选框关闭现有连接。与创建数据库相同的是，删除数据库也可以使用 SQL 语句执行。删除数据库的 SQL 语法如下所示：

```
DROP DATABASE <数据库名>
```

当需要删除 mytable 数据库时，可以编写相应的 SQL 删除语句执行删除操作，示例代码如下：

```
DROP DATABASE mytable
GO
```

3. 备份数据库

在数据库的使用中，通常会遇见一些不可抗的或灾难性的损坏，如人工操作失误，不小心删除了数据库，或出现了断电等情况，从而造成数据库异常或丢失。为了避免数据库中重要数据的丢失，就需要使用 SQL Server Management 管理工具来备份数据库。

SQL Server Management 管理工具备份数据库非常简单，在对象资源管理器中右击需要备份的数据库，从弹出的快捷菜单中选择“任务”→“备份”命令，系统会出现一个备份数据库向导，如图 4-8 所示。

在备份数据库向导中，可以选择相应的备份选项，通常的备份选项如表 4-4 所示。

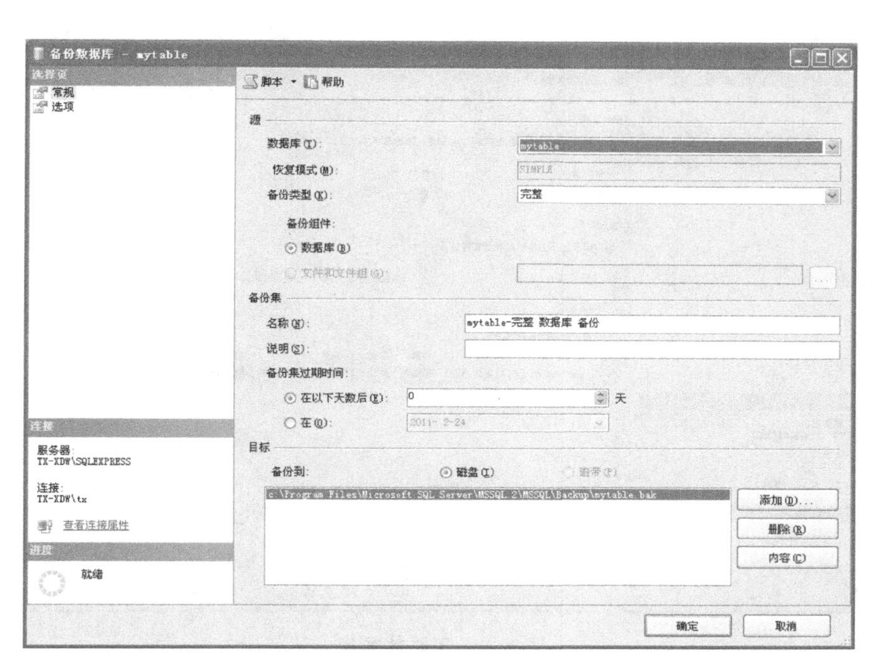

图 4-8　备份数据库

表 4-4　备份选项及作用

数据库	需要备份的数据库
恢复模式	数据库的恢复模式
备份类型	数据库的备份类型，通常有完全备份、差异备份和事务日志
备份组件	通常可选数据库类型和文件类型
名称	备份的名称
说明	备份数据库所说的说明
备份集过期时间	备份集过期的时间，可以设置过期时间
备份到	选择备份的物理路径，可以选择备份到磁盘或磁带中

如果有其他数据库备份需求，则可以选择是备份数据库还是文件和文件组，并且可以配置数据库的备份模式。当配置好备份选项后，单击“确定”按钮，系统会提示备份成功。

4. 还原数据库

当系统数据库出现故障时，就需要还原数据库，还原数据库的文件来自先前备份的数据库。在数据库还原之前，可以先将 mytable 数据库删除，通过还原来恢复数据库。在对象资源管理器中右击相应的数据库，在弹出的快捷菜单中选择“恢复数据库”命令，系统会出现一个还原数据库向导，如图 4-9 所示。

当还原数据库时，向导会要求用户填写目标数据库。目标数据库可以是一个现有的数据库，也可以是一个新的数据库。在“还原的源”选项区域中，可以选择“源数据库”选项进行恢复，也可以选择“源设备”选项进行恢复。这里可以选择“源设备”进行恢复，如图 4-10 所示。

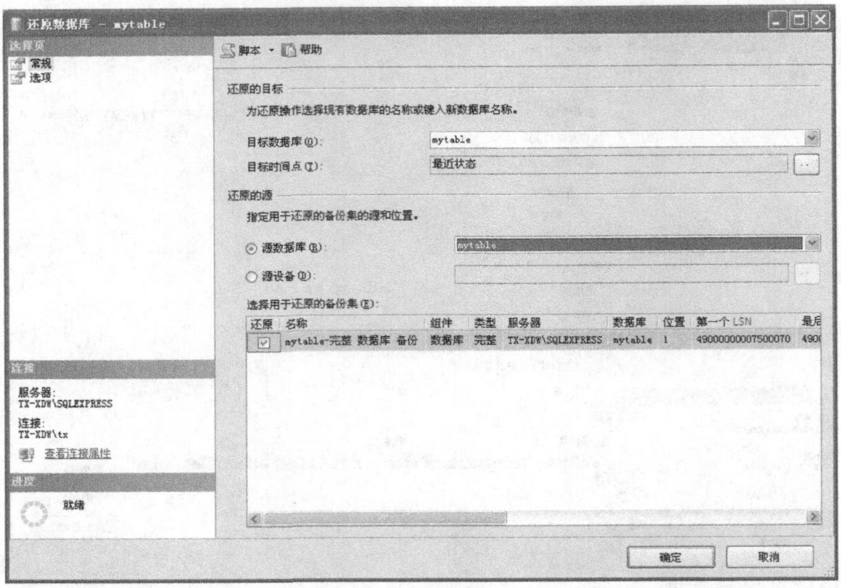

还原数据库 - mytable
选择页
常规
选项
脚本 帮助
还原的目标
为还原操作选择现有数据库的名称或键入新数据库名称。
目标数据库(O): mytable
目标时间点(T): 最近状态
还原的源
指定用于还原的备份集的源和位置。
源数据库(R): mytable
源设备(D):
选择用于还原的备份集(E):

还原	名称	组件	类型	服务器	数据库	位置	第一个 LSN	最后
☑	mytable-完整 数据库 备份	数据库	完整	TX-XDW\SQLEXPRESS	mytable	1	49000000007500070	490

连接
服务器:
TX-XDW\SQLEXPRESS
连接:
TX-XDW\tx
查看连接属性
进度
就绪
确定 取消

图 4-9 还原数据库

指定备份
指定还原操作的备份媒体及其位置。
备份媒体(B): 文件
备份位置(L):
添加(A)
删除(R)
内容(T)
确定(O) 取消 帮助

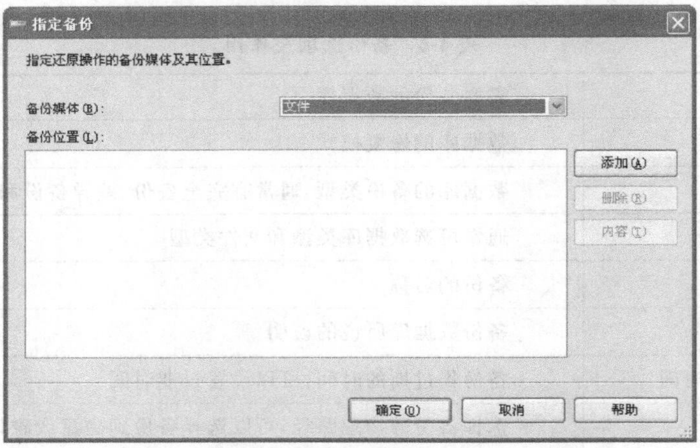

图 4-10 指定备份

单击“添加”按钮选择备份文件，如图 4-11 所示。

备份文件选择完毕后，可以直接单击“确定”按钮，向导自动完成一些项目的填写，无需用户手动填写，如图 4-12 所示。

单击“确定”按钮即可完成数据库的恢复，可以看见在对象资源管理器中，mytable 数据库又恢复了。备份数据库是一个非常良好的习惯，因为数据库保存着应用程序的所有信息，一旦数据丢失就会造成无法挽回的影响或亏损，经常备份数据库能够在数据丢失时进行数据的恢复，将对应用程序的不良影响降到最小。

5. 创建表

在创建了数据库之后，就需要创建表来保存数据，SQL Server Management 管理工具

图 4-11 选择备份文件

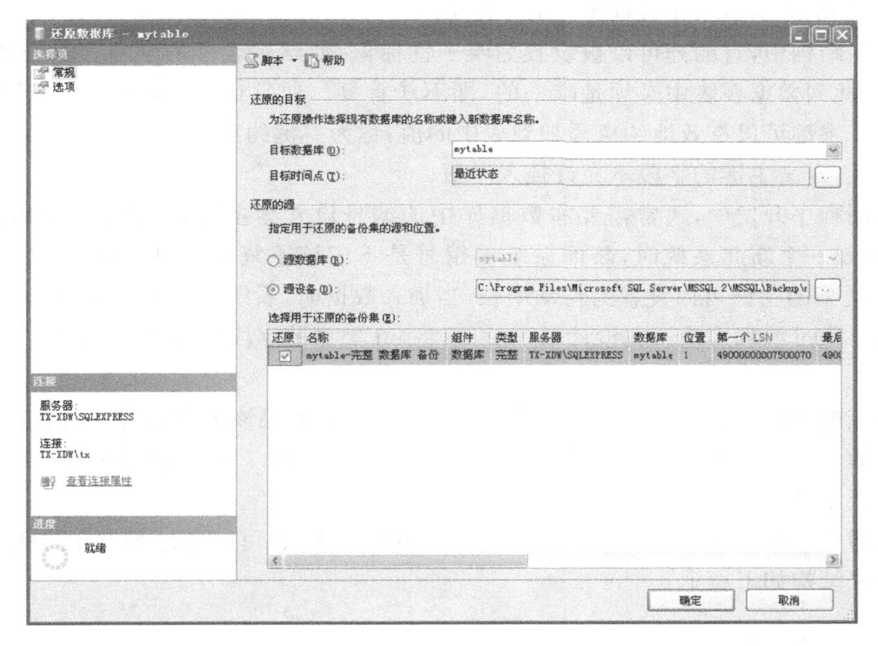

图 4-12 备份向导完成

可以可视化地为用户创建表操作。在定义表的结构中，需要说明表由哪些列组成，并且需要指定这些列的名称和数据类型。通过 SQL Server Management 管理工具可以可视化地创建表结构。在对象资源管理器中右击相应数据库，在弹出的快捷菜单中选择“新建表”命令，单击“新建表”按钮，系统会弹出一个新的 TAB 窗口，该窗口可以可视化地让用户创建表，如图 4-13 所示。

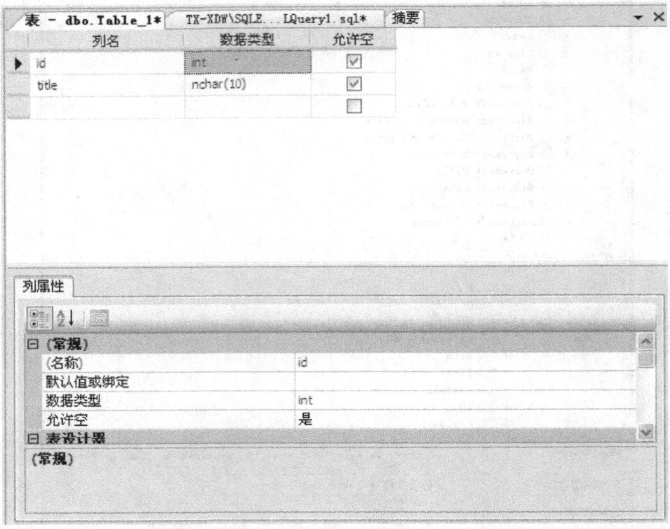

图 4-13　创建表

创建表中的列时，必须指定名称和数据类型。在上述表的创建过程中，创建了 int 数据类型的字段 id 和 nvarchar 数据类型的字段 title。

在表的结构中，有的列可以被设置为唯一性标识，如学生表中的学号。当设置了唯一性标识后，此列数据在表中必须是唯一的，即不能重复。通常情况下，将表中的 ID 标识设置为主键。主键可以有效地约束添加到表中的值，称为主键约束。为了保证约束主键和数据的完整性，定义主键的字段不允许插入空值。

在应用程序开发中，通常需要将数据库中的编号设置为主键，通过编号来筛选内容。例如，当开发一个新闻系统时，新闻系统的编号是不应该重复的，所以可设置为主键。同时，对 int 类型的主键可以设置为自动增长，当插入数据时，系统会根据相应的 id 号自动增长而不需要通过编程实现。在设计器中，可以将 int 类型的字段设置为自动增长，如图 4-14 所示。

将相应的字段设置为自动增长时，当插入一条数据，如果该表中没有任何数据，则表中的该字段为 1，当再次插入数据时，该字段则会自动增长到 2。在应用程序开发中，经常使用自动增长字段。

可以通过 SQL Server Management 管理工具创建表，也可以通过 SQL 语句创建表，创建表的语法结构如下所示：

```
CREATE TABLE 表名
(
    列名 数据类型,
    列名 1 数据类型
```

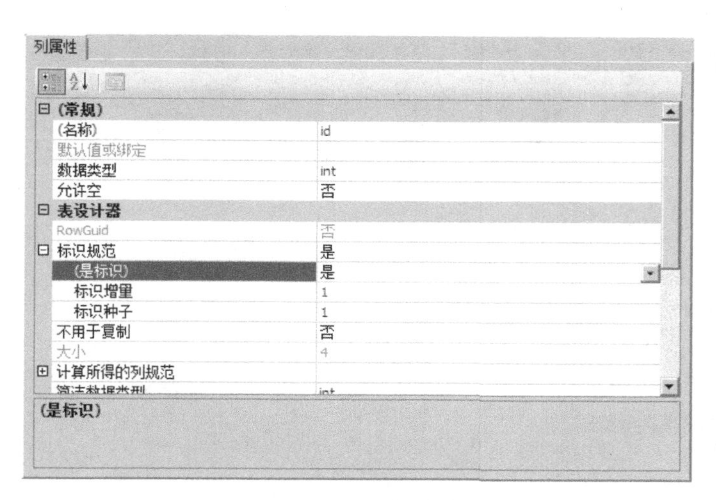

图 4-14 设置自动增长

```
    ⋮
)
```

在创建表中的字段时，也可以使用关键字来约定字段。例如，可以使用 IDENTITY 关键字定义一个字段为自动增长列。也可以使用 PRIMARY KEY 关键字定义当前列为主键。同样，当希望用户插入一列时必须填写字段，则可以使用 NOT NULL 关键字。示例代码如下：

```
CREATE TABLE mynews
(
    ID INT IDENTITY PRIMARY KEY,
    TITLE NVARCHAR(100)
)
```

注意：当使用语句创建数据库时，必须在导航栏中选择相应的数据库，默认的数据库为 master，在执行 SQL 语句前需选择相应的操作目标数据库。

6. 删除表

使用 SQL Server Management 管理工具能够快速地删除表。在对象资源管理器中右击相应表，在弹出的快捷菜单中选择“删除”命令即可，如图 4-15 所示。

删除表与前面删除数据库的操作非常像，只需单击“确定”按钮即可删除该表。同样，也可以使用 SQL 语句删除表，语法结构如下所示：

```
DROP TABLE 表名称
```

当需要删除 mynews 表时，可以使用 DROP 语句，示例代码如下：

```
DROP TABLE mynews
```

7. 创建数据库关系图

在大型关系型数据库中，数据表很多，关系非常复杂。通过关系图，可以很清楚地分析

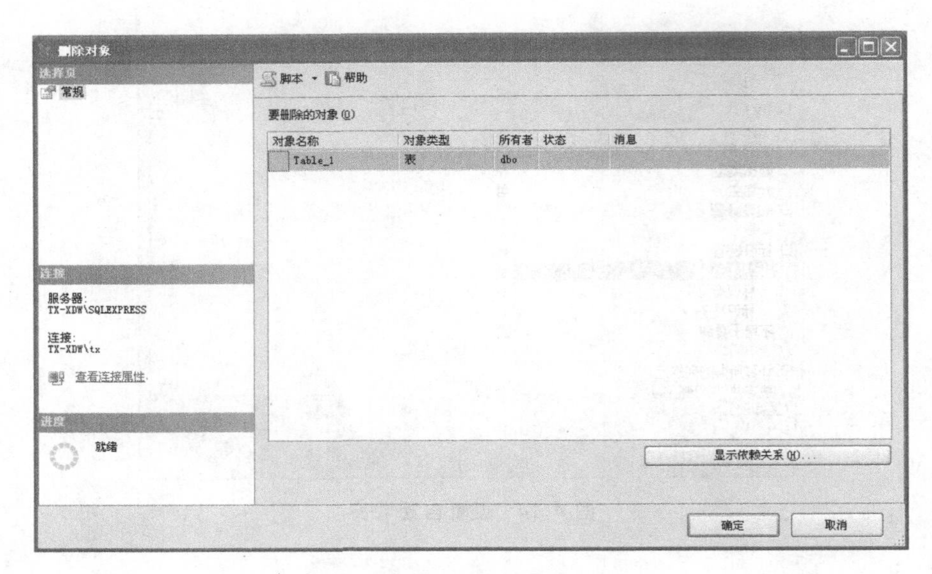

图 4-15 删除表

数据库中表的关系。同时,通过这个关系图,也可以对这些关系进行操作,可以说这是一个图形化的关系操作入口。

在 SQL Server Management 管理工具中单击相应的数据库,右击数据库关系图,从弹出的快捷菜单中选择“新建数据库关系图”命令,系统会提示选择表来创建数据库关系图,如图 4-16 所示。选择需要的数据库中的表,单击“添加”按钮,则会出现关系图,如图 4-17 所示。

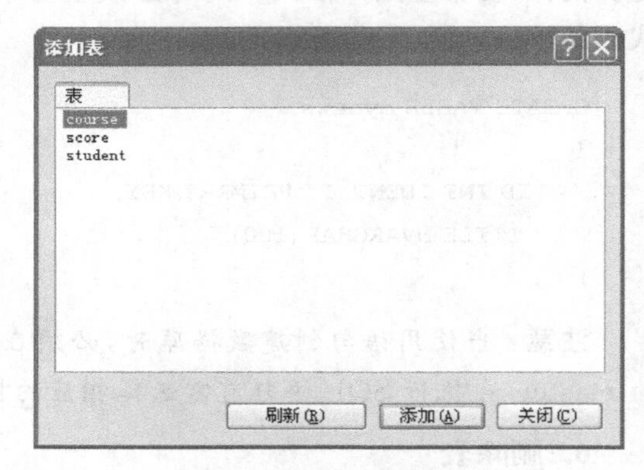

图 4-16 创建数据库关系图

在数据库关系图中,可以设置表与表之间的约束,可以拖动关系图中的字段,并建立关系,系统会自动建立表和列的关系,如图 4-18 所示。

选择了相应的列值之后,系统会提示填写表和列的规范来规范外键的约束,建立约束,规范表与表之间的关系,如图 4-19 所示。

单击“确定”按钮即可保存关系图。数据库关系图通过使用外键加强两个表数据之间的连接。外键(FOREIGN KEY)是用于建立和加强两个表数据之间链接的一列或多列。通过将保存表中主键值的一列或多列添加到另一个表中,可创建两个表之间的链接,这个列就成为第二个表的外键。FOREIGN KEY 约束的主要目的是控制存储在外键表中的数据,但它还可以控制对主键表中数据的修改。另外,通过数据库关系图也可以良好地表达和操作表与表之间的关系。

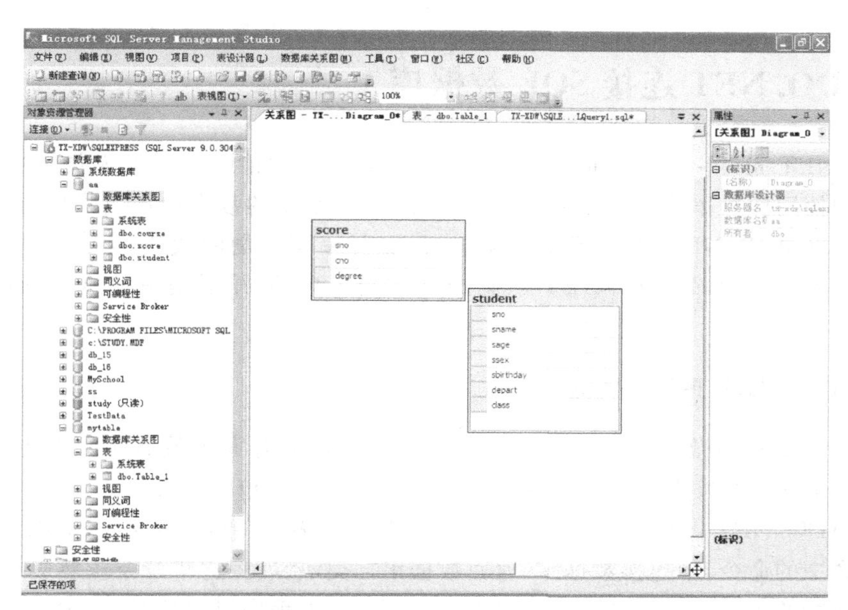

图 4-17　数据库关系图

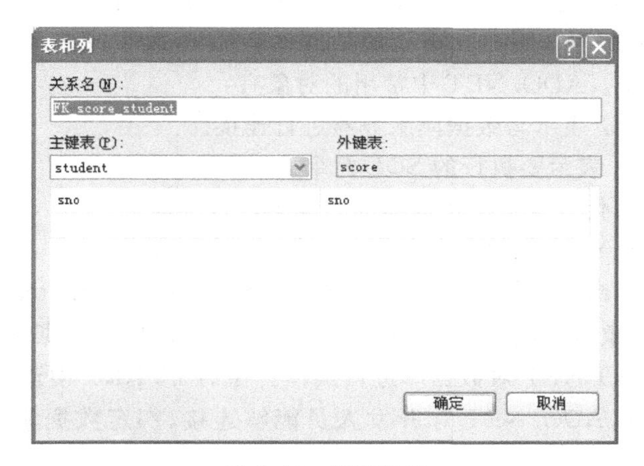

图 4-18　创建约束

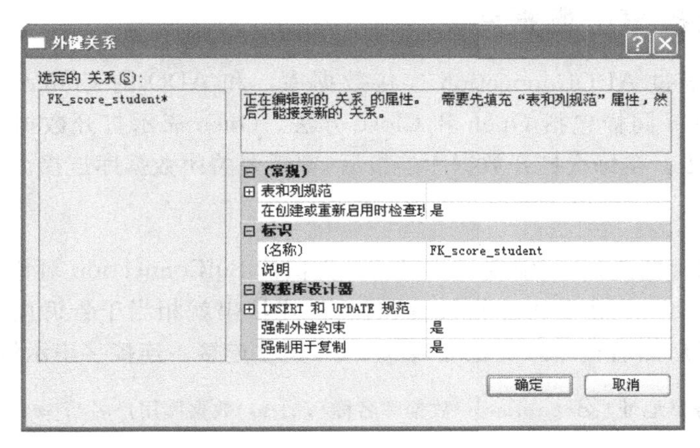

图 4-19　建立规范

4.3 ADO.NET连接SQL数据库

ADO.NET是.NET Framework中的一系列类库，它能够让开发人员更加方便地在应用程序中使用和操作数据。在ADO.NET中，大量复杂的数据操作代码被封装起来，所以开发人员在ASP.NET应用程序开发中，只需要编写少量的代码即可处理大量操作。ADO.NET和C#.NET、VB.NET不同的是，ADO.NET并不是一种语言，而是对象的集合。

4.3.1 ADO.NET基础

ADO.NET是由微软公司编写代码，提供了在.NET开发中数据库所需要操作的类。在.NET应用程序开发中，C#和VB.NET都可以使用ADO.NET。

可将ADO.NET看作一个介于数据源和数据使用者之间的转换器。ADO.NET接受使用者语言中的命令，如连接数据库、返回数据集之类，然后将这些命令转换成在数据源中可以正确执行的语句。在传统的应用程序开发中，应用程序可以连接ODBC来访问数据库，虽然微软公司提供的类库非常丰富，但是开发过程却并不简单。ADO.NET在另一方面可以说简化了这个过程。用户无需了解数据库产品的API或接口，也可以使用ADO.NET对数据进行操作。ADO.NET中常用的对象有：

- SqlConnection：表示与数据库服务器进行连接。
- SqlCommand：表示要执行的SQL命令。
- SqlParameter；代表了一个将被命令中标记代替的值。
- SqlDataAdapter：表示填充命令中DataSet对象的能力。
- DataSet：表示命令的结果，可以是数据集，并且可以与BulletedList绑定。

通过使用上述对象，可以轻松地连接数据库并对数据库中的数据进行操作。对开发人员而言，可以使用ADO.NET对数据库进行操作。在ASP.NET中还提供了高效的控件，这些控件同样使用了ADO.NET让开发人员能够连接、绑定数据集并进行相应的数据操作。

4.3.2 连接SQL数据库

ADO.NET通过ADOConnection连接数据库。和ADO的Connection对象相似的是，ADOConnection同样包括Open和Close方法。Open表示打开数据库连接，Close表示关闭数据库连接。在每次打开数据库连接后，都需要关闭数据库连接。

1. 建立连接

在SQL数据库的连接中，需要使用.NET提供的SqlConnection对象来对数据库进行连接。在连接数据库前，需要为连接设置连接串，连接串就相当于告诉应用程序怎样找到数据库去进行连接，然后程序才能正确地与SQL建立连接。连接字串示例代码如下：

```
server='服务器地址';database='数据库名称';uid='数据库用户名';pwd='数据库密码';
```

上述代码说明了数据库连接字串的基本格式，如果需要连接本地mytable数据库，则编写相应的 SQL 连接字串进行数据库连接，示例代码如下：

```
string strcon;                                                      //声明连接字串
strcon="server='(local)';database='mytable';uid='sa';pwd='';";  //设置连接字串
```

上述代码声明了一个数据库连接字串，SqlConnection 类将通过此字串进行数据库连接。其中，server 是 SQL 服务器地址，如果相对于应用程序而言数据库服务器是本地服务器，则只需要配置为(local)即可；而如果是远程服务器，则需要填写具体的 ip。另外，uid 是登录数据库时的用户名，pwd 是登录数据库时使用的密码。声明了数据库连接字串后，可以使用 SqlConnection 类进行连接，示例代码如下：

```
string strcon;                                                      //声明连接字串
strcon="server='(local)';database='mytable';uid='sa';pwd='';";  //编写连接字串
SqlConnection con=new SqlConnection(strcon);                        //新建 SQL 连接
try
{
    con.Open();                                                     //打开 SQL 连接
    Console.WriteLine("连接数据库成功");                             //提示成功信息
}
catch
{
    Console.WriteLine("无法连接数据库");                             //提示失败信息
}
```

上述代码连接了本地数据库服务器中的 mytable 数据库，如果连接成功，则提示“连接数据库成功”；出现异常时，则提示“无法连接数据库”。

注意：*在使用 SqlConnection 类时，需要使用命名空间 using System.Data.SqlClient；而连接 Access 数据库时，需要使用命名空间 using System.Data.OleDb。*

2. 填充 DataSet 数据集

DataSet 数据集表示来自一个或多个数据源数据的本地副本，是数据的集合，也可以看做一个虚拟的表。DataSet 对象允许 Web 窗体半独立于数据源运行。DataSet 能够提高程序性能，因为 DataSet 从数据源中加载数据后，就会断开与数据源的连接，开发人员可以直接使用和处理这些数据，当数据发生变化并要更新时，可以使用 DataAdapter 重新连接并更新数据源。DataAdapter 可以进行数据集的填充，创建 DataAdapter 对象的代码如下：

```
SqlDataAdapter da=new SqlDataAdapter("select * from mynews",con);    //创建适配器
```

上述代码创建并初始化了一个 DataAdapter 对象。DataAdapter 对象的构造函数允许传递两个参数进行初始化，第一个参数为 SQL 查询语句，第二个参数为数据库连接的 SqlConnection 对象。初始化 DataAdapter 后，就需要将返回数据的集合存放到数据集中，示例代码如下：

```
DataSet ds=new DataSet();                                           //创建数据集
da.Fill(ds, "tablename");                                           //Fill 方法填充
```

上述代码创建并初始化了一个 DataSet 对象。通过 DataAdapter 对象的 Fill 方法，可以将返回数据存放到数据集 DataSet 中。DataSet 可被看做一个虚拟的表或表的集合，这个表的名称在 Fill 方法中被命名为 tablename。

3. 显式 DataSet

当返回的数据被存放到数据集中后，可以通过循环语句遍历和显示数据集中的信息。当需要显示表中某一行字段的值时，可以通过 DataSet 对象获取相应行的某一列的值，示例代码如下：

```
ds.Tables["tablename"].Rows[0]["title"].ToString();  //获取数据集
```

上述代码从 DataSet 对象中的虚表 tablename 中的第 0 行中获取 title 列的值，当需要遍历 DataSet 时，可以使用 DataSet 对象中的 Count 来获取行数，示例代码如下：

```
for (int i=0; i<ds.Tables["tablename"].Rows.Count; i++)   //遍历 DataSet 数据集
{
  Console.WriteLine(ds.Tables["tablename"].Rows[i]["title"].ToString()+"\t");
}
```

DataSet 不仅可以通过编程的方法实现显示，也可以使用 ASP. NET 中提供的控件绑定数据集并显示。ASP. NET 中提供了常用的显示 DataSet 数据集的控件，包括 Repeater、DataList 和 GridView 等数据绑定控件。将 DataSet 数据集绑定到 DataList 控件中可以方便地在控件中显示数据库中的数据并实现分页操作，示例代码如下：

```
DataList1.DataSource=ds;                          //绑定数据集
DataList1.DataMember="tablename";
DataList1.DataBind();                             //绑定数据
```

上述代码能够将数据集 ds 中的数据绑定到 DataList 控件中。DataList 控件还能够实现分页、自定义模板等操作，非常方便开发人员对数据进行操作。

4.3.3 ADO. NET 过程

从 4.3.2 节可以看出，在 ADO. NET 中对数据库的操作基本上需要三个步骤，即创建一个连接、执行命令对象并显示，最后关闭连接。使用 ADO. NET 的对象，不仅能够通过控件绑定数据源，也可以通过程序实现数据源的访问。ADO. NET 的规范步骤如下：

(1) 创建一个连接对象。

(2) 使用对象的 Open 方法打开连接。

(3) 创建一个封装 SQL 命令的对象。

(4) 调用执行命令的对象。

(5) 执行数据库操作。

(6) 执行完毕，释放连接。

掌握了这些初步的知识，就能够使用 ADO. NET 进行数据库开发。

4.4 ADO. NET 常用对象

ADO. NET 提供了一些常用对象来方便开发人员进行数据库的操作，这些常用对象通常会使用在应用程序开发中，对于中级开发人员而言，熟练掌握这些常用的 ADO. NET 对象，能够自行封装数据库操作类来简化开发。ADO. NET 的常用对象包括 Connection 对象、DataAdapter 对象、Command 对象、DataSet 对象和 DataReader 对象。

上述对象在. NET 应用程序操作数据中是非常重要的，它们不仅提供了数据操作的便利，同时还提供了高级功能，为开发人员解决特定的需求。

4.4.1 Connection 对象

在. NET 开发中，通常情况下推荐开发人员使用 Access 或者 SQL 作为数据源，若需要连接 Access 数据库，可以使用 System. Data. Oledb. OleDbConnection 对象来连接；若需要连接 SQL 数据库，则可以使用 System. Data. SqlClient. SqlConnection 对象来连接。使用 System. Data. Odbc. OdbcConnection 可以连接 ODBC 数据源，而 System. Data. OracleClient. OracleConnecton 提供了连接 Oracle 的一些方法。本章主要讨论连接 SQL 和 Access 数据库。

1. 连接 SQL 数据库

如需要连接 SQL 数据库，则需要使用命名空间 System. Data. SqlClient 和 System. Data. OleDb。使用 System. Data. SqlClient 和 System. Data. OleDb 能够快速地连接 SQL 数据库，因为 System. Data. SqlClient 和 System. Data. OleDb 都分别为开发人员提供了连接方法，示例代码如下：

```
using System.Data.SqlClient;                              //使用 SQL 命名空间
using System.Data.Oledb                                   //使用 Oledb 命名空间
```

1）使用 System. Data. SqlClient

连接 SQL 数据库，需要创建 SqlConnection 对象，SqlConnection 对象的创建代码如下：

```
SqlConnection con=new SqlConnection();                    //创建连接对象
con.ConnectionString="server='(local)';database='mytable';uid='sa';pwd=' '";
                                                          //设置连接字串
```

上述代码创建了一个 SqlConnection 对象，并且配置了连接字串。SqlConnection 对象专门定义了一个接受连接字符串的变量 ConnectionString，当配置了 ConnectionString 变量后，就可以使用 Open()方法来打开数据库连接，示例代码如下：

```
SqlConnection con=new SqlConnection();                    //创建连接对象
con.ConnectionString="server='(local)';database='mytable';uid='sa';pwd=' '";
try
{
    con.Open();                                           //尝试打开连接
```

```
        Console.WriteLine("连接成功");                    //提示打开成功
        con.Close();                                      //关闭连接
    }
    catch
    {
        Console.WriteLine("连接失败");                    //提示打开失败
    }
```

上述代码尝试判断数据库连接是否被打开，使用Open方法能够建立应用程序与数据库之间的连接。与之相同的是，可以使用默认的构造函数来对数据库连接对象进行初始化，示例代码如下：

```
string str="server='(local)';database='mytable';uid='sa';pwd=' '";
                                                          //设置连接字串
SqlConnection con=new SqlConnection(str);                 //默认构造函数
```

上述代码与使用ConnectionString变量的方法等价，其默认的构造函数已经初始化了ConnectionString变量。

2）使用System.Data.OleDb

ADO.NET中，具有相同功能的函数一般具有相同的参数和字段以及方法。所以，在.NET开发中，开发人员能够很快地适应新的操作。同样，System.Data.OleDb也提供了Open方法以及ConnectionString字段，示例代码如下：

```
OleDbConnection con=new OleDbConnection();                //创建连接对象
con.ConnectionString="Provider=SQLOLEDB;DataSource=(local);
Initial Catalog=mytable;uid=sa;pwd=' ' ";                 //初始化连接字串
try
{
    con.Open();                                           //尝试打开连接
    Console.WriteLine("连接成功");                        //提示连接成功
    con.Close();                                          //关闭连接
}
catch
{
     Console.WriteLine("连接失败");                       //提示连接失败
}
```

同样，OleDbConnection也提供默认的构造函数来初始化连接变量，示例代码如下：

```
string str ="Provider=SQLOLEDB;Data Source=(local);
                Initial Catalog=mytable;uid=sa;pwd=' '";
                OleDbConnection con=new OleDbConnection(str);
```

上述代码通过使用构造函数初始化连接变量进行相应的ConnectionString变量配置。值得注意的是，从上述代码可以看出，连接字串一般都通过使用用户名和密码的形式连接，这就保证了连接的安全性。另外，还可以使用Trusted_Connection=Yes来声明这是一个值得信任的连接字串，而不需要输入用户名和密码，示例代码如下：

```
string str2 ="Provider=SQLOLEDB;DataSource=(local);
              Initialatalog=mytable;Trusted_Connection=Yes";
              OleDbConnection con=new OleDbConnection(str2);
```

2. 连接 Access 数据库

Access 是一种桌面级数据库，与 SQL 相比，虽然 Access 数据库的性能和功能并不强大，但是 Access 却是最常用的数据库之一。对于小型应用和小型企业来说，Access 数据库也是开发中小型软件的最佳选择。

1) 创建 Access 数据库

Access 是 Office 组件之一，当安装了 Office 后，在桌面或任何文件夹中单击右键就能够创建 Access 数据库。创建完成后，双击数据库文件可以打开数据库并建立表和字段，如图 4-20 所示。

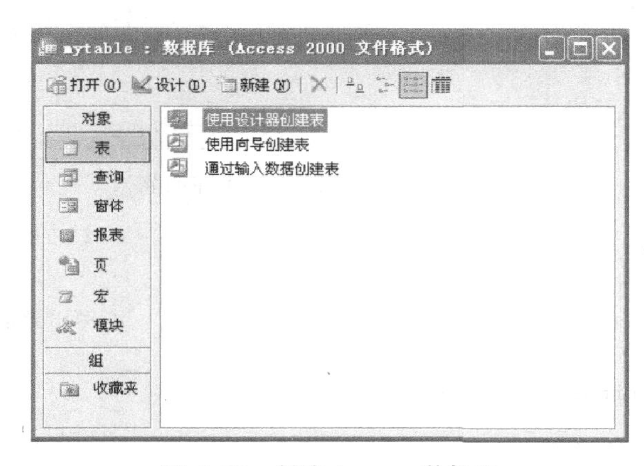

图 4-20 创建 Access 数据库

同样，Access 数据库也需要创建表和字段，基本方法与 SQL 数据库相同，但是在数据类型上，自动增长编号作为单独的数据类型而存在。开发人员能够在表窗口中创建表 mytable 和相应字段，如图 4-21 所示。

创建完成后，可以使用 System.Data.OleDb 的对象进行数据库的连接和数据操作。

2) 使用 System.Data.OleDb

在使用 System.Data.OleDb 时，只需要修改连接字串即可。在这里需要强调的一点是，Access 数据库是一种桌面级数据库，同文件类型的数据库类似，所以连接 Access 数据库时，必须指定数据库文件的路径，或者使用 Server.MapPath 来确定数据库文件的相对位置。示例代码如下：

```
string str="provider=Microsoft.Jet.OLEDB.4.0 ;Data Source="
        +Server.MapPath("access.mdb")+"";              //使用相对路径
OleDbConnection con=new OleDbConnection(str);          //构造连接对象
try
{
        con.Open();                                    //打开连接
        Console.WriteLine( "连接成功");                 //提示连接成功
```

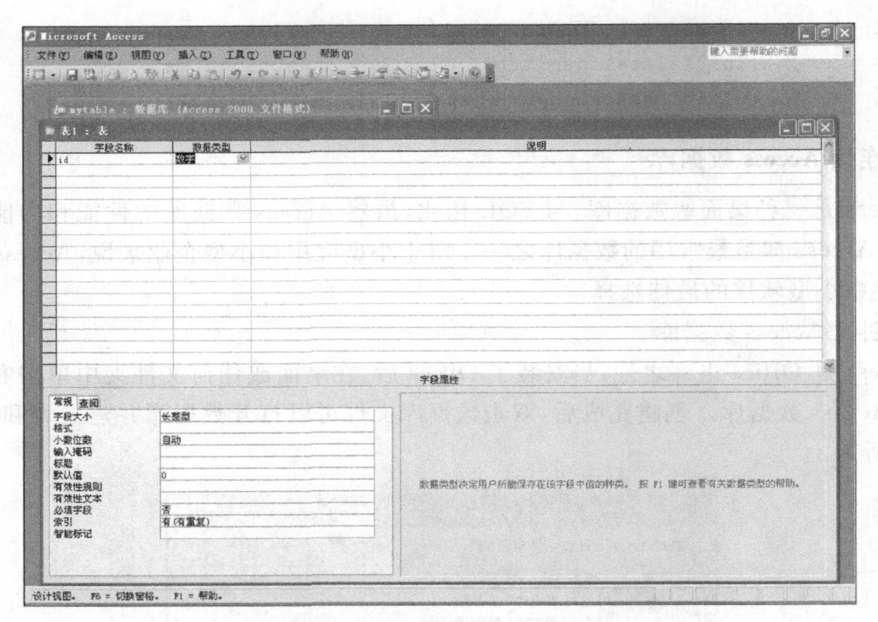

图 4-21　创建 Access 数据库的表

```
        con.Close();
    }
    catch(Exception ee)                                          //抛出异常
    {
        Console.WriteLine("连接失败");
    }
```

Server. MapPath 能够确定文件相对于当前目录的路径，如果不使用 Server. MapPath，则需要指定文件在计算机系统中的路径，如“D:\服务器\文件夹\数据库路径”。但是这样会暴露数据库的物理路径，使程序长期处于不安全状态。

3. 打开和关闭连接

无论是使用 System. Data. SqlClient 还是 System. Data. OleDb 创建数据库连接对象，都可以使用 Open 方法打开连接。同样，也可以使用 Close 方法关闭连接，示例代码如下：

```
SqlConnection con=new SqlConnection(str);                    //创建连接对象
OleDbConnection con2=new OleDbConnection(str2);              //创建连接对象
con.Open();                                                  //打开连接
con.Close();                                                 //关闭连接
con2.Open();                                                 //打开连接
con2.Close();                                                //关闭连接
```

如果使用了连接池，虽然显式地关闭了连接对象，其实并不会真正关闭与数据库之间的连接，这样能够保证再次进行连接时的连接性能。

4.4.2　DataAdapter 对象

在创建了数据库连接后，就需要对数据集 DataSet 进行填充，在这里需要使用

DataAdapter 对象。没有数据源时,DataSet 对象对保存在 Web 窗体可访问的本地数据库是非常实用的,这降低了应用程序和数据库之间的通信次数。然而 DataSet 必须要与一个或多个数据源进行交互,DataAdapter 就提供了 DataSet 对象和数据源之间的连接。

为了实现这种交互,微软公司提供了 SqlDataAdapter 类和 OleDbDataAdapter 类。SqlDataAdapter 类和 OleDbDataAdapter 类各自适用的情况如下:

(1) SqlDataAdapter:该类专用于 SQL 数据库,在 SQL 数据库中使用该类能够提高性能。SqlDataAdapter 与 OleDbDataAdapter 相比,无需适用 OLEDB 提供程序层,可直接在 SQL Server 上使用。

(2) OleDbDataAdapter:该类适用于由 OLEDB 数据提供程序公开的任何数据源,包括 SQL 数据库和 Access 数据库。

若要使一个使用 DataAdapter 对象的 DataSet 能够和一个数据源之间交换数据,则可以使用 DataAdapter 属性指定需要执行的操作,这个属性可以是一条 SQL 语句或者是存储过程,示例代码如下:

```
string str="server='(local)';database='mytable';uid='sa';pwd=' '";
                                                         //创建连接字串
SqlConnection con=new SqlConnection(str);
con.Open();                                              //打开连接
SqlDataAdapter da=new SqlDataAdapter("select * from mynews", con);
                                                         //DataAdapter 对象
con.Close();                                             //关闭连接
```

上述代码创建了一个 DataAdapter 对象,DataSet 对象可以使用该对象的 Fill 方法填充数据集。

4.4.3 Command 对象

Command 对象可以使用数据命令直接与数据源通信。例如,当需要执行一条插入语句或者删除数据库中的某条数据时,就需要用到 Command 对象。Command 对象的属性包括数据库在执行某个语句时所有必要的信息,这些信息如表 4-5 所示。

表 4-5 Command 对象的属性及功能

属 性	功 能
Name	Command 的程序化名称
Connection	对 Connection 对象的引用
CommandType	指定是使用 SQL 语句或存储过程,默认情况下是 SQL 语句
CommandTest	命令对象包含的 SQL 语句或存储过程名
Parameters	命令对象的参数

通常情况下,Command 对象用于数据的操作,例如执行数据的插入和删除,也可以执行数据库结构的更改,包括表和数据库。示例代码如下:

```
string str="server='(local)';database='mytable';uid='sa';pwd=' '";
```

```
                                                           //创建数据库连接字串
SqlConnection con=new SqlConnection(str);
con.Open();                                                //打开数据库连接
//建立 Command 对象
SqlCommand cmd=new SqlCommand("insert into mynews values ('title')",con);
```

上述代码使用了可用的构造函数并指定了查询字符串和Connection对象来初始化Command对象cmd。通过指定Command对象的方法可以对数据执行具体的操作。

1. ExecuteNonQuery方法

当指定了一个SQL语句，就可以通过ExecuteNonQuery方法执行语句的操作。ExecuteNonQuery不仅可以执行SQL语句，开发人员也可以执行存储过程或数据定义语言语句来对数据库或目录执行构架操作。而使用ExecuteNonQuery时，ExecuteNonQuery并不返回行，但是可以通过Command对象和Parameters进行参数传递。示例代码如下：

```
string str="server='(local)';database='mytable';uid='sa';pwd=' '";
                                                           //创建数据库连接字串
SqlConnection con=new SqlConnection(str);
con.Open();
SqlCommand cmd=new SqlCommand("insert into mynews values ('title')",con);
cmd.ExecuteNonQuery();                                     //执行 SQL 语句
```

运行上述代码后，会执行SQL语句"insert into mynews values ('title')"并向数据库中插入数据。值得注意的是，修改数据库的SQL语句，例如常用的INSERT、UPDATE以及DELETE，并不返回行。同样，很多存储过程同样不返回任何行。当执行这些不返回任何行的语句或存储过程时，可以使用ExecuteNonQuery。但是ExecuteNonQuery语句也会返回一个整数，表示受已执行的SQL语句或存储过程影响的行数。示例代码如下：

```
string str="server='(local)';database='mytable';uid='sa';pwd='sa'";
SqlConnection con=new SqlConnection(str);                  //创建连接对象
con.Open();                                                //打开连接
SqlCommand cmd=new SqlCommand("delete from mynews", con);  //构造 Command 对象
Console.WriteLine("影响了("+cmd.ExecuteNonQuery().ToString()+")行");
                                                           //执行 SQL 语句
```

上述代码执行了语句"delete from mynews"，并将影响的行数输出到字符串中。开发人员能够使用ExecuteNonQuery语句操作数据库和统计数据库操作所影响的行数。

2. ExecuteNonQuery执行存储过程

ExecuteNonQuery不仅能够执行SQL语句，同样可以执行存储过程和数据定义语言来对数据库或目录执行构架操作，如CREATE TABLE等。在执行存储过程之前，必须先创建一个存储过程，然后在SqlCommand方法中使用存储过程。在SQL Server管理器中可以新建查询创建存储过程，示例代码如下：

```
CREATE PROC getdetail
```

```
(
    @id int,
    @title varchar(50) OUTPUT
)
AS
SET NOCOUNT ON
DECLARE @newscount int
SELECT @title=mynews.title,@newscount=COUNT(mynews.id)
    FROM mynews
    WHERE (id=@id)
    GROUP BY mynews.title
RETURN @newscount
```

上述存储过程返回了数据库中新闻的标题内容。“@id”表示新闻的 id，“@title”表示新闻的标题，此存储过程将返回“@title”的值，并且返回新闻条目的总数。上述代码可以直接在 SQL 管理器中的菜单栏中单击“新建查询”后创建的 TAB 中使用。同样，也可以使用 SqlCommand 对象进行存储过程的创建。示例代码如下：

```
string str="CREATE PROC getdetail" +
"(" +
    "@id int," +
    "@title varchar(50) OUTPUT" +
")" +
"AS" +
"SET NOCOUNT ON" +
"DECLARE @newscount int" +
"SELECT @title=mynews.title,@newscount=COUNT(mynews.id)" +
    "FROM mynews" +
    "WHERE (id=@id)" +
    "GROUP BY mynews.title" +
"RETURN @newscount";
SqlCommand cmd=new SqlCommand(str, con);
cmd.ExecuteNonQuery();                    //使用 cmd 的 ExecuteNonQuery 方法创建存储过程
```

创建存储过程后，就可以使用 SqlParameter 调用命令对象 Parameters 参数的集合的 Add 方法进行参数传递，并指定相应参数。示例代码如下：

```
string str="server='(local)';database='mytable';uid='sa';pwd='Sa'";
SqlConnection con=new SqlConnection(str);
con.Open();                                             //打开连接
SqlCommand cmd=new SqlCommand("getdetail", con);        //使用存储过程
cmd.CommandType=CommandType.StoredProcedure;            //设置 Command 对象的类型
SqlParameter spr;                                       //表示执行一个存储过程
spr=cmd.Parameters.Add("@id", SqlDbType.Int);           //增加参数 id
spr=cmd.Parameters.Add("@title", SqlDbType.NChar,50);   //增加参数 title
spr.Direction=ParameterDirection.Output;                //该参数是输出参数
```

```
spr=cmd.Parameters.Add("@count", SqlDbType.Int);                 //增加count参数
spr.Direction=ParameterDirection.ReturnValue;                    //该参数是返回值
cmd.Parameters["@id"].Value=1;                                   //为参数初始化
cmd.Parameters["@title"].Value=null;                             //为参数初始化
cmd.ExecuteNonQuery();                                           //执行存储过程
Console.WriteLine( cmd.Parameters["@count"].Value.ToString());  //获取返回值
```

上述代码使用了现有的存储过程，并为存储过程传递了参数，当参数被存储过程接受并运行后，会返回一个存储过程中指定的返回值。当执行完毕后，开发人员可以通过cmd.Parameters获取其中一个变量的值。

3. ExecuteScalar方法

Command的Execute方法提供了返回单个值的功能。很多时候开发人员需要获取刚刚插入数据的ID值，或者可能需要返回Count(*)、Sum(Money)等聚合函数的结果，这时可以使用ExecuteScalar方法。示例代码如下：

```
string str="server='(local)';database='mytable';uid='sa';pwd='';";
                                                                 //设置连接字串
SqlConnection con=new SqlConnection(str);                        //创建连接
con.Open();                                                      //打开连接
SqlCommand cmd=new SqlCommand("select count(*) from mynews", con);
                                                                 //创建Command
Label1.Text=cmd.ExecuteScalar().ToString();                      //使用ExecuteScalar执行
```

上述代码创建了一个连接，并创建了一个Command对象，使用了可用的构造函数来初始化对象。当使用ExecuteScalar执行方法时，会返回单个值。ExecuteScalar方法同样可以执行SQL语句，但是与ExecuteNonQuery方法不同的是，当语句不为SELECT时，则返回一个没有任何数据的System.Data.SqlClient.SqlDataReader类型的集合。

ExecuteScalar方法执行SQL语句通常是用来执行具有返回值功能的SQL语句，例如前面所说的，当插入一条新数据时返回刚刚插入数值的ID号。这种功能在自动增长类型的数据库设计中经常用到，示例代码如下：

```
string str="server='(local)';database='mytable';uid='sa';pwd='';";
                                                                 //设置连接字串
SqlConnection con=new SqlConnection(str);                        //创建连接
con.Open();                                                      //打开连接
SqlCommand cmd=new SqlCommand("insert into mynews values ('this is a new title!')
SELECT  @@IDENTITY  as  'bh'", con);                             //打开连接
Console.WriteLine( cmd.ExecuteScalar().ToString());              //获取返回的ID值
```

上述代码使用了"SELECT @@IDENTITY as"语法，"SELECT @@IDENTITY"语法会自动获取刚刚插入的自动增长类型的值。例如，当表中有100条数据时，插入一条数据后数据量就成为101，为了不需要再次查询就获得101这个值，可以使用"SELECT @@IDENTITY as"语法。

当使用“SELECT @@IDENTITY as”语法进行数据操作时，ExecuteScalar 方法会返回刚刚插入数据的 ID，这样就无须再次查询刚刚插入的数据的信息。

4.4.4 DataSet（数据集）对象

DataSet 是 ADO. NET 中的核心概念，作为初学者，可以把 DataSet 想象成虚拟的表，但是这个表不能用简单的表来表示，可以把这个表想象成具有数据库结构的表，并且这个表是存放在内存中的。由于 ADO. NET 中 DataSet 的存在，开发人员能够屏蔽数据库与数据库之间的差异，从而获得一致的编程模型。

1. 数据集基本对象（DataSet）

DataSet 能够支持多表、表间关系、数据库约束等，可以模拟一个简单的数据库模型。DataSet 对象模型如图 4-22 所示。

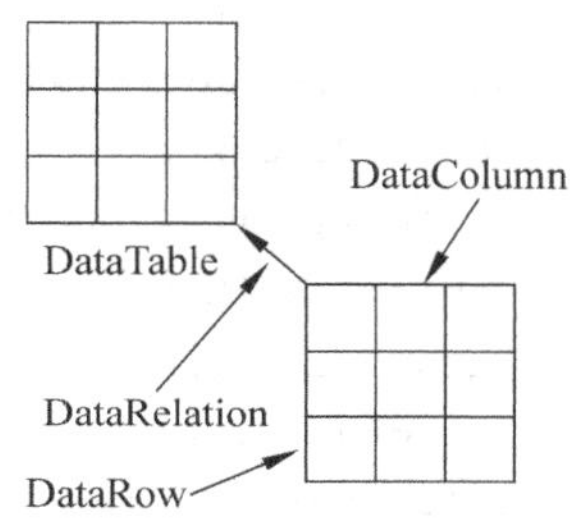

图 4-22 DataSet 对象模型

图 4-22 简要地介绍了常用对象之间的构架关系。在 DataSet 中，主要包括 TablesCollection、RelationsCollection 和 ExtendedProperties 这几个重要对象。

（1）TablesCollection 对象。

在 DataSet 中，表的概念是用 DataTable 来表示的。DataTable 在 System. Data 中定义，它能够表示存储在内存中的一张表。它包含一个 ColumnsCollection 的对象，代表数据表的各个列的定义。同时，它也包含 RowsCollection 对象，这个对象包含 DataTable 中的所有数据。

（2）RelationsCollection 对象。

通过使用 RelationsCollection 来表达各个 DataTable 对象之间的关系。RelationsCollection 对象可以模拟数据库中的约束关系。例如，当一个包含外键的表被更新时，如果不满足主键-外键约束，这个更新操作就会失败，系统会抛出异常。

（3）ExtendedProperties 对象。

ExtendedProperties 对象能够配置特定的信息，例如 DataTable 的密码、更新时间等。

2. 数据表对象（DataTable）

DataTable 是 DataSet 中的常用对象，它和数据库中表的概念十分相似。开发人员能够将 DataTable 想象成一个表，并且可以通过编程的方式创建一个 DataTable 表。示例代码如下：

```
DataTable Table=new DataTable("mytable");          //创建一个 DataTable 对象
Table.CaseSensitive=false;                         //设置不区分大小写
Table.MinimumCapacity=100;                         //设置 DataTable 初始大小
Table.TableName="newtable";                        //设置 DataTable 的名称
```

上述代码创建了一个 DataTable 对象，并为 DataTable 对象设置了若干属性，这些属性都是常用属性，其作用如表 4-6 所示。

表 4-6 DataTable 对象的属性及功能

属　性	功　能
CaseSensitive	设置表中的字符串是否区分大小写，若无特殊情况，一般设置为 false。该属性对于查找、排序、过滤等操作有很大的影响
MinimumCapacity	设置创建的数据表的最小记录空间
TableName	指定数据表的名称

一个表必须有一个列，而 DataTable 必须包含列。当创建了一个 DataTable 后，就必须向 DataTable 中增加列。表中列的集合形成了二维表的数据结构。开发人员可以使用 Columns 集合的 Add 方法向 DataTable 中增加列，Add 方法带有两个参数：一个是表列的名称，一个是该列的数据类型。示例代码如下：

```
DataTable Table=new DataTable("mytable");            //创建一个 DataTable
Table.CaseSensitive=false;                           //设置不区分大小写
Table.MinimumCapacity=100;                           //设置 DataTable 初始大小
Table.TableName="newtable";                          //设置 DataTable 的名称
DataColumn Colum=new DataColumn();                   //创建一个 DataColumn
Colum=Table.Columns.Add("id", typeof(int));          //增加一个列
Colum=Table.Columns.Add("title", typeof(string));    //增加一个列
```

上述代码创建了一个 DataTable 和一个 DataColumn 对象，并通过 DataTable 的 Columns.Add 方法增加 DataTable 的列，这两列的列名和数据类型如下：

新闻 ID：整型，用于描述新闻的编号。

新闻标题 TITLE：字符型，用于描述新闻发布的标题。

3. 数据行对象(DataRow)

在创建了表和表中列的集合，并使用约束定义表的结构后，可以使用 DataRow 对象向表中添加新的数据库行，这一操作同数据库中 INSERT 语句的概念类似。插入一个新行，首先要声明一个 DataRow 类型的变量。使用 NewRow 方法能够返回一个新的 DataRow 对象。DataTable 会根据 DataColumnCollection 定义的表的结构来创建 DataRow 对象。示例代码如下：

```
DataRow Row=Table.NewRow();        //使用 DataTable 的 NewRow 方法创建一个新 DataRow 对象
```

上述代码使用 DataTable 的 NewRow 方法创建一个新 DataRow 对象。当使用该对象添加了新行之后，必须使用索引或者列名来操作新行。示例代码如下：

```
Row[0]=1;                                            //使用索引赋值列
Row[1]="datarow";                                    //使用索引赋值列
```

上述代码通过索引为一行中的各列赋值。从数组的语法可以知道，索引都是从第 0 个位置开始。将 DataTable 想象成一个表，从左到右由 0 开始索引，直到数值等于列数减 1 为止。为了提高代码的可读性，也可以通过直接使用列名来添加新行。示例代码如下：

```
Row["bh"]=1;                                         //使用列名赋值列
```

```
Row["title"]="datarow";                                   //使用列名赋值列
```

通过直接使用列名添加新行与使用索引添加新行的效果相同，但是通过使用列名能够让代码更加可读，便于理解，但这也暴露了一些机密内容（如列值）。在数据插入到新行后，使用 Add 方法将该行添加到 DataRowCollection 中。示例代码如下：

```
Table.Rows.Add(Row);                                      //增加列
```

4. 数据视图对象（DataView）

当需要显示 DataRow 对象中的数据时，可以使用 DataView 对象来显示 DataSet 中的数据。在显示 DataSet 中的数据之前，需要将 DataTable 中的数据填充到 DataSet。值得注意的是，DataSet 是 DataTable 的集合，可以使用 DataSet 的 Add 方法将多个 DataTable 填充到 DataSet 中去。示例代码如下：

```
DataSet ds=new DataSet();                                 //创建数据集
ds.Tables.Add(Table);                                     //增加表
```

填充完成后，可以通过 DataView 对象来显示 DataSet 数据集中的内容。示例代码如下：

```
dv=ds.Tables["newtable"].DefaultView;                     //设置默认视图
```

DataSet 对象中的每一个 DataTable 对象都有一个 DefaultView 属性，该属性返回表的默认视图。上述代码访问了名为 newtable 表的 DataTable 对象。开发人员能够自定义 DataView 对象，该对象能够筛选表达式来设置 DataView 对象的 RowFilter 属性，筛选表达式的值必须为布尔值。同时，该对象能够设置 Sort 属性进行排序，排序表达式可以包括列名或一个算式。示例代码如下：

```
DataView dv=new DataView();                               //创建数据视图对象
DataSet ds=new DataSet();                                 //创建数据集
ds.Tables.Add(Table);                                     //增加数据表
dv=ds.Tables["newtable"].DefaultView;                     //设置默认视图
dv.RowFilter="id"="1";                                    //设置筛选表达式
dv.Sort="id";                                             //设置排序表达式
```

技巧：要显示 DataSet 中某项的值，可以使用语法 ds. Tables["表名称"]. Rows[0]["列名称"]. ToString()来显示，这种语法通常需要知道行的数目，以免在访问数据时越界。

4.4.5 DataReader 对象

DataSet 的最大好处在于能够提供无连接的数据库副本，DataSet 对象在表的生命周期内会为这些表进行内存的分配和维护。如果有多个用户同时对一台计算机进行操作，内存的使用就会变得非常紧张。当对数据需要进行一些简单操作时，就无须保持 DataSet 对象的生命周期，可以使用 DataReader 对象。

1. DataReader 对象概述

当使用 DataReader 对象时，不会像 DataSet 那样提供无连接的数据库副本。

DataReader类被设计为产生只读、只进的数据流。这些数据流都是从数据库返回的。所以，每次访问或操作只有一个记录保存在服务器内存中。相比于DataSet而言，DataReader具有较快的访问能力，并且能够使用较少的服务器资源。DataReader具有以下快速的数据库访问、只进和只读、减少服务器资源等特色。

1）快速的数据库访问

DataReader类是轻量级的，相比之下，DataReader对象的速度要比DataSet快。因为DataSet在创建和初始化时可能是一个或多个表的集合，并且DataSet具有向前、向后读写和浏览的能力，所以创建一个DataSet对象时会造成额外的开销。

2）只进和只读

当对数据库的操作没有太复杂的要求时，可以使用DataReader显示数据。这些数据可以与单个list-bound控件绑定，也可以填充List接口。当不需要复杂的数据库处理时，DataReader能够较快地完成数据显示。

3）减少服务器资源

因为DataReader并不是数据的内存表示形式，所以使用DataReader对服务器占用的资源很少。

4）自定义数据库管理

DataReader对象可以使用Read方法进行数据库遍历。当使用Read方法时，可以以编程的方式自定义数据库中数据的显示方式。开发自定义控件时，可以将这些数据整合到HTML中并显示数据。

5）手动连接管理

DataAdapter对象能够自动打开和关闭连接，而DataReader对象需要用户手动管理连接。DataReader对象和DataAdapter对象很相似，都可以从SQL语句和一个连接中初始化。

2. 读取数据库(DataReader)

创建DataReader对象，需要创建一个SqlCommand对象来代替SqlDataAdapter对象。与SqlDataAdapter对象类似的是，DataReader可以从SQL语句和连接中创建Command对象。创建对象后，必须显式地打开Connection对象。示例代码如下：

```
string str="server='(local)';database='mytable';uid='sa';pwd=' '";
SqlConnection con=new SqlConnection(str);
con.Open();                                              //打开连接
SqlCommand cmd=new SqlCommand("select * from mynews", con);  //创建Command对象
SqlDataReader dr=cmd.ExecuteReader();                    //创建DataReader对象
con.Close();
```

上述代码创建了一个DataReader对象。从中可以看出，创建DataReader对象必须经过如下几个步骤：

(1) 创建和打开数据库连接。

(2) 创建一个Command对象。

(3) 从Command对象中创建DataReader对象。

(4) 调用ExecuteReader对象。

DataReader 对象的 Read 方法可以判断 DataReader 对象中的数据是否还有下一行，并将游标下移到下一行。通过 Read 方法可以判断 DataReader 对象中的数据是否读完。示例代码如下：

```
while (dr.Read())
```

通过 Read 方法可以遍历读取数据库中行的信息。当读取到一行时，要获取某列的值，只需要使用“[”和“]”运算符来确定某一列的值即可。示例代码如下：

```
while (dr.Read())
{
  Console.WriteLine(dr["title"].ToString()+"\t");
}
```

上述代码通过 dr["title"]获取数据库中 title 这一列的值。同样，也可以通过索引来获取某一列的值。示例代码如下：

```
while (dr.Read())
{
    Console.WriteLine(dr[1].ToString()+"\t");
}
```

3. 异常处理

使用 DataReader 对象进行连接时，需要使用 Try…Catch…Finally 语句进行异常处理，以保证代码出现异常时能够关闭连接，否则连接将保持打开状态，这会影响应用程序性能。示例代码如下：

```
…
    string str="server='(local)';database='mytable';uid='sa';pwd='";
    SqlConnection con=new SqlConnection(str);
    con.Open();
    SqlCommand cmd=new SqlCommand("select * from mynews", con);
    SqlDataReader dr;
    try
    {
        dr=cmd.ExecuteReader();
        while (dr.Read())
        {
          Console.WriteLine(dr[1].ToString()+"\t");
        }
    }
   catch (Exception ee)                                    //出现异常
   {
         Console.WriteLine(ee.ToString());          //出现异常则抛出错误语句
    }
    finally
    {
```

```
                dr.Close();                        //强制关闭连接
                con.Close();                       //强制关闭连接
            }
        }
```

上述代码当出现异常时会抛出异常并强制关闭连接。这样做就能够在程序发生异常时关闭连接应用程序与数据库的连接,否则大量异常连接状态的出现会影响应用程序性能。

4.5 连接池概述

在应用程序与数据库交互中,建立和关闭数据库连接都是非常消耗资源的过程。如果一个应用程序需要与数据库进行大量交互,则很有可能造成假死以及崩溃的情况。使用连接池能够提高应用程序的性能。

连接池是SQL Server或OLEDB数据源的功能,它可以使特定的用户重复使用连接。数据库连接池技术的思想非常简单,将数据库连接作为对象存储在一个Vector对象中,一旦数据库连接建立后,不同的数据库访问请求就可以共享这些连接,这样,通过复用这些已经建立的数据库连接,可以极大地节省系统资源和时间。连接池的主要操作如下所示:

(1) 建立数据库连接池对象。

(2) 对于一个数据库访问请求,直接从连接池中得到一个连接。如果数据库连接池对象中没有空闲的连接且连接数没有达到最大,则创建一个新的数据库连接。

(3) 存取数据库。

(4) 关闭数据库,释放所有数据库连接。

(5) 释放数据库连接池对象。

当一个网站用户需要同数据库进行交互时,服务器会为网站用户建立一个业务对象,每个业务对象维护自身的连接,这些业务对象自身会创建连接。当用户不需要该业务对象时,业务对象会释放连接,如图4-23所示。

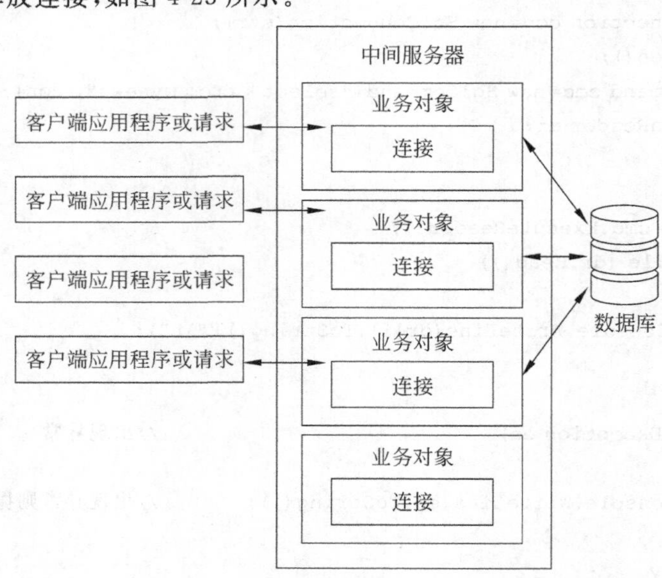

图4-23 多层构架应用程序

当业务对象对数据库进行复杂的操作，并不停地打开和关闭数据库连接时，会造成应用程序性能降低，因为重复打开和关闭数据库连接非常消耗系统资源，而使用连接池则可以避免该问题。连接池并不会真正地完全关闭数据库与应用程序的连接，而是将这些连接存放在应用程序连接池中。当一个新的业务对象产生时，会在连接池中检查是否已有连接，若无连接，则会创建一个新连接，否则会使用现有已匹配的连接，这样就提高了性能，如图 4-24 所示。

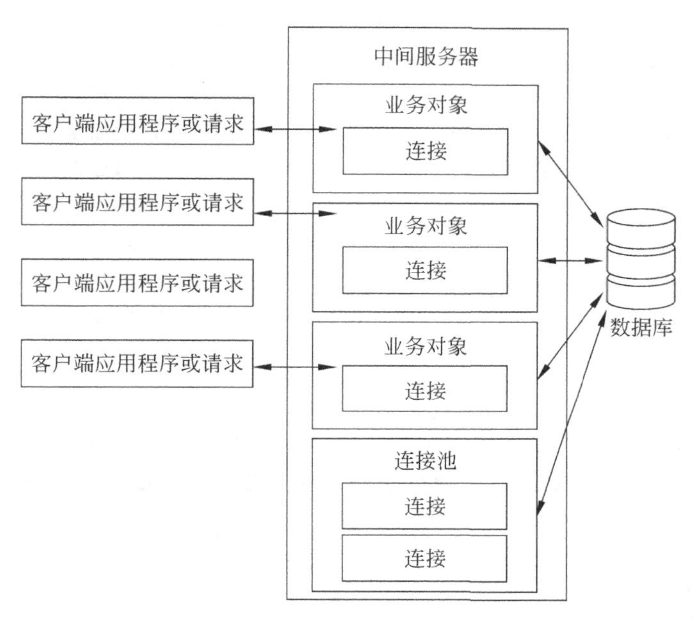

图 4-24 使用连接池

使用连接池能够提升应用程序性能。特别是开发 Web 应用程序时，Web 应用程序通常需要频繁地与数据库交互，应用程序池能够解决 Web 引用中的假死等情况，也能够节约服务器资源。但是，在创建连接时，良好的关闭习惯是非常必要的。

4.6 参数化查询

在 Web 应用程序的开发过程中，Web 安全是非常重要的，现存的很多网站都存在着一些非常严重的安全漏洞，其中 SQL 注入是十分常见的漏洞，如果使用查询语句进行参数化查询，可以减少 SQL 注入漏洞的概率。参数化查询示例代码如下：

```
string strsql="select * from mynews where id=@id";
```

上述代码使用了参数化查询。在存储过程中，参数化是很常见的，存储过程通过 Command 对象进行参数的添加和赋值。同样，参数化查询也可以通过 Command 对象进行添加和赋值。参数化查询过程如下所示：

(1) 创建一个 Command 对象。

(2) Command 对象增加一个参数。

(3) 通过索引对 Command 参数进行赋值。

(4) 执行ExecuteReader方法返回一个DataReader对象。

通过Command对象可以为存储过程以及参数化查询语句添加参数,示例代码如下:

```
...
        string str="server='(local)';database='mytable';uid='sa';pwd=' '";
        SqlConnection con=new SqlConnection(str);
        con.Open();
        string strsql="select * from mynews where id=@bh";
        SqlCommand cmd=new SqlCommand(strsql, con);      //创建Command对象
        cmd.Parameters.Add("@bh", SqlDbType.Int);        //增加参数@bh
        cmd.Parameters[0].Value=4;                       //通过索引为参数赋值
        SqlDataReader dr=cmd.ExecuteReader();            //执行后返回DataReader对象
        while (dr.Read())                                //遍历DataReader对象
        {
            Console.WriteLine(dr["title"].ToString()+"\t");
        }
}
```

参数化查询能够有效解决一些安全问题,提高Web应用的安全性。同时,参数化查询可大大简化程序设计,只需要通过数值的更改而不需要修改SQL语句即可达到目的,这极大地方便了应用程序的维护。

4.7 项目案例

4.7.1 学习目标

(1) SQL Server数据库的使用。

(2) 带有用户权限标识和删除标识的用户表的设计。

(3) 面向对象的分析与设计,表和类的对应关系。

(4) 熟练掌握ADO.NET连接数据库操作。

(5) 掌握程序业务功能的具体分析过程及实现。

4.7.2 案例描述

本案例是在系统中模仿实现程序中的登录功能。通过ADO.NET方式连接SQL Server数据库,访问项目中usr用户表,实现用户登录,并且登录成功后判断用户权限是管理员还是普通用户。

4.7.3 案例要点

本案例是对真实系统的模拟,前台页面的登录界面做了省略,因此在编写代码的过程中要注意我们使用了模拟用户名、密码在含有main方法的测试类测试登录过程,然后使用控制台打印提示信息的方式模拟登录,用户信息在数据库中创建usr表并初始化。

4.7.4 案例实施

(1) 在 SQL Server 数据库服务器上创建一个数据库 ascentweb,创建用户表 usr。

```
CREATE TABLE usr (
  id int NOT NULL identity,
  username varchar(32) default NULL,
  password varchar(32) default NULL,
  fullname varchar(64) default NULL,
  title varchar(32) default NULL,
  companyname varchar(32) default NULL,
  companyaddress varchar(100) default NULL,
  city varchar(32) default NULL,
  job varchar(32) default NULL,
  tel varchar(32) default NULL,
  email varchar(64) default NULL,
  country varchar(32) default NULL,
  zip varchar(6) default NULL,
  superuser varchar(2) default NULL,
  delsoft varchar(2) default NULL,
  note varchar(255) default NULL,
  PRIMARY KEY(id)
);
INSERT INTO usr
(username, password, fullname, title, companyname, companyaddress, city, job, tel,
email,country,zip,superuser,delsoft,note) VALUES ('admin','123456',
'administrator','manager','ascent','501B','beijing','admin','13315266854',
'admin@163.com','china','100085','3','0','good');
INSERT INTO usr (username,password,fullname,title,companyname,companyaddress,
city,job,tel,email,country,zip,superuser,delsoft,note)  VALUES ('lixin','lixin
','lianglixin','leader','ascent','501B','beijing','manager','13315266853',
'lixin@163.com','china','100085','2','1','good');
INSERT INTO usr
(username, password, fullname, title, companyname, companyaddress, city, job, tel,
email,country,zip,superuser,delsoft,note) VALUES ('ascent','ascent','test',
'test','ascent','501B','beijing','test','13315266852','ascent@163.com','china',
'100085','1','0','good');
INSERT INTO usr
(username, password, fullname, title, companyname, companyaddress, city, job, tel,
email,country,zip,superuser,delsoft,note) VALUES ('shang','shang','shangshang',
'test','ascent','501B','beijing','test','13315266851','test@163.com','china',
'100085','1','0','good');
```

(2) 设计表 usr 对应的 Usr 类。

```
using System;
```

```
using System.Data;
using System.Configuration;
using System.Linq;
using System.Web;
using System.Web.Security;
using System.Web.UI;
using System.Web.UI.HtmlControls;
using System.Web.UI.WebControls;
using System.Web.UI.WebControls.WebParts;
using System.Xml.Linq;
namespace com.ascnet.vo
{
    ///<summary>
    ///Productuser 的摘要说明
    ///</summary>
    public class Usr
    {
        private int id;
        public int Id
        {
            get { return id; }
            set { id=value; }
        }
        private string username;

        public string UserName
        {
            get { return username; }
            set { username=value; }
        }
        private string password;

        public string Password
        {
            get { return password; }
            set { password=value; }
        }
        private string fullname;

        public string Fullname
        {
            get { return fullname; }
            set { fullname=value; }

        }
        private string title;
```

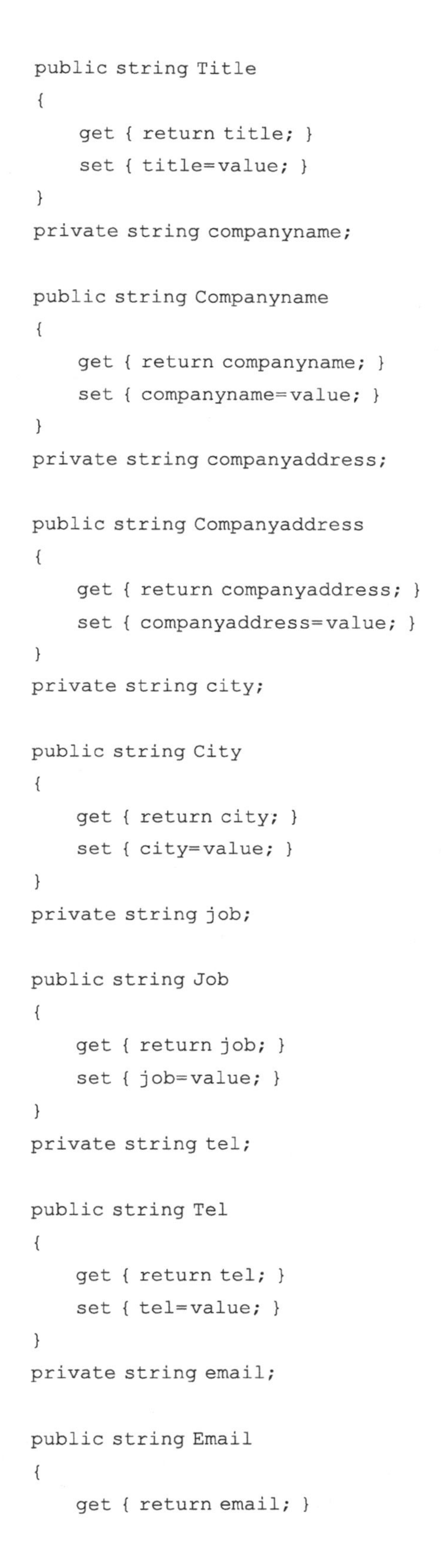

```
public string Title
{
    get { return title; }
    set { title=value; }
}
private string companyname;

public string Companyname
{
    get { return companyname; }
    set { companyname=value; }
}
private string companyaddress;

public string Companyaddress
{
    get { return companyaddress; }
    set { companyaddress=value; }
}
private string city;

public string City
{
    get { return city; }
    set { city=value; }
}
private string job;

public string Job
{
    get { return job; }
    set { job=value; }
}
private string tel;

public string Tel
{
    get { return tel; }
    set { tel=value; }
}
private string email;

public string Email
{
    get { return email; }
```

```
        set { email=value; }
    }
    private string country;

    public string Country
    {
        get { return country; }
        set { country=value; }
    }
    private string zip;

    public string Zip
    {
        get { return zip; }
        set { zip=value; }
    }

    private string superuser;

    public string Superuser
    {
        get { return superuser; }
        set { superuser=value; }
    }
    private string delsoft;

    public string Delsoft
    {
        get { return delsoft; }
        set { delsoft=value; }
    }
    private string note;

    public string Note
    {
        get { return note; }
        set { note=value; }
    }
    public Usr()
    {
    }
    public Usr(int id,
                    string username,
                    string password,
                    string companyname,
```

```
                        string city,
                        string job,
                        string tel,
                        string email,
                        string country,
                        string zip,
                        string companyaddress,
                        string superuser,
                        string note,
                        string fullname,
                        string title,
                        string delsoft

                      )
{
    this.id=id;
    this.username=username;
    this.password=password;
    this.companyname=companyname;
    this.city=city;
    this.job=job;
    this.tel=tel;
    this.email=email;
    this.country=country;
    this.zip=zip;
    this.companyaddress=companyaddress;
    this.superuser=superuser;
    this.note=note;
    this.fullname=fullname;
    this.title=title;
    this.delsoft=delsoft;

}

public Usr(string username,
                        string password,
                        string companyname,
                        string city,
                        string job,
                        string tel,
                        string email,
                        string country,
                        string zip,
                        string companyaddress,
                        string superuser,
```

```
                                    string note,
                                    string fullname,
                                    string title,
                                    string delsoft

                                )
        {
            this.username=username;
            this.password=password;
            this.companyname=companyname;
            this.city=city;
            this.job=job;
            this.tel=tel;
            this.email=email;
            this.country=country;
            this.zip=zip;
            this.companyaddress=companyaddress;
            this.superuser=superuser;
            this.note=note;
            this.fullname=fullname;
            this.title=title;
            this.delsoft=delsoft;

        }
    }
}
```

(3) 开发一个专门提供使用 ADO. NET 获取数据库连接的工具类 DBConn. cs。

```
public class DBConn
    {
        private static SqlConnection conn;
        /**
        * 获取数据库连接的静态方法
        * /
        public static SqlConnection GetConnection()
        {
            //连接数据库 url 字符串
            //string conURL="Data Source= (local);Initial Catalog=ascentweb;
              Integrated Security=True;Pooling=False";
            //连接数据库 url 字符串通过读取 Web.config 配置文件加载
            try
            {
                string conURL=@ConfigurationManager.ConnectionStrings
                ["connect"].ToString();
                conn=new SqlConnection(conURL);
```

```
            }
            catch (Exception e)
            {
                Console.WriteLine(e.Message);
            }
            return conn;
        }
```

(4) 用户登录业务功能实现的业务类 UsrBO.cs。

```
using System;
using System.Data;
using System.Configuration;
using System.Linq;
using System.Web;
using System.Web.Security;
using System.Web.UI;
using System.Web.UI.HtmlControls;
using System.Web.UI.WebControls;
using System.Web.UI.WebControls.WebParts;
using System.Xml.Linq;
using com.ascent.vo;
using System.Data.SqlClient;
using com.ascnet.vo;
using com.ascent.util;
namespace com.ascent.bo
{
    ///<summary>
    ///ProductuserBO 的摘要说明
    ///</summary>
    public class UsrBO
    {
        public UsrBO()
        {
            //
            //TODO: 在此处添加构造函数逻辑
            //
        }
        private SqlConnection conn;
        private SqlCommand sqlCommand;
        private SqlDataReader sdr;
        ///<summary>
        ///登录方法
        ///</summary>
        ///<returns></returns>
```

```
public Usr UsrLogin(string name, string password)
{
    Usr user=null;
    try
    {
        conn=DBConn.GetConnection();
        string sql="select * from Usr where username='"+name+"' and
        password ='"+password+"' and delsoft='0'";
        sqlCommand=new SqlCommand(sql, conn);

      conn.Open();
      sdr=sqlCommand.ExecuteReader();
      if (sdr.Read())
      {
           //将查询记录封装到 usr 对象中
         user=new Usr();
         user.Id=sdr.GetInt32(0);
         user.UserName=sdr.GetString (1);
         user.Superuser=sdr.GetString(13);
         user.Email=sdr.GetString (10);
         user.Tel=sdr.GetString(7);
         user.Companyaddress=sdr.GetString(6);
         user.Companyname=sdr.GetString(5);
         user.Country=sdr.GetString(11);
         user.Job=sdr.GetString(8);
      }
    }
    catch (Exception e)
    {
        Console.WriteLine(e.Message);
    }
    finally
    {
        if (sdr !=null)
        {
            sdr.Close();
        }
        if (conn !=null)
        {
            conn.Close();
        }
    }

    return user;
}
```

(5) 编写测试类 LoginTest.cs,测试登录功能。

```
/**
 * 用户登录测试类
 * /
public class LoginTest {

    public static void main(String[] args) {
        //模拟用户名、密码
        String name="admin";
        String password ="123456";
        //测试登录方法
        UsrBO bo=new UsrBO();
        Usr user=bo.login(name, password);
        if(user ==null){                                    //登录失败
            Console.WriteLine ("登录失败");
        }else{                                              //登录成功
            Console.WriteLine ("登录成功");
            //下面判断登录用户是管理员还是普通用户
            if(user.Superuser.equals("1")){                 //普通用户权限
                Console.WriteLine ("普通用户");
            }else if(user.Superuser.equals("3")){           //管理员
                Console.WriteLine("管理员");
            }
        }
    }
}
```

测试结果:

```
登录成功
管理员
```

4.7.5 特别提示

(1) 本案例中,用户表 usr 的设计。

id 字段:表示主键,设置了自增方式 identity。

superuser 字段:表示权限,“1”表示普通注册用户,“2”表示有部分高级权限的注册用户,“3”表示管理员。该案例登录成功后判断用户是管理员还是普通用户就是根据该标识字段进行判断。

delsoft 字段:表示删除标识,通常使用一个标识字段进行软删除操作。“1”代表删除,“0”代表可用。注意该案例中登录的 SQL 语句,在条件中还包含 delsoft="0",代表判断该用户存在的同时还必须是可用状态才能登录成功。

(2) 本案例中,面向对象的分析设计。

通常在面向对象分析设计时,会将一张表对应设计一个 C#类进行数据封装,例如 usr

表对应设计 Usr.cs 类。该类中属性的设计对应表的字段，属性的类型对应表中字段的类型，例如表中有字段 id int、username varchar、password varchar、superuser varchar 和 delsoft varchar，对应的 Usr 类中属性就对应有 int uid、string username、string password、string superuser 和 string delsoft，及对应属性的 set、get 方法。希望大家学习掌握这个面向对象的分析设计。

(3) 用户数据库访问类的开发。

通常一个项目中需要很多业务功能，而对于每个业务功能都需要开发业务方法来实现，每个业务方法的实现都需固定步骤，而这些步骤中又有重复的工作，所以我们将获取数据库连接 SqlConnection 的操作开发为一个工具类，供所有业务方法使用。既然开发的是一个辅助工具类，使用频率很高，那么在开发返回 SqlConnection 的方法时就使用了静态方法，这样可以使用类名直接调用。

(4) 登录业务方法 login 的开发设计。

毋庸置疑，登录方法 login 参数传递需要传递登录用户的用户名、密码，那么方法返回类型的设计则需要技巧。如果返回类型为 bool 类型，可以判断登录成功或失败，但是不能满足登录成功后判断登录用户是管理员还是普通用户的需求，而使用 Usr 类类型作为返回类型则可解决上述问题。当返回为 null 时为登录失败，如果返回不为 null 则登录成功，而且该用户对象应该就是封装了该用户的信息，所以可以根据该用户对象的权限值 superuser 判断其是管理员还是普通用户。

4.7.6 拓展与提高

连接池(connection pool)的工作原理是怎样的？如何使用连接池技术优化系统性能？

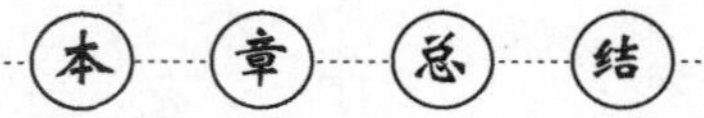

本章简单介绍了数据库的基础知识，包括什么是数据库和数据库的作用。然后讲述了 SQL Server 2005 数据库的基本使用，并介绍了 SQL Server Management 管理工具的使用。通过介绍 SQL Server Management 管理工具，说明了如何使用 SQL Server Management 管理工具和 SQL 语句创建表、删除表等过程。同时还详细讲解了 ADO.NET 的相关知识，其中包括 ADO.NET 连接 SQL 数据库、Connection 对象、DataAdapter 对象、Command 对象、DataSet 对象、DataReader 对象以及连接池的概念和参数化查询。

习 题

一、填空题

1. ADO .NET 的两个核心组件是________和________。

2. .NET Framework 数据提供程序的 4 个核心对象是________、________、________和________。

3. SQL Server .NET Framework 数据提供程序位于________命名空间中。

4. OLE DB .NET Framework 数据提供程序位于________命名空间中。

5. 在 ADO .NET 中，可以使用 Connection 对象连接到指定的数据源。若要连接到 Microsoft SQL Server 7.0 版或更高版本，使用 SQL Server .NET Framework 数据提供程序的________对象。

6. Connection 对象的________属性是获取或设置用于打开 SQL Server 数据库的字符串。

7. Command 对象公开了几个可用于执行所需操作的 Execute 方法。当以数据流的形式返回结果时，使用________可返回 DataReader 对象；使用________可返回单个值；使用________可执行不返回行的命令。

8. 当 Command 对象用于存储过程时，可以将 Command 对象的 CommandType 属性设置为________。

9. 使用 ADO .NET DataReader 从数据库中检索________数据流。

10. DataAdapter 的________方法用于使用 DataAdapter 的________的结果来填充 DataSet。

11. DataSet 对象是支持 ADO .NET 的________、________的核心对象。

12. DataSet 对象的 Relations 属性的作用是________。

二、选择题

1. 要访问 Oracle 数据源，应在应用程序中包含下列（　　）命名空间。
   A. System.Data.Oracle　　B. System.Data.OracleClient
   C. System.Data.oracle　　D. System.Data.Oracleclient

2. 关于 DataReader 对象，下列说法正确的是（　　）。
   A. 可以从数据源随机读取数据
   B. 从数据源读取的数据可读可写
   C. 从数据源读取只前进且只读的数据流
   D. 从数据源读取可往前也可往后且只读的数据流

3. 如果要将 DataSet 对象修改的数据更新回数据源，应使用 DataAdapter 对象的（　　）方法。
   A. Fill 方法　　B. Change 方法　　C. Update 方法　　D. Refresh 方法

4. 当 Command 对象用于存储过程时，应将 Command 对象的（　　）属性设置为 StoredProcedure。
   A. CommandText 属性　　B. CommandType 属性
   C. StoredProcedure 属性　　D. Parameters 属性

5. 指示 DataReader 包含一行或多行数据的属性是（　　）。
   A. FieldCount 属性　　B. RowsCount 属性
   C. HasRows 属性　　D. IsMore 属性

6. 在一个 DataSet 中可以有（　　）DataTable。
   A. 只能有 1 个　　B. 只可以有 2 个　　C. 可以有多个　　D. 不确定

三、简答题

1. 简述 ADO.NET 中常用的对象。

2. 简述 ADO.NET 的规范步骤。

3. ADO.NET 中如何实现连接 SQL 数据库?

第5章 ASP.NET Web窗体的基本控件

学习目的与要求

本章讲解了ASP.NET中常用的控件，对于这些控件，能够极大地提高开发人员的效率，对于开发人员而言，能够直接拖动控件来完成应用的目的。这些控件为ASP.NET应用程序的开发提供了极大的便利，在ASP.NET控件中，不仅仅包括这些基本的服务器控件，还包括高级的数据源控件和数据绑定控件用于数据操作。但是在了解ASP.NET高级控件之前，需要熟练的掌握基本控件的使用。通过本章的学习将能够：

- 掌握标签类控件的分类，了解各种标签控件的功能和作用。
- 掌握文本框类控件的分类，了解各种文本框控件的功能和作用。
- 掌握按钮类控件的分类，了解各种按钮控件的功能和作用。
- 了解单选按钮和复选框控件的功能，掌握常用单选按钮和复选框控件的使用。

本章主要内容

- 控件的属性：介绍控件的属性。
- 简单控件：介绍标签控件等简单控件。
- 文本框控件：介绍文本框控件。
- 按钮控件：介绍按钮控件的实现和按钮事件的运行过程。
- 单选控件和单选组控件：介绍单选控件和单选组控件。
- 复选框控件和复选组控件：介绍复选框控件和复选组控件。

5.1 控件属性概述

每个控件都有一些公共属性,例如字体颜色、边框的颜色、样式等。在 Visual Studio 2008 中,当开发人员选择了相应的控件后,属性栏中会简单地介绍该属性的作用,如图 5-1 所示。

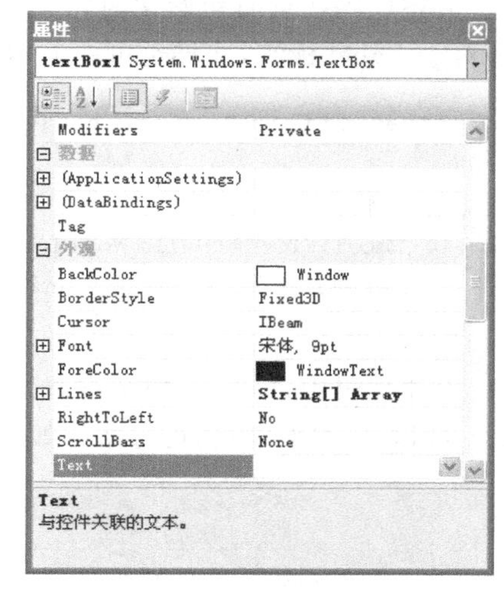

图 5-1 控件的属性

属性栏用来设置控件的属性,当控件在页面被初始化时,这些将被应用到控件。控件的属性也可以通过编程的方法在页面的相应代码区域编写,示例代码如下:

```
protected void Page_Load(object sender, EventArgs e)
{
    Label1.Visible=false;
                //在 Page_Load 中设置 Label1 的可见性
}
```

上述代码编写了一个 Page_Load(页面加载事件),当页面初次被加载时,会执行 Page_Load 中的代码。这里通过编程的方法对控件的属性进行更改,当页面加载时,控件的属性会被应用并呈现在浏览器中。

5.2 常用基本控件

5.2.1 标签类控件

ASP.NET 提供了诸多控件,这些控件包括简单控件、数据库控件、登录控件等强大的控件。在 ASP.NET 中,简单控件是最基础也是经常被使用的控件,简单控件包括标签控件(Label)、超链接控件(HyperLink)以及图像控件(Image)等。

1. 标签控件

在 Web 应用中,希望显示的文本不能被用户更改,或者当触发事件时,某一段文本能够在运行时更改,则可以使用标签控件。开发人员可以非常方便地将标签控件拖放到页面,拖放到页面后,该页面将自动生成一段标签控件的声明代码,示例代码如下:

```
<asp:Label ID="Label1" runat="server" Text="Label"></asp:Label>
```

上述代码声明了一个标签控件,并将这个标签控件的 ID 属性设置为默认值 Label1。由于该控件是服务器端控件,因此在控件属性中包含 runat="server"属性。该代码还将标签控件的文本初始化为 Label,开发人员能够配置该属性进行不同文本内容的呈现。

注意:通常情况下,控件的 ID 也应该遵循良好的命名规范,以便维护。

同样,标签控件的属性能够在相应的.cs 代码中初始化,示例代码如下:

```
protected void Page_PreInit(object sender, EventArgs e)
{
    Label1.Text="Hello World";                    //标签赋值
}
```

上述代码在页面初始化时将Label1的文本属性设置为“Hello World”。值得注意的是,对于Label标签,同样也可以显示HTML样式,示例代码如下:

```
protected void Page_PreInit(object sender, EventArgs e)
{
    //输出HTML
    Label1.Text="Hello World<hr/><span style=\"color:red\">A Html Code</span>";
    Label1.Font.Size=FontUnit.XXLarge;            //设置字体大小
}
```

上述代码中,Label1的文本属性被设置为一串HTML代码,当Label文本被呈现时,会以HTML效果显式,运行结果如图5-2所示。

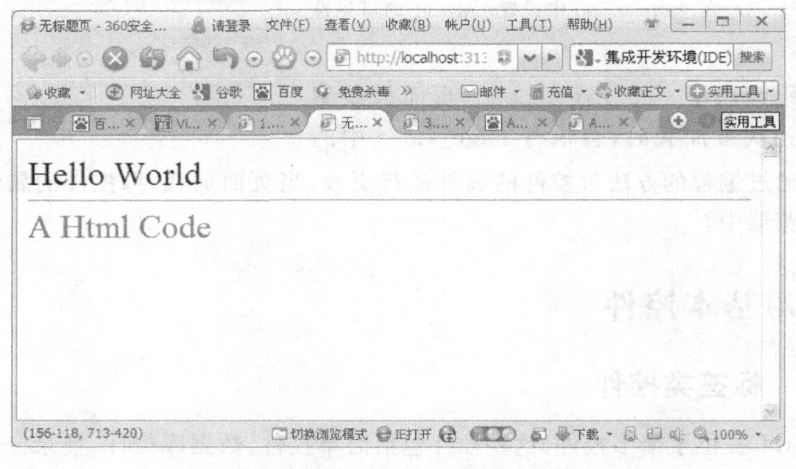

图5-2 Label的Text属性的使用

如果开发人员只是为了显示一般的文本或者HTML效果,不推荐使用Label控件,因为服务器控件过多会导致性能问题。使用静态的HTML文本能够让页面解析速度更快。

2. 超链接控件

超链接控件相当于实现了HTML代码中的"<a href=""></a>"效果。当然,超链接控件有自己的特点,当拖动一个超链接控件到页面时,系统会自动生成控件声明代码,示例代码如下:

```
<asp:HyperLink ID="HyperLink1" runat="server">HyperLink</asp:HyperLink>
```

上述代码声明了一个超链接控件,相对于HTML代码形式,超链接控件可以通过传递指定的参数来访问不同的页面。当触发了一个事件后,超链接的属性可以被改变。超链接控件通常使用两个属性:ImageUrl主要显示图像的URL;NavigateUrl是要跳转的URL。

(1) ImageUrl 属性。

ImageUrl 属性可以设置这个超链接是以文本形式显示还是以图片形式显示，示例代码如下：

```
<asp:HyperLink ID="HyperLink1" runat="server"
            ImageUrl="http://www.sina.com/images/cc.jpg">
            HyperLink
</asp:HyperLink>
```

上述代码将文本形式显示的超链接变为了图片形式的超链接，虽然表现形式不同，但不管是图片形式还是文本形式，全都实现相同的效果。

(2) Navigate 属性。

Navigate 属性可以为无论是文本形式还是图片形式的超链接设置超链接属性，即将要跳转的页面，示例代码如下：

```
<asp:HyperLink ID="HyperLink1" runat="server"
            ImageUrl="http://www.sina.com/images/cc.jpg"
                    NavigateUrl="http://www.sina.com">
            HyperLink
</asp:HyperLink>
```

上述代码使用了图片超链接的形式。其中图片来自“http://www.sina.com/images/cc.jpg”，当单击此超链接控件后，浏览器将跳到 URL 为“http://www.sina.com”的页面。

在前面的小节讲解了超链接控件的优点，超链接控件的优点在于能够对控件进行编程，按照用户的意愿跳转到自己要去的页面。以下代码实现了当用户选择 QQ 时，跳转到腾讯网站。如果选择 SINA，则会跳转到 SINA 页面。示例代码如下：

```
protected void DropDownList1_SelectedIndexChanged(object sender, EventArgs e)
{
    if (DropDownList1.Text=="qq")                           //如果选择 qq
    {
        HyperLink1.Text="qq";                               //文本为 qq
        HyperLink1.NavigateUrl="http://www.qq.com";         //URL 为 qq.com
    }
    else                                                    //选择 sina
    {
        HyperLink1.Text="sina";                             //文本为 sina
        HyperLink1.NavigateUrl="http://www.sina.com";       //URL 为 sina.com
    }
}
```

上述代码使用了 DropDownList 控件，当用户选择不同的值时，对 HyperLink1 控件进行操作。当用户选择 qq，则为 HyperLink1 控件配置连接为 http://www.qq.com。

注意：与标签控件相同的是，如果只是为了单纯的实现超链接，同样不推荐使用 HyperLink 控件，因为过多的使用服务器控件有可能造成性能问题。

3. 图像控件

图像控件用来在Web窗体中显示图像。图像控件常用的属性：AlternateText属性在图像无法显示时显示的备用文本；ImageAlign属性显示图像的对齐方式；ImageUrl属性显示图像的URL。

同样，HTML中也可以使用<img src="" alt="">来替代图像控件。图像控件具有可控性的优点，就是通过编程来控制图像控件。图像控件的基本声明代码如下所示：

```
<asp:Image ID="Image1" runat="server" />
```

除了显示图形以外，Image控件的其他属性还允许为图像指定各种文本，其中ToolTip属性用于浏览器显示在工具提示中的文本；如果将GenerateEmptyAlternateText属性设置为true，则呈现图片的alt属性将设置为空。

开发人员能够为Image控件配置相应的属性以便在浏览时呈现不同的样式。创建一个Image控件也可以直接通过编写HTML代码进行呈现。示例代码如下：

```
<asp:Image ID="Image1" runat="server"
AlternateText="图片连接失效" ImageUrl="http://www.sina.com/images/cc.jpg" />
```

上述代码设置了一个图片，并且当图片失效的时候提示图片连接失效。

注意：当双击图像控件时，系统并没有生成事件所需要的代码段，这说明Image控件不支持任何事件。

5.2.2 文本框控件

在Web开发中，Web应用程序通常需要和用户进行交互，例如用户注册、登录、发帖等，那么就需要文本框控件(TextBox)来接受用户输入的信息。开发人员还可以使用文本框控件制作高级的文本编辑器用于HTML，以及文本的输入输出。

1. 文本框控件的属性

通常情况下，默认的文本控件是一个单行的文本框，用户只能在文本框中输入一行内容。通过修改该属性，可以将文本框设置为多行，或者是以密码形式显示。文本框控件常用的控件属性如表5-1所示。

表5-1 文本框控件常用属性

属　　性	说　　明
AutoPostBack	在文本修改以后，是否自动重传
Columns	文本框的宽度
EnableViewState	控件是否自动保存其状态以用于往返过程
MaxLength	用户输入的最大字符数
ReadOnly	是否为只读
Rows	作为多行文本框时所显示的行数
TextMode	文本框的模式，设置单行、多行或者密码。默认情况下不设置TextMode属性，那么文本框默认为单行
Wrap	文本框是否换行

(1) AutoPostBack 属性。

在网页的交互中,如果用户提交了表单,或者执行了相应的方法,那么该页面将会发送到服务器上,服务器将执行表单的操作或者执行相应方法后再呈现给用户,例如按钮控件、下拉菜单控件等。如果将某个控件的 AutoPostBack 属性设置为 true,则该控件的属性被修改,那么同样会使页面自动发回到服务器。

(2) EnableViewState 属性。

ViewState 是 ASP. NET 中用来保存 Web 控件回传状态的一种机制,它是由 ASP. NET 页面框架管理的一个隐藏字段。在回传发生时,ViewState 数据同样将回传到服务器,ASP. NET 框架解析 ViewState 字符串并为页面中的各个控件填充该属性。而填充后,控件通过使用 ViewState 将数据重新恢复到以前的状态。

在使用某些特殊的控件时,如数据库控件来显示数据库,每次打开页面执行一次数据库往返过程是非常不明智的。开发人员可以绑定数据,在加载页面时仅对页面设置一次,在后续的回传中,控件将自动从 ViewState 中重新填充,减少了数据库的往返次数,从而不使用过多的服务器资源。在默认情况下,EnableViewState 的属性值通常为 true。

上面的两个属性是比较重要的属性,其他的属性也经常使用。

2. 文本框控件的使用

在默认情况下,文本框为单行类型,同时文本框模式也包括多行和密码。示例代码如下:

```
<asp:TextBox ID="TextBox1" runat="server"></asp:TextBox>
   <br />
   <br />
   <asp:TextBox ID="TextBox2" runat="server" Height="101px" TextMode="MultiLine"
       Width="325px"></asp:TextBox>
   <br />
   <br />
<asp:TextBox ID="TextBox3" runat="server" TextMode="Password"></asp:TextBox>
```

上述代码演示了三种文本框的使用方法,运行后的结果如图 5-3 所示。

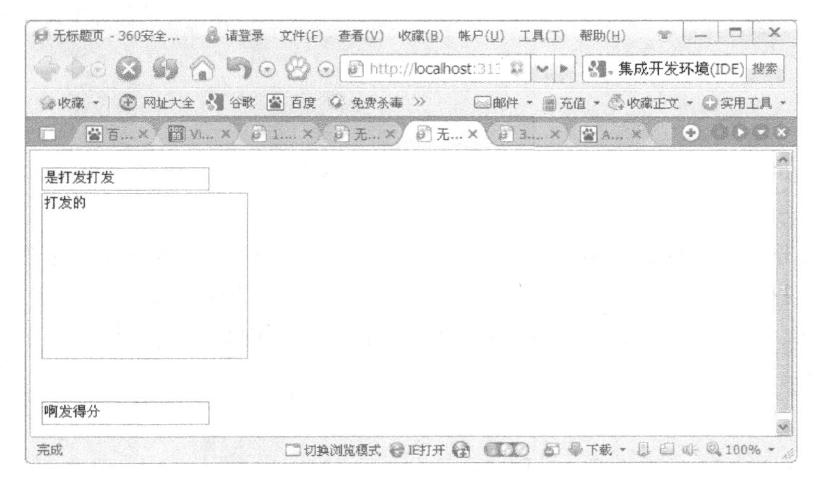

图 5-3 文本框的三种形式

文本框无论是在 Web 应用程序开发还是 Windows 应用程序开发中都是非常重要的。文本框在用户交互中能够起到非常重要的作用。在文本框的使用中，通常需要获取用户在文本框中输入的值或者检查文本框属性是否被改写。当获取用户的值时，必须通过一段代码来控制。HTML 页面文本框控件示例代码如下：

```
<form id="form1" runat="server">
  <div>
      <asp:Label ID="Label1" runat="server" Text="Label"></asp:Label>
      <br />
      <asp:TextBox ID="TextBox1" runat="server"></asp:TextBox>
      <br />
      <asp:Button ID="Button1" runat="server" onclick="Button1_Click" Text=
      "Button" />
      <br />
  </div>
</form>
```

上述代码声明了一个文本框控件和一个按钮控件，当用户单击按钮控件时，就需要实现标签控件的文本改变。为了实现相应的效果，可以通过编写 cs 文件代码进行逻辑处理。示例代码如下：

```
namespace _5_3                                                    //页面命名空间
{
    public partial class _Default : System.Web.UI.Page
    {
        protected void Page_Load(object sender, EventArgs e)        //页面加载时触发
        {
        }
        protected void Button1_Click(object sender, EventArgs e)
                                                    //双击按钮时触发的事件
        {
            Label1.Text=TextBox1.Text;              //标签控件的值等于文本框中控件的值
        }
    }
}
```

上述代码中，当双击按钮时就会触发一个按钮事件，这个事件就是将文本框内的值赋值到标签内。运行结果如图 5-4 所示。

同样，双击文本框控件会触发 TextChange 事件。运行时，文本框控件中的字符变化后并没有自动回传，是因为默认情况下文本框的 AutoPostBack 属性被设置为 false。当 AutoPostBack 属性被设置为 true 时，文本框的属性变化，则会发生回传。示例代码如下：

```
protected void TextBox1_TextChanged(object sender, EventArgs e)      //文本框事件
{
      Label1.Text=TextBox1.Text;                                     //控件相互赋值
}
```

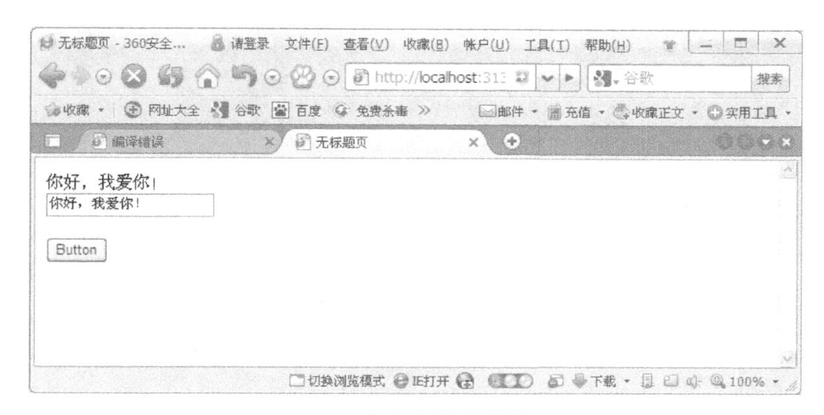

图 5-4 文本框控件的使用

上述代码为 TextBox1 添加了 TextChanged 事件。在 TextChanged 事件中，并不是每一次文本框的内容发生了变化之后就会重传到服务器，这一点和 WinForm 是不同的，因为这样会大大地降低页面的效率。而当用户将文本框中的焦点移出导致 TextBox 失去焦点时才会发生重传。

5.2.3 按钮控件

在 Web 应用程序和用户交互时，常常需要提交表单、获取表单信息等操作。在这其间，按钮控件是非常必要的。按钮控件能够触发事件，或者将网页中的信息回传给服务器。在 ASP.NET 中包含三类按钮控件，分别为 Button、LinkButton 和 ImageButton。

1. 按钮控件的通用属性

按钮控件用于事件的提交。按钮控件包含如下一些通用属性：

(1) Causes Validation：按钮是否导致激发验证检查。

(2) CommandArgument：与此按钮相关的命令参数。

(3) CommandName：与此按钮关联的命令。

(4) ValidationGroup：使用该属性可以指定单击按钮时调用页面上的哪些验证程序。如果未建立任何验证组，则会调用页面上的所有验证程序。

下面的语句声明了三种按钮，示例代码如下：

```
<asp:Button ID="Button1" runat="server" Text="Button" />          //普通的按钮
<br />
//Link 类型的按钮
<asp:LinkButton ID="LinkButton1" runat="server">LinkButton</asp:LinkButton>
<br />
<asp:ImageButton ID="ImageButton1" runat="server" />              //图像类型的按钮
```

对于三种按钮，它们起到的作用基本相同，主要是表现形式不同，如图 5-5 所示。

2. Click 单击事件

这三种按钮控件对应的事件通常是 Click 单击事件和 Command 命令事件。在 Click 单击事件中，通常要编写用户单击按钮时所需要执行的事件，示例代码如下：

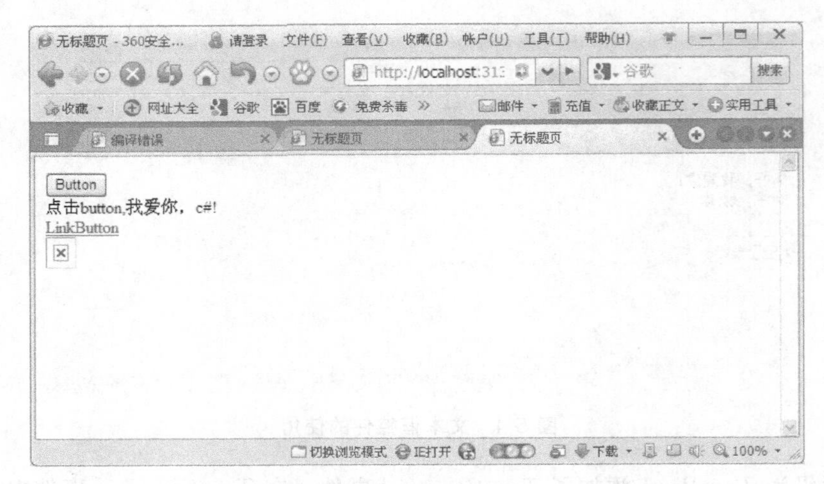

图 5-5　三种按钮类型

```
protected void Button1_Click(object sender, EventArgs e)
{
    Label1.Text="普通按钮被触发";                              //输出信息
}
protected void LinkButton1_Click(object sender, EventArgs e)
{
    Label1.Text="连接按钮被触发";                              //输出信息
}
protected void ImageButton1_Click(object sender, ImageClickEventArgs e)
{
    Label1.Text="图片按钮被触发";                              //输出信息
}
```

上述代码分别为三种按钮生成了事件,其代码都是将 Label1 的文本设置为相应的文本,运行结果如图 5-6 所示。

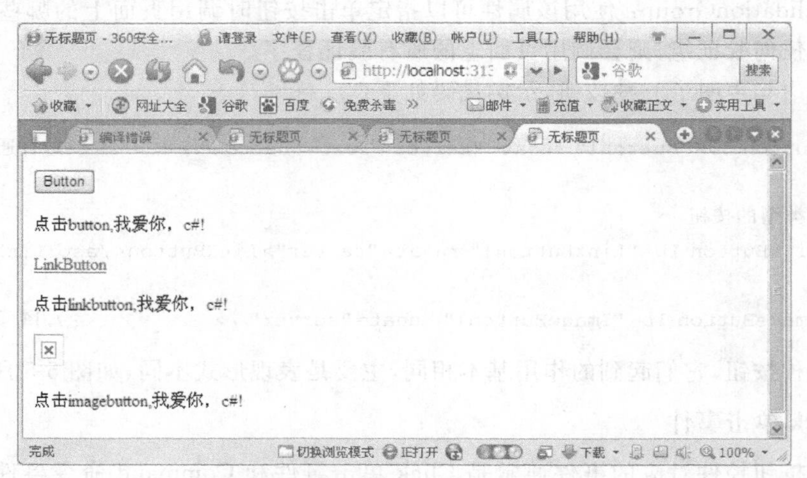

图 5-6　按钮的 Click 事件

3. Command 命令事件

按钮控件中，Click 事件并不能传递参数，所以处理的事件相对简单。而 Command 事件可以传递参数，负责传递参数的是按钮控件的 CommandArgument 和 CommandName 属性，如图 5-7 所示。

将 CommandArgument 和 CommandName 属性分别设置为 Hello! 和 Show，单击 按钮创建一个 Command 事件并在事件中编写相应代码，示例代码如下：

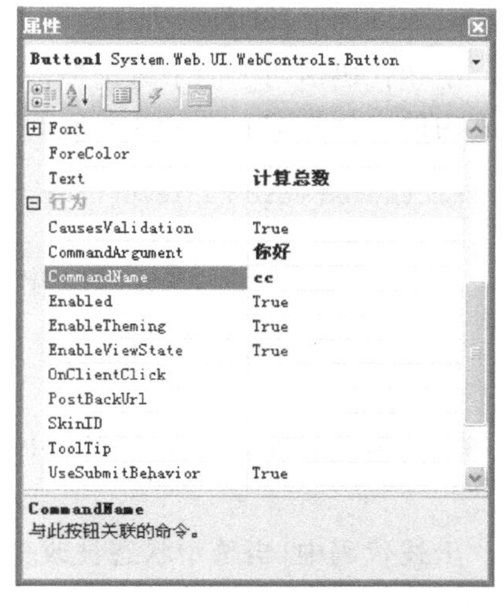

图 5-7 CommandArgument 和 CommandName 属性

```
protected void Button1_Command(object sender,
CommandEventArgs e)
{
    if (e.CommandName=="cc")
                //如果 CommandName 属性的值为 cc,
                //则运行下面的代码
      {
        //CommandArgument 属性的值赋值给 Label1
        Label1.Text=e.CommandArgument.ToString();
      }
}
```

注意：当按钮同时包含 Click 和 Command 事件时，通常情况下会执行 Command 事件。

Command 有一些 Click 不具备的好处，就是传递参数。可以对按钮的 CommandArgument 和 CommandName 属性分别设置，通过判断 CommandArgument 和 CommandName 属性来执行相应的方法。这样，一个按钮控件就能够实现不同的方法，使得多个按钮与一个处理代码关联，或者一个按钮根据不同的值进行不同的处理和响应。相比 Click 单击事件而言，Command 命令事件具有更高的可控性。

5.2.4 单选控件和单选组控件

在投票等系统中，通常需要使用单选控件和单选组控件。顾名思义，在单选控件和单选组控件的项目中，只能在有限种选择中进行一个项目的选择。在进行投票等应用开发并且只能在选项中选择单项时，单选控件和单选组控件都是最佳的选择。

1. 单选(RadioButton)控件

单选控件可以为用户选择某一个选项。单选控件的常用属性如下：

(1) Checked：控件是否被选中。

(2) GroupName：单选控件所处的组名。

(3) TextAlign：文本标签相对于控件的对齐方式。

单选控件通常需要 Checked 属性来判断某个选项是否被选中，多个单选控件之间可能存在着某些联系，这些联系通过 GroupName 进行约束和联系。示例代码如下：

```
<asp:RadioButton ID="RadioButton1" runat="server" GroupName="choose"
    Text="Choose1" />
<asp:RadioButton ID="RadioButton2" runat="server" GroupName="choose"
    Text="Choose2" />
```

上述代码声明了两个单选控件，并将 GroupName 属性都设置为 choose。单选控件中最常用的事件是 CheckedChanged，当控件的选中状态改变时触发该事件。示例代码如下：

```
protected void RadioButton1_CheckedChanged(object sender, EventArgs e)
{
    Label1.Text="第一个被选中";
}
protected void RadioButton2_CheckedChanged(object sender, EventArgs e)
{
    Label1.Text="第二个被选中";
}
```

上述代码中，当选中状态被改变时触发相应的事件。运行结果如图 5-8 所示。

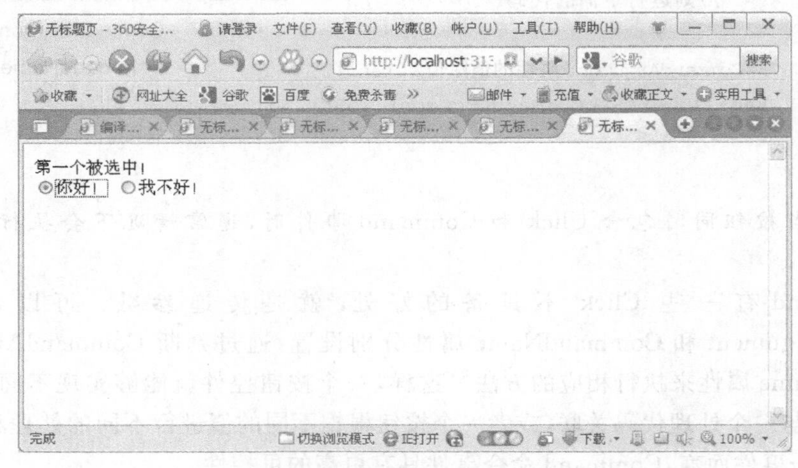

图 5-8　单选控件的使用

与 TextBox 文本框控件相同的是，单选控件不会自动进行页面回传，必须将 AutoPostBack 属性设置为 true 时才能在焦点丢失时触发相应的 CheckedChanged 事件。

2. 单选组(RadioButtonList)控件

与单选控件相同，单选组控件也是只能选择一个项目的控件。而与单选控件不同的是，单选组控件没有 GroupName 属性，但是却能够列出多个单选项目。另外，单选组控件所生成的代码也比单选控件实现的相对较少。单选组控件添加项如图 5-9 所示。

添加项目后，系统自动在.aspx 页面声明服务器控件代码，代码如下：

```
<asp:RadioButtonList ID="RadioButtonList1" runat="server">
    <asp:ListItem>计算机</asp:ListItem>
    <asp:ListItem>软件学院</asp:ListItem>
</asp:RadioButtonList>
```

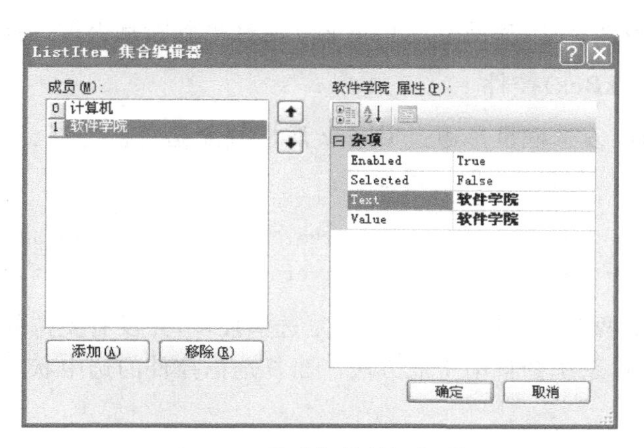

图 5-9 单选组控件添加项

上述代码使用了单选组控件进行单选功能的实现，单选组控件还包括一些属性用于样式和重复的配置。单选组控件的常用属性如表 5-2 所示。

表 5-2 单选组控件的常用属性

属　性	说　明
DataMember	在数据集用做数据源时做数据绑定
DataSource	向列表填入项时所使用的数据源
DataTextFiled	提供项文本的数据源中的字段
DataTextFormat	应用于文本字段的格式
DataValueFiled	数据源中提供项值的字段
Items	列表中项的集合
RepeatColumn	用于布局项的列数
RepeatDirection	项的布局方向
RepeatLayout	是否在某个表或者流中重复

同单选控件一样，双击单选组控件时系统会自动生成该事件的声明，同样可以在该事件中确定代码。同时将控件的 AutoPostBack 属性设为 True，当选择一项内容时，提示用户所选择的内容。示例代码如下：

```
protected void RadioButtonList1_SelectedIndexChanged(object sender, EventArgs e)
{
    Label1.Text=RadioButtonList1.Text;        //文本标签段的值等于选择控件的值
}
```

5.2.5 复选框控件和复选组控件

当一个投票系统需要用户能够选择多个选择项时，单选控件就不符合要求了。ASP.NET 还提供了复选框控件和复选组控件来满足多选的要求。复选框控件和复选组控件同单选控件和单选组控件一样，都是通过Checked属性来判断是否被选择。

1. 复选框(CheckBox)控件

同单选控件一样，复选框也是通过Check属性判断是否被选择。而不同的是，复选框控件没有GroupName属性。示例代码如下：

```
<asp:CheckBox ID="CheckBox1" runat="server" Text="Check1" AutoPostBack="true" />
<asp:CheckBox ID="CheckBox2" runat="server" Text="Check2"  AutoPostBack="true"/>
```

上述代码声明了两个复选框控件。对于复选框控件，并没有支持的GroupName属性，当双击复选框控件时，系统会自动生成方法。当复选框控件的选中状态被改变后会激发该事件。示例代码如下：

```
protected void CheckBox1_CheckedChanged(object sender, EventArgs e)
{
    Label1.Text="选框 1 被选中";                    //当选框 1 被选中时
}
protected void CheckBox2_CheckedChanged(object sender, EventArgs e)
{
    Label1.Text="选框 2 被选中,并且字体变大";   //当选框 2 被选中时
    Label1.Font.Size=FontUnit.XXLarge;
}
```

上述代码分别为两个选框设置了事件，同时将控件的AutoPostBack属性设为True。当选择选框1时，文本标签输出"选框1被选中"，如图5-10所示。当选择选框2时，输出"选框2被选中，并且字体变大"，运行结果如图5-11所示。

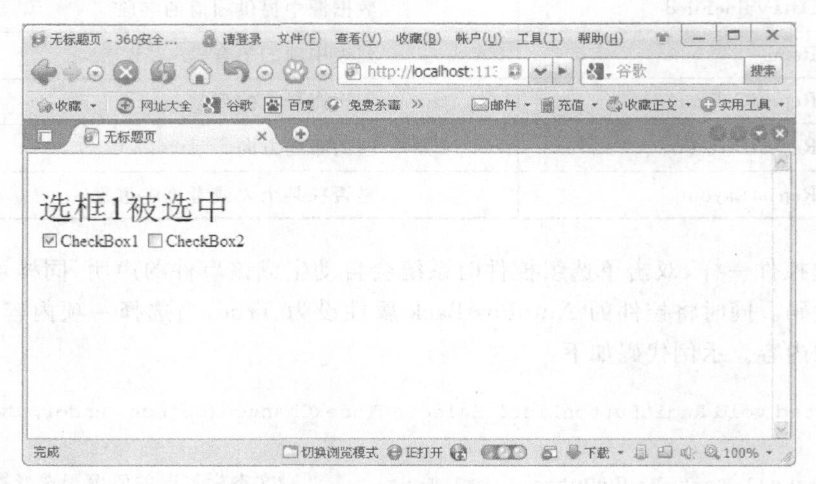

图5-10 选框1被选中

对于复选框而言，用户可以在复选框控件中选择多个选项，所以就没有必要为复选框控件进行分组。在单选框控件中，相同组名的控件只能选择一项用于约束多个单选框中的选项，而复选框就没有约束的必要。

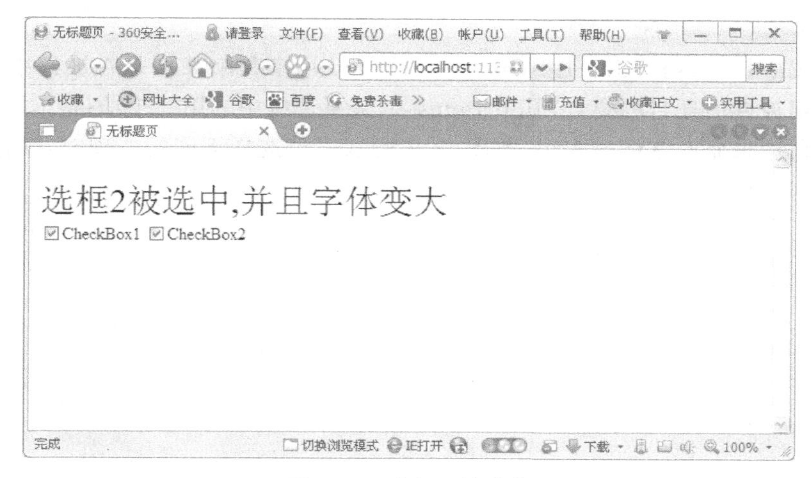

图 5-11　选框 2 被选中

2. 复选组(CheckBoxList)控件

同单选组控件相同,为了方便复选控件的使用,.NET 服务器控件中同样包括了复选组控件,拖动一个复选组控件到页面可以同单选组控件一样添加复选组列表。添加在页面后,系统生成代码如下:

```
<asp:CheckBoxList ID="CheckBoxList1" runat="server" AutoPostBack="True"
        onselectedindexchanged="CheckBoxList1_SelectedIndexChanged">
        <asp:ListItem Value="Choose1">Choose1</asp:ListItem>
        <asp:ListItem Value="Choose2">Choose2</asp:ListItem>
        <asp:ListItem Value="Choose3">Choose3</asp:ListItem>
</asp:CheckBoxList>
```

上述代码中同样增加了三个项目提供给用户选择,复选组控件最常用的是 SelectedIndexChanged 事件。当控件中某项的选中状态被改变时会触发该事件。示例代码如下:

```
protected void CheckBoxList1_SelectedIndexChanged(object sender, EventArgs e)
{
    if (CheckBoxList1.Items[0].Selected)              //判断某项是否被选中
      {
          Label1.Font.Size=FontUnit.XXLarge;          //更改字体大小
      }
      if (CheckBoxList1.Items[1].Selected)            //判断是否被选中
      {
          Label1.Font.Size=FontUnit.XLarge;           //更改字体大小
      }
      if (CheckBoxList1.Items[2].Selected)
      {
          Label1.Font.Size=FontUnit.XSmall;
      }
```

```
}
```

上述代码中，CheckBoxList1. Items[0]. Selected 用来判断某项是否被选中，其中 Item 数组是复选组控件中项目的集合，其中 Items[0]是复选组中的第一个项目。

上述代码用来修改字体的大小，如图 5-12 所示。当选择不同的选项时，字体的大小也不相同，运行结果如图 5-13 所示。

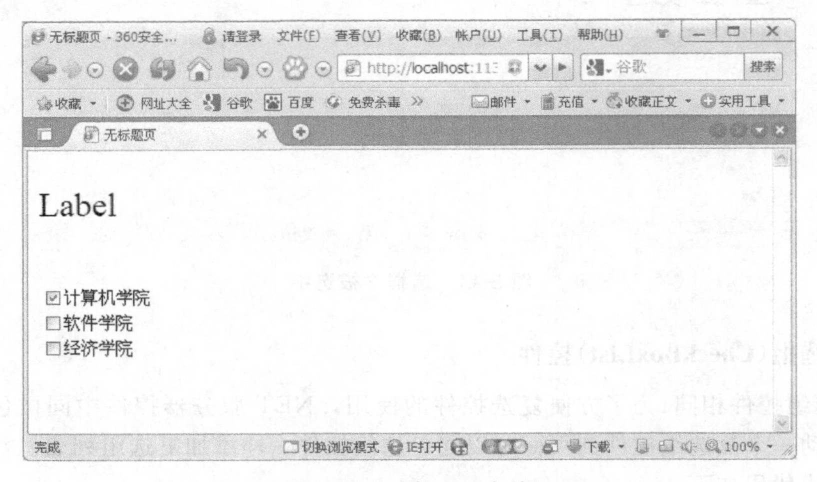

图 5-12　选择大号字体

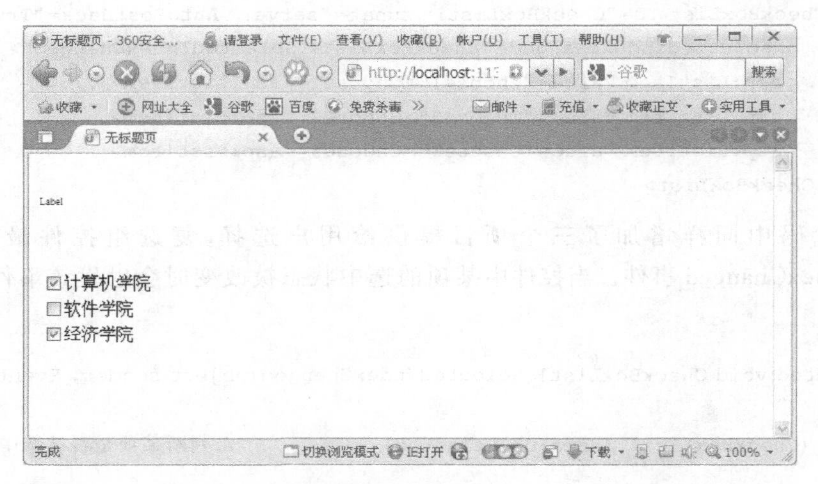

图 5-13　选择小号字体

注意：复选组控件的 AutoPostBack 属性应设为 True。复选组控件与单选组控件不同的是，不能够直接获取复选组控件某个选中项目的值，因为复选组控件返回的是第一个选择项的返回值，只能够通过 Item 集合来获取选择某个或多个选中的项目值。

5.2.6　列表控件

在 Web 开发中，经常需要使用列表控件，让用户的输入更加简单。例如在用户注册时，用户的所在地是有限的集合，而且用户不喜欢经常输入，这样就可以使用列表控件。同样，列表控件还能够简化用户输入并且防止用户输入在实际中不存在的数据，如性别的选择等。

1. DropDownList 列表控件

列表控件能在一个控件中为用户提供多个选项，同时又能够避免用户输入错误的选项。例如，在用户注册时，选择性别是男或者女，就可以使用 DropDownList 列表控件，同时又避免了用户输入其他的信息。因为性别除了男就是女，输入其他的信息说明这个信息是错误的或者是无效的。下列语句声明了一个 DropDownList 列表控件，示例代码如下：

```
<asp:DropDownList ID="DropDownList1" runat="server">
    <asp:ListItem>计算机学院</asp:ListItem>
    <asp:ListItem>软件学院</asp:ListItem>
    <asp:ListItem>经济学院</asp:ListItem>
    <asp:ListItem>管理学院</asp:ListItem>
    <asp:ListItem>外语学院</asp:ListItem>
</asp:DropDownList>
```

上述代码创建了一个 DropDownList 列表控件，并手动增加了列表项。同时 DropDownList 列表控件也可以绑定数据源控件。DropDownList 列表控件最常用的事件是 SelectedIndexChanged，当 DropDownList 列表控件选择项发生变化时触发该事件。示例代码如下：

```
protected void DropDownList1_SelectedIndexChanged1(object sender, EventArgs e)
{
    Label1.Text="你选择了第"+DropDownList1.Text+"项";
}
```

上述代码中，当选择的项目发生变化时触发该事件，如图 5-14 所示。当用户再次进行选择时，系统会更改标签 1 中的文本，如图 5-15 所示。

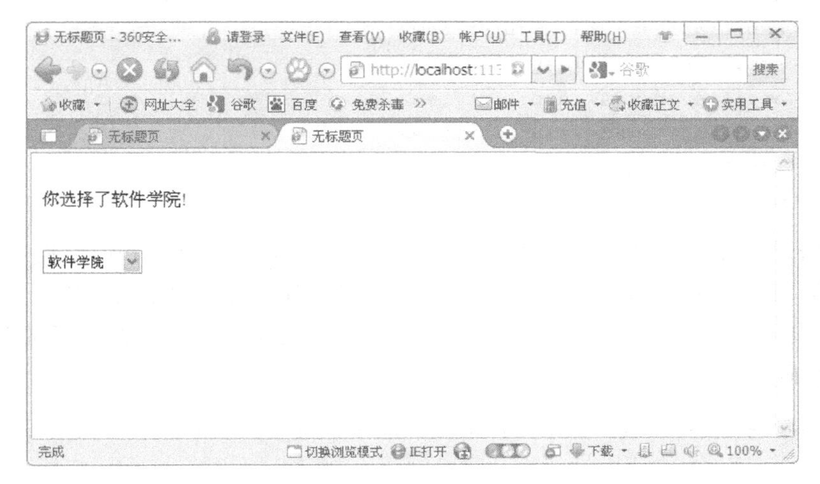

图 5-14　选择第三项

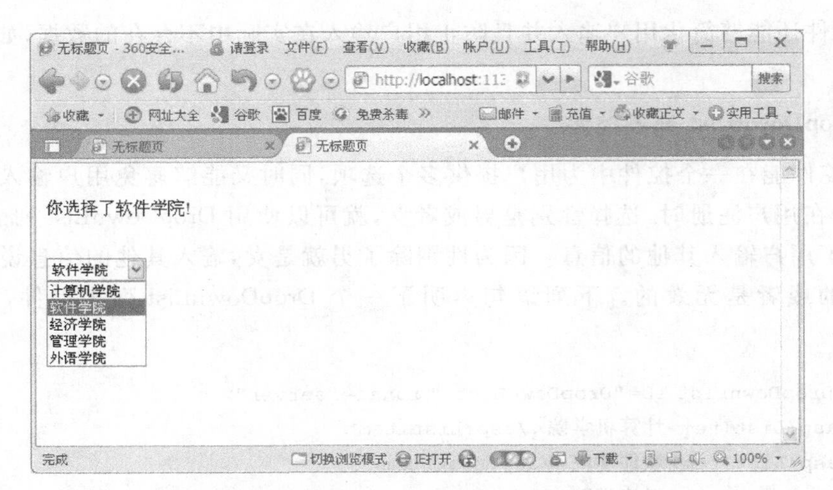

图 5-15　选择第一项

当用户选择相应的项目时，就会触发 SelectedIndexChanged 事件。开发人员可以通过捕捉相应的用户选中的控件进行编程处理，这里就捕捉了用户选择的数字进行字体大小的更改。

注意：需要将控件的 AutoPostBack 属性设为 True。

2. ListBox 列表控件

相对于 DropDownList 控件而言，ListBox 控件可以指定用户是否允许多项选择。设置 SelectionMode 属性为 Single 时，表明只允许用户从列表框中选择一个项目。而当 SelectionMode 属性的值为 Multiple 时，用户可以按住 Ctrl 键或者使用 Shift 组合键从列表中选择多个数据项。当创建一个 ListBox 列表控件后，开发人员能够在控件中添加所需的项目，添加完成后的示例代码如下：

```
<asp:ListBox ID="ListBox1" runat="server" Width="137px" AutoPostBack="True">
        <asp:ListItem>1</asp:ListItem>
        <asp:ListItem>2</asp:ListItem>
        <asp:ListItem>3</asp:ListItem>
        <asp:ListItem>4</asp:ListItem>
        <asp:ListItem>5</asp:ListItem>
        <asp:ListItem>6</asp:ListItem>
</asp:ListBox>
```

从结构上看，ListBox 列表控件的 HTML 样式代码和 DropDownList 控件十分相似。SelectedIndexChanged 也是 ListBox 列表控件中最常用的事件，双击 ListBox 列表控件，系统会自动生成相应的代码。开发人员可以为 ListBox 控件中的选项改变后的事件做编程处理，示例代码如下：

```
protected void ListBox1_SelectedIndexChanged(object sender, EventArgs e)
{
      Label1.Text="你选择了第"+ListBox1.Text+"项";
}
```

上述代码中,当 ListBox 控件选择项发生改变后,该事件就会被触发并修改相应 Label 标签中的文本。

上面的程序同样实现了 DropDownList 中程序的效果。不同的是,如果需要实现让用户选择多个 ListBox 项,只需要设置 SelectionMode 属性为 Multiple 即可。

当设置了 SelectionMode 属性后,用户可以按住 Ctrl 键或者使用 Shift 组合键选择多项。开发人员也可以编写处理选择多项时的事件,示例代码如下:

```
protected void ListBox1_SelectedIndexChanged1(object sender, EventArgs e)
{
    Label1.Text+=",你选择了第"+ListBox1.Text+"项";
}
```

上述代码使用了"+="运算符,在触发 SelectedIndexChanged 事件后,应用程序将为 Label1 标签赋值。当用户每选一项的时候,就会触发该事件。

当单选时,选择项返回值和选择的项相同;而当选择多项时,返回值同第一项相同。所以,在选择多项时,也需要使用 Item 集合获取和遍历多个项目。

注意:需要将控件的 AutoPostBack 属性设为 True。

3. BulletedList 列表控件

与上述列表控件不同的是,BulleteList 控件可呈现项目符号或编号。对 BulleteList 属性的设置为呈现项目符号,因此当 BulletedList 被呈现在页面时,列表前端会显示项目符号或者特殊符号。

可以通过设置 BulletStyle 属性来编辑列表前的符号样式,常用的 BulletStyle 项目符号编号样式如表 5-3 所示。

表 5-3 列表控件的属性

属 性	说 明
Circle	项目符号设置为○
CustomImage	项目符号为自定义图片
Disc	项目符号设置为●
LowerAlpha	项目符号为小写字母格式,如 a、b、c 等
LowerRoman	项目符号为罗马数字格式,如 i、ii 等
NotSet	表示不设置,此时将以 Disc 样式为默认样式
Numbered	项目符号为 1、2、3、4 等
Square	项目符号为■
UpperAlpha	项目符号为大写字母格式,如 A、B、C 等
UpperRoman	项目符号为大写罗马数字格式,如Ⅰ、Ⅱ、Ⅲ等

BulletedList 控件也同 DropDownList 以及 ListBox 相同,可以添加事件。不同的是生成的事件是 Click 事件,代码如下:

```
protected void BulletedList1_Click(object sender, BulletedListEventArgs e)
{
    Label1.Text+=",你选择了第"+BulletedList1.Items[e.Index].ToString()+"项";
}
```

DropDownList 和 ListBox 生成的事件是 SelectedIndexChanged，当其中的选择项被改变时触发该事件。而 BulletedList 控件生成的事件是 Click，用于在其中提供以执行特定的应用程序任务。

5.2.7 面板控件

面板(Panel)控件就好像是一些控件的容器，可以将一些控件包含在面板控件内，然后对面板控件进行操作来设置在面板控件内的所有控件是显示还是隐藏，从而达到设计者的特殊目的。当创建一个面板控件时，系统会生成相应的 HTML 代码，示例代码如下：

```
<asp:Panel ID="Panel1" runat="server">
</asp:Panel>
```

面板控件的常用功能就是显示或隐藏一组控件，HTML 代码如下：

```
<form id="form1" runat="server">
    <asp:Button ID="Button1" runat="server" Text="Show" />
    <asp:Panel ID="Panel1" runat="server" Visible="False">
    <asp:Label ID="Label1" runat="server" Text="Name:"
                    style="font-size: xx-large"></asp:Label>
        <asp:TextBox ID="TextBox1" runat="server"></asp:TextBox>
        <br />
        This is a Panel!
    </asp:Panel>
</form>
```

上述代码创建了一个 Panel 控件，Panel 控件默认属性为隐藏，并在控件外创建了一个 Button 控件 Button1，当用户单击外部的按钮控件后将显示 Panel 控件。cs 代码如下：

```
protected void Button1_Click(object sender, EventArgs e)
{
    Panel1.Visible=true;                                    //Panel控件显示可见
}
```

当页面初次被载入时，Panel 控件以及 Panel 控件内部的服务器控件都为隐藏，如图 5-16 所示。当用户单击 Button1 时，Panel 控件可见性为可见，则页面中的 Panel 控件以及 Panel 控件中的所有服务器控件也都为可见，如图 5-17 所示。

将 TextBox 控件和 Button 控件放到 Panel 控件中，可以将 Panel 控件的 DefaultButton 属性设置为面板中某个按钮的 ID 来定义一个默认的按钮。当用户在面板中输入完毕，可以直接按 Enter 键传送表单。并且，设置了 Panel 控件的高度和宽度后，当 Panel 控件中的内容高度或宽度超过时，还能够自动出现滚动条。

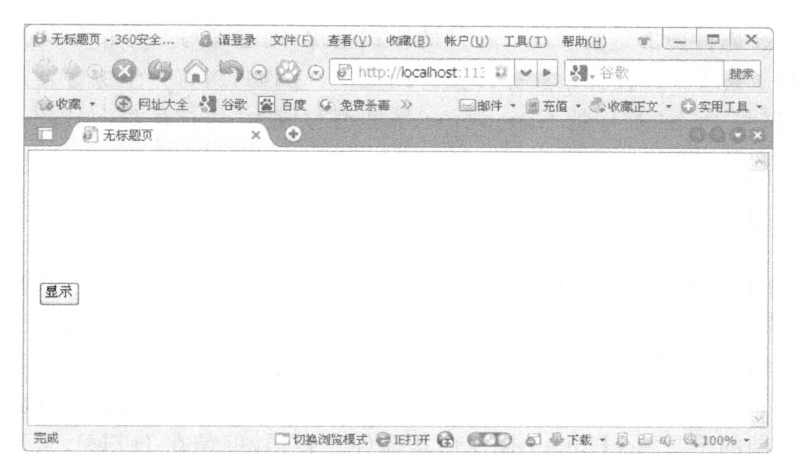

图 5-16 Panel 控件隐藏

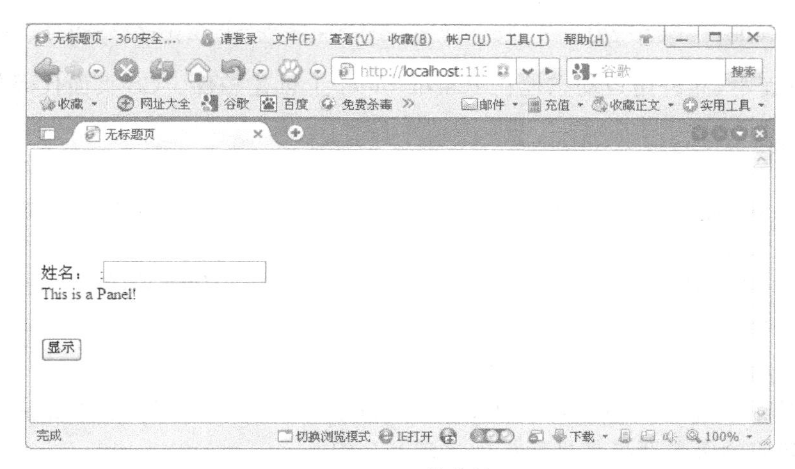

图 5-17 Panel 控件被显示

Panel 控件还包含一个 GroupText 属性，当该属性被设置时，Panel 将会被创建为一个带标题的分组框，效果如图 5-18 所示。

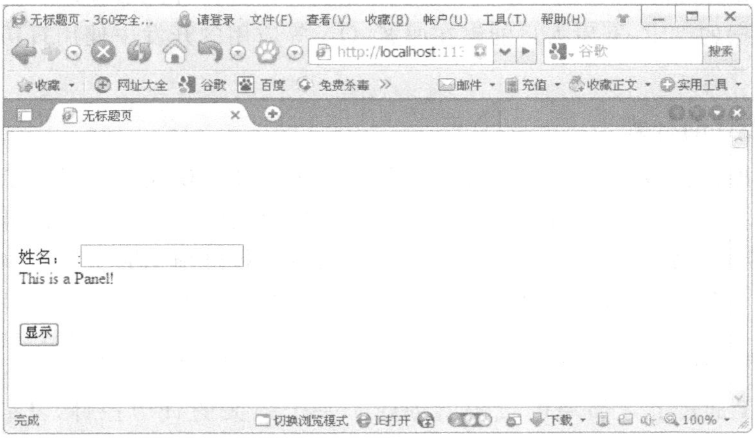

图 5-18 Panel 控件的 GroupText 属性

GroupText属性能够进行Panel控件的样式呈现，通过编写GroupText属性能够更加清晰地让用户了解Panel控件中服务器控件的类别。例如，当有一组服务器用于填写用户的信息时，可以将Panel控件的GroupText属性编写成为“用户信息”，让用户知道该区域是用于填写用户信息的。

5.2.8 占位控件

在传统的ASP开发中，通常在开发页面的时候，每个页面有很多相同的元素，例如导航栏、GIF图片等。使用ASP进行应用程序开发通常使用include语句在各个页面包含其他页面的代码，这样的方法虽然解决了相同元素的很多问题，但是代码不够美观，而且时常会出现问题。ASP.NET中可以使用PlaceHolder（占位）控件来解决这个问题。与Panel（面板）控件相同的是，PlaceHolder控件也是控件的容器，但是在HTML页面呈现中本身并不产生HTML。创建一个PlaceHolder控件的代码如下：

```
<asp:PlaceHolder ID="PlaceHolder1" runat="server"></asp:PlaceHolder>
```

在CS页面中，允许用户动态地在PlaceHolder上创建控件。CS页面代码如下：

```
protected void Page_Load(object sender, EventArgs e)
{
    TextBox text=new TextBox();                          //创建一个 TextBox 对象
    text.Text="NEW";
    this.PlaceHolder1.Controls.Add(text);                //为占位控件动态地增加一个控件
}
```

上述代码动态地创建了一个TextBox控件并显示在占位控件中。

开发人员不仅能够通过编程在PlaceHolder控件中添加控件，还可以在PlaceHolder控件中拖动相应的服务器控件进行控件呈现和分组。

5.2.9 日历控件

在传统的Web开发中，日历是最复杂也是最难实现的功能，好在ASP.NET中提供了强大的日历（Calendar）控件来简化日历控件的开发。日历控件能够实现日历的翻页、日历的选取以及数据的绑定，开发人员能够在博客、OA等应用的开发中使用日历控件，从而减少日历应用的开发。

1. 日历控件的样式

日历控件通常在博客、论坛等程序中使用。日历控件不仅仅只是显示了一个日历，用户还能够通过日历控件进行时间的选取。在ASP.NET中，日历控件还能够和数据库进行交互操作，实现复杂的数据绑定。开发人员能够将日历控件拖动到主窗口中，在主窗口的代码视图下会自动生成日历控件的HTML代码。示例代码如下：

```
<asp:Calendar ID="Calendar1" runat="server"></asp:Calendar>
```

ASP.NET通过上述简单的代码就创建了一个强大的日历控件，其效果如图5-19所示。

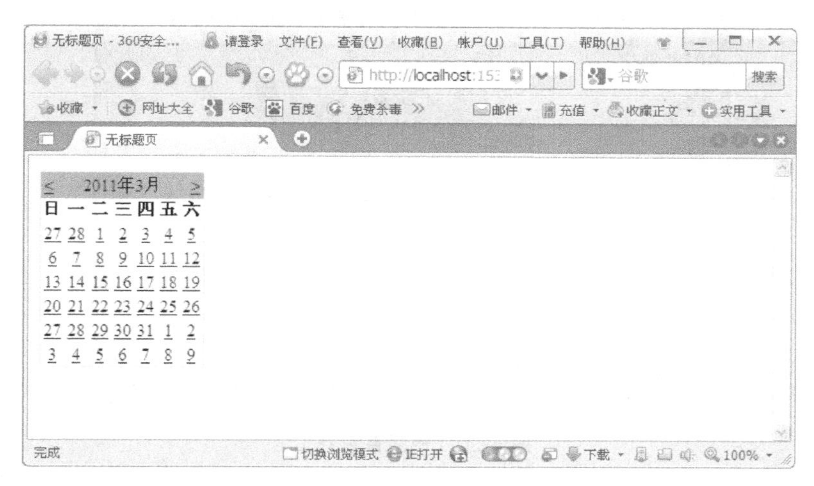

图 5-19　日历控件

日历控件通常用于显示月历,允许用户选择日期和移动到下一页或上一页。通过设置日历控件的属性,可以更改日历控件的外观。常用的日历控件的属性如表 5-4 所示。

表 5-4　日历控件的属性

属　　性	说　　明
DayHeaderStype	月历中显示一周中每一天的名称和部分的样式
DayStyle	所显示的月份中各天的样式
NextPrevStyle	标题栏左右两端的月导航所在部分的样式
OtherMonthDayStyle	上一个月和下一个月的样式
SelectedDayStyle	选定日期的样式
SelectorStyle	位于月历控件左侧,包含用于选择一周或整个月的连接的列样式
ShowDayHeader	显示或隐藏一周中每一天的部分
ShowGridLines	显示或隐藏一个月中每一天之间的网格线
ShowNextPrevMonth	显示或隐藏到下一个月或上一个月的导航控件
ShowTitle	显示或隐藏标题部分
TitleStyle	位于月历顶部,包含月份名称和月导航连接的标题栏样式
TodayDayStyle	当前日期的样式
WeekendDayStyle	周末日期的样式

Visual Studio 还为开发人员提供了默认的日历样式,从而能够选择自动套用格式进行样式控制,如图 5-20 所示。

除了上述样式可以设置以外,ASP.NET 还为用户设计了若干样式,若开发人员觉得设置样式非常困难,则可以使用系统默认的样式进行日历控件的样式呈现。

2. 日历控件的事件

同所有的控件相同,日历控件也包含自身的事件。常用的日历控件的事件包括:

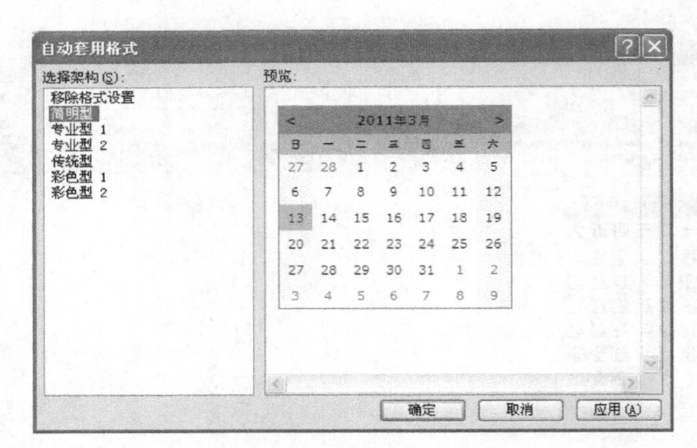

图 5-20　使用系统样式

(1) DayRender：当日期被显示时触发该事件。

(2) SelectionChanged：当用户选择日期时触发该事件。

(3) VisibleMonthChanged：当所显示的月份被更改时触发该事件。

在创建日历控件中每个日期单元格时触发 DayRender 事件。当用户选择月历中的日期时触发 SelectionChanged 事件。当双击日历控件时，会自动生成该事件的代码块。对当前月份进行切换会激发 VisibleMonthChanged 事件。开发人员可以通过一个标签来接受当前事件，当选择月历中的某一天，此标签显示当前日期。示例代码如下：

```
protected void Calendar1_SelectionChanged(object sender, EventArgs e)
{
    Label1.Text=
    "现在的时间是:"+Calendar1.SelectedDate.Year.ToString()+"年"
    +Calendar1.SelectedDate.Month.ToString()+"月"
    +Calendar1.SelectedDate.Day.ToString()+"号"
    +Calendar1.SelectedDate.Hour.ToString()+"点";
}
```

在上述代码中，当用户选择了月历中的某一天时，标签中的文本会变为当前的日期文本，如“现在的时间是 xx”之类。在进行逻辑编程的同时，也需要对日历控件的样式做稍许更改。日历控件的 HTML 代码如下：

```
<asp:Calendar ID="Calendar1" runat="server" BackColor="#FFFFCC"
      BorderColor="#FFCC66" BorderWidth="1px" DayNameFormat="Shortest"
      Font-Names="Verdana" Font-Size="8pt" ForeColor="#663399" Height="200px"
      onselectionchanged="Calendar1_SelectionChanged" ShowGridLines="True"
      Width="220px">
            <SelectedDayStyle BackColor="#CCCCFF" Font-Bold="True" />
            <SelectorStyle BackColor="#FFCC66" />
            <TodayDayStyle BackColor="#FFCC66" ForeColor="White" />
            <OtherMonthDayStyle ForeColor="#CC9966" />
            <NextPrevStyle Font-Size="9pt" ForeColor="#FFFFCC" />
            <DayHeaderStyle BackColor="#FFCC66" Font-Bold="True" Height=
```

```
        "1px" />
        <TitleStyle BackColor="#990000" Font-Bold="True" Font-Size="9pt"
         ForeColor="#FFFFCC" />

</asp:Calendar>
```

上述代码中的日历控件选择的是 ASP.NET 的默认样式，如图 5-21 所示。当确定了日历控件样式，并编写了相应的 SelectionChanged 事件代码后，就可以通过日历控件获取当前时间，或者对当前时间进行编程，如图 5-22 所示。

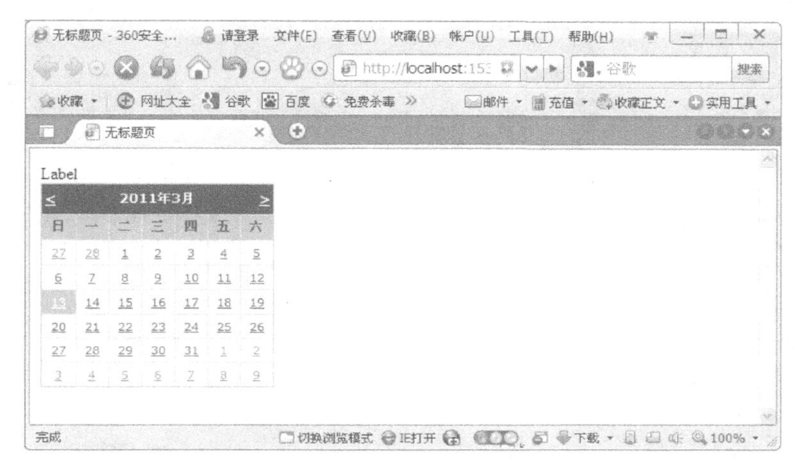

图 5-21　日历控件

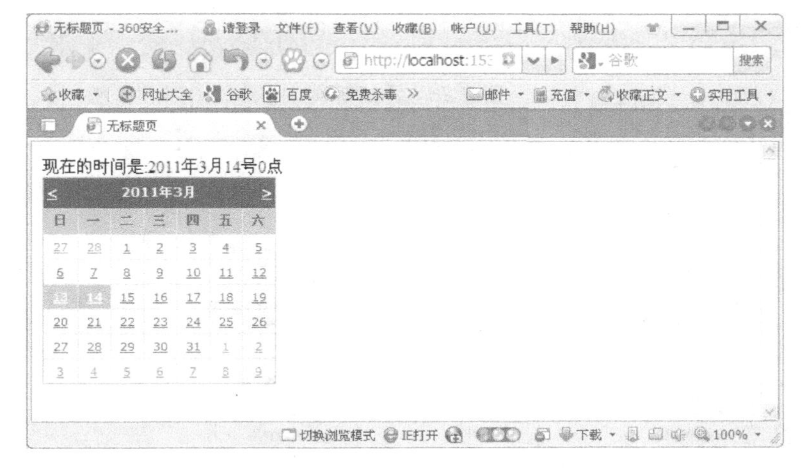

图 5-22　选择一个日期

5.2.10　广告控件

在 Web 应用开发中，广告总是必不可少的。而 ASP.NET 为开发人员提供了广告(AdRotator)控件，为页面在加载时提供一个或一组广告。广告控件可以从固定的数据源中读取(如 XML 或数据源控件)，并从中自动读取出广告信息。页面每刷新一次，广告显示的内容也同样会被刷新。

广告控件必须放置在 Form 或 Panel 控件，以及模板内，因此首先需要在页面中添加一个 Panel 控件，然后在 Panel 控件内再添加一个广告控件。广告控件需要包含图像的地址的 XML 文件，并且该文件用来指定每个广告的导航连接。广告控件最常用的属性就是 AdvertisementFile，使用它来配置相应的 XML 文件，所以必须首先按照标准格式创建一个 XML 文件。右击“解决方案资源管理器”网站名称，在弹出的快捷菜单中选择“添加新项”命令，如图 5-23 所示。在弹出的对话框中选择“XML 文件”模板，单击“添加”按钮，如图 5-24 所示。

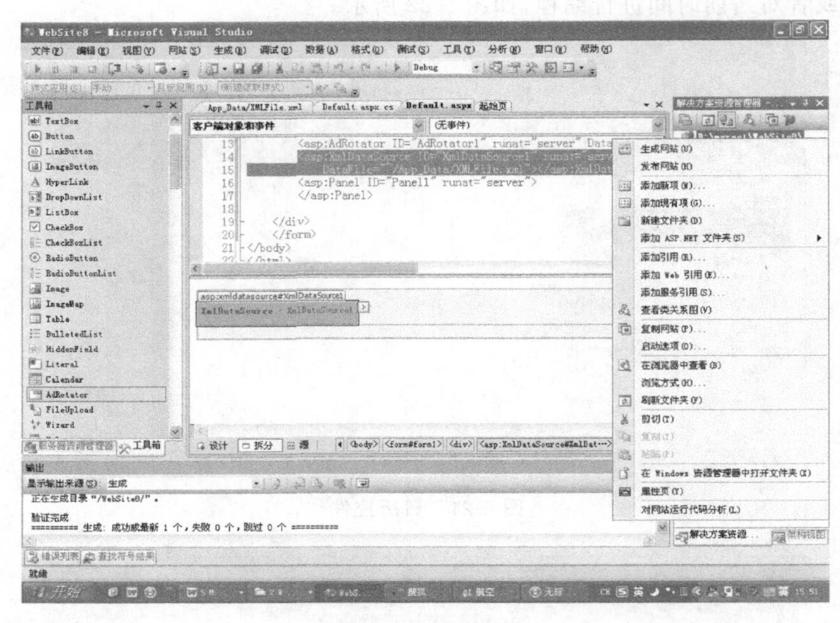

图 5-23　添加新项

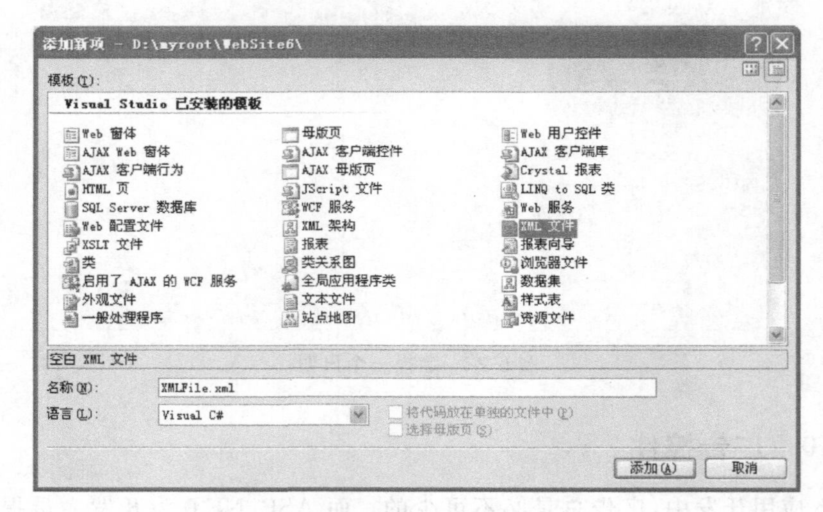

图 5-24　创建一个 XML 文件

创建了 XML 文件之后，开发人员并不能按照自己的意愿进行 XML 文档的编写，如果要正确地被广告控件解析形成广告，就需要按照广告控件要求的标准的 XML 格式来编写代码。示例代码如下：

```
<?xml version="1.0" encoding="utf-8" ?>
<Advertisements>
  [<Ad>
  <ImageUrl></ImageUrl>
  <NavigateUrl></NavigateUrl>
  [<OptionalImageUrl></OptionalImageUrl>]*
  [<OptionalNavigateUrl></OptionalNavigateUrl>]*
  <AlternateText></AlternateText>
  <Keyword></Keyword>
  <Impression></Impression>
  </Ad>]*
</Advertisements>
```

上述代码实现了一个标准的广告控件的 XML 数据源格式，其中各标签的含义如表 5-5 所示。

表 5-5　广告控件标签含义

标　　签	说　　明
ImageUrl	指定一个图片文件的相对路径或绝对路径，当没有 ImageKey 元素与 OptionalImageUrl 匹配时显示该图片
NavigateUrl	当用户单击广告时没有 NaivigateUrlKey 元素与 OptionalNavigateUrl 元素匹配，会将用户发送到该页面
OptionalImageUrl	指定一个图片文件的相对路径或绝对路径，ImageKey 元素与 OptionalImageUrl 匹配时显示该图片
OptionalNavigateUrl	当用户单击广告时有 NaivigateUrlKey 元素与 OptionalNavigateUrl 元素匹配，会将用户发送到该页面
AlternateText	用来替代 IMG 中的 ALT 元素
KeyWord	用来指定广告的类别
Impression	该元素是一个数值，指示轮换时间表中该广告相对于文件中其他广告的权重

当创建了一个 XML 数据源之后，就需要对广告控件的 AdvertisementFile 进行更改，如图 5-25 所示。

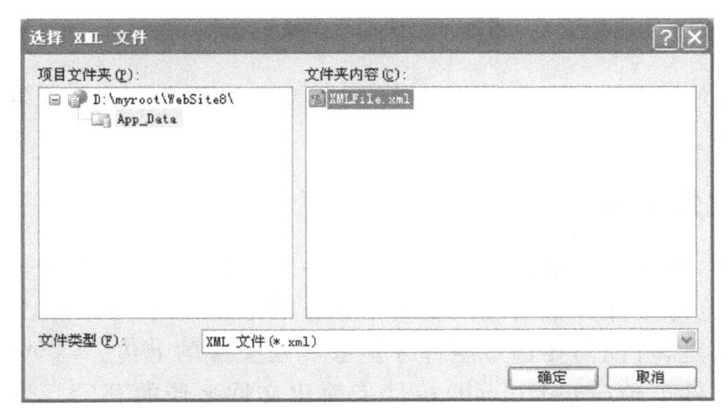

图 5-25　指定相应的数据源

配置好数据源之后，就需要在广告控件的数据源XML文件中加入自己的代码了。XML广告文件示例代码如下：

```
<Advertisements>
    <Ad>
        <ImageUrl>http://localhost:1539/WebSite8/001.gif</ImageUrl>
        <NavigateUrl>http://localhost:1539</NavigateUrl>
        <AlternateText>我的网站</AlternateText>
        <Keyword>software</Keyword>
        <Impression>100</Impression>
    </Ad>
    <Ad>
        <ImageUrl>http://localhost:1539/WebSite8/002.gif</ImageUrl>
        <NavigateUrl>http://localhost:1539</NavigateUrl>
        <AlternateText>我的网站</AlternateText>
        <Keyword>software</Keyword>
        <Impression>100</Impression>
    </Ad>
</Advertisements>
```

运行程序，广告对应的图像在页面每次加载的时候被呈现，如图5-26所示。页面每次刷新时，广告控件呈现的广告内容都会被刷新，如图5-27所示。

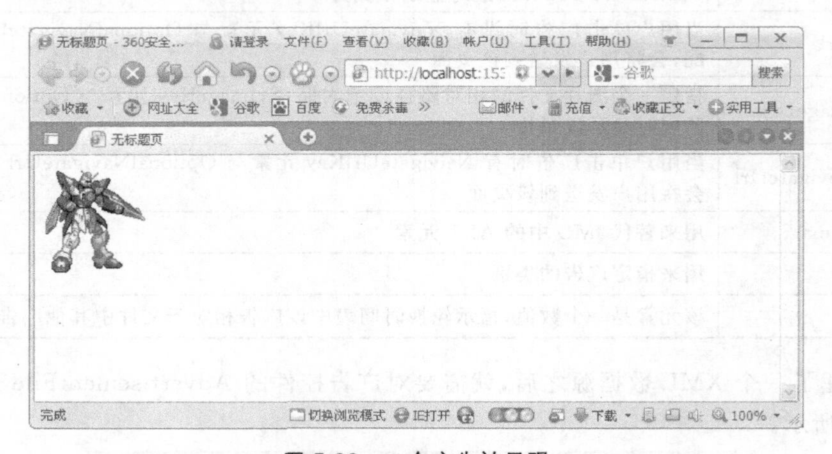

图5-26 一个广告被呈现

注意：广告控件本身并不提供单击统计，所以无法计算广告是否被用户单击或者统计用户最关心的广告。

5.2.11 文件上传控件

在网站开发中，如果需要加强用户与应用程序之间的交互，就需要上传文件。例如在论坛中，用户需要上传文件分享信息或在博客中上传视频分享快乐等。上传文件在ASP中是一个复杂的问题，可能需要通过组件才能够实现文件的上传。在ASP.NET中，开发环境默认提供了文件上传(FileUpload)控件来简化文件上传的开发。当开发人员使用文件上传控件时，将会显示一个文本框，用户可以输入或通过单击“浏览”按钮浏览和选择希

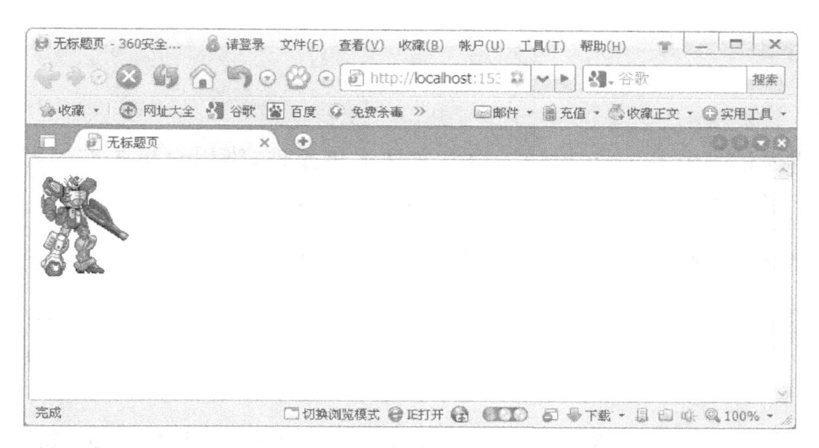

图 5-27　刷新后更换广告内容

望上传到服务器的文件。在工具箱中选择 FileUpload 控件拖放到页面中，然后再添加一个 Button 控件，同时添加一个 Label 控件，如图 5-28 所示。

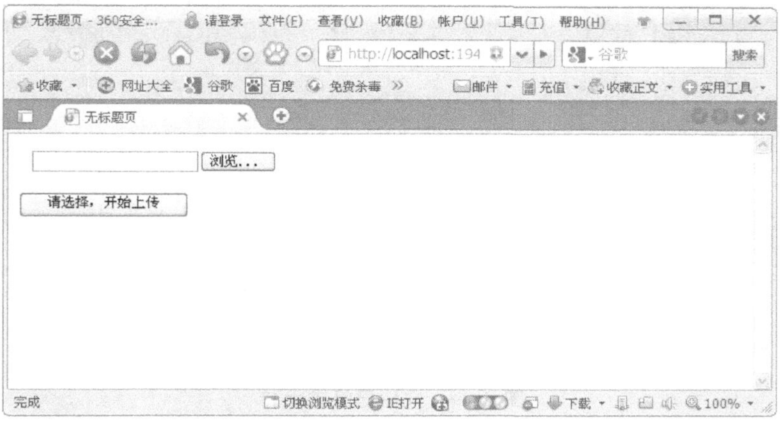

图 5-28　上传文件

创建一个文件上传控件系统生成的 HTML 代码如下所示：

```
< asp:FileUpload ID="FileUpload1" runat="server" />
```

文件上传控件可视化设置属性较少，大部分都是通过代码控制完成的。当用户选择了一个文件并提交页面后，该文件作为请求的一部分上传，文件将被完整的缓存在服务器内存中。当文件完成上传，页面才开始运行，在代码运行的过程中，可以检查文件的特征，然后保存该文件。同时，上传控件在选择文件后并不会立即执行操作，需要其他的控件来完成操作，例如按钮(Button)控件。实现文件上传的 HTML 核心代码如下：

```
<body>
    <form id="form1" runat="server">
        <div>
            <asp:FileUpload ID="FileUpload1" runat="server" />
            <asp:Button ID="Button1" runat="server" Text="请选择,开始上传" />
```

```
        </div>
        </form>
    </body>
```

上述代码通过一个 Button 控件来操作文件上传控件，当用户单击按钮控件后就能够将上传控件中选中的控件上传到服务器空间中。示例代码如下：

```
protected void Button1_Click(object sender, EventArgs e)
{
    FileUpload1.PostedFile.SaveAs(Server.MapPath("upload/beta.jpg"));
                                                        //上传文件另存为
}
```

上述代码将一个文件上传到了 upload 文件夹内，并保存为 JPG 格式，如图 5-28 所示。打开服务器文件，可以看到文件已经上传了，如图 5-29 所示。

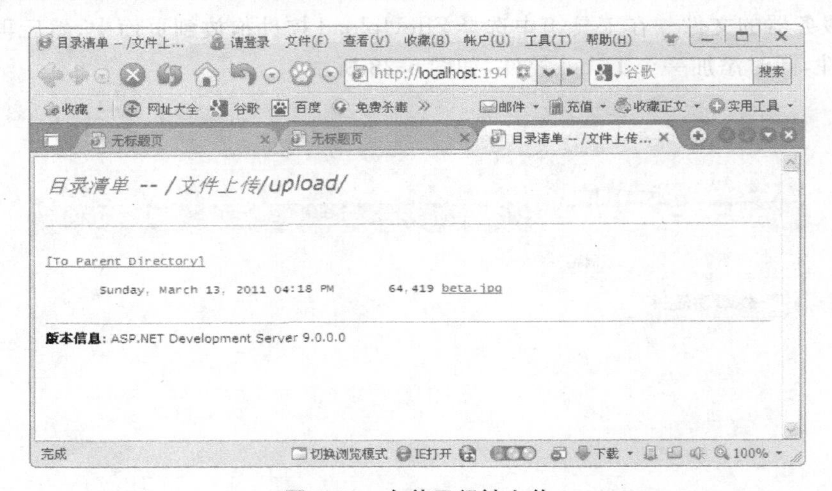

图 5-29　文件已经被上传

上述代码将文件保存在 UPLOAD 文件夹中，并保存为 JPG 格式。但是通常情况下，用户上传的并不全部都是 JPG 格式，也有可能是 DOC 等其他格式的文件，在这段代码中并没有对其他格式进行处理，而全部保存为了 JPG 格式。同时，也没有对上传的文件进行过滤，存在着极大的安全风险。开发人员可以将相应的文件上传的 cs 更改，以便限制用户上传的文件类型。示例代码如下：

```
protected void Button1_Click(object sender, EventArgs e)
{
    if (FileUpload1.HasFile)                        //如果存在文件
    {
        string fileExtension=System.IO.Path.GetExtension(FileUpload1.FileName);
                                                    //获取文件扩展名
        if (fileExtension !=".jpg")                 //如果扩展名不等于 jpg
        {
            Label1.Text="文件上传类型不正确，请上传 jpg 格式";    //提示用户重新上传
        }
```

```
            else
            {
                FileUpload1.PostedFile.SaveAs(Server.MapPath("upload/beta.jpg"));
                                                                    //文件保存
                Label1.Text="文件上传成功";                          //提示用户成功
              }
          }
    }
```

上述代码决定了用户只能上传 JPG 格式的文件，如果用户上传的文件不是 JPG 格式，那么用户将被提示上传的文件类型有误并停止用户的文件上传。如果文件的类型为 JPG 格式，用户就能够上传文件到服务器的相应目录中，如图 5-30 所示。运行上传控件进行文件上传，运行结果如图 5-31 所示。

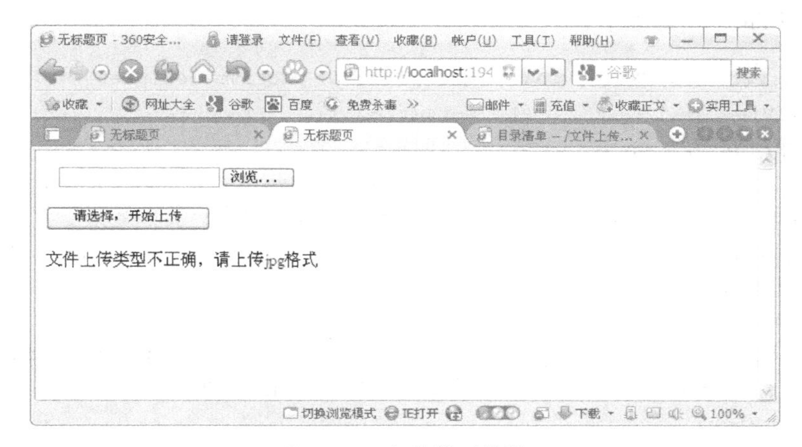

图 5-30　文件类型错误

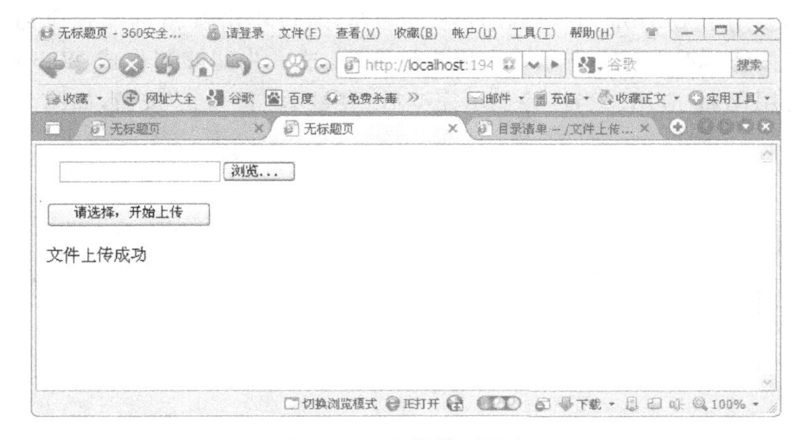

图 5-31　文件类型正确

值得注意的是，上传的文件在.NET 中，默认上传文件最大为 4MB 左右，不能上传超过该限制的任何内容。当然，开发人员可以通过配置.NET 相应的配置文件来更改此限制，但是推荐不要更改此限制，否则可能造成潜在的安全威胁。

注意： 如果需要更改默认上传文件大小的值，通常可以直接修改存放在 C:\

WINDOWS\Microsoft. NET\FrameWork\V2. 0. 50727\CONFIG 中的 ASP. NET 2. 0 配置文件，通过修改文件中的 maxRequestLength 标签的值，或者可以通过 web. config 来覆盖配置文件。

5.2.12 视图控件

视图(MultiView 和 View)控件很像在 WinForm 开发中的 TabControl 控件，在网页开发中，可以使用 MultiView 控件作为一个或多个 View 控件的容器，让用户体验得到更大的改善。在一个 MultiView 控件中可以放置多个 View 控件(选项卡)，当用户单击某个选项卡时，可以显示相应的内容，很像 Visual Studio 2008 中的设计、视图、拆分等类型的功能。

无论是 MultiView 还是 View，都不会在 HTML 页面中呈现任何标记。而 MultiView 和 View 控件没有像其他控件那样多的属性，唯一需要指定的就是 ActiveViewIndex 属性。视图控件的 HTML 代码如下：

```
<asp:MultiView ID="MultiView1" runat="server" ActiveViewIndex="0">
    <asp:View ID="View1" runat="server">
        第一步：添加<br />
            <asp:Button ID="Button1" runat="server" CommandArgument="View2"
                CommandName="SwitchViewByID" Text="下一个" />
        </asp:View>
    <asp:View ID="View2" runat="server">
        第二步：删除<br />
        <asp:Button ID="Button2" runat="server" CommandArgument="View1"
            CommandName="SwitchViewByID" Text="上一个" />
    </asp:View>
</asp:MultiView>
```

上述代码使用了 Button 对视图控件进行选择，通过单击按钮选择替换到"下一个"或者是"上一个"按钮，如图 5-32 所示。在用户注册中，这一步能够制作成 Web 向导，让用户更加方便地使用 Web 应用。当标签显示完毕后，会显示"上一个"按钮，如图 5-33 所示。

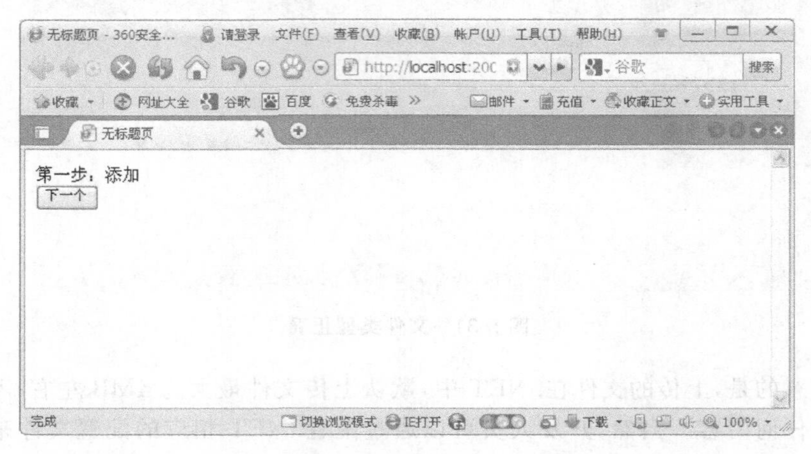

图 5-32 第一个标签

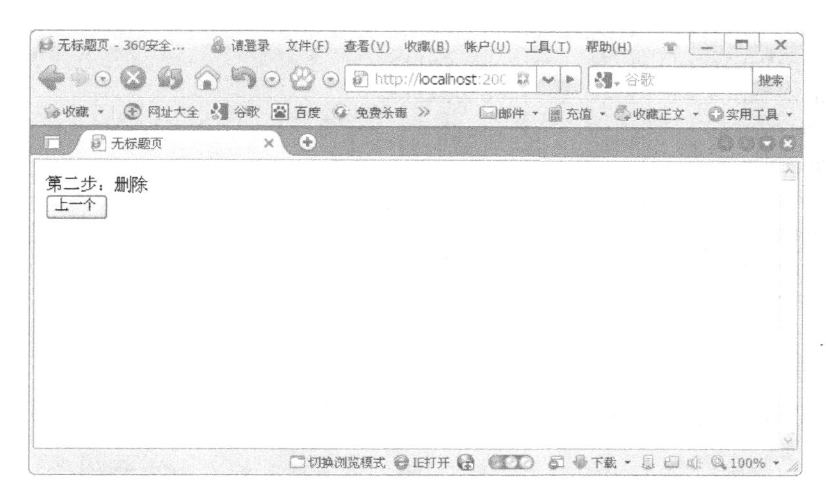

图 5-33　第二个标签

注意：在 HTML 代码中并没有为每个按钮的事件编写代码，是因为按钮通过 CommandArgument 和 CommandName 属性操作视图控件。

MultiView 和 View 控件能够实现 Panel 控件的任务，但可以让用户选择其他条件。同时 MultiView 和 View 控件能够实现 Wizard 控件相似的行为，并且可以自己编写实现细节。相比之下，当不需要使用 Wizard 提供的方法时，可以使用 MultiView 和 View 控件来代替，并且编写过程更加“可视化”，如图 5-34 所示。

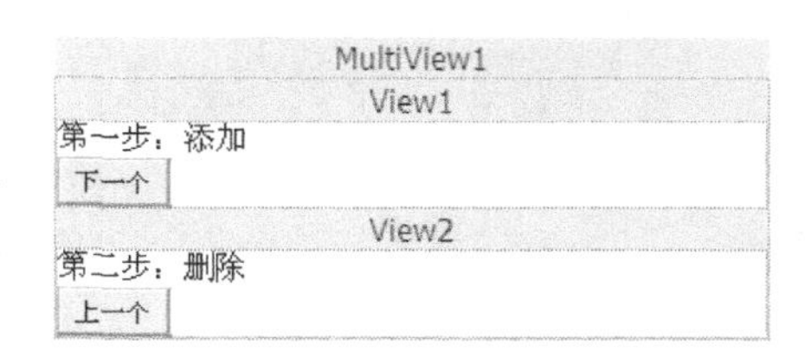

图 5-34　为每个 View 编写不同的应用

MultiView 和 View 控件也可以实现导航效果，可以通过编程指定 MultiView 的 ActiveViewIndex 属性显示相应的 View 控件。

注意：在 MultiView 控件中，第一个被放置的 View 控件的索引为 0 而不是 1，后面 View 控件的索引依次递增。

5.2.13　表控件

在 ASP.NET 中，也提供了表(Table)控件来提供可编程的表格服务器控件。表中的行可以通过 TableRow 创建，而表中的列通过 TableCell 实现。当创建一个表控件时，系统生成代码如下所示：

```
<asp:Table ID="Table1" runat="server" Height="121px" Width="177px">
</asp:Table>
```

上述代码自动生成了一个表控件代码，但是没有生成表控件中的行和列，必须通过 TableRow 创建行，通过 TableCell 创建列。示例代码如下：

```
<asp:Table ID="Table1" runat="server" Height="121px" Width="177px">
<asp:TableRow>
    <asp:TableCell>1.1</asp:TableCell>
```

```
        <asp:TableCell>1.2</asp:TableCell>
        <asp:TableCell>1.3</asp:TableCell>
        <asp:TableCell>1.4</asp:TableCell>
    </asp:TableRow>
    <asp:TableRow>
        <asp:TableCell>2.1</asp:TableCell>
        <asp:TableCell>2.2</asp:TableCell>
        <asp:TableCell>2.3</asp:TableCell>
        <asp:TableCell>2.4</asp:TableCell>
    </asp:TableRow>
    </asp:Table>
```

上述代码创建了一个两行四列的表，如图 5-35 所示。

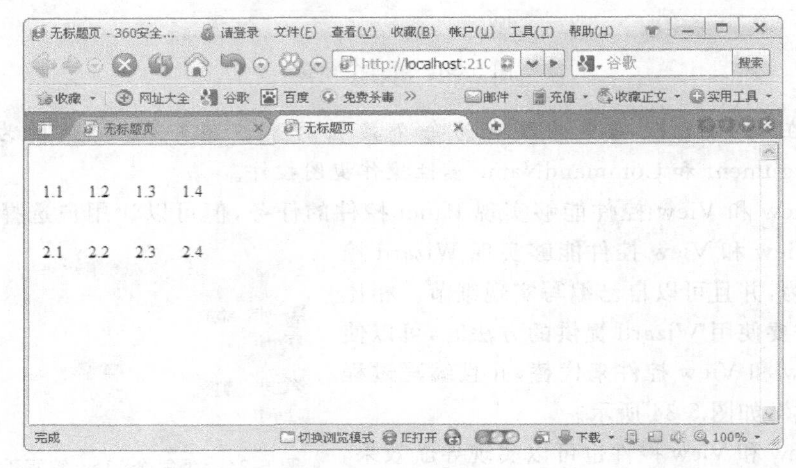

图 5-35　表控件

Table 控件支持一些控制整个表的外观的属性，例如字体、背景颜色等，如图 5-36 所示。TableRow 控件和 TableCell 控件也支持这些属性，同样可以用来指定个别的行或单元格的外观，运行后如图 5-37 所示。

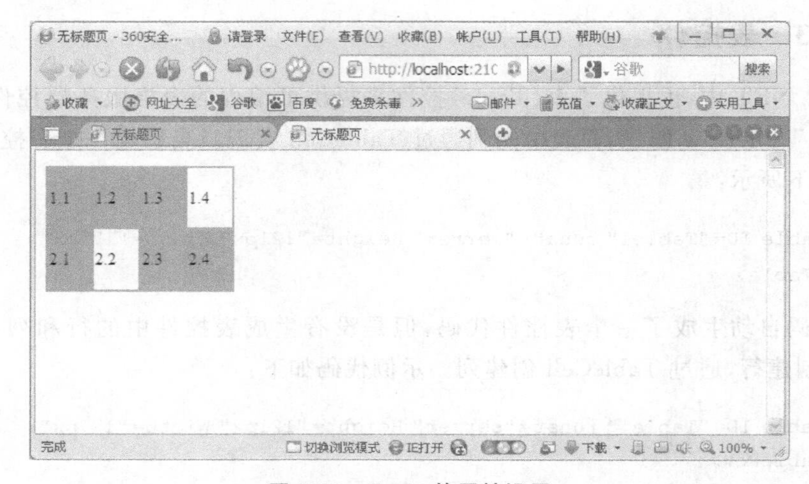

图 5-36　Table 的属性设置

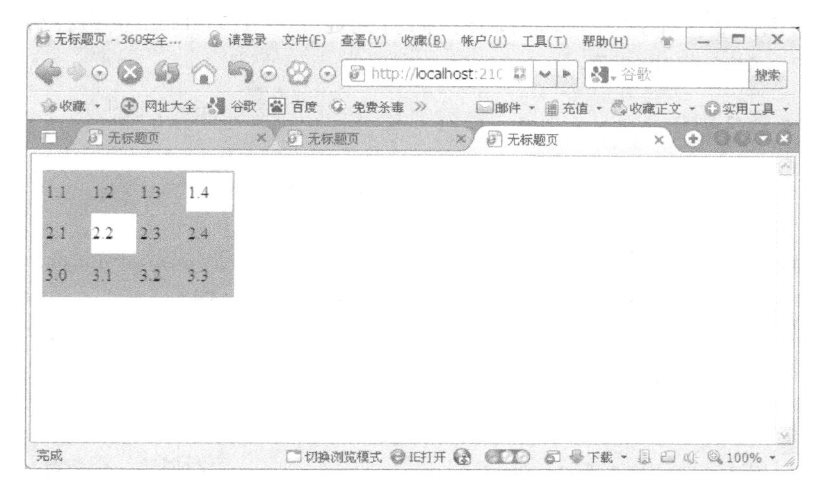

图 5-37 TableCell 控件的属性设置

表控件和静态表的区别在于表控件能够动态地为表格创建行或列，实现一些特定的程序需求。Web 服务器控件中，Table 控件中的行是 TableRow 对象，Table 控件中的列是 TableCell 对象。可以声明这两个对象并初始化，可以为表控件增加行或列，实现动态创建表的程序。HTML 核心代码如下：

```
<body style="font-style: italic">
    <form id="form1" runat="server">
    <div>
        <asp:Table ID="Table1" runat="server" Height="121px" Width="177px"
            BackColor="Silver">
        <asp:TableRow>
         <asp:TableCell>1.1</asp:TableCell>
         <asp:TableCell>1.2</asp:TableCell>
         <asp:TableCell>1.3</asp:TableCell>
         <asp:TableCell BackColor="White">1.4</asp:TableCell>
        </asp:TableRow>
        <asp:TableRow>
         <asp:TableCell>2.1</asp:TableCell>
         <asp:TableCell BackColor="White">2.2</asp:TableCell>
         <asp:TableCell>2.3</asp:TableCell>
         <asp:TableCell>2.4</asp:TableCell>
        </asp:TableRow>
        </asp:Table>
        <br />
        <asp:Button ID="Button1" runat="server" onclick="Button1_Click" Text=
        "增加一行" />
        </div>
    </form>
</body>
```

上述代码创建了一个两行一列的表格，同时创建了一个 Button 按钮控件来实现增加一行的效果。cs 核心代码如下：

```
namespace _5_14
{
    public partial class _Default : System.Web.UI.Page
    {
        public TableRow row=new TableRow();                    //定义一个 TableRow 对象
        protected void Page_Load(object sender, EventArgs e)
        {
        }
        protected void Button1_Click(object sender, EventArgs e)
        {
            Table1.Rows.Add(row);                              //创建一个新行
            for (int i=0; i<4; i++)                            //遍历 4 次创建新列
            {
                TableCell cell=new TableCell();                //定义一个 TableCell 对象
                cell.Text="3."+i.ToString();                   //编写 TableCell 对象的文本
                row.Cells.Add(cell);                           //增加列
            }
        }
    }
}
```

上述代码动态地创建了一行并动态地在该行创建了四列，如图 5-38 所示。单击“增加一行”按钮，系统会在表格中创建新行，运行效果如图 5-39 所示。

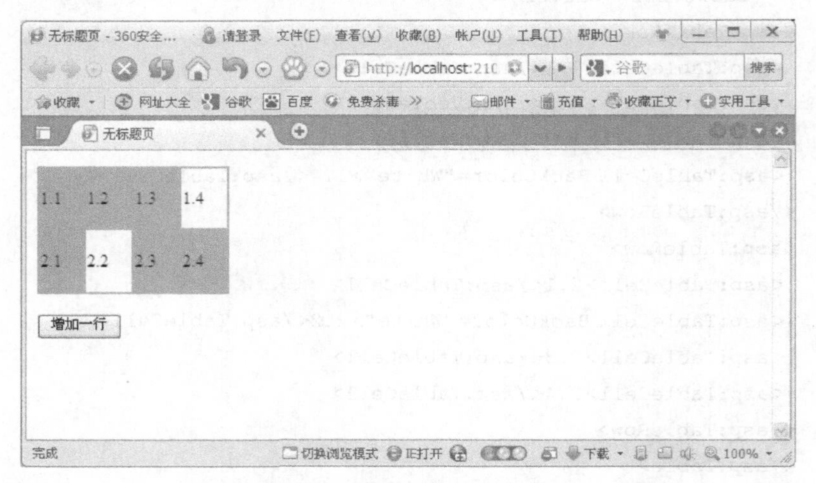

图 5-38　原表格

在动态创建行和列的时候，也能够修改行和列的样式等属性，创建自定义样式的表格。通常，表不仅用来显示表格的信息，还是一种传统的布局网页的形式。创建网页表格有如下几种形式：

(1) HTML 格式的表格：如<table>标记显示的静态表格。

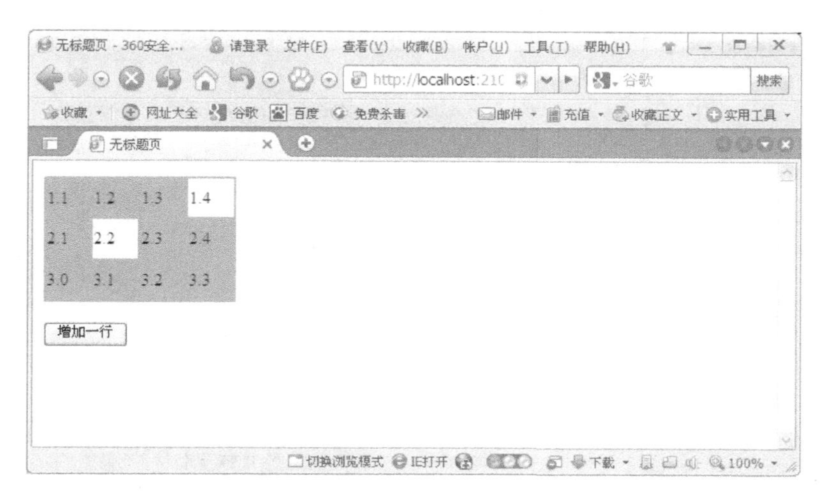

图 5-39 动态创建行和列

(2) HtmlTable 控件：将传统的＜table＞控件通过添加 runat＝server 属性将其转换为服务器控件。

(3) Table 表格控件：就是本节介绍的表格控件。

虽然创建表格有以上三种创建方法，但是推荐开发人员在使用静态表格，当不需要对表格做任何逻辑事物处理时，最好使用 HTML 格式的表格，因为这样可以极大地降低页面逻辑，增强性能。

5.2.14 向导控件

在 WinForm 开发中，安装程序会一步一步地提示用户安装，或者在应用程序配置中有向导提示用户，让应用程序安装和配置变得更加简单。与之相同的是，在 ASP. NET 中也提供了一个向导(Wizard)控件，便于在搜集用户信息或提示用户填写相关的表单时使用。

1. 向导控件的样式

当创建了一个向导控件时，系统会自动生成向导控件的 HTML 代码，示例代码如下：

```
<asp:Wizard ID="Wizard1" runat="server">
    <WizardSteps>
        <asp:WizardStep runat="server" title="Step 1">
        </asp:WizardStep>
        <asp:WizardStep runat="server" title="Step 2">
        </asp:WizardStep>
    </WizardSteps>
</asp:Wizard>
```

上述代码生成了 Wizard 控件，并在 Wizard 控件中自动生成了 WizardSteps 标签，这个标签规范了向导控件中的步骤，如图 5-40 所示。在向导控件中，系统会生成 WizardSteps 控件来显示每一个步骤，如图 5-41 所示。

在 ASP. NET 2.0 之前并没有 Wizard 向导控件，必须创建自定义控件来实现 Wizard

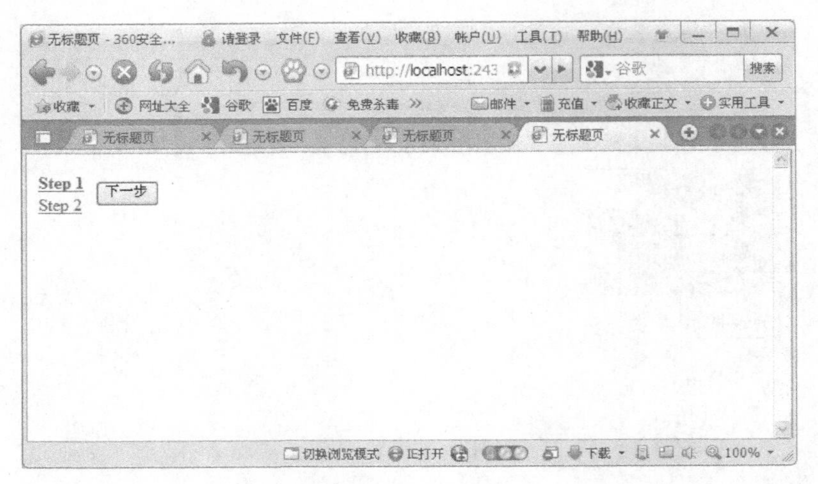

图 5-40 向导控件

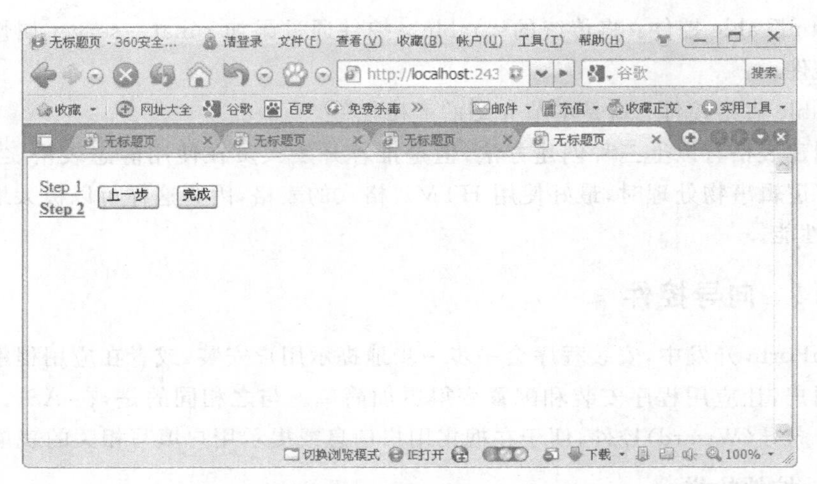

图 5-41 完成后的向导控件

向导控件的效果，如视图控件。而在 ASP. NET 2.0 之后，系统就包含了向导控件，同样该控件也保留到了 ASP. NET 3.5。向导控件能够根据步骤自动更换选项，如当还没有执行到最后一步时，会出现“上一步”或“下一步”按钮以便用户使用，当向导执行完毕时，则会显示完成按钮，极大地简化了开发人员的向导开发过程。

向导控件还支持自动显示标题和控件的当前步骤。标题使用 HeaderText 属性自定义，同时还可以配置 DisplayCancelButton 属性显示一个取消按钮，如图 5-42 所示。不仅如此，当需要让向导控件支持向导步骤的添加时，只需配置 WizardSteps 属性即可，如图 5-43 所示。

Wizard 控件还支持一些模板。用户可以配置相应的属性来配置向导控件的模板。用户可以通过编辑 StartNavigationTemplate 属性、FinishNavigationTemplate 属性、StepNavigationTemplate 属性以及 SideBarTemplate 属性进行自定义控件的界面设定。这些属性的意义如下：

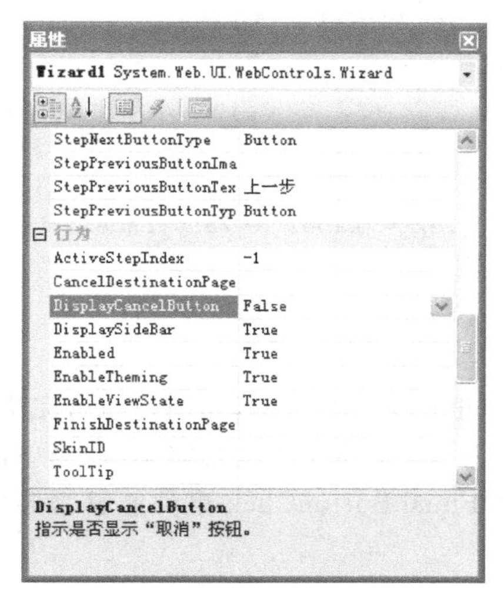

图 5-42 显式“取消”按钮

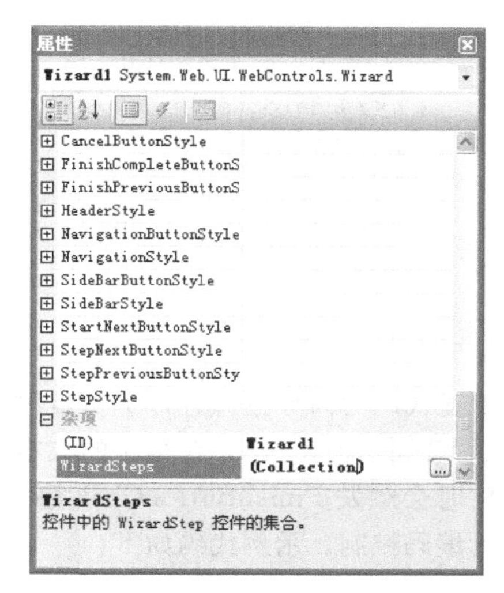

图 5-43 配置步骤

(1) StartNavigationTemplate：指定为 Wizard 控件的 Start 步骤中的导航区域显示自定义内容。

(2) FinishNavigationTemplate：为 Wizard 控件的 Finish 步骤中的导航区域指定自定义内容。

(3) StepNavigationTemplate：为 Wizard 控件的 Step 步骤中的导航区域指定自定义内容。

(4) SideBarTemplate：为 Wizard 控件的侧栏区域中指定自定义内容。

以上属性都可以通过可视化功能来编辑或修改，如图 5-44 所示。

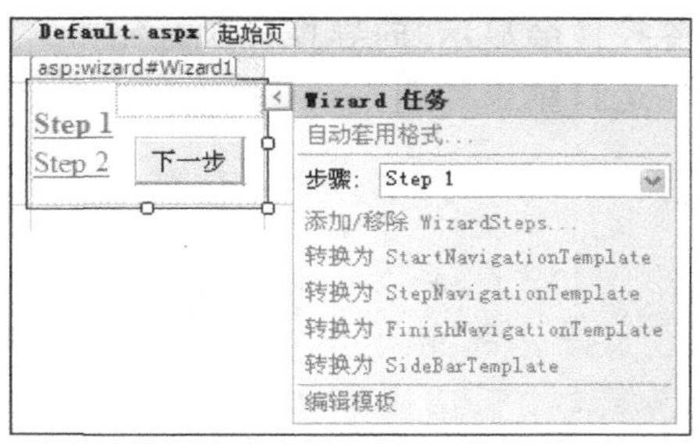

图 5-44 导航控件的模板支持

导航控件能够自定义模板来实现更多的特定功能，同时还能够为导航控件的其他区域进行样式控制，如导航列表和导航按钮等。

2. 导航控件的事件

当双击一个导航控件时，导航控件会自动生成 FinishButtonClick 事件。该事件在用户完成导航控件时被触发。导航控件页面的 HTML 核心代码如下：

```
<body>
    <form id="form1" runat="server">
    <asp:Wizard ID="Wizard1" runat="server" ActiveStepIndex="2"
        DisplayCancelButton="True" onfinishbuttonclick="Wizard1_FinishButtonClick">
        <WizardSteps>
            <asp:WizardStep runat="server" title="Step 1">
                执行的是第一步</asp:WizardStep>
            <asp:WizardStep runat="server" title="Step 2">
                执行的是第二步</asp:WizardStep>
```

```
                <asp:WizardStep runat="server" Title="Step3">
                    感谢您的使用</asp:WizardStep>
            </WizardSteps>
        </asp:Wizard>
        <div>
            <asp:Label ID="Label1" runat="server" Text="Label"></asp:Label>
        </div>
        </form>
</body>
```

上述代码为向导控件进行了初始化，并提示用户正在执行的步骤，当用户执行完毕后，会提示“感谢您的使用”并在相应的文本标签控件中显示“向导控件执行完毕”。当单击导航控件时会触发 FinishButtonClick 事件，通过编写 FinishButtonClick 事件能够为导航控件进行编码控制。示例代码如下：

```
protected void Wizard1_FinishButtonClick(object sender, WizardNavigationEventArgs e)
{
    Label1.Text="向导控件执行完毕";
}
```

在执行的过程中，标签文本会显示执行的步骤，如图 5-45 所示。当运行完毕时，Label 标签控件会显示“向导控件执行完毕”，同时向导控件中的文本也会呈现“感谢您的使用”字样。运行结果如图 5-46 所示。

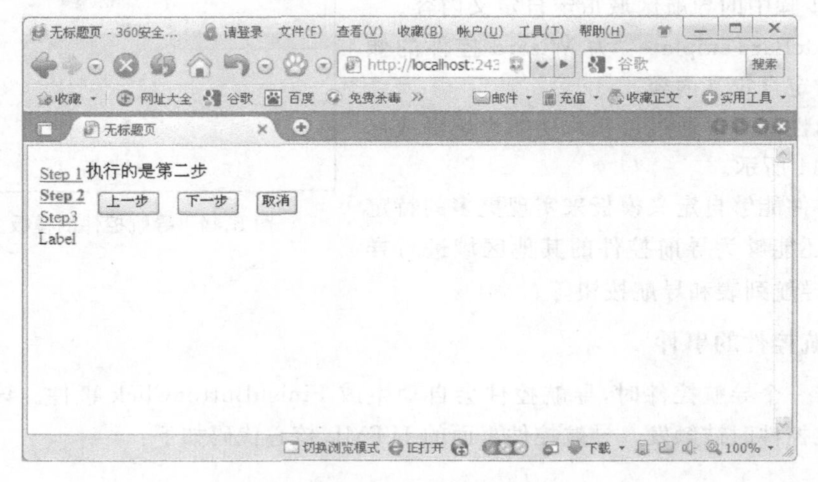

图 5-45 执行第二步

向导控件不仅能够使用 FinishButtonClick 事件，还可以使用 PreviousButtonClick 和 FinishButtonClick 事件自定义“上一步”按钮和“下一步”按钮的行为，也可以编写 CancelButtonClick 事件定义单击“取消”按钮时需要执行的操作。

5.2.15 XML 控件

XML 控件可以读取 XML 并将其写入该控件所在的 ASP. NET 网页。XML 控件能

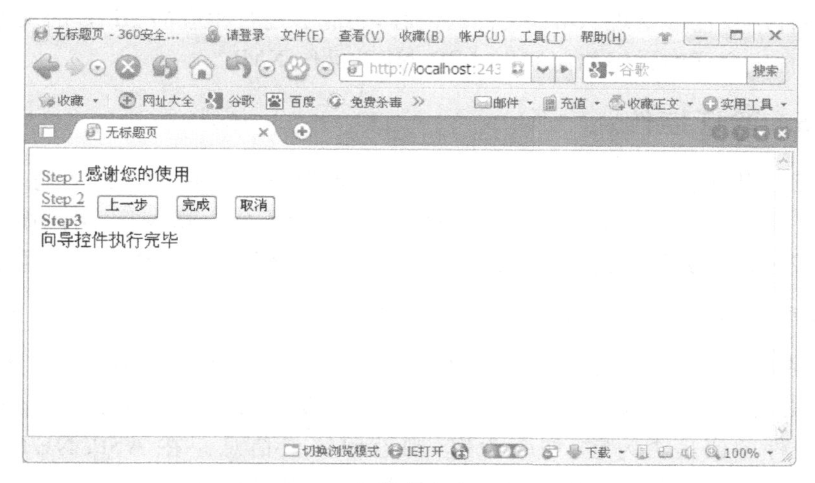

图 5-46　用户单击完成后执行事件

够将 XSL 转换应用到 XML，还能够将最终转换的内容输出呈现在该页中。当创建一个 XML 控件时，系统会生成 XML 控件的 HTML 代码。示例代码如下：

```
<asp:Xml ID="Xml1" runat="server"></asp:Xml>
```

上述代码实现了简单的 XML 控件。XML 控件还包括如下两个常用的属性：

(1) DocumentSource：用于转换的 XML 文件。

(2) TransformSource：用于转换 XML 数据的 XSL 文件。

开发人员可以通过 XML 控件的 DocumentSource 属性提供的 XML、XSL 文件的路径进行加载，并将相应的代码呈现到控件上。示例代码如下：

```
<asp:Xml ID="Xml1" runat="server" DocumentSource="~/XMLFile1.xml"></asp:Xml>
```

上述代码为 XML 控件指定了 DocumentSource 属性，通过加载 XML 文档进行相应的代码呈现，运行后如图 5-47 所示。

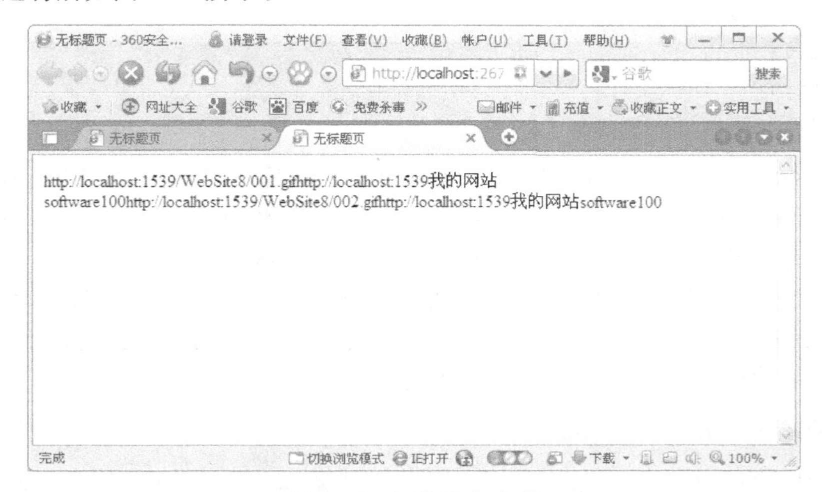

图 5-47　加载 XML 文档

XML 控件不仅能够呈现 XML 文档的内容，还能够进行相应的 XML 的文本操作。在本书的第 14 章中会详细讲解如何使用 ASP.NET 操作 XML。

5.2.16 验证控件

ASP.NET 提供了强大的验证控件，它可以验证服务器控件中用户的输入，并在验证失败的情况下显示一条自定义错误消息。验证控件直接在客户端执行，用户提交后执行相应的验证无需使用服务器端进行验证操作，从而减少了服务器与客户端之间的往返过程。

1. 表单验证(RequiredFieldValidator)控件

在实际的应用中，如在用户填写表单时，有一些项目是必填项，例如用户名和密码。在传统的 ASP 中，当用户填写表单后，页面需要被发送到服务器并判断表单中某项 HTML 控件的值是否为空，如果为空，则返回错误信息。在 ASP.NET 中，系统提供了 RequiredFieldValidator 验证控件进行验证。使用 RequiredFieldValidator 控件能够指定某个用户在特定的控件中必须提供相应的信息，如果不填写相应的信息，RequiredFieldValidator 控件就会提示错误信息。RequiredFieldValidator 控件示例代码如下：

```
<body>
    <form id="form1" runat="server">
    <div>
        姓名:<asp:TextBox ID="TextBox1" runat="server"></asp:TextBox>
       <asp:RequiredFieldValidator ID="RequiredFieldValidator1" runat="server"
            ControlToValidate="TextBox1" ErrorMessage="必填字段不能为空">
        </asp:RequiredFieldValidator>
        <br />
        密码:<asp:TextBox ID="TextBox2" runat="server"></asp:TextBox>
        <br />
        <asp:Button ID="Button1" runat="server" Text="Button" />
        <br />
    </div>
    </form>
</body>
```

在进行验证时，RequiredFieldValidator 控件必须绑定一个服务器控件。在上述代码中，RequiredFieldValidator 控件的服务器控件绑定为 TextBox1，当 TextBox1 中的值为空时，会提示自定义错误信息“必填字段不能为空”，如图 5-48 所示。

当“姓名”文本框未填写时，会提示“必填字段不能为空”，并且该验证在客户端执行。当发生此错误时，用户会立即看到该错误提示而不会进行页面提交，当用户填写完成并再次单击 Button 控件时，页面才会向服务器提交。

2. 比较验证(CompareValidator)控件

比较验证控件对照特定的数据类型验证用户的输入。因为当用户输入用户信息时，难免会输入错误信息，如当需要了解用户的生日时，用户很可能输入了其他的字符串。

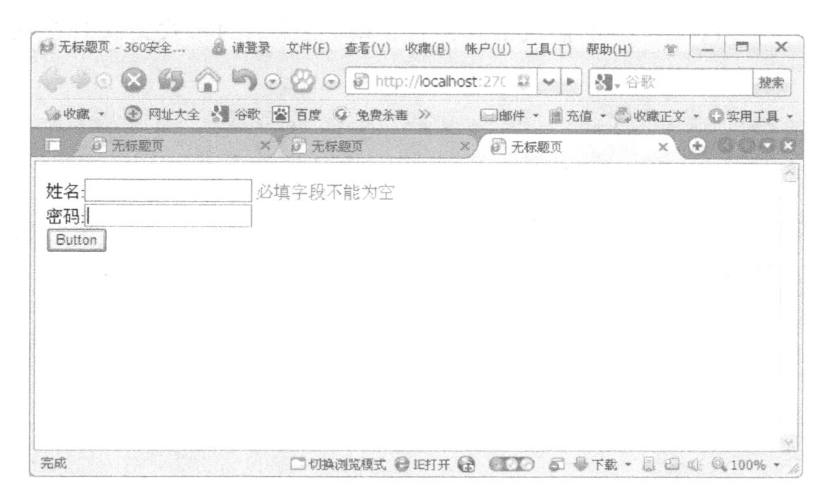

图 5-48　RequiredFieldValidator 验证控件

CompareValidator 控件能够比较控件中的值是否符合开发人员的需要。CompareValidator 控件的特有属性如下：

(1) ControlToCompare：以字符串形式输入的表达式。要与另一控件的值进行比较。

(2) Operator：要比较的字符串。

(3) Type：要比较两个值的数据类型。

(4) ValueToCompare：以字符串形式输入的表达式。

当使用 CompareValidator 控件时，可以方便地判断用户是否正确输入。示例代码如下：

```
<body>
    <form id="form1" runat="server">
    <div>
        请输入生日：
        <asp:TextBox ID="TextBox1" runat="server"></asp:TextBox>
        <br />
        毕业日期：
        <asp:TextBox ID="TextBox2" runat="server"></asp:TextBox>
    <asp:CompareValidator ID="CompareValidator1" runat="server"
            ControlToCompare="TextBox2" ControlToValidate="TextBox1"
            CultureInvariantValues="True" ErrorMessage="输入格式错误!请改正!"
            Operator="GreaterThan"
            Type="Date">
    </asp:CompareValidator>
        <br />
        <asp:Button ID="Button1" runat="server" Text="Button" />
        <br />
    </div>
    </form>
</body>
```

上述代码判断 TextBox1 的输入格式是否正确，当输入的格式错误时会提示错误，如图 5-49 所示。

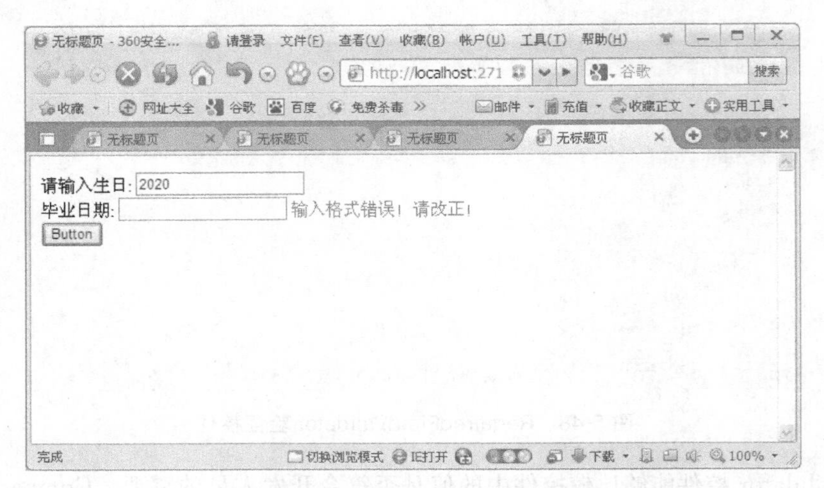

图 5-49　CompareValidator 控件

CompareValidator 控件不仅能够验证输入的格式是否正确，还可以验证两个控件之间的值是否相等。如果两个控件之间的值不相等，CompareValidator 控件同样会将自定义错误信息呈现在用户的客户端浏览器中。

3. 范围验证(RangeValidator)控件

范围验证控件可以检查用户的输入是否在指定的上限与下限之间。通常情况下用于检查数字、日期和货币等。RangeValidator 控件的常用属性如下：

(1) MinimumValue：指定有效范围的最小值。

(2) MaximumValue：指定有效范围的最大值。

(3) Type：指定要比较的值的数据类型。

通常情况下，为了控制用户输入的范围，可以使用该控件。当输入用户的生日时，今年是 2008 年，那么用户就不应该输入 2009 年。基本上没有人的寿命会超过 100，所以对输入日期的下限也需要进行规定。示例代码如下：

```
<div>
    请输入生日:<asp:TextBox ID="TextBox1" runat="server"></asp:TextBox>
    <asp:RangeValidator ID="RangeValidator1" runat="server"
        ControlToValidate="TextBox1" ErrorMessage="超出规定范围,请重新填写"
        MaximumValue="2011/1/1" MinimumValue="1990/1/1" Type="Date">
        </asp:RangeValidator>
    <br />
    <asp:Button ID="Button1" runat="server" Text="Button" />
</div>
```

上述代码将 MinimumValue 属性值设置为 1990/1/1，并能将 MaximumValue 的值设置为 2011/1/1，当用户的日期低于最小值或高于最大值时提示错误，如图 5-50 所示。

注意：RangeValidator 控件在进行控件的值的范围设定时，其范围不仅仅可以是一个

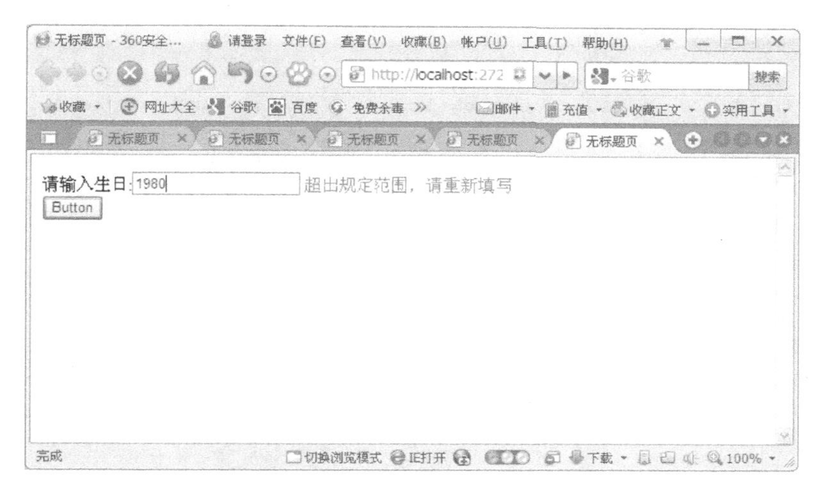

图 5-50 RangeValidator 控件

整数值，还可以是时间、日期等值。

4. 正则验证(RegularExpressionValidator)控件

在上述控件中，虽然能够实现一些验证，但是验证的能力是有限的，例如在验证的过程中，只能验证是否是数字，或者是否是日期。也可能在验证时只能验证一定范围内的数值，虽然这些控件提供了一些验证功能，但却限制了开发人员进行自定义验证和错误信息的开发。为实现一个验证，很可能需要多个控件同时搭配使用。

正则验证控件就解决了这个问题，正则验证控件的功能非常强大，它用于确定输入的控件的值是否与某个正则表达式所定义的模式相匹配，如电子邮件、电话号码以及序列号等。

正则验证控件常用的属性是 ValidationExpression，用来指定用于验证的输入控件的正则表达式。客户端的正则表达式验证语法和服务器端的正则表达式验证语法不同，因为在客户端使用的是 JScript 正则表达式语法，而在服务器端使用的是 Regex 类提供的正则表达式语法。使用正则表达式能够实现强大字符串的匹配并验证用户的输入格式是否正确。系统提供了一些常用的正则表达式，开发人员能够选择相应的选项进行规则筛选，如图 5-51 所示。

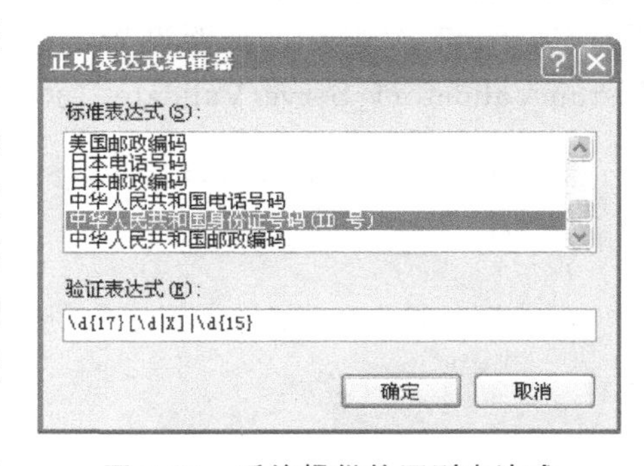

图 5-51 系统提供的正则表达式

当选择了正则表达式后，系统自动生成的 HTML 代码如下：

```
<asp:RegularExpressionValidator ID="RegularExpressionValidator1" runat="server"
    ControlToValidate="TextBox1" ErrorMessage="正则不匹配,请重新输入!"
    ValidationExpression="\d{17}[\d|X]|\d{15}">
</asp:RegularExpressionValidator>
```

运行后，当用户单击 Button 控件时，如果输入的信息与相应的正则表达式不匹配，则会提示错误信息，如图 5-52 所示。

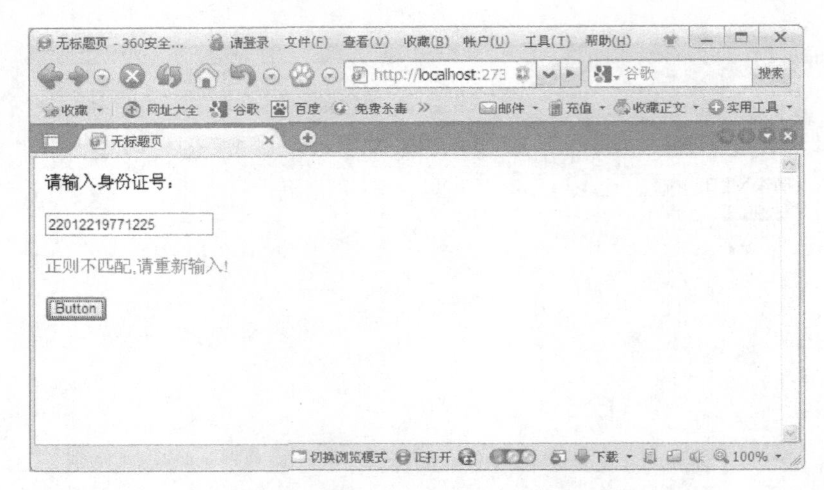

图 5-52 RegularExpressionValidator 控件

开发人员也可以自定义正则表达式来规范用户的输入。使用正则表达式能够加快验证速度并在字符串中快速匹配，而另一方面，使用正则表达式能够减少复杂的应用程序的功能开发和实现。

注意：在用户输入为空时，其他的验证控件都会验证通过。所以，在验证控件的使用中，通常需要同表单验证控件一起使用。

5. 自定义逻辑验证(CustomValidator)控件

自定义逻辑验证控件允许使用自定义的验证逻辑创建验证控件。例如，可以创建一个验证控件判断用户输入的是否包含"."号。如图 5-53 所示，在页面中添加一个 Label 控件、一个 TextBox 控件、一个 Button 控件、一个 CustomValidator 控件，将 CustomValidator 控件的 ControlToValidate 属性设置为 TextBox1 控件，并将 ServerValidate 事件绑定到 CustomValidator1_ServerValidate。示例代码如下：

```
protected void CustomValidator1_ServerValidate(object source, ServerValidateEventArgs
args)
{
    args.IsValid=args.Value.ToString().Contains(".");
                                                    //设置验证程序,并返回布尔值
  }
  protected void Button1_Click(object sender, EventArgs e)  //用户自定义验证
  {
      if (Page.IsValid)                                     //判断是否验证通过
      {
          Label1.Text="验证通过";                           //输出验证通过
      }
      else
      {
          Label1.Text="输入格式错误";                       //提交失败信息
```

```
        }
    }
```

上述代码不仅使用了验证控件自身的验证，也使用了用户自定义验证。运行结果如图 5-53 所示。

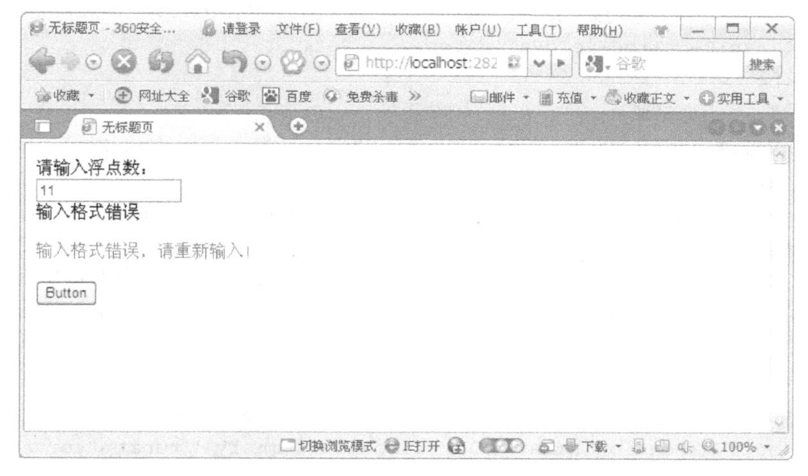

图 5-53 CustomValidator 控件

从 CustomValidator 控件的验证代码可以看出，CustomValidator 控件可以在服务器上执行验证检查。如果要创建服务器端的验证函数，则处理 CustomValidator 控件的 ServerValidate 事件。使用传入的 ServerValidateEventArgs 对象的 IsValid 字段设置是否通过验证。

CustomValidator 控件同样也可以在客户端实现，该验证函数可用 VBScript 或 JScript 来实现。在 CustomValidator 控件中需要使用 ClientValidationFunction 属性指定与 CustomValidator 控件相关的客户端验证脚本的函数名称进行控件中值的验证。

6. 验证组(ValidationSummary)控件

验证组控件能够对同一页面的多个控件进行验证。验证组控件通过 ErrorMessage 属性为页面上的每一个验证控件显示错误信息。验证组控件的常用属性如下：

(1) DisplayMode：摘要可显示为列表、项目符号列表或单个段落。

(2) HeaderText：标题部分指定一个自定义标题。

(3) ShowMessageBox：是否在消息框中显示摘要。

(4) ShowSummary：控制是显示还是隐藏 ValidationSummary 控件。

验证控件能够显示页面的多个控件产生的错误。如图 5-54 所示，在页面中添加两个 Label 控件、两个 TextBox 控件、一个 Button 控件、一个 RequiredFieldValidator 控件、一个 RegularExpressionValidator 控件和一个 ValidationSummary 控件，将 RequiredFieldValidator 控件的 ControlToValidate 属性设置为 TextBox1 控件，将 RegularExpressionValidator 控件的 ControlToValidate 属性设置为 TextBox2 控件。示例代码如下：

```
<body>
    <form id="form1" runat="server">
```

```
    <div>
     姓名:
        <asp:TextBox ID="TextBox1" runat="server"></asp:TextBox>
        <br />
        <asp:RequiredFieldValidator ID="RequiredFieldValidator2" runat="server"
            ErrorMessage="姓名必须填写"  ControlToValidate="TextBox1">
        </asp:RequiredFieldValidator>
        <br />
                身份证:
        <asp:TextBox ID="TextBox2" runat="server"></asp:TextBox>
        <br />
        <asp:RegularExpressionValidator ID="RegularExpressionValidator1"
        runat="server"
            ControlToValidate="TextBox2" ErrorMessage="身份证号码错误"
            ValidationExpression="\d{17}[\d|X]|\d{15}"></asp:RegularExpression-
            Validator>
        <br />
        <asp:Button ID="Button1" runat="server" Text="Button" />
        <asp:ValidationSummary ID="ValidationSummary1" runat="server" />
    </div>
    </form>
</body>
```

运行结果如图 5-54 所示。

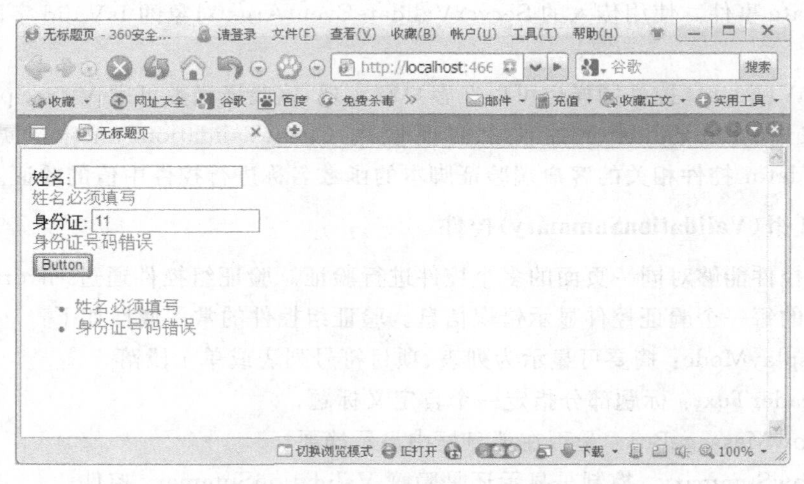

图 5-54 ValidationSummary 控件

当有多个错误发生时，ValidationSummary 控件能够捕获多个验证错误并呈现给用户，这样就避免了一个表单需要多个验证时使用多个验证控件进行绑定，使用 ValidationSummary 控件就无需为每个需要验证的控件进行绑定。

5.2.17 导航控件

在网站制作中，常常需要制作导航来让用户能够更加方便快捷的查阅到相关的信息和资讯，或能跳转到相关的版块。在 Web 应用中，导航是非常重要的。ASP.NET 提供了一种简单的站点导航方法，即使用图形站点导航控件 SiteMapPath、TreeView 和 Menu 等实现。

导航控件 SiteMapPath、TreeView 和 Menu 都可以在页面中轻松建立导航。这三个导航控件的基本特征如下：

（1）SiteMapPath：检索用户当前页面并显示层次结构的控件。使用户可以导航到层次结构中的其他页。SiteMap 控件专门与 SiteMapProvider 一起使用。

（2）TreeView：提供纵向用户界面以展开和折叠网页上的选定节点，以及为选定项提供复选框功能。TreeView 控件支持数据绑定。

（3）Menu：提供当用户将鼠标指针悬停在某一项时弹出附加子菜单的水平或垂直用户界面。

这三个导航控件都能够快速地建立导航，并且能够调整相应的属性为导航控件进行自定义。

SiteMapPath 控件使用户能够从当前导航回站点层次结构中较高的页，但是该控件并不允许用户从当前页面向前导航到层次结构中较深的其他页面。相比之下，使用 TreeView 或 Menu 控件，用户可以打开节点并直接选择需要跳转的特定页。这些控件不会像 SiteMapPath 控件一样直接读取站点地图。TreeView 和 Menu 控件不仅可以自定义选项，也可以绑定一个 SiteMapDataSource。TreeView 和 Menu 控件的基本样式如图 5-55 和图 5-56 所示。

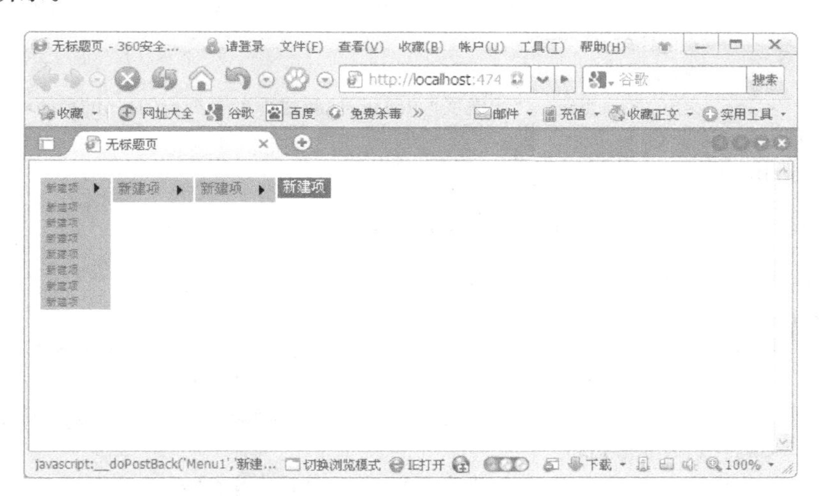

图 5-55 Menu 导航控件

TreeView 和 Menu 控件生成的代码并不相同，因为 TreeView 和 Menu 控件所实现的功能也不尽相同。TreeView 和 Menu 控件的代码分别如下：

```
<asp:Menu ID="Menu1" runat="server">
    <Items>
        <asp:MenuItem Text="新建项" Value="新建项"></asp:MenuItem>
        <asp:MenuItem Text="新建项" Value="新建项">
            <asp:MenuItem Text="新建项" Value="新建项"></asp:MenuItem>
        </asp:MenuItem>
```

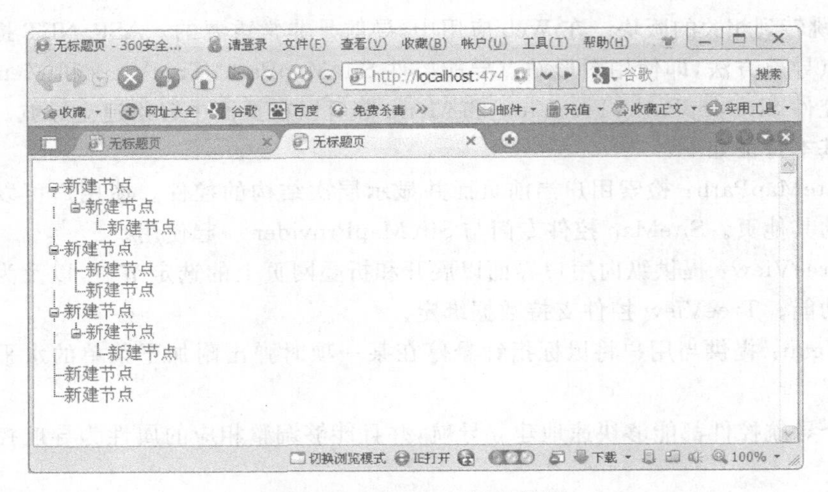

图 5-56　TreeView 导航控件

```
            <asp:MenuItem Text="新建项" Value="新建项">
                <asp:MenuItem Text="新建项" Value="新建项"></asp:MenuItem>
            </asp:MenuItem>
            <asp:MenuItem Text="新建项" Value="新建项">
                <asp:MenuItem Text="新建项" Value="新建项">
                    <asp:MenuItem Text="新建项" Value="新建项"></asp:MenuItem>
                </asp:MenuItem>
            </asp:MenuItem>
            <asp:MenuItem Text="新建项" Value="新建项"></asp:MenuItem>
        </Items>
    </asp:Menu>
```

上述代码声明了一个 Menu 控件，并添加了若干节点。

```
<asp:TreeView ID="TreeView1" runat="server">
    <Nodes>
        <asp:TreeNode Text="新建节点" Value="新建节点"></asp:TreeNode>
        <asp:TreeNode Text="新建节点" Value="新建节点">
            <asp:TreeNode Text="新建节点" Value="新建节点"></asp:TreeNode>
        </asp:TreeNode>
        <asp:TreeNode Text="新建节点" Value="新建节点">
            <asp:TreeNode Text="新建节点" Value="新建节点"></asp:TreeNode>
        </asp:TreeNode>
        <asp:TreeNode Text="新建节点" Value="新建节点">
            <asp:TreeNode Text="新建节点" Value="新建节点"></asp:TreeNode>
        </asp:TreeNode>
        <asp:TreeNode Text="新建节点" Value="新建节点"></asp:TreeNode>
    </Nodes>
</asp:TreeView>
```

上述代码声明了一个 TreeView 控件，并添加了若干节点。

从上面的代码和运行后的实例图可以看出，TreeView 和 Menu 控件有如下一些区别：

(1) Menu 展开时是弹出形式的展开,而 TreeView 控件则是就地展开。

(2) Menu 控件并不是按需下载,而 TreeView 控件则是按需下载的。

(3) Menu 控件不包含复选框,而 TreeView 控件包含复选框。

(4) Menu 控件允许编辑模板,而 TreeView 控件不允许编辑模板。

(5) Menu 在布局上是水平和垂直,而 TreeView 只是垂直布局。

(6) Menu 可以选择样式,而 TreeView 不行。

开发人员在网站开发的时候,可以通过使用导航控件来快速地建立导航,为浏览者提供方便,也为网站做出信息指导。在用户的使用中,通常情况下导航控件中的导航值是不能被用户所更改的,但是开发人员可以通过编程的方式让用户也能够修改站点地图的节点。

5.2.18 其他控件

在 ASP. NET 中,除了以上常用的一些基本控件以外,还有一些其他基本控件,虽然在应用程序开发中并不经常使用,但是在特定的程序开发中,还是需要使用到这些基本的控件进行特殊的应用程序开发和逻辑处理。

1. 隐藏输入框(HiddenField)控件

HiddenField 控件用来保存那些不需要显示在页面上的对安全性要求不高的数据。隐藏输入框控件作为<input type="hidden"/>元素呈现在 HTML 页面。由于 HiddenField 控件的值会呈现在客户端浏览器,因此对于安全性较高的数据,并不推荐将它保存在隐藏输入框控件中。隐藏输入框控件的值通过 Value 属性保存,同时也可以通过代码来控制 Value 的值,利用隐藏输入框对页面的值进行传递。示例代码如下:

```
protected void Button1_Click(object sender, EventArgs e)
{
    Label1.Text=HiddenField1.Value;              //获取隐藏输入框控件的值
}
```

上述代码通过 Value 属性获取一个隐藏输入框的值,如图 5-57 所示。单击后如图 5-58 所示。

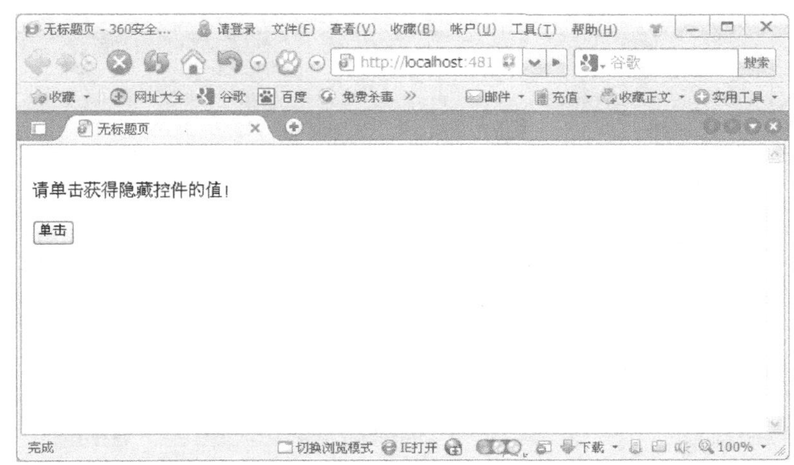

图 5-57 HiddenField 的值被隐藏

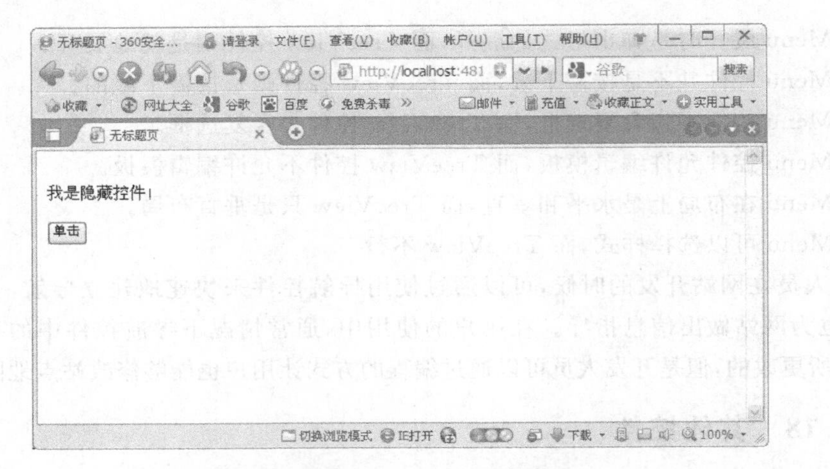

图 5-58 HiddenField的值被获取

HiddenField是通过HTTP协议进行参数传递的，所以当打开新的窗体或者使用method=get都无法使用HiddenField控件。同时，隐藏输入框控件还能初始化或保存一些安全性不高的数据。当双击隐藏输入框控件时，系统会自动生成ValueChanged事件代码段，当隐藏输入框控件内的值被改变时触发该事件。示例代码如下：

```
protected void Button1_Click(object sender, EventArgs e)
{
    HiddenField1.Value="更改了值";          //更改隐藏输入框控件的值
}
//更改将触发此事件
protected void HiddenField1_ValueChanged(object sender, EventArgs e)
{
    Label1.Text="值被更改了,并被更改成\""+HiddenField1.Value+"\"";
}
```

上述代码创建了一个ValueChanged事件，当隐藏输入框控件的值被更改时，如图5-59所示。单击"更改"按钮后会触发按钮事件，运行结果如图5-60所示。

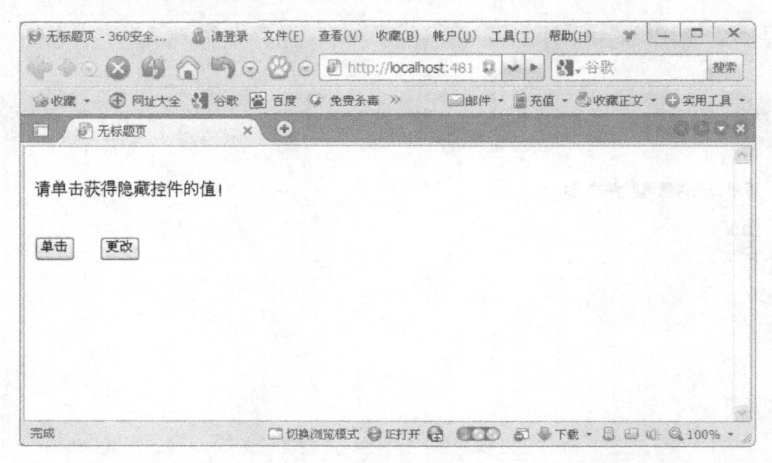

图 5-59 更新前

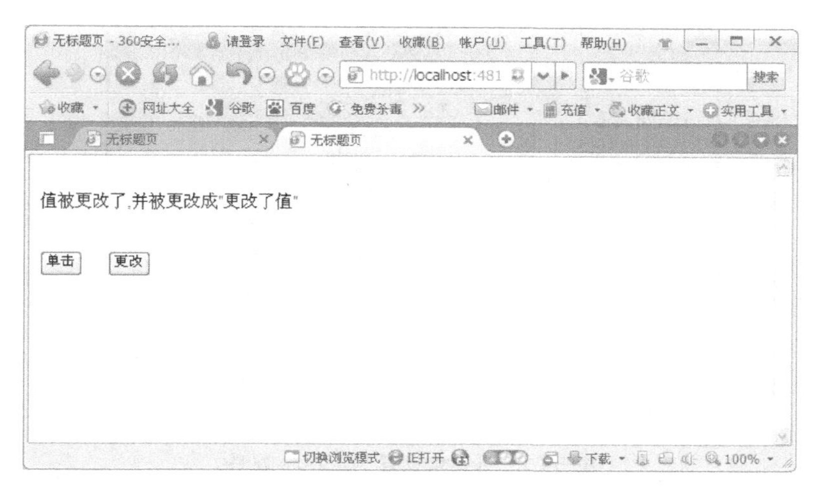

图 5-60 更新后

2. 图片热点(ImageMap)控件

ImageMap 控件是一个让用户可以在图片上定义热点(HotSpot)区域的服务器控件。用户可以通过单击这些热点区域进行回发(PostBack)操作或者定向(Navigate)到某个URL 位址。该控件一般用在需要对某张图片的局部范围进行互动操作。ImageMap 控件主要由两个部分组成:第一部分是图像;第二部分是作用点控件的集合。其主要属性有HotSpotMode 和 HotSpots。

1) HotSpotMode(热点模式)常用选项

(1) NotSet:未设置项。虽然名为未设置,但其实默认情况下会执行定向操作,定向到用户指定的 URL 位址去。如果未指定 URL 位址,那默认将定向到自己的 Web 应用程序根目录。

(2) Navigate:定向操作项。定向到指定的 URL 位址去。如果未指定 URL 位址,那默认将定向到自己的 Web 应用程序根目录。

(3) PostBack:回发操作项。单击热点区域后,将执行后部的 Click 事件。

(4) Inactive:无任何操作,即此时形同一张没有热点区域的普通图片。

2) HotSpots(图片热点)常用属性

该属性对应着 System.Web.UI.WebControls.HotSpot 对象集合。HotSpot 类是一个抽象类,它之下有 CircleHotSpot(圆形热区)、RectangleHotSpot(方形热区)和PolygonHotSpot(多边形热区)三个子类。实际应用中,可以使用上面三种类型定制图片的热点区域。如果需要使用到自定义的热点区域类型时,该类型必须继承 HotSpot 抽象类。ImageMap 最常用的事件为 Click,通常在 HotSpotMode 为 PostBack 时用到。当需要设置HotSpots 属性时,可以可视化设置,如图 5-61 所示。

当可视化完毕后,系统会自动生成 HTML 代码,核心代码如下:

```
<asp:ImageMap ID="ImageMap1" runat="server" HotSpotMode="PostBack"
        ImageUrl="~/images/c10.jpg" onclick="ImageMap1_Click">
    <asp:CircleHotSpot Radius="15" X="15" Y="15" HotSpotMode="PostBack"
```

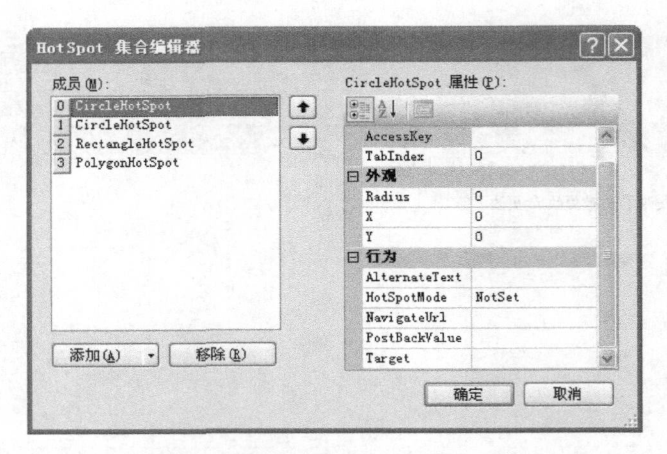

图 5-61　可视化设置 HotSpots 属性

```
        PostBackValue="0" />
    <asp:CircleHotSpot Radius="100" X="15" Y="15" HotSpotMode="PostBack"
        PostBackValue="1" />
    <asp:CircleHotSpot Radius="300" X="15" Y="15" HotSpotMode="PostBack"
        PostBackValue="2" />
</asp:ImageMap>
```

上述代码还添加了一个 Click 事件,事件处理的核心代码如下:

```
protected void ImageMap1_Click(object sender, ImageMapEventArgs e)
{
    string str="";
    switch (e.PostBackValue)                          //获取传递过来的参数
      {
        case "0":
            str="你点击了 1 号位置,图片大小将变为 1 号"; break;
        case "1":
            str="你点击了 2 号位置,图片大小将变为 2 号"; break;
        case "2":
            str="你点击了 3 号位置,图片大小将变为 3 号"; break;
    }
    Label1.Text=str;
    ImageMap1.Height=120 * (Convert.ToInt32(e.PostBackValue)+1); //更改图片的大小
}
```

上述代码通过获取 ImageMap 中 CricleHotSpot 控件中的 PostBackVlue 值来获取传递的参数,如图 5-62 所示。当获取到传递的参数时,可以通过参数做相应的操作,如图 5-63 所示。

3. 静态标签(Literal)控件

通常情况下,Literal 控件无需添加任何 HTML 元素即可将静态文本呈现在网页上。与 Label 不同的是,Label 控件在生成 HTML 代码时会呈现＜span＞元素,而 Literal 控件

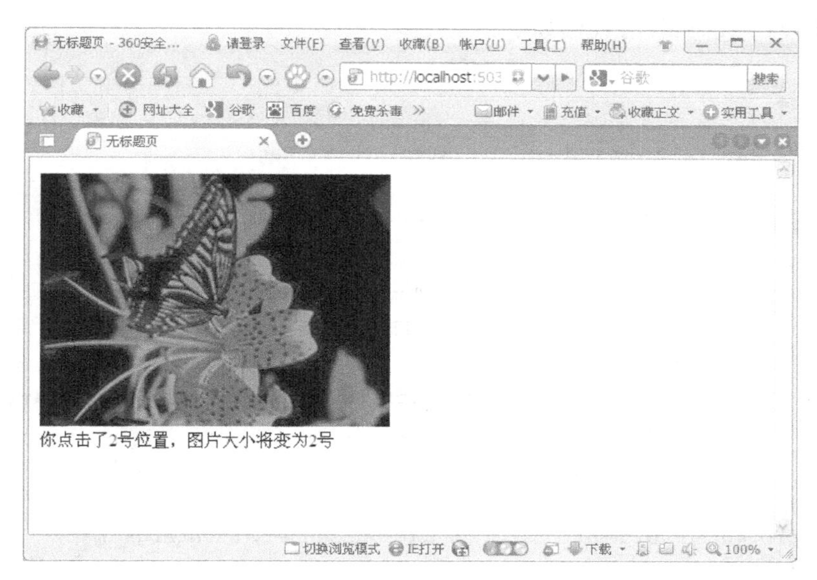

图 5-62　单击图片变小

图 5-63　单击图片变大

不会向文本中添加任何 HTML 代码。如果开发人员希望文本和控件直接呈现在页面中而不使用任何附加标记，推荐使用 Literal 控件。

与 Label 不同的是，Literal 控件有一个 Mode 属性，用来控制 Literal 控件中文本的呈现形式。当 HTML 代码被输出到页面的时候，会以解释后的 HTML 形式输出。例如图片代码，在 HTML 中是以＜img src＝""＞的形式显示的，输出到 HTML 页面后会被显示成一个图片。

在 Label 中，Label 可以作为一段 HTML 代码的容器，当输出时，Label 控件所呈现的效果是 HTML 被解释后的样式。而 Literal 可以通过 Mode 属性来选择输出的是 HTML

样式还是 HTML 代码，核心代码如下：

```
namespace _5_17
{
    public partial class Lieral : System.Web.UI.Page
    {
        protected void Page_Load(object sender, EventArgs e)
        {
            string str="<span style=\"color:red\">大家好</span>,
                    您现在查看的是 HTML 样式。";                //HTML 字符
            Literal1.Text=str+
            "<div style=\"border-top:1px dashed #ccc;background:gray\">
                    单击按钮查看 HTML 代码</div>";
            Label1.Text=str;                                  //赋值 Label
        }
        protected void Button1_Click(object sender, EventArgs e)
        {
            Literal1.Mode=LiteralMode.Encode;                 //转换显示的模式
        }
    }
}
```

上述代码将一个 HTML 形式的字符串分别赋值给 Literal 和 Label 控件，并通过转换查看赋值的源代码，运行结果如图 5-64 和图 5-65 所示。

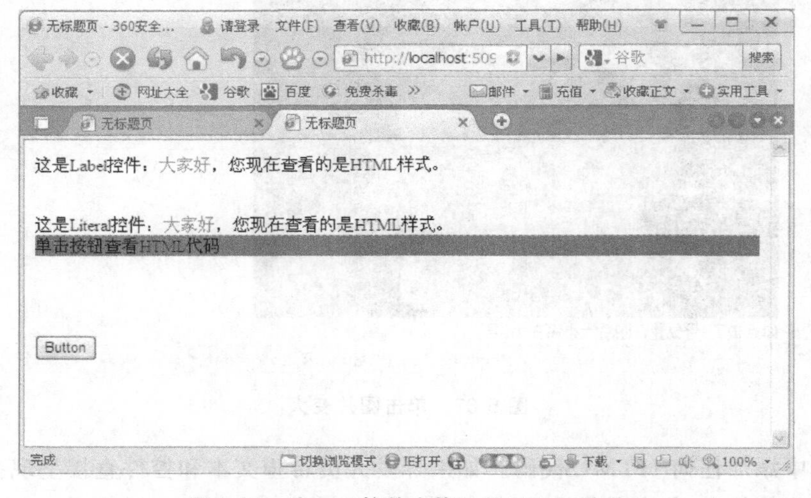

图 5-64　Literal 控件直接显示 HTML 样式

当单击按钮，更改 Literal 的模式之后，Literal 中的 HTML 文本被直接显示。Literal 具有如下三种模式：

(1) Transform：添加到控件中的任何标记都将进行转换，以适应请求浏览器的协议。

(2) PassThrough：添加到控件中的任何标记都将按照原样输出在浏览器中。

(3) Encode：添加到控件中的任何标记都将使用 HtmlEncode 方法进行编码，该方法

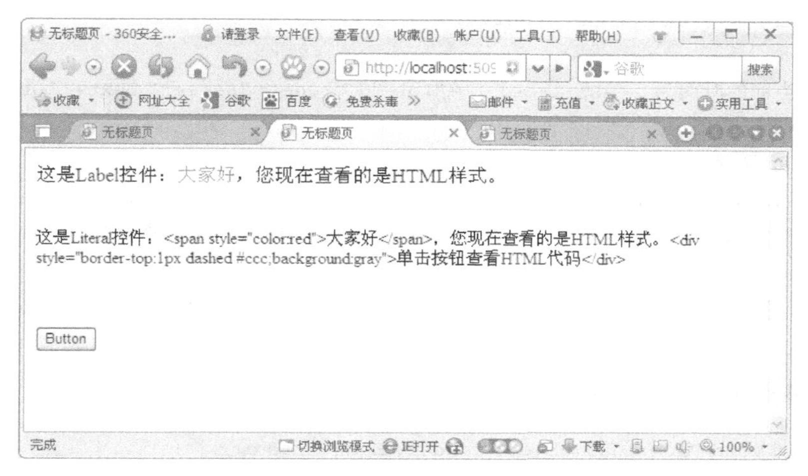

图 5-65　Literal 控件显示 HTML 代码

将把 HTML 编码转换为其文本表示形式。

注意：PassThrough 模式和 Transform 模式在通常情况下呈现的效果并没有区别。

4. 动态缓存更新(Substitution)控件

在 ASP. NET 中，缓存的使用能够极大地提高网站的性能，降低服务器的压力。而通常情况下，对 ASP. NET 整个页面的缓存是没有任何意义的，这样经常会给用户带来疑惑。Substitution 控件允许用户在页上创建一些区域，这些区域可以用动态的方式进行更新，然后集成到缓存页。

Substitution 控件将动态内容插入到缓存页中，并且不会呈现任何 HTML 标记。用户可以将控件绑定到页上或父用户控件上的方法，自行创建静态方法，以返回要插入到页面中的任何信息。要使用 Substitution 控件，必须符合以下标准：

(1) 此方法被定义为静态方法。

(2) 此方法接受 HttpContext 类型的参数。

(3) 此方法返回 String 类型的值。

在 ASP. NET 页面中，为了减少用户与页面的交互中数据库的更新，可以对 ASP. NET 页面进行缓存，缓存代码可以使用页面参数的@OutputCatch。示例代码如下：

```
<%@Page Language="C#" AutoEventWireup="true"
            CodeBehind="Substitution.aspx.cs" Inherits="_5_17.Substitution" %>
<%@OutputCache Duration="100" VaryByParam="none" %>          //增加一个页面缓存
<!DOCTYPE html PUBLIC "-//W3C//DTD XHTML 1.0
        Transitional//EN" "http://www.w3.org/TR/xhtml1/DTD/xhtml1-
        transitional.dtd">
<html xmlns="http://www.w3.org/1999/xhtml" >
<head runat="server">
    <title>无标题页</title>
</head>
<body>
```

```
        <form id="form1" runat="server">
        <div>
            当前的时间为:<asp:Label ID="Label1" runat="server" Text="Label">
            </asp:Label>
            (有缓存)<br />
            当前的时间为:<asp:Substitution ID="Substitution1" runat="server"
                                  MethodName="GetTimeNow"/>(动态更新)</div>
        </form>
    </body>
    </html>
```

执行事件操作的cs页面核心代码如下:

```
protected void Page_Load(object sender, EventArgs e)
{
    //页面初始化时,当前时间赋值给Label1标签
    Label1.Text=DateTime.Now.ToString();
}
protected static string GetTimeNow(HttpContext con)         //注意事件的格式
{
    return DateTime.Now.ToString();              //Substitution控件执行的方法
}
```

上述代码对ASP.NET页面进行了缓存,当用户访问页面时,Substitution控件的区域以外的区域都会被缓存。使用了Substitution控件,局部在刷新后会进行更新,运行结果如图5-66所示。

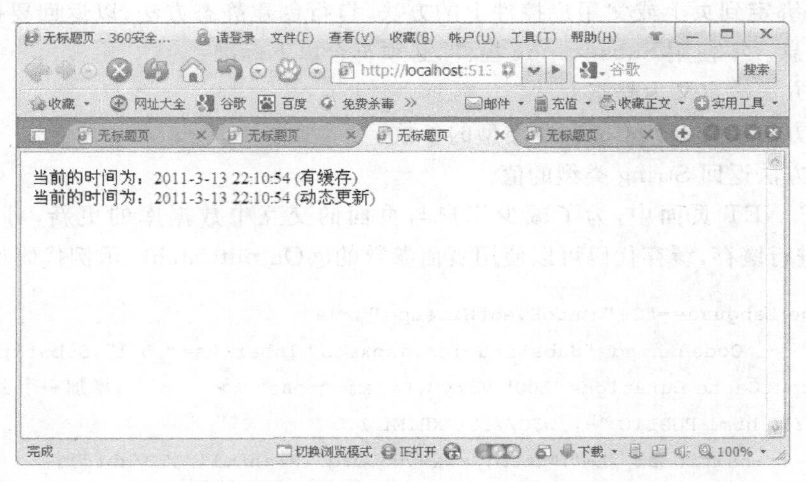

图5-66 Substitution动态更新

从运行结果可见,没有使用Substitution控件的区域,当页面再次被请求时会直接在缓存中执行。而Substitution控件区域内的值并不会缓存。在每次刷新时,页面将进行Substitution控件的区域的局部动态更新。

5.3 项目案例

5.3.1 学习目标

(1) 掌握 HyperLink 控件的使用。

(2) 掌握 Image 控件的使用。

(3) 掌握 Button 控件的使用。

(4) 掌握 TextBox 控件的使用。

(5) 掌握 DropDownList 控件的使用。

(6) 掌握 RadioButtonList 控件的使用。

5.3.2 案例描述

本案例是模仿系统实现程序中的用户修改个人信息功能、修改商品信息功能和商品查询功能,运用多种控件进行操作,实现功能。

5.3.3 案例要点

掌握常用控件的使用环境和方法。

5.3.4 案例实施

1. HyperLink 和 Image 控件

在修改用户信息功能的 updateusr.aspx 页面,表单中使用了大量控件来完成功能,如图 5-67 所示。

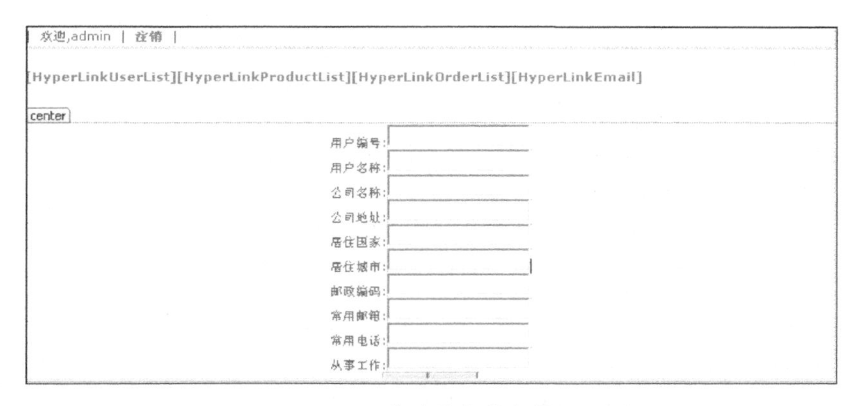

图 5-67 修改用户信息界面

该页面包含多个控件,重点讲解 HyperLink 和 Image 两个控件。

首先,两个控件对应的工具箱如图 5-68 所示。

可以直接拖入页面中对应的位置来产生该控件的代码,然后添加图片和链接控件对应的路径和功能即可。下面为项目中用户信息修改页面的 4 个图片超链接功能菜单,控件代

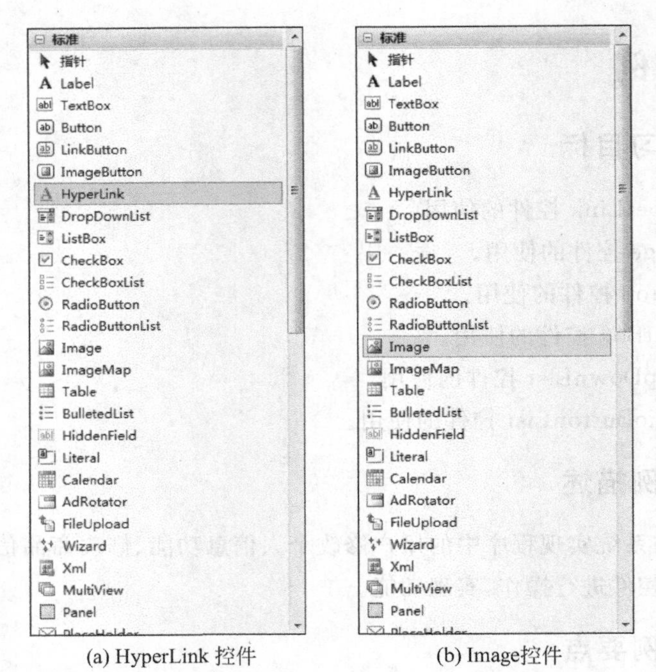

(a) HyperLink 控件　　(b) Image控件

图 5-68　标准下拉菜单 1

码如下：

```
<asp:HyperLink ID="HyperLinkUserList"
NavigateUrl="~/products_showusers.aspx"  runat="server">
            <asp:Image ID="Image1"
ImageUrl="images/button/userlist.jpg" runat="server" />
         </asp:HyperLink>
         <asp:HyperLink ID="HyperLinkProductList"
NavigateUrl="~/admin_products_show.aspx"  runat="server">
            <asp:Image ID="Image2"
ImageUrl="images/button/productslist.jpg" runat="server" />
         </asp:HyperLink>
         <asp:HyperLink ID="HyperLinkOrderList"
NavigateUrl="~/admin_ordershow.aspx"  runat="server">
        <asp:Image ID="Image4"
ImageUrl="images/button/ShowOrders.jpg" runat="server" />
      </asp:HyperLink>
         <asp:HyperLink ID="HyperLinkEmail"
NavigateUrl="~/mailmanager.aspx"  runat="server">
            <asp:Image ID="Image3"
ImageUrl="images/button/mailmanager.jpg" runat="server" />
         </asp:HyperLink>
```

页面效果如图 5-69 所示。

用户列表　商品列表　订 单　邮件管理

图 5-69　页面效果

2. Button 和 TextBox 控件

Button 控件为按钮控件，例如表单中的提交按钮；TextBox 为文本框控件，例如表单中的用户名和密码框等。可以从图 5-70 指示的工具箱中找到对应控件，拖入到页面表单相应位置即可。

(a) Button 控件　　(b) TextBox 控件

图 5-70　标准下拉菜单 2

用户信息修改页面如图 5-71 所示，图的中间部分基本都是使用 TextBox 控件产生输入框，用来录入信息，表单最后有两个按钮为 Button 控件。

图 5-71　用户信息修改页面

下面为控件对应的代码：

```
用户编号:<asp:TextBox ID="TextBoxUid" runat="server" ReadOnly="True">
</asp:TextBox><br/>
                    用户名称:<asp:TextBox ID="TextBoxUserName"
runat="server"></asp:TextBox><br/>
                    公司名称:<asp:TextBox ID="TextBoxCompanyname"
                    runat="server"></asp:TextBox><br/>
                    公司地址:<asp:TextBox ID="TextBoxCompanyaddress"
                    runat="server"></asp:TextBox><br/>
                    居住国家:<asp:TextBox ID="TextBoxCountry"
                    runat="server"></asp:TextBox><br/>
                    居住城市:<asp:TextBox ID="TextBoxCity" runat="server">
                    </asp:TextBox><br/>
                    邮政编码:<asp:TextBox ID="TextBoxZip" runat="server">
                    </asp:TextBox><br/>
                    常用邮箱:<asp:TextBox ID="TextBoxEmail" runat="server">
                    </asp:TextBox><br/>
                    常用电话:<asp:TextBox ID="TextBoxTel" runat="server">
                    </asp:TextBox><br/>
                    从事工作:<asp:TextBox ID="TextBoxJob" runat="server">
                    </asp:TextBox><br/>
```

可以在工具的设计模式直接双击修改按钮，就会在页面的 cs 文件中自动添加该按钮对应的事件，在该事件中完成修改用户信息的代码：

```
protected void ButtonUpdate_Click(object sender, EventArgs e)
    {
        Usr user=new Usr();
        user.Id=Convert.ToInt32(TextBoxUid.Text.ToString().Trim());
        user.UserName=TextBoxUserName.Text.ToString().Trim();
        user.Companyname=TextBoxCompanyname.Text.ToString().Trim();
        user.Companyaddress=TextBoxCompanyaddress.Text.ToString().Trim();
        user.Country=TextBoxCountry.Text.ToString().Trim();
        user.City=TextBoxCity.Text.ToString().Trim();
        user.Zip=TextBoxZip.Text.ToString().Trim();
        user.Email=TextBoxEmail.Text.ToString().Trim();
        user.Tel=TextBoxTel.Text.ToString().Trim();
        user.Job=TextBoxJob.Text.ToString().Trim();

        new usrBO().UpdateProductuser(user);

        Response.Write("<script type=text/javascript>alert('用户信息修改成功');
        </script>");
        Response.Write("<script type=text/javascript>
        javascript:window.location='products_showusers.aspx'</script>");
    }
```

3. RadioButtonList 控件

案例中修改商品信息功能的页面 update_products_admin. aspx 中还使用了 RadioButtonList 控件，该控件产生单选按钮组。可以从工具箱中直接拖曳产生，如图 5-72 所示。

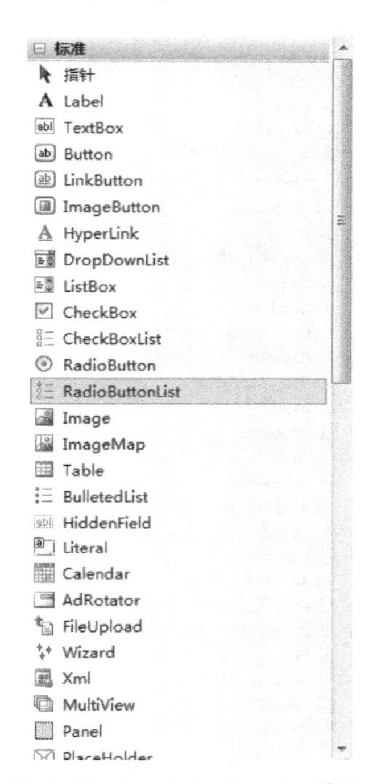

图 5-72 RadioButtonList 控件

页面效果如图 5-73 所示。

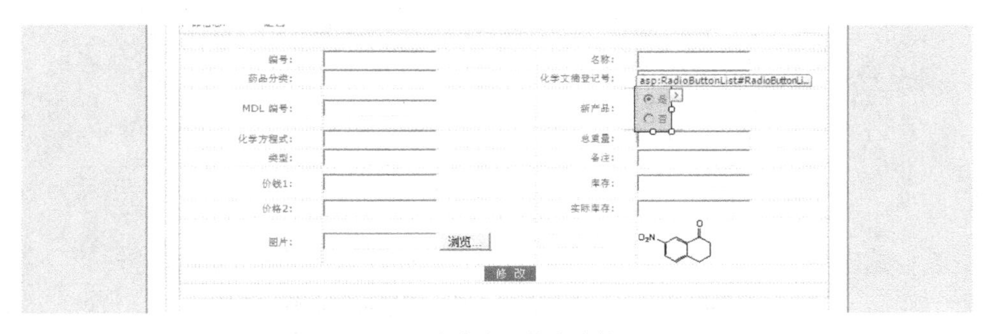

图 5-73 修改商品信息功能页面

该单选按钮组产生的代码如下：

```
<asp:RadioButtonList ID="RadioButtonListNewProduct" runat="server"
onselectedindexchanged="RadioButtonListNewProduct_SelectedIndexChanged">
                        <asp:ListItem Text="是" Value="Y"
                        Selected="True"></asp:ListItem>
                        <asp:ListItem Text="否" Value="N" ></asp:ListItem>
```

```
</asp:RadioButtonList>
```

4. DropDownList 控件

在案例中的商品查询功能页面 Product_Search. aspx 中,使用 DropDownList 控件实现搜索条件的下拉框功能。可以从工具箱中直接拖曳产生,如图 5-74 所示。

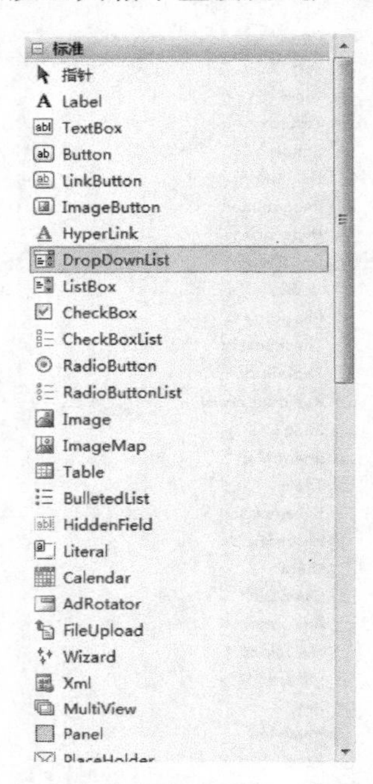

图 5-74 DropDownList 控件

在产生的下拉列表框控件中添加选项内容即可,页面效果如图 5-75 所示。

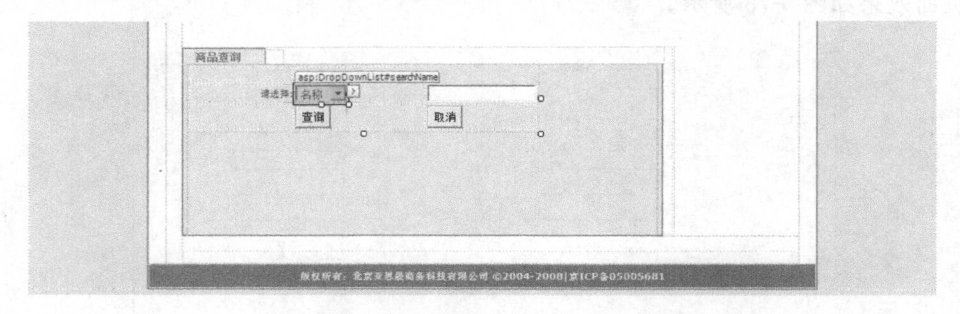

图 5-75 下拉列表框控件中添加选项内容

控件对应代码如下:

```
<asp:DropDownList ID="searchName" runat="server"
onselectedindexchanged="searchName_SelectedIndexChanged">
                    <asp:ListItem Text="名称"
                    Value="productname" Selected="True" />
                    <asp:ListItem Text="类别" Value="category" />
                  </asp:DropDownList>
```

5.3.5 特别提示

ASP. NET 中常用的控件能够极大地提高开发人员的效率。对于开发人员而言，能够直接拖动控件来完成用户界面开发的目的。在 ASP. NET 控件中，不仅仅包括基本的服务器控件，还包括高级的数据源控件和数据绑定控件用于数据操作，将在第 6 章详细展开。

5.3.6 拓展与提高

在我们的项目中如何使用文件上传控件？

本章总结

本章讲解了 ASP. NET 中常用的控件，这些控件能够极大地提高开发人员的效率。对于开发人员而言，能够直接拖动控件来完成应用的目的。这些控件为 ASP. NET 应用程序的开发提供了极大的遍历。在 ASP. NET 控件中，不仅仅包括这些基本的服务器控件，还包括高级的数据源控件和数据绑定控件用于数据操作。但是在了解 ASP. NET 高级控件之前，需要熟练地掌握基本控件的使用。

习题

一、填空题

1. Web 服务器控件位于以________命名的空间中。

2. Web 服务器控件的基本属性是指________。

3. AdRotator 控件是一个广告控件，此控件使用________文件存储广告信息。

4. Button 控件用来在 Web 页面上创建一个按钮。按钮既可能是提交按钮，又可能是一个命令按钮，默认情况下是________按钮。这两种按钮的主要区别在于提交按钮不支持________和________两个属性。

5. 在浏览器中用来显示日历的 Web 服务器控件是________控件。

6. 在 HtmlImage 控件中用来设置图片 URL 路径的属性是________，在 Image Web 服务器控件中用于设置图片 URL 路径的属性是________。

7. 在 Web 服务器控件中，可以作为容器的服务器控件包括________和________。

8. 在 Web 服务器控件中，AutoPostBack 属性的功能是________。

9. 确定 CheckBoxList 控件中被选定复选框的方法是________。

10. 验证控件包括________控件、________控件、________控件、________控件、________控件和________控件。

11. 验证控件的 Display 属性可以取值为________、________和________。

二、选择题

1. 在 Button 控件中，用于停止验证控件验证的属性是（　　）。

A. Validation 属性　　B. Causes 属性

C. CausesValidation 属性　　D. ControlToValidation 属性

2. Calendar 控件中的 SelectionMode 属性不包括以下（　　）的值。

A. None　　B. Day　　C. Week　　D. DayWeek

3. TextBox 控件中用于显示标准密码框的属性是（　　）。

A. TextMode　　B. Password　　C. Type　　D. Mode

4. 在以下验证控件中，不需要指定 ControlToValidation 属性的验证控件是（　　）。

A. CompareValidator 控件　　B. RangeValidator 控件

C. CustomValidator 控件　　D. ValidationSummary 控件

5. 在验证控件中，ErrorMessage 属性、Text 属性均设置有文本信息，当验证失败时，验证控件显示的错误信息提示是（　　）中设置的文本信息。

A. ErrorMessage 属性　　B. Text 属性

C. 不显示　　D. 不能确定

6. 下面选项中不能够通过正则表达式“\w+\d”验证的是（　　）。

A. aabb　　B. 1122　　C. aa11　　D. 11a2

7. 有关 RequiredFieldValidator 控件的 InitialValue 属性，以下说法错误的是（　　）。

A. 设置关联输入控件的初始值

B. 获取关联输入控件的初始值

C. 当关联的输入控件在失去焦点时的值与此 InitialValue 匹配，验证失败

D. 当关联的输入控件在失去焦点时的值与此 InitialValue 匹配，验证成功

三、简答题

1. 简述常用的验证控件。

2. 简述常用的导航控件。

四、编程题

新建一个用户控件，完成新用户注册信息的录入，注册信息包括用户 ID、密码、密码确认、姓名、性别、国家、城市、地址、邮政编码、电话号码和电子邮件等。注册成功时显示欢迎消息，并显示用户注册的内容。要注册成功，用户必须提供用户 ID 和密码。

第6章 数据控件和数据绑定技术

学习目的与要求

第5章讲解了ASP.NET中常用的基本控件，ASP.NET不仅提供了常用的基本控件如标签控件、文本框控件等，还提供了可以改善数据访问的新工具。本章主要介绍ASP.NET的数据控件和数据绑定技术。通过本章的学习将能够：

- 掌握数据源控件的分类，了解各种数据源控件的功能和作用。
- 掌握数据源控件的创建和使用，重点理解SqlDataSource控件的配置和使用方法。
- 理解重复列表控件(Repeater)的功能和使用方法。
- 了解数据列表控件的功能，掌握DataList控件和GridView控件的使用。
- 掌握数据绑定控件如FormView、DetailsView和ListView等控件的配置，并使用数据绑定控件对数据进行更新、删除等操作。
- 理解数据源控件和数据绑定控件之间的关系，学会两者结合使用的方法。

本章主要内容

- 数据源控件：包括SqlDataSource等常用的数据源控件，并一步步地介绍数据源控件的配置。
- 重复列表控件：讲解Repeater控件的使用。
- 数据列表控件：包括DataList控件和GridView控件的使用。
- 数据绑定控件：讲解常用的数据绑定控件，如FormView和DetailsView等。

6.1 数据源控件

数据源控件代表与一个关系型数据存储(诸如SQL Server、Oracle或任何一个可以通过OLE DB或ODBC桥梁访问的数据源)的连接。数据源控件可以用来从它们各自类型的数据源中检索数据,并且可以绑定到各种数据绑定控件。数据源控件减少了为检索和绑定数据甚至对数据进行排序、分页或编辑而需要编写的自定义代码的数量。

ASP.NET 3.5中6个内置的数据源控件分别用于特定类型的数据访问。表6-1描述了ASP.NET中的每个数据源控件。

表6-1 ASP.NET中的数据源控件功能说明

控件名	说明
SqlDataSource	允许访问支持ADO.NET数据提供程序的所有数据源。该控件默认可以访问ODBC、OLE DB、SQL Server、Oracle和SQL Server CE提供的程序
AccessDataSource	可以对Access数据库执行特定的访问
ObjectDataSource	可以对业务对象或其他返回数据的类执行特定的数据访问
LinqDataSource	可以使用LINQ查询访问不同类型的数据对象
XmlDataSource	可以对XML文档执行特定的数据访问,包括物理访问和内存访问
SiteMapDataSource	可以对站点地图提供程序存储的Web站点的站点地图数据进行特定访问

所有的数据源控件都派生于DataSourceControl类或HierachicalDataSourceControl类,这两个类都派生于Control类并实现了IDataSource和IListSource接口。也就是说,虽然每个控件都要使用特定的数据源,但所有的数据源控件共享一组基本的核心功能。这也说明,很容易根据特定数据源的结构创建定制的数据源控件。

6.1.1 SqlDataSource控件

如果数据存储在SQL Server、SQL Server Express、Oracle Server、ODBC数据源、OLE DB数据源或Windows SQL CE数据库中,就应使用SqlDataSource数据源控件。该控件提供了一个易于使用的向导,引导用户完成整个配置过程。也可以通过直接在"源"视图中修改控件属性,手动修改控件。

1. 建立SqlDataSource控件

在Visual Studio Web站点项目中打开一个ASP.NET Web页面,如Default.aspx。Visual Studio工具箱分为多个标签,在Data标签中可以找到所有与数据相关的控件。把SqlDataSource控件从工具箱中拖放到窗体上,或者双击该控件,在"源"视图中会生成该控件的HTML代码。

```
<asp:SqlDataSource ID="SqlDataSource1" runat="server"></asp:SqlDataSource>
```

切换到"设计"视图模式下,在SqlDataSource数据源控件中选择"智能标记"→"配置数据源"命令,即可启动"配置数据源"向导,如图6-1所示。

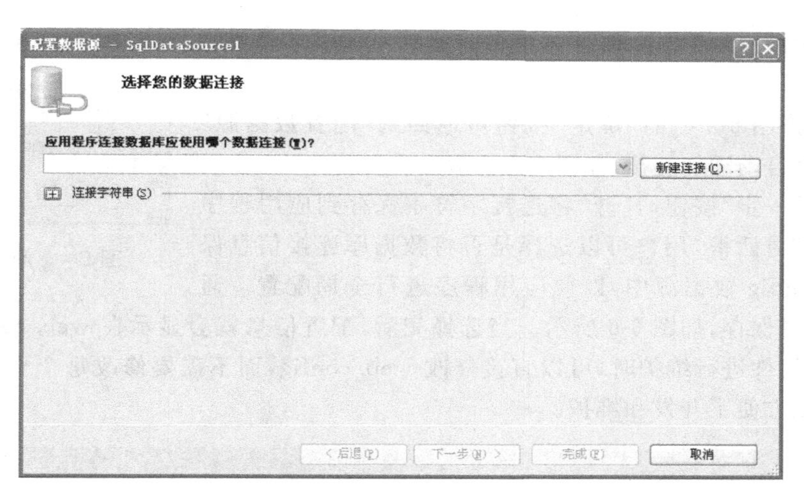

图 6-1 配置 SqlDataSource 控件

打开向导后，开发人员可以从下拉列表中选择一个已经存在的数据库连接，也可以创建一个新的连接。

如果没有连接，单击“新建连接”按钮选择或创建一个数据源。单击后，系统会弹出“选择数据源”对话框，如图 6-2 所示。

“数据提供程序”列表是由 machine.config 文件的 DbProviderFactory 节点中所包含的数据生成的。如果还有新的提供程序要在向导中显示，可以修改该文件，使其包含该提供程序的信息。

选择好数据源和提供程序以后，单击图 6-2 中的“继续”按钮，打开“添加连接”对话框，该对话框允许用户为新创建的数据库连接设置所有属性。为新数据库连接设置相关的属性信息后如图 6-3 所示。

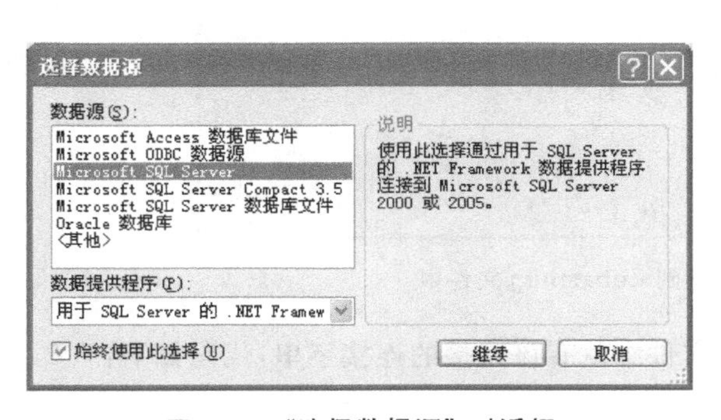

图 6-2 “选择数据源”对话框

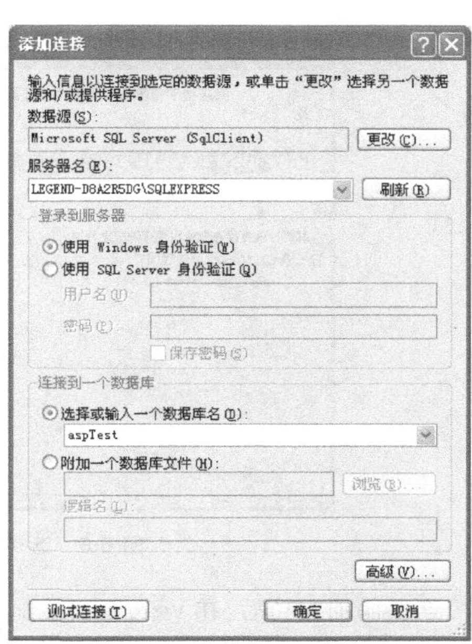

图 6-3 “添加连接”对话框

单击“测试连接”按钮，验证连接信息是否正确。若测试连接成功，可弹出图6-4所示对话框。

图6-4　测试连接

然后单击图6-3中的“确定”按钮可返回到“配置数据源”向导，系统会自动添加连接，如图6-5所示。

单击“下一步”按钮，打开“将连接字符串保存到应用程序配置文件中”对话框，用户可以选择是否将数据库连接信息保存在web.config数据源中，以便应用程序进行全局配置。通常情况下选择保存，如图6-6所示。当选择完后，配置信息就会显示在web.config中。当需要对用户控件进行维护时，可以直接修改web.config，而不需要修改每个页面的数据源控件，这样就方便了开发和维护。

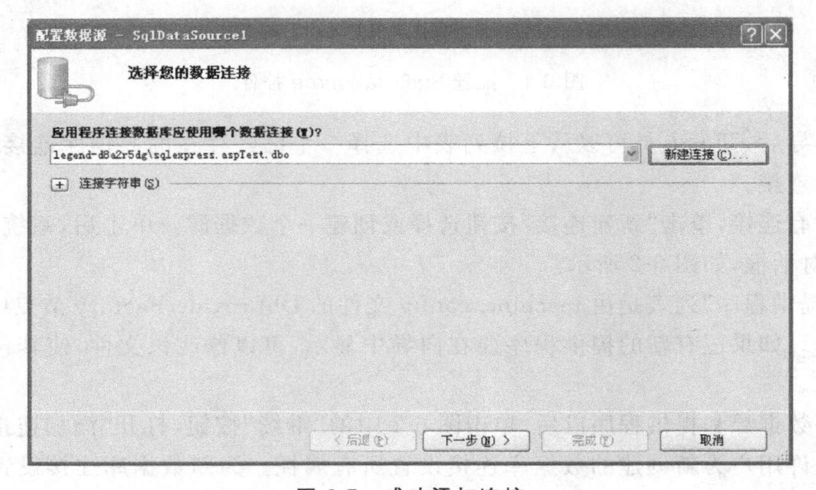

图6-5　成功添加连接

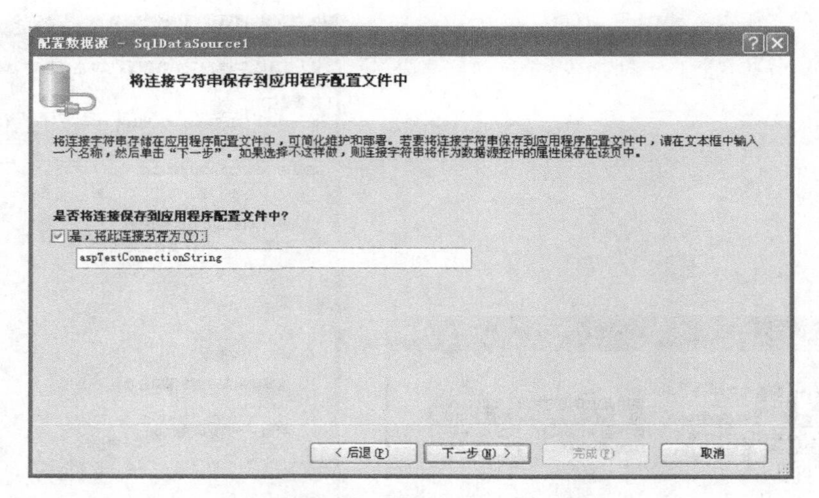

图6-6　选择保存到web.config文件中

连接添加成功后，在web.config配置文件中就有该连接的连接字符串，代码如下：

```
<connectionStrings>
```

```
    <add name="aspTestConnectionString" connectionString="Data
        Source=LEGEND-D8A2R5DG\SQLEXPRESS;Initial
        Catalog=aspTest;Integrated Security=True"
        providerName="System.Data.SqlClient" />
</connectionStrings>
```

单击“下一步”按钮，打开“配置 Select 语句”对话框，该对话框可以配置数据源控件，用于从数据库中检索数据的 SELECT 语句。

若开发人员希望从指定的数据库中的所有可用表和视图中指定包含连接信息，可以选择“指定来自表或视图的列”单选按钮。接着可以从下拉列表中选择要包含在查询中的列，可以使用星号（*）选择所有的列，也可以选中每个列名旁边的复选框来选择某些列，如图 6-7 所示。

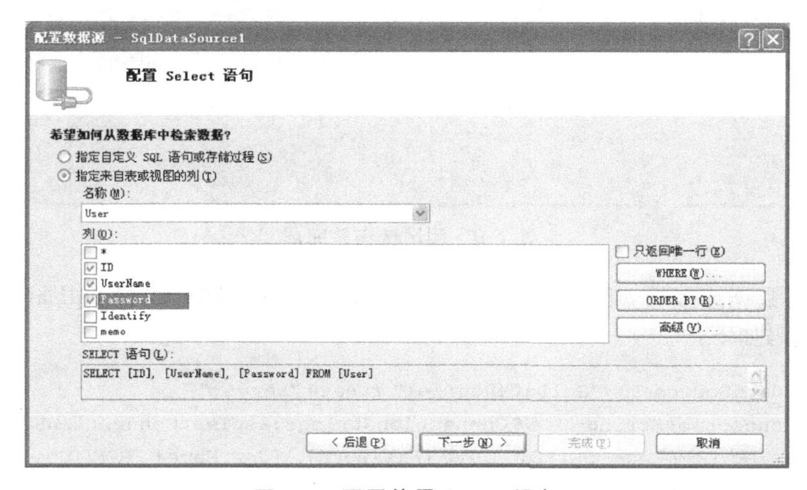

图 6-7 配置使用 Select 语句

单击 WHERE 或 ORDER BY 按钮，还可以为查询指定用于过滤的 WHERE 子句和用于为查询结果排序的 ORDER BY 子句。单击 WHERE 按钮可添加 WHERE 子句，SQL 语句中的值可以选择默认值、控件、Cookie 或者是 Session 等，如图 6-8 所示。目前不需要输入额外的 WHERE 或 ORDER BY 设置。

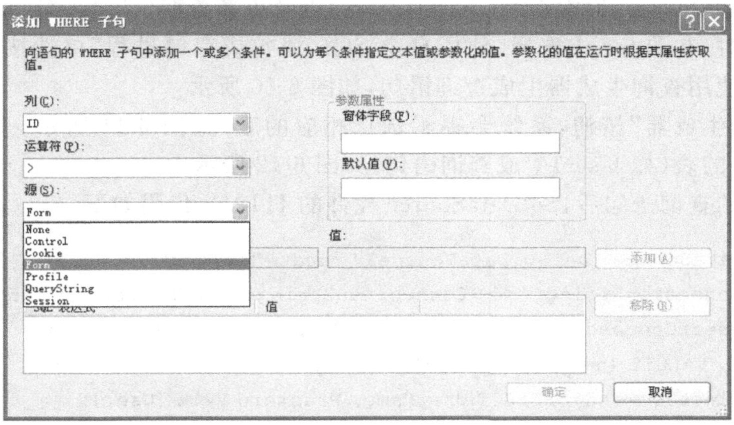

图 6-8 添加 WHERE 子句

如果开发人员希望手动编写 Select 语句或其他语句，可以选择图 6-7 中的“指定自定义 SQL 语句或存储过程”单选按钮进行自定义配置。

单击“下一步”按钮，打开“测试查询”对话框，单击“测试查询”按钮就可以进行测试。若测试后显示的结果如预期一样，则可单击“完成”按钮结束该向导，如图 6-9 所示。

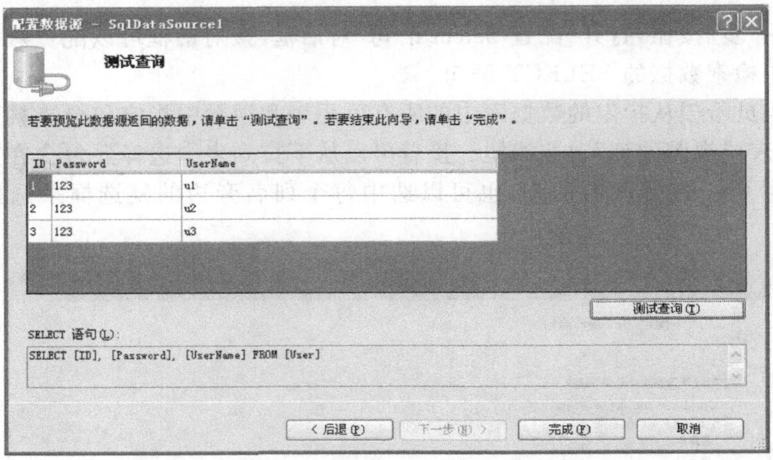

图 6-9 测试查询并完成

在配置完数据连接后，切换到 Visual Studio 的“源”视图中，查看 SqlDataSource 控件的 HTML 代码如下：

```
<asp:SqlDataSource ID="SqlDataSource1" runat="server"
        ConnectionString="<%$ConnectionStrings:aspTestConnectionString %>"
        SelectCommand="SELECT [ID], [Password], [UserName] FROM [User]">
</asp:SqlDataSource>
```

可以看出，该控件使用声明性语法，通过创建 ConnectionString 属性配置它使用的连接，并通过创建 SelectCommand 属性指定要执行的查询。

2. 配置 SqlDataSource 控件属性

SqlDataSource 控件还包括一些可视化属性，这些属性包括删除查询(DeleteQuery)、插入查询(InsertQuery)、检索查询(SelectQuery)以及更新查询(UpdateQuery)。当需要使用可视化属性时，在图 6-7 中选择“使用自定 SQL 语句或存储过程”单选按钮，单击“下一步”按钮，可以使用查询生成器生成查询语句，如图 6-10 所示。

单击“查询生成器”按钮，系统会提示选择相应的表，如图 6-11 所示。单击“添加”按钮，可通过相应的表(如 User)生成查询语句，如图 6-12 所示。

配置相应的查询语句后，SqlDataSource 控件的 HTML 代码如下：

```
<asp:SqlDataSource ID="SqlDataSource1" runat="server"
        ConnectionString="<%$ConnectionStrings:aspTestConnectionString %>"
        InsertCommand="INSERT INTO [User] (ID, UserName, Password)
           VALUES (newId,'newName','newPass')"
        SelectCommand="SELECT UserName, Password FROM [User]"  >
</asp:SqlDataSource>
```

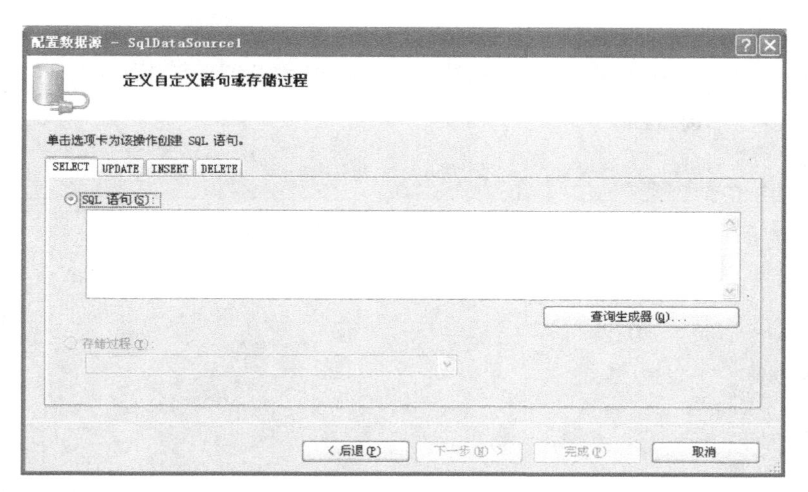

图 6-10 自定义语句或存储过程

图 6-11 选择相应的表

图 6-12 使用查询生成器

上述代码自动增加了一个 InsertCommand 并指定了 Insert 语句。开发人员可以为 SqlDataSource 控件指定 4 个命令参数：SelectCommand、UpdateCommand、DelectCommad 和 InsertCommand。每个都是数据源控件的单一属性，开发人员可以配置相应的语句指定 Select、Update、Delete 以及 Insert 方法。

SqlDataSource 控件同时能够使用缓存来降低页面与数据库之间的连接频率，这样可以避免开销很大的查询操作，以及建立连接和关闭连接操作。只要数据库是相对稳定不变的，则可以使用 SqlDataSource 控件的缓存属性(EnableCaching)进行缓存。在默认情况下，缓存属性(EnableCaching)是关闭的，需要开发人员自行设置缓存属性。

6.1.2 AccessDataSource 控件

虽然可以使用 SqlDataSource 连接到 Access 数据库，但 ASP.NET 还是提供了一个特殊的 AccessDataSource 控件。该控件通过使用 Jet Data 提供程序提供了一种访问 Access 数据库的特殊方式，但是由于派生自 SqlDataSource，该控件仍然使用 SQL 命令来执行数据检索操作。AccessDataSource 控件同配置 SqlDataSource 控件基本相同，如图 6-13

所示。

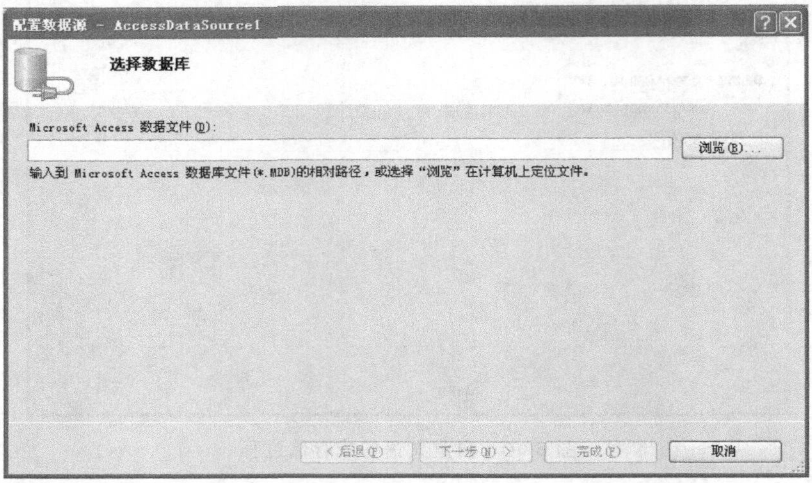

图 6-13　选择数据库

与 SqlDataSource 不同的是,SqlDataSource 主要采用的是 ConnectionString 属性连接数据库,而 Access 则采用 DataFile 属性允许直接以文件地址的方式进行连接。要连接 Access 数据库,则必须选择 Access 数据库文件,如图 6-14 所示。

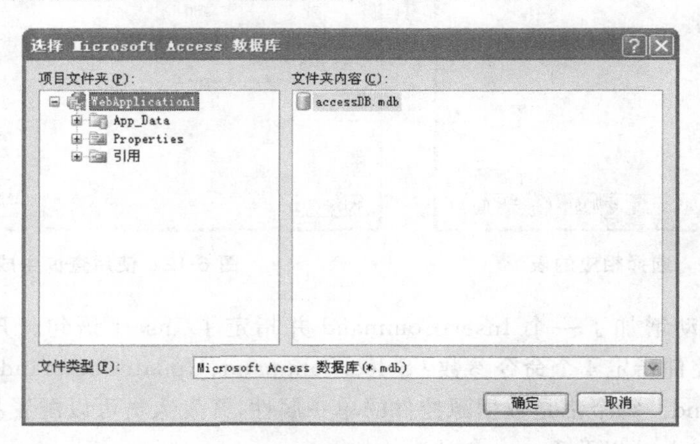

图 6-14　选择 Access 文件

在选择了 Access 数据库文件后,单击"确定"按钮,系统就会为开发人员配置连接字串,在核对无误后,单击"下一步"按钮进入 Select 语句的配置。同 SqlDataSource 控件一样,能够配置 Select 语句或自定义存储过程。

其他步骤与 SqlDataSource 相同,当创建完成后,AccessDataSource 控件的 HTML 代码如下:

```
<asp:AccessDataSource ID="AccessDataSource1" runat="server"
    DataFile="~/accessDB.mdb"
    SelectCommand="SELECT [Id], [tName] FROM [title]">
</asp:AccessDataSource>
```

当需要使用 Access 数据库时，推荐将 Access 数据库文件保存在 App_Data 文件夹中，以保证数据库文件是私有的，因为 ASP.NET 不允许直接请求 App_Data 文件夹。

注意：AccessDataSource 不能连接到具有密码保护的数据库。如果需要访问只有输入密码才能访问的数据库，可以使用 SqlDataSource 控件。

另外，因为 AccessDataSource 使用 System.Data.OleDb 来执行实际的数据访问操作，所以参数的顺序也很重要。需要核实任何 SELECT、INSERT、UPDATE、DELETE 参数集合中的参数顺序是否与 SQL 语句中的参数顺序相匹配。

6.1.3 ObjectDataSource 控件

ObjectDataSource 控件可以把数据控件直接绑定到中间层业务对象上，这些业务对象可以采用硬编码方式，也可以自动从程序(如 Object Relational(O/R)映射程序)中生成，为三层结构提供支持。在不使用扩展代码的情况下，ObjectDataSource 使用中间层业务对象以声明方式对数据执行选择、插入、更新、删除、分页、排序、缓存和筛选操作。

ObjectDataSource 控件对象模型类似于 SqlDataSource 控件。ObjectDataSource 公开一个 TypeName 属性，该属性指定要实例化来执行数据操作的对象类型(类名)。类似于 SqlDataSource 的命令属性，ObjectDataSource 控件支持诸如 SelectMethod、UpdateMethod、InsertMethod 和 DeleteMethod 的属性，用于指定要调用来执行这些数据操作的关联类型的方法。

首先需要创建一个类库。在一个 ASP.NET 网站中，执行“文件”→“新建”→“项目”命令，在“新建项目”对话框中依次选择“Visual C#”和“类库”选项，接着输入类库名称、选择位置和解决方案，这里“解决方案”选择“添入解决方案”，其他默认即可，单击“确定”按钮后“解决方案资源管理器”对话框如图 6-15 所示。编辑类库文件 Class1.cs 后，其示例代码如下：

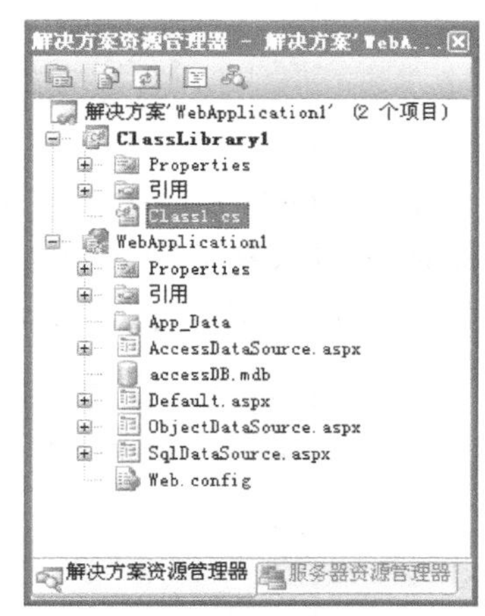

图 6-15 添加类库

```
using System;
using System.Collections.Generic;
using System.Linq;
using System.Text;
namespace ClassLibrary1
{
      public class Class1
      {
          public string username;                          //创建公有变量 username
          public string GetUserName()                      //创建方法
          {
            username="user1";                              //变量赋值
            return username;                               //返回 username
          }
          public void InsertUserName()                     //创建方法
          {
```

```
            username="insertUser";                    //变量赋值
        }
    }
}
```

选中类库的根目录,执行"生成"命令将类库编译成 dll 文件。

然后在 ASP. NET 网站中添加类库的引用。选中该网站执行"添加引用"命令,如果是同在一个解决方案下,则只要选择"项目"选项卡即可,如图 6-16 所示。而如果不在同一解决方案,则需要选择"浏览"选项卡浏览相应的 DLL 文件。

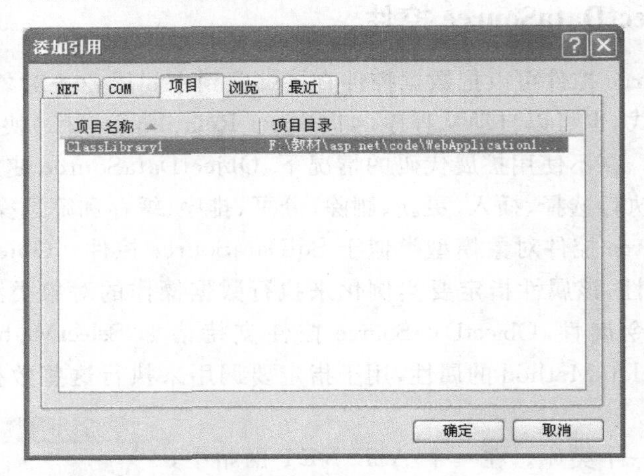

图 6-16　添加引用

接着将 ObjectDataSource 控件拖放到网页(如 Default. aspx)的设计界面上。利用该控件的"智能标记"打开配置向导,如图 6-17 所示,从下拉列表中选择要用作数据源的业务对象。下拉列表显示了 Web 站点的 Bin 或 App_Code 文件夹中可以成功编译的所有类。

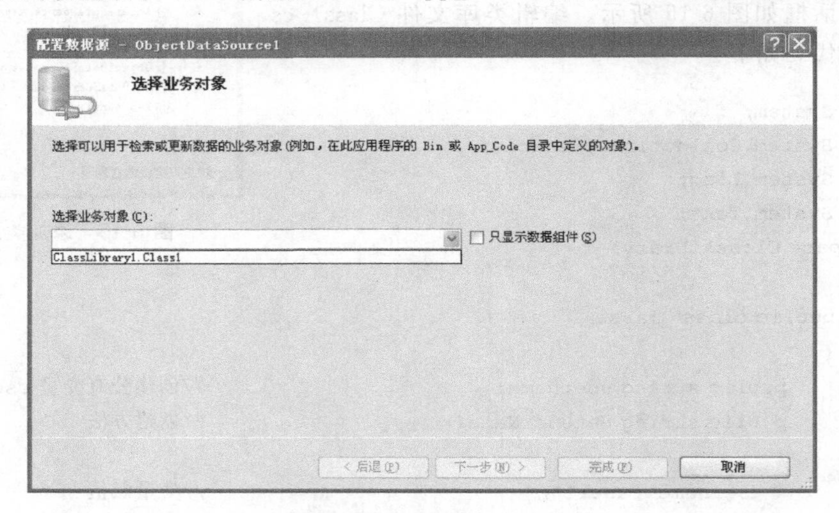

图 6-17　选择业务对象

选择 ClassLibrary1. Class1 对象后,单击"下一步"按钮,打开"定义数据方法"对话框。向导要求指定用于 CRUD 操作的方法:SELECT、INSERT、UPDATE 和 DELETE 操作。

每个选项卡都可以用于选择业务类中执行特定操作的方法。在图 6-18 中，控件使用 SELECT 方法检索数据。

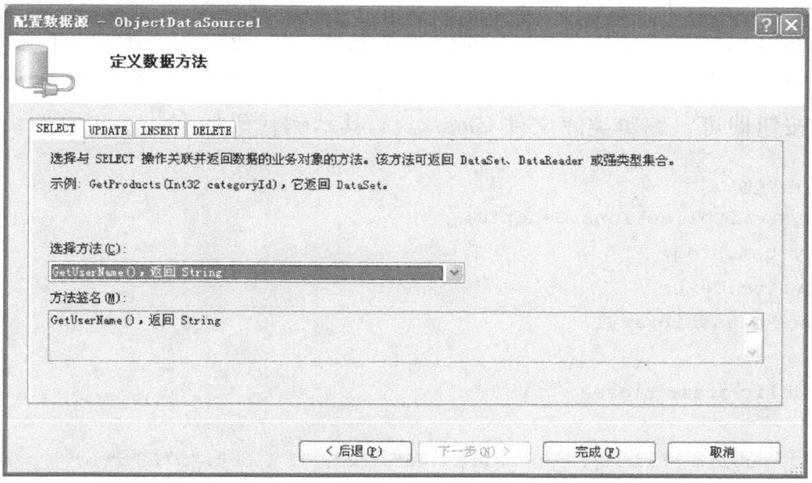

图 6-18 定义数据方法

单击“完成”按钮后，ObjectDataSource 控件的 HTML 代码如下：

```
<asp:ObjectDataSource ID="ObjectDataSource1" runat="server"
        SelectMethod="GetUserName" TypeName="ClassLibrary1.Class1" >
</asp:ObjectDataSource>
```

ObjectDataSource 控件用于执行 CRUD 操作的方法必须遵循一些规则，这样控件才能理解。例如，控件的 SELECT 方法必须返回一个 DataSet、DataReader 或强类型化的集合。控件的每个操作选项卡都说明了控件希望指定的方法用于执行什么操作。另外，如果方法不遵循特定操作要求的规则，就不会显示在该选项卡的下拉列表中。

最后，将诸如 GridView 和 DropDownList 控件拖放到网页(如 Default. aspx)的设计界面上，并将其数据源设置为 ObjectDataSource 控件，这样就将用户界面控件绑定到一个中间层组件。另外，ObjectDataSource 控件在运行时可以接受参数，并在参数集合中对参数进行管理。每一项数据操作都有一个相关的参数集合。

对于选择操作，可以使用 SelectParameters 集合。对于更新操作，可以使用 UpdateParameters 集合。而给予 InsertParameters、UpdateParameters、DeleteParameters 集合，需要分别确定相应操作所需调用的方法。

6.1.4 LinqDataSource 控件

语言集成查询(LINQ)是一种查询语法，它可定义一组查询运算符，以便在任何基于 .NET 的编程语言中以一种声明性的方式来表示遍历、筛选和投影操作。数据对象可以是内存中的数据集合，或者是表示数据库中数据的对象。无需为每个操作编写 SQL 命令即可检索或修改数据。

如同 SqlDataSource 控件能够将自己的属性设置转化为 SQL 查询语句，从而为 SQL 数据库生成查询一样，LinqDataSource 控件的工作方式也是把在控件上设置的属性转换为

LINQ查询，从而为应用程序中的目标数据对象生成查询。

LinqDataSource控件使用LINQ to SQL自动生成数据命令。LINQ数据源可以是LINQ数据库或数组等以集合形式表现的数据库，在这里使用数组作为数据源。

首先需要在类库ClassLibrary1中创建一个新类Class2。选中类库ClassLibrary1，执行“添加”→“新建项”命令，依次选择“Visual C# 项”和“类”选项，输入类名如Class2.cs，单击“添加”按钮即可。编辑类库文件Class2.cs，其示例代码如下：

```
using System;
using System.Collections.Generic;
using System.Linq;
using System.Text;
namespace ClassLibrary1
{
      public class Class2
      {
          public string[] test_arr={ "1", "2", "3", "4","5", "6" };        //创建数组
      }
}
```

还需将Class2.cs编辑并生成对应的DLL文件。选中类库的根目录，执行“生成”命令将类库编译成DLL文件。

然后，在ASP.NET网站中把LinqDataSource控件拖放到网页(如Default.aspx)的设计界面上，单击“配置数据源”按钮可以进行LINQ数据源控件的数据源配置，如图6-19所示。

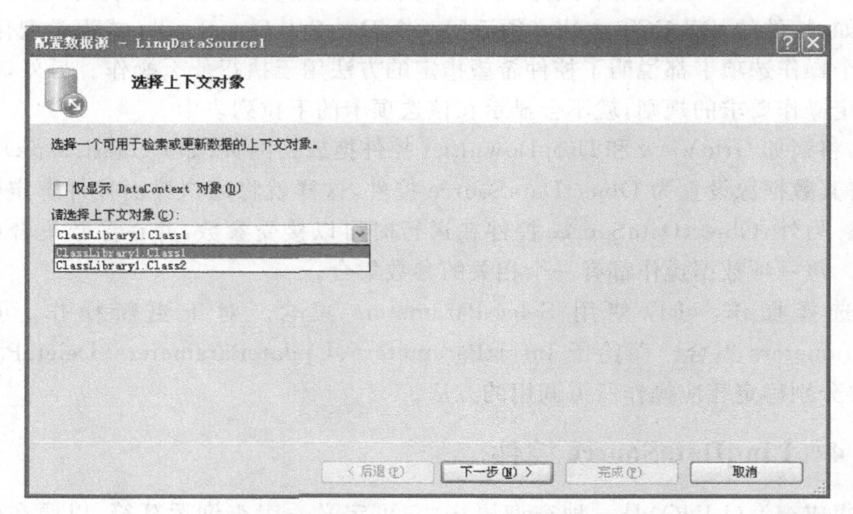

图6-19 选择上下文对象

接着，需要选择要用作数据源的上下文对象。上下文对象是包含要查询的数据的基对象。在默认情况下，向导仅显示派生自System.Data.Linq.DataContext基类的对象，该基类一般是由LINQ to SQL创建的数据上下文类。向导允许用户查看应用程序中的所有对象(包括在项目中引用的对象)，并允许选择其中一个作为上下文对象。

当选择 ClassLibrary1. Class2 上下文对象后，单击“下一步”按钮，打开“配置数据选择”对话框，如图 6-20 所示。LINQ 数据源控件同样支持 Group 和 Where 关键字。

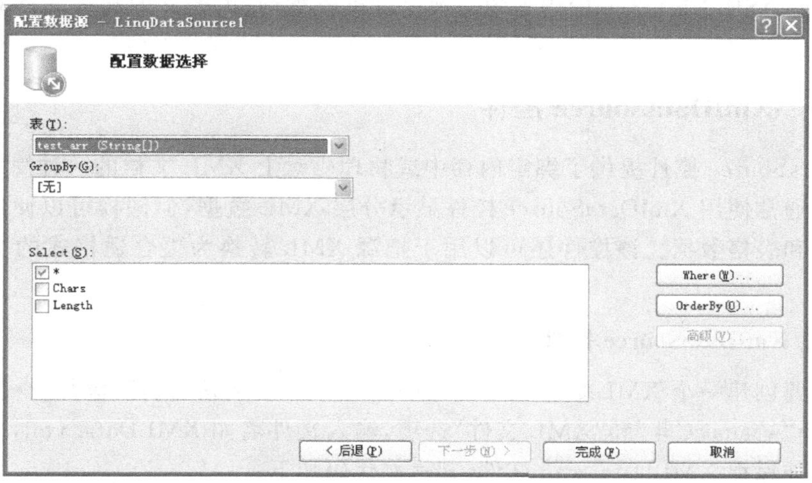

图 6-20 配置数据选择

选择了数据后，就可以单击“完成”按钮，完成配置。最后修改 LinqDataSource 控件的相关属性。LINQ 数据源控件的 HTML 代码如下：

```
<asp:LinqDataSource ID="LinqDataSource1" runat="server"
        ContextTypeName="ClassLibrary1.Class2"
        TableName="test_arr"
        Select="new (Chars, Length)"
        EnableInsert="True" EnableUpdate="True" EnableDelete="True"
        EntityTypeName="">
</asp:LinqDataSource>
```

该配置向导把 LINQ to SQL 创建的 ClassLibrary1. Class2 对象用作其上下文对象，并将其中的 test_arr 表作为其数据。LinqDataSource 控件要返回特定字段，向导就会在它生成的 LINQ 查询中添加 Select 属性，其中将该控件修改为只返回 Length、Chars 字段。

另外，该控件生成的标记中包含三个属性：EnableInsert、EnableUpdate 和 EnableDelete。利用这些属性可以配置控件，执行插入、更新和删除操作(假设底层的数据源支持这些操作)。因为数据源控件知道它连接到 LINQ to SQL 数据上下文对象上，而该对象默认支持这些操作，所以数据源控件自动支持这些操作。

当完成 LINQ 数据源控件(LinqDataSource)的配置后，就可以通过控件绑定 LINQ 数据源控件来获取 LINQ 数据库中的信息。LinqDataSource 控件按以下顺序应用数据操作：

(1) Where：指定要返回的数据记录。

(2) Order By：排序。

(3) Group By：聚合共享值的数据记录。

(4) Order Groups By：对分组数据进行排序。

(5) Select：指定要返回的字段或属性。

(6) Auto-sort：按用户选定的属性对数据记录进行排序。

(7) Auto-page：检索用户选定的数据记录的子集。

LINQ是ASP. NET 3.5中增加的一种语言集成查询，该控件的高级属性和方法可参考其他资料。

6.1.5 XmlDataSource控件

XmlDataSource控件提供了绑定内存中或物理磁盘上XML文档的一种简单方式。在只读方案下通常使用XmlDataSource控件显示分层XML数据，但同样可以使用该控件显示分层数据和表格数据。该控件还可以用于把源XML转换为更合适格式的XSLT转换文件。

1. 建立XmlDataSource控件

首先需要创建一个XML数据文件。选中ASP. NET网站，执行"添加"→"新建项"命令，依次选择"Visual C#"和"XML文件"选项，输入文件名如XMLData. xml，单击"添加"按钮。编辑并保存XMLData. xml文件，其示例代码如下：

```
<?xml version="1.0" encoding="utf-8" ?>
<ErrorInfo>
  <ErrorItem>
    <Code>200</Code>
    <Description>成功</Description>
  </ErrorItem>
  <ErrorItem>
    <Code>700</Code>
    <Description>密码有误</Description>
  </ErrorItem>
  <ErrorItem>
    <Code>800</Code>
    <Description>账户无效</Description>
  </ErrorItem>
</ErrorInfo>
```

然后，把XmlDataSource控件拖放到网页(如Default. aspx)的设计界面上，可以使用该控件的"配置数据源"向导来配置控件。与AccessDataScource相同的是，XmlDataSource控件同样使用DataFile属性指定XML文件并加载XML数据，如图6-21所示。

单击"数据文件"文本框右侧的"浏览"按钮选择数据文件，如图6-22所示，数据源为XML文件。

选择数据源XMLData. xml后，单击"确定"按钮并完成数据源的配置即可。配置完成数据源后，XmlDataSource控件的HTML代码如下：

```
<asp:XmlDataSource
        ID="XmlDataSource1" runat="server" DataFile="~/XMLData.xml">
</asp:XmlDataSource>
```

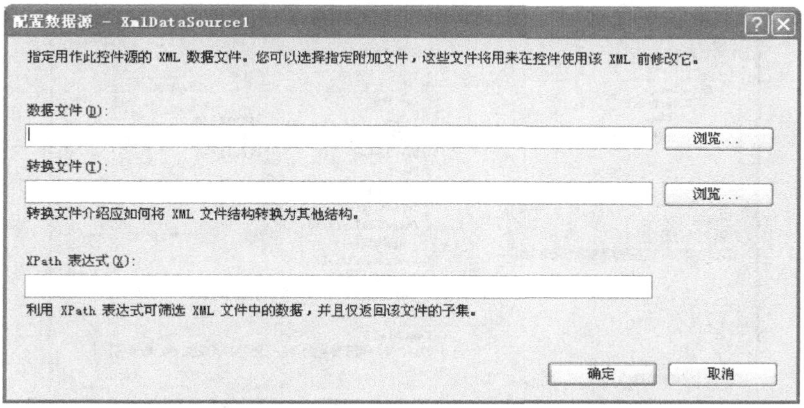

图 6-21 配置数据源

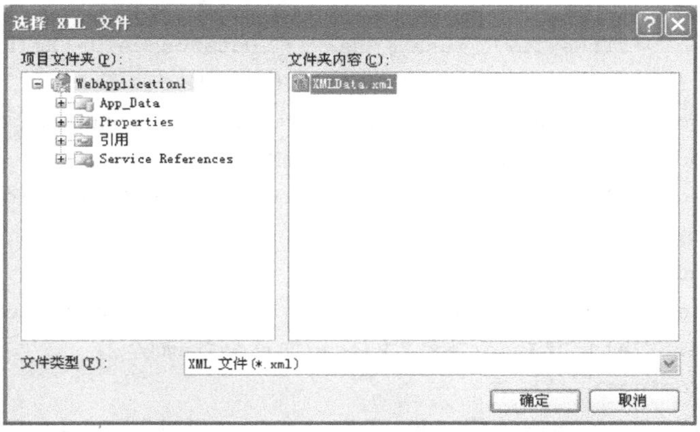

图 6-22 选择 XML 数据源

上述代码指定了 DataFile 属性所属的文件，当配置完成后，XmlDataSource 控件就可以和数据绑定控件结合使用了。

2. XmlDataSource 控件的使用

当配置完成 XmlDataSource 后，就可以和数据绑定控件结合使用。可以通过数据绑定控件来访问。可以使用 TreeView 控件，选择工具箱中的“导航”标签，然后把 TreeView 控件拖放到网页的设计界面上，使用该控件的“选择数据源”选项与 XmlDataSource 控件进行绑定。TreeView 控件的 HTML 代码如下：

```
<asp:TreeView ID="TreeView1" runat="server" DataSourceID="XmlDataSource1">
</asp:TreeView>
```

上述代码只能够显示 XML 数据文件中各个节点的名称，并不能显示各个节点的值，必须为显示的节点做配置。利用控件的“智能标记”选择“编辑 TreeNode 数据绑定”选项，并选择相应的列进行节点配置，如图 6-23 所示。

配置 TextFiled 后，各个节点的值会显示为 XML 数据中标签内的值，而 XmlDataSource 控件的 HTML 代码则会被系统自动替换。示例代码如下：

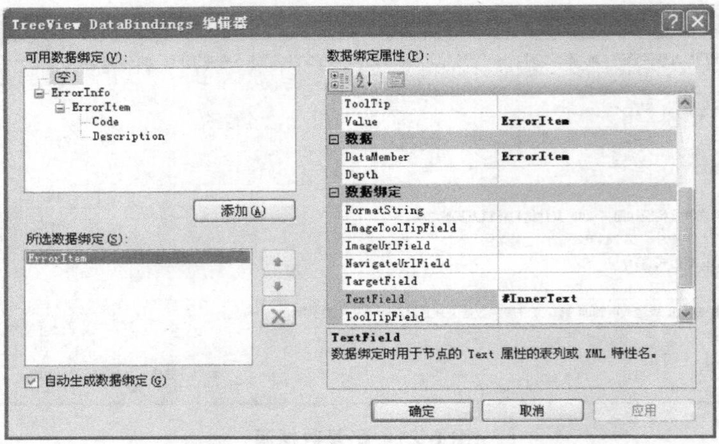

图 6-23　选择列配置 TextFiled

```
<asp:TreeView ID="TreeView1" runat="server" DataSourceID="XmlDataSource1"
            ImageSet="Contacts" NodeIndent="10">
    <ParentNodeStyle Font-Bold="True" ForeColor="#5555DD" />
    <HoverNodeStyle Font-Underline="False" />
    <SelectedNodeStyle Font-Underline="True" HorizontalPadding="0px"
         VerticalPadding="0px" />
    <DataBindings>
    <asp:TreeNodeBinding ataMember="ErrorItem" Text="ErrorItem"
         TextField="#InnerText" Value="ErrorItem"/>
    </DataBindings>
    <NodeStyle Font-Names="Verdana" Font-Size="8pt" ForeColor="Black"
         HorizontalPadding="5px" NodeSpacing="0px" VerticalPadding="0px" />
</asp:TreeView>
```

运行程序后，相应的节点会显示为标签的相应值，如图 6-24 所示。

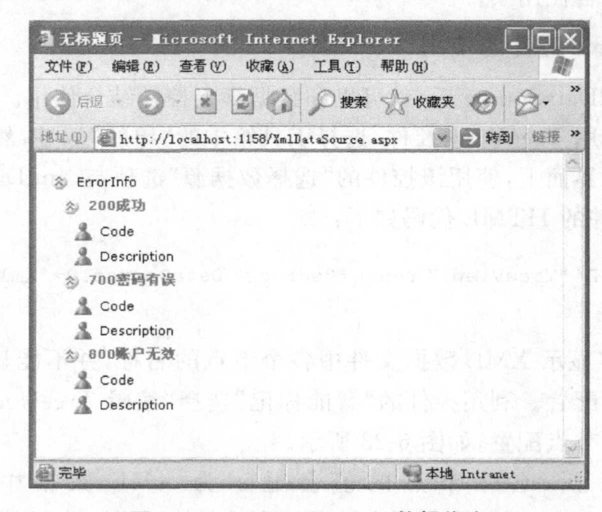

图 6-24　XmlDataSource 数据绑定

XmlDataSource 控件一般用于只读的数据方案。数据绑定控件显示 XML 数据,还可以通过 XmlDataSource 来编辑 XML 数据。但是当 XmlDataSource 控件加载时,必须使用 DataFile 属性加载,而不能从 Data 属性中指定的 XML 的字符串进行加载。

6.1.6 SiteMapDataSource 控件

在 ASP. ENT 2.0 以后的版本,微软公司提供了 SiteMapDataSource 控件可以引导用户在站点的各个页面流畅跳转,从而使导航菜单的创建、自定义和维护变得更加简单。

SiteMapDataSource 控件可以处理存储在 Web 站点的 SiteMap 配置文件中的数据,这些数据包括有关网站中页的信息,例如网站页面的标题、说明信息以及 URL 等。如果将导航数据存储在一个地方,则可以方便地在网站的导航菜单添加和删除项。站点地图提供程序中检索导航数据,然后将数据传递给可显示该数据的数据绑定控件,显示导航菜单。

首先创建一个站点地图文件。选中 ASP. NET 网站,执行"添加"→"新建项"命令,依次选择"Visual C#"和"站点地图"选项,输入文件名如 Web. sitemap,单击"添加"按钮。编辑并保存 Web. sitemap 文件,其示例代码如下:

```
<?xml version="1.0" encoding="utf-8" ?>
<siteMap>
  <siteMapNode title="首页" description="首页" url="Default.aspx" >
     <siteMapNode title="教研信息"
            description="教研信息" url="Programclass.aspx?ProgramID=001000000">
      <siteMapNode title="教研活动"
            description="教研活动" url="Programclass.aspx?ProgramID=001001000" />
      <siteMapNode title="信息公告"
            description="信息公告" url="Programclass.aspx?ProgramID=001002000" />
    </siteMapNode>
    <siteMapNode title="教学资源"
            description="教学资源" url="Programclass.aspx?ProgramID=002000000">
     <siteMapNode title="教材分析"
            description="教材分析" url="Programclass.aspx?ProgramID=002001000" />
      <siteMapNode title="教学设计"
            description="教学设计" url="Programclass.aspx?ProgramID=002002000" />
    </siteMapNode>
    <siteMapNode title="教学评价"
            description="教学评价" url="Programclass.aspx?ProgramID=003000000">
      <siteMapNode title="考试试题"
            description="考试试题" url="Programclass.aspx?ProgramID=003001000" />
      <siteMapNode title="综合练习"
            description="综合练习" url="Programclass.aspx?ProgramID=003002000" />
    </siteMapNode>
  </siteMapNode>
</siteMap>
```

上述代码描述了网站的目录结构。在文件中必须有一个根为 siteMapNode 的元素作为 siteMap 元素的子集,并定义以下常用属性:

(1) title：为站点地图节点指定一个标题，该标题将显示为网页的连接文本。

(2) url：为网页指定 URL。支持相对或绝对路径。

(3) description：为站点地图的节点添加描述，当用户鼠标移动到该栏目时会显示描述信息。

(4) startFormCurrentNode：当设置为 true 时，可以从该节点开始检索站点地图结构。

(5) startingNodeOffset：当属性设置为 2 时，可以检索当前地图结构。

然后，把一个 TreeView 控件和一个 SiteMapDataSource 控件拖放到网页 Default. aspx 的设计界面上。SiteMapDataSource 控件无需配置，只需指定 TreeView 数据源为 SiteMapDataSource 控件即可，如图 6-25 所示。

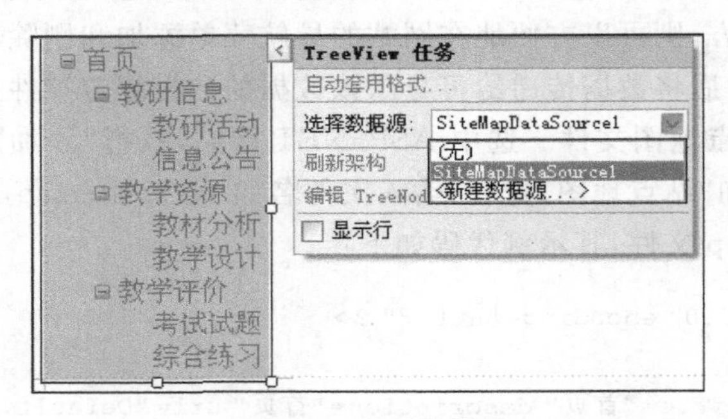

图 6-25　配置数据源

配置完成后，数据绑定控件会自动读取 Web. sitmap 文件并生成导航。当使用了 SiteMapDataSource 控件后，数据绑定控件就能够绑定 SiteMapDataSource 控件并自动读取相应的值并生成导航。当需要对导航进行修改时，只需要修改 Web. sitemap 即可，方便了站点导航功能的使用和维护。运行后如图 6-26 所示。

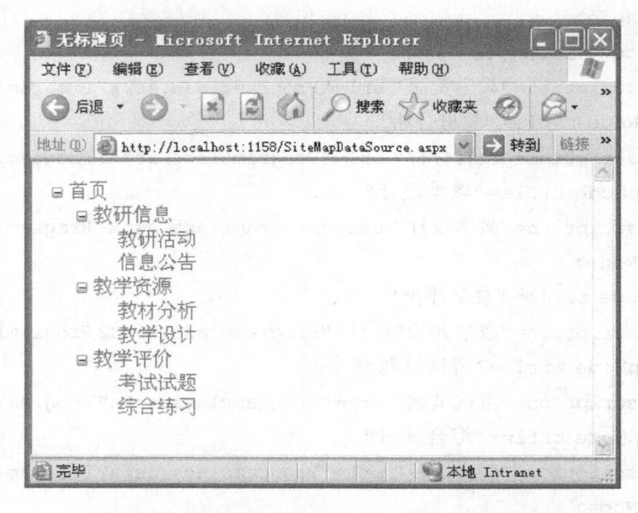

图 6-26　SiteMapDataSource 控件数据显示

关于 SiteMapDataSource 控件有两个地方值得注意。

(1) SiteMapDataSource 控件不支持其他数据源控件都有的任何数据高速缓存选项，因此不能自动地高速缓存站点地图数据。

(2) SiteMapDataSource 控件没有像其他数据源控件那样的配置向导，这是因为该 SiteMap 控件只能绑定到 Web 站点的 SiteMap 配置数据文件上，所以不会有其他配置。

6.2 Repeater 控件

重复列表控件(Repeater)是一个以给定的形式重复显示数据项目的控件。使用重复列表有两个要素：数据的来源和数据的表现形式(即布局)。数据来源的指定由控件的 DataSource 属性决定，并调用方法 DataBind 绑定到控件上。数据布局由给定的模板决定，由于重复列表没有缺省的模板，因此使用重复列表时至少要定义一个最基本的模板 ItemTemplate。

Repeater 控件包括如标题和页脚这样的数据，它可以遍历所有的数据选项并将其应用到模板中。重复列表控件支持 5 种模板，用来显示相应的界面信息。这 5 种模板的功能如表 6-2 所示。

表 6-2 重复列表控件支持的模板

模板类型	说明
ItemTemplate	数据项模板，必需的，它定义了数据项及其表现形式
AlternatingItemTemplate	数据项交替模板，为了使相邻的数据项能够有所区别，可以定义交替模板，它使得相邻的数据项看起来明显不同，缺省情况下，它和 ItemTemplate 模板一致，即相邻数据项无表示区分
SeparatorTemplate	分割符模板，定义数据项之间的分割符
HeaderTemplate	报头定义模板，定义重复列表的表头表现形式
FooterTemplate	表尾定义模板，定义重复列表的列表尾部的表现形式

注意：由于缺乏内置的预定义模板和风格，在使用重复列表时，一定要记住使用 HTML 格式定义自己的模板。

下面介绍一下 Repeater 控件的创建和使用。

首先需要创建一个 SqlDataSource 控件，配置成功后，该控件的 HTML 代码如下：

```
<asp:SqlDataSource ID="SqlDataSource1" runat="server"
        ConnectionString="<%$ConnectionStrings:aspTestConnectionString %>"
        SelectCommand="SELECT ID,UserName FROM [User]"  >
</asp:SqlDataSource>
```

然后，把一个 Repeater 控件拖放到网页(如 Default.aspx)的设计界面上。需指定 Repeater 控件的数据源为 SqlDataSource 控件。方法有两个：通过设置控件的 DataSource 属性绑定数据源和通过设置 DataMember 属性动态绑定控件。

接着，需要在 Repeater 控件中定义 ItemTemplate 模板。该控件的 HTML 代码如下：

```
<asp:Repeater ID="Repeater1" runat="server" DataSourceID="SqlDataSource1">
    <ItemTemplate>
```

```
            <%#Eval("userName")%>
        </ItemTemplate>
    </asp:Repeater>
```

在 Repeater 中间使用 ItemTemplate 制作模板，在 ItemTemplate 模板中可以直接使用 HMTL 制作样式。在数据显示中，使用“<%＃Eval("userName")%>”方式显示 userName 字段的值。<%＃ %>符号之间的语句表示数据绑定表达式，可以直接使用数据源控件中查询出来的字段，即采用“<%＃Eval("字段名称")%>”方式，Eval 是一个静态方法，使用反射计算数据绑定表达式。

显示字段还可以采用“<%＃DataBlinder. Eval(Container. DataItem,"字段名称")%>”方式绑定相关的列。

用户还可以自定义一个 HTML 代码，实现页面的布局。示例代码如下：

```
<asp:Repeater ID="Repeater1" runat="server" DataSourceID="SqlDataSource1">
    <ItemTemplate>
        <div style="border-bottom:1px dashed #ccc; padding:5px 5px 5px 5px;">
            The userName is  <%#Eval("userName")%>.
        </div>
    </ItemTemplate>
</asp:Repeater>
```

上述代码增加了一个 DIV 标签，该标签设置了 CSS 属性 border-bottom:1px dashed ＃ccc; padding:5px 5px 5px 5px;。Repeater 控件能够自动重复该模板。当数据库中的数据完毕后，不再重复。运行结果如图 6-27 所示。

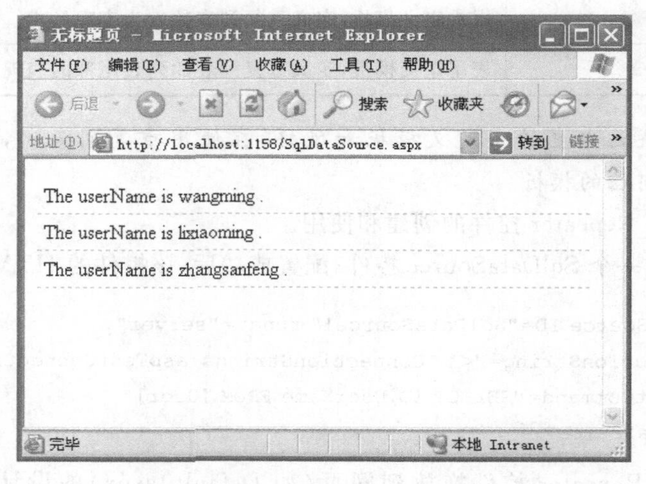

图 6-27 Repeater 控件

Repeater 控件最常用的事件有三个：ItemCommand、ItemCreated 和 ItemDataBound。当创建一个项或者一个项被绑定到数据源时，将分别触发 ItemCreated 和 ItemDataBound 事件。当 Repeater 控件中有按钮事件被触发时（通常是单击），将触发 ItemCommand 事件，用户可以通过 RepeaterCommandEventArgs 参数获取 CommandArgument、CommandName

和 CommandSource 的值，以此确定 Repeater 控件中按钮控件的名称和值。示例代码如下：

```
<asp:Repeater ID="Repeater1" runat="server" DataSourceID="SqlDataSource1" >
    <ItemTemplate>
       <div style="border-bottom:1px dashed #ccc; padding:5px 5px 5px 5px;">
           <%#Eval("userName ")%>
           <asp:Button ID="Button1" runat="server" Text="按钮"
                  CommandArgument='<%#Eval("userName")%>'/>
       </div>
   </ItemTemplate>
</asp:Repeater>
```

上述代码增加了一个按钮控件，并配置按钮控件的命令参数为数据库中的 userName 的值。

最后，在 DataList 控件的“属性”窗口中的“事件”选项卡中找到 ItemCommand 事件，双击 ItemCommand 连接系统会自动生成 ItemCommand 事件相应的方法。当生成了 ItemCommand 事件后，可以在代码段中编写相应的方法。示例代码如下：

```
protected void Repeater1_ItemCommand(object source, RepeaterCommandEventArgs e)
{
    Label1.Text="您现在选择了"+e.CommandArgument.ToString()+"用户"; //显示选择项
}
```

根据上述代码在网页中还需要添加一个 Label 控件，该控件的 HTML 代码如下：

```
<asp:Label id="Label1" font-names="Verdana" ForeColor="Green"
       font-size="10pt" runat="server">
</asp:Label>
```

运行结果如图 6-28 所示。

图 6-28 ItemCommand 事件

Repeater控件需要一定的HTML知识才能显示数据库的相应信息，虽然增加了一定的复杂度，但是却增加了灵活性。Repeater控件能够按照用户的想法显示不同的样式，让数据显示更加丰富。

6.3 数据列表控件

ASP.NET不仅提供了数据源控件，还提供了能够显示数据的控件，简化了数据显示的开发，开发人员只需要简单的修改模板就能够实现数据显示和分页。这些控件能够轻松实现更多在ASP开发中难以实现的效果。

6.3.1 DataList控件

DataList控件类似于Repeater控件，用于显示限制于该控件的项目的重复列表。不过，DataList控件会默认地在数据项目上添加表格。DataList控件可被绑定到数据库表、XML文件或者其他项目列表。

DataList控件支持各种不同模板的样式，通过为DataList指定不同的样式，可以自定义DataList控件的外观。DataList控件的常用属性如表6-3所示。通过修改DataList控件的相应属性，能够实现复杂的HTML样式，而不需要通过编程实现。

表6-3 DataList控件的常用属性

属性名	说明	属性名	说明
AltermatingItemStyle	编写交替行的样式	Item Style	单个项的样式
EditItemStyle	正在编辑的项的样式	SelectedItemStyle	选定项的样式
FooterStyle	列表结尾处的脚注的样式	SeparatorStyle	各项之间分隔符的样式
HeaderStyle	列表头部的标头的样式		

下面介绍一下DataList控件的创建和应用。

首先需要一个配置成功的SqlDataSource控件，已有的或新建的均可。

然后，把一个DataList控件拖放到网页（如Default.aspx）的设计界面上，需指定DataList控件的数据源为SqlDataSource控件。

接着，选中DataList控件，利用“智能标记”选择“自动套用格式”链接，能够套用自定义格式实现更多的效果，如图6-29所示。

还可以利用“智能标记”选择“属性生成器”链接，通过勾选相应的项目来生成属性，这些属性能够极大地方便开发人员制作DataList控件的界面样式，如图6-30所示。

接着为DataList控件添加按钮控件。DataList控件不仅能够支持Repeater控件中的ItemCommand、ItemCreated和ItemDataBound事件，还支持更多的服务器事件。对项中的按钮进行操作，如果按钮的CommandName属性为edit，则该按钮可以引发EditorCommand事件。也可以配置不同的CommandName属性实现不同的操作。编辑DataList控件，并编辑相应的HTML代码，让DataList控件包括按钮，并为按钮配置相应的CommandName属性。示例代码如下：

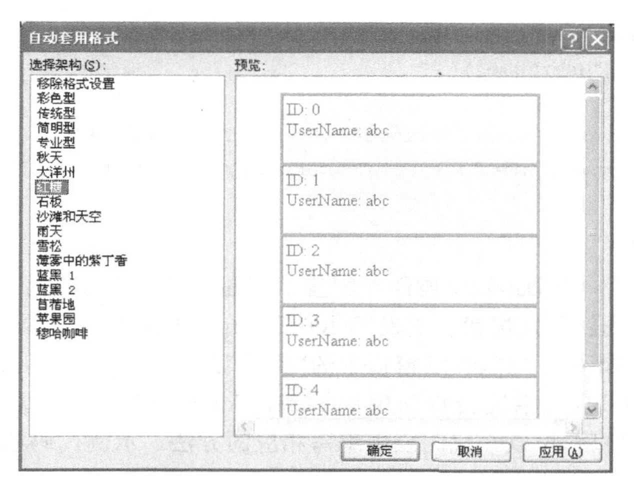

图 6-29 自动套用格式

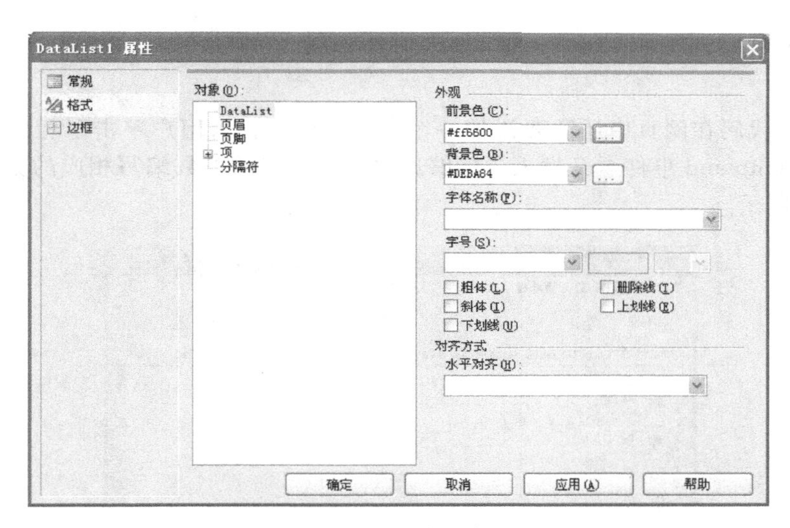

图 6-30 属性生成器

```
<asp:DataList ID="DataList1" runat="server" BackColor="#DEBA84"
        BorderColor="#DEBA84" BorderStyle="None" BorderWidth="1px" CellPadding="3"
        DataSourceID="SqlDataSource1" GridLines="Both" CellSpacing="2"
        Font-Bold="False" Font-Italic="False" Font-Overline="False"
        Font-Strikeout="False" Font-Underline="False" ForeColor="#FF6600">
  <FooterStyle BackColor="#F7DFB5" ForeColor="#8C4510" />
  <ItemStyle BackColor="#FFF7E7" ForeColor="#8C4510" />
  <SelectedItemStyle BackColor="#738A9C" Font-Bold="True" ForeColor="White" />
  <HeaderStyle BackColor="#A55129" Font-Bold="True" ForeColor="White" />
  <ItemTemplate>
    用户编号 ID:
    <asp:Label ID="IDLabel" runat="server" Text='<%#Eval("ID") %>' />
    <br />
    用户名称 UserName:
```

```
        <asp:Label ID="UserNameLabel" runat="server" Text=
        '<%#Eval("UserName")%>' />
        <br />
      <asp:Button ID="Button1" runat="server" Text="删  除"
            CommandName="delete" CommandArgument='<%#Eval("ID") %>'/>
    </ItemTemplate>
</asp:DataList>
```

上述代码创建了一个 DataList 控件并配置了按钮控件。将按钮控件的 CommandName 属性配置为 delete,则触发该按钮会引发 DeleteCommand 事件。

最后,在 DataList 控件的“属性”窗口中的“事件”选项卡中找到 DeleteCommand 事件,双击 DeleteCommand 连接系统会自动生成 DeleteCommand 事件相应的方法。当生成了 DeleteCommand 事件后,可以在代码段中编写相应的方法。示例代码如下:

```
protected void DataList1_DeleteCommand(object source,DataListCommandEventArgs e)
{
    Label1.Text=e.CommandArgument.ToString()+"被执行";
}
```

根据上述代码在网页中还需要添加一个 Label 控件。当用户单击了相应的按钮时会触发 DeleteCommand 事件。开发人员能够通过传递过来的参数编写相应的方法。运行结果如图 6-31 所示。

图 6-31 触发 DeleteCommand 事件

程序运行后,当用户单击相应的按钮时,开发人员可以通过获取传递的 CommandArgument 参数的值来编写相应的方法,从而执行实现不同的应用。

6.3.2 GridView 控件

GridView 是一个功能强大的数据绑定控件,主要用于以表格的形式呈现、编辑关系数据集。对应于关系数据集的结构，GridView 控件以列为单位组织其所呈现的数据。除了普通的文本列外，还提供了多种不同的内置列样式，例如按钮列、图像列、复选框形式的数据列等。可以通过设置 GridView 控件的绑定列属性以不同的样式呈现数据，也可以通过模板列自定义列的显示样式。

1. 建立 GridView 控件

首先需要一个配置成功的 SqlDataSource 控件，已有的或新创建的均可。

然后，把一个 GridView 控件拖放到网页（如 Default. aspx）的设计界面上。指定 GridView 控件的数据源为 SqlDataSource 控件后，可出现图 6-32 所示 GridView 便捷任务面板。

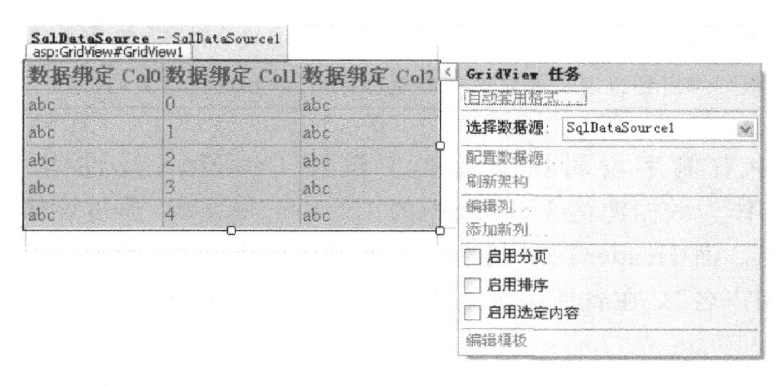

图 6-32　GridView 便捷任务面板

图 6-32 中的“自动套用格式”选项可以为 GridView 控件应用一些内置的表格呈现样式。GridView 以表格为表现形式，包括行和列。通过“编辑列”选项配置相应的属性能够编辑相应列的样式。“编辑模板”选项用于编辑模板列中显示项的样式。

接着，单击图 6-32 中的“编辑列”选项，打开设置 GridView 列样式的“字段”对话框。在这个对话框中，可以改变已有列的可见性、标题文本、常见的样式选项和列的许多其他属性。

在“字段”对话框中继续添加 BoundField 列中的 ID 和 UserName 字段，并修改 BoundField 中各字段的属性，如图 6-33 所示。

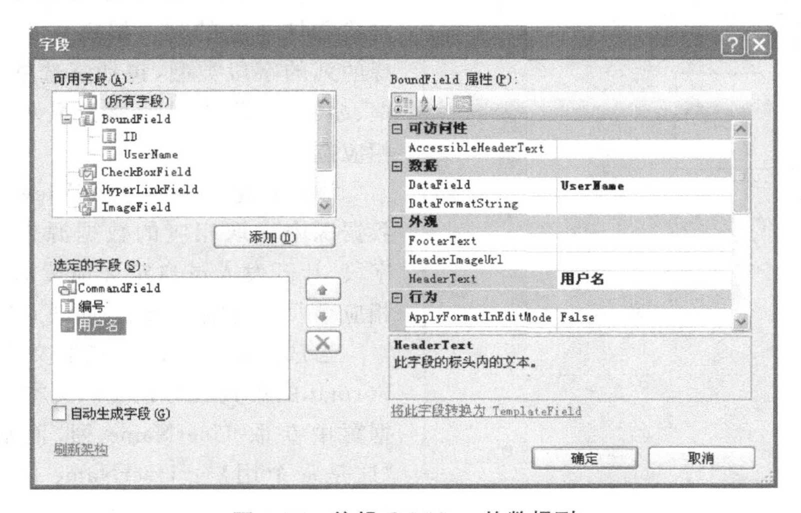

图 6-33　编辑 GridView 的数据列

图6-33中左上角的“可用字段”列表框中列出了可用的绑定列类型，单击“添加”按钮即可设置GridView控件中显示的列及其类型，如表6-4所示。

表6-4　GridView控件中显示的列及其类型

列的类型	说　明
BoundField	以文字形式呈现数据的普通绑定列类型
CheckBoxField	以复选框形式呈现数据，绑定到该类型的列数据应该具有布尔值
HyperLinkField	以链接形式呈现数据，绑定到该类型的列数据应该是指向某个网站或网上资源的地址
ImageField	以图片形式呈现数据
ButtonField	按钮列，以按钮的形式呈现数据或进行数据的操作。例如删除记录的按钮列
CommandField	系统内置的一些操作按钮列，可以实现对记录的编辑、修改、删除等操作
TemplateField	模板列绑定到自定义的显示项模板，因而可以实现自定义列样式

在图6-33中右侧字段属性编辑框中设置DataField属性为UserName，其中UserName对应于作为数据源的User表中的UserName字段，通过该属性完成显示列与源之间的数据映射。而HeaderText属性表示该字段呈现在GridView控件中时的表头名称，这里设置为“用户名”。在属性编辑框中还可以设置列的显示外观或行为等其他属性，这里不再赘述。

GridView控件提供两个用户绑定到数据的选项：其一是使用DataSourceID进行数据绑定，这种方法通常情况下是绑定数据源控件；而另一种则是使用DataSource属性进行数据绑定，这种方法能够将GridView控件绑定到包括ADO.NET数据和数据读取器在内的各种对象。

使用DataSourceID进行数据绑定，可以让GridView控件自动进行处理分页、选择等操作，如图6-32所示。而使用DataSource属性进行数据绑定，则需要开发人员通过编程实现分页等操作。

从GridView控件的“智能标记”中选择“添加新列”链接，将会显示“添加字段”对话框，如图6-34所示。该对话框中的选项允许给网格添加全新的列。根据从下拉列表中选择的列的字段类型，包括复选框、图片、单选框、超链接等，该对话框会显示该列类型的相应选项。

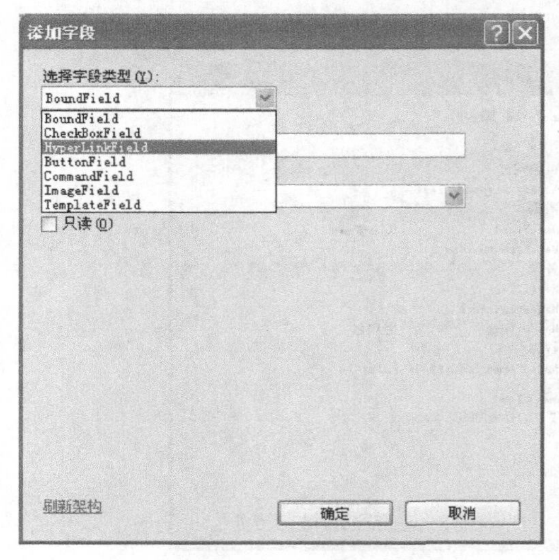

图6-34　添加字段

添加自定义字段，GridView控件支持从数据源中读取相应的数据源来配置相应的字段，让开发人员自定义地读取数据源中的相应字段来自定义开发，如图6-35所示。

当选择从数据源中获取文本，可以通过Format的形式编写相应的文本。例如，从数据源中获取UserName列，而显示文本为“这是一个用户：UserName值”，则可以编写为“这是一个用户：{0}”，如图6-36所示。

单击“确定”按钮完成添加列。

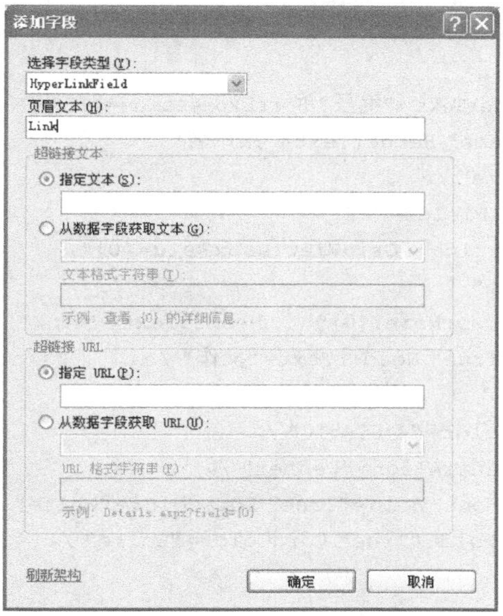

图 6-35 指定文本

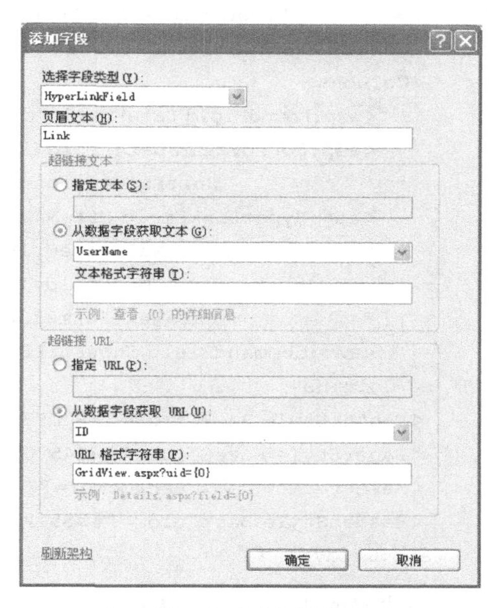

图 6-36 格式化字符串输出

利用 GridView 控件的“智能标记”的“编辑列”选项，在打开的“字段”对话框中添加一个 CommandField 列，通过 CommandField 类型，并配合事件处理程序就可以在 GridView 中完成数据的编辑、修改、插入等操作。若选择“编辑、更新、取消”选项，如图 6-37 所示。可见，CommandField 选项有三种类型可以选择，不同的类型意味着在 CommandField 列显示不同的命令按钮。

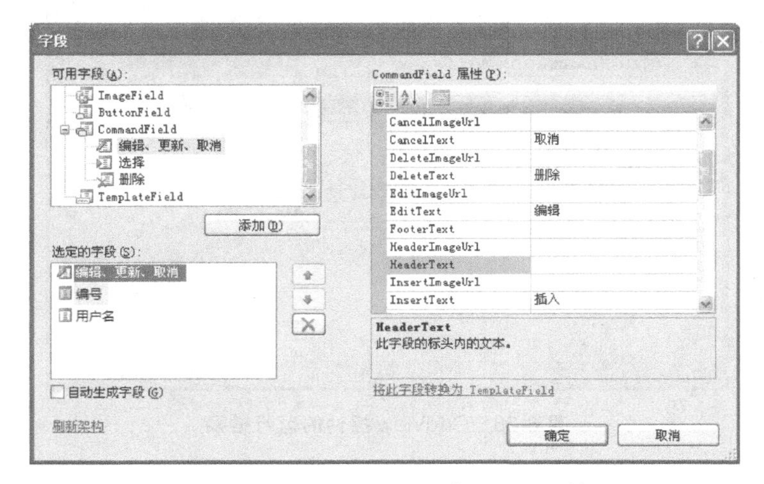

图 6-37 CommandField 类型以及属性

配置完成后，GridView 控件的 HTML 代码如下：

```
<asp:GridView ID="GridView1" runat="server" AutoGenerateColumns="False"
            AllowPaging="True"  AllowSorting="True"  BackColor="#DEBA84"
            BorderColor="#DEBA84" BorderStyle="None" BorderWidth="1px"
```

```
            CellPadding="3" CellSpacing="2"
            DataSourceID="SqlDataSource1"  DataKeyNames="ID" >
        <RowStyle BackColor="#FFF7E7" ForeColor="#8C4510" />
        <Columns>
            <asp:BoundField DataField="t_ID" HeaderText="编号" SortExpression="ID" />
            <asp:BoundField DataField="t_UserName" HeaderText="用户名"
                    SortExpression="UserName" />
            <asp:HyperLinkField DataNavigateUrlFields="ID"
                    DataNavigateUrlFormatString="GridView.aspx?uid={0}"
                    DataTextField="UserName"
                    DataTextFormatString="UserName:{0}"    HeaderText="Link" />
            <asp:CommandField ShowEditButton="True" HeaderText="操作" />
        </Columns>
        <FooterStyle BackColor="#F7DFB5" ForeColor="# 8C4510" />
        <PagerStyle ForeColor="#8C4510" HorizontalAlign="Center" />
        <SelectedRowStyle BackColor="#738A9C" Font-Bold="True" ForeColor="White" />
        <HeaderStyle BackColor="#A55129" Font-Bold="True" ForeColor="White" />
    </asp:GridView>
```

上述代码使用了一个默认格式，并新建了一个超链接文本类型的列，当单击超文本链接，则会跳转到另一个页面。

运行界面如图6-38所示。单击“编辑”按钮时，列中的“编辑”按钮将会被替换为两个按钮“更新”和“取消”，因此，列的运行时实际上包含了三个命令按钮，单击按钮所发生的行为需要通过设置相应的事件程序完成。

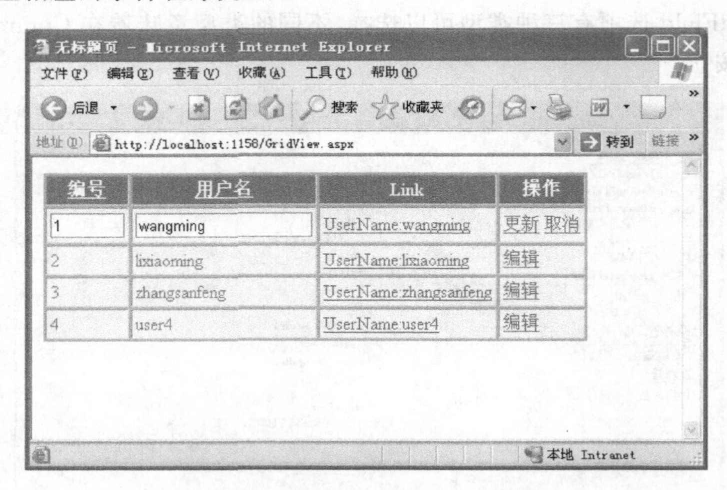

图6-38 GridView控件的运行结果

2. GridView控件的常用事件

GridView支持多个事件，通常对GridView控件进行排序、选择等操作时会引发事件，当创建当前行或将当前行绑定至数据时会引发事件，同样，单击一个命令控件时也会引发事件。GridView控件常用的事件如表6-5所示。

在GridView控件增加了一个按钮控件，并且将按钮控件的CommandName属性赋值为 select，当单击按钮控件时会触发 RowCommand 事件。GridView 控件中按钮控件的 HTML 代码如下：

表 6-5 GridView 控件的常用事件

事件类型	说明
RowCommand	在 GridView 控件中单击某个按钮时发生
PageIndexChanging	单击页导航按钮时发生，但在 GridView 控件执行分页操作之前。此事件通常用于取消分页操作
PageIndexChanged	单击页导航按钮时发生，但在 GridView 控件执行分页操作之后。此事件通常用于在用户定位到该控件中不同的页之后需要执行某项任务时
RowDataBound	在 GridView 控件中的某个行被绑定到一个数据记录时发生。此事件通常用于在某个行被绑定到数据时修改该行的内容
RowCreated	在 GridView 控件中创建新行时发生。此事件通常用于在创建某个行时修改该行的布局或外观
RowDeleting	单击 GridView 控件内某一行的 Delete 按钮时发生，但在 GridView 控件从数据源删除记录之前。此事件通常用于取消删除操作
RowDeleted	在单击 GridView 控件内某一行的 Delete 按钮时发生，但在 GridView 控件从数据源删除记录之后。此事件通常用于检查删除操作的结果
RowEditing	在单击 GridView 控件内某一行的 Edit 按钮(其 CommandName 属性设置为 Edit 的按钮)时发生，但在 GridView 控件进入编辑模式之前。此事件通常用于取消编辑操作
RowCancelingEdit	在单击 GridView 控件内某一行的 Cancel 按钮时发生，但在 GridView 控件退出编辑模式之前。此事件通常用于停止取消操作
RowUpdating	在单击 GridView 控件内某一行的 Update 按钮时发生，但在 GridView 控件更新记录之前。此事件通常用于取消更新操作
RowUpdated	在单击 GridView 控件内某一行的 Update 按钮时发生，但在 GridView 控件更新记录之后。此事件通常用来检查更新操作结果
SelectedIndexChanging	在单击 GridView 控件内某一行的 Select 按钮时发生，但在 GridView 控件执行选择操作之前。此事件通常用于取消选择操作
SelectedIndexChanged	在单击 GridView 控件内某一行的 Select 按钮时发生，但在 GridView 控件执行选择操作之后。此事件通常用于在选择了该控件中的某行后执行某项任务
Sorting	在单击某个用于对列进行排序的超链接时发生，但在 GridView 控件执行排序操作之前。此事件通常用于取消排序操作或执行自定义的排序例程
Sorted	在单击某个用于对列进行排序的超链接时发生，但在 GridView 控件执行排序操作之后。此事件通常用于在用户单击对列进行排序的超链接之后执行某项任务
DataBound	此事件继承自 BaseDataBoundControl 控件，在 GridView 控件完成到数据源的绑定后发生

```
<asp:ButtonField ButtonType="Button" CommandName=" select"
        HeaderText="选择按钮" ShowHeader="True" Text="按钮" />
```

然后，在 GridView 控件的“属性”窗口中的“事件”选项卡中找到 RowCommand 事件，双击“RowCommand”会自动生成 RowCommand 事件相应的方法。当生成了 RowCommand 事件后，可以在代码段中编写相应的方法，示例代码如下：

```
protected void GridView1_RowCommand(object sender, GridViewCommandEventArgs e)
{
```

```
    Label1.Text=e.CommandName+"事件被触发";
}
```

根据上述代码可知，在网页中还需要添加一个Label控件。当单击按钮时，GridView控件会选择相应的行。在GridView控件的RowCommand事件中，同样可以通过GridView控件中按钮的CommandArgument属性获取相应的操作并执行相应代码。GridView控件的运行结果如图6-39和图6-40所示。

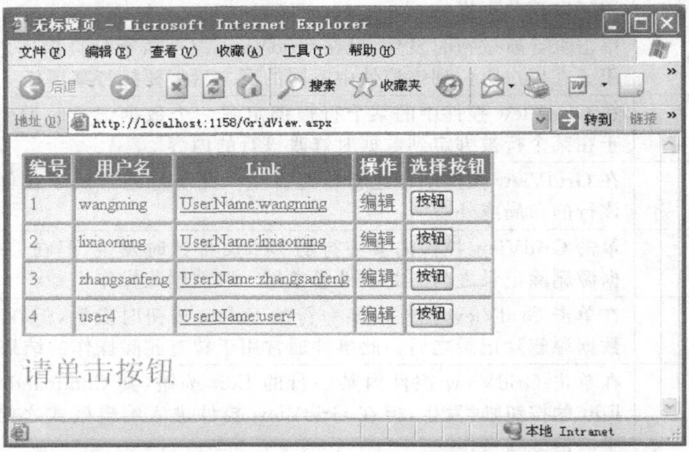

图6-39　GridView控件的事件

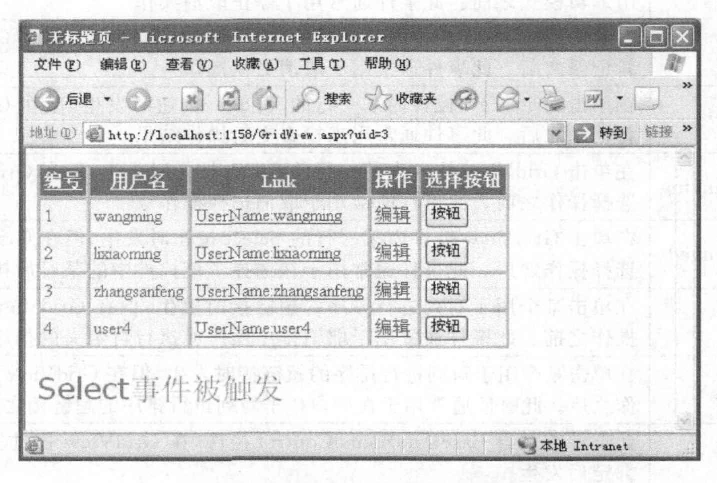

图6-40　触发Select选择事件

注意：在执行其他事件时，如RowDeleted、GridView控件首先执行RowDataBound代码，然后执行RowCommnad、RowDeleting以及RowDeleted等事件。

6.4　数据绑定控件

要使用数据源控件，必须具有一个用来将它们绑定到相关数据的数据绑定控件。在ASP.NET 3.5中有几个新的数据绑定控件，包括FormView、DetailsView和ListView

控件。

6.4.1 FormView 控件

FormView 控件的工作方式类似于 DetailsView 控件,因为它也是显示绑定数据源控件中的一个数据项,并可以添加、编辑和删除数据。它的独特之处在于是在定制模板中显示数据,可以更多地控制数据的显示和编辑方式。FormView 控件支持的模板如表 6-6 所示。

表 6-6 FormView 控件支持的模板

模版名称	说明
ItemTemplate	用于在 FormView 中呈现一个特殊的记录
HeaderTemplate	用于指定一个可选的页眉行
FooterTemplate	用于指定一个可选的页脚行
EmptyDataTemplate	当 FormView 的 DataSource 缺少记录的时候,EmptyDataTemplate 将会代替 ItemTemplate 来生成控件的标记语言
PagerTemplate	若 FormView 启用了分页的话,这个模板可以用于自定义分页的界面
EditItemTemplate 或 InsertItemTemplate	若 FormView 支持编辑或插入功能,那么这两种模板可以用于自定义相关的界面

下面介绍 FormView 控件的创建和使用。

首先需要编辑模板。通过编辑 ItemTemplate,能够自定义 HTML 以呈现数据,这种情况很像 Repeater 控件。选中 FormView 控件,执行"编辑模板"命令可以编辑 FormView 控件的 ItemTemplate 模版,如图 6-41 所示,用户能够完全控制数据的显示方式。FormView 控件还包含 EditItemTemplate、InsertItemTemplate 等模式,它可以确定控件在进入编辑或插入模式下的显示方式。

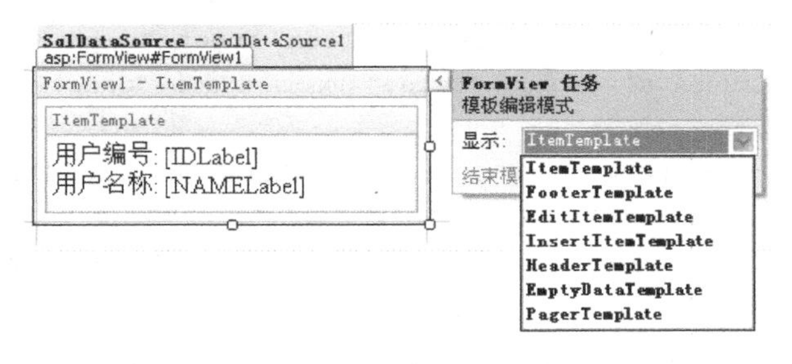

图 6-41 编辑 FormView 控件的模板

然后,需要设置 FormView 控件的默认格式。选择"自动套用格式"选项就能够为 FormView 控件选择默认格式。当 FormView 控件界面编写完成后,生成的 HTML 代码如下:

```
<asp:FormView ID="FormView1" runat="server" DataSourceID="SqlDataSource1"
        BackColor="White" BorderColor="# 336666" BorderStyle="Double"
        BorderWidth="3px" CellPadding="4" GridLines="Horizontal"
```

```
        DataKeyNames="ID"  AllowPaging="True">
    <FooterStyle BackColor="White" ForeColor="#333333" />
    <RowStyle BackColor="White" ForeColor="#333333" />
    <ItemTemplate>
        用户编号:
        <asp:Label ID="IDLabel" runat="server" Text='<%#Eval("ID") %>' /><br />
        用户名称:
         <asp:Label ID="NAMELabel" runat="server" Text='<%#Bind("UserName") %>' />
  <br />
  </ItemTemplate>
    <EditItemTemplate>
        用户编号:
        <asp:Label ID="IDLabel1" runat="server" Text='<%#Eval("ID") %>' /><br />
        用户名称:
        <asp:TextBox ID="TITLETextBox" runat="server" Text=
        '<%#Bind("UserName") %>' />
  <br />
        <asp:LinkButton ID="UpdateButton" runat="server" CausesValidation="True"
                CommandName="Update" Text="更新" />
        <asp:LinkButton ID="UpdateCancelButton" runat="server"
                 CausesValidation="False" CommandName="Cancel" Text="取消" />
  </EditItemTemplate>
    <InsertItemTemplate>
        用户名称:
        <asp:TextBox ID="TITLETextBox" runat="server" Text=
        '<%#Bind("UserName") %>' />
        <br/>
        <asp:LinkButton ID="InsertButton" runat="server" CausesValidation="True"
                CommandName="Insert" Text="插入" />
        <asp:LinkButton ID="InsertCancelButton" runat="server"
                CausesValidation="False" CommandName="Cancel" Text="取消" />
    </InsertItemTemplate>
    <PagerStyle BackColor="#336666" ForeColor="White" HorizontalAlign="Center" />
    <HeaderStyle BackColor="#336666" Font-Bold="True" ForeColor="White" />
    <EditRowStyle BackColor="#339966" Font-Bold="True" ForeColor="White" />
  </asp:FormView>
```

上述代码创建了FormView控件,并为FormView控件自定义了若干模板。刚才只是编写了ItemTemplate模板,但是EdititemTemplate也已经在HTML标签中生成。

注意:FormView控件模板中的相应数据字段也是通过数据绑定语法实现的,如<%# Eval("字段名称")%>。

FormView控件同样支持对当前数据的更新、删除、选择等操作。当在FormView控件中拖放一个按钮控件时,选中该按钮控件,选择"智能标记"中的"编辑DataBindings"链接为按钮控件的属性做相应的配置,如图6-42所示。

当执行相应的操作时,例如更新操作,则必须在编辑模式下进行操作,并需要使用

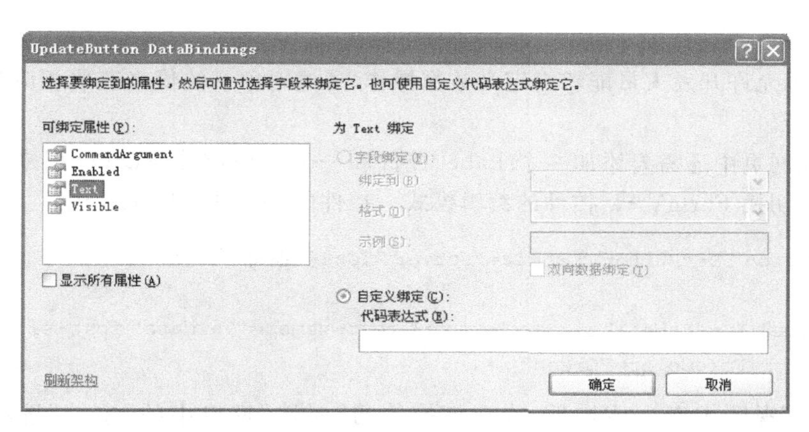

图 6-42 编辑 DataBindings

ItemUpdated 事件编写相应的更新事件。

当单击 FormView 中的控件时会触发 Command 事件，要使用 FormView 控件进行更新等操作，必须在相应的模式下更新才行，可通过按钮控件的 CommandName 属性与内置的命令相关联。FormView 控件提供表 6-7 所示的命令类型。

表 6-7 FormView 控件的命令类型

命令类型	说　明
Edit	引发此命令控件转换到编辑模式，并用已定义的 EditItemTemplate 呈现数据
New	引发此命令控件转换到插入模式，并用已定义的 InsertItemTemplate 呈现数据
Update	此命令将使用用户在 EditItemTemplate 界面中输入的值在数据源中更新当前所显示的记录。引发 ItemUpdating 和 ItemUpdated 事件
Insert	此命令用于将用户在 InsertItemTemplate 界面中输入的值在数据源中插入一条新的记录。引发 ItemInserting 和 ItemInserted 事件
Delete	此命令删除当前显示的记录。引发 ItemDeleting 和 ItemDeleted 事件
Cancel	此命令在更新或插入操作中取消操作和放弃用户输入值，然后控件会自动转换到 DefaultMode 属性指定的模式

接着，为控件中的 ItemTemplate 和 EditItemTemplate 添加事件。在 FormView 控件的“属性”窗口中的“事件”选项卡双击 ItemCommand 和 ItemUpdated，自动生成 ItemCommand 和 ItemUpdated 事件相应的方法。可以在代码段中编写相应的方法，示例代码如下：

```
protected void FormView1_ItemCommand(object sender,FormViewCommandEventArgs e)
{
    Label1.Text="单击按钮进入编辑模式";                    //提示已被更改
}
protected void FormView1_ItemUpdated(object sender, FormViewUpdatedEventArgs e)
{
    Label1.Text="相应值被更新";                            //提示已被更改
    FormView1.ChangeMode(FormViewMode.ReadOnly);         //更改编辑模式
```

```
    }
```

上述代码允许开发人员能够自定义数据操作，通过对象e的值来获取相应数据字段的值并进行更新。

最后，在网页中还需要添加一个Label控件和一个按钮控件。Label用来显示提示信息，按钮用来切换FormView控件的编辑模式。控件的HTML代码如下：

```
<asp:Button ID="Button1" runat="server" Text="编辑"   />
<br />
<asp:Label ID="Label1" runat="server" font-names="Verdana" font-size="20pt"
        ForeColor="Green" />
```

在“设计”视图中双击该控件，或在该控件的“属性”窗口中的“事件”选项卡中双击Click按钮，将自动生成Click事件相应的方法。可以在代码段中编写相应的方法，示例代码如下：

```
protected void Button1_Click(object sender, EventArgs e)
{
    FormView1.ChangeMode(FormViewMode.Edit);        //更改编辑模式
}
```

程序的运行结果如图6-43和图6-44所示。

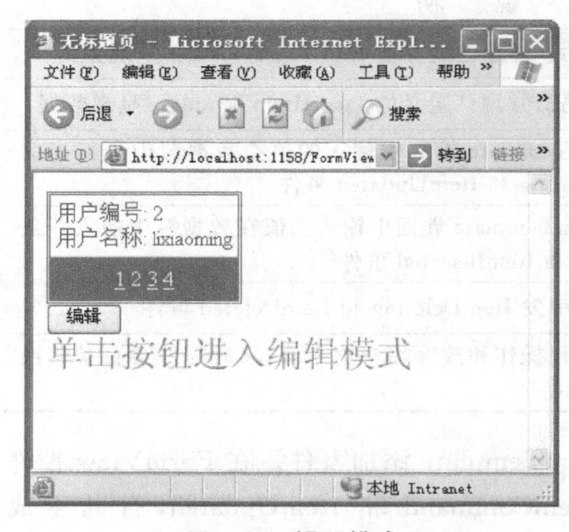

图6-43 视图模式

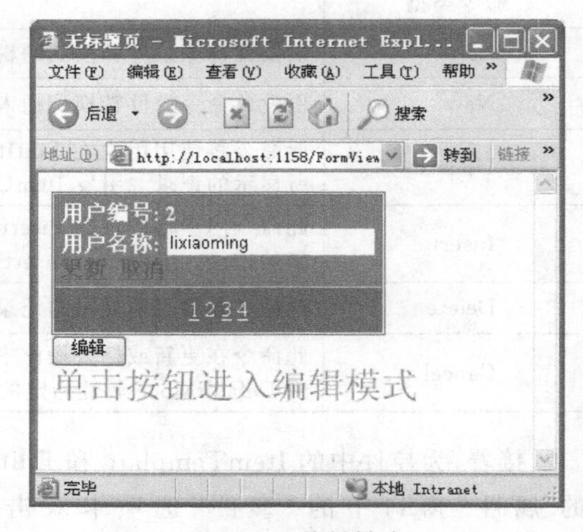

图6-44 编辑模式

当单击了其中的“更新”链接，则会触发ItemUpdated事件，开发人员能够通过编写ItemUpdated事件进行相应的更新操作。

6.4.2 DetailsView控件

DetailsView控件与FormView在很多情况下非常类似，DetailsView控件是一个数据绑定控件，可以一次查看一条数据记录。虽然GridView控件适合于查看一组数据，但在许多情况下，可能只需要显示一条记录而不是整个数据集，此时DetailsView控件就可以发挥作用。它提供了与GridView相同的许多数据操作和显示功能，可以对数据进行分页、更新、插入和删除。

首先把 DetailsView 控件拖放到网页(如 Default. aspx)的设计界面上。与 GridView 一样,可以使用 DetailsView 的“智能标记”创建和设置该控件的数据源。将 SqlDataSource 控件设置为 DetailsView 控件的数据源并运行该页面。如图 6-45 所示,该控件显示了一条记录(SqlDataSource 查询返回的第一条记录)。

若只是想显示一条记录,可通过 SqlDataSource 控件的 SelectCommand 来设置。如果从数据库中返回多个对象,可以把 DetailsView 中用于设置分页的属性 AllowPaging 设置为 True,从而启用分页功能。如图 6-46 所示,可以在 DetailsView 的“智能标记”中选中“启用分页”复选框,也可以在“源”视图中给控件添加 AllowPaging 属性。

图 6-45 DetailsView 控件

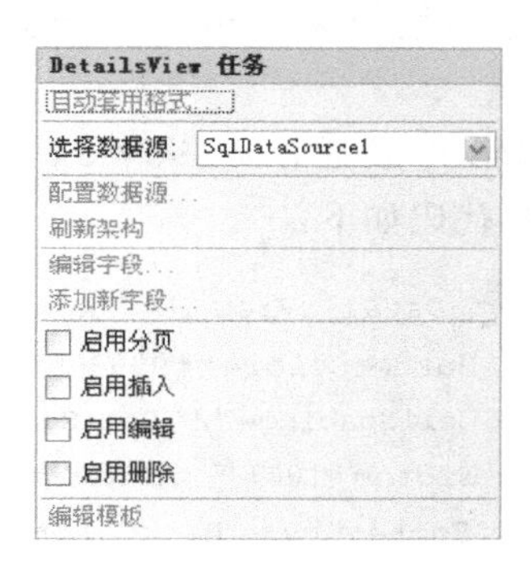

图 6-46 配置 DetailsView 任务

通常情况下,数据源控件必须支持插入、更新和删除操作时,才能在图 6-46 中出现“启用插入”、“启用编辑”和“启用删除”三个选项。在配置数据源时,需要为更新语句进行配置。在配置数据源和生成 SQL 语句中必须选择“高级”选项,选中“生成 INSERT、UPDATE 和 DELETE 语句”复选框才能够让数据源控件支持更新等操作,如图 6-47 所示。

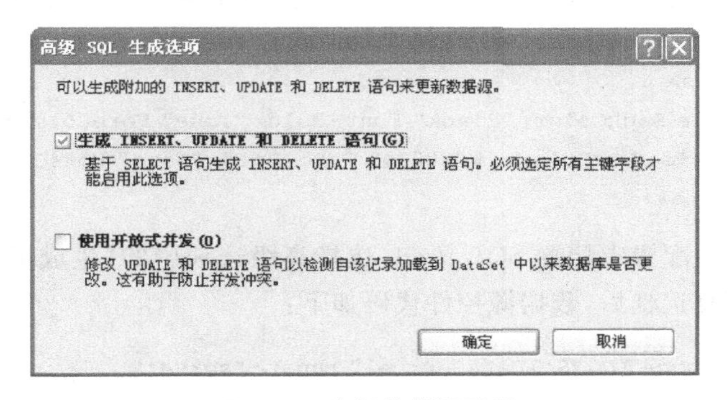

图 6-47 高级数据源配置

如果数据绑定控件需要使用 Insert 等语句,数据源控件需配置高级 SQL 生成选项,开发人员还能够在数据源控件的 HTML 代码中进行相应 SQL 语句的更改,以达到自定义数据源控件的目的。

开发人员还可以配置 PagerSettings 属性,允许自定义 DetailsView 控件生成分页用户界面的外观,它将呈现向前和向后导航的方向控件。PagerSettings 属性的常用模式有:

(1) NextPrevious: 以前一个,下一个形式显示。

(2) NextPreviousFirstLast: 以前一个,下一个,最前一个,最后一个形式显示。

(3) Numeric: 以数字形式显示。

(4) NumericFirstLast:: 以数字,最前一个,最后一个形式显示。

当完成配置 DetailsView 控件后,无需通过外部控件来转换 DetailsView 控件的编辑模式,DetailsView 控件会自动显示更新、插入、删除等按钮来更改编辑模式,如图 6-48 所示。

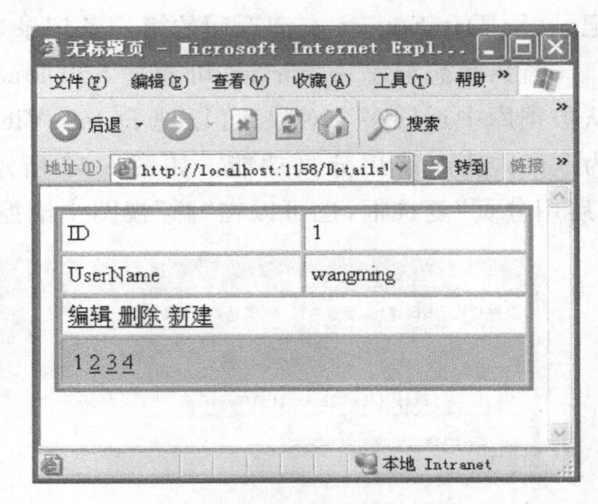

图 6-48 DetailsView 控件

编辑完成后,DetailsView 控件生成的 HTML 代码如下:

```
<asp:DetailsView ID="DetailsView1" runat="server" BackColor="#CCCCCC"
    BorderColor="#999999" BorderStyle="Solid" BorderWidth="3px" CellPadding="4"
    CellSpacing="2" DataSourceID="SqlDataSource1" ForeColor="Black" Height="50px"
    Width="100%"  AllowPaging="True"  AutoGenerateRows="False" >
   <FooterStyle BackColor="#CCCCCC" />
   <RowStyle BackColor="White" />
   <PagerStyle BackColor="#CCCCCC" ForeColor="Black" HorizontalAlign="Left" />
      <Fields>
         <asp:BoundField DataField="ID" HeaderText="ID" ReadOnly="True"
               SortExpression="ID" />
         <asp:BoundField DataField="UserName" HeaderText="UserName"
               SortExpression="UserName" />
         <asp:CommandField ShowDeleteButton="True" ShowEditButton="True"
               ShowInsertButton="True" />
      </Fields>
    <HeaderStyle BackColor="Black" Font-Bold="True" ForeColor="White" />
    <EditRowStyle BackColor="#000099" Font-Bold="True" ForeColor="White" />
</asp:DetailsView>
```

在数据源控件的配置中配置 SQL 语句,选择高级选项中的"生成 INSERT、UPDATE 和 DELETE 语句"复选框后,数据源控件代码如下:

```
<asp:SqlDataSource ID="SqlDataSource1" runat="server"
    ConnectionString="<%$ConnectionStrings:aspTestConnectionString %>"
    SelectCommand="SELECT [ID], [UserName] FROM [User]"
    DeleteCommand="DELETE FROM [User] WHERE [ID]=@ID"
    InsertCommand="INSERT INTO [User] ([ID], [UserName])
```

```
            VALUES (@ID, @UserName)"
    UpdateCommand="UPDATE [User] SET [UserName]=@UserName
              WHERE [ID]=@ID"  >
    <DeleteParameters>
        <asp:Parameter Name="ID" Type="Int32" />
    </DeleteParameters>
    <UpdateParameters>
        <asp:Parameter Name="UserName" Type="String" />
        <asp:Parameter Name="ID" Type="Int32" />
    </UpdateParameters>
    <InsertParameters>
        <asp:Parameter Name="ID" Type="Int32" />
        <asp:Parameter Name="UserName" Type="String" />
    </InsertParameters>
</asp:SqlDataSource>
```

从上述代码可以看出，数据源控件自动生成了相应的 SQL 语句，如图 6-49 所示。当执行更新、删除等操作时，会默认执行该语句。运行结果如图 6-50 所示。

图 6-49　更改相应字段的值

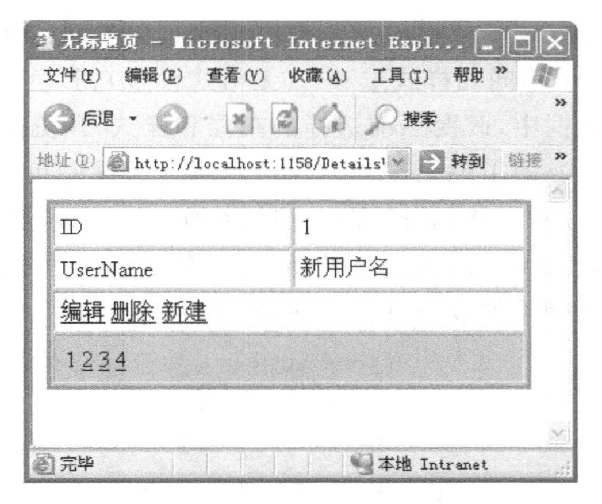

图 6-50　更改后的控件呈现

6.4.3　ListView 控件

ASP.NET 还包含另外一个列表样式的控件——ListView，该控件填补了高度结构化的 GridView 控件和未结构化的 DataList 和 Repeater 控件之间的空白。相对于 GridView 来说，它有着更为丰富的布局手段，开发人员可以在 ListView 控件的模板内写任何 HTML 标记或者控件。

1. 使用 ListView 控件

首先把 ListView 控件拖放到网页(如 Default.aspx)的设计界面上。使用 ListView 的"智能标记"将 SqlDataSource 控件设置为 ListView 控件的数据源。

接着需要开发人员定义该控件的布局。ListView 控件能够自动套用 HTML 格式，如其他控件一样，可以选择默认模板。单击"配置 ListView"链接进行格式套用，出现图 6-51

所示对话框。在该对话框中，可以在几个不同的预定义布局之间进行选择，可以选择不同的样式选项，甚至可以配置基本的操作，如编辑和分页。

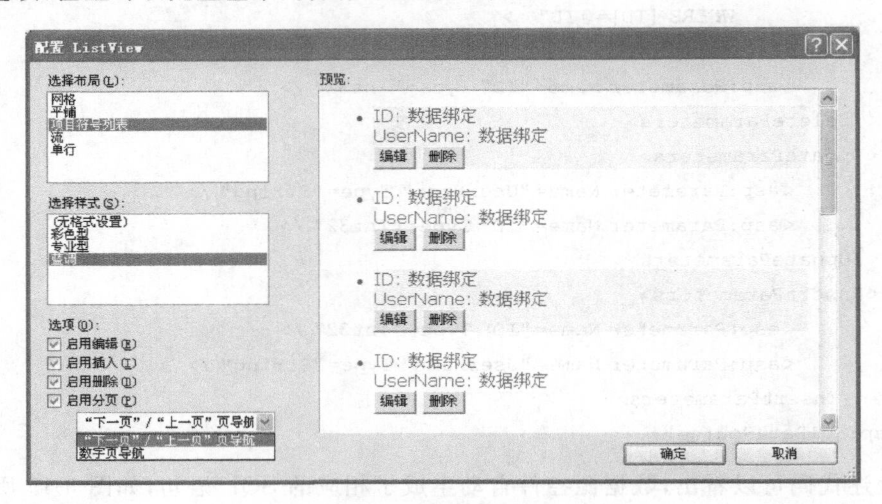

图 6-51　配置 ListView

这个控件包含5个不同的布局类型：网格、平铺、项目符号列表、流和单行。它还包含4个不同的样式选项：(无格式设置)、彩色型、专业型和蓝调。每种类型的预览都显示在对话框中，改变当前选择的布局和样式，预览就会更新。

为了说明这个控件是如何定义每个布局选项的，如图6-51所示选择“项目符号列表”布局和“蓝调”样式，并启用编辑、插入、删除和分页功能。单击“确定”按钮，应用这些选择并关闭对话框。此时，应看到布局在设计期间的预览，运行该页面会使ListView生成“项目符号列表”布局，如图6-52所示。

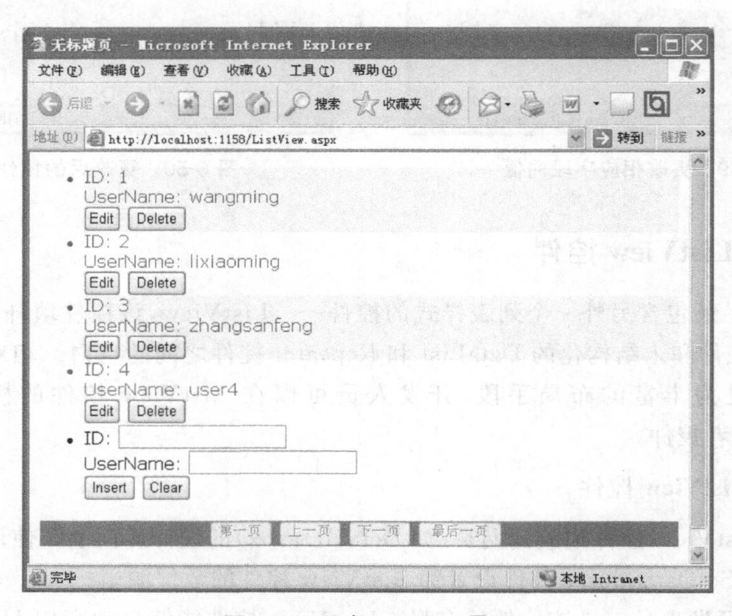

图 6-52　运行 ListView 界面

注意：当需要执行相应的数据操作时，数据源控件的高级选项都应该勾选。

若需要修改 ListView 的当前布局，可以利用“智能标记”中的“当前视图”选项直接编辑模板，也可以从该控件的“智能标记”中选择“配置 ListView”选项。改变当前视图可以查看每个可用模板在运行期间的视图，直接编辑这些模板的内容，如同通常编辑其他控件的模板一样。

2. ListView 模板

给 ListView 应用了一个布局模板后，如果查看 Visual Studio 的“源”窗口，就会发现为了提供布局，该控件生成了大量的标记，这些标记是根据“配置 ListView”对话框中选择的布局生成的。

选择不同的预定义布局选项，会使控件生成不同的模板集合。当然，也可以手动添加或删除任意模板。表 6-8 列出了所有 11 个模板。

表 6-8 ListView 支持的模板

模板名称	说明
AlternatingItemTemplate	交替项目模板，用不同的标记显示交替的项目，便于查看连续不断的项目
EditItemTemplate	编辑项目模板，控制编辑时的项目显示
EmptyDataTemplate	空数据模板，控制 ListView 数据源返回空数据时的显示
EmptyItemTemplate	空项目模板，控制空项目的显示
GroupSeparatorTemplate	组分隔模板，控制项目组内容的显示
GroupTemplate	组模板，为内容指定一个容器对象，如一个表行、div 或 span 组件
InsertItemTemplate	插入项目模板，用户插入项目时为其指定内容
ItemSeparatorTemplate	项目分隔模板，控制项目之间内容的显示
ItemTemplate	项目模板，控制项目内容的显示
LayoutTemplate	布局模板，指定定义容器对象的根组件，如一个 table、div 或 span 组件，它们包装 ItemTemplate 或 GroupTemplate 定义的内容
SelectedItemTemplate	已选择项目模板，指定当前选中的项目内容的显示

其中最为常用的控件包括 LayoutTemplate 和 ItemTemplate，LayoutTemplate 为 ListView 控件指定了总的标记，而 ItemTemplate 指定的标记用于显示每个绑定的记录，用来编写 HTML 样式。

当选择相应的布局方案和样式后，系统生成的 ListView 控件的 HTML 代码如下：

```
<asp:ListView ID="ListView1" runat="server" DataKeyNames="ID"
     DataSourceID="SqlDataSource1" InsertItemPosition="LastItem" >
  <ItemTemplate>
    <li style="background-color: #E0FFFF;color: #333333;">ID:
       <asp:Label ID="IDLabel" runat="server" Text='<%#Eval("ID") %>' />
       <br />
       UserName:
```

```
                <asp:Label ID="UserNameLabel" runat="server"
                          Text='<%#Eval("UserName") %>' />
                <br />
                <asp:Button ID="EditButton" runat="server" CommandName="Edit"
                          Text="编辑" />
                <asp:Button ID="DeleteButton" runat="server" CommandName="Delete"
                          Text="删除" />
            </li>
        </ItemTemplate>
        <AlternatingItemTemplate>
            <li style="background-color: #FFFFFF;color: #284775;">ID:
                <asp:Label ID="IDLabel" runat="server" Text='<%#Eval("ID") %>' />
                <br />
                UserName:
                <asp:Label ID="UserNameLabel" runat="server"
                          Text='<%#Eval("UserName") %>' />
                <br />
                <asp:Button ID="EditButton" runat="server" CommandName="Edit"
                          Text="编辑" />
                <asp:Button ID="DeleteButton" runat="server" CommandName="Delete"
                          Text="删除" />
            </li>
        </AlternatingItemTemplate>
        <EmptyDataTemplate>
                未返回数据。
        </EmptyDataTemplate>
        <InsertItemTemplate>
            <li style="">ID:
                <asp:TextBox ID="IDTextBox" runat="server" Text='<%#Bind("ID") %>' />
                <br />
                UserName:
                <asp:TextBox ID="UserNameTextBox" runat="server"
                        Text='<%#Bind("UserName") %>' />
                <br />
                <asp:Button ID="InsertButton" runat="server" CommandName="Insert"
                        Text="插入" />
                <asp:Button ID="CancelButton" runat="server" CommandName="Cancel"
                        Text="清除" />
            </li>
        </InsertItemTemplate>
        <LayoutTemplate>
            <ul ID="itemPlaceholderContainer" runat="server"
                style="font-family: Verdana, Arial, Helvetica, sans-serif;">
                <li ID="itemPlaceholder" runat="server" />
            </ul>
```

```
        <div style="text-align: center;background-color: #5D7B9D;font-family:
                        Verdana, Arial, Helvetica, sans-serif;color: #FFFFFF;">
            <asp:DataPager ID="DataPager1" runat="server">
              <Fields>
                 <asp:NextPreviousPagerField ButtonType="Button"
                        ShowFirstPageButton="True"
                        ShowLastPageButton="True" />
              </Fields>
            </asp:DataPager>
        </div>
    </LayoutTemplate>
    <EditItemTemplate>
        <li style="background-color: #999999;">ID:
              <asp:Label ID="IDLabel1" runat="server" Text='<%#Eval("ID") %>' />
              <br />
              UserName:
              <asp:TextBox ID="UserNameTextBox" runat="server"
                    Text='<%#Bind("UserName") %>' />
              <br />
              <asp:Button ID="UpdateButton" runat="server"
                        CommandName="Update"  Text="更新" />
              <asp:Button ID="CancelButton" runat="server"
                        CommandName="Cancel"  Text="取消" />
        </li>
    </EditItemTemplate>
    <ItemSeparatorTemplate>
            <br />
    </ItemSeparatorTemplate>
    <SelectedItemTemplate>
        <li style="background-color: #E2DED6;font-weight: bold;color: #333333;">ID:
              <asp:Label ID="IDLabel" runat="server" Text='<%#Eval("ID") %>' />
              <br />
              UserName:
              <asp:Label ID="UserNameLabel" runat="server"
                        Text='<%#Eval("UserName") %>' />
              <br />
              <asp:Button ID="EditButton" runat="server"
                        CommandName="Edit"  Text="编辑" />
              <asp:Button ID="DeleteButton" runat="server"
                        CommandName="Delete"  Text="删除" />
        </li>
     </SelectedItemTemplate>
    </asp:ListView>
```

上述代码定义了 ListView 控件，系统默认创建了相应的模板，开发人员能够编辑相应的模板样式来为不同的编辑模式显示不同的用户界面。

LayoutTemplate 和 ItemTemplate 是标识定义控件的主要布局的根模板。通常情况下，它包含一个占位符对象。

例如，如果查看由 Grid 布局生成的模板标记，就会看到 LayoutTemplate 包含一个<table>元素定义、一个表行<tr>定义和为每个列标题定义的<td>元素。

另一方面，应在 ItemTemplate 中定义各个数据项的布局。如果再次查看为 Grid 布局生成的模板标记，则会看到 ItemTemplate 是一个表行<tr>元素，后跟一系列包含实际数据的表单元格<td>元素。此元素将由 ItemTemplate 模板或 GroupTemplate 模板中定义的内容替换。

如果需要定义自定义用户界面，必须使用 LayoutTemplate 模板作为 ListView 控件的父容器。LayoutTemplate 模板是 ListView 控件所必需的。相同的是，LayoutTemplate 内容也需要包含一个占位符控件。占位符控件必须包含 runat="server"属性，并且将 ID 属性设置为 ItemPlaceholderID 或 GroupPlaceholderID 属性的值。

3. ListView 事件

ListView 控件的事件和 FormView 控件的事件基本相同，同样可以为 ListView 控件执行更新、删除或添加等事件编写相应的代码。当执行更新前、更新时都可以触发 ItemUpdated 事件，示例代码如下：

```
protected void ListView1_ItemUpdated(object sender, ListViewUpdatedEventArgs e)
{
    Label1.Text="更新已经发生";                    //触发更新事件
}
```

根据上述代码可知，在网页中还需要添加一个 Label 控件。当运行后，会触发 ItemUpdated 事件，运行结果如图 6-53 所示。

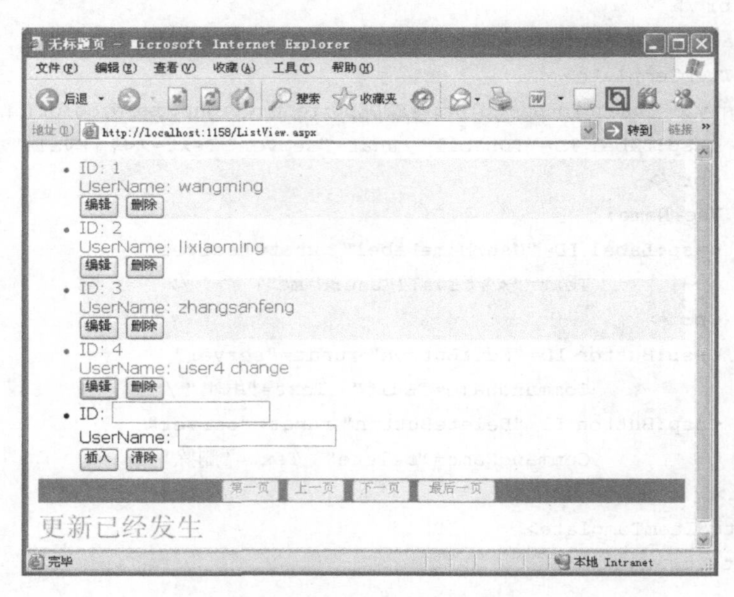

图 6-53 ItemUpdated 事件

ListView 控件不仅能够支持 FormView 控件的事件，还具有更多的布局手段。ListView 控件能为开发人员在开发中提供极大的便利，如果需要进行相应的数据操作，又需要快捷地显示数据和添加数据时，ListView 控件是极佳的选择。

6.4.4 DataPager 控件

DataPager 控件通过实现 IPageableItemContainer 接口实现了控件的分页功能。在 ASP.NET 3.5 中，ListView 控件适合使用 DataPager 控件进行分页操作。要在 ListView 中使用 DataPager 控件，只需要在 LayoutTemplate 模板中加入 DataPager 控件即可。DataPage 与 ListView 一起使用，可以为数据源中的数据编页码，以小块的方式将数据提供给用户，而不是一次显示所有记录。将 DataPager 与 ListView 控件关联后，分页是自动完成的。

DataPager 控件包括两种样式：一种是“上一页/下一页”样式，另一种是“数字”样式，如图 6-54 和图 6-55 所示。

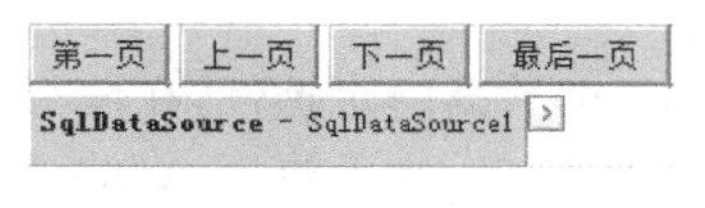

图 6-54　文本样式

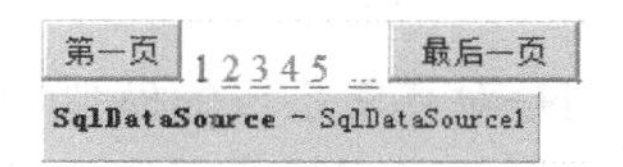

图 6-55　数字样式

当使用“上一页/下一页”样式时，DataPager 控件的 HTML 代码如下：

```
<asp:DataPager ID="DataPager1" runat="server">
   <Fields>
      <asp:NextPreviousPagerField ButtonType="Button" ShowFirstPageButton="True"
            ShowLastPageButton="True" />
   </Fields>
</asp:DataPager>
```

当使用“数字”样式时，DataPager 控件的 HTML 代码如下：

```
<asp:DataPager ID="DataPager1" runat="server">
    <Fields>
       <asp:NextPreviousPagerField ButtonType="Button" ShowFirstPageButton="True"
           ShowNextPageButton="False" ShowPreviousPageButton="False" />
       <asp:NumericPagerField />
       <asp:NextPreviousPagerField ButtonType="Button" ShowLastPageButton="True"
            ShowNextPageButton="False" ShowPreviousPageButton="False" />
   </Fields>
</asp:DataPager>
```

除了用默认的方法显示分页样式外，还可以通过向 DataPager 中的 Fields 中添加 TemplatePagerField 的方法自定义分页样式。在 TemplatePagerField 中添加 PagerTemplate，在 PagerTemplate 中添加任何服务器控件，这些服务器控件可以通过实现 TemplatePagerField 的 OnPagerCommand 事件来实现自定义分页。

6.5 项目案例

6.5.1 学习目标

(1) 掌握 GridView 控件的使用。
(2) 掌握 GridView 中配置数据源或数据集合。
(3) 掌握 GridView 控件配置显示字段及编辑操作。

6.5.2 案例描述

本案例是在系统中展现数据库查询数据功能。通过 ADO.NET 方式连接 SQL Server 数据库,访问项目中 usr 用户表,取出数据,并且将数据绑定到 GridView 控件进行展现和编辑操作,实现管理员管理用户信息的功能。

6.5.3 案例要点

本案例是对真实系统的模拟,前台页面使用 GridView 数据绑定控件,在编写代码过程中要注意使用了 SqlDataAdapter 和 DataSet 类进行数据绑定,然后使用 ADO. NET 链接到数据库,用户信息通过连接到数据库可以将 usr 表数据展现出来。

6.5.4 案例实施

在案例中,多次使用 Gridview 控件来完成展现信息列表功能。在此演示管理员管理用户信息功能页面 products_showusers. aspx 中 GriaView 控件的使用过程,首先可以从开发工具的工具箱找到控件 GridView,如图 5-56 所示。

拖曳到显示页面的相应位置,效果如图 6-57 所示。

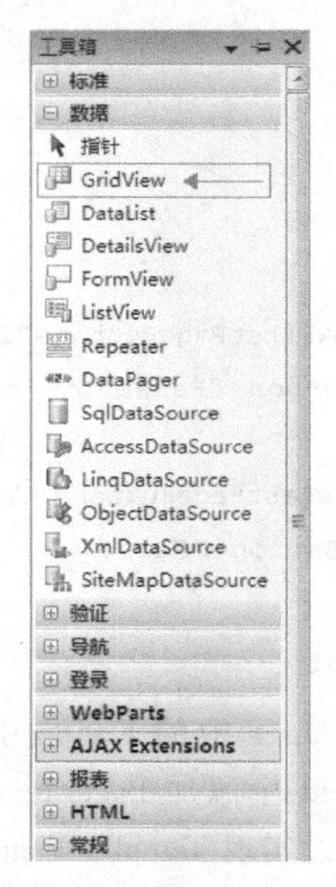

图 6-56 GridView 控件

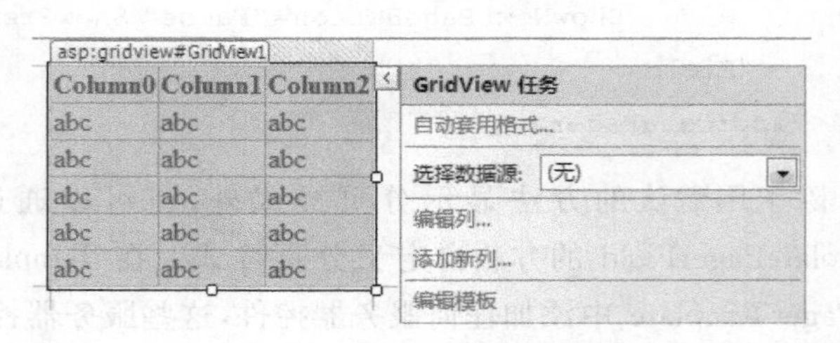

图 6-57 GridView 控件效果

然后选择“编辑列”选项，打开设置 GridView 列样式的“字段”对话框。在这个对话框中，可以改变已有列的可见性、标题文本、常见的样式选项和列的许多其他属性。

在“字段”对话框中继续添加 BoundField，添加对应的表格列“用户名”、E-mail、“电话”、“公司名称”、“城市”字段，并修改每个 BoundField 中字段的属性，如图 6-58 所示。

图 6-58 添加并修改每个 BoundField 中的字段及属性

图 6-58 演示了用户名字段的添加，其中 HeaderText 属性为表格列名，数据中的 DataField 为数据源对应表格的列名，比如用户名对应 username 列。其他字段也类似添加，添加完后如图 6-59 所示。

用户名	E-mail	电话	公司名称	城市
数据绑定	数据绑定	数据绑定	数据绑定	数据绑定
数据绑定	数据绑定	数据绑定	数据绑定	数据绑定
数据绑定	数据绑定	数据绑定	数据绑定	数据绑定
数据绑定	数据绑定	数据绑定	数据绑定	数据绑定
数据绑定	数据绑定	数据绑定	数据绑定	数据绑定

图 6-59 添加字段

可以单击表格，选择 GridView 任务中的“自动套用格式”，出现“自动套用格式”对话框，如图 6-60 所示。选择一种架构，单击“应用”按钮，然后单击“确定”按钮。

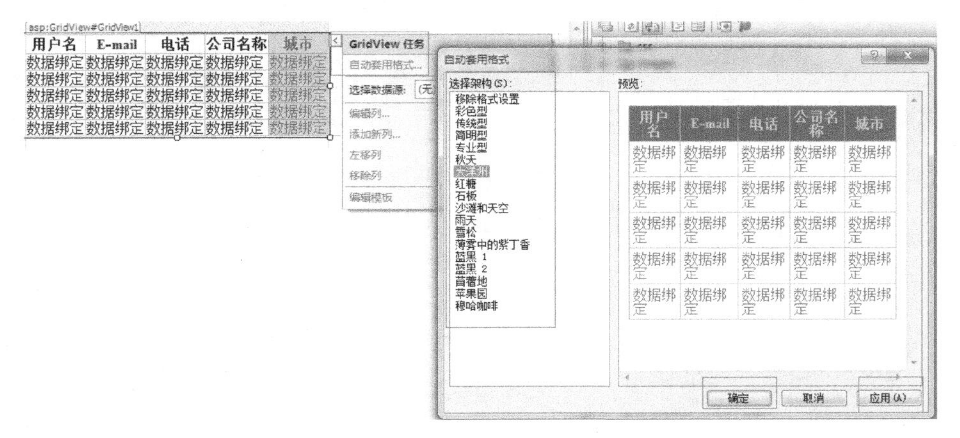

图 6-60 “自动套用格式”对话框

GridView 展现的表格效果如图 6-61 所示。

用户名	E-mail	电话	公司名称	城市
数据绑定	数据绑定	数据绑定	数据绑定	数据绑定
数据绑定	数据绑定	数据绑定	数据绑定	数据绑定
数据绑定	数据绑定	数据绑定	数据绑定	数据绑定
数据绑定	数据绑定	数据绑定	数据绑定	数据绑定
数据绑定	数据绑定	数据绑定	数据绑定	数据绑定

图 6-61　GridView 展现的表格效果

产生如下代码：

```
<asp:GridView ID=" GridViewUserList "
runat="server" AutoGenerateColumns=
"False"
         BackColor="White"
         BorderColor="#3366CC"
         BorderStyle="None" BorderWidth="1px"
         CellPadding="4">
         <RowStyle BackColor="White" ForeColor="#003399" />
         <Columns>
            <asp:BoundField DataField="username" HeaderText="用户名" />
            <asp:BoundField DataField="email" HeaderText="E-mail" />

            <asp:BoundField DataField="tel" HeaderText="电话" />
            <asp:BoundField DataField="companyname" HeaderText="公司名称" />
            <asp:BoundField DataField="city" HeaderText="城市" />

         </Columns>
         <FooterStyle BackColor="#99CCCC" ForeColor="#003399" />
         <PagerStyle BackColor="#99CCCC" ForeColor=
         "#003399" HorizontalAlign="Left" />
         <SelectedRowStyle BackColor="#009999" Font-Bold=
         "True" ForeColor="#CCFF99" />
         <HeaderStyle BackColor="#003399" Font-Bold="True" ForeColor=
         "#CCCCFF" />
      </asp:GridView>
```

代码中的 ID 属性已经根据需求修改为了 GridViewUserList。

下面添加“修改”操作列。选择组件右上角箭头，打开 GridView 任务，选择“编辑列”，添加 HyperLinkField 字段，然后编辑该超链接字段的属性，如图 6-62 所示。

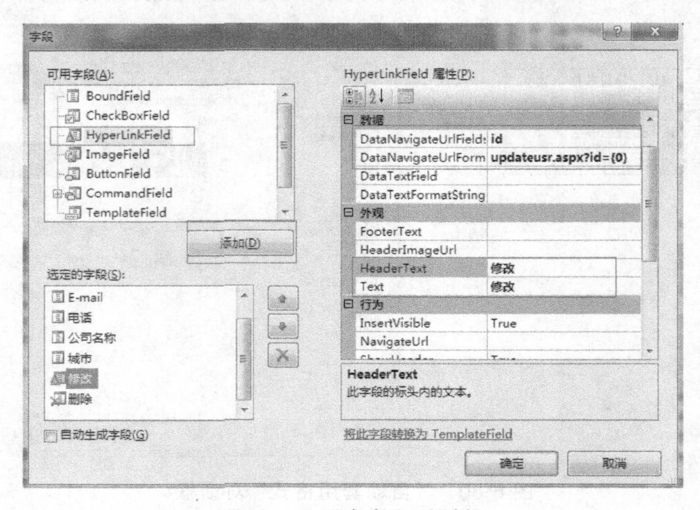

图 6-62　“字段”对话框

HeaderText 属性为功能链接显示名字，DataNavigateUrlForm 属性为单击跳转的 URL 路径，可以直接单击后面的小按钮选择处理页面，后面的"? id={0}"为自己添加的参数，0 代表 DataNavigateUrlFields 属性中第一个数据，即 id 属性列。单击"确定"按钮后如图 6-63 所示。

asp:GridView#GridViewUserList

用户名	E-mail	电话	公司名称	城市	修改
数据绑定	数据绑定	数据绑定	数据绑定	数据绑定	修改
数据绑定	数据绑定	数据绑定	数据绑定	数据绑定	修改
数据绑定	数据绑定	数据绑定	数据绑定	数据绑定	修改
数据绑定	数据绑定	数据绑定	数据绑定	数据绑定	修改
数据绑定	数据绑定	数据绑定	数据绑定	数据绑定	修改

图 6-63 增加链接功能

下面添加"删除"操作列。选择组件右上角箭头，打开 GridView 任务，选择"编辑列"，添加 CommandField 字段，选择"删除"，单击"添加"按钮，如图 6-64 所示。

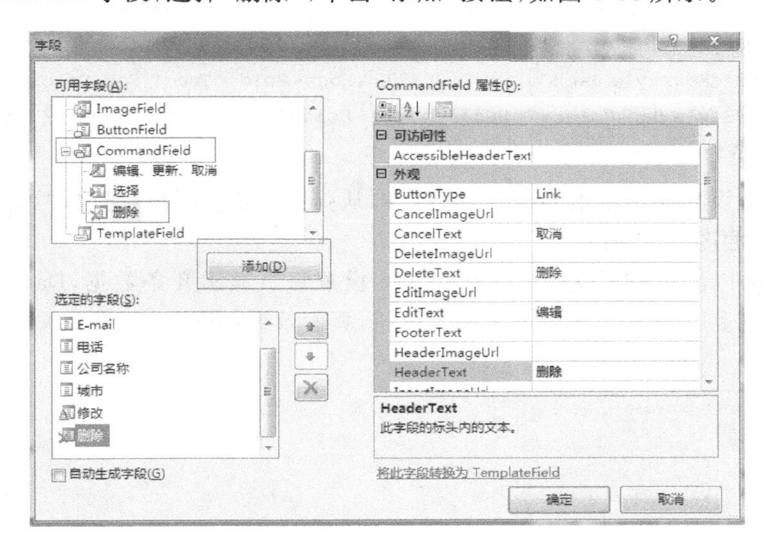

图 6-64 添加"删除"操作列

添加完成后，页面效果如图 6-65 所示。

asp:GridView#GridViewUserList

用户名	E-mail	电话	公司名称	城市	修改	删除
数据绑定	数据绑定	数据绑定	数据绑定	数据绑定	修改	删除
数据绑定	数据绑定	数据绑定	数据绑定	数据绑定	修改	删除
数据绑定	数据绑定	数据绑定	数据绑定	数据绑定	修改	删除
数据绑定	数据绑定	数据绑定	数据绑定	数据绑定	修改	删除
数据绑定	数据绑定	数据绑定	数据绑定	数据绑定	修改	删除

图 6-65 添加"删除"操作列后的效果

代码如下：

```
<asp:GridView ID="GridView1" runat="server" AutoGenerateColumns="False"
    BackColor="White" BorderColor="#3366CC" BorderStyle="None" BorderWidth="1px"
    CellPadding="4">
    <RowStyle BackColor="White" ForeColor="#003399" />
```

```
    <Columns>
        <asp:BoundField DataField="username" HeaderText="用户名" />
        <asp:BoundField DataField="email" HeaderText="E-mail" />

        <asp:BoundField DataField="tel" HeaderText="电话" />
        <asp:BoundField DataField="companyname" HeaderText="公司名称" />
        <asp:BoundField DataField="city" HeaderText="城市" />
        <asp:HyperLinkField DataNavigateUrlFields="id"
            DataNavigateUrlFormatString="updateusr.aspx?id={0}" HeaderText=
            "修改" Text="修改" />
        <asp:CommandField HeaderText="删除" ShowDeleteButton="True" />

    </Columns>
    <FooterStyle BackColor="#99CCCC" ForeColor="#003399" />
    <PagerStyle BackColor="#99CCCC" ForeColor="#003399" HorizontalAlign="Left" />
    <SelectedRowStyle BackColor="#009999" Font-Bold="True" ForeColor="#CCFF99" />
    <HeaderStyle BackColor="#003399" Font-Bold="True" ForeColor="#CCCCFF" />
</asp:GridView>
```

下面添加分页功能。右击 GridView 控件，从弹出的快捷菜单中选择“属性”命令，打开“属性”对话框，如图 6-66 所示。

设置 AllowPaging 属性为 True，PageSize 设置每页显示几条数据，DataKeyNames 设置数据的主键列名。设置完成后单击关闭按钮，页面效果如图 6-67 所示。

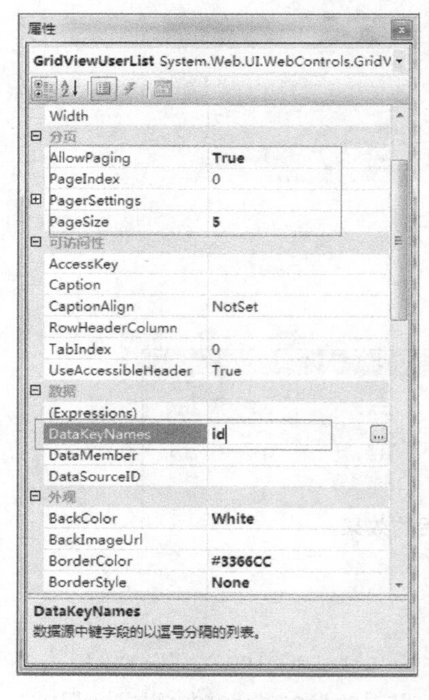

图 6-66 “属性”对话框

用户名	E-mail	电话	公司名称	城市	修改	删除
数据绑定	数据绑定	数据绑定	数据绑定	数据绑定	修改	删除
数据绑定	数据绑定	数据绑定	数据绑定	数据绑定	修改	删除
数据绑定	数据绑定	数据绑定	数据绑定	数据绑定	修改	删除
数据绑定	数据绑定	数据绑定	数据绑定	数据绑定	修改	删除
数据绑定	数据绑定	数据绑定	数据绑定	数据绑定	修改	删除
1 2						

图 6-67 属性设置后效果

分页代码如下：

```
<asp:GridView ID="GridViewUserList" runat="server" AllowPaging="True"
         AutoGenerateColumns="False" BackColor="White" BorderColor="#3366CC"
         BorderStyle="None" BorderWidth="1px" CellPadding="4" DataKeyNames="id"
         PageSize="5">
         <RowStyle BackColor="White" ForeColor="#003399" />
         <Columns>
             <asp:BoundField DataField="username" HeaderText="用户名" />
             <asp:BoundField DataField="email" HeaderText="E-mail" />

             <asp:BoundField DataField="tel" HeaderText="电话" />
             <asp:BoundField DataField="companyname" HeaderText="公司名称" />
             <asp:BoundField DataField="city" HeaderText="城市" />
             <asp:HyperLinkField DataNavigateUrlFields="id"
                 DataNavigateUrlFormatString="updateusr.aspx?id={0}"
                 HeaderText="修改" Text="修改" />
             <asp:CommandField HeaderText="删除" ShowDeleteButton="True" />

         </Columns>
         <FooterStyle BackColor="#99CCCC" ForeColor="#003399" />
         <PagerStyle BackColor="#99CCCC" ForeColor=
         "#003399" HorizontalAlign="Left" />
         <SelectedRowStyle BackColor="#009999" Font-Bold="True" ForeColor=
         "#CCFF99" />
         <HeaderStyle BackColor="#003399" Font-Bold="True" ForeColor=
         "#CCCCFF" />
     </asp:GridView>
```

下面来看 GridView 控件如何绑定数据源。在管理员管理用户的页面对应的 cs 类 products_showusers.aspx.cs 文件中，页面加载函数如下：

```
protected void Page_Load(object sender, EventArgs e)
    {
        if (!IsPostBack)
        {
            ShowDS();


        }
    }
```

其中 ShowDS()方法完成数据集合和组件的绑定功能，在该类中具体编写如下：

```
///<summary>
    ///用户数据绑定到控件展现
    ///</summary>
    public void ShowDS()
    {
        UsrBO userBO=new UsrBO();
```

```
        //调用查询所有用户方法,返回用户数据集合
        DataSet userDS=userBO.FindAllUsr();
        //将数据集合绑定给 GridView 控件数据源
        GridViewUserList.DataSource=userDS.Tables[0];
        GridViewUserList.DataBind();
    }
```

至此,控件设计及数据源绑定完成,项目功能页面运行效果如图 6-68 所示。

图 6-68　项目功能页面运行效果

6.5.5　特别提示

数据源控件(如 SqlDataSource、LinqDataSource 或 XmlDataSource 控件)的引入大大简化了任意数据源中的数据查询和显示。使用数据源控件的向导,可以轻松地生成强大的数据访问功能,而几乎不需要编写任何代码。

6.5.6　拓展与提高

练习使用 SqlDataSource 控件展示和操作用户信息。

连接和访问数据源是实现数据访问的核心。本章将探讨所有的数据源控件,并描述 ASP. NET 中的其他数据绑定功能,通过示例来介绍各个控件的属性、方法和事件的应用方法。在 ASP. NET 中,这些控件强大的功能让开发变得更加简单。本章还介绍了 ASP. NET 包含的大量可以绑定数据的控件,论述了 ASP. NET 工具箱中包含的数据绑定列表控件和数据绑定控件的功能,如 DataList、GridView、FormView、DetailsView、ListView 和 DataPager 控件。开发新手都可以轻松地将数据源控件与 GridView、ListView 和 DetailsView 控件结合起来使用,从而创建强大且编码量最少的数据操作应用程序。

习题

一、填空题

1. 在 ASP.NET 3.5 中，6 个内置的数据源控件是指________、________、________、________、________和________。

2. 数据源控件中提供程序列表是由________文件的 DbProviderFactory 节点中所包含的数据生成的。

3. 当数据源配置成功后，所有配置信息就会显示在________文件中。当维护用户控件时，直接修改它即可。

4. SqlDataSource 控件可以包括 4 个命令参数：________、________、________和________。

5. SqlDataSource 控件能够使用缓存来降低页面与数据库之间的连接频率，可以使用它的缓存属性________进行缓存。

6. ________控件的工作方式是把在控件上设置的属性转换为 LINQ 查询，从而为应用程序中的目标数据对象生成查询数据。

7. 数据来源的指定由控件的________属性决定，并调用方法________绑定到控件上。

8. Repeater 控件包括的 5 种模板是________、________、________、________和________。

9. 若要启用 DetailsView 控件的分页行为，需要把属性________设置为 true，则其页面大小是固定的，始终是一行。

10. GridView 控件的属性分为两个部分：第一部分用于控制 GridView 控件的整体显示效果，包括________、________和________等；第二部分用于控制________。

二、选择题

1. SQL Server.NET 数据提供程序类位于（　　）命名空间。

   A. System.Data.SqlClient 命名空间

   B. System.Data.SqlServer 命名空间

   C. System.Data.SqlCommand 命名空间

   D. System.Data.Sql 命名空间

2. .NET 中，下列关于列表控件的 DataSource 属性的描述不正确的是（　　）。

   A. 要把列表控件绑定到数据源，可以通过 DataSource 属性实现

   B. 列表控件的数据源类型可以是数据列表

   C. 列表控件的数据源类型可以是数据视图，也可以是哈希表

   D. 指定了列表控件的 DataSource 属性后，列表控件将实际绑定到数据源

3. 要在 ASP.NET 页面中使用 DataList 控件绑定并显示一张表的数据，需要设置其（　　）属性指定数据源。

   A. ID　　B. Style　　C. DataSource　　D. DataBind

4. 在.NET 的 WinForms 程序中，可以使用（　　）对象连接和访问数据库。

   A. MDI　　B. JIT　　C. ADO.NET　　D. System.ADO

5. 下面不属于 Repeater 控件最常用的事件的是（　　）。

A. ItemCommand　　B. ItemCreated　　C. ItemDelete　　D. ItemDataBound

6. 在对 SQL Server 数据库操作时应选用（　　）。

A. SQL Server .NET Framework 数据提供程序

B. OLE DB .NET Framework 数据提供程序

C. ODBC .NET Framework 数据提供程序

D. Oracle .NET Framework 数据提供程序

7. ASP.NET 框架中，服务器控件是为配合 Web 表单工作而专门设计的。服务器控件有两种类型，它们是（　　）。

A. HTML 控件和 Web 控件　　B. HTML 控件和 XML 控件

C. XML 控件和 Web 控件　　D. HTML 控件和 IIS 控件

8. 下列 ASP.NET 语句中，（　　）正确地创建了一个与 SQL Server 2000 数据库的连接。

A. SqlConnection con1 = new Connection ("Data Source = localhost; Integrated Security = SSPI; Initial Catalog = myDB")；

B. SqlConnection con1 = new SqlConnection ("Data Source = localhost; Integrated Security = SSPI; Initial Catalog = myDB")；

C. SqlConnection con1 = new SqlConnection (Data Source = localhost; Integrated Security = SSPI; Initial Catalog = myDB)；

D. SqlConnection con1 = new OleDbConnection ("Data Source = localhost; Integrated Security = SSPI; Initial Catalog = myDB")；

9. 下面描述错误的是（　　）。

A. 窗体也是控件　　B. 窗体也是类

C. 控件是从窗体继承来的　　D. 窗体的父类是控件类

10. 下面（　　）选项不是 GridView 的分页模式。

A. NextPrievious　　B. NextPrieviousFirstLast

C. Numeric　　D. NumericFirst

11. 在 ItemTemplate 模板中添加一个 linkbutton 控件，其 CommandName 属性值可以为（　　）。

A. Edit　　B. Delete　　C. Update　　D. Cancel

12. GridView 中的 Columns 集合的字段包括（　　）。

A. BoundField　　B. HyperLinkField

C. CommandField　　D. CheckBoxField

三、简答题

1. 简述在 ASP.NET 3.5 中数据源控件的功能和作用。

2. 使用数据源配置向导设置 SqlDataSource 控件的属性主要包括哪些步骤？

3. 使用 GridView 控件进行数据绑定有哪些方式？

4. GridView 控件的常用事件有哪些？

5. 简述 FormView 控件支持的模板有哪些。

6. 对 ListView 控件进行布局时，有几种类型可以选择？

四、编程题

1. 创建一个 ASP.NET 网页，要求使用 GridView 控件的分页显示 BookShopDB 数据库中的 Book 表，并对数据进行排序。

2. 创建两个 ASP.NET 网页，要求使用 GridView 控件实现主/详细页。在主页中使用 GridView 列出 BookShopDB 数据库中 order 表的数据，当某行单击“查看详细”链接时，将打开详细页面并列出该行的详细信息。

3. 创建一个 ASP.NET 网页，要求使用 FormView 控件创建显示模板分页显示来自数据库的信息。

4. 创建一个 ASP.NET 网页，要求使用 DetailsView 控件分页显示 BookShopDB 数据库中 order 表的数据并实现数据更新。

第7章 用户控件和自定义控件

学习目的与要求

除了在ASP.NET网页中使用Web服务器控件外，还可以使用用于创建ASP.NET网页的相同技术创建可重复使用的自定义控件，这些控件称作用户控件。本章即将讲解用户控件和自定义控件的开发和使用。通过本章的学习将能够：

- 了解用户控件的相关概念。
- 掌握如何将Web窗体转换成用户控件。
- 掌握创建和使用用户控件的方法。
- 学会如何开发简单的自定义控件。理解复合自定义控件开发的方法。
- 了解用户控件和自定义控件的联系和区别。

本章主要内容

- 用户控件：包括什么是用户控件和如何创建用户控件。
- 将Web窗体转换成用户控件。
- 自定义控件的开发。
- 用户控件和自定义控件的异同。

7.1 用户控件

用户控件是一种复合控件，工作原理非常类似于ASP.NET网页。可以向用户控件添加现有的Web服务器控件和标记，并定义控件的属性和方法，然后可以将控件嵌入ASP.NET网页中充当一个单元。

7.1.1 用户控件概述

用户控件使开发人员能够根据应用程序的需求，方便地定义和编写控件。开发所使用的编程技术将与编写 Web 窗体的技术相同，只要开发人员对控件进行修改，就可以将使用该控件的页面的所有控件都进行更改。

ASP. NET Web 用户控件与完整的 ASP. NET 网页(. aspx 文件)相似，同时具有用户界面页和代码。可以采取与创建 ASP. NET 页相似的方式创建用户控件，然后向其中添加所需的标记和子控件。用户控件可以像页面一样包含对其内容进行操作(包括执行数据绑定等任务)的代码。

用户控件与 ASP. NET 网页有以下区别：

(1) 用户控件的文件扩展名为. ascx。

(2) 用户控件中没有@Page 指令，而是包含@Control 指令，该指令对配置及其他属性进行定义。

(3) 用户控件不能作为独立文件运行，而必须像处理任何控件一样，将它们添加到 ASP. NET 页中。

(4) 用户控件中没有 html、body 或 form 元素，这些元素必须位于宿主页中。

可以在用户控件上使用与在 ASP. NET 网页上所用相同的 HTML 元素(html、body 或 form 元素除外)和 Web 控件。例如，如果要创建一个将用作工具栏的用户控件，可以将一系列 ButtonWeb 服务器控件放在该控件上，并创建这些按钮的事件处理程序。

7.1.2 将 Web 窗体页转换为用户控件

在编写用户控件时，会发现 Web 窗体的结构和用户控件的结构基本相同。如果开发人员已经开发了 Web 窗体，并在今后的需求中决定能够在应用程序全局中访问此 Web 窗体，那么就可以将 Web 窗体改成用户控件。

如果已经开发了 ASP. NET 网页并打算在整个应用程序中访问其功能，可以对该页面略加改动，将它更改为一个用户控件。

1. 将单文件 ASP. NET 网页转换为用户控件

将单文件 ASP. NET 网页转换为用户控件的步骤如下：

(1) 重命名控件，使其文件扩展名为. ascx。

(2) 从该页面中移除 html、body 和 form 元素。

(3) 将@Page 指令更改为@Control 指令。

(4) 移除@Control 指令中除 Language、AutoEventWireup(如果存在)、CodeFile 和 Inherits 之外的所有特性。

(5) 在@Control 指令中包含 className 特性。这允许将用户控件添加到页面时对其进行强类型化。

2. 将代码隐藏 ASP. NET 网页转换为用户控件

将代码隐藏 ASP. NET 网页转换为用户控件的步骤如下：

(1) 重命名. aspx 文件，使其文件扩展名为. ascx。

(2) 根据代码隐藏文件使用的编程语言重命名代码隐藏文件，使其文件扩展名为. ascx. vb 或. ascx. cs。

(3) 打开代码隐藏文件，并将该文件继承的类从 Page 更改为 UserControl。

(4) 针对每个. aspx 文件，按照将单文件 ASP. NET 网页转换为用户控件的步骤操作。

(5) 在@Control指令中包含className特性。这允许将用户控件添加到页面时对其进行强类型化。

3. 将Web窗体转换成用户控件

首先需要删除<body>、<html>和<head>等标记。在删除标记后,还需要对两种窗体的声明方式进行更改。对于Web窗体,其标记方式如下面代码所示:

```
<%@Page Language="C#" %>
<html>
  <script runat=server>
    void EnterBtn_Click(Object sender, EventArgs e)
    {
          Label1.Text="Hi "+Name.Text+" welcome to ASP.NET!";
    }
  </script>
  <body>
    <h3><u>Web Forms Page</u></h3>
    <form  runat="server">
      Enter Name: <asp:textbox id="Name" runat=server/>
      <asp:button Text="Enter" OnClick="EnterBtn_Click"  runat=server/>
      <br>
      <br>
      <asp:label id="Label1" runat=server/>
    </form>
  </body>
</html>
```

对于用户控件,声明代码如下所示:

```
<%@Control Language="C#" ClassName="SampleUserControl" %>
  <h3><u>User Control</u></h3>
  <script runat=server>
    void EnterBtn_Click(Object Sender,EventArgs e)
    {
       Label1.Text="Hi "+Name.Text+" welcome to ASP.NET!";
    }
  </script>
  Enter Name: <asp:textbox id="Name" runat=server/>
  <asp:button Text="Enter" OnClick="EnterBtn_Click"  runat=server/>
  <br>
  <br>
  <asp:label id="Label1" runat=server/>
```

在将Web窗体更改为用户控件时,只需要将Page Language更改为Control Language即可。这样就完成了Web窗体向用户控件的转换过程。

注意:有的时候,标记中还包括ClassName属性,当包含ClassName属性时,还需要修改相应的ClassName属性。

7.1.3 用户控件的开发

创建 ASP. NET 用户控件的方法与设计 ASP. NET 网页的方法极为相似。在标准 ASP. NET 页上使用的 HTML 元素和控件也可用在用户控件上。但是,用户控件没有 html、body 和 form 元素,并且文件扩展名必须为. ascx。

1. 建立用户控件

在 Visual Studio 2008 中,首先打开或新建一个网站项目。选中该网站并右击,从弹出的快捷菜单中选择"添加"→"新建项"命令,打开"添加新项"对话框,依次选择 Visual C# 和"Web 用户控件"选项,输入用户控件名称后,如图 7-1 所示,单击"添加"按钮即可创建一个用户控件。

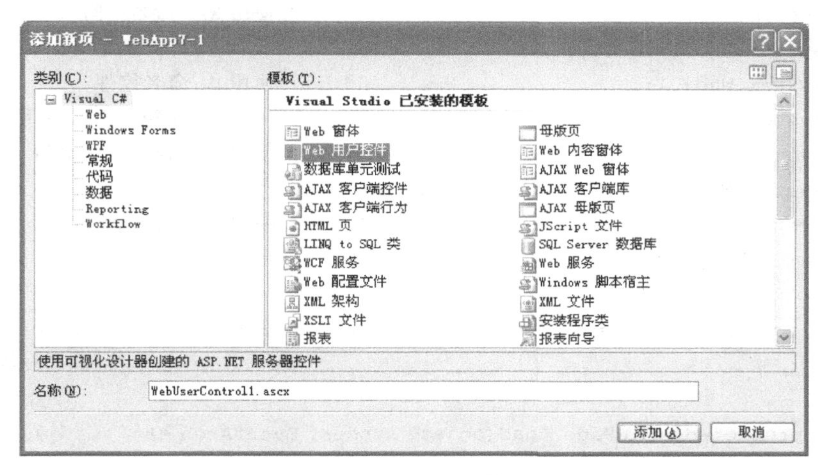

图 7-1 创建用户控件

用户控件创建完毕后,会生成一个. ascx 页面,然后它将在设计器中打开。此新控件的标记与 ASP. NET 网页的标记相似,只是它包含@Control 指令,而不含@Page 指令,并且用户控件没有 html、body 和 form 元素。在解决方案管理器中可以打开. aspx 页面和. ascx 页面进行对比,其结构并没有太大的变化,如图 7-2 和图 7-3 所示。

图 7-2 .aspx 页面结构

图 7-3 .ascx 页面结构

用户控件创建完成后，.ascx页面的代码如下所示：

```
<%@Control Language="C#" AutoEventWireup="true"
    CodeBehind="WebUserControl1.ascx.cs" Inherits="WebApp7_1.WebUserControl1" %>
```

其中没有任何的<body>、<html>等标记，而.ascx.cs页面代码基本同.aspx相同，示例代码如下：

```
using System;                                          //使用系统命名空间
using System.Collections;
using System.Configuration;
using System.Data;
using System.Linq;
using System.Web;                                      //使用Web命名空间
using System.Web.Security;
using System.Web.UI;                                   //使用UI命名控件
using System.Web.UI.HtmlControls;                      //使用Html控件命名空间
using System.Web.UI.WebControls;                       //使用Web控件命名空间
using System.Web.UI.WebControls.WebParts;
using System.Xml.Linq;                                 //使用LINQ命名空间
namespace WebApp7_1
{
    public partial class WebUserControl1 : System.Web.UI.UserControl
                                                                   //从控件类派生
    {
        protected void Page_Load(object sender, EventArgs e)      //页面加载方法
        {
        }
    }
}
```

2. 完善用户控件

ASP.NET用户控件能够封装一个单元中多个子控件的功能。用户控件由一个或多个ASP.NET服务器控件(Button控件、TextBox控件等)以及控件执行功能所需的任何代码组成。用户控件还可以包括自定义属性或方法，这些属性或方法向容器(通常为ASP.NET页)显示用户控件的功能。

编写一个用作选择器控件的ASP.NET用户控件，此选择器控件有两个列表，一个列表(源)中有一组选择。用户可以在SourceList列表中选择项，然后将这些项添加到TargetList列表中。

首先向新用户控件添加两个列表控件和三个按钮控件，并对控件的布局和相关属性进行修改和设置，完成后的示例代码如下：

```
<%@Control Language="C#" AutoEventWireup="true"
CodeBehind="WebUserControl1.ascx.cs" Inherits="WebApp7_1.WebUserControl1" %>
<table class="style1">
```

```
    <tr>
        <td>
           可用选项<br/>
            <asp:ListBox ID="SourceList" runat="server"   Height="100px" Width=
            "100px">
                <asp:ListItem>A</asp:ListItem>
                <asp:ListItem>B</asp:ListItem>
                <asp:ListItem>C</asp:ListItem>
            </asp:ListBox>
        </td>
        <td>
            <asp:Button ID="AddAll" runat="server" Text="&gt;&gt;" />
            <br />
            <asp:Button ID="AddOne" runat="server"  Text=" &gt; " />
            <br />
            <asp:Button ID="Remove" runat="server" Text=" X "  />
        </td>
        <td>已选择<br />
            <asp:ListBox ID="TargetList" runat="server" Height="100px" Width=
            "100px">
            </asp:ListBox>
        </td>
    </tr>
</table>
```

上述代码创建了一个选择器界面，界面布局如图 7-4 所示。

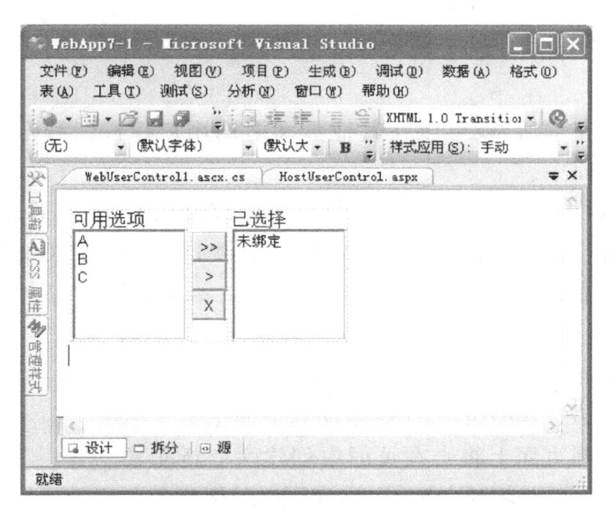

图 7-4 编写选择器界面

当界面布局完毕后，就需要为用户控件编写事件。当用户单击>>、>和×按钮时，为了实现 Add All、Add 和 Remove 的功能，需要进行事件操作。同 Web 窗体一样，双击按钮同样会自动生成事件。示例代码如下：

```
protected void AddAll_Click(object sender, EventArgs e)
{
    TargetList.SelectedIndex=-1;
    foreach (ListItem li in SourceList.Items)
    {
      AddItem(li);
    }
}
protected void Remove_Click(object sender, EventArgs e)
{
      if (TargetList.SelectedIndex >=0)
      {
         TargetList.Items.RemoveAt(TargetList.SelectedIndex);
         TargetList.SelectedIndex=-1;
      }
  }
protected void AddOne_Click(object sender, EventArgs e)
{
      if (SourceList.SelectedIndex >=0)
      {
         AddItem(SourceList.SelectedItem);
      }
}
protected void AddItem(ListItem li)
{
      TargetList.SelectedIndex=-1;
      TargetList.Items.Add(li);
}
```

当用户控件制作完毕后，就可以在其他页面引用用户控件。和任何控件一样，用户控件必须承载在某个页面中。

接着，需要在网站中创建一个 Web 窗体。选中该网站右击，从弹出的快捷菜单中选择“添加”→“新建项”命令，打开“添加新项”对话框，依次选择 Visual C# 和“Web 窗体”选项，并在“名称”文本框中输入名称，如 HostUserControl.aspx，单击“添加”按钮即可创建一个新页面。

切换到新页面 HostUserControl.aspx 的“设计”视图中，从解决方案资源管理器中将用户控件文件(WebUserControl1.ascx)拖动到页面上。

将用户控件放置到页面上将会在页面中创建两个新元素。

(1) 页面的顶部是一个新的@Register 指令，示例代码如下：

```
<%@Register src="~/WebUserControl1.ascx" tagName="WebUserControl1"
        tagPrefix="uc1" %>                    //声明控件引用
```

其中@Register 指令是必选的，因为用户控件是外部组件。指令中的值提供 ASP.NET 在编译和运行页面时查找控件所需的信息。tagPrefix 和 tagName 特性一起指定如何在页面中声明控件。src 特性指定文件和源文件所在的路径(如有必要)。@Register 指令的必须属性的功能如表 7-1 所示。

表 7-1 @Register 指令的属性功能

属性名	功 能
tagPrefix	定义控件位置的命名控件。有了命名空间的制约,就可以在同一个页面中使用不同功能的同名控件
tagName	指向所用控件的名字
src	用户控件的文件路径,可以为相对路径或绝对路径,但不能使用物理路径

注意:为了灵活使用,src 属性值建议使用相对路径。代字号(～)表示应用程序的根目录。用户控件不能位于 App_Code 目录中。

(2) 第二个新元素是用户控件的元素,示例代码如下:

```
<uc1:WebUserControl1 ID="WebUserControl11" runat="server" />        //使用用户控件
```

用户控件的元素的外观与普通 ASP.NET 服务器控件的元素相似。区别在于用户控件具有不同的标记前缀(uc1),并且有一个唯一的标记名称(WebUserControl1)。尽管这些值是由@Register 指令在用户控件放置到页面时自动建立的,只要未在页面中使用这些值,就可以为用户控件使用任何标记前缀和标记名称。

运行 HostUserControl.aspx 页面,在浏览器中可以看到组成用户控件的两个列表和三个按钮,如图 7-5 所示。当单击>>(AddAll)按钮,SourceList 列表中的所有值即会复制到 TargetList 列表,如图 7-6 所示。

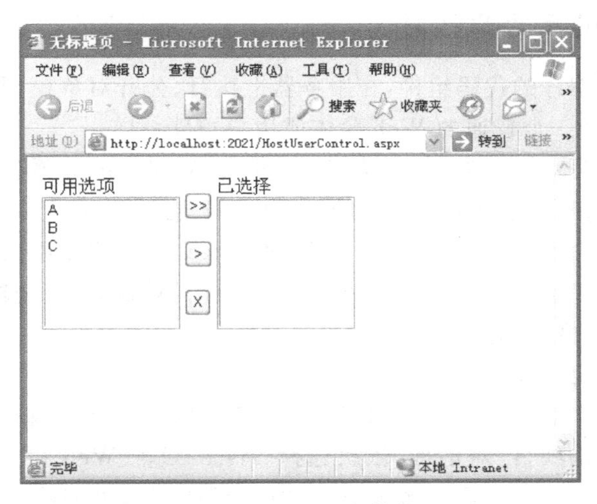

图 7-5 运行用户控件

依次单击 TargetList 列表中的每个项,然后单击×(Remove)按钮,直至移除所有项为止。在 SourceList 列表中选择一个值,然后单击>(AddOne) 按钮,会将单个值复制到 TargetList 列表。

当需要对选择器进行修改,而无需对页面进行修改时,只需要修改相应的用户控件即可。当多个页面进行同样的用户控件的使用时,若需要对多个页面的控件进行样式或逻辑

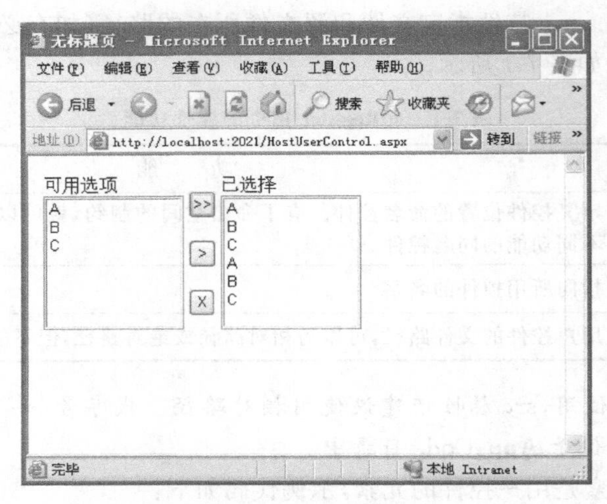

图7-6 用户操作界面

的更改,只需要修改相应的控件,而不需要进行繁冗的多个页面的修正。

7.2 自定义控件

用户控件能够执行很多操作,并实现一些功能。但是在复杂的环境下,用户控件并不能够达到开发人员的要求,因为用户控件大部分都是使用现有的控件进行组装,编写事件来达到目的。于是,ASP.NET允许开发人员编写自定义控件实现复杂的功能。

7.2.1 简单的自定义控件

自定义控件是已编译的代码组件,在服务器上执行、公开对象模型和呈现的标记文本,如HTML或XML,像一个普通的Web窗体或用户控件一样。

自定义控件是编写的一个类,此类从Control或WebControl派生。Control类提供了将其放在Page类的控件树中的基本功能。自定义控件需要定义一个直接或间接从Control类派生的类,并重写Render方法。WebControl类将功能添加到基本的控件类,用于在客户端计算机上显示可视的内容。例如,可以使用WebControl类控制外观和样式,通过诸如字体、颜色和高度等属性。

下面介绍一下自定义控件的创建和使用。

首先需要创建一个自定义控件。在VS2008 Studio环境中,执行"文件"→"新建"→"项目"命令,打开"新建项目"对话框,依次选择Visual C#、Web和"ASP.NET服务器控件"选项,并在"名称"文本框中输入名称,单击"确定"按钮即可创建一个自定义控件,如图7-7所示。

自定义控件创建完成后,会自动生成一个类和相应的方法。示例代码如下:

```
using System;
using System.Collections.Generic;
using System.ComponentModel;
using System.Linq;
```

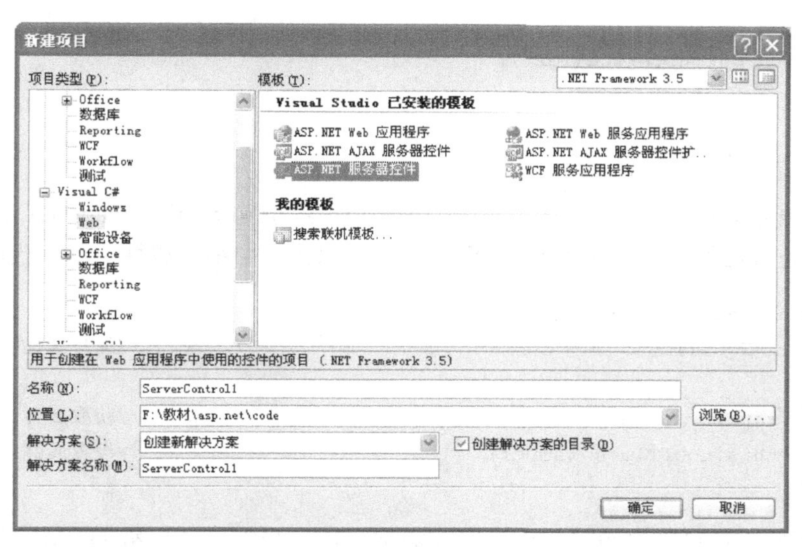

图 7-7 创建自定义控件

```
using System.Text;
using System.Web;
using System.Web.UI;
using System.Web.UI.WebControls;                    //使用 UI 命名空间以便继承
namespace ServerControl1
{
    [DefaultProperty("Text")]                       //声明属性
    [ToolboxData("<{0}:ServerControl1 runat=server></{0}:ServerControl1>")]
                                                    //设置控件格式
    public class ServerControl1 : WebControl
    {
        [Bindable(true)]                            //设置是否支持绑定
        [Category("Appearance")]                    //设置类别
        [DefaultValue("")]                          //设置默认值
        [Localizable(true)]                         //设置是否支持本地化操作
        public string Text                          //定义 Text 属性
        {
            get                                     //获取属性
            {
                String s=(String)ViewState["Text"];         //获取属性的值
                return ((s==null) ?"["+this.ID+"]" : s);    //返回默认属性的值
            }
            set                                             //设置属性
            {
                ViewState["Text"]=value;
            }
        }
        protected override void RenderContents(HtmlTextWriter output)   //页面呈现
```

```
        {
            output.Write(Text);
        }
    }
}
```

在使用服务器控件时，会发现控件有很多的属性，例如SqlConnection、Color等属性。为了实现服务器控件的智能属性配置，用户能够在源代码中编写属性。示例代码如下：

```
private int noOfTimes;
public int NoOfTimes                                    //编写属性
{
    get {return this.noOfTimes;}                        //获取属性
    set {this.noOfTimes=value;}                         //设置属性
}
```

然后，开发人员可以在源代码中编写和添加属性。当需要呈现给HTML页面输出时，只需要重写Render方法即可。示例代码如下：

```
protected override void RenderContents(HtmlTextWriter output)
{
    for (int i=0; i<NoOfTimes; i++)                  //利用定义属性循环输出信息
    {
        output.Write("Hello World.."+"<BR>");
    }
    output.Write("定义的Text属性的值为:"+Text);   //输出为页面呈现
}
```

接着，需要将自定义控件编译成DLL文件。选中该项目，执行“生成”命令编译控件，编译成功后生成自定义控件的DLL文件。

还需要打开现有的或创建一个新的ASP.NET Web应用程序项目。执行“文件”→“新建”→“项目”命令，打开“新建项目”对话框，依次选择Visual C#、Web和“ASP.NET Web应用程序”选项，并在“名称”文本框中输入名称如WebApp7-2，在“解决方案”下拉列表中选择“添入解决方案”，单击“确定”按钮即可创建一个ASP.NET Web应用程序项目。

为了在Web窗体页中使用刚刚定义的自定义控件，需要在该项目中添加引用。右击现有项目，从弹出的快捷菜单中选择“添加引用”命令，如果是同在一个解决方案下，只要选择“项目”选项卡即可，如图7-8所示。而如果不在同一解决方案下，则需要选择“浏览”选项卡浏览相应的DLL文件，如图7-9所示。

单击“确定”按钮完成引用的添加后，就可以在页面中使用此自定义控件。若需要在页面中使用此自定义控件，同样与用户控件一样需要在头部声明自定义控件。示例代码如下：

```
<%@Register TagPrefix="MyControl" Namespace="ServerControl1"
        Assembly="ServerControl1" %>
```

上述代码向页面注册了自定义控件，自定义注册完毕后，就能够在页面中使用该控件。

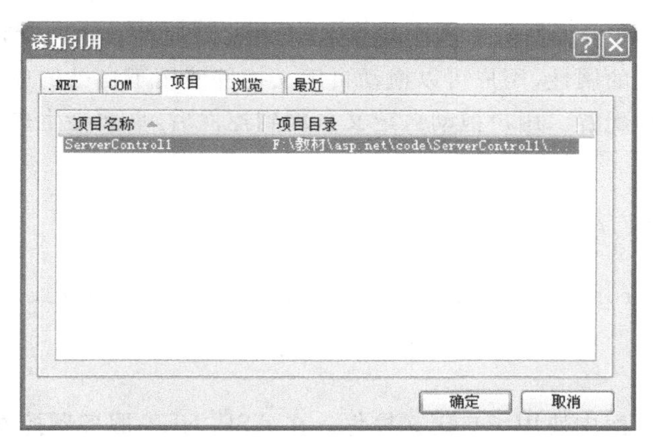

图 7-8 添加项目引用

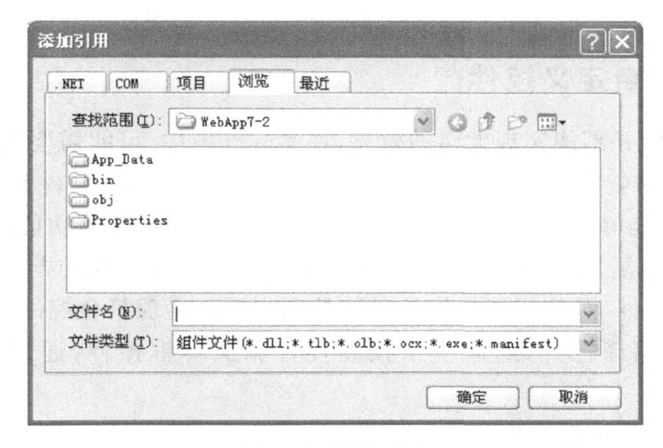

图 7-9 浏览 DLL

同时,在工具栏中也会呈现自定义控件,如图 7-10 所示。自定义控件呈现在工具箱之后,就可以直接拖动自定义控件到页面,并且配置相应的属性,如图 7-11 所示。

图 7-10 呈现自定义控件

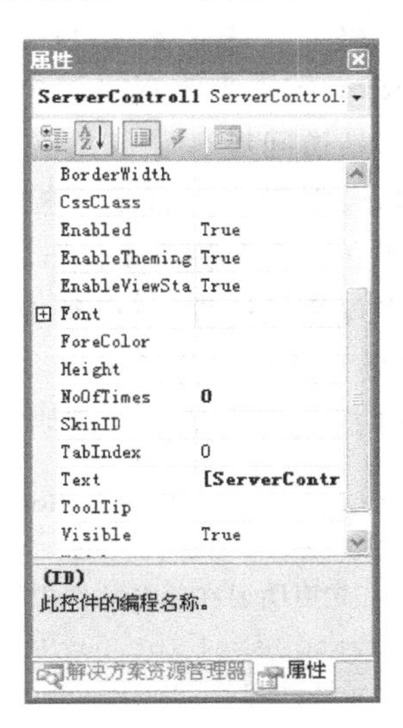

图 7-11 配置自定义属性

如图7-11所示，开发人员能够在自定义控件中编写属性，这些属性可以是共有属性，也可以是用户自定义的属性，用户可以拖动自定义控件使用于自己的应用程序中并通过属性进行自定义控件的配置。用户拖动自定义页面到控件后，页面会生成相应的自定义控件的HTML代码：

```
<form id="form1" runat="server">
    <div>
        <MyControl:ServerControl1 ID="ServerControl11" runat="server" />
    </div>
</form>
```

上述代码就在页面中使用了自定义控件。在ASP.NET服务器控件中，很多的控件都是通过自定义控件来实现的，开发人员能够开发相应的自定义控件并在不同的应用中使用而无须重复开发。

7.2.2 复合自定义控件

一个简单的控件并不能实现太多的效果，在实际开发中，可能需要更多的功能，这种复杂功能控件最常见的就是SqlDataSource控件。SqlDataSource控件是数据源控件，通过SqlDataSource控件能够配置数据源，并且实现分页、插入、删除等功能。复合自定义控件就类似这样一个功能复杂的控件。编写复合自定义控件有以下几种方式：

(1) 创建用户控件，并使用用户控件封装的用户界面实现复合控件。

(2) 开发一个编译控件，封装一个按钮控件和文本框控件，通过重写Render方法呈现。

(3) 从现有的控件中派生出新控件。

(4) 从基本控件类之一派生来创建自定义控件。

通过编写复合控件，能够让控件开发更加灵活，控件的使用人员也能够更加方便的配置控件。

下面介绍一个自定义的用户登录控件的创建和使用。该控件可以通过几个TextBox控件和Button控件来实现当用户进行网站访问时，网站希望用户能够注册和登录到网站，从而提高网站访问量。

首先需要创建一个自定义控件。利用"新建项目"对话框中的"ASP.NET服务器控件"选项，建立一个名称为Login，位置为"…/LoginCtrl"的自定义控件。

为了实现登录控件，就必须在自定义控件中添加相应的服务器控件(子控件)。在登录控件中，需要Label控件显示文字信息，TextBox控件让用户输入用户名和密码，以及两个Button控件提交用户请求。声明登录控件中子控件的代码如下：

```
public class LoginCtrl : WebControl
{
    //首先声明要在复合控件中使用的子控件
    private Label lblUserName=new Label();                //显示"用户名"的Label控件
    private Label lblPassWord=new Label();                //显示"密码"的Label控件
    private TextBox txtUserName=new TextBox();            //用户名输入的TextBox控件
```

```
    private TextBox txtPassWord=new TextBox();      //密码输入的 TextBox 控件
    private Button submitButton=new Button();       //提交 Button 控件
    private Button clearButton=new Button();        //重置 Button 控件
    //承载其他控件的容器 Panel 控件
    private System.Web.UI.WebControls.Panel pnlFrame=
        new System.Web.UI.WebControls.Panel();
    ⋮
}
```

上述代码主要创建了两个 Label 控件、两个 TextBox 控件和两个 Button 控件。其中，txtUserName 能够让用户输入用户名，而 txtPassWord 能够让用户输入密码。当用户单击 submitButton 时，实现登录操作。在这里需要声明一个事件，示例代码如下：

```
public event EventHandler SubmitOnClick;      //声明自定义控件 LoginCtrl 的提交事件
public event EventHandler ClearOnClick;       //声明自定义控件 LoginCtrl 的重置事件
```

完成对控件和事件的声明，可以利用类的构造方法完成登录控件的初始化和布局处理。类 LoginCtrl 的构造方法的实现代码如下：

```
public LoginCtrl()
{
                                              //初始化控件的属性
    this.lblUserName.Text="用户名:";
    this.lblPassWord.Text="密   码:";
    this.txtPassWord.TextMode=
        System.Web.UI.WebControls.TextBoxMode.Password;
    this.pnlFrame.Width=240;
    this.pnlFrame.Height=120;
    this.pnlFrame.BackColor=Color.Empty;
    //添加提交按钮单击事件
    submitButton.Text="确定";
    submitButton.Click+=new EventHandler(this.SubmitBtn_Click);
    //添加重置按钮单击事件
    clearButton.Text="重置";
    clearButton.Click+=new EventHandler(this.ClearBtn_Click);
    //将声明的各子控件添加到 LoginCtrl 中
    this.Controls.Add(this.submitButton);
    this.Controls.Add(this.clearButton);
    this.Controls.Add(this.txtUserName);
    this.Controls.Add(this.txtPassWord);
    this.Controls.Add(this.lblUserName);
    this.Controls.Add(this.lblPassWord);
    this.Controls.Add(this.pnlFrame);
}
```

接着就需要进行属性的编写。在登录控件中，希望在前台开发人员在开发过程中能够轻易地配置属性进行使用，从而提高代码的复用性。在登录控件中，开发人员希望控件的使用人员能够配置背景颜色、边框粗细、内置距离、登录说明和跳转连接等。在代码中,可以分别为这些属性进行配置,示例代码如下:

```
public class LoginCtrl : WebControl
{
    ⋮
    private Color _fontColor=Color.Black;                    //声明字体颜色变量
    private Color _backColor=Color.White;                    //声明控件背景变量
    //字体颜色属性
    [Bindable(false),                                        //设置是否支持绑定
    Category("Appearance"),                                  //设置类别
    DefaultValue("")]                                        //设置默认值
    [Localizable(true)]                                      //设置是否支持本地化操作

    public override Color ForeColor                          //设置前景属性
    {
      get  {     return this._fontColor;    }                //获取背景
      set  {     this._fontColor=value;   }                  //设置背景
    }
    ⋮
}
```

上述代码定义了一个属性,在属性定义前,可以对属性进行描述,如代码中 Bindable、Category、DefaultValue 和 Localizable 等。在代码中,将 Category 属性设置为 Appearance,这个属性就会在"外观"选项卡中出现。

配置完成 ForeColor 后,就可以为其他的属性做相应的配置。示例代码如下:

```
public class LoginCtrl : WebControl
{
    ⋮
    //控件背景属性
    [Bindable(true)]                                         //设置是否支持绑定
    [Category("Appearance")]                                 //设置类别
    [DefaultValue("")]                                       //设置默认值
    [Localizable(true)]                                      //设置是否支持本地化操作
    public override Color BackColor                          //设置背景颜色
    {
        get  { return this._backColor; }                     //获取属性的值
        set  { this._backColor=value; }                      //设置属性默认值
    }
    //用户名属性
    [Bindable(false),
    Category("Appearance"),
    DefaultValue("")]
    public string UserName
    {
        get { return this.txtUserName.Text; }
```

```
    set {  this.txtUserName.Text=value; }
}
//密码属性
[Bindable(false),
Category("Appearance"),
DefaultValue(""), Browsable(false)]
public string PassWord
{
    get  {  return this.txtPassWord.Text;  }
    set  {  this.txtPassWord.Text=value; }
}
//控件宽度属性
[Bindable(false),
Category("Appearance"),
DefaultValue("")]
public override Unit Width
{
    get  {  return this.pnlFrame.Width;  }
    set  {  this.pnlFrame.Width=value; }
}
//控件高度属性
[Bindable(false),
Category("Appearance"),
DefaultValue("")]
public override Unit Height
{
    get  {  return this.pnlFrame.Height;  }
    set  {  this.pnlFrame.Height=value; }
}
//控件边框颜色属性
[Bindable(false),
Category("Appearance"),
DefaultValue("")]
public override Color BorderColor
{
    Get  {  return this.pnlFrame.BorderColor;  }
    set  {  this.pnlFrame.BorderColor=value; }
}
//控件边框样式属性
[Bindable(false),
Category("Appearance"),
DefaultValue("")]
public override BorderStyle BorderStyle
{
    get  {  return this.pnlFrame.BorderStyle;  }
    set  {  this.pnlFrame.BorderStyle=value; }
}
```

```
        //控件边框宽度属性
        [Bindable(false),
        Category("Appearance"),
        DefaultValue("")]
        public override Unit BorderWidth
        {
            get  {  return this.pnlFrame.BorderWidth;  }
            set  {  this.pnlFrame.BorderWidth=value; }
        }
        ⋮
}
```

编写完成属性后，就可以通过重写Render方法呈现不同的HTML。示例代码如下：

```
protected override void RenderContents(HtmlTextWriter output)      //编写页面输出
{
    this.pnlFrame.RenderBeginTag(output);                        //输出Panel控件
    //在Panel中绘制表格
    output.AddAttribute(HtmlTextWriterAttribute.Border, "0");
    output.AddAttribute(HtmlTextWriterAttribute.Cellpadding, "0");
    output.AddAttribute(HtmlTextWriterAttribute.Cellspacing, "0");
    output.AddAttribute(System.Web.UI.HtmlTextWriterAttribute.Width, "100%");
    output.AddAttribute(System.Web.UI.HtmlTextWriterAttribute.Height, "100%");
    output.AddAttribute(HtmlTextWriterAttribute.Bgcolor, this._backColor.Name);
    output.RenderBeginTag(HtmlTextWriterTag.Table);
    output.RenderBeginTag(HtmlTextWriterTag.Tr);
    output.RenderBeginTag(HtmlTextWriterTag.Td);
    //在表格中添加Label控件
    this.lblUserName.ForeColor=this._fontColor;
    this.lblUserName.RenderControl(output);
    output.RenderEndTag();
    output.RenderBeginTag(HtmlTextWriterTag.Td);
    //在表格中添加TextBox控件
    this.txtUserName.RenderControl(output);
    output.RenderEndTag();
    output.RenderEndTag();
    output.RenderBeginTag(HtmlTextWriterTag.Tr);
    output.RenderBeginTag(HtmlTextWriterTag.Td);
    //在表格中添加Label控件
    this.lblPassWord.ForeColor=this._fontColor;
    this.lblPassWord.RenderControl(output);
    output.RenderEndTag();
    output.RenderBeginTag(HtmlTextWriterTag.Td);
    //在表格中添加TextBox控件
    this.txtPassWord.RenderControl(output);
    output.RenderEndTag();
```

```
        output.RenderEndTag();
        output.RenderBeginTag(HtmlTextWriterTag.Tr);
        output.AddAttribute(HtmlTextWriterAttribute.Align, "right");
        output.RenderBeginTag(HtmlTextWriterTag.Td);
        //在表格中添加 Button 控件
        this.submitButton.RenderControl(output);
        output.RenderEndTag();
        output.AddAttribute(HtmlTextWriterAttribute.Align,"center");
        output.RenderBeginTag(HtmlTextWriterTag.Td);
        //在表格中添加 Button 控件
        this.clearButton.RenderControl(output);
        output.RenderEndTag();
        output.RenderEndTag();
        output.RenderEndTag();
        this.pnlFrame.RenderEndTag(output);
    }
```

上述代码使用了 HtmlTextWriter 类，HtmlTextWriter 类能够动态地创建 HTML 标签。上述代码中使用了 HtmlTextWriter 类的对象的 RenderBeginTag 方法创建相应的 HTML 标记。重写 Render 方法以呈现不同的 HTML 后，用户就能够看到登录界面，当用户单击“登录”按钮后，应该执行登录事件。编写按钮事件的代码如下：

```
    //处理提交按钮单击事件
    private void SubmitBtn_Click(object sender, EventArgs e)
    {
        EventArgs e1=new EventArgs();                          //编写按钮事件方法
        if (this.SubmitOnClick !=null)                         //判断事件冒泡是否为空
              this.SubmitOnClick(this.submitButton, e1);       //触发事件
    }
    //处理重置按钮单击事件
    private void ClearBtn_Click(object sender, EventArgs e)
    {
          this.txtPassWord.Text="";
          this.txtUserName.Text="";
          EventArgs e1=new EventArgs();
          if (this.ClearOnClick !=null)
                this.ClearOnClick(this.clearButton, e1);
    }
```

编写按钮事件后，选中该项目执行“生成”命令将该自定义控件 Login 编译成 DLL 文件，到此整个自定义控件就制作完成。相比之下，自定义控件的制作并不是那么难，反而自定义控件能够实现更多的效果，并呈现不同的样式，并且允许界面开发人员通过相应的配置呈现不同的样式。

为了使用自定义控件，还需要在 ASP. NET Web 应用程序项目中为自定义控件添加引用，并从工具箱中将该控件拖到 Web 页面中。用户还可以对自定义控件的属性进行相

应的配置,如图7-12所示。运行界面如图7-13所示。

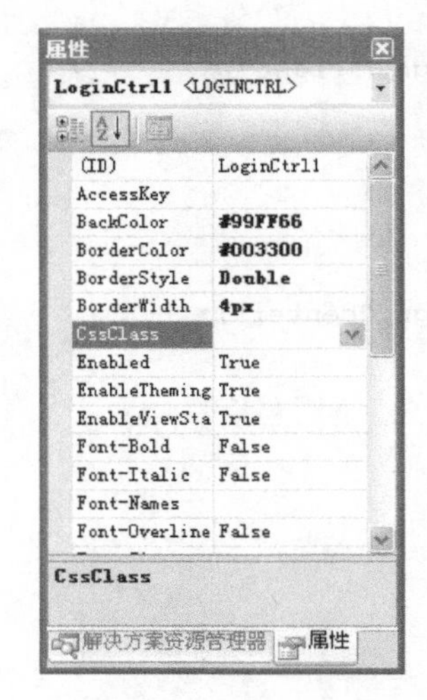

图7-12　自定义属性

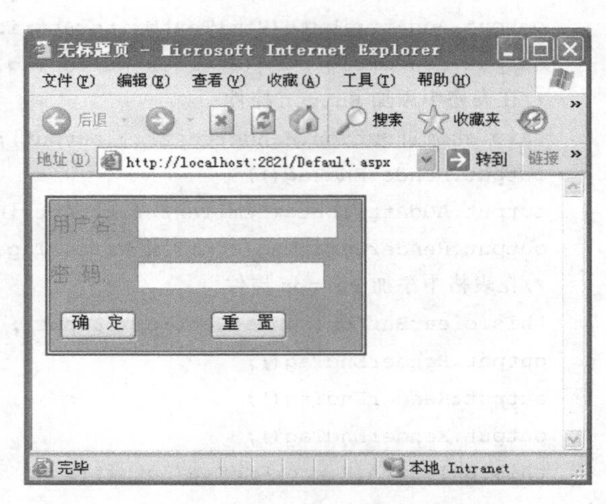

图7-13　Login自定义控件运行界面

7.3 用户控件和自定义控件比较

对比用户控件和自定义控件,很多人认为用户控件更加容易开发,而自定义控件的门槛较高,不方便应用程序的开发。其实不然,用户控件更适合创建内部应用程序的特定控件,例如用户登录控件在该项目中经常使用,所以创建用户控件能够极快的提高应用程序的开发。而自定义控件通常更适合创建通用的可再分发的控件,例如常用的开源HTML编辑器Fckeditor就可以说是一个优秀的自定义控件。

通常用户控件在一个项目中经常使用,而自定义控件用来在通用的程序中使用。在网站应用程序开发中,导航控件如果使用用户控件实现是非常方便的。但是,通过自定义控件实现,可能并不能适合所有的应用场合,当需要适应其他场合时,可能需要重新开发和编译。具体地讲,用户控件和自定义控件的区别如表7-2所示。

表7-2　用户控件和自定义控件的区别

因　素	用户控件	自定义控件
创建	用户控件是以.ascx形式声明并创建的,开发过程也比较简单,并且有设计器提供设计支持	自定义控件是从System.Web.UI.Control派生而来的,开发过程稍微复杂,因为没有设计器支持,难于创建
支持	为使用可视化设计工具的使用者提供有限的支持	为使用者提供完全的可视化设计工具支持
性能	每个应用程序中需要控件的一个单独副本	仅在全局程序集缓存中需要控件的单个副本
使用率	开发的应用程序只是需要小范围的使用	开发的自定义控件能够在大部分的应用程序中被应用
生成方式	用户控件是以.ascx的形式呈现。不能添加到Visual Studio中的工具箱	自定义控件是以DLL的形式呈现。可以添加到Visual Studio中的工具箱

7.4 项目案例

7.4.1 学习目标

(1) 了解用户控件的相关概念及掌握如何将 Web 窗体转换成用户控件。
(2) 掌握创建和使用用户控件的方法。
(3) 了解用户控件和自定义控件的联系和区别。

7.4.2 案例描述

本案例是通过制作自定义控件,将其拖到网页上,在用户注册或浏览某网页时实现基本的欢迎语句。

7.4.3 案例要点

通过制作 WelcomeLabel 类,再通过 RenderContents 方法,将字流写入,然后将该自定义控件拖到 Default.aspx 网页中。

7.4.4 案例实施

在 SimpleControl 项目中添加一个 Web 自定义控件并命名为 WelcomeLabel.cs,代码如下:

```
using System;
using System.Collections.Generic;
using System.Security.Permissions;
using System.ComponentModel;
using System.Text;
using System.Web;
using System.Web.UI;
using System.Web.UI.WebControls;

namespace SimpleControl
{
    [
        AspNetHostingPermission(SecurityAction.Demand, Level=
        AspNetHostingPermissionLevel.Minimal),
        AspNetHostingPermission(SecurityAction.InheritanceDemand, Level=
        AspNetHostingPermissionLevel.Minimal),
        DefaultProperty("Text"),
        ToolboxData("<{0}:WelcomeLabel runat=\"server\"></{0}:WelcomeLabel>")
    ]
    public class WelcomeLabel : WebControl
    {
        //实现 Text 属性
```

```
        [
        Bindable(true), Category("Appearance"), DefaultValue(""),
        Description("文本内容."), Localizable(true)
        ]
        public virtual string Text
        {
            get
            {
                string s=(string)ViewState["Text"];
                return (s==null) ? String.Empty : s;
            }
            set
            {
                ViewState["Text"]=value;
            }
        }
        //重写 RenderContents 方法
        protected override void RenderContents(HtmlTextWriter writer)
        {
            //将 Text 属性写入输入流中
            writer.WriteEncodedText(Text);
            //判断 Web 请求是否有效。如果有效,则设置内容,并写入输出流中
            if (Context !=null)
            {
                //获取当前用户名
                string s=Context.User.Identity.Name;
                //如果当前用户名不为空,则分析用户名并按照指定格式写入输出流中
                if (s !=null && s !=String.Empty)
                {
                    string[] split=s.Split('\\');
                    int n=split.Length-1;
                    if (split[n] !=String.Empty)
                    {
                        writer.Write(",");
                        writer.Write(split[n]);
                    }
                }
            }
            writer.Write("!!!!");
        }
    }
}
```

在SimpleControlApp项目上右击,为SimpleControlApp项目添加SimpleControl的引用(将编译成的SimpleControl.dll文件复制到SimpleControlApp目录的Bin文件夹下)。接着在SimpleControlApp项目中的Default.aspx文件中添加如下代码(用于向页面

注册此控件)：

```
<%@Register TagPrefix="self" Namespace="SimpleControl" Assembly=
"SimpleControl" %>
```

在<Form>标记之间添加如下代码(添加此控件到页面上)：

```
<self:WelcomeLabel Text="您好" ID="WelcomeLabel1" runat="server" BackColor=
"Blue" ForeColor="Red" />
```

Default.aspx 的完整代码如下：

```
<%@Page Language="C#" AutoEventWireup="true" CodeFile=
"Default.aspx.cs" Inherits="_Default" %>
<%@Register TagPrefix="self" Namespace="SimpleControl" Assembly=
"SimpleControl" %>
<!DOCTYPE html PUBLIC "-//W3C//DTD XHTML 1.0 Transitional//EN"
"http://www.w3.org/TR/xhtml1/DTD/xhtml1-transitional.dtd">
<html xmlns="http://www.w3.org/1999/xhtml">
<head runat="server">
<title>创建一个简单的自定义服务器控件</title>
</head>
<body>
<form id="form1" runat="server">
<div>
<self:WelcomeLabel Text="您好" ID="WelcomeLabel1" runat="server" BackColor=
"Blue" ForeColor="Red" />
</div>
</form>
</body>
</html>
```

这样，一个带有 Text 属性的自定义控件已经完成了，现在就可以运行并观看效果(如图 7-14 所示)。

图 7-14 运行结果

7.4.5 特别提示

自定义控件是对系统本身控件的继承和扩充，在程序中以DLL文件形式存在。自定义控件可以为开发人员提供可复用的、可视化的界面组件，而且具有更大的灵活性，但开发起来相对比较复杂。

7.4.6 拓展与提高

在项目中如何开发和使用更多的自定义控件？

本章总结

用户控件的应用始终贯彻着一个高级的设计思想，即"模块化设计，模块化应用"的原则。本章着重讲解了.NET中代码复用的相关内容，即用户控件和自定义控件。使用用户控件和自定义控件的优势就在于，用户控件和自定义控件都能够非常简单的完成，并且能够达到开发的需求，而无须重复地进行代码编写。

本章通过一些实例详细介绍了用户控件和自定义控件的开发步骤，以及界面、属性和事件的编写过程。通过本章的学习，读者可以更好地掌握ASP.NET用户控件、如何创建用户控件以及自定义控件的开发和使用方法，对以后网站的开发和制作都有很大的帮助。

习题

一、填空题

1. 用户控件是一种复合控件，工作原理非常类似于________网页。
2. 用户控件中没有________指令，而是包含@Control指令。
3. 用户控件中没有________、________或________元素。
4. 用户控件的文件扩展名必须为________。
5. 自定义控件当需要呈现给HTML页面输出时，只需要重写________方法即可。
6. 自定义控件是以________的形式呈现，可以添加到Visual Studio中的工具箱。

二、选择题

1. 下面不属于用户控件中@Register指令必须属性的是（　　）。
   A. tagPrefix　　B. Path　　C. tagName　　D. src
2. 用户控件中可以包含的元素有（　　）。
   A. div　　B. html　　C. body　　D. form
3. 用户控件的优点有（　　）。
   A. 重用　　B. 面向对象　　C. 语言兼容　　D. 以上都是
4. 自定义控件是从（　　）派生。
   A. System.Web.UI.Control　　B. System.Collection
   C. System.Configuration　　D. System.Data

5. 编写一个自定义控件，该控件继承于按钮类，代码如下：

```
public class MyBtn:System.Windows.Forms.Button
```

若要求该控件具有梅花的形状，需要（　　）可以实现该功能。

A. 重载 Refresh 方法　　B. 重写 InitializeComponent 方法

C. 重载 InitializeComponent 方法　　D. 重写 OnPaint 方法

6. ASP.NET 中，在 Web 窗体页上注册一个用户控件，指定该控件的名称为 Mike，正确的注册指令为（　　）。

A. < %@ Register TagPrefix = "Mike" TagName = "Space2" Src = "myX.ascx"% >

B. < %@ Register TagPrefix = "Space2" TagName = "Mike" Src = "myX.ascx"% >

C. < %@ Register TagPrefix = "SpaceX"TagName = "Space2" Src = "Mike"% >

D. 以上皆非

三、简答题

1. 什么是 ASP.NET 中的用户控件?
2. 简述用户控件、普通的 Web 页和自定义控件有哪些异同。
3. 简述创建用户控件的过程。

四、编程题

编写一个登录用户控件，该控件能够实现用户登录的功能，并公开其属性，然后在一个 ASP.NET 网页中使用这个用户登录控件。

第8章 ASP.NET内置对象和缓存技术

学习目的与要求

ASP. NET 内置对象是由 IIS 控制台初始化的 ActiveX DLL 组件,用户可以直接引用这些组件来实现自己的编程,即可以在应用程序中,通过引用这些组件来实现访问 ASP. NET 内置对象的功能。接下来会详细讲解 ASP. NET 的这些内置对象,以及相关的 Global. asax 文件。通过本章的学习将能够:

- 掌握 ASP. NET 内置对象的创建和使用方法,尤其是 Request 和 Response 对象。
- 理解 Global. asax 配置文件的作用,学会 Global. asax 配置文件的创建和应用。
- 了解页面输出缓存的声明方法,掌握@OutputCatch 指令的使用。
- 掌握如何利用 Cache 对象声明应用程序数据缓存,了解如何检索应用程序数据缓存对象。

本章主要内容

- ASP. NET 内置对象:包括 Request、Response、Session 和 Cookies 等内置对象。
- Global. asax 配置文件:讲解 Global. asax 配置文件的使用。
- ASP. NET 缓存功能:讲解 ASP. NET 缓存的分类及功能。
- 页面输出缓存:如何创建页面输出缓存。
- 应用程序数据缓存:讲解应用程序数据缓存的应用。

8.1 ASP.NET 内置对象

ASP.NET 内置了 Request、Response、Session、Server、Cookie 和 Application 等对象，这些对象提供了很多功能，例如，可以在两个页面之间传递变量、输出数据，以及记录变量值等。

首先补充介绍一下<%%>和<%=%>的用法，因为在实例开发中会用到它们。

(1) <%%>用来编写程序的代码部分。在其中可以声明变量和方法。示例代码如下：

```
<%
    for(int i=1;i<=10;i++)
    {
        ⋮
    }
%>
```

(2) <%=%>用来向输出流中输出变量的值。其用法如下：

```
<%int i=6; %>
<%=i %>
```

8.1.1 传递请求对象 Request

Request 对象是 HttpRequest 类的一个实例，它能够读取客户端在 Web 请求期间发送的 HTTP 值。

1. Request 对象的属性

Request 对象的属性如表 8-1 所示。

表 8-1 Request 对象的属性

属　性	说　明	属 性 值
QueryString	获取 HTTP 查询字符串变量集合	NameValueCollection 对象
Path	获取当前请求的虚拟路径	当前请求的虚拟路径
UserHostAddress	获取远程客户端的 IP 主机地址	远程客户端的 IP 地址
Browser	获取有关正在请求的客户端的浏览器功能的信息	HttpBrowserCapabilities 对象

2. Request 对象的方法

Request 对象的方法如表 8-2 所示。

表 8-2 Request 对象的方法

方　法	说　明
BinaryRead	执行对当前输入流进行指定字节数的二进制读取
MapPath	为当前请求将请求的 URL 中的虚拟路径映射到服务器上的物理路径

下面将通过实例来讲解 Request 对象的属性和方法的使用。

3. Request 对象的应用

1）获取 QueryString 值

QueryString 属性用来获取 HTTP 查询字符串变量的集合，通过 QueryString 属性能够获取页面传递的参数。在超链接中，经常可以使用 QueryString 获得从上一个页面传递来的字符串参数。例如，在页面 1 中创建一个连接，指向页面 2，并用 QueryString 查询两个变量。页面 1(Page1.aspx)的示例代码如下：

```
<body>
   <form id="form1"  runat="server">
      <div>
        <a href="Page2.aspx?Id=101&Name=Liang">查看 QueryString</a>
      </div>
   </form>
</body>
```

在页面 2(Page2.aspx)的 cs 文件中重写了 Page_Load 事件，实现在页面 2 中接收到从页面 1 中传过来的两个变量。示例代码如下：

```
void Page_Load(object sender, EventArgs e)
{
    Response.Write("变量 Id 的值: "+Request.QueryString["Id"]+"<br>");
   Response.Write("变量 Name 的值: "+Request.QueryString["Name"]);
}
```

程序的运行结果如图 8-1 和图 8-2 所示。

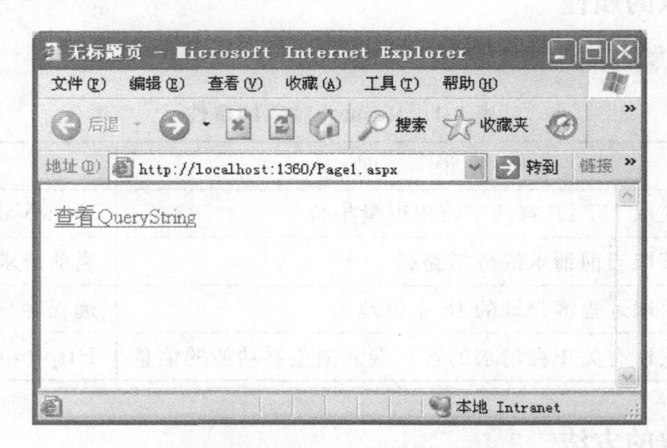

图 8-1 Page1 的运行结果

用类似方法，可以获取 Form、Cookies 和 ServerVaiables 的值。调用语法格式如下：

```
Request.Collection[" Variable"]
```

Collection 包括 QueryString、Form、Cookies 和 SeverVariables 这四种集合，Variable 为要查询的关键字。不过，这里的 Collection 是可以省略的。也就是说，Request["Variable"]与 Request.Collection["Variable"]这两种写法都是允许的。如果省略了 Collection，那么

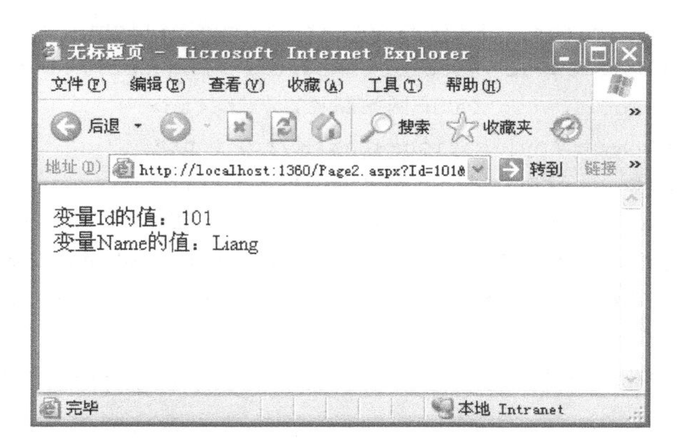

图 8-2 单击超链接的运行结果

Request 对象会依照 QueryString、Form、Cookies、ServerVariables 的顺序查找，直至发现 Variable 所指的关键字并返回其值。如果没有发现其值，方法则返回空值(Null)。

不过，为了优化程序的执行效率，建议最好还是使用 Collection，因为过多地搜索就会降低程序的执行效率。

2) Path：获取路径

通过使用 Path 的方法可以获取当前请求的虚拟路径，示例代码如下：

```
Label1.Text=Request.Path.ToString();                    //获取请求路径
```

当在应用程序开发中使用 Request. Path. ToString()时，就能够获取当前正在被请求的文件的虚拟路径的值。当需要对相应的文件进行操作时，可以使用 Request. Path 的信息进行判断。

3) MapPath：获取物理路径

可以利用 MapPath 方法获取文件的物理路径，语法格式如下：

```
Request.MapPath("FileName");
```

可以通过这条语句来得到某个文件的实际物理位置，这个方法常常用在需要使用实际路径的地方。

下面具体举例说明 Request 对象的使用，页面示例代码如下：

```
<%@Page Language="C#" AutoEventWireup="true" CodeFile="Request.aspx.cs"
            Inherits=" WebApp8_1.Request " %>
<!DOCTYPE html PUBLIC "-//W3C//DTD XHTML 1.0
      Transitional//EN" "http://www.w3.org/TR/xhtml1/DTD/xhtml1-transitional.dtd">
<html xmlns="http://www.w3.org/1999/xhtml">
  <head runat="server">
    <title>Request 实例</title>
  </head>
  <body>
    <form id="form1" runat="server">
     <div>
      <table border="1" width="600px"
```

```
            bordercolordark="#2B72A2" bordercolorlight="#993333">
        <tr><td colspan="2" bgcolor="#80ffff">Request</td></tr>
        <tr><td>ApplicationPath(网站路径)</td><td>
          <%=Request.ApplicationPath%></td></tr>
        <tr><td>ContentEncoding(网页编码)</td><td>
           <%=Request.ContentEncoding%></td></tr>
        <tr><td>Cookies 个数</td><td><%=Request.Cookies.Count%></td></tr>
        <tr><td>QueryString 个数</td><td><%=Request.QueryString.Count%>
        </td></tr>
        <tr><td>UrlReferrer(上一请求页面)</td><td><%=Request.UrlReferrer%>
        </td></tr>
        <tr><td colspan="2" bgcolor="#80ffff">Response</td></tr>
        <tr><td>Charset</td><td><%=Response.Charset%></td></tr>
        <tr><td>ContentEncoding(网页编码)</td><td>
           <%=Response.ContentEncoding%></td></tr>
        <tr><td>Cookies 个数</td><td><%=Response.Cookies.Count%></td></tr>
        <tr><td>ContentType</td><td><%=Response.ContentType%></td></tr>
      </table>
    </div>
    </form>
  </body>
</html>
```

上例主要利用 Request 对象的 ApplicationPath、ContentEncoding、Cookies、QueryString 和 UrlReferrer 等方法从客户端获取网站的路径、网页编码、Cookies 个数、QueryString 个数等信息，同时还利用 Response 对象的 Charset、ContentEncoding、Cookies 和 ContentType 等方法将服务器的信息进行输出显示。程序的运行结果如图 8-3 所示。

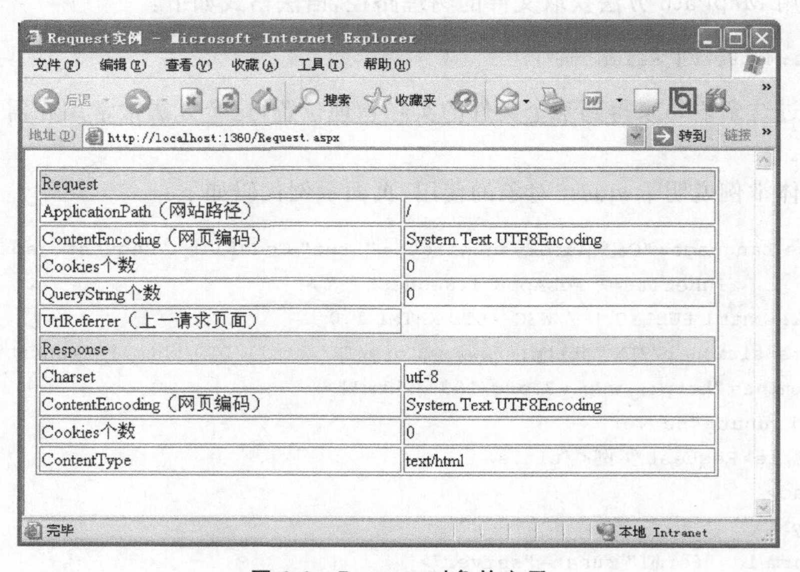

图 8-3 Request 对象的应用

8.1.2 请求响应对象 Response

Response 对象是 HttpResponse 类的一个实例。该类主要是封装来自 ASP.NET 操作的 HTTP 响应信息。

1. Response 对象的属性

Response 对象的属性如表 8-3 所示。

表 8-3 Response 对象的属性

属　性	说　明
BufferOutput	获取或设置一个值,该值指示是否缓冲输出,并在完成处理整个页之后将其发送
Cache	获取 Web 页的缓存策略(过期时间、保密性、变化子句)
Charset	获取或设置输出流的 HTTP 字符集
IsClientConnected	获取一个值,通过该值指示客户端是否仍连接在服务器上
ContentEncoding	获取或设置输出流的 HTTP 字符集
TrySkipIisCustomErrors	获取或设置一个值,指定是否支持 IIS 7.0 自定义错误输出

2. Response 对象的方法

Response 对象可以输出信息到客户端,包括直接发送信息给浏览器、重定向浏览器到另一个 URL 或设置 Cookie 的值。表 8-4 列举了几个常用的方法。

表 8-4 Response 对象的方法

方法	说　明
Write	将指定的字符串或表达式的结果写到当前的 HTTP 输出
End	停止页面的执行并得到相应结果
Clear	用来在不将缓存中的内容输出的前提下,清空当前页的缓存。仅当使用了缓存输出时,才可以利用 Clear 方法
Flush	将缓存中的内容立即显示出来。该方法有一点和 Clear 方法一样,它在脚本前面没有将 Buffer 属性设置为 true 时会出错。和 End 方法不同的是,该方法调用后,该页面可继续执行
Redirect	使浏览器立即重定向到程序指定的 URL

3. Response 对象的应用

(1) 使用 Response.Write,向客户端发送信息。

在 Response 的常用方法中,Write 方法是最常用的,Write 能够向客户端发送指定的 HTTP 流,并呈现给客户端浏览器。示例代码如下:

```
for(int i=1;i<=10;i++)
{
    Response.Write("i="+i+"<BR>");
}
```

本例使用 write 方法向屏幕输出 1 到 10 的数字。

(2) 使用 BufferOutput 缓冲区。

由于 Response 对象的 BufferOutput 属性默认为 true，因此要输出到客户端的数据都暂时存储在缓冲区内，等到所有的事件程序以及所有的页面对象全部解译完毕后，才将所有在缓冲区中的数据送到客户端的浏览器。下面的例子将演示缓冲区是如何工作的。在 ASPX 页面如 Default. aspx 中，可以为页面增加代码以判断缓冲区的执行时间，页面代码如下：

```
<body>
    <form id="form1" runat="server">
      <div>
        <%  Response.Write("缓存已清除"+"<Br>");%>          //输出字符串
      </div>
    </form>
</body>
```

在 cs 文件如 Default. aspx. cs 中重写了 Page_Load 事件，示例代码如下：

```
void Page_Load(Object sender, EventArgs e)
{
     Response.Write("缓存清除前"+"<Br>");                    //设置清除前字符
     Response.Clear();                                       //清除缓冲区
}
```

上述实例首先在 Page_Load 事件中送出“缓存清除前”这一行，此时的数据存在缓冲区中。接着使用 Response 对象的 Clear 方法将缓冲区的数据清除，所以刚刚送出的字符串已经被清除。然后 IIS 开始读取 HTML 组件的部分，并将结果送至客户端的浏览器。程序运行结果如图 8-4 所示。

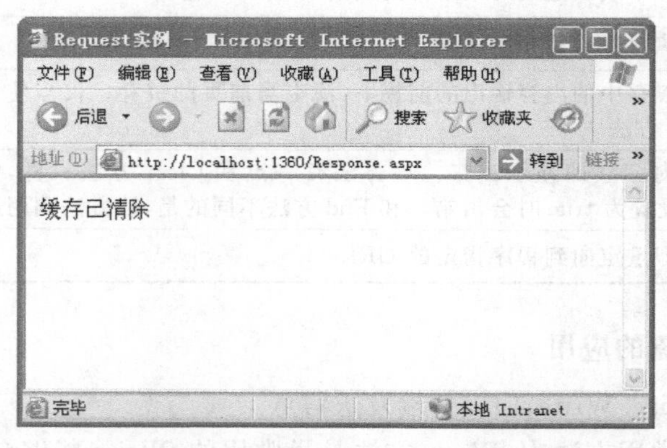

图 8-4 Response.BufferOutput 方法的应用

由执行结果只出现“缓存已清除”可知，使用 Clear 方法之前的数据并没有出现在浏览器上，所以程序开始时是存在缓冲区内的。

若在页面代码中加入：

```
Response.BufferOutput=false
```

可以发现，执行的结果并没有因为使用 Clear 方法而将缓冲区的数据清除，这表明数据是直接输出而没有存放在缓冲区内。

(3) 使用 Response. End 方法调试程序。

End 方法可以停止当前页面的执行。基于这个原因，可以结合 Response. Write 方法输出当前页面上的某个变量、数组值。ASPX 页面的示例代码如下：

```
<form id="form1" method="post" runat="server">
    输入一个数值:
    <asp:TextBox id="txtVar" runat="server"></asp:TextBox>
    <asp:Button id="btnSubmit" runat="server" Text="计算" ></asp:Button>
</form>
```

在“设计”视图中选中页面的按钮控件，在该控件的“属性”窗口中的“事件”选项卡中找到 Click 事件双击，自动生成 ClickCommand 事件相应的方法。当生成了 ClickCommand 事件后，可以在代码段中编写相应的方法。示例代码如下：

```
void btnSubmit_Click(object sender,EventArgs e)
{
    int val=int.Parse(Request.Form["txtVar"].ToString());
    Response.Write("val="+val+"<br>");
    Response.Write("该值的平方值是: "+val * val);
}
```

运行上面的代码，输入一个值“12”，然后单击“计算”按钮，程序的运行界面如图 8-5 所示。

图 8-5 Response 对象应用

在 btnSubmit_Click 方法的代码中加上 Response. End()，示例代码如下：

```
void btnSubmit_Click(Object sender, EventArgs e)
{
    int val=int.Parse(Request.Form["txtVar"].ToString());
    Response.Write("val="+val+"<br>");
    Response.End();                                    //使用了 End 方法停止执行
    Response.Write("该值的平方值是: "+val * val);
```

```
}
```

修改后，程序的运行结果界面如图8-6所示。

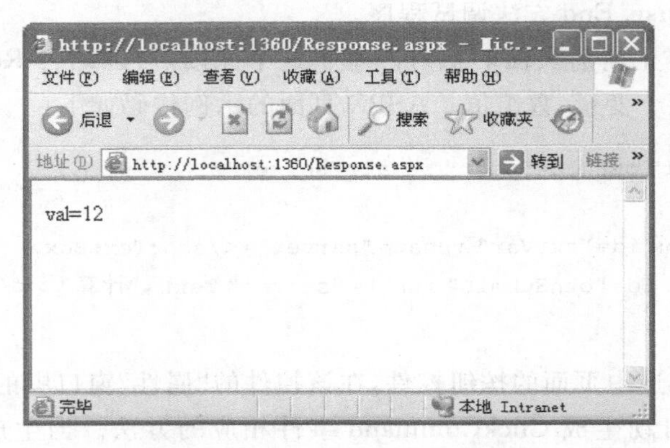

图8-6 Response.End方法的应用

实验证明，Response.End()方法停止了当前页面的执行。读者可以在程序中使用End方法进行调试，不过要记住调试完代码后把调试用的Response.End()删掉。

(4) 使用Redirect方法进行页面重定向。

在网页编程中，经常会遇到在程序执行到某个位置进行页面调转的情况。Response.Redirect方法可以满足这种需求，示例代码如下：

```
Response.Redirect("http://www.ascenttech.com.cn");      //页面跳转
```

执行该代码，页面将跳转到亚思晟科技的主页。

8.1.3 状态对象Application

Application对象是HttpApplicationState类的一个实例，它在客户端第一次从某个特定的ASP.NET应用程序虚拟目录中请求任何URL资源时创建。对于Web服务器上的每个ASP.NET应用程序，都要创建一个单独的实例，然后通过内部Application对象公开对每个实例的引用。Application对象有如下特点：

(1) 数据可以在Application对象内部共享，因此一个Application对象可以对应多个用户。

(2) 一个Application对象包含事件，可以触发某些Application对象脚本。

(3) 个别Application对象可以用Internet Service Manager来设置而获得不同属性。

(4) 单独的Application对象可以隔离出来在它们自己的内存中运行，这就是说，如果一个人的Application遭到破坏，就不会影响其他人。

(5) 可以停止一个Application对象(将其所有组件从内存中驱除)而不会影响到其他应用程序。

(6) 一个网站可以有不止一个Application对象。一般情况下，可以针对个别任务的一些文件创建个别的Application对象。例如，可以建立一个Application对象来适用于全部公用用户，而再创建另外一个只适用于网络管理员的Application对象。

Application对象使给定应用程序的所有用户之间共享信息，并且在服务器运行期间持久地保存数据。因为多个用户可以共享一个 Application 对象，所以必须要有 Lock 和 Unlock 方法，以确保多个用户无法同时改变某一属性。Application 对象成员的生命周期在关闭 IIS 或使用 Clear 方法清除时终止。

1. Application 对象的属性

Application 对象的属性如表 8-5 所示。

表 8-5 Application 对象的属性

属性	说明	属性值
AllKeys	获取 HttpApplicationState 集合中的访问键	HttpApplicationState 对象名的字符串数组
Count	获取 HttpApplicationState 集合中的对象数	集合中的 Item 对象数。默认为 0

2. Application 对象的方法

Application 对象的方法如表 8-6 所示。

表 8-6 Application 对象的方法

方法	说明
Add	新增一个 Application 对象变量
Clear	清除全部的 Application 对象变量
Get	使用索引关键字或变量名称得到变量值
GetKey	使用索引关键字获取变量名称
Lock	锁定全部的 Application 变量
Remove	使用变量名称删除一个 Application 对象
RemoveAll	删除全部的 Application 对象变量
Set	使用变量名更新一个 Application 对象变量的内容
UnLock	解除锁定的 Application 变量

3. Application 对象的应用

使用 Application 对象的语法如下：

```
Application("变量名")="变量值"
```

(1) 设置、获取 Application 对象的内容。

通过使用 Application 对象的方法，能够对 Application 对象进行操作。使用 Add 方法能够创建 Application 对象，示例代码如下：

```
void Page_Load(object sender, EventArgs e)
{
    Application.Add("App1","Value1");                    //增加 Application 对象
    Application.Add("App2","Value2");                    //增加 Application 对象
    Application.Add("App3","Value3");                    //增加 Application 对象
```

```
    Application.Add("App4","Value4");                    //增加 Application 对象
    Application.Add("App5","Value5");                    //增加 Application 对象
    int i;
    for(i=0;i<Application.Count;i++)                     //遍历 Application 对象
    {
        Response.Write("变量名: "+Application.GetKey(i));
        Response.Write("变量值: "+Application.Get(i)+"<br>");
                                                         //输出 Application 对象
    }
    Application.Clear();
}
```

在本例中,首先通过 Add 方法添加五个 Application 对象并赋以初值,接着通过 Count 属性得到 Application 对象的数量,然后通过循环操作 GetKey 方法和 Get 方法分别得到新增对象的“索引”和“索引”所对应的“值”。执行上面代码,运行结果如图 8-7 所示。

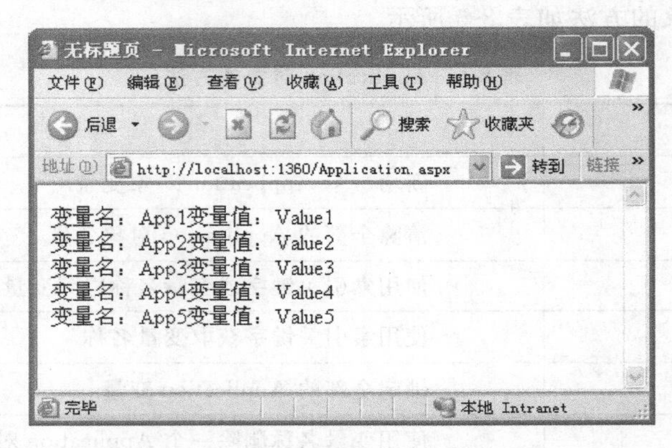

图 8-7 Application 对象的应用

(2) Application 对象的加锁与解锁。

Lock 方法可以阻止其他客户修改存储在 Application 对象中的变量,以确保在同一时刻仅有一个客户可修改和存取 Application 变量。如果用户没有明确调用 Unlock 方法,则服务器将在页面文件结束或超时即可解除对 Application 对象的锁定。

Unlock 方法可以使其他客户端在使用 Lock 方法锁住 Application 对象后修改存储在该对象中的变量。如果未显式地调用该方法,Web 服务器将在页面文件结束或超时后解锁 Application 对象。

Application 对象的使用方法如下:

```
Application.Lock();
Application["变量名"]="变量值";
Application.UnLock();
```

示例代码如下:

```
Application.Lock();                                      //锁定 Application 对象
Application["App"]="MyValue3";                           //Application 对象赋值
```

```
Application.UnLock();                                    //解锁 Application 对象
```

上述代码当用户进行页面访问时,其客户端的 Application 对象被锁定,所以用户的客户端不能够进行 Application 对象的更改。在锁定后,也可以使用 UnLock 方法进行解锁操作。

8.1.4 状态对象 Session

Session 对象是 HttpSessionState 的一个实例。该类为当前用户会话提供信息,还提供对可用于存储信息的会话范围的缓存的访问,以及控制如何管理会话的方法。

Session 的产生是弥补 HTTP 协议的局限。HTTP 协议的工作过程是用户发出请求,服务器端做出响应。这种用户端和服务器端之间的联系都是离散的,非连续的。在 HTTP 协议中没有什么能够允许服务器端来跟踪用户请求的。在服务器端完成响应用户的请求后,服务器端不能持续与该浏览器保持连接。从网站的角度看,每一个新的请求都是单独存在的,因此,当用户在多个主页间转换时,就根本无法知道他的身份。为了解决这个问题,可以使用 Session 对象存储特定用户会话所需的信息。这样,当用户在应用程序的 Web 页之间跳转时,存储在 Session 对象中的变量将不会丢失,而是在整个用户会话中一直存在下去。

当用户请求来自应用程序的 Web 页时,如果该用户还没有会话,则 Web 服务器将自动创建一个 Session 对象。当会话过期或被放弃后,服务器将中止该会话。

当用户第一次请求给定的应用程序中的.aspx 文件时,ASP.NET 将生成一个 SessionID。SessionID 是由一个复杂算法生成的号码,它唯一标识每个用户会话。在新会话开始时,服务器将 Session ID 作为一个 Cookie(后面会介绍)存储在用户的 Web 浏览器中。

在将 SessionID Cookie 存储于用户的浏览器之后,即使用户请求了另一个.aspx 文件,或请求了运行在另一个应用程序中的.aspx 文件,ASP.NET 仍会重用该 Cookie 跟踪会话。与此相似,如果用户故意放弃会话或让会话超时,然后再请求另一个.aspx 文件,那么 ASP.NET 将以同一个 Cookie 开始新的会话。只有当服务器管理员重新启动服务器,或用户重新启动 Web 浏览器时,存储在内存中的 SessionID 设置才被清除,用户将会获得新的 SessionID Cookie。

通过重用 SessionID Cookie,Web 应用程序将发送给用户浏览器的 Cookie 数量降为最低。另外,如果用户决定该 Web 应用程序不需要会话管理,就可以不让 Web 应用程序跟踪会话和向用户发送 SessionID。

ASP.NET 的 Session 非常好用,能够利用 Session 对象对 Session 全面控制。如果需要在一个用户的 Session 中存储信息,只需要简单地直接调用 Session 对象就可以了,示例代码如下:

```
Session("MyName")=Response.Form("UserName");
```

应注意的是,Session 对象是与特定用户相联系的。针对某一个用户赋值的 Session 对象是和其他用户的 Session 对象完全独立的,不会相互影响。换句话说,这里面针对每一个用户保存的信息是每一个用户自己独享的,不会产生共享情况。

很明显，对于不同的用户，Session对象的MyName变量是不同的，当每个人在网站的不同主页间浏览时，这种针对个人的变量会一直保留，这样作为身份认证是十分有效的。

1. Session对象的属性

Session对象的属性如表8-7所示。

表8-7 Session对象的属性

属性	说明	属性值
Count	获取会话状态集合中Session对象的个数	Session对象的个数
TimeOut	获取并设置在会话状态提供程序终止会话之前各请求之间所允许的超时期限	超时期限(以分钟为单位)
SessionID	获取用于标识会话的唯一会话ID	会话ID

2. Session对象的方法

Session对象的方法如表8-8所示。

表8-8 Session对象的方法

方法	说明	方法	说明
Add	新增一个Session对象	Remove	删除会话状态集合中的项
Clear	清除会话状态中的所有值	RemoveAll	清除所有会话状态值

3. Session对象的应用

(1) 获取Session对象的个数。

Count属性可以帮助统计正在使用的Session对象的个数，示例代码如下：

```
Response.Write(Session.Count);
```

(2) 设置Session对象的生存期。

每一个客户端连接服务器后，服务器端都要建立一个独立的Session，并且需要分配额外的资源来管理Session。但如果客户端因某些原因，例如去忙其他的工作，停止了任何操作，但没有关闭浏览器，那么这种情况下，服务器端依然会消耗一定的资源来管理Session，这就造成了对服务器资源的浪费，降低了服务器的效率。所以，可以通过设置Session生存期，以减少这种对服务器资源的浪费。

要更改Session的有效期限，只要设定TimeOut属性即可。TimeOut属性的默认值是20分钟。ASPX页面示例代码如下：

```
<form runat="Server" Id="Form1">
    <asp:Button Id="Button1" text="演示"  runat="Server" />
      目前时间：<asp:Label Id="Label1" runat="Server" />
      <p>
      第一个 Session 的值：<asp:Label Id="Label2" runat="Server" /><br>
      第二个 Session 的值：<asp:Label Id="Label3" runat="Server" /><br>
```

```
</form>
```

在 ASPX 页面对应的 cs 文件中重写了 Page_Load 事件，示例代码如下：

```
protected void Page_Load(object sender, EventArgs e)
{
    if (!Page.IsPostBack)
    {
        Session["Session1"]="Value1";                //新增 Session 对象
        Session["Session2"]="Value2";                //新增 Session 对象
        Session.Timeout=1;
        DateTime now=DateTime.Now;
        string format="HH:mm:ss";
        Label1.Text=now.ToString(format);
        Label2.Text=Session["Session1"].ToString();
        Label3.Text=Session["Session2"].ToString();
    }
}
```

在“设计”视图中选中页面的按钮控件，在该控件的“属性”窗口中的“事件”选项卡中找到 Click 事件双击，自动生成 ClickCommand 事件相应的方法。在代码段中编写相应的方法，示例代码如下：

```
public void Button1_Click(object sender,System.EventArgs e)
{
    DateTime now=DateTime.Now;
    string format="HH:mm:ss";
    Label1.Text=now.ToString(format);
    Label2.Text=Session["Session1"].ToString();
    Label3.Text=Session["Session2"].ToString();
}
```

上例中通过 Timeout 属性设置了 Session 的生存期为 1 分钟。运行结果如图 8-8 所示。

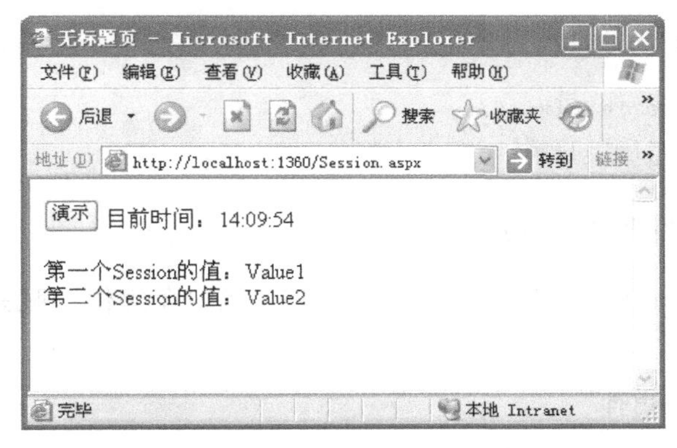

图 8-8 设置 Session 对象的生存期

一分钟后，单击“演示”按钮，页面会提示代码错误，如图 8-9 所示。

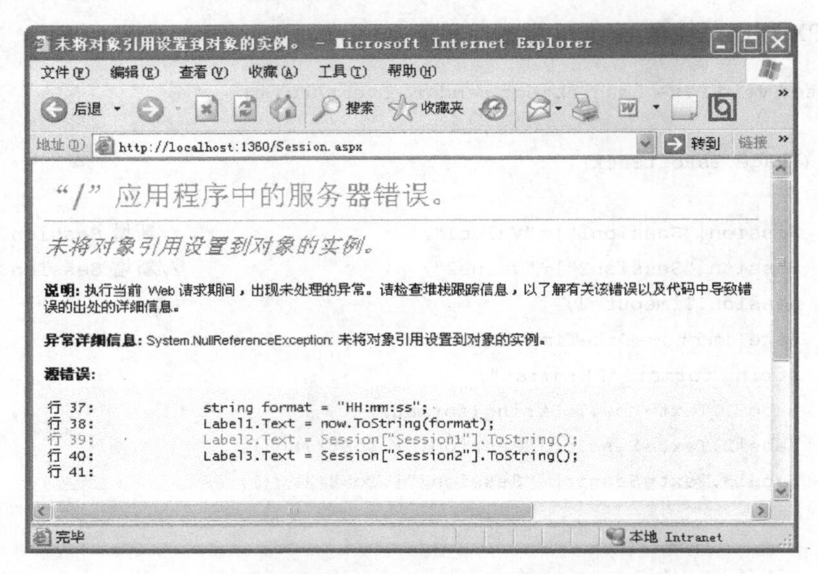

图 8-9 超出 Session 生存期的错误提示

原因就在于 Session 的生存期限超过了一分钟，已经无法获得 Session["Session1"]和 Session["Session2"]的值。

(3) 通过 Add 方法设置 Session 对象。

通过 Add 方法可以设置 Session 对象的值，语法格式如下：

```
Session.Add("变量名",变量值);
```

在具体应用中，可以这样使用，示例代码如下：

```
Session.Add("userName", "Lixin");                    //新增 Session 对象
Session.Add("userPwd","123456");                     //新增 Session 对象
```

也可以使用以下方法来设置 Session 对象，语法格式如下：

```
Session["变量名"]=变量值;
```

这样，上面的例子就可以改为：

```
Session["userName"]="Lixin";
Session["userPwd"]="123456";
```

8.1.5 服务对象 Server

Server 对象是 HttpServerUtility 的一个实例。该对象提供对服务器上的方法和属性的访问。

1. Server 对象的属性

Server 对象的属性如表 8-9 所示。

表 8-9 Server 对象的属性

属　性	说　明	属　性　值
MachineName	获取服务器的计算机名称	本地计算机的名称
ScriptTimeout	获取和设置请求超时	请求的超时设置(以秒计)

2. Server 对象的方法

Server 对象的方法如表 8-10 所示。

表 8-10 Server 对象的方法

方　法	说　明
CreateObject	创建 COM 对象的一个服务器实例
CreateObjectFromClsid	创建 COM 对象的服务器实例，该对象由对象的类标识符(CLSID)标识
Execute	使用另一页执行当前请求
Transfer	终止当前页的执行，并为当前请求开始执行新页
HtmlDecode	对已被编码以消除无效 HTML 字符的字符串进行解码
HtmlEncode	对要在浏览器中显示的字符串进行编码
MapPath	返回与 Web 服务器上的指定虚拟路径相对应的物理文件路径
UrlDecode	对字符串进行解码，该字符串为了进行 HTTP 传输而进行编码并在 URL 中发送到服务器
UrlEncode	编码字符串，以便通过 URL 从 Web 服务器到客户端进行可靠的 HTTP 传输

3. Server 对象的应用

(1) MachineName：返回服务器计算机名称。

通过 Server 对象的 MachineName 属性获取服务器计算机的名称，示例代码如下：

```
protected void Page_Load(object sender, EventArgs e)
{
    String ThisMachine;
    ThisMachine=Server.MachineName;
    Response.Write("Machine Name is: "+ThisMachine);      //输出服务器信息
}
```

上述代码运行后将会输出服务器名称，本例输出为“Machine Name is：LEGEND-D8A2R5DG”，这个输出结果根据服务器的名称不同而不同。

(2) ScriptTimeout：设置客户端请求的超时期限。

设置客户端请求的超时期限的示例代码如下：

```
Server.ScriptTimeout=60;
```

本例中将客户端请求超时期限设置为 60s，如果 60s 内没有任何操作，服务器将断开与客户端的连接。

(3) 利用 HtmlEncode 和 HtmlDecode 方法对网页内容编码。

当想在网页上显示 HTML 标签时,若在网页中直接输出会被浏览器解译为 HTML 的内容,所以要通过 Server 对象的 HtmlEncode 方法将它编码再输出;若要将编码后的结果译码回原本的内容,则使用 HtmlDecode 方法。下列代码片段使用 HtmlEncode 方法将"<B>HTML 内容</B>"编码后输出至浏览器,再利用 HtmlDecode 方法把编码后的结果译码还原。示例代码如下:

```
void Page_Load(object sender, EventArgs e)
{
    String strHtmlContent;
    strHtmlContent=Server.HtmlEncode("<B>HTML 内容</B>");        //字符串编码
    Response.Write(strHtmlContent);
    Response.Write("<P>");
    strHtmlContent=Server.HtmlDecode(strHtmlContent) ;          //字符串解码
    Response.Write(strHtmlContent);
}
```

运行上述代码,输出结果如图 8-10 所示。

图 8-10 利用 Server 对象对网页编码

可以发现,编码后的 HTML 标注变成了"<B>HTML 内容 </B>",这是因为"<B>"变成了"<B>","</B>"变成了"</B>",所以才能在页面中显示 HTML 标注。

(4) 使用 URLEncode 方法对 URL 进行编码。

就像 HTMLEncode 方法使客户可以将字符串翻译成可接受的 HTML 格式一样,Server 对象的 URLEncode 方法可以根据 URL 规则对字符串进行正确编码。当字符串数据以 URL 的形式传递到服务器时,在字符串中不允许出现空格,也不允许出现特殊字符。为此,如果希望在发送字符串之前进行 URL 编码,可以使用 Server. URLEncode 方法。

若需要对字符串进行 URL 编码,并返回已编码的字符串,采用如下语法格式:

```
public string UrlEncode(string);
```

若需要 URL 对字符串进行编码,并将结果输出发送到 TextWriter 输出流,采用如下语法格式:

```
public void UrlEncode(string,TextWriter);
```

示例代码如下：

```
//使用 UrlEncode 进行编码
<%Response.Write(Server.UrlEncode("http://www.ascenttech.com.cn"));%>
```

产生如下输出：

```
http%3A%2F%2Fwww%2Eascenttech%2Ecom%2Ecn
```

利用 QueryString 在不同主页间传递信息时，如果信息带有空格或特殊字符，那么必须进行 Encode 操作，因为如果不这样做，很可能使得接收信息的那边接收到一些所不期望的奇怪字符串。

注意：不要对 QueryString 的名称及等号进行 Encode 操作，只需要将其值进行 Encode 操作就可以了。

进行了 Encode 操作后，运行效果如下：

```
Message=This+Query+String+has+been+URL+ENCODED%2E
```

用户并不需要考虑对上面的字符串再进行解码，会自动进行这样的处理。例如，有如下的示例代码：

```
Request.QueryString("message");
```

这时，运行后的显示结果为：

```
This Query String has been URL encoded
```

(5) MapPath：建立虚拟路径与服务器物理目录间映射。

使用 MapPath 方法可以将指定的相对或虚拟路径映射到服务器上相应的物理目录上。语法格式如下：

```
public string MapPath(string path);
```

参数 Path 表示指定要映射物理目录的相对或虚拟路径。若 Path 以一个正斜杠(/)或反斜杠(\)开始，则 MapPath 方法返回路径时将 Path 视为完整的虚拟路径。若 Path 不是以斜杠开始，则 MapPath 方法返回同页面文件中已有的路径相对的路径。这里需要注意的是，MapPath 方法不检查返回的路径是否正确或在服务器上是否存在。

对于下列示例，文件 data.txt 和包含下列脚本的 test.aspx 文件都位于目录 C:\Inetpub\wwwroot\aspx 下。C:\Inetpub\wwwroot 目录被设置为服务器的宿主目录。下列示例使用服务器变量 PATH_INFO 映射当前文件的物理路径。示例代码如下：

```
Server.MapPath (Request.ServerVariables("PATH_INFO"));          //设置路径
```

代码运行的输出结果如下：

```
C:\inetpub\wwwroot\aspx\test.aspx
```

由于下列示例中的路径参数不是以斜杠字符开始的，因此它们被相对映射到当前目录，此处是目录 C:\Inetpub\wwwroot\aspx。示例代码如下：

```
Server.MapPath ("data.txt");                                    //设置路径
Server.MapPath ("aspx/data.txt");                               //设置路径
```

代码运行的输出结果为：

```
c:\inetpub\wwwroot\aspx\data.txt
c:\inetpub\wwwroot\aspx\aspx\data.txt
```

8.1.6 Cookie对象

Cookie是一小段文本信息，伴随着用户请求和页面在Web服务器和浏览器之间传递。用户每次访问站点时，Web应用程序都可以读取Cookie包含的信息。

Cookie跟Session、Application类似，也是用来保存相关信息。但Cookie和其他对象的最大不同是Cookie将信息保存在客户端，而Session和Application是保存在服务器端。也就是说，无论何时用户连接到服务器，Web站点都可以访问Cookie信息。这样，既方便用户的使用，也方便了网站对用户的管理。

ASP.NET包含两个内部Cookie集合。通过HttpRequest的Cookies集合访问的集合包含通过Cookie标头从客户端传送到服务器的Cookie。通过HttpResponse的Cookies集合访问的集合包含一些新Cookie，这些Cookie在服务器上创建并以Set-Cookie标头的形式传输到客户端。

Cookie不是Page类的子类，所以在使用方法上跟Session和Application不同。

使用Cookie的优点如下：

(1) 可配置到期规则。Cookie可以在浏览器会话结束时到期，或者可以在客户端计算机上无限期存在，这取决于客户端的到期规则。

(2) 不需要任何服务器资源。Cookie存储在客户端并在发送后由服务器读取。

(3) 简单性。Cookie是一种基于文本的轻量结构，包含简单的键值对。

(4) 数据持久性。虽然客户端计算机上Cookie的持续时间取决于客户端上的Cookie过期处理和用户干预，但是Cookie通常是客户端上持续时间最长的数据保留形式。

使用Cookie的缺点如下：

(1) 大小受到限制。大多数浏览器对Cookie的大小有4096字节的限制，尽管在当今新的浏览器和客户端设备版本中，支持8192字节的Cookie大小已越发常见。

(2) 用户配置为禁用。有些用户禁用了浏览器或客户端设备接收Cookie的能力，因此限制了这一功能。

(3) 潜在的安全风险。Cookie可能会被篡改。用户可能会操纵其计算机上的Cookie，这意味着会对安全性造成潜在风险，或者导致依赖于Cookie的应用程序失败。另外，虽然Cookie只能将它们发送到客户端的域访问，但是历史上黑客已经发现从用户计算机上的其他域访问Cookie的方法。可以手动加密和解密Cookie，但这需要额外的编码，并且因为加密和解密需要耗费一定的时间而影响应用程序的性能。

1. Cookie对象的属性

Cookie对象的属性如表8-11所示。

表 8-11 Cookie 对象的属性

属性	说 明	属 性 值
Name	获取或设置 Cookie 的名称	Cookie 的名称
Value	获取或设置 Cookie 的 Value	Cookie 的 Value
Expires	获取或设置 Cookie 的过期日期和时间	作为 DateTime 实例的 Cookie 过期日期和时间
Version	获取或设置此 Cookie 符合的 HTTP 状态维护版本	此 Cookie 符合的 HTTP 状态维护版本

2. Cookie 对象的方法

Cookie 对象的方法如表 8-12 所示。

表 8-12 Cookie 对象的方法

方法	说 明	方法	说 明
Add	新增一个 Cookie 变量	GetKey	以索引值来获取 Cookie 的变量名称
Clear	清除 Cookie 集合内的变量	Remove	通过 Cookie 变量名来删除 Cookie 变量
Get	通过变量名或索引得到 Cookie 的变量值		

3. Cookie 对象的应用

(1) 创建 Cookie 对象。

通过 AppendCookie 或 Add 方法能够创建一个 Cookie 对象，并通过 Expires 属性设置 Cookie 对象在客户端中所持续的时间。示例代码如下：

```
HttpCookie MyCookie=new HttpCookie("LastVisit");
DateTime now=DateTime.Now;
MyCookie.Value=now.ToString()                    //设置 Cookie 的值
MyCookie.Expires=now.AddHours(1);                //设置 Cookie 过期时间
Response.AppendCookie(MyCookie);                 //新增 Cookie
```

上述代码创建了一个名称为 MyCookie 的 Cookies。上述代码通过使用 Response 对象的 AppendCookie 方法进行 Cookie 对象的创建，将该 Cookie 的值设置为当前日期和时间，并将其添加到当前 Cookie 集合中，所有 Cookie 均通过 HTTP 输出流在 Set-Cookie 头中发送到客户端。与之相同，可以使用 Add 方法进行创建，示例代码如下：

```
Response.Cookies.Add(MyCookie);
```

上述代码同样能够创建一个 Cookie 对象。当创建了 Cookie 对象后，将会在客户端的 Cookies 目录下建立文本文件，文本文件的内容如下所示：

```
MyCookie
MyCookie
```

注意：Cookies 目录在 Windows 下是隐藏目录，并不能直接对 Cookies 文件夹进行访问，在该文件夹中可能存在多个 Cookie 文本文件，这是由于在一些网站中进行登录保存了

Cookies 的原因。

(2) 获取客户端发送的 Cookie 信息。

Web 应用在客户端浏览器创建 Cookie 对象之后，就可以通过 Cookie 的方法读取客户端中保存的 Cookies 信息。示例代码如下：

```
protected void Page_Load(object sender, EventArgs e)
{
  try
  {
    HttpCookie MyCookie=new HttpCookie("MyCookie ");              //创建 Cookie 对象
    MyCookie.Value=Server.HtmlEncode("我的 Cookie 应用程序");    //Cookie 赋值
    MyCookie.Expires=DateTime.Now.AddDays(5);                     //Cookie 持续时间
    Response.AppendCookie(MyCookie);                               //添加 Cookie
    Response.Write("Cookies 创建成功");                            //输出成功
    Response.Write("<hr/>获取 Cookie 的值<hr/>");
    HttpCookie GetCookie=Request.Cookies["MyCookie"];             //获取 Cookie
    Response.Write("Cookies 的值:"+GetCookie.Value.ToString()+"<br/>");
                                                                   //输出 Cookie 值
    Response.Write("Cookies 的过期时间:"+GetCookie.Expires.ToString()+"<br/>");
  }
  catch
  {
    Response.Write("Cookies 创建失败");                            //抛出异常
  }
}
```

上述代码创建一个 Cookie 对象之后立即获取刚才创建的 Cookie 对象的值和过期时间。通过 Request.Cookies 方法可以通过 Cookie 对象的名称或者索引获取 Cookie 的值。程序运行结果如图 8-11 所示。

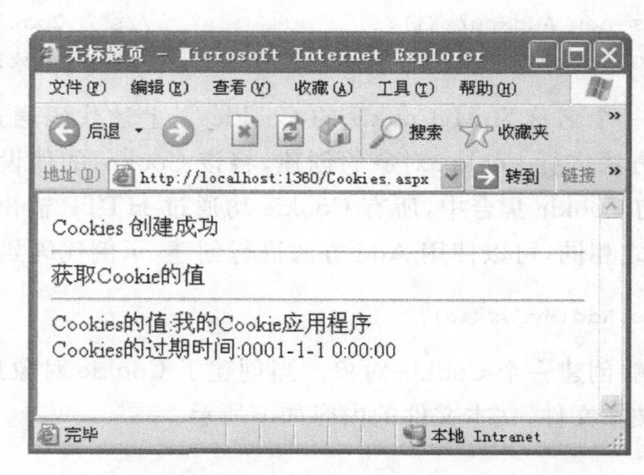

图 8-11 Cookie 对象的应用

在一些网站或论坛中经常使用到 Cookie，当用户浏览并登录到网站后，如果用户浏览完毕并退出网站，Web 应用可以通过 Cookie 方法对用户信息进行保存。当用户再次登录时，可以直接获取客户端的 Cookie 的值而无需用户再次进行登录操作。

8.1.7 缓存对象 Cache

对于每个应用程序域均创建该类的一个实例，并且只要对应的应用程序域保持活动，该实例便保持有效。有关此类实例的信息通过 HttpContext 对象的 Cache 属性或 Page 对象的 Cache 属性来提供。

1. Cache 对象的属性

Cache 对象的属性如表 8-13 所示。

表 8-13 Cache 对象的属性

属性	说明	属性值
Count	获取存储在缓存中的项数。当监视应用程序性能或使用 ASP.NET 跟踪功能时，此属性可能非常有用	存储在缓存中的项数
Item	获取或设置指定键处的缓存项	表示缓存项的键的 String 对象

2. Cache 对象的方法

Cache 对象的方法如表 8-14 所示。

表 8-14 Cache 对象的方法

方法	说明
Add	将指定项添加到 Cache 对象，该对象具有依赖项、过期和优先级策略，以及一个委托(可用于从 Cache 移除插入项时通知应用程序)
Get	从 Cache 对象检索指定项
Remove	从应用程序的 Cache 对象移除指定项
Insert	向 Cache 对象插入项。使用此方法的某一版本改写具有相同 key 参数的现有 Cache 项

3. Cache 对象的应用

(1) 检索为 ASP.NET 文本框服务器控件缓存的值。

Get 方法可以从 Cache 对象检索指定项，其唯一的参数 key 表示要检索的缓存项的标识符。该方法返回检索到的缓存项，未找到该键时为空引用。示例代码如下：

```
protected void Button1_Click(object sender, EventArgs e)
{
    try
    {
      Cache.Get("Label1.Text");                          //获取 Cache 对象的值
    }
    catch                                                //捕获异常,同 try 使用
    {
            Label2.Text="获取 Cache 的值失败!";          //输出错误异常信息
    }
```

```
}
```

通过Cache的Count属性能够获取现有的Cache对象的项数，示例代码如下：

```
Response.Write("Cache对象的项数有"+Cache.Count.ToString());        //输出Cache项数
```

（2）移除Cache对象。

Remove方法可以从应用程序的Cache对象移除指定项，其唯一的参数key表示要移除的缓存项的String标识符。该方法返回从Cache移除的项。如果未找到键参数中的值，则返回空引用。示例代码如下：

```
if(Cache["Key1"] !=null)
    Cache.Remove("Key1");
```

8.1.8 Global.asax配置

除了编写界面代码外，开发人员还可以将逻辑和事件处理代码添加到他们的Web应用程序中。此代码不处理界面的生成，并且一般不为响应个别页请求而被调用。相反，它负责处理更高级别的应用程序事件，如Application_Start、Application_End、Session_Start和Session_End等。开发人员使用位于特定Web应用程序虚拟目录树根处的Global.asax文件来创作此逻辑。第一次激活或请求应用程序命名空间内的任何资源或URL时，ASP.NET自动分析该文件并将其编译成动态.NET框架类（此类扩展了HttpApplication基类）。

1. 创建Global.asax配置文件

Global.asax配置文件通常不为个别页面或事件进行请求响应。选中ASP.NET网站，执行“添加”→“新建项”命令，依次选择Visual C#和“全局应用程序类”选项，输入文件名如Global.asax，单击“添加”按钮后创建了一个配置文件，如图8-12所示。

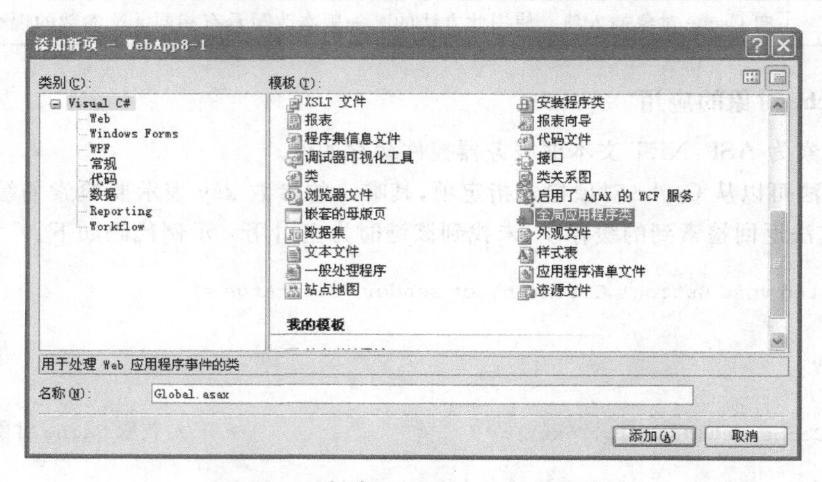

图8-12 创建Global.asax配置文件

创建完成Global.asax配置文件，系统会自动创建一系列代码，开发人员只需要向相应的代码块中添加事务处理程序即可。

2. Application_Start 事件和 Application_End 事件

第一次激活或请求应用程序命名空间内的任何资源 URL 时，ASP.NET 分析 Global.asax 文件并将其动态编译成.NET 框架类。Global.asax 文件被配置为自动拒绝任何直接 URL 请求，从而使外部用户不能下载或查看内部代码。

通过在 Global.asax 文件中创作符合命名模式“Application_EventName(AppropriateEventArgumentSignature)”的方法，开发人员可以为 HttpApplication 基类的事件定义处理程序。示例代码如下：

```
void Application_Start(object sender, EventArgs e)
{
    //Application startup code goes here
}
```

如果事件处理代码需要导入附加的命名空间，可以在.aspx 页中使用@import 指令，如下所示：

```
<%@Import Namespace="System.Text" %>
```

第一次打开页时，引发应用程序和会话的 Start 事件：

```
void Application_Start(object sender, EventArgs e)
{
    //Application startup code goes here
}
void Session_Start(object sender, EventArgs e)
{
     Response.Write("Session is Starting...<br>");
     Session.Timeout=1;
}
```

对每个请求都引起 BeginRequest 和 EndRequest 事件。刷新页时，只显示来自 BeginRequest、EndRequest 和 Page_Load 方法的消息。

在 Global.asax 配置文件中，Application_Start 事件会在 Application 对象被创建时触发，通常 Application_Start 对象能够对应用程序进行全局配置。在统计在线人数时，通过重写 Application_Start 方法可以实现实时在线人数统计。示例代码如下：

```
protected void Application_Start(object sender, EventArgs e)
{
     Application.Lock();                                    //锁定 Application 对象
     Application["start"]="Application 对象被创建";         //创建 Application 对象
     Application.UnLock();                                  //解锁 Application 对象
}
```

当用户使用 Web 应用时，就会触发 Application_Start 方法。而与之相反的是，Application_End 事件在 Application 对象结束时被触发。示例代码如下：

```
protected void Application_End(object sender, EventArgs e)
```

```
{
    Application.Lock();                              //锁定 Application 对象
    Application["end"]="Application 对象被销毁";     //清除 Application 对象
    Application.UnLock();                            //解锁 Application 对象
}
```

当用户离开当前的 Web 应用时，就会触发 Application_End 方法，开发人员能够在 Application_End 方法中清理相应的用户数据。

3. Session_Start 事件和 Session_End 事件

Session_Start 事件在 Session 对象开始时被触发。通过 Session_Start 事件可以统计应用程序当前访问的人数，同时也可以进行一些与用户配置相关的初始化工作。示例代码如下：

```
protected void Session_Start(object sender, EventArgs e)
{
    Session["count"]=1;                              //Session 开始执行
}
```

与之相反的是 Session_End 事件，当 Session 对象结束时会触发该事件。当使用 Session 对象统计在线人数时，可以通过 Session_End 事件减少在线人数的统计数字，同时也可以对用户配置进行相关的清理工作。示例代码如下：

```
protected void Session_End(object sender, EventArgs e)
{
     Session["count"]=null;                          //设置 Session 为 null
     Session.Clear();                                //清除 Session 对象
}
```

上述代码当用户离开页面或者 Session 对象生命周期结束时被触发，在 Session_End 中可以清除用户信息，进行相应的统计操作。

4. Global.asax 文件的范围

静态对象、.NET 框架类和 COM 组件都可以使用对象标记在 Global.asax 文件中定义。范围可以是 appinstance、session 或 application。appinstance 范围表示对象特定于 Http-Application 的一个实例并且不共享。示例代码如下：

```
<object id="id" runat="server" class=".NET Framework class Name" scope=
"appinstance"/>
<object id="id" runat="server" progid="COM ProgID" scope="session"/>
<object id="id" runat="server" classid="COM ClassID" scope="application"/>
```

注意：Global.asax 使用了微软公司的 HTML 拓展＜SCRIPT＞标记语法来限制脚本，这也就是说，必须用＜SCRIPT＞标记来引用这两个事件，而不能用＜%和%＞符号引用。在 Global.asax 中不能有任何输出语句，无论 HTM 的语法还是 Response.Write 方法都是不行的，Global.asax 是任何情况下也不能进行显示的。

8.2 ASP.NET 缓存功能

生成高性能、可缩放的 Web 应用程序最重要的因素之一是能够在首次请求项时将这些项存储在内存中，不管它们是数据对象、页还是页的某些部分。可以将这些项缓存或存储在 Web 服务器上或请求流中的其他软件上，如代理服务器或浏览器。使用户能够避免重新创建满足先前请求的信息，尤其是那些需要大量处理器时间或资源的信息。ASP.NET 缓存允许用户使用多种技术跨 HTTP 请求存储页输出或应用程序数据，并对其进行重复使用。

8.2.1 缓存概述

通常，应用程序可以将那些频繁访问的数据，以及那些需要大量处理时间来创建的数据存储在内存中，从而提高性能。例如，如果应用程序使用复杂的逻辑来处理大量数据，然后再将数据作为用户频繁访问的报表返回，避免在用户每次请求数据时重新创建报表可以提高效率。同样，如果应用程序包含一个处理复杂数据但不需要经常更新的页，则在每次请求时服务器都重新创建该页会使工作效率低下。

在这些情况下，为了帮助用户提高应用程序的性能，ASP.NET 使用两种基本的缓存机制来提供缓存功能。

1. 应用程序缓存

应用程序缓存允许缓存所生成的数据，如 DataSet 或自定义报表业务对象。应用程序缓存提供了一种编程方式，可通过键/值对将任意数据存储在内存中。使用应用程序缓存与使用应用程序状态类似。但是，与应用程序状态不同的是，应用程序缓存中的数据是易失的，即数据并不是在整个应用程序生命周期中都存储在内存中。使用应用程序缓存的优点是由 ASP.NET 管理缓存，它会在项过期、无效或内存不足时移除缓存中的项。还可以配置应用程序缓存，以便在移除项时通知应用程序。

使用应用程序缓存的模式是确定在访问某一项时该项是否存在于缓存中，如果存在则使用。如果该项不存在，则可以重新创建该项，然后将其放回缓存中。这一模式可确保缓存中始终有最新的数据。

2. 页面输出缓存

页面输出缓存保存页处理输出，并在用户再次请求该页时重用所保存的输出，而不是再次处理该页。页面输出缓存在内存中存储处理后的 ASP.NET 页的内容。这一机制允许 ASP.NET 向客户端发送页响应，而不必再次经过页处理生命周期。

页面输出缓存提供了两种页缓存模型：整页缓存和部分页面缓存。整页缓存允许将页的全部内容保存在内存中，并用于完成客户端请求。部分页面缓存允许缓存页的部分内容，其他部分则为动态内容。

8.2.2 页面输出缓存

页面输出缓存对于那些不经常更改，但需要大量处理才能创建的页特别有用。例如，如果创建大通信量的网页来显示不需要频繁更新的数据，页面输出缓存则可以极大地提高该页的性能。可以分别为每个页配置页缓存，也可以在Web.config文件中创建缓存配置文件。利用缓存配置文件，只定义一次缓存设置就可以在多个页中使用这些设置。

可以在页或配置文件中以声明方式或者通过编程方式使用缓存API指定缓存设置。也可以根据查询字符串参数值或窗体变量值（控件值）缓存页。必须通过使用@OutputCache指令的VaryByParam属性，显示启用基于这些类型的值的缓存。

@OutputCatch指令的语法格式如下：

```
<%@OutputCache Duration="#ofseconds"
   Location="Any|Client|Downstream|Server|None|
   ServerAndClient "
   Shared="True|False"
   VaryByControl="controlname"
   VaryByCustom="browser|customstring"
   VaryByHeader="headers"
   VaryByParam="parametername"
   VaryByContentEncoding="encodings"
   CacheProfile="cache profile name|''"
   NoStore="true|false"
   SqlDependency="database/table name pair|CommandNotification"
%>
```

@OutputCatch指令包括10个属性，通过这些属性能够分别为页面的不同情况进行缓存设置。常用的属性如表8-15所示。

表8-15 @OutputCatch指令的常用属性

属性名	说明
Location	获取或设置一个值，该值确定缓存项的位置，包括Any、Client、Downstream、None、Server和ServerAndClient。默认值为Any
Duration	获取或设置缓存项需要保留在缓存中的时间（以秒计）
CacheProfile	获取或设置与该页关联的缓存的名称。默认值为空字符串（"")
NoStore	获取或设置一个值，该值确定是否设置了“Http Cache-Control：no-store”指令
Shared	获取或设置一个布尔值，确定缓存项是否可以由多个页共享。默认值为false
SqlDependency	标识一组数据库/表名称对的字符串值，页或控件的输出缓存依赖于这些名称对
VaryByCustom	获取输出缓存用来改变缓存项的自定义字符串列表
VaryByHeader	获取或设置用于改变缓存项的一组逗号分隔的HTTP标头名称
VaryByParam	获取查询字符串或窗体POST参数的列表。分号分隔的字符串列表，用于使输出缓存发生变化。可能的值包括none、星号（*）以及任何有效的查询字符串或POST参数名称
VaryByControl	获取或设置一簇分号分隔的控件标识符，这些标识符包含在当前页或用户控件内，用于改变当前的缓存项
VaryByContentEncodings	以分号分隔的字符串列表，用于更改输出缓存。将VaryByContentEncodings属性用于Accept-Encoding标头，可确定不同内容编码获得缓存响应的方式

使用@OutputCatch 指令能够声明页面输出缓存，示例代码如下：

```
<%@OutputCache Duration="120" VaryByParam="none" %>
```

上述代码使用@OutputCatch 指令声明了页面缓存，使用 Duration 属性和 VarByParam 属性设置了当前页的缓存属性。该页面的缓存为 120s。缓存项为 Default.aspx 页面。

为一个页面进行整体的缓存设置往往是没有必要的，常常还会造成困扰，例如 Default.aspx?id=1 和 Default.aspx?id=100 在缓存时可能呈现的页面是相同的，这往往不是开发人员所希望的。通过配置 VarByParam 属性能够指定缓存参数，示例代码如下：

```
<%@OutputCache Duration="120" VaryByParam="id" %>
```

上述代码通过参数 id 进行缓存，当 id 项不同时，ASP.NET 所进行的页面缓存也不尽相同。这样保证了 Default.aspx?id=1 和 Default.aspx?id=100 在缓存时所显示的页面并不一致。

VarByHeader 和 VarByCustom 主要用于根据访问页面的客户端对页面的外观或内容进行自定义。在 ASP.NET 中，一个页面可能需要为 PC 用户和 MOBILE 用户呈现输出，因此可以通过客户端的版本不同来缓存不同的数据。示例代码如下：

```
<%@OutputCache Duration="120" VaryByParam="none" VaryByCustom="browser" %>
```

上述代码为每个浏览器单独设置了缓存条目。

在使用配置文件的每个 ASP.NET 页中包含@OutputCache 指令，并将 CacheProfile 属性设置为 Web.config 文件中定义的缓存配置文件的名称。示例代码如下：

```
<%@OutputCache CacheProfile="Cache30Seconds" %>
```

上述代码指定页应当使用名为 Cache30Seconds 的缓存配置文件。

8.2.3 部分页面缓存

部分页面缓存是指输出缓存页面的某些部分，而不是缓存整个页面的内容。实现页面部分缓存有两种方式：一种是将页面中需要缓存的部分置于用户控件中，并对用户控件设置缓存功能，是通常所说的“控件缓存”。另外一种是“缓存后替换”的方法，该项方法与用户控件缓存正好相反，将页面中的某一部分设置为不缓存，虽然缓存了整个页面，但是当再次请求该项页面时，将重新处理那些没有设置为缓存的内容。

1. 使用@OutputCache 指令

使用@OutputCatch 指令声明方式为用户控件设置缓存功能。控件缓存与页面输出缓存大部分是相同的，可是也有不同之处。控件缓存的@OutputCache 指令只能设置六个属性：Duration、Shared、SqlDependency、VaryByControl、VaryByCustom 和 VaryByParam。

示例代码如下：

```
<%@OutputCache Duration="10" VaryByParam="location;count" %>
```

上述代码演示如何指示输出缓存按页或用户控件的位置对它们进行缓存，并根据窗体的 POST 方法或查询字符串对窗体参数进行计数。每个收到的具有不同位置或计数参数

(或两者)的HTTP请求都进行10s的缓存处理。带有相同参数值的任何后继请求都将从缓存中得到满足,直至超过输入的缓存期。示例代码如下:

```
<%@OutputCache Duration="120" VaryByParam="*"%>
```

上述代码将缓存用户控件120s,并且将针对查询字符串的每个变动进行缓存。示例代码如下:

```
<%@OutputCache Duration="120" VaryByParam="none" VaryByCustom="browser" %>
```

上述代码针对浏览器设置缓存条目并缓存120s。当浏览器不同时,会分别创建独立的缓存条目。

```
<%@OutputCache Duration="120"
    VaryByParam="none" VaryByCustom="browser" VaryByControl="TextBox1"%>
```

上述代码将服务器控件TextBox1的每个不同的值进行缓存处理。页面部分缓存是指输出存在页面的某些部分,而不是缓存整个页面的内容。

需要注意的事项具体如下:

(1) ASP.NET允许在页面和页面的用户控件中同时使用@OutputCache指令设置缓存,并且允许设置不同的缓存过期时间值。

(2) 如是页面输出缓存过期时间长于用户控件输出缓存过期时间,则页面的输出缓存持续时间优先。

(3) 如果页面输出缓存过期时间比用户控件的输出缓存过期时间短,则即使已为某个请求重新生成该页面的其余部分,也将一直缓存用户控件直到其过期时间到期为止。

2. 使用PartialCachingAttribute类

在代码隐藏文件中使用PartialCachingAttribute类设置用户控件缓存。PartialCachingAttibute类有六个属性和四种构造函数。六个属性包括Duration、Shared、SqlDenpendency、VaryByControl、VaryCustom和Varyparam。

使用PartialCachingAttribute类实现用户控件缓存(用户控件代码隐藏文件),示例代码如下:

```
[PartialCaching(100)]
public partial class SimpleControl:UserControl{
    ⋮
}
```

3. 使用ControlCachePolicy类

使用ControlCachePolicy类以编程的方式指定用户缓存。ControlCachePolicy是.NET Framework 2.0中新出现的类,主要用于提供对用户控件的输出缓存设置的编程访问。

ControlCachePolicy类的六个属性:Cached、Dependency、Duration、SupportsCaching、VaryByControl和VaryByparams。ControlCachePolicy类的三个常用方法:SetExpires、SetSlidingExpiration和SetVaryByCustom。

使用 ControlCachePolicy 类实现设置用户控件缓存(ASP. NET 页面文件),示例代码如下:

```
<%@Page language="C#" Debug="true" %>
<%@Reference Control="SimpleControl.ascx" %>
Void Page_Init(object sender,System.EventArgs e)
{
    PartialCachingControl pcc=LoadControl("SimpleControl.ascx") as
    PartialCachingControl;
    ControlCachePolicy cacheSetting=pcc.CachePolicy;
    if(cacheSettings.Duration >TimeSpan.FromSeconds(60))
    {
        cacheSettings.SetExpires(DateTime.Now.Add(TimeSpan.FromSeconds(30)));
        cacheSettings.SetSlidingExpiration(false);
    }
    Controls.Add(pcc);
}
```

4. 实现缓存后替换

使用 SubStitution 控件指定页面中免于缓存的部分。SubStitution 控件声明代码如下:

```
<asp:substitution id="substitution1" methodname="" runat="server"></substitution>
```

在上述代码中,有一个重要的属性 methodname 用于获取或者设置当 substitution 控件执行时为回调而调用的方法名称。这个方法必须符合以下三个标准:必须为静态方法;必须接受的是 HttpContext 类型的参数;方法返回的必须是 string 类型的值。

```
public static string GetCurrentDateTime(HttpContext context)
{
    return DateTime.Now.ToString();
}
```

Substitution 控件 API 包括一个关键 WriteSubstitution 方法,该方法来自于 HttpResponse 类,其语法格式如下:

```
public void WriteSubstitution(HttpResponseSubstitutionCallback callback)
```

如上所示,WriteSubstitution 方法仅有一个参数 HttpResponseSubstitutionCallback。该项参数是一个委托,其语法格式如下:

```
public delegate string HttpResponseSubstitutionCallback (HttpContext context)
```

HttpResponseSubstitutionCallback 委托定义的方法有两个特征:返回值必须是 string;参数只有一个,并且是 HttpContext 类型。

示例代码如下:

```
public static string GetCurrentDateTime(HttpContext context)
```

```
{
    return DateTime.Now.ToString();
}
Response.WriteSubstitution(new HttpResponseSubstitutionCallback(GetCurrentDateTime));
```

8.2.4 应用程序数据缓存

ASP. NET 提供了一个强大的、便于使用的缓存机制，用于将需要大量服务器资源来创建的对象存储在内存中。缓存这些类型的资源会大大改进应用程序的性能。

应用程序数据缓存是由 System. Web. Caching. Cache 类实现。该类提供了简单的字典接口。通过这个接口可以设置缓存的有效期、依赖项以及优先级等特性。

可以使用 Cache 对象访问应用程序缓存中的项。下面介绍向应用程序缓存添加项的方法。

(1) 通过键和值直接设置项，向缓存添加项。

通过指定项的键和值，像将项添加到字典中一样将其添加到缓存中。示例代码如下：

```
Cache["CacheItem1"]="Cached Item 1";                          //创建缓存项
```

上述代码将名为 CacheItem1 的项添加到 Cache 对象中。

(2) 使用 Insert 方法向缓存添加项。

可以使用 Cache 对象的 Insert 方法向应用程序缓存添加项。该方法向缓存添加项，并且通过几次重载，可以用不同选项添加项，以设置依赖项、过期和移除通知。如果使用 Insert 方法向缓存添加项，并且已经存在与现有项同名的项，则缓存中的现有项将被替换。

调用 Insert 方法，传递要添加的项的键和值。示例代码如下：

```
Cache.Insert("CacheItem2", "Cached Item 2");                  //插入缓存项
```

上述代码添加名为 CacheItem2 的字符串。

(3) 通过指定依赖项向缓存添加项。

向缓存添加项并添加依赖项，以便当该依赖项更改时，将该项从缓存中移除。可以基于其他缓存项、文件和多个对象设置依赖项。

调用 Insert 方法，将 CacheDependency 对象的一个实例传递给该方法。示例代码如下：

```
string[] dependencies={ "CacheItem2" };                       //指定数组
Cache.Insert("CacheItem3", "Cached Item 3",
        new System.Web.Caching.CacheDependency(null, dependencies));  //插入缓存项
```

上述代码添加名为 CacheItem3 的项，该项依赖于缓存中名为 CacheItem2 的另一个项。

```
Cache.Insert("CacheItem4", "Cached Item 4",
new System.Web.Caching.CacheDependency(Server.MapPath("XMLFile.xml")));
```

上述代码演示将名为 CacheItem4 的项添加到缓存中，并且在名为 XMLFile. xml 的文件上设置文件依赖项。

```
System.Web.Caching.CacheDependency dep1=
    new System.Web.Caching.CacheDependency(Server.MapPath("XMLFile.xml"));
string[] keyDependencies2={ "CacheItem1" };                          //创建数组
System.Web.Caching.CacheDependency dep2=
    new System.Web.Caching.CacheDependency(null, keyDependencies2); //创建缓存
System.Web.Caching.AggregateCacheDependency aggDep=
    new System.Web.Caching.AggregateCacheDependency();              //创建依赖
aggDep.Add(dep1);                                                   //增加依赖
aggDep.Add(dep2);                                                   //增加依赖
Cache.Insert("CacheItem5", "Cached Item 5", aggDep);                //插入缓存项
```

上述代码示例演示如何创建多个依赖项。它向缓存中名为 CacheItem1 的另一个项添加键依赖项,向名为 XMLFile.xml 的文件添加文件依赖项。

(4) 将设有过期策略的项添加到缓存中。

将设有过期策略的项添加到缓存中。除了能设置项的依赖项以外,还可以设置项在一段时间以后(弹性过期)或在指定时间(绝对过期)过期。可以定义绝对过期时间或弹性过期时间,但不能同时定义两者。

调用 Insert 方法,将绝对过期时间传递给该方法。示例代码如下:

```
Cache.Insert("CacheItem6", "Cached Item 6", null, DateTime.Now.AddMinutes(1d),
    System.Web.Caching.Cache.NoSlidingExpiration);                  //插入缓存项
```

上述代码将有一分钟绝对过期时间的项添加到缓存中。

调用 Insert 方法,将弹性过期时间传递给该方法。示例代码如下:

```
Cache.Insert("CacheItem7", "Cached Item 7",
    Null, System.Web.Caching.Cache.NoAbsoluteExpiration,
    new TimeSpan(0, 10, 0));                                        //插入缓存项
```

上述代码将有 10 分钟弹性过期时间的项添加到缓存中。

(5) 将有优先级设置的项添加到缓存中。

向缓存添加项,并定义缓存的项的相对优先级。相对优先级帮助.NET Framework 确定要移除的缓存项。较低优先级的项比较高优先级的项先从缓存中移除。

调用 Insert 方法,从 CacheItemPriority 枚举中指定一个值。示例代码如下:

```
Cache.Insert("CacheItem8", "Cached Item 8",
    Null, System.Web.Caching.Cache.NoAbsoluteExpiration,
    System.Web.Caching.Cache.NoSlidingExpiration,
    System.Web.Caching.CacheItemPriority.High, null);               //插入缓存项
```

上述代码将优先级值为 High 的项添加到缓存中。

(6) 使用 Add 方法向缓存添加项。

通过调用 Add 法添加项。若使用 Add 方法,并且缓存中已经存在与现有项同名的项,则该方法不会替换该项,并且不会引发异常。调用 Add 方法,它返回一个表示项的对象。示例代码如下:

```
string CachedItem9=(string)Cache.Add("CacheItem9",
 "Cached Item 9", null,
    System.Web.Caching.Cache.NoAbsoluteExpiration,
    System.Web.Caching.Cache.NoSlidingExpiration,
    System.Web.Caching.CacheItemPriority.Default,
    null);
```

上述代码向缓存添加名为CacheItem9的项，同时将变量CachedItem9的值设置为已添加的项。

8.2.5 检索应用程序数据缓存对象

要从缓存中检索数据，应指定存储缓存项的键。不过，由于缓存中所存储的信息为易失信息，即该信息可能由ASP.NET移除，因此开发人员首先应该确定该项是否已经存在缓存，如果不存在缓存，则首先应该创建一个缓存项，然后再检索该项。示例代码如下：

```
string cachedString;
cachedString=Cache["CacheItem"] as string;                    //获取缓存
if (cachedString==null)                                       //判断缓存
{
    cachedString="Hello, World.";
    Cache.Insert("CacheItem", cachedString);                  //插入缓存项
    Response.Write(cachedString);                             //输出缓存
}
else
{
     Cache["key"]="value";                                    //创建缓存
     Response.Write(Cache["CacheItem "].ToString());          //输出缓存
}
```

上述代码从缓存项key中获取缓存的值，如果缓存的值为空置，则创建一个缓存。使用Cache类的Get方法也可以获取被缓存的数据对象，如果通过Get方法返回缓存中的数据对象，则返回的类型为object类型。示例代码如下：

```
string cache=Cache["key"] as string;                          //获取缓存
if (cache !=null)                                             //判断缓存
{
     Response.Write(cache);                                   //输出缓存
}
else
{
   Cache["key"]="value";                                      //创建缓存
     Response.Write(Cache.Get("key").ToString());             //Get 缓存
}
```

Cache类的Get方法可以获取被缓存的数据对象，如果使用Cache类的GetEnumerator方法则返回一个IDictionaryEnumerator对象，该对象可以用于循环访问包含在缓存中的键值设置及其值的枚举类型。示例代码如下：

```
IDictionaryEnumerator cacheEnum=Cache.GetEnumerator();          //定义枚举
while (cacheEnum.MoveNext())                                    //遍历枚举
{
    cache=Server.HtmlEncode(cacheEnum.Current.ToString());      //输出缓存
      Response.Write(cache);
}
```

上述代码通过使用 Cache 类的 GetEnumerator 方法返回一个 IDictionaryEnumerator 对象给 cacheEnum 变量，并通过 cacheEnum 变量的 MoveNext 方法进行缓存遍历。

8.3 项目案例

8.3.1 学习目标

掌握最常用的三个内置对象的应用场景及基本方法。

(1) 掌握 Request 传递请求对象。

(2) 掌握 Response 请求响应对象。

(3) 掌握 Session 状态对象。

8.3.2 案例描述

本案例实现用户购买商品，将购买商品添加到购物车，并且可以查看购物车中目前添加的商品，然后完成提交订单功能并清空 Session 会话中购物车对象。

实现提交购物车订单的前提是该用户已经登录，可以使用该登录用户信息来完成订单保存操作。实现方式为用户登录时将登录用户信息保存在 Session 会话中，以备后面功能使用，比如登录后其他页面提示当前用户的欢迎信息需要获取登录用户名；提交订单时需要登录用户的 id 值等。

8.3.3 案例要点

(1) 实现购买商品，将商品添加到购物车功能，必须在实现功能的过程中使用 Request 获取购买商品 id 参数，然后将该商品添加到购物车。

(2) 实现购物车功能必须使用 Session 会话来保存购物车对象，保证用户在整个网站上购买的商品不会丢失，查看购物车可以查看到所有该次会话购买的商品。

(3) 提交订单时，除了需要购物车商品信息外，还需要当前用户信息，用户信息应该是在登录时，将登录成功的用户信息保存在了 Session 会话中，以备提交订单使用。

(4) 提交订单完成后，将 Session 会话中的购物车对象移除。

(5) 每次请求的响应需要使用 Response 响应对象来实现。

8.3.4 案例实施

首先来看用户登录功能，根据用户名和密码查询用户，完成登录验证，当用户登录成功时，实现当前登录用户信息保存到 Session 会话功能。然后判断用户权限，根据不同的权限使用 Response 响应对象进行不同的响应跳转页面，如果登录失败，响应到重新登录页面。

具体代码如下：

```
protected void ImageButton1_Click(object sender, ImageClickEventArgs e)
    {
        string userName=txtUserName.Text.ToString().Trim();
        string userPwd=txtPwd.Text.ToString().Trim();
        Usr user=new UsrBO().UsrLogin(userName, userPwd);
        if (user !=null)
        {
            Session["user"]=user;
            string superuser=user.Superuser;
            switch (superuser)
            {
                case "1":
                    Response.Redirect("products.aspx");
                    break;
                case "2":
                    Response.Redirect("products.aspx");
                    break;
                case "3":
                    Response.Redirect("products_showusers.aspx");
                    break;
            }
        }
        else
        {
            Response.Redirect("products.aspx");
            //errorMessage.Text="该用户不存在或用户名输入错误,请检查后重新输入!";
        }
    }
```

登录成功之后，查看商品页面，如图 8-13 所示。

图 8-13　运行结果

可以单击任何一种药品后面的“购买”链接，购买功能链接会传递该商品的 id 标识参数。在实现购物车添加商品的服务器端程序使用 Request 获取参数，然后实现将商品添加到购物车的功能，cartAddSucc.cs 文件的示例代码如下：

```
cartAddSucc.cs
protected void Page_Load(object sender, EventArgs e)
    {
        if (!IsPostBack)
        {
            Usr user= (Usr)Session["user"];
            if (user !=null)
            {
                LabelUserInfo.Text=user.UserName.ToString();
                HyperLinkLookOrders.Visible=true;
            }
            else
            {
                LabelUserInfo.Text="游客";
                LinkButtonLogout.Visible=false;
            }
            ShoppingCart cart=null;
            string idString=Request.QueryString["id"];

            //将购买商品添加到购物车
            if (idString !=null)
            {
                int id=Convert.ToInt32(idString);
                cart= (ShoppingCart)Session["cart"];
                if (cart==null)                                    //第一次购买
                {
                    cart=new ShoppingCart();
                }
                if (!cart.IsAdded(id))                             //没有添加过
                {
                    Product p=new ProductBO().FindProductById(id);
                    cart.AddItem(p);
                    Session["cart"]=cart;

                    LabelCartAddInfo.Text="恭喜,商品: "+p.Productname+
                    "添加购物车成功";
                }
                else                                               //添加过
                {
                    Response.Write("<script type=text/javascript>
                    alert('该商品已经添加过了');</script>");
```

```
                    Response.Write("<script type=text/javascript>
                    javascript:history.back();</script>");
                }

            }
        }
    }
```

可以单击药品“白加黑”后面的“购买”链接，效果页面如图 8-14 所示。

图 8-14 购买药品效果图

当继续添加“白加黑”时，提示如图 8-15 所示。

可以继续选择购买其他商品，然后单击“查看购物车”链接，如图 8-16 所示。

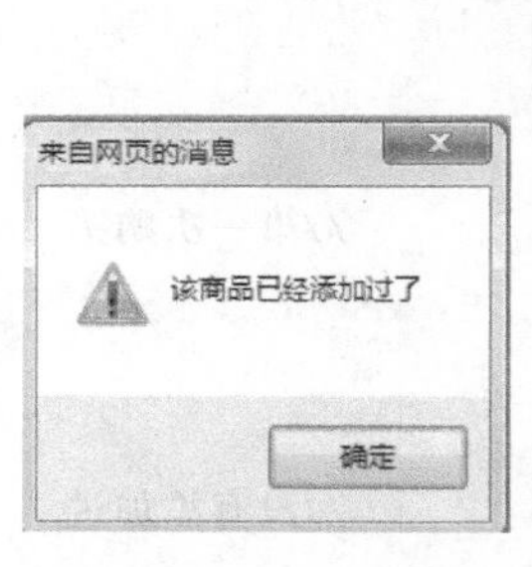

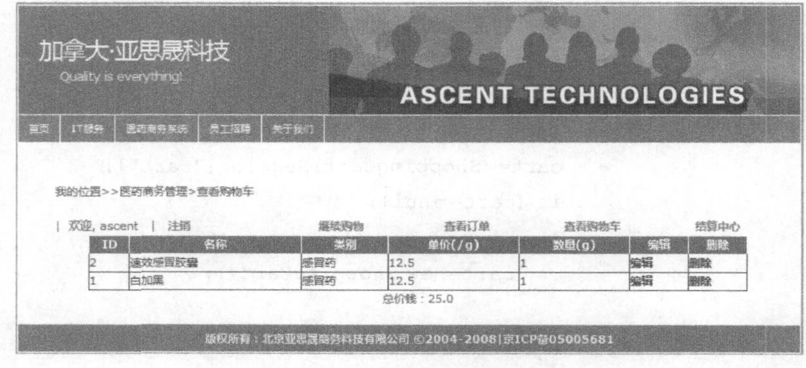

图 8-15 提示对话框　　图 8-16 查看购物车

单击“结算中心”链接，如果用户登录成功，出现如图 8-17 所示界面。

如果是游客购买商品，查看购物车并单击“结算中心”链接，出现如图 8-18 所示界面。

具体实现代码如下：

```
Cartshow.aspx.cs
///<summary>
    ///结算用户信息输入展现 Panel
    ///</summary>
    ///<param name="sender"></param>
    ///<param name="e"></param>
```

图 8-17 结算页面

图 8-18 游客结算页面

```
protected void LinkButtonCheckout_Click(object sender, EventArgs e)
{
    PanelCheckout.Visible=true;
    Usr u=(Usr)Session["user"];
    if (u !=null)
    {
        LabelCheckoutUserInfo.Text="您已经登录,下面为您的注册信息";
        TextBoxUserName.Text=u.UserName;
        TextBoxTel.Text=u.Tel;
        TextBoxEmail.Text=u.Email;
        TextBoxCompanyname.Text=u.Companyname;
        TextBoxCompanyAddress.Text=u.Companyaddress;
```

```
        }
        else
        {
            LabelCheckoutUserInfo.Text="您还没有登录,您可以登录后查看购物车结算";
        }
    }
```

这里验证用户是否登录,同样从Session中获取登录用户信息,示例代码如下:

```
Usr u= (Usr)Session["user"];
```

目前只有登录用户可以结算。提交表单成功后的页面如图8-19所示。

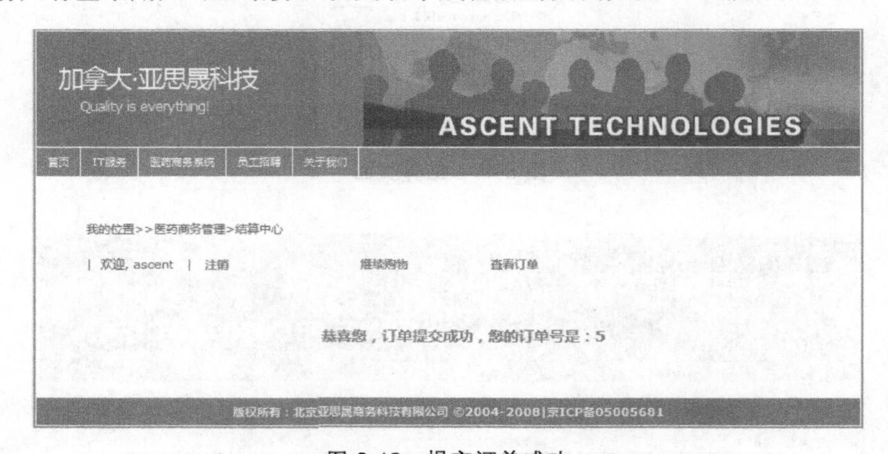

图8-19 提交订单成功

当产生订单后,一次购买完成,就会将Session中的购物车清除。代码如下:

```
Cartshow.aspx.cs
OrderBO orderBO=new OrderBO();
    int orderid=orderBO.SaveOrder(u.Id, cart);
    if (orderid >0)
    {
        Session["orderID"]=orderid.ToString ();
        Session.Remove("cart");                    //从session中移除购物车
        PanelCheckout.Visible=false;
        Response.Redirect("checkoutsucc.aspx");
    }
    else
    {
        Response.Write("<script type=text/javascript>
        alert('对不起,订单提交失败了');</script>");
        Response.Write("<script type=text/javascript>
        javascript:history.back();</script>");
    }
```

8.3.5 特别提示

(1) 获取正在购买商品 ID 参数代码如下：

```
string idString=Request.QueryString["id"];
```

使用的内置对象 Request 获取参数，然后根据 id 查询该商品对象。

(2) 购物车的开发：

购物车的使用一定要直接从 Session 会话中获取，然后判断是否可以获取到购物车对象，如果没有，说明是第一次购买，需要 new 创建购物车；如果可以获得购物车对象，说明不是第一次购买商品，购物车对象已经在 Session 会话中存在，直接使用该购物车添加商品。这样保证用户购买的商品不会丢失。代码如下：

```
ShoppingCart cart=null;
⋮
cart=(ShoppingCart)Session["cart"];
if (cart==null)                                          //第一次购买
{
    cart=new ShoppingCart();
}
```

购物车添加商品时，也做了该商品是否购买过的判断，如果购买过直接提示已购买过，没有就将该商品添加到购物车，然后将购物车保存到 Session 会话。具体代码如下：

```
if (!cart.IsAdded(id))                                   //没有添加过
            {
                Product p=new ProductBO().FindProductById(id);
                cart.AddItem(p);
                Session["cart"]=cart;
                LabelCartAddInfo.Text="恭喜,商品: "+p.Productname+"添加购物车成功";
            }
            else                                         //添加过
            {
                Response.Write("<script type=text/javascript>
                alert('该商品已经添加过了');</script>");
                Response.Write("<script type=text/javascript>
                javascript:history.back();</script>");
            }
```

注意：Session 会话保存购物车和获取购物车的逻辑名必须一致，示例代码如下：

```
Session["cart"]=cart;                        //保存购物车对象,逻辑名为 cart
cart=(ShoppingCart)Session["cart"];          //获取购物车对象,逻辑名为 cart
```

Session 对象保存对象类型是 Object 类型，所以取对象需要强制类型转换。

(3) 订单完成提交后，将购物车从 Session 会话中移除。示例代码如下：

```
Session.Remove("cart");                      //从 session 中移除购物车
```

8.3.6 拓展与提高

每一个客户端连接服务器后，服务器端都要建立一个独立的Session，并且需要分配额外的资源来管理Session。但如果客户端因某些原因，例如去忙其他的工作，停止了任何操作，但没有关闭浏览器，那么这种情况下，服务器端依然会消耗一定的资源来管理Session，这就造成了对服务器资源的浪费，降低了服务器的效率。所以，可以通过设置Session生存期，以减少这种对服务器资源的浪费。

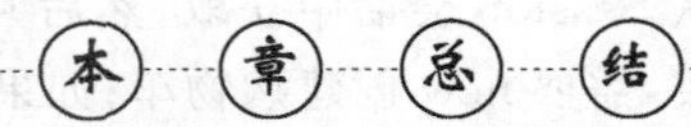

本章重点讲解了ASP. NET内置对象，这些对象主要有Response对象、Request对象、Application对象、Session对象、Cookies对象、Server对象和Cache对象。本章首先介绍了这些对象的基本属性和方法，然后通过实例演示这些对象的属性和方法的使用，使读者能够熟练地掌握和运用各种ASP. NET内置对象进行基本的程序设计。

本章最后简单介绍了ASP. NET的缓存功能，包括如何设置页面输出缓存和应用程序缓存。可以使用Cache对象设置应用程序数据缓存，利用@OutputCatch指令完成页面输出缓存的设置，以及如何检索应用程序数据缓存对象。开发人员能够快速地构建ASP. NET应用环境并进行性能优化。

习 题

一、填空题

1. ________对象能够读取客户端在Web请求期间发送的HTTP值。

2. Request对象的________属性用来获取HTTP查询字符串变量的集合。

3. ________对象可以输出信息到客户端，包括直接发送信息给浏览器、重定向浏览器到另一个URL或设置Cookie的值。

4. 由于Response对象的________属性默认为True，因此要输出到客户端的数据都暂时存储在缓冲区内，等到所有的事件程序以及所有的页面对象全部解译完毕后，才送到客户端浏览器。

5. 使用Response对象的________方法将缓冲区的数据清除。

6. ________对象为当前用户会话提供信息，还提供对可用于存储信息的会话范围的缓存的访问，以及控制如何管理会话的方法。

7. ________对象提供对服务器上的方法和属性的访问。

8. 利用Server对象的________和________方法对网页内容编码。

9. ________对象将信息保存在客户端，而________和________对象是保存在服务器端。

10. 为了多个用户可以共享一个Application对象，所以必须要有________和________方法。

11. 使用________指令能够声明页面输出缓存。

12. 必须通过使用@ OutputCache指令的________属性，显示启用基于这些类型的值的缓存。

13. 应用程序数据缓存是由________类实现。

14. 使用 Cache 类的________方法也可以获取被缓存的数据对象。

15. 使用________方法能够创建 Application 对象。

二、选择题

1. 通过使用 Request 对象的（　　）方法可以获取当前请求的虚拟路径。

A. Path　　B. MapPath　　C. QueryString　　D. Browser

2. 在 Response 的常用方法中，（　　）方法是最常用的，它能够向客户端发送指定的 HTTP 流，并呈现给客户端浏览器。

A. Write　　B. End　　C. Clear　　D. Flush

3. Session 对象的（　　）属性可以帮助统计正在使用的对象的个数。

A. Add　　B. Clear　　C. TimeOut　　D. Count

4. 通过（　　）或（　　）方法能够创建一个 Cookie 对象。

A. Get　　B. Add　　C. Clear　　D. AppendCookie

5. Global.asax 配置文件负责处理的高级别的应用程序事件包括（　　）。

A. Application_Start　　B. Application_End

C. Session_Start　　D. 以上都是

6. 在 ASP.NET 中有 Button 控件 myButton，要是单击控件时，导航到其他页面 http://www.abc.com，正确的代码为（　　）。

A.
```
private void myButton_Click(object sender, System.EventArgs e){
        Redirect("http://www.abc.com");
  }
```

B.
```
private void myButton_Click(object sender, System.EventArgs e){
        Request.Redirect("http://www.abc.com");
  }
```

C.
```
private void myButton_Click(object sender,System.EventArgs e){
        Reponse.Redirect("http://www.abc.com");
  }
```

D.
```
private void myButton_Click(object sender, System.EventArgs e){
        Request.Redirect("http://www.abc.com") ;return true;
  }
```

7. 在 ASP.NET 中，下列关于 src 属性的描述正确的是（　　）。

A. src 属性是用户控件的虚拟路径　　B. src 属性是用户控件的物理路径

C. src 为用户控件的名称　　D. src 为用户控件的命名空间

8. ASP.NET 代码“Response.Write（Server.htmlEncode（"<H1>HtmlEncode 样例</H1>"））”的输出结果为（　　）。

A. 在窗口打印"HtmlEncode 样例"

B. 在窗口打印"<H1>HtmlEncode 样例</H1>"

C. 在窗口打印"H1HtmlEncode 样例 H1"

D. 出现错误信息，说明嵌入的串中包含非法字符

9. ASP.NET 中，为了执行返回 DataReader 对象的命令，要使用 Command 对象的（　　）

方法。

A. ExecuteReader　B. ExecuteScalar　C. ExecuteNonQuery　D. ExecuteQuery

10. 在ASP.NET中，使用页面缓存可以提高（　　）。

A. 页面显示的图形效果　　B. 页面加载的速度

C. 应用程序的安全性　　D. 节约操作系统的内存资源

11. 假设存放ASP.NET应用程序页面的目录为C:\InetPub\WWWRoot\WebSvrsample，则该程序中的代码Request.ApplicationPath的返回值应为（　　）。

A. C:\InetPub\WWWRoot

B. \WebSvrsample

C. C:\InetPub\WWWRoot\WebSvrsample

D. \InetPub\WWWRoot\WebSvrSample

三、简答题

1. 简述如何把页面重新定向到另外一个页面。
2. 简述如何获得客户端表单信息的不同方法及区别。
3. 简述如何利用Request对象获取客户端浏览器的信息。
4. 简述利用Application对象存取变量的方法。
5. 简述使用Cookie的优点。
6. 简述如何利用Session对象的有效时间。
7. 在ASP.NET中，可以使用哪两种基本的缓存机制来提供缓存功能。
8. 简述如何使用Cache对象向应用程序缓存添加项的方法。

四、编程题

1. 编程实现通过Response对象在页面上输出信息的代码。
2. 编程实现获取客户端页面中表单信息的代码。
3. 编写程序。添加检查IE版本的功能，若用户使用的是IE6.0以下版本，则提示信息为“请更新您的IE!”；若用户没有使用IE，则提示信息为“您没有使用IE!”。否则提示“您的IE版本为最新!”。
4. 编写程序。使用Application对象集中存储公司电话号码，使访问者所浏览的所有网页都可以访问并显示此号码。
5. 编写Application_Start事件处理代码、初始化Application变量，设置一条信息，显示网站的初始化运行时间。

第9章 ASP.NET应用程序的配置、编译和部署

学习目的与要求

ASP. NET 包含一个重要的特性，它为开发人员提供了一个非常方便的系统配置文件，就是常用的 Web. config 和 Machine. config。配置文件能够存储用户或应用程序的配置信息，让开发人员能够快速地建立 Web 应用环境，以及扩展 Web 应用配置。通过本章的学习将能够：

- 了解 ASP. NET 应用程序的组成，掌握 ASP. NET 应用程序配置的过程。
- 掌握 Web. config 配置文件的格式以及主要配置元素的使用。
- 了解 ASP. NET 网站的预编译和编译的好处。

本章主要内容

- ASP. NET 应用程序概述：包括 ASP. NET 应用程序的组成和配置。
- Web. config 配置文件：讲解 Web. config 配置文件中常用的元素。
- ASP. NET 网站的预编译和编译：介绍网站预编译和编译的好处。

9.1 应用程序概述

9.1.1 ASP. NET 应用程序组成

可以将网站的文件保存在方便应用程序访问的任何文件夹结构中。为了更易于使用应用程序，ASP. NET 保留了某些可用于特定类型的内容的文件和文件夹名称。

1. 默认页

可以为应用程序建立默认页，如 Default. aspx，并将它保存在站点的根文件夹中。如果用户在定位到你的站点时没有指定特定页(如 http://www. contoso. com/)，用户可以配置应用程序，以便自动请求 Default. aspx 页。还可以使用默认页作为站点的主页，或者在页中写入代码以将用户重定向到其他页。

2. 应用程序文件夹

ASP. NET 能识别可用于特定类型的内容的某些文件夹名称。图 9-1 所示为某个 ASP. NET 应用程序的目录结构。

(a) 解决方案视图　　　　(b) 系统资源管理视图

图 9-1　ASP.NET 应用程序组成的目录结构

下面简单介绍一下系统中保留的文件夹名称以及文件夹中通常包含的文件类型。

- Bin：包含要在应用程序中引用的控件、组件或其他代码的已编译程序集(. dll 文件)。在应用程序中将自动引用 Bin 文件夹中的代码所表示的任何类。
- App_Browsers：包含 ASP. NET 用于标识个别浏览器并确定其功能的浏览器定义(. browser)文件。
- App_Code：包含可以作为应用程序一部分进行编译的实用工具类和业务对象(例如. cs、. vb 和 . jsl 文件)的源代码。在动态编译的应用程序中，当对应用程序发出首次请求时，ASP. NET 编译 App_Code 文件夹中的代码，然后在检测到任何更改时重新编译该文件夹中的项。

注意：可以在 App_Code 文件夹中放置任意文件类型以创建强类型对象。例如，将 Web 服务文件(. wsdl 和 . xsd 文件)放置在 App_Code 文件夹可以创建强类型的代理。

在应用程序中将自动引用 App_Code 文件夹中的代码。此外，App_Code 文件夹可以包含需要在运行时编译的文件的子目录。

- App_Data：包含应用程序数据文件，包括 MDF 文件、XML 文件和其他数据存储文件。ASP. NET 使用 App_Data 文件夹来存储应用程序的本地数据库，该数据库可用于维护成员资格和角色信息。

- App_GlobalResources：包含编译到具有全局范围的程序集中的资源(.resx 和.resources 文件)。App_GlobalResources 文件夹中的资源是强类型的，可以通过编程方式进行访问。
- App_LocalResources：包含与应用程序中的特定页、用户控件或母版页关联的资源(.resx 和.resources 文件)。
- App_Themes：包含用于定义 ASP.NET 网页和控件外观的文件集合(.skin 和.css 文件以及图像文件和一般资源)。
- App_WebReferences：包含用于定义在应用程序中使用的 Web 引用的引用协定文件(.wsdl 文件)、架构(.xsd 文件)和发现文档文件(.disco 和.discomap 文件)。

3. 应用程序文件类型

由 ASP.NET 管理的文件类型会映射到 IIS 中的 Aspnet_isapi.dll。网站应用程序中由 ASP.NET 支持和管理的文件类型具体如下：

- .asax：通常是 Global.asax 文件，该文件包含从 HttpApplication 类派生的代码。该文件表示应用程序，并且包含应用程序生存期开始或结束时运行的可选方法。
- .ascx：Web 用户控件文件，该文件定义可重复使用的自定义控件。
- .ashx：一般处理程序文件，该文件包含用于实现 IHttpHandler 接口的代码。
- .asmx：XML Web Services 文件，该文件包含通过 SOAP 方式可用于其他 Web 应用程序的类和方法。
- .aspx：ASP.NET Web 窗体文件(页)，该文件可包含 Web 控件及显示和业务逻辑。
- .axd：处理程序文件，用于管理网站管理请求，通常为 Trace.axd。
- .browser：浏览器定义文件，用于标识客户端浏览器的功能。
- .cd：类关系图文件。
- .compile：预编译的 stub 文件，该文件指向表示已编译的网站文件的程序集。可执行文件类型(.aspx、.ascx、.master、主题文件)已经过预编译并放在 Bin 子目录下。
- .config 配置文件：通常是 Web.config，该文件包含表示 ASP.NET 功能设置的 XML 元素。
- .cs、.jsl、.vb：运行时要编译的类源代码文件。类可以是 HTTP 模块、HTTP 处理程序、ASP.NET 页的代码隐藏文件或包含应用程序逻辑的独立类文件。
- .csproj、.vbproj、.vjsproj：VisualStudio 客户端应用程序项目的项目文件。
- .disco、.vsdisco ：XML Web Services 发现文件，用于帮助找到可用的 Web 服务。
- .dsdgm、.dsprototype：分布式服务关系图(DSD)文件，该文件可以添加到任何提供或使用 Web Services 的 Visual Studio 解决方案，以便对 Web Service 交互的结构视图进行反向工程处理
- .dll：已编译的类库文件(程序集)。注意，不要将已编译的程序集放在 Bin 子目录中，可以将类的源代码放在 App_Code 子目录中。
- .licx、.webinfo：许可证文件。控件创作者可以通过授权方法来检查用户是否得到使用控件的授权，从而帮助保护自己的知识产权。

- . master：母版页，定义应用程序中其他网页的布局。
- . mdb、. ldb：Access 数据库文件。
- . mdf：SQL 数据库文件，用于 SQL Server Express。
- . msgx、. svc Indigo：Messaging Framework(MFx)service 文件。
- . rem：远程处理程序文件。
- . resources、. resx：资源文件，该文件包含指向图像、可本地化文本或其他数据的资源字符串。
- . sdm、. sdmDocument：系统定义模型(SDM)文件。
- . sitemap：站点地图文件，该文件包含网站的结构。ASP. NET 中附带了一个默认的站点地图提供程序，它使用站点地图文件可以很方便地在网页上显示导航控件。
- . skin：外观文件，该文件包含应用于 Web 控件以使格式设置一致的属性设置。
- . sln：Visual Web Developer 项目的解决方案文件。
- . soap：SOAP 扩展文件。

9.1.2 配置应用程序的过程

本节介绍配置一个应用程序的过程。

1. 设置应用程序的目录结构

一个 Web 站点可以有多个应用程序运行，而每一个应用程序可以用唯一的 URL 来访问，这样的目录为"虚拟目录"。装过 Windows 2000 Advance Server 的读者会知道，安装完成后会有一个 c:/inetpub/wwwroot 的目录，可以通过 IIS 管理工具来创建一个新的目录或者虚拟目录。

各个应用程序的"虚拟目录"可以不存在任何物理上的关系。例如：

应用 URL：	物理路径：
http://www. my. com	c:\inetpub\wwwroot
http://www. my. com/myapp	c:\myapp
http://www. my. com/myapp/myapp1	\\computer2\test\myapp

从"虚拟目录"上看来，http://www. my. com/myapp 和 http://www. my. com/myapp/myapp1 似乎存在某种联系，但实际情况却是两者完全分布于不同的机器上，更不用说物理目录了。

2. 设置相应的配置文件

ASP. NET 配置文件包括应用程序配置文件 Web. config 和其他服务器配置文件，其中 Web. config 文件在基于 XML 的文本文件中存储应用程序级的配置文件。这意味着可以使用任意标准的文本编辑器或 XML 分析器来创建它们，而且它们是可读的。如果应用程序根目录中没有包含 Web. config 文件，则配置设置由 Machine. config 文件中整个服务器的配置文件来确定。安装. NET Framework 时，会安装 Machine. config 文件的某个版本。

稍后会详细介绍 Web. config 文件。

3. 把应用所涉及的各种文件放入"虚拟目录"中

ASP. NET 应用程序必须位于 IIS 虚拟目录(也称为应用程序根目录)中。ASP. NET

应用程序可包含已编译的程序集(通常是包含业务逻辑的 DLL 文件),用于存储预编译代码的已知目录(目录名总是\bin),存储在基于文本的、易读的配置文件中的配置设置、服务器控件,以及 XML Web 服务等。

9.2 Web.config 配置

ASP.NET 配置数据存储在 XML 文本文件中,每一个 XML 文本文件都命名为 Web.config。Web.config 文件可以出现在 ASP.NET 应用程序的多个目录中。同时,ASP.NET 不允许外部用户直接通过 URL 请求访问 Web.config,以提高应用程序的安全性。

9.2.1 ASP.NET 应用程序配置简介

ASP.NET 提供了一个丰富而可行的配置系统,以帮助管理人员轻松快速地建立自己的 Web 应用环境。ASP.NET 提供的是一个层次配置架构,可以帮助 Web 应用、站点、机器分别配置自己的扩展配置数据。

ASP.NET 的配置系统具有以下优点:

- ASP.NET 允许配置内容和静态内容、动态页面和商业对象放置在同一应用的目录结构下。当管理人员需要安装新的 ASP.NET 应用时,只需要将应用目录复制到新的机器上即可。
- ASP.NET 的配置内容以纯文本方式保存,可以以任意标准的文本编辑器、XML 解析器和脚本语言解释、修改配置内容。
- ASP.NET 提供了扩展配置内容的架构,以支持第三方开发者配置自己的内容。
- ASP.NET 配置文件的更改被系统自动监控,无需管理人员手工干预。

1. 配置文件

配置文件是可以按需要更改的 XML 文件。开发人员可以使用配置文件来更改设置,而不必重编译应用程序。这些配置文件通常包括两类,分别是 Web.config 和 Machine.config。

1) Machine.config

Machine.config(服务器配置文件)包含应用于整个服务器的设置。该文件位于“%运行库安装路径%\Config”目录中,如“systemroot\Microsoft.NET\Framework\VersionNumber\CONFIG”目录下。一台服务器只有一个 Machine.config 文件,该文件描述了所有 ASP.NET Web 应用程序所需要的默认配置,如程序集绑定、内置远程处理信道和 ASP.NET 的配置设置。

配置系统首先查看计算机配置文件中的 appSettings 元素(常规设置架构)和开发人员可能定义的其他配置节,然后查看应用程序配置文件。为使计算机配置文件可管理,最好将这些设置放在应用程序配置文件中。

2) Web.config

Web.config 是应用程序配置文件,该文件从 Machine.config 文件集成一部分基本配置,并且 Web.config 能够作为服务器上所有 ASP.NET 应用程序配置的跟踪配置文件。每个 ASP.NET 应用程序根目录都包含 Web.config 文件,所以对于每个应用程序的配置都只需要重写Web.config文件中的相应配置节即可。

在ASP.NET应用程序运行后，Web.config配置文件按照层次结构为传入的每个URL请求计算唯一的配置设置集合。这些配置只会计算一次便缓存在服务器上。如果开发人员针对Web.config配置文件进行了更改，则很有可能造成应用程序重启。

注意： 如果针对Web.config文件中某些配置节（如processModel配置节）进行了更改，则可能需要重启IIS才能够让所做的应用程序配置立即生效。

2. 配置工具

使用这些出现在ASP.NET应用程序的多个目录中的Web.config文件，可以在将应用程序部署到服务器上之前、期间或之后方便地编辑配置数据。可以通过使用标准的文本编辑器、ASP.NET MMC管理单元、网站管理工具或ASP.NET配置API来创建和编辑ASP.NET配置文件。使用ASP.NET配置系统所提供的工具来配置应用程序比使用文本编辑器简单，因为这些工具包括错误检测功能。

1) ASP.NET MMC管理单元

用于ASP.NET的Microsoft管理控制台(MMC)管理单元提供一种在本地或远程Web服务器上的所有级别操作ASP.NET配置设置的方便途径。ASP.NET MMC管理单元使用ASP.NET配置API，但是它通过提供一个图形用户界面(GUI)来简化配置设置的编辑过程。另外，该工具还支持多个ASP.NET配置API功能，这些功能控制Web应用程序是否可以继承设置，并管理配置层次结构各级别之间的依赖性。

说明： 若要使用ASP.NET MMC管理单元，必须使用具有管理权限的账户登录到计算机。

下面介绍ASP.NET MMC管理单元的使用。

打开ASP.NET MMC管理单元。在Internet信息服务(IIS)管理器中右击已有的虚拟目录名称如asptest，从弹出的快捷菜单中选择"属性"命令，打开"asptest属性"对话框，选择"ASP.NET"选项卡，如图9-2所示。

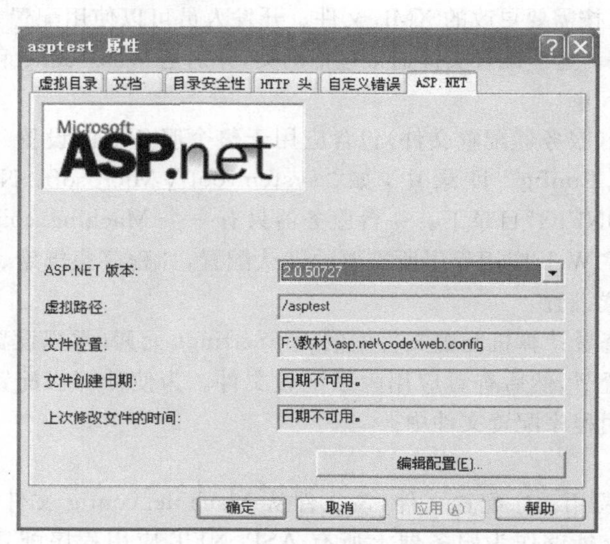

图9-2 ASP.NET MMC管理单元

使用 ASP.NET MMC 管理单元进行配置。单击图 9-2 中的“编辑配置”按钮，打开“ASP.NET 配置设置”对话框。在“常规”选项卡中的“应用程序设置”选项区域中单击“添加”按钮，打开“编辑/添加应用程序设置”对话框，如图 9-3 所示。在“键”文本框中输入“CustomBGColor”。在“值”文本框中输入“#00FF00”，这是绿色的十六进制颜色代码。依次单击“确定”按钮关闭已打开的对话框，完成对应用程序的配置。可通过检查 Web.config 文件来验证在 ASP.NET MMC 中创建的设置。

图 9-3 使用 ASP.NET MMC 创建应用程序设置

2) 网站管理工具

对网站具有管理权限的任何人都可以使用网站管理工具来管理该网站的配置设置。网站管理工具旨在为各个网站中最常用的配置设置提供一个用户友好的图形编辑工具。由于网站管理工具使用基于浏览器的界面，因此它允许用户远程更改网站设置，这对于管理已经部署到成品 Web 服务器的站点(如承载的网站)非常有用。

网站管理工具与 ASP.NET MMC 管理单元在若干方面存在不同。例如，ASP.NET MMC 管理单元最适于管理员级别的配置，因为它提供对 Web 服务器上的整个配置文件层次结构的访问，而不是提供对单个网站的配置设置的访问。此外，还必须是管理员才能使用 ASP.NET MMC 管理单元。而网站管理工具只允许各个网站所有者在他们具有管理权限的站点的根目录中配置 Web.config 文件。最后，不能使用 ASP.NET MMC 管理单元来远程管理 IIS，但是，网站管理工具的浏览器界面允许远程配置 IIS 6.0 和更高版本的 IIS。

下面介绍网站管理工具的使用。

在 Microsoft Visual Studio 2008 中执行“项目”→“ASP.NET 配置”命令，打开“ASP.net 网站管理工具”网页，如图 9-4 所示。

使用“安全”选项卡管理访问规则，以便帮助保证网站中特定资源的安全，并对用户账户和角色进行管理。

使用“应用程序”选项卡管理与网站相关的各种设置，包括应用程序设置、SMTP 设置、

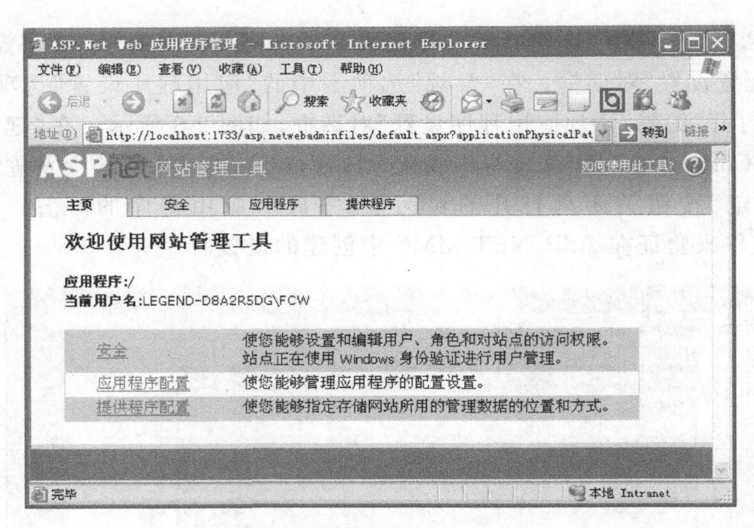

图 9-4　网站管理工具

调试及跟踪设置及脱机和联机设置。

使用"提供程序"选项卡，以测试或指定网站的成员资格和角色管理的提供程序。数据库提供程序是一些经调用以存储特定功能的应用程序数据的类。默认情况下，网站管理工具在网站的App_Data文件夹中配置并使用一个本地Microsoft SQL Server标准版数据库。相反，可以选择使用不同的提供程序(如远程SQL Server数据库)，以存储成员资格和角色管理。

9.2.2　ASP.NET配置文件的层次结构和继承

用户可以在整个应用程序目录中分发ASP.NET配置文件，以便以继承层次结构配置ASP.NET应用程序。使用此结构，可以在适当的目录级别实现应用程序所需级别的配置详细信息，而不影响较高目录级别中的配置设置。

1. 配置文件结构

ASP.NET配置文件称为Web.config文件，它们可以出现在ASP.NET应用程序的多个目录中。ASP.NET配置层次结构具有下列特征：

(1) 使用应用于配置文件所在的目录及其所有子目录中的资源的配置文件。

(2) 允许将配置数据放在将使它具有适当范围(整台计算机、所有的Web应用程序、单个应用程序或该应用程序中的子目录)的位置。

(3) 允许重写从配置层次结构中的较高级别继承的配置设置。还允许锁定配置设置，以防止它们被较低级别的配置设置所重写。

(4) 将配置设置的逻辑组组织成节的形式。

2. 配置文件继承

所有.NET Framework应用程序都从一个名为系统根目录\Microsoft .NET\Framework\版本号\CONFIG\Machine.config的文件继承基本配置设置和默认值。Machine.config文件用于服务器范围的配置设置。其中的某些设置不能在位于层次结构中较低级别的配置文件中被重写。

.NET 客户端应用程序(控制台和 Windows 应用程序)使用名为"应用程序名称.config"的配置文件重写继承的设置。ASP.NET 应用程序使用名为 Web.config 的配置文件重写继承的设置。

ASP.NET 配置层次结构的根是一个称为根 Web.config 文件的文件,它与 Machine.config 文件位于同一个目录中。根 Web.config 文件继承 Machine.config 文件中的所有设置。根 Web.config 文件包括应用于所有运行某一具体版本的.NET Framework 的 ASP.NET 应用程序的设置。由于每个 ASP.NET 应用程序都从根 Web.config 文件继承默认配置设置,因此只需为重写默认设置的设置创建 Web.config 文件。

说明:根 Web.config 文件从 Machine.config 文件继承一些基本配置设置,这两个文件位于同一个目录中。其中的某些设置不能在 Web.config 文件中被重写。

9.2.3 配置文件的格式

配置文件包含元素,它们是用来设置配置信息的逻辑数据结构。在配置文件内,使用标记来标记元素的开头和结尾。例如,<runtime>元素的结构为<runtime>child elements</runtime>。空元素有开始标记,但没有结束标记。

1. 配置文件格式

在 ASP.NET 应用程序中,所有的配置信息都存储在 Web.config 文件中的<configuration>元素中,注释语句包含在符号"<!--"和"-->"中。它是公共语言运行库和.NET Framework 应用程序所使用的每个配置文件中的根元素。Web.config 文件的语法格式如下:

```
<configuration>
    <!--configuration settings-->
</configuration>
```

在<configuration>元素中可以包括表 9-1 所示的子元素。

表 9-1 <configuration>元素的子元素

元素名	说明
<assemblyBinding>	指定配置级的程序集绑定策略
启动设置架构	描述指定要使用的公共语言运行时版本的元素
运行库设置架构	描述配置程序集绑定和运行时行为的元素
远程处理设置架构	远程处理设置架构中的所有元素
网络设置架构	描述指定.NET Framework 如何连接到 Internet 的元素
密码设置架构	描述将友好算法名映射到实现密码算法的类的元素
配置节架构	描述用于创建和使用自定义设置的配置节的元素
跟踪和调试设置架构	描述指定跟踪开关和侦听器的元素
ASP.NET 设置架构	描述允许 ASP.NET 应用程序存储和检索应用程序范围和用户范围的设置的元素
XML Web Services 设置架构	Web Services 设置架构中的所有元素

备注:每个配置文件必须恰好包含一个 <configuration> 元素。

2. 配置节架构

在<configuration>元素的子元素“配置节架构”中包含将自定义设置放置在配置文件中的元素，包括配置节处理应用程序声明，以及配置节设置两个部分。其中，对处理应用程序的声明存储在<configSections>配置节内，其语法格式如下所示：

```
<configSections>
    <section />
    <sectionGroup />
    <remove />
    <clear/>
</configSections>
```

其中configSections元素指定了配置节和处理程序声明。ASP.NET会将配置数据的处理委托给配置节处理程序。

每个section元素标识一个配置节或元素以及对该配置节或元素进行处理的关联ConfigurationSection派生类。节处理程序声明中包括了配置设置节的名称，以及用来处理该配置节中的应用程序的类名。sectionGroup元素充当section元素的容器。可以在sectionGroup元素中对section元素进行逻辑分组，以对section元素进行组织并避免命名冲突。section和sectionGroup元素包含在configSections元素中。

如果配置文件中包含configSections元素，则configSections元素必须是configuration元素的第一个子元素。

clear元素移除所有对继承的节和节组的引用，仅允许那些由当前的section和sectionGroup元素添加的节和节组。如果配置文件在处理程序引用被移除后尝试使用配置节，ASP.NET将发出服务器错误“无法识别的配置节element_name”。

remove元素移除对继承的节或节组的引用。可通过使用section和sectionGroup元素向当前配置文件中的集合添加新的节和节组。

示例代码如下：

```
<configuration>
    <configSections>
      <sectionGroup name="mySectionGroup">
        <section name="mySection"
          type="System.Configuration.NameValueSectionHandler"/>
      </sectionGroup>
    </configSections>
    <mySectionGroup>
      <mySection>
        <add key="key1" value="value1"/>
      </mySection>
    </mySectionGroup>
</configuration>
```

上述示例声明一个节组 mySectionGroup 以及节组内的节 mySection。

9.2.4 配置元素

ASP. NET 应用程序配置文件 Web. config 中定义了很多配置元素处理程序声明和配置元素处理程序。下面主要介绍这些配置元素。

1. <configuration>

所有 Web. config 的根配置节都存储于<configuration>标记中，在它内部封装了其他的配置节。示例代码如下：

```
<configuration>
      <syste.web>
      …
</configuration>
```

2. <configSections>

该配置节主要用于自定义的配置节处理程序声明，该配置节由多个<section>配置节组成。示例代码如下：

```
<configSections>
    <sectionGroup
      name="system.web.extensions"
      type="System.Web.Configuration.SystemWebExtensionsSectionGroup,
      System.Web.Extensions,Version=3.5.0.0,
                  Culture=neutral,PublicKeyToken=31BF3856AD364E35">
    <sectionGroup name="scripting"
      type="System.Web.Configuration.ScriptingSectionGroup,
      System.Web.Extensions,Version=3.5.0.0,
                  Culture=neutral,PublicKeyToken=31BF3856AD364E35">
    <section name="scriptResourceHandler"
      type="System.Web.Configuration.ScriptingScriptResourceHandlerSection,
      System.Web.Extensions,Version=3.5.0.0,Culture=neutral,
      PublicKeyToken=31BF3856AD364E35"
      requirePermission="false"allowDefinition="MachineToApplication"/>
    </sectionGroup>
  </sectionGroup>
</configSections>
```

其中<section>配置节包括 name 和 type 两种属性，name 属性指定配置数据配置节的名称，而 type 属性指定与 name 属性相关的配置处理程序类。

3. <appSettings>

在<appSettings>元素中可以定义自己需要的应用程序设置项，这充分反映了 ASP. NET 应用程序配置具有可扩展性的特点。

<appSettings>元素的语法格式如下：

```
<configuration>
    <appSettings>
        <add key="[key]" Value="[Value]"/>
    </appSettings>
</configuration>
```

示例代码如下：

```
<appSettings>
    <add key="Name" value="Guojing"/>                              //增加自定义配置节
      <add key="E-mail" value="soundbbg@live.cn"/>
</appSettings>
```

上述代码添加了两个自定义配置节，这两个自定义配置节分别为 Name 和 E-mail，用于定义该 Web 应用程序的开发者的信息，以便在其他页面中使用该配置节。

若需要在页面中使用该配置节，可以使用 ConfigurationSettings.appSettings("key 的名称")方法获取自定义配置节中的配置值。示例代码如下：

```
protected void Page_Load(object sender,EventArgs e)
{
    TextBox1.Text=ConfigurationSettings.AppSettings["name"].ToString();
                                                                   //获取自定义配置节
}
```

<appSettings>配置节包括两个属性，分别为 Key 和 Value。Key 属性指定自定义属性的关键字，以方便在应用程序中使用该配置节，而 Value 属性则定义该自定义属性的值。

4. <globalization>

<globalization>用于配置应用程序的编码类型，ASP.NET 应用程序将使用该编码类型分析 ASPX 等页面。常用的编码类型包括：

(1) UTF-8：Unicode UTF-8 字节编码技术，ASP.NET 应用程序默认编码。

(2) UTF-16：Unicode UTF-16 字节编码技术。

(3) ASCII：标准的 ASCII 编码规范。

(4) Gb2312：中文字符 Gb2312 编码规范。

在配置<globalization>配置节时，其编码类型可以参考上述编码类型。如果不指定编码类型，则 ASP.NET 应用程序默认编码为 UTF-8。示例代码如下：

```
<globalization fileEncoding="UTF-8" requestEncoding="UTF-8" responseEncoding=
"UTF-8"/>
```

5. <customErrors>

该配置节能够指定当出现错误时，系统自动跳转到一个错误发生的页面，同时也能够为应用程序配置是否支持自定义错误。<customErrors>配置节包括 mode 和 defaultRedirect 两种属性。其中 mode 包括三种状态，这三种状态分别为 On、Off 和 RemoteOnly。On 表示启动自定义错误；Off 表示不启动自定义错误；RemoteOnly 表示给远程用户显示自定义错误。另外，defaultRedirect 属性配置了当应用程序发生错误时跳转的页面。

<customErrors>配置节还包括子配置节<error>，该标记用于特定状态的自定义错误页面。子标记<error>包括 statusCode 和 redirect 两个属性，其中 statusCode 用于捕捉发生错误的状态码，而 redirect 指定发生该错误后跳转的页面。该配置节配置代码如下所示：

```
<customErrors mode="RemoteOnly" defaultRedirect="GenericErrorPage.htm">
    <error statusCode="403" redirect="NoAccess.htm" />
    <error statusCode="404" redirect="FileNotFound.htm" />
</customErrors>
```

上述代码在 Web.config 文件中配置了相应的 customErrors 信息。当出现 404 错误时，系统会自行跳转到 FileNotFound.htm 页面以提示 404 错误，开发人员能够编写 FileNotFound.htm 页面进行用户提示。

6. <sessionState>

<sessionState>配置节用于完成 ASP.NET 应用程序中会话状态的设置。<sessionState>配置节包括以下五种属性：

- mode：指定会话状态的存储位置，有 Off、Inproc、StateServer 和 SqlServer 几种设置。Off 表示禁用该设置，Inproc 表示在本地保存会话状态，StateServer 表示在服务器上保存会话状态，SqlServer 表示在 SQL Server 保存会话设置。
- stateConnectionString：用来指定远程存储会话状态的服务器名和端口号。
- sqlConnectionString：用来连接 SQL Server 的连接字符串。当在 mode 属性中设置 SqlServer 时，需要使用到该属性。
- Cookieless：指定是否使用客户端 cookie 保存会话状态。
- Timeout：指定在用户无操作时超时的时间，默认情况为 20 分钟。

<sessionState>配置节配置示例代码如下：

```
<sessionState mode="InProc" timeout="25" cookieless="false"></sessionState>
```

ASP.NET 不仅包括这些基本的配置节，还包括其他高级的配置节，高级的配置节通常用于指定界面布局样式，如母版页、默认皮肤以及伪静态等高级功能。

7. <connectionStrings>

在<connectionStrings>元素中配置连接数据字符串，sqlConnectionStringBuilder 实例化时需要使用 connectionString 属性。connectionString 属性中包含以下信息：

1) Data Source

SqlConnectionStringBuilder 的 DataSource 属性对应 connectionString 中的 Data Source，Data Source 可以由字符串 Server、Address、Addr 和 Network Address 代替。

2) Integrated Security

SqlConnectionStringBuilder 的 IntegratedSecurity 属性对应 connectionString 中的 Integrated Security，Integrated Security 可以写成 trusted_connection。

为 True 时，使用当前的 Windows 账户凭据进行身份验证；为 False 时，需要在连接中指定用户 ID 和密码。可识别的值为 True、False、Yes、No 以及与 True 等效的 SSPI。Microsoft 安全支持提供器接口(SSPI)是定义得较全面的公用 API,用来获得验证、信息完整性、信息隐私等集成安全服务,以及用于所有分布式应用程序协议的安全方面的服务。

也可以写上 uid=sa;pwd=123456 之类的设置。其中 uid 可换为 User ID,pwd 可换为 PassWord。

3) AttachDBFilename

SqlConnectionStringBuilder 的 AttachDBFilename 属性对应 connectionString 中的 AttachDBFilename,AttachDBFilename 可以写成 extended properties 或者 initial file name。

AttachDBFileName 属性指定连接打开的时候动态附加到服务器上的数据库文件的位置。这个属性可以接受数据库的完整路径和相对路径(例如使用 DataDirectory 语法),在运行时这个路径会被应用程序的 App_Data 目录所代替。

4) UserInstance

SqlConnectionStringBuilder 的 UserInstance 属性对应 connectionString 中的 User Instance,该值指示是否将连接从默认的 SQL Server 实例重定向到在调用方账户之下运行并且在运行时启动的实例。

UserInstance=true 时,SQL Server Express 为了把数据库附加到新的实例,建立一个新的进程,在打开连接的用户身份下运行。

5) Initial Catalog

等同于 Database。

6) providerName

指定值 System.Data.SqlClient。该值指定 ASP.NET 在使用此连接字符串进行连接时应使用 ADO.NET System.Data. SqlClient 提供程序。

8. <compilation>

该配置节位于<system.Web>标记中,用于定义使用哪种语言编译器来编译 Web 页面,以及编译页面时是否包含调试信息。主要对以下四种属性进行设置。

- defaultLanguage:设置在默认情况下 Web 页面的脚本块中使用的语言。支持的语言有 Visual Basic.Net、C# 和 JScript。可以选择其中一种,也可以选择多种,方法是使用一个由分号分隔的语言名称列表,如 Visual Basic.NET、C#。
- debug:设置编译后的 Web 页面是否包含调试信息。其值为 true 时将启用 ASPX 调试;为 false 时不启用,但可以提高应用程序运行时的性能。
- explicit:是否启用 Visual Basic 显示编译选项功能。其值为 true 时启用,为 false 时不启用。
- strict:是否启用 Visual Basic 限制编译选项功能。其值为 true 时启用,为 false 时不启用。

在<compilation>元素中还可以添加<compiler>、<assemblies>和<namespaces>等子标记,它们的使用可以更好地完成编译方面的有关设置。

9. <authentication>

该配置元素主要进行安全配置工作。最常用的属性是 mode，用来控制 ASP. NET Web 应用程序的验证模式。mode 的值可以从下面四种中任选其一。

- Windows：用于将 Windows 指定为验证模式。
- Forms：采用基于 ASP. NET 表单的验证。
- Passport：采用微软的 Passport 验证。
- None：不采用任何验证方式。

另外，<authentication>元素还有一个子标记<forms>，使用该标记可以对 cookie 验证进行设置。它包含以下五种属性。

- name：用于验证的 cookie 名称。如果一台机器上有多个应用程序使用窗体验证，每个应用程序的 cookie 名称必须不同。
- loginUrl：未通过 cookie 验证时，将用户重定向到 URL。
- protection：指定 cookie 的数据保护方式。它有 All、None、Encryption 和 Validation 共四个值。其中，All(默认值)表示对 cookie 进行加密和数据验证；None 表示不保护 cookie，这种网站只将 cookie 用于个性化，安全要求较低；Encryption 表示对 cookie 进行加密，不进行数据保护；Validation 表示对 cookie 验证数据，不进行加密。
- timeout：指定 cookie 失效的时间，超时后将需要重新进行登录验证获得新的 cookie。单位为分钟。
- path：指定 Web 应用程序创建的 cookie 的有效的虚拟路径。

10. <trace>

该配置元素用来实现 ASP. NET 应用程序的跟踪服务，在程序测试过程中定位错误。其主要属性如下：

- enabled：指定是否启用应用程序跟踪功能。true 为启用；false 为禁用。
- requestLimit：指定保存在服务器上请求跟踪的个数。默认值为 10。
- pageOutput：指定是否在每个页面的最后显示应用程序的跟踪信息。true 为显示；false 为不显示。
- traceMode：设置跟踪信息输出的排列次序。默认为 SortByTime(时间排序)，也可以定义为 SortByCategory(字母排序)。
- localOnly：指定是否仅在 Web 服务器上显示跟踪查看器。true 为仅在服务器控制台上显示跟踪查看器；false 为在任何客户端上都显示跟踪输出信息，而不仅是在 Web 服务器上。

9.3 ASP. NET 网站的预编译和编译

ASP. NET 在将整个站点提供给用户之前，可以预编译该站点。在正式部署网站前，ASP. NET 还要将代码编译成一个或多个程序集。本节中主要介绍如何将 ASP. NET Web 网站从开发计算机移动到成品 Web 服务器。

9.3.1 ASP.NET网站的预编译

ASP.NET在将整个站点提供给用户之前,可以预编译该站点。这为用户提供了更快的响应时间,提供了在向用户显示站点之前标识编译时Bug的方法,提供了避免部署源代码的方法,并提供了有效地将站点部署到成品服务器的方法。可以在网站的当前位置预编译网站,也可以预编译网站以将其部署到其他计算机。

默认情况下,在用户首次请求资源(如网站的一个页)时,将动态编译ASP.NET网页和代码文件。第一次编译页和代码文件之后,会缓存编译后的资源,这样将大大提高随后对同一页提出的请求的效率。

ASP.NET还可以预编译整个站点,然后再提供给用户使用。这样做有很多好处,其中包括:

(1) 可以加快用户的响应时间,因为页和代码文件在第一次被请求时无需编译。这对于经常更新的大型站点尤其有用。

(2) 可以在用户看到站点之前识别编译时Bug。

(3) 可以创建站点的已编译版本,并将该版本部署到成品服务器,而无需使用源代码。

ASP.NET提供了两个预编译站点选项。

(1) 预编译现有站点。

如果希望提高现有站点的性能并对站点执行错误检查,那么此选项十分有用。可以通过预编译网站来稍稍提高网站的性能。对于经常更改和补充ASP.NET网页及代码文件的站点则更是如此。在这种内容不固定的网站中,动态编译新增页和更改页所需的额外时间会影响用户对站点质量的感受。在执行就地预编译时,将编译所有的ASP.NET文件类型(HTML文件、图形和其他非ASP.NET静态文件将保持原状)。预编译过程的逻辑与ASP.NET进行动态编译时所用的逻辑相同,这说明了文件之间的依赖关系。在预编译过程中,编译器将为所有可执行输出创建程序集,并将程序集放在%SystemRoot%\Microsoft.NET\Framework\version\Temporary ASP.NET Files文件夹下的特殊文件夹中。随后,ASP.NET将通过此文件夹中的程序集来完成页请求。如果再次预编译站点,那么将只编译新文件或更改过的文件(或那些与新文件或更改过的文件具有依赖关系的文件)。编译器的这一优化,使用户即使是在细微的更新之后也可以编译站点。

(2) 针对部署预编译站点。

此选项将创建一个特殊的输出,可以将该输出部署到成品服务器。预编译站点的另一个用处是生成可部署到成品服务器的站点的可执行版本。针对部署进行预编译将以布局形式创建输出,其中包含程序集、配置信息、有关站点文件夹的信息以及静态文件(如HTML文件和图形)。

编译站点之后,可以使用Windows命令、FTP、Windows安装等工具将布局部署到成品服务器。布局在部署完之后将作为站点运行,且ASP.NET将通过布局中的程序集来完成页请求。

预编译过程对ASP.NET Web应用程序中各种类型的文件执行操作,如表9-2所示。

表 9-2 部署时不同文件类型对应的预编译操作和输出位置

文件类型	预编译操作	输出位置
.aspx、.ascx、.master	生成程序集和一个指向该程序集的.compiled 文件。原始文件保留在原位置,作为完成请求的占位符	程序集和.compiled 文件写入 Bin 文件夹中。页(去除内容的.aspx 文件)保留在其原始位置
.asmx、.ashx	生成程序集。原始文件保留在原位置,作为完成请求的占位符	Bin 文件夹
App_Code 文件夹中的文件	生成一个或多个程序集(取决于 Web.config 设置)	Bin 文件夹
未包含在 App_Code 文件夹中的.cs 或.vb 文件	与依赖于这些文件的页或资源一起编译	Bin 文件夹
Bin 文件夹中的现有.dll 文件	按原样复制文件	Bin 文件夹
资源(.resx)文件	对于 App_LocalResources 或 App_GlobalResources 文件夹中找到的.resx 文件,生成一个或多个程序集以及一个区域性结构	Bin 文件夹
App_Themes 文件夹及子文件夹中的文件	在目标位置生成程序集并生成指向这些程序集的.compiled 文件	Bin 文件夹
静态文件(.htm、.html、图形文件等)	按原样复制文件	与源中结构相同
浏览器定义文件	按原样复制文件	App_Browsers
依赖项目	将依赖项目的输出生成到程序集中	Bin 文件夹
Web.config 文件	按原样复制文件	与源中结构相同
Global.asax 文件	编译到程序集中	Bin 文件夹

9.3.2 ASP.NET 网站的编译

为了使用应用程序代码为用户提出的请求提供服务,ASP.NET 必须首先将代码编译成一个或多个程序集。程序集即文件扩展名为.dll 的文件。可以采用多种不同的语言来编写 ASP.NET 代码,如 Visual Basic、C#、J# 和其他语言。在编译代码时,会将代码翻译成一种名为 Microsoft 中间语言(MSIL)的与语言和 CPU 无关的表示形式。运行时,MSIL 将运行在.NET Framework 的上下文中,.NET Framework 会将 MSIL 翻译成 CPU 特定的指令,以便计算机上的处理器运行应用程序。

编译应用程序代码具有许多好处,其中包括:

(1) 性能。编译后的代码的执行速度要比诸如 ECMAScript 或 VBScript 的脚本语言快得多,因为它是一种更接近于机器代码的表示形式,并且不需要进行其他分析。

(2) 安全性。编译后的代码要比非编译的源代码更难进行反向工程处理,因为编译后的代码缺乏高级别语言所具有的可读性和抽象。此外,模糊处理工具增强了编译后的代码对抗反向工程处理的能力。

(3) 稳定性。在编译时检查代码是否有语法错误、类型安全问题以及其他问题。通过在生成时捕获这些错误,可以消除代码中的许多错误。

(4) 互操作性。由于MSIL代码支持任何.NET语言,因此用户可以在代码中使用最初用其他语言编写的程序集。例如,如果用户正在用C#编写ASP.NET网页,可以添加对使用Visual Basic编写的.dll文件的引用。

ASP.NET编译结构包括许多功能,其中包括:

(1) 多语言支持。在ASP.NET中,可以在同一个应用程序中使用不同的语言(如Visual Basic和C#),这是因为ASP.NET将为每一种语言分别创建一个程序集。对于存储在App_Code文件夹中的代码,可以为每种语言指定一个子文件夹。

(2) 自动编译。当用户首次请求网站的资源时,ASP.NET将自动编译应用程序代码和任何依赖资源。通常,ASP.NET为每个应用程序目录(如App_Code)创建一个程序集,并为主目录创建一个程序集。如果一个目录中的文件是用不同编程语言编写的,将为每种语言分别创建程序集。可以在Web.config文件的Compilation节指定将哪些目录编译成单个程序集。

(3) 灵活部署。因为ASP.NET在首次用户请求时编译网站,所以只需将应用程序源代码复制到成品Web服务器上即可。可以使用ASP.NET编译器工具(ASPNET_Compiler.exe)预编译网站。

(4) 可扩展生成系统。

注意:预编译期间代码隐藏文件(.vb或.cs文件)中的代码都将内置到程序集中,因此如果不重新执行预编译和部署步骤,将无法更改这些代码。

9.4 项目案例

9.4.1 学习目标

(1) 了解ASP.NET应用程序的组成和配置。

(2) 掌握Web.config配置文件的格式以及主要配置元素的使用。

9.4.2 案例描述

本案例是展示项目案例在IIS服务器上的部署和配置。

9.4.3 案例要点

本案例是通过Internet信息服务添加,同时注意先把案例的数据库添加到SQL Server,确认无误,这样就完成项目的部署工作,客户可以直接在Web Browser上浏览该项目。

9.4.4 案例实施

1. 项目部署

首先安装IIS服务器。右击"我的电脑"图标,从弹出的快捷菜单中选择"管理"命令,如图9-5所示。

选择"服务和应用程序"→"Internet 信息服务"→"网站"节点，在"网站"节点下右击"默认网站"，从弹出的快捷菜单中选择"新建"→"虚拟目录"命令，如图 9-6 所示。

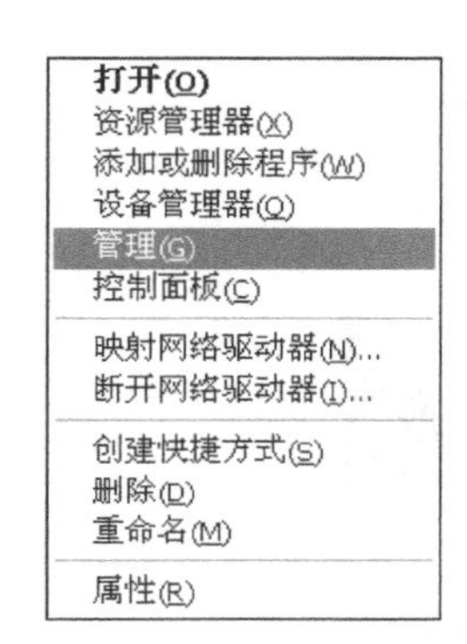

图 9-5 选择"管理"命令

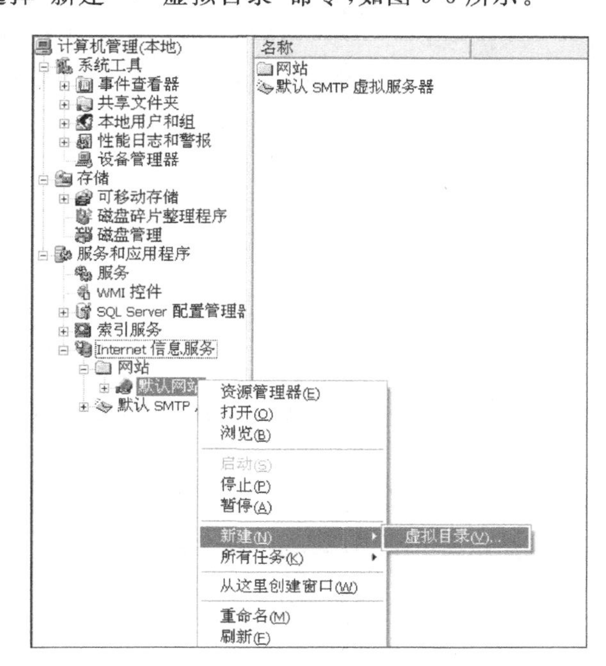

图 9-6 选择"虚拟目录"命令

在打开的"虚拟目录创建向导"对话框中单击"下一步"按钮，如图 9-7 所示。

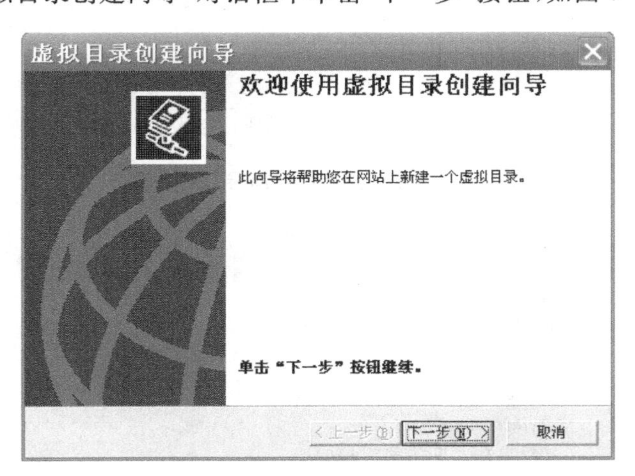

图 9-7 "虚拟目录创建向导"对话框 1

在"虚拟目录别名"对话框中的"别名"文本框中填写项目别名，单击"下一步"按钮（此处别名是用来访问项目的），如图 9-8 所示。

选择项目所在目录，单击"下一步"按钮，如图 9-9 所示。

根据需要选择访问权限，单击"下一步"按钮，如图 9-10 所示。

单击"完成"按钮，完成项目部署，如图 9-11 所示。

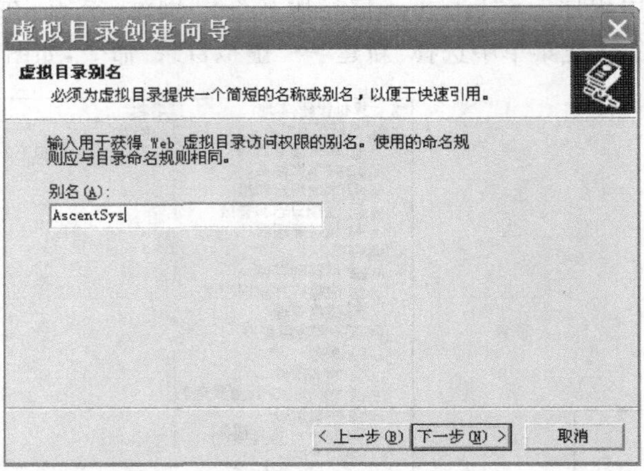

图 9-8 “虚拟目录创建向导”对话框 2

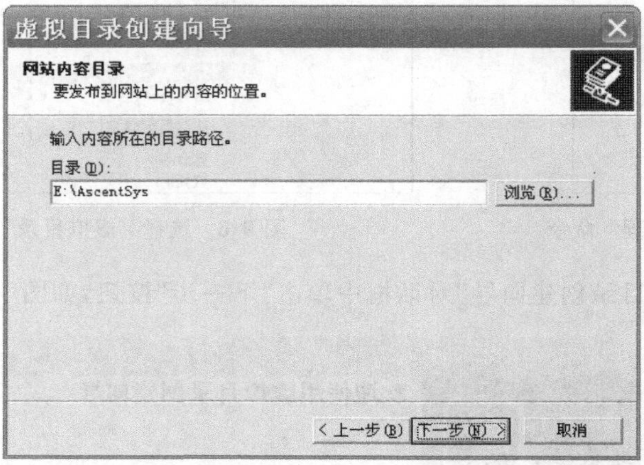

图 9-9 “虚拟目录创建向导”对话框 3

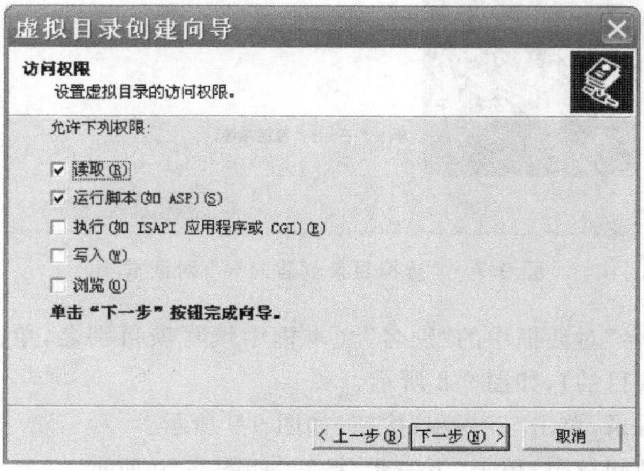

图 9-10 “虚拟目录创建向导”对话框 4

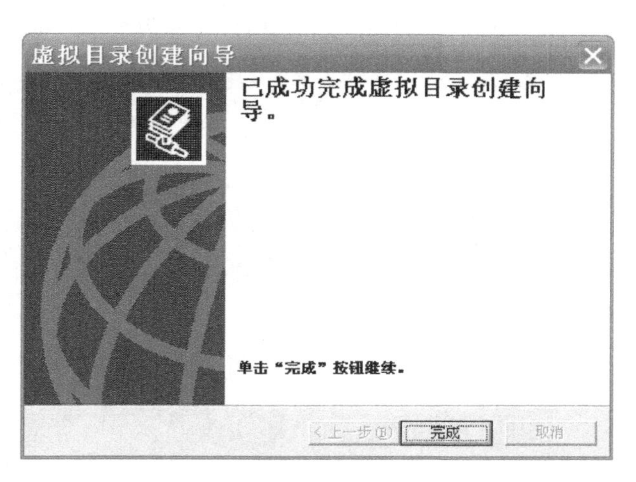

图 9-11 "虚拟目录创建向导"对话框 5

2. 数据库部署

打开 SQL Server 2005，右击"数据库"文件夹，从弹出的快捷菜单中选择"附加"命令，如图 9-12 所示。

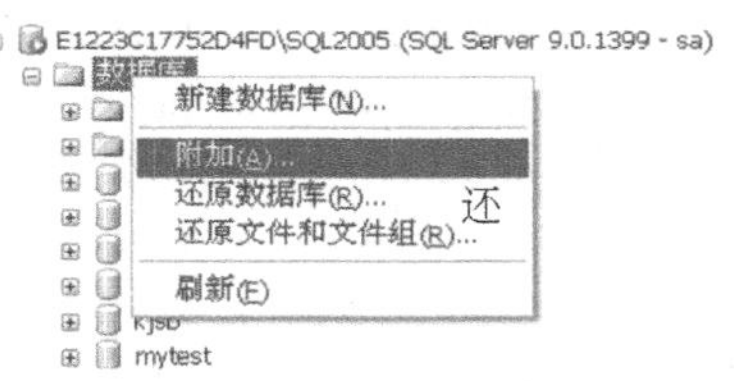

图 9-12 选择"附加"命令

在打开的"附加数据库"列表框中选择"添加"选项，从弹出的对话框中选择要附加的数据库文件，如图 9-13 所示。

单击"确定"按钮，出现如图 9-14 所示界面。

回到"附加数据库"列表框中单击"确定"按钮，完成数据附加。

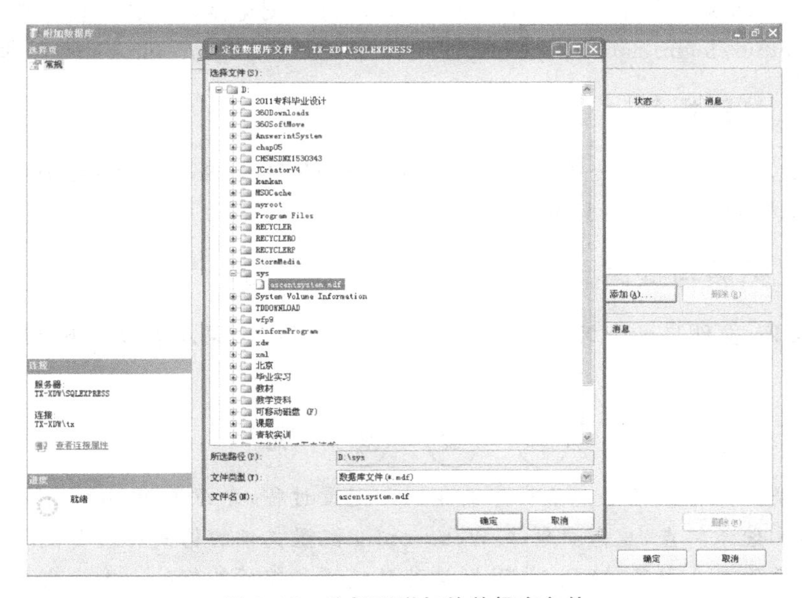

图 9-13 选择要附加的数据库文件

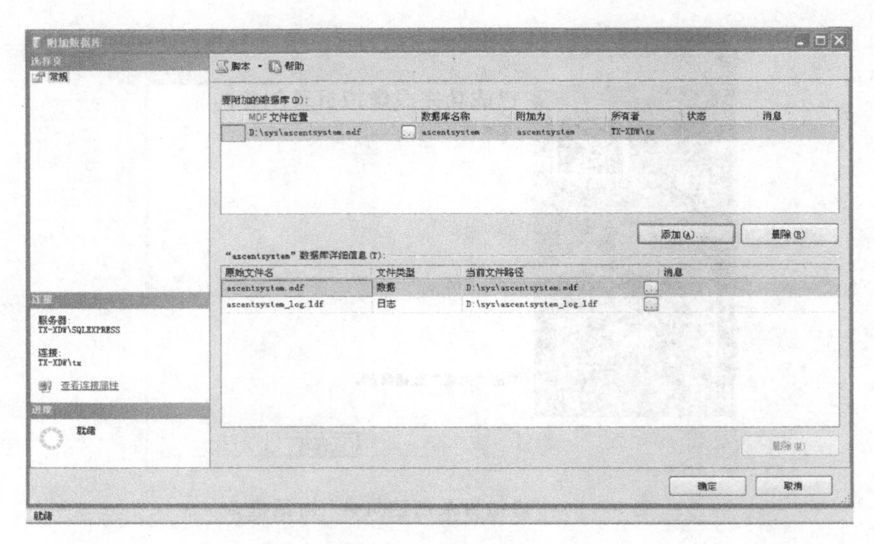

图 9-14　选择数据库

根据需要，修改项目的 web. config 文件。示例代码如下：

```
<!--数据库连接 URL 的配置-->
  <connectionStrings>
    <add name="connUrl" connectionString="Data
Source=localhost;Initial Catalog=ascentsystem;User
ID=sa;Password=123456"/>
    </connectionStrings>
```

将 Data Source、User ID 和 Password 修改为本机的数据库、账号及密码。

至此，AscentSys 医药商务系统部署完成。之后打开浏览器，输入“http://服务器域名或IP 地址/AscentSys/login. aspx”(例如 http://localhost/AscentSys/login. aspx)后即可运行。

9.4.5　特别提示

根据需要，将 web. config 中 connectionStrings 的 Data Source、User ID 和 Password 的值修改为本机的数据库、账号及密码。

9.4.6　拓展与提高

Web. config 文件是一个 XML 文件，有兴趣的读者可以深入了解一下 XML 文件的编写和解析过程。

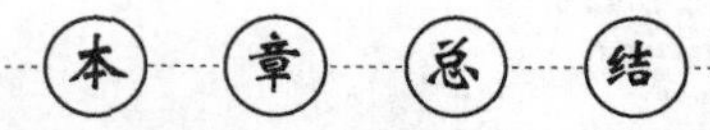

本章讲解了 ASP. NET 应用程序的组成和配置过程，介绍了 Web. config 配置文件的层次结构和继承特点，重点讲解了 Web. config 配置文件的格式和主要配置元素的语法结构。最后简单介绍了 ASP. NET 网站的预编译和编译的好处。开发人员能够快速地构建 ASP. NET 应用环境并进行性能优化。

习题

一、填空题

1. 在 ASP.NET 应用程序中，所有的配置信息都存储在 Web.config 文件中的________元素中。

2. Web.config 文件中注释语句包含在符号________和________中。

3. ASP.NET 提供了两个预编译站点选项:________和________ 。

4. <sessionState> 配置节中指定在用户无操作时超时时间的属性是________。

5. <globalization> 元素中常用的编码类型包括________、UTF-16、ASCII 和 Gb2312 等。

二、选择题

1. 创建和编辑 ASP.NET 配置文件的方法包括（　　）。

A. 标准的文本编辑器　　B. ASP.NET MMC　　C. 网站管理工具　　D. 以上都是

2. <configSections> 元素包含的子元素有（　　）。

A. section　　B. sectionGroup　　C. clear　　D. remove

3. 配置节设置部分的<authentication> 和</authentication> 可以设置应用程序的身份验证策略。可以选择的模式有（　　）。

A. Windows　　B. Forms　　C. Passport　　D. None

4. <custonError> 元素中，错误模式不包括下面的（　　）。

A. on　　B. off　　C. RomoteOnly　　D. none

5. <Sessionstate> 元素的 mode 属性可以取的值包括（　　）。

A. Off　　B. Inproc　　C. StateServer　　D. SqlServer

6. 阅读下面.NET 配置文件:

```
<Configuration>
    <system.web>
    <sessionState mode="Inproe" cookieless="true" timeout="20"/>
    </system.web>
</Configuration>
```

关于上述文件描述正确的是（　　）。

A. 该配置文件为当前应用程序配置了会话状态设置

B. 该配置文件指明将在远程计算机上存储会话状态

C. 该配置文件指明了请求超时时间为 20 分钟

D. 该配置文件指明了请求超时时间为 20 秒钟

7. ASP.NET 配置文件中，标记间的配置信息中两个主要的区域为（　　）。

A. 配置节处理程序声明区域　　B. 页面级处理程序声明区域

C. 配置节设置区域　　D. 配置节处理区域

三、简答题

1. 简单说明<configSections> 元素的语法结构和使用。

2. 简述配置一个应用程序的大致过程。

3. 简述编译应用程序代码的好处。

四、编程题

在 web.config 文件中设置连接字符串，连接到 WebManagementDB 数据库，编写代码来获取连接字符串，并使用 GridView 控件把 log 表的内容显示到网页上。

第10章 ASP.NET Web服务

学习目的与要求

面向服务的软件架构(SOA)的目标是实现世界范围内的协作服务网络,可以在 Service Bus 发布和调用这些服务。采用 SOA 是实现业务灵活性和 Web 服务承诺的 IT 灵活性的本质要求。这些优点不仅只是从技术角度和采用 Web 服务协议才会体现出来,它们也需要创建面向服务的环境。本章将讲解面向服务的软件架构以及 Web Services 的应用。通过本章的学习将能够:

- 了解面向服务的软件架构的相关知识。了解 SOA 与 Web 2.0 的关系。
- 理解 Web Services 的基本概念。掌握 Web Services 框架的核心技术的组成和体系架构。
- 掌握 Web Services 协议栈的构成,以及 Web Services 的工作原理。
- 学会如何在 ASP.NET 中创建和使用 Web 服务。

本章主要内容

- 面向服务的软件架构:介绍 SOA 的相关概念,以及 Web 2.0 等知识。
- 什么是 Web Services:讲解 Web Services 的基本概念。
- Web Services 核心技术:讲述 Web Services 框架的核心技术内容。
- Web Services 原理:讲解 Web Services 协议栈的基本概念,以及 Web Services 是如何运作的。
- ASP.NET 与 Web 服务:讲解在 ASP.NET 中如何创建 Web 服务。

10.1 面向服务的软件架构概述

在最新软件开发世界里,经常会遇到这样一个名词——Web Services(Web服务)。同时还会发现,与这个名词同时出现的多是各大主流技术供应商,各大技术供应商无一不在关注这一领域的发展。从Microsoft公司的.NET架构,到Sun公司的SUN ONE,以及IBM公司的Web Services,都体现了这些重量级的技术提供者对Web Services的推崇与重视。

电子商务的发展促进了Web Services的发展。Web服务可以使公司降低进行电子商务的成本,更快地部署解决方案以及开拓更多的新机遇。Web服务使应用程序的集成比以前更快、更容易而且更便宜。它更注重服务语义而不那么注重网络协议语义的消息,从而实现了业务功能的松散耦合。这些特性对于在企业之间和企业内部通过Web连接业务功能是非常理想的。它提供了一致化(Uniform)的编程模型,从而在企业内外都可以利用通用的基础设施并以一种通用的方法进行应用程序集成。

要理解Web Services,首先需要认识面向服务的软件架构(Service Oriented Architecture,SOA),Web Services是SOA架构系统的一个实例。

10.1.1 面向服务的软件架构

1. 面向服务中的基本概念

在面向服务的架构中包含一些基本的概念,通过这些基本概念可以进一步了解面向服务的架构。

1) 服务的概念

在SOA中的服务是指能够处理一些任务过程的动作的抽象概念,这些服务可以被描述,可以被发现,可以由服务代理负责向请求者提供服务并给出结果。代理是指请求或者提供服务的用户所使用的软件工具,用户通过代理进行交互操作。

2) 消息的概念

服务代理之间需要通过消息的传递进行交互操作,消息的内容含有一定的语义和数据,消息传输需要与某个通信协议相绑定才能够实现。

3) 服务的描述和发现

众多的服务组成一个开放系统,除了需要提供信息交互方式以外,还需要提供相互了解的机制,这就需要提供描述和发现的方式。代理可以通过服务的描述来了解一个服务的内容,包括使用这个服务的技术信息、访问这个服务的地址信息等内容。当新的服务被投入到系统之中后,它需要被注册,并且要能够被发现,使它可以被利用起来。

总之,面向服务架构是一种架构模型,它可以根据需求通过网络对松散耦合的粗粒度应用组件进行分布式部署、组合和使用。服务层是SOA的基础,可以直接被应用调用,从而有效控制系统中与软件代理交互的人为依赖性。

2. 为什么需要面向服务的软件

由于软件需求的扩大,软件系统变得越来越复杂。面对复杂的系统资源,需要一种更加合理的方式将不同类型、不同位置的子系统有力地结合起来,这种整合并不是将它们之间绑定得更加紧密，而是利用更加松散的方式来建立这个系统。

SOA 通过松散的方式将分布式的软件模块结合起来，与旧有系统集成相比有着明显的优势。对于服务的使用者来说，可以简单地通过服务的描述获取服务，系统各部分之间不必为了某一部分的升级而改变，在服务的过程中不同的软件模块可以充当不同的角色，从而构成整个系统的工作体系。

在 SOA 中，一个服务代表的是一个由服务提供者向服务请求者发布的一些处理过程，这个过程在被调用之后获得服务请求者所需要的一个结果。在这个过程中，服务请求者可以向任何能够提供此项服务的服务提供者请求服务，服务实现的过程对于服务请求者来说是透明的。

SOA 的实施具有几个鲜明的基本特征。实施 SOA 的关键目标是实现企业 IT 资产的最大化重用。要实现这一目标，就要在实施 SOA 的过程中牢记以下特征：

(1) 可从企业外部访问。通常被称为业务伙伴的外部用户也能像企业内部用户一样访问相同的服务。业务伙伴采用先进的 B2B 协议(ebXML 或 RosettaNet)相互合作。

(2) 随时可用。当有服务使用者请求服务时，SOA 要求必须有服务提供者能够响应。大多数 SOA 都能够为门户应用之类的同步应用和 B2B 之类的异步应用提供服务。同步应用对于其所使用的服务具有很强的依赖性。

(3) 粗粒度服务接口。粗粒度服务提供一项特定的业务功能，而细粒度服务代表了技术组件方法。采用粗粒度服务接口的优点在于使用者和服务层之间不必再进行多次的往复，一次往复就足够。

(4) 分级。一个关于粗粒度服务的争论是此类服务比细粒度服务的重用性差，因为粗粒度服务倾向于解决专门的业务问题，因此通用性差、重用性设计困难。解决该争论的方法之一就是允许采用不同的粗粒度等级创建服务。这种服务分级包含粒度较细、重用性较高的服务，也包含了粒度较粗、重用性较差的服务。

(5) 松散耦合。SOA 具有"松散耦合"组件服务，这一点区别于大多数其他的组件架构。该方法旨在将服务使用者和服务提供者在服务实现和客户如何使用服务方面隔离开来。

(6) 可重用的服务及服务接口设计管理。如果完全按照可重用的原则设计服务，SOA 将可以使应用变得更为灵活。可重用服务采用通用格式提供重要的业务功能，为开发人员节约了大量时间。设计可重用服务是与数据库设计或通用数据建模类似的最有价值的工作。由于服务设计是成功的关键，因此 SOA 实施者应当寻找一种适当的方法进行服务设计过程管理。

(7) 标准化的接口。Web 服务使应用功能得以通过标准化接口(WSDL)提供，并可基于标准化传输方式(HTTP 和 JMS)，采用标准化协议(SOAP)进行调用。

(8) 支持各种消息模式。SOA 中可能存在的消息模式有无状态的消息、有状态的消息和等幂消息。在一个 SOA 实现中，常会出现混合采用不同消息模式的服务。

(9) 精确定义的服务接口。服务是由提供者和使用者间的契约定义的。契约规定了服务使用方法及使用者期望的最终结果。此外，还可以在其中规定服务质量。此处需要注意的关键点是服务契约必须进行精确定义。

SOA 主要包括如下几个优点：

(1) 编码灵活性。可基于模块化的低层服务,采用不同组合方式创建高层服务,从而实现重用,这些都体现了编码的灵活性。此外,由于服务使用者不直接访问服务提供者,这种服务实现方式本身也可以灵活使用。

(2) 明确开发人员角色。例如,熟悉BES的开发人员可以集中精力在重用访问层,协调层开发人员则无须特别了解BES的实现,而将精力放在解决高价值的业务问题上。

(3) 支持多种客户类型。借助精确定义的服务接口和对XML、Web服务标准的支持,可以支持多种客户类型,包括PDA、手机等新型访问渠道。

(4) 更易维护。服务提供者和服务使用者的松散耦合关系及对开放标准的采用确保了该特性的实现。

(5) 更好的伸缩性。依靠服务设计、开发和部署所采用的架构模型实现伸缩性。服务提供者可以彼此独立调整,以满足服务需求。

(6) 更高的可用性。该特性在服务提供者和服务使用者的松散耦合关系上得以体现。使用者无须了解提供者的实现细节,这样服务提供者就可以在WebLogic集群环境中灵活部署,使用者可以被转接到可用的例程上。

SOA可以看做是B/S模型、XML/Web Service技术之后的自然延伸。SOA将能够帮助我们站在一个新的高度理解企业级架构中各种组件的开发、部署形式,它将帮助企业系统架构者更迅速、更可靠、更具重用性架构整个业务系统。较之以往,以SOA架构的系统能够更加从容地面对业务的急剧变化。

10.1.2 SOA与Web 2.0

Web 2.0是由O'Reilly公司在2003年造的一个词,2004年召开Web 2.0大会之后,这个词就流行起来,意指基于Web的下一代社区和托管服务,比如社会网络、维基百科、大众分类等,帮助Web用户协作和分享。

Web的演变是持续进行的,Web就像是有生命的实体,在不断生长,所以当我们说Web 2.0和Web 1.0之间的差别时是一个相对静态的阶段性观点,而不是绝对的。

Web 2.0的发展对软件的重要影响集中在以下几个方面:

(1) Web 2.0带来了"简单性",也就是软件容易使用、易于组合和混用、易于扩展。这对传统软件,尤其是企业软件来说是很不简单的一个改变,因为企业软件过去高高在上,往往需要花很大的力气来集成,需要专业人员来维护和扩展,用户也需要经过训练才能很好地使用软件。

(2) Web 2.0带来了"软件即服务"的观念,用户付费即用,无须操心开发、安装、部署和运营维护,开发的过程也极大程度地由用户驱动,用户需求的反馈非常及时。

还有就是社区和用户增值,也就是用户不只是纯粹的消费者,他们还是生产者,系统利用他们贡献的数据(比如标签、意见)和行为,通过网络效应和算法获得"群众智慧",利用它们构成的社会网络获得口碑相传。

Web 2.0的编程模型正在形成,包括下面几个重要部分。

(1) 一个轻量级的编程模型,就是使用REST和Feed,有时也考虑SOAP,比如Amazon既提供REST也提供SOAP,社区里使用REST的比例更高一些。

(2) 数据服务。数据服务将不同来源的数据结合、过滤、转换,消除不一致性,提供必要的质量保证，比如数据一致性、安全、访问控制和数据管理。

(3) 提供丰富用户体验的因特网和 Web 应用，结合使用 AJAX、HTML、XHTML、CSS、DOM、XML 和 XSLT，利用 XMLHttpRequest 和 JavaScript 将一切绑定在一起，使得在线应用提供如同桌面一样的丰富用户体验。

(4) 可"混用(Mash-able)"的资产。将内容和 IT 资产变成可以灵活重组的资产，利用因特网轻量级的内容聚合方法来建立复合 Web 应用。

(5) 企业 Mashup 平台，让那些需要内容和信息的人可以轻松地聚合和重组来自不同地方的内容和数据，快速满足他们因情景而不断变化的需求。

另外，补充一下 SOA 与目前同样热门的 Web 2.0 的关系。实际上 Web 2.0 和 SOA 的概念在很大程度上是相同的，也就是说 SOA 和 Web 2.0 有很多重叠的东西，例如都是基于调用(invoke)的服务，都能存在于网络的任何位置等。

SOA 和 Web 2.0 的共性远大于它们之间的区别，而且 Web 2.0 在推广 SOA 方面起到了一定的作用。到现在为止，SOA 和 Web 2.0 拥有不同的支持者：SOA 更多涉及企业结构和商务开拓，而 Web 2.0 更关注用户。这种差别随着更多企业接纳 Web 2.0 而在变化，但是这两项技术有着不同的重心：Web 2.0 告诉我们数据是软件应用中最重要的部分，而 SOA 告诉我们服务才是中心。SOA 中传输数据的服务也非常重要，但是传统 SOA 更关注 IT 系统的接合处而不是那些能使接合处更具价值的东西。也就是说，SOA 也许是通畅的管道，但并不是系统中通过水的价值。许多行业领导者说企业同时需要 SOA 类方法的结构和 Web 2.0 方法的创业能力。

SOA 和 Web 2.0 之间有许多共有的要素：软件重组、管理、软件就是服务、应用就是平台、无意识的使用、开放、AJAX、互操作性、货币化、安全和网络导向架构。

特别要说的是，最后一条网络导向架构或者 Web Oriented Architecture(WOA)是关键的内容，最终有可能会将 SOA 和 Web 2.0 合为一体。

了解了 SOA 后，介绍一下什么是 Web Services。Web Services 是 SOA 架构系统的一个实例。从技术角度来讲，Web Services 是一种新的技术架构、新的软件应用环境。它的系统架构和实现技术完全继承已有的技术，可以认为 Web Services 是 Internet 的一种延伸，是现有的 Internet 面向更好的互操作能力的一个延伸。

10.2 Web Services 的概念

10.2.1 Web Services 的定义

Web Services，从字面上理解就是通过 Web 提供的服务。可以理解 Web Services 是自包含的、模块化的应用程序，它可以在网络(通常为 Web)中被描述、发布、查找以及调用；也可以理解 Web Services 是基于网络的、分布式的模块化组件，它执行特定的任务，遵守具体的技术规范，这些规范使得 Web Services 能与其他兼容的组件进行互操作；也可以这样理解，所谓 Web 服务是指由企业发布的完成其特别商务需求的在线应用服务，其他公司或应用软件能够通过 Internet 访问并使用这项应用服务。

对于Web Services，很多人会与Web Service混为一谈，认为二者指的是同一个事物。其实不然，前者指的是用于建构Web Service的技术框架，后者指的是使用Web Services技术创建的应用实例。Web Services是描述了一些操作的接口，基于标准化的XML消息传输机制，可以通过网络访问这些操作。Web Services是使用规范的、基于XML的WSDL(Web Services Description Language)语言描述的，这称为Web Services的服务描述。这一描述囊括了与服务交互所需要的全部细节，包括消息格式(详细描述操作的输入输出消息格式)、传输协议和位置。该接口隐藏了服务实现的细节，允许通过独立与服务实现、独立于软硬件平台、独立于编写服务所用的编程语言的方式使用该服务。这使得基于Web Services的应用程序具有松散耦合、面向组件和跨技术实现的特点。Web Services都履行一定的特定业务或任务，可以同其他Web Services一起用于实现复杂的商业交易。

从外部使用者角度而言，Web Services是一种部署在Web上的对象和组件，具备以下特征：

(1) 完好的封装性。

Web服务既然是一种部署在Web上的对象，自然具备对象的良好封装性，对于使用者而言，它能且仅能看到该对象提供的功能列表。

(2) 松散耦合。

这一特征也是源于对象/组件技术，当一个Web服务的实现发生变更的时候，调用者是不会感到这一点的，对于调用者来说，只要Web服务的调用界面不变，Web服务实现的任何变更对他们来说都是透明的，甚至是当Web服务的实现平台从J2EE迁移到了.NET或者是相反的迁移流程，用户都可以对此一无所知。对于松散耦合而言，尤其是在Internet环境下的Web服务而言，需要有一种适合Internet环境的消息交换协议，而XML/SOAP正是目前最为适合的消息交换协议。

(3) 使用协议的规范性。

这一特征从对象而来，但相比一般对象，它更加规范化和易于理解。首先，作为Web服务，对象界面所提供的功能应当使用标准的描述语言来描述(比如WSDL)。其次，由标准描述语言描述的服务界面应当是能够被发现的，因此这一描述文档需要被存储在私有的或公共的注册库里面。同时，使用标准描述语言描述的使用协约将不仅仅是服务界面，它将被延伸到Web服务的聚合、跨Web服务的事务、工作流等，而这些又都需要服务质量(QoS)的保障。再次，要知道安全机制对于松散耦合的对象环境的重要性，因此需要对诸如授权认证、数据完整性(比如签名机制)、消息源认证以及事务的不可否认性等运用规范的方法来描述、传输和交换。最后，在所有层次的处理都应当是可管理的，因此需要对管理协约运用同样的机制。

(4) 高度可集成能力。

由于Web服务采取简单的、易理解的标准，Web协议作为组件界面描述和协同描述规范，完全屏蔽了不同软件平台的差异，无论是CORBA、DCOM还是EJB，都可以通过这一种标准的协议进行互操作，实现了在当前环境下最高的可集成性。

Web Services也是使用和制作分布式所需的条件，使用Web Services能够让不同的应用程序之间进行交互操作，这样极大地简化了开发人员的平台移植难度。

10.2.2 Web Services 的核心技术

Web Services 是一种基于组件的软件平台，是面向服务的 Internet 应用。Web Services 是应用于 Internet 的，而不是限于局域网或试验环境，这就要求 Web Services 框架必须适用于现有的 Internet 软件和硬件环境，即服务的提供者所提供的服务必须具有跨平台、跨语言的特性。其次，Web Services 所提供的服务不但是面向人，而且需服务于其他应用系统。现有的 Web 网站也可以认为是面向服务的，但这种服务仅仅可以提供给人使用(只有人类才可以读懂浏览器下载的页面)。而新一代的 Web Services 所提供的服务应能被机器所读懂，例如其他应用程序及移动设备中的软件系统。这样，可以看出，Web Services 的发展方向实际上是构造一个基于现有 Internet 技术之上的分布计算系统。

Web Services 框架的核心技术包括 SOAP(Simple Object Access Protocol，简单对象访问协议)、WSDL(Web Services Description Language，Web 服务描述语言)和 UDDI (Universal Description，Discovery and Integration，通用描述，发现，集成)，它们都是以标准的 XML 文档的形式表述的。

XML 是 Web Services 技术体系中最基础的标准，Web Services 的一切都建立在 XML 技术的基础之上，包括 Web Services 的消息、描述和服务实现的各个环节。利用 XML，Web Services 的服务提供者和请求者可以利用不同的开发语言来协作完成服务调用的过程。XML 是 Web Services 技术体系中的很多标准得以建立的基础，在 Web Services 系统中无处不在。

SOAP 是 Web Services 的通信协议。SOAP 是一种简单的、轻量级的基于 XML 的机制，用于在网络应用程序之间进行结构化数据交换。SOAP 包括三部分：一个定义描述消息内容的框架的信封，一组表示应用程序定义的数据类型实例的编码规则，以及表示远程过程调用和响应的约定。

WSDL 表示 Web 服务说明语言。WSDL 文件是一个 XML 文档，用于说明一组 SOAP 消息以及如何交换这些消息，通过 WSDL 可以描述一个服务的信息。这些信息使不了解这个服务的开发者可以建立调用这个服务的客户端代码，或者通过 WSDL 帮助生成实现它的基本代码结构。WSDL 在 Web Services 的实际开发过程中起着重要的作用。

Web Services 是基于因特网的应用程序模块，用于在因特网上运行，它采用开放的 UDDI 标准。UDDI 标准先由 IBM、微软、Ariba 制定，到目前为止获得了 130 多家公司的支持。UDDI 提供一种发布和查找服务描述的方法。UDDI 数据实体提供对定义业务和服务信息的支持。WSDL 中定义的服务描述信息是 UDDI 注册中心信息的补充。UDDI 提供了一个开放、平台独立的技术框架，使企业之间能在因特网上找到对方的服务，定义它们在因特网上的交互活动，以及这些信息的共享方式。

Web 服务体系结构基于三种角色(服务提供者、服务注册中心和服务请求者)之间的交互。

(1) 服务提供者。从企业的角度看，这是服务的所有者。从体系结构的角度看，这是托管访问服务的平台。

(2) 服务请求者(用户)。从企业的角度看，这是要求满足特定功能的企业。从体系结构的角度看，这是寻找并调用服务，或启动与服务交互的应用程序。服务请求者角色可以由浏览器来担当,由人或无用户界面的程序(例如,另外一个Web服务)来控制它。

(3) 服务注册中心。这是可搜索的服务描述注册中心,服务提供者在此发布他们的服务描述。在静态绑定开发或动态绑定执行期间,服务请求者查找服务并获得服务的绑定信息(在服务描述中)。对于静态绑定的服务请求者,服务注册中心是体系结构中的可选角色,因为服务提供者可以把描述直接发送给服务请求者。同样,服务请求者可以从服务注册中心以外的其他来源得到服务描述,例如本地文件、FTP站点、Web站点、广告和服务发现(Advertisement and Discovery of Services,ADS)或发现Web服务(Discovery of Web Services,DISCO)。

Web Services的体系架构如图10-1所示。

Web Services服务提供方通过WSDL(Web Services Description Language)描述所提供的服务,并将这一描述告知Web Services注册服务器。注册服务器依据WSDL的描述,依照UDDI(Universal Description Discovery and Integration)的协定更新服务目录并在Internet上发布。用户在使用Web Services前先向注册服务器发出请求,获得Web Services提供者的地址和服务接口信息,之后使用SOAP协议(Simple Object Access Protocol)与Web Services提供者建立连接,进行通信。Web Services的技术主要建立在XML的规范之上,这保证了这一体系结构的平台无关性、语言无关性和人机交互性能。

接下来介绍Web Services原理。

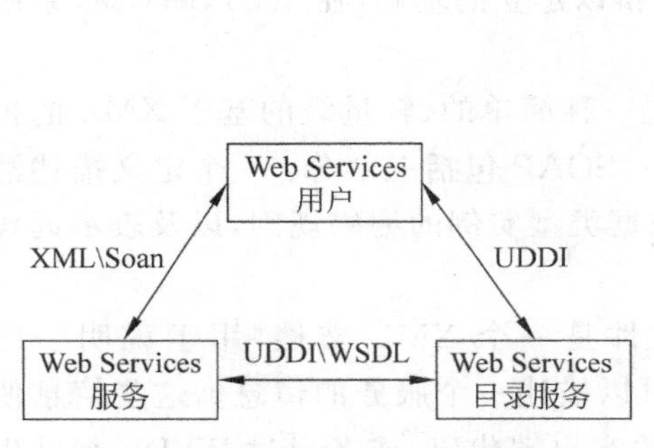

图10-1 Web Services的体系架构

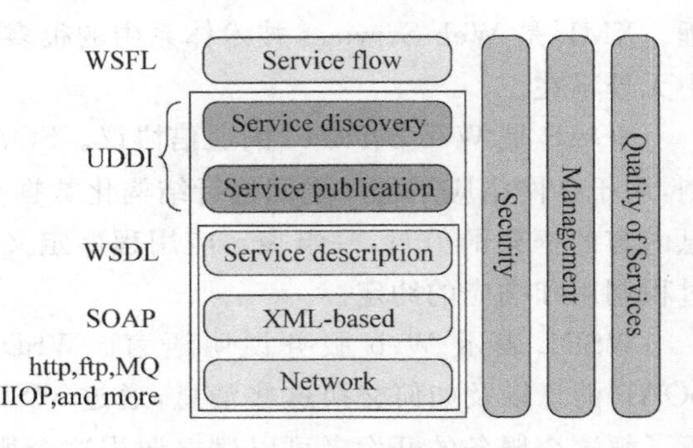

图10-2 概念性Web服务协议栈

10.2.3 Web Services原理

要以一种可交互操作的方式执行发布、发现和绑定这三个操作,必须有一个包含每一层标准的Web服务协议栈。图10-2展示了一个概念性Web服务协议栈。上面的几层建立在下面几层提供的功能之上。垂直的条表示在协议栈中每一层必须满足的需求。

Web服务协议栈的基础是网络层。Web服务要被服务请求者调用,就必须是可以通过网络访问的。因特网上可以公用的Web服务使用普遍适用的网络协议。HTTP凭借其普遍性,成为了因特网可用的Web服务真正的标准网络协议。Web服务还可以支持其他因特网协议,包括SMTP和FTP。内部网域可以使用可靠消息传递和调用基础结构,如MQSeries和CORBA等。

下一层是基于XML的消息传递,它表示使用XML作为消息传递协议的基础。选择

SOAP 作为 XML 消息传递协议有很多原因：

(1) 它是使用 XML 传送以文档为中心的消息以及远程过程调用的标准化封装机制。

(2) SOAP 很简单，它基本上是一个用 XML 信封作为有效负载的 HTTP POST。

(3) SOAP 比对 XML 简单的 HTTP POST 更受青睐，因为它定义了一个标准机制，这个机制将正交扩展(Orthogonal Extension)合并为使用 SOAP 报头和对操作或函数进行标准编码的消息。

(4) SOAP 消息支持 Web 服务体系结构中的发布、查找和绑定操作。

服务描述层实际上是描述文档的一个协议栈。首先，WSDL 是基于 XML 的服务描述的真正标准。这是支持可交互操作的 Web 服务所需的最小标准服务描述。WSDL 定义了服务交互的接口和结构。要指定业务环境、服务质量和服务之间的关系，还需要另外的描述。WSDL 文档可以由其他服务描述文档来补充，从而描述 Web 服务的这些更高级的方面。例如，描述业务环境除了使用 WSDL 文档外，还要使用 UDDI 数据结构。Web 服务流程语言(Web Services Flow Language，WSFL)文档中则描述了服务组成和流程。

因为 Web 服务被定义为可以通过 SOAP 从网络进行访问，并由服务描述表示，所以该协议栈中的前三层需要提供或使用 Web 服务。最简单的协议栈将包括网络层的 HTTP、XML，消息传递层的 SOAP 协议以及服务描述层的 WSDL。所有企业间或公用 Web 服务都应该支持这种可交互操作的基础协议栈。Web 服务，特别是企业内部或专用 Web 服务，能够支持其他的网络协议和分布式计算技术。该协议栈提供了互操作性，它使 Web 服务能够利用现有的因特网基础结构，这将使进入普遍存在的环境的成本非常低。另外，灵活性并不会因为互操作性需求而有所降低，因为可以为选择性和增值的技术提供另外的支持。例如，必须支持 HTTP 上的 SOAP，但也可以同时支持 MQ 上的 SOAP。

协议栈的最下面三层确立了保证一致性和互操作性的技术，而它们上面的两层，即服务发布和服务发现，可以用多种解决方案来实现。

任何能够让服务请求者使用 WSDL 文档的操作，不管它处于服务请求者生命周期的哪个阶段，都符合服务发布的标准。该层中最简单、最静态的实例就是服务提供者直接向服务请求者发送 WSDL 文档。这被称为直接发布。电子邮件是直接发布的载体之一。直接发布对静态绑定的应用程序来说很有用。另外，服务提供者还可以将描述服务的文档发布到主机本地 WSDL 注册中心、专用 UDDI 注册中心或 UDDI 运营商节点。

Web 服务如果没有被发布就不能被发现，所以说服务发现依赖于服务发布。该层的各种发现机制和一组发布机制互相平行。任何允许服务请求者获得对服务描述的访问权，并在运行时使应用程序能够使用该服务描述的机制都必须符合服务发现的标准。最简单、最静态的发现的实例是静态发现，其中服务请求者从本地文件获取 WSDL 文档。这通常都是通过直接发布获取的 WSDL 文档，或者前面查找操作的结果。另外，也可以通过使用本地 WSDL 注册中心、专用 UDDI 注册中心或 UDDI 运营商节点在设计时或运行时发现服务。因为 Web 服务实现是一种软件模块，所以通过组建 Web 服务来产生 Web 服务是很自然的。Web 服务的组合可以扮演很多角色之一。企业内部的 Web 服务可能会相互合作，从而对外显示出一个单独的 Web 服务接口，或者来自不同企业的 Web 服务可以相互合作，从而执行机器到机器、企业到企业的事务。另外，工作流程管理者还可以在参与业务流程的时候调用每个 Web 服务。

最上面一层，即服务流程，描述了如何执行服务到服务的通信、合作以及流程。WSFL用于描述这些交互。要使Web服务应用程序满足当今电子商务的迫切需求，就必须提供企业级基础结构，包括安全性、管理和服务质量。这几个垂直条在协议栈的每一层都必须得到解决。每一层的解决方案可以彼此独立。随着Web服务范例的采用和发展，将会出现更多此类垂直条。

10.3 ASP.NET与Web服务

ASP.NET应用程序服务是内置的Web服务，这些服务提供对诸如Forms身份验证、角色和配置文件属性等功能的访问。这些服务属于面向服务的体系结构(SOA)，在这种体系结构中，应用程序由服务器上提供的一个或多个服务以及一个或多个客户端组成。

ASP.NET应用程序服务的一个重要功能在于这些服务可供各种客户端应用程序使用，而不仅仅是ASP.NET Web应用程序。ASP.NET应用程序服务可供基于.NET Framework的任何客户端使用。此外，可以发送和接收SOAP格式消息的任何客户端应用程序都可以使用ASP.NET应用程序服务。

ASP.NET应用程序服务的客户端应用程序可以为不同类型，并且可以在不同的操作系统上运行。这些客户端包括以下类型：

(1) AJAX客户端。AJAX客户端(支持AJAX的ASP.NET网页)使用POST请求通过HTTP与应用程序服务交换数据。数据以JSON格式进行打包。客户端应用程序通过客户端脚本代理类与应用程序服务进行通信。这些代理类由服务器生成，并作为调用应用程序服务的任何页面的一部分下载到浏览器中。

(2) .NET Framework客户端。ASP.NET应用程序服务使用POST请求通过HTTP与.NET Framework客户端交换数据。数据以JSON格式进行打包。客户端应用程序使用.NET Framework提供程序模型与应用程序服务进行通信。对于ASP.NET应用程序服务，提供程序模型包括.NET Framework客户端类型以及相关的成员资格提供程序，这些提供程序从数据源存储和检索用户凭据。例如，提供程序模型包括SqlMembershipProvider类。

客户端与服务器之间的通信是同步的。应用程序服务由System.Web.ClientServices.Providers命名空间中定义的类型实现。

若要访问应用程序服务，必须对.NET Framework客户端应用程序进行正确配置。服务器配置与在AJAX中用于应用程序服务的配置相同。

(3) SOAP客户端。这些客户端可以通过SOAP 1.1访问应用程序服务，如ASP.NET身份验证、配置文件和角色服务。ASP.NET应用程序服务是基于Windows Communication Foundation(WCF)构建的，并使用SOAP格式与客户端交换数据。

客户端与应用程序服务之间的通信是使用代理类来执行的，这些代理类在客户端中运行并表示应用程序服务。可以使用Service Model Metadata Utility Tool(svcutil.exe，即服务模型元数据实用工具)生成支持ASP.NET应用程序服务的代理类。

这对于在其他操作系统上运行或使用其他技术(如Java应用程序)的客户端而言十分有用。图10-3演示不同客户端如何与服务进行通信。

ASP.NET提供的应用程序服务使得客户端应用程序可以访问和共享Web应用程序

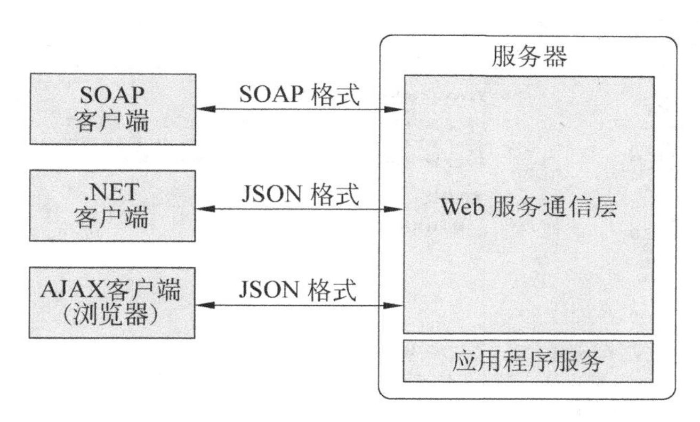

图 10-3 Web 服务通信

中包含的信息。ASP. NET 提供下列应用程序服务：

(1) 身份验证服务。使用此服务可以允许用户登录到应用程序。此服务接受用户凭据并返回身份验证票证(Cookie)。

(2) 角色服务。此服务根据 ASP. NET 角色提供程序提供的信息，为经过身份验证的用户确定与应用程序相关的角色。在需要根据用户的角色提供特定 UI 或提供对特定资源的访问权时，此服务可能十分有用。

(3) 配置文件服务。此服务将每个用户的信息作为存储在服务器上的用户配置文件进行提供。这使应用程序可以在不同时间从不同客户端 UI 组件访问用户的设置。

10.4 简单 Web Services 示例

在了解了 Web 服务的基本概念和原理之后，将介绍在 ASP. NET 中如何创建和使用 Web 服务。.NET 平台提供了一种运行环境，即公用语言运行环境(Common Language Runtime,CLR)。对 CLR 来说，它提供了一种内置机制来创建一个可编程的站点，对于 Web 程序开发者来说，这将是一致、熟悉的。这种模型可以重复使用，也可以再扩展。它包含了开放的 Internet 标准(如 HTTP、XML 和 SOAP 等)。

ASP. NET 使用. asmx 文件对 Web Services 进行支持。. asmx 文件和. aspx 文件一样都属于文本文件。它包含在. aspx 文件之中，成为 ASP. NET 应用程序的一部分。

下面通过一个简单的例子介绍 Web 服务的创建和使用。

首先启动 Visual Studio，在菜单栏上选择“文件”→“新建”→“项目”命令，在打开的“新建项目”对话框中选择“ASP. NET Web 服务应用程序”选项进行相应的应用程序创建，如图 10-4 所示。

在“名称”文本框中输入“HelloWorldWebService”，单击“确定”按钮，Visual Studio 就创建了一个新的 Web Services 项目，如图 10-5 所示。

系统则创建一个“HelloWorldWebService”应用程序，示例代码如下：

```
using System;
using System.Collections;
using System.ComponentModel;
```

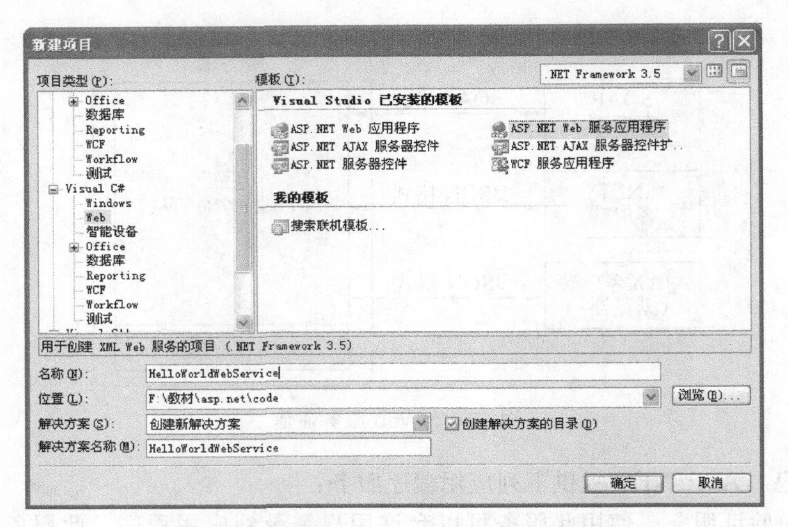

图 10-4　创建 ASP.NET Web 服务应用程序

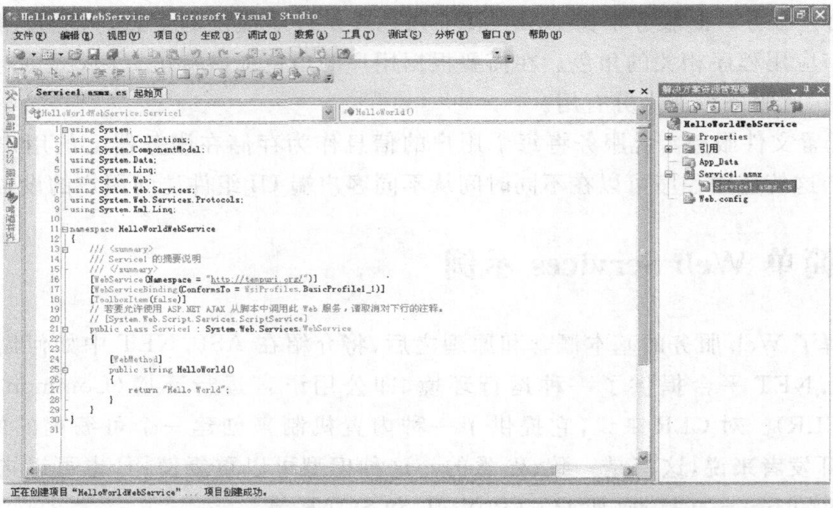

图 10-5　Web Services 项目

```
using System.Data;
using System.Linq;
using System.Web;
using System.Web.Services;                          //使用 WebServer 命名空间
using System.Web.Services.Protocols;                //使用 WebServer 协议命名空间
using System.Xml.Linq;

namespace HelloWorldWebService
{
    ///<summary>
    ///Service1 的摘要说明
    ///</summary>
```

```
    [WebService(Namespace="http://tempuri.org/")]
    [WebServiceBinding(ConformsTo=WsiProfiles.BasicProfile1_1)]
    [ToolboxItem(false)]
    //若要允许使用 ASP.NET AJAX 从脚本中调用此 Web 服务,请取消对下行的注释
    //[System.Web.Script.Services.ScriptService]
    public class Service1:System.Web.Services.WebService
    {
        [WebMethod]                                  //声明为 Web 方法
        public string HelloWorld()                   //创建 Web 方法
        {
    1           return "Hello World";
        }
    }
}
```

在上述代码中,首先引入名字空间 System.Web.Services 等。注意,这个名字空间属于最基本的元素,必须要包含它。

接着声明 services 中的功能模块,也就是类模块,这里的类名为 Service1。这个类来源于基类 WebService,而且应该是 public 类型。

最后定义 services 的可访问方法。在表示方法的符号前面要设置好自定义属性。

对应于 C#语言,属性值就是[WebMethod]。如果没有设置这个属性,那么这个方法就不能从 service 中访问。一个局部应用可以使用任何 public 类型的类,但是只有具备[WebMethod]的类才可以通过 SOAP 被远程地访问。

当对 service 的请求发生时,.asmx 文件将自动地被 ASP.NET 运行环境所编译。随后的请求就可以由缓冲的预编译类型对象执行。

为了测试编写好的代码,运行 Web Service 应用程序,运行结果如图 10-6 所示。

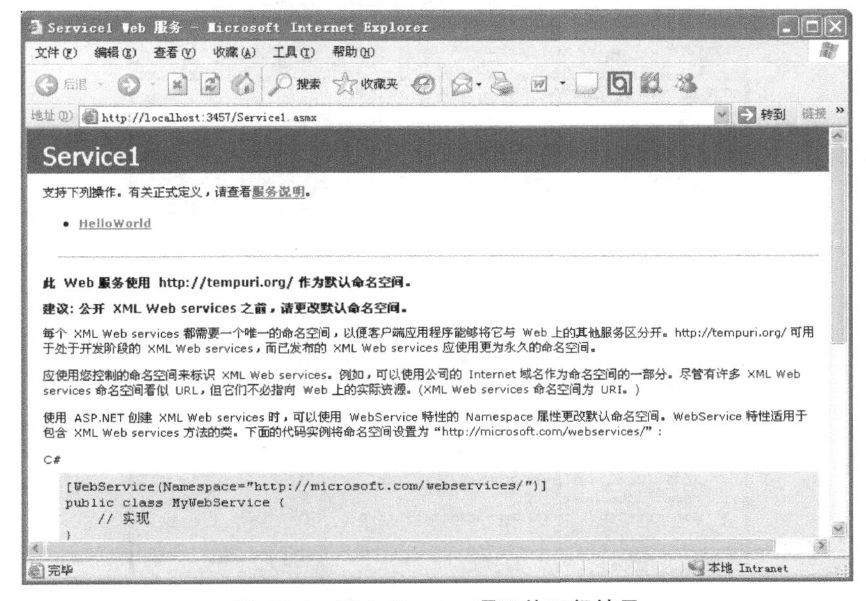

图 10-6 Web Service 项目的运行结果

在运行 Web Service 应用程序后，Web Service 应用程序将呈现一个页面。该页面显示了 Web Service 的公用方法 HelloWorld，也就是那些标记为 WebMethod 属性的字符，并得知调用这些方法可以使用的协议，比如 SOAP 或者 HTTP GET。当开发人员增加方法时，Web Service 应用程序方法列表会自动增加。创建 Web Service 应用程序的方法代码如下：

```
[WebMethod]                                         //声明为 Web 方法
public string ShowThisString()                      //创建 Web 方法
{
    return "How are you!I am a student.";           //方法返回值
}
```

保存并运行后，如图 10-7 所示。单击该方法，Web Service 应用程序会跳转到另一个页面，该页面提供了方法的调用测试，以及 SOAP 各个版本请求和相应的示例，如图 10-8 所示。

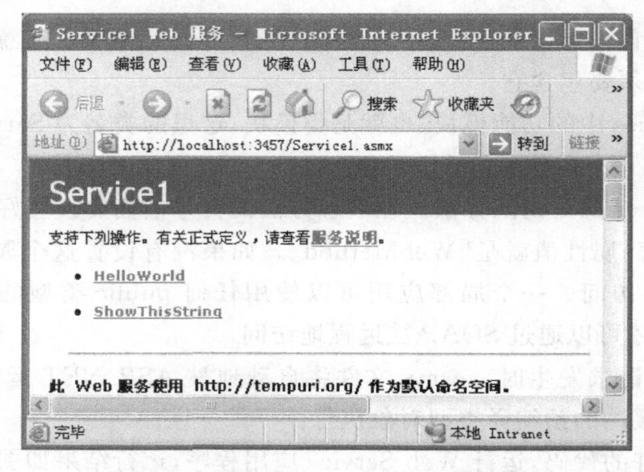

图 10-7　Web Service 应用程序方法列表

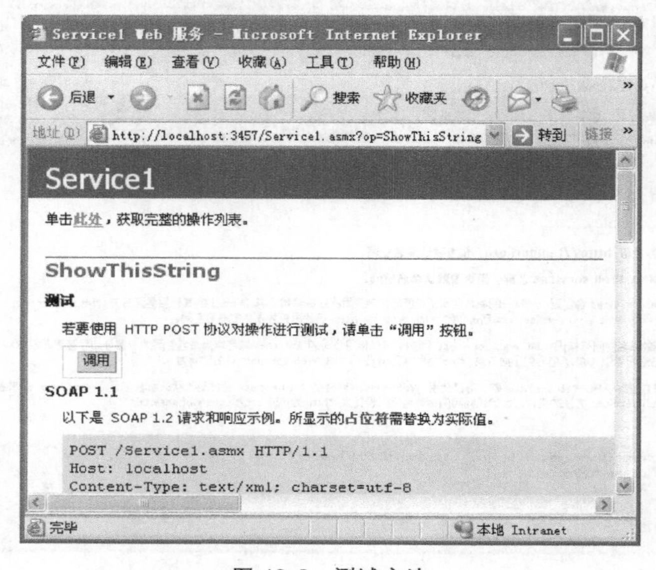

图 10-8　测试方法

单击“调用”按钮，则浏览器会通过 HTTP-POST 协议向 Web 服务递交请求信息，方法被执行完毕后，返回 XML 格式的结果，如图 10-9 所示。

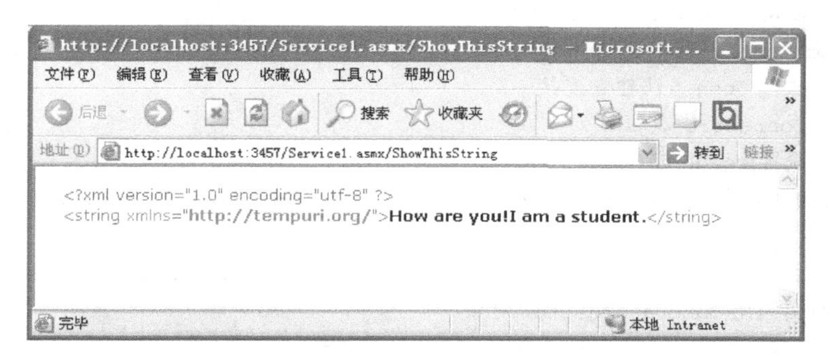

图 10-9 返回结果

10.5 项目案例

10.5.1 学习目标

(1) 理解 Web Services 的基本概念。掌握 Web Services 框架的核心技术的组成和体系架构。

(2) 掌握 Web Services 协议栈的构成，以及 Web Services 的工作原理。

10.5.2 案例描述

本案例是模仿用户查询信息，通过输入想要查询的内容，再通过 Web Service 服务，很方便地得到想要的结果。

10.5.3 案例要点

本案例通过自定义方法来实现不同的功能。首先，本案例是通过数据库查询得到信息的，所以建立一个 ADO.NET 连接数据库的方法，输入不同的参数，得到不同用户的信息。

10.5.4 案例实施

1. 创建自定义的 Web 服务

创建自定义的 Web 服务和前面介绍的 HelloWorld 实例类似，只需在自定义的方法前面添加 WebMethod 关键字就可以把普通方法转换成 Web 服务方法。下面的代码定义了一个名为 DataFind 的 Web 服务方法，输入参数为 string 类型的 uid(User ID)，返回值为 DataSet 对象。该方法通过输入用户 ID 来查询用户的相关信息。代码如下：

```
[WebMethod]
    public DataSet DataFind(string uid)
    {
        //设置 ConnectionString 字符串
        string ConnString="Data Source=localhost;Integrated Security=SSPI;Initial
```

```
            Catalog=ascentsystem;User ID=sa;Password=123456";

            //实例化 SqlConnection 对象
            SqlConnection myConnection=new SqlConnection(ConnString);
            //执行 Open 方法建立连接
            myConnection.Open();
            //设置 sql 语句
            string QueryString="select id,username,password,email from usr where id="+uid;
            //执行 sql 语句
            SqlCommand myCommand=new SqlCommand(QueryString,myConnection);
            //实例化 OdbcDataAdapter 对象
            SqlDataAdapter myAdapter=new SqlDataAdapter();
            myAdapter.SelectCommand=myCommand;
            //实例化 DataSet 对象
            DataSet myDst=new DataSet();
            myAdapter.Fill(myDst,"User");
            //关闭连接
            myConnection.Close();
            //返回 DataSet 集
            return myDst;
        }
```

下面使用浏览器测试 Web 服务方法，结果如图 10-10 所示。

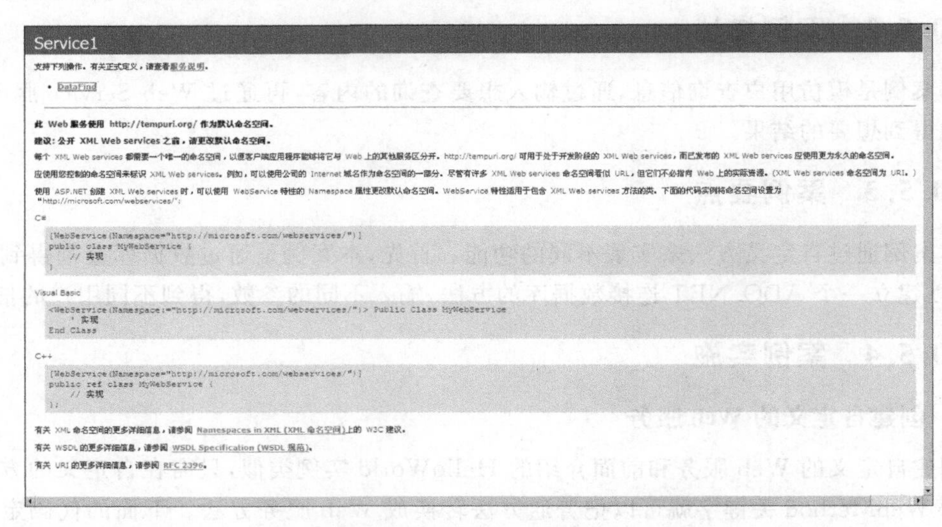

图 10-10　Service1 对话框 1

单击 DataFind，使用此方法，如图 10-11 所示。

在 uid 文本框中输入“2”，单击“调用”按钮，测试成功的结果如图 10-12 所示。

2. 使用自定义的 Web 服务

上面介绍了创建 Web 服务的操作步骤，接下来讨论 ASP. NET 如何访问 Web 服务。首先创建一个 ASP. NET 应用程序，命名为 WebServiceClient，在项目上右击，从弹出

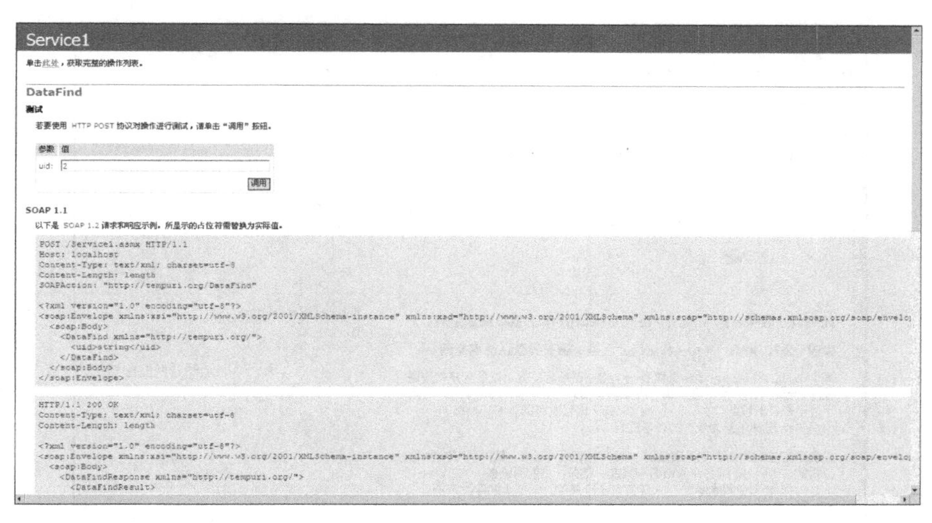

图 10-11　Service1 对话框 2

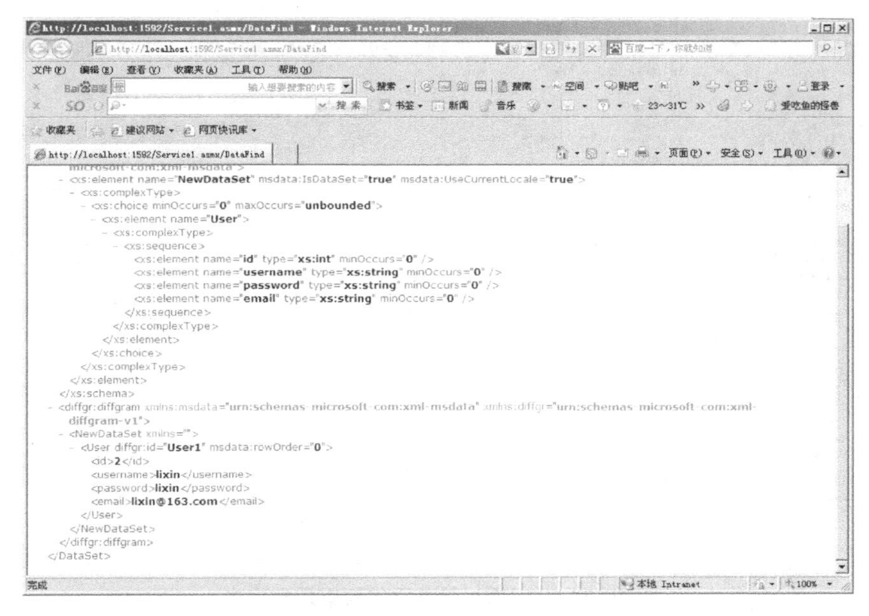

图 10-12　测试成功界面

的快捷菜单中选择"添加 Web 引用"命令，在打开的对话框中的 URL 下拉列表框中输入"http://localhost:1193/WebService.asmx"，并单击 Go 按钮，以便在 Web 服务注册中心查找指定的 Web 服务，如图 10-13 所示。

之后单击 Add Reference 按钮，则将 Web 服务添加到应用程序中，同时将自动生成 Web 服务代理类，在本例中为 WebServiceClient、localhost、WebServiceSample，如图 10-14 所示。

最后，可以在 ASP.NET 应用程序中使用 Web 服务。需要编辑 Default.aspx 文件，代码如下：

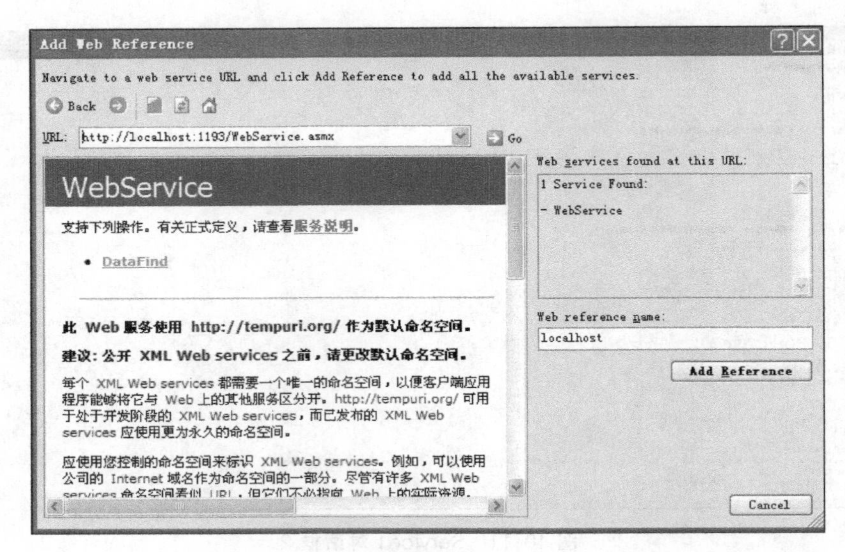

图 10-13　建立 Web 服务

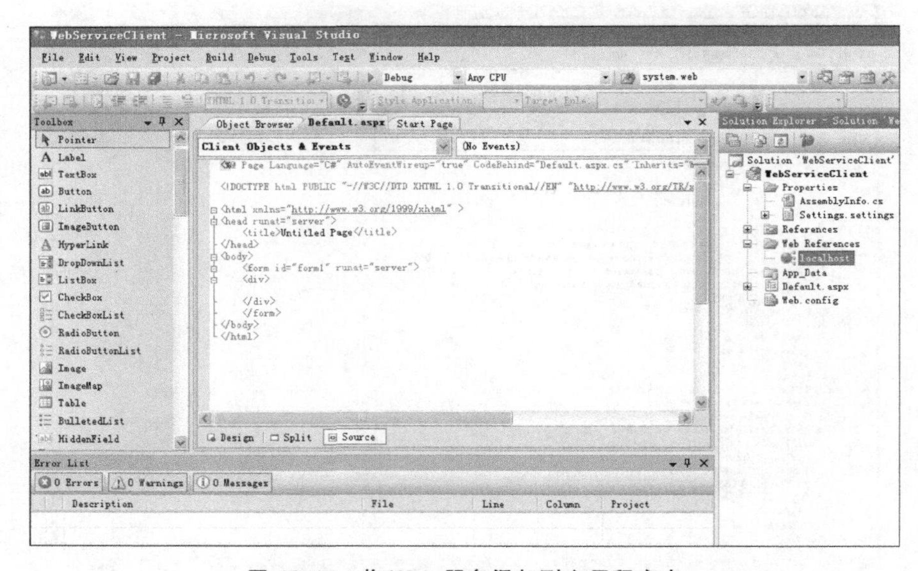

图 10-14　将 Web 服务添加到应用程序中

```
<%@ Page Language="C#" AutoEventWireup="true"
CodeBehind="Default.aspx.cs" Inherits="WebServiceClient._Default" %>
<%@ Import Namespace="System.Data" %>
<!DOCTYPE html PUBLIC "-//W3C//DTD XHTML 1.0 Transitional//EN"
"http://www.w3.org/TR/xhtml1/DTD/xhtml1-transitional.dtd">

<html xmlns="http://www.w3.org/1999/xhtml" >
<head runat="server">
    <title> Untitled Page</title>
    <script language="c#" runat="server">
```

```
        protected void ExecuteService(Object sender,EventArgs e)
        {
            WebServiceClient.localhost.WebService usrInfo=new WebServiceClient.
            localhost.WebService();
            DataSet Dst=new DataSet();
            Dst=usrInfo.DataFind(TextBox1.Text);
            //获取数据库数据
            DataGrid1.DataSource=Dst.Tables["User"].DefaultView;
            DataGrid1.DataBind();
        }
    </script>
</head>
<body>
    <form id="form1" runat="server">
        <h3>使用自定义 web 服务示例</h3>
        请输入用户号:
        <asp:TextBox id="TextBox1" runat="Server"/>
        <p>
            <asp:Button id="Button1" Text="查询" runat=
            "server" OnClick="ExecuteService"/>
        </p>
        <p>
            <asp:DataGrid id="DataGrid1" runat="Server"/>
        </p>
    </form>
</body>
</html>
```

代码中的 ExecuteService 函数定义了 ASP. NET 访问 Web 服务的具体操作。首先创建一个 WebServiceClient. localhost. WebService 代理类对象 usrInfo,然后调用它的 DataFind 方法,输入用户 ID,返回一个 DataSet 对象,并将其绑定到 DataGrid 控件上以便显示结果。

在“请输入用户号”文本框中输入“1”,单击“查询”按钮后,结果如图 10-15 所示。

图 10-15 单击“查询”按钮后的效果

10.5.5 特别提示

SOA 可以看做是 B/S 模型、XML/Web Service 技术之后的自然延伸。SOA 能够帮助我们站在一个新的高度理解企业级架构中各种组件的开发、部署形式,它将帮助企业系统架构者更迅速、更可靠、更具重用性地架构整个业务系统。

10.5.6 拓展与提高

如何使用 Web Service 技术完成对用户信息的修改?

本章总结

本章讲解了面向服务的软件架构和 Web Services 基础。主要讲解 SOA 的概念、特点以及与 Web 2.0 的关系，重点介绍了 Web Services 的基本概念，包括什么是 Web Services，Web Services 的核心技术以及 Web Services 协议栈。

本章还简单地讲解了如何在 ASP.NET 中创建和使用 Web Services 示例。虽然 Web Services 只做了基本的讲解，但是熟练地掌握这些基础能够为今后的分布式开发打下良好的基础。

习题

一、填空题

1. Web Services 框架的核心技术包括________、________和________。
2. ________是 Web Services 技术体系中最基础的标准。
3. ________是 Web Services 的通信协议。它是一种简单的、轻量级的基于 XML 的机制。
4. SOAP 包括________、________和________三部分。
5. Web 服务协议栈的基础是________。
6. 在创建 Web Service 项目时，必须引用的名字空间是________。

二、选择题

1. 下面（　　）属于 SOAP 包括的部分。
   A. 一个定义描述消息内容的框架的信封
   B. 一组表示应用程序定义的数据类型实例的编码规则
   C. 表示远程过程调用和响应的约定
   D. 粗粒度服务接口
2. 下面属于 Web 服务体系结构的角色是（　　）。
   A. 服务提供者　B. 服务注册中心　C. 服务请求者　D. 服务申请者
3. ASP.NET 应用程序服务的客户端应用程序类型包括（　　）。
   A. AJAX 客户端　B. .NET Framework 客户端
   C. Script 客户端　D. SOAP 客户端
4. ASP.NET 提供的应用程序服务包括（　　）。
   A. 身份验证　B. 客户端服务　C. 服务角色服务　D. 配置文件服务
5. 在 ASP.NET 代码:

```
<%@ Page language="c#" Codebehind="WebForm1.aspx.cs "
AutoEventWireup="false " Inherits="MfirsApp.WebForm1 "%>
```

   中，Codebehind= "WebForm1.aspx.cs "表示（　　）。
   A. 页面所对应的代码文件为“WebForm1.asp.cs”
   B. 页面文件为“WebForm1.asp.cs”
   C. 页面所对应的代码文件为“MfirsApp.WebForm1.cs ”

D. 页面所对应的代码文件为“MfirsApp.WebForm1.Aspx”

6. 阅读下面关于.NET 的两句话：

（1）.asmx 文件提供了 Web service 的服务描述。

（2）和 asp.net 页面一样，第一次请求 asmx 页面文件时，asmx 文件也将编译。

下面的选项正确的是（　　）。

A.（1）正确　（2）正确　　B.（1）正确　（2）错误

C.（1）错误　（2）正确　　D.（1）错误　（2）错误

7. ASP.NET 中，对于已经编好的 Web.Service，在部署和实现该 XML Web Service 的时候，至少需要的文件有（　　）。

A. .asmx 文件和.dll 文件

B. .dll 文件和.disco 文件

C. AssemblyInfo.cs 文件和 Web.config 文件

D. AssemblyInfo.cs 文件和.asmx 文件

三、简答题

1. 简述 SOA 的概念。
2. 简述 SOA 的基本特征。
3. 什么是 Web Services?
4. Web Services 具备的特征是什么?
5. 简述 Web Services 框架的核心技术。
6. 简述 Web 服务协议栈的基本内容。

四、编程题

创建一个 ASP.NET Web 服务应用程序，在声明 services 中的功能模块中，利用属性值[WebMethod]定义 services 的可访问方法（至少两个方法），运行应用程序并调用相关方法，查看以 XML 格式显示的 Web 服务方法的结果。

第11章 ASP.NET与XML技术

学习目的与要求

XML(eXtensible Markup Language,可扩展标记语言)是Internet环境中跨平台的、依赖于内容的、处理分布式结构信息的技术。它是一种描述数据和数据结构的语言,XML文本可以保存在任何存储文本中,这就让XML具有了可扩展性、跨平台性以及传输与存储方面的优点。本章将深入学习XML技术。通过本章的学习将能够:

- 了解XML定义、语法规则以及DTD与XML Schema的作用和功能。
- 理解XML文档转换原理,掌握如何使用XSL进行XML转换的步骤。
- 掌握如何创建XML控件,并使用XML控件呈现XML数据的过程。
- 掌握如何使用XmlTextReader类读写和编辑XML。
- 掌握如何使用XmlTextWriter类读写和编辑XML。
- 掌握如何使用XmlDocument类读写和编辑XML。

本章主要内容

- XML概述:包括XML定义、语法规则等。
- XML转换:包括如何使用XSL。
- 使用XML控件:演示如何使用XML控件呈现XML数据。
- XmlTextReader类:讲解XmlTextReader类操作XML文档。
- XmlTextWriter类:讲解XmlTextWriter类操作XML文档。
- XmlDocument类:讲解XmlDocument类操作XML文档。

• 使用 DataSet 对象：介绍 DataSet 对象的使用。

11.1 XML 概述

作为一种数据标准，可扩展标记语言简化了数据交换、进程间消息交换这一类事情，因而对于开发者逐渐变得更有吸引力，并开始流行起来。C# 作为一种新型的程序语言，是 .NET 框架的一个重要组成部分，它对 XML 有很好的支持。

XML 的应用似乎是无穷无尽的，但它们大致上可以分为三大类：

(1) 简单数据的表示和交换（不同的文档类型定义(DTDs)和概要(Schemas)，针对 XML 的操作和解析）。

(2) 用户界面相关的上下文（可扩展样式表语言(XSL)，可扩展样式表语言转换(XSLT)）。

(3) 面向消息的计算（XML-RPC(远程过程调用)，基于 SOAP 协议的 Web 服务(Web Services)，电子化业务 XML(ebXML)）。

下面就来介绍 XML 的概念和原理。

11.1.1 XML 定义

XML 与 HTML 一样，都是 SGML(Standard Generalized Markup Language，标准通用标记语言)。XML 是 Internet 环境中跨平台的、依赖于内容的技术，是当前处理结构化文档信息的有力工具。XML 是一种简单的数据存储语言，使用一系列简单的标记描述数据，而这些标记可以用方便的方式建立。虽然 XML 比二进制数据要占用更多的空间，但 XML 极其简单，易于掌握和使用。

XML 是从 1996 年开始有其雏形，并向 W3C(全球信息网联盟)提案，而在 1998 年 2 月发布为 W3C 的标准(XML1.0)。XML 的前身是 SGML(The Standard Generalized Markup Language)，是 IBM 从 20 世纪 60 年代就开始发展的 GML(Generalized Markup Language)标准化后的名称。XML 与 SGML 和 HTML 都属于标记语言，标记语言的发展如图 11-1 所示。

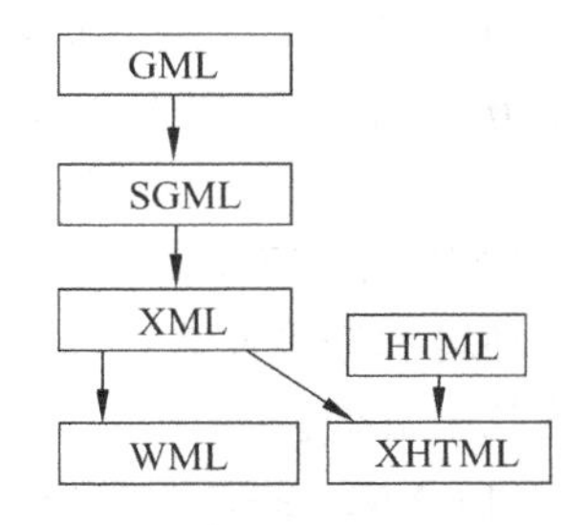

图 11-1 标记语言的发展史

XML 被广泛用来作为跨平台之间交互数据的形式，主要针对数据的内容，通过不同的格式化描述手段(XSLT、CSS 等)可以完成最终的形式表达(生成对应的 HTML、PDF 或者其他的文件格式)。

XML 应用于 Web 开发的许多方面，常用于简化数据的存储和共享。XML 的主要用途如下：

(1) 把数据从 HTML 分离。

如果需要在 HTML 文档中显示动态数据，那么每当数据改变时将花费大量的时间来编辑 HTML。通过 XML 数据能够存储在独立的 XML 文件中。这样开发人员就可以专注于使用 HTML 进行布局和显示，并确保修改底层数据不再需要对 HTML 进行任何的改变。通过使用几行 JavaScript，就可以读取一个外部 XML 文件，然后更新 HTML 中的数据内容。

(2) 简化数据共享。

在真实的世界中，计算机系统和数据使用不兼容的格式来存储数据。XML 数据以纯文本格式进行存储，因此提供了一种独立于软件和硬件的数据存储方法。这让创建不同应用程序可以共享的数据变得更加容易。

(3) 简化数据传输。

通过 XML 可以在不兼容的系统之间轻松地交换数据。对开发人员来说，其中一项最费时的挑战一直是在因特网上的不兼容系统之间交换数据。由于可以通过各种不兼容的应用程序来读取数据，以 XML 交换数据降低了这种复杂性。

(4) 简化平台的变更。

升级到新的系统(硬件或软件平台)总是非常费时的，必须转换大量的数据，不兼容的数据经常会丢失。XML 数据以文本格式存储，这使得 XML 在不损失数据的情况下，更容易扩展或升级到新的操作系统、新的应用程序或新的浏览器。

(5) 使用户的数据更有用。

由于 XML 独立于硬件、软件以及应用程序，因此使用户的数据更可用，也更有用。不同的应用程序都能够访问用户的数据，不仅仅在 HTML 页中，也可以从 XML 数据源中进行访问。通过 XML 用户的数据可供各种阅读设备使用(手持的计算机、语音设备、新闻阅读器等)，还可以供盲人或其他残障人士使用。

(6) 用于创建新的 Internet 语言。

很多新的 Internet 语言是通过 XML 创建的，主要包括 XHTML(最新的 HTML 版本)、WSDL(用于描述可用的 Web service)、WAP 和 WML(用于手持设备的标记语言)、RSS(用于 RSS feed 的语言)、RDF 和 OWL(用于描述资源和本体)、SMIL(用于描述针对 Web 的多媒体)。

如今，XML 已经是世界上发展最快的技术之一。它的主要目的是使用文本以结构化的方式来表示数据。在某些方面，XML 文件也类似于数据库，提供数据的结构化视图。

XML 和 HTML 有着极大的不同，在应用程序开发中，XML 能够适应于大部分的应用程序环境和开发需求。这些需求是 HTML 无法做到的。XML 和 HTML 的区别可分为以下几个方面。

(1) XML 的扩展性比 HTML 强。

XML(Extensible Markup Languages，可扩展标记语言)可以创建个性化的标记语言，可以称之为元语言。XML 的标记语言可以自定义，这样可以提供更多的数据操作，而不像 HTML 一样，只能局限于按一定的格式在终端显示出来。HTML 的功能只有浏览器放入显示和打印，仅仅适合静态网页的要求。

(2) XML 的语法比 HTML 严格。

由于 XML 的扩展性强，它需要稳定的基础规则来支持扩展。它的严格规则包括起始和结束的标签相匹配、嵌套标签不能相互嵌套和区分大小写。

相对应 XML 的严格规则，HTML 并没有规定标签的绝对位置，也不区分大小写，而这些全部由浏览器来完成识别和更正。

(3) XML 与 HTML 互补。

XML 可以获得应用之间的相应信息，提供终端的多项处理要求，也能被其他的解析器和工具所使用，在现阶段，XML 可以转化成相应的 HTML 来适应当前浏览器的需求。

11.1.2 XML 的语法规则

通过前面的学习，已经对什么是 XML，它的实现原理以及相关的术语有所了解。接下来就开始学习 XML 的语法规范，动手写自己的 XML 文档。

1. XML 的语法规则

XML 的文档和 HTML 的源代码类似，也是用标识来标识内容。创建 XML 文档必须遵守下列重要规则。

规则 1：必须有 XML 声明语句。

声明是 XML 文档的第一句，其格式如下：

```
<?xml version="1.0" standalone="yes/no" encoding="UTF-8"?>
```

声明的作用是告诉浏览器或者其他处理程序：这个文档是 XML 文档。声明语句中的 version 表示文档遵守的 XML 规范的版本。standalone 表示文档是否附带 DTD 文件，如果有，参数为 no，该文档为有效的 XML；反之，该文档属于良好格式的 XML。encoding 表示文档所用的语言编码，默认是 UTF-8。

规则 2：是否有 DTD 文件。

如果文档是一个“有效的 XML 文档”，那么文档一定要有相应的 DTD 文件，并且严格遵守 DTD 文件制定的规范。

有效的 XML 文档也必须以一个 XML 声明开始，示例代码如下：

```
<?xml version="1.0" standalone="no" encode="UTF-8"?>
```

DTD 文件的声明语句紧跟在 XML 声明语句后面，语法格式如下：

```
<!DOCTYPE type-of-doc SYSTEM/PUBLIC "dtd-name">
```

其中：

(1) “!DOCTYPE”是指要定义一个 DOCTYPE。

(2) “type-of-doc”是文档类型的名称，由用户自己定义，通常与 DTD 文件名相同。

(3) “SYSTEM/PUBLIC”这两个参数只用其一。SYSTEM 是指文档使用的私有 DTD 文件的网址，而 PUBLIC 则指文档调用一个公用的 DTD 文件的网址。

(4) “dtd-name”就是 DTD 文件的网址和名称。所有 DTD 文件的后缀名为.dtd。

规则 3：注意标记的大小写。

在 XML 文档中，大小写是有区别的。<P>和<p>是不同的标识。在写元素时注意，前后标识大小写要保持一样。例如<Author>Lixin</Author>，写成<Author>Lixin</author>是错误的。

最好养成一种习惯，或者全部大写，或者全部小写，或者大写第一个字母。这样可以减少因为大小写不匹配产生的文档错误。

规则4：给属性值加引号。

在HTML代码里面，属性值可以加引号，也可以不加。例如<font color=red>word</font>和<font color="red">word</font>都可以被浏览器正确解释。

但是在XML中则规定，所有属性值必须加引号(可以是单引号，也可以是双引号)，否则将被视为错误。

规则5：所有的标识必须有相应的结束标识。

在HTML中，标识可能不是成对出现的，比如
。而在XML中规定，所有标识必须成对出现，有一个开始标识，就必须有一个结束标识。否则将被视为错误。

规则6：所有的空标识也必须被关闭。

空标识就是标识对之间没有内容的标识，比如
、<img>等标识。在XML中，规定所有的标识必须有结束标识，针对这样的空标识，XML中处理的方法是在原标识最后加"/"。例如：

```
<br>应写为<br /> ;
<META name="keywords" content="XML,SGML,HTML">应写为<META name="keywords" content=
"XML,SGML,HTML" /> ;
<IMG src="cool.gif">应写为<IMG src="cool.gif" />。
```

2. XML语法

1）声明XML语法

XML声明始终是任何XML文档的第一行，为XML文档匹配合适的解析器。XML声明语法格式如下：

```
<?xml version="XML版本号" standalone="no或yes"encoding="UTF-8或UTF-16或GB2321或
GBK"?>
```

处理指令向XML文档的使用者或自动处理软件指明自己为XML文档，同时也规定了XML的版本和字符编码，有助于优化XML文档的解析。处理指令<?xml…?>一般包含三个属性，如表11-1所示。

表11-1 处理指令包含的属性

属性名	含义	必选
Version	XML的版本，默认为1.0	是
Encoding	XML文档采用的字符编码	否(可选)
Standalone	XML文档是否使用外部DTD子集	否(可选)

XML声明的示例代码如下：

```
<?xml version="1.0"?>
<?xml version="1.0" encoding="GB2312"?>
<?xml version="1.0" standalone="yes"?>
```

2）创建根元素语法

XML文档的树形结构要求必须有一个根元素。根元素的起始标记要放在所有其他元素起始标记之前，根元素的结束标记放在其他所有元素的结束标记之后。XML 文档中有且只有一个根元素，用于描述文档的功能。根元素的语法格式如下：

```
<?xml version="1.0"?>
  <根元素名>
      根元素内容
  </根元素名>
```

示例代码如下：

```
<?xml version="1.0" standalone="yes" encoding="UTF-8"?>
<Settings>
    <Person>Zhang San</Person>
</Settings>
```

3）创建 XML 元素语法

创建自定义元素(elements)和属性(attributes)。XML 元素的基本结构由开始标记、数据内容和结束标记组成，语法格式如下：

```
<标签名 属性名="属性值">
    数据
</标签名>
```

示例代码如下：

```
<Person>
    <Name>Zhang San</Name>
    <Sex>Male</Sex>
</Person>
```

需要注意的是，元素标记区分大小写，<Name>与<name>是两个不同的标记。结束标记必须有反斜杠，如</Name>。

4）XML 文档中的注释

XML 文档中注释的语法如下：

```
<!--这是一个注释-->
```

创建注释时的注意事项包括：注释文本不应包含“-”，不能在标签内使用，可用于标签集，不能放在实体声明中，也不能放在 XML 声明之前。

5）处理指令语法

处理指令能够为该 XML 文档的应用提供一则信息。语法格式如下：

```
<? xml:应用名  指令信息? >
```

位置在 XML 声明和根元素之间。在将一个样式表附加到 XML 文档中时，需要提供一个处理指令：

```
<?xml version="1.0" endcoding="GB2321"?>
<?xml:stylesheet type="text/xsl" href="top.css"?>
```

```
<根元素>数据</根元素>
```

6）PCDATA 语法

PCDATA 为标签之间的字符数据分类，表示已解析的字符数据。

下面举例说明 PCDATA 的用法，其中 movies.xml 存储电影内容数据，movies.dtd 对 movies.xml 进行验证。示例文件 movies.dtd 的代码如下：

```
<?xml version="1.0" encoding="GB2312"? >
<!ELEMENT movies (id,name,brief,time)>
<!ATTLIST movies type CDATA #REQUIRED>
<!ELEMENT id (#PCDATA)>
<!ELEMENT name (#PCDATA)>
<!ELEMENT brief (#PCDATA)>
<!ELEMENT time (#PCDATA)>
```

其中，id、name、brief 和 time 只能包含非标记文本（不能有自己的子元素）。

XML 文件 movies.xml 的代码如下：

```
<?xml version="1.0" encoding="GB2312"?>
<!DOCTYPE movies SYSTEM "movies.dtd">
<movies type="动作片">
    <id>1</id>
    <name>致命摇篮</name>
    <brief>李连杰最新力作</brief>
    <time>2003</time>
</movies>
```

7）CDATA 语法

CDATA 的意思是字符数据（character data）。CDATA 是不会被解析器解析的文本。CDATA 用于需要把整段文本解释成纯字符数据而不是标记的情况。当一些文本中包含很多“<”、“>”、“&”等字符而非标记时，CDATA 会非常有用。CDATA 的语法格式如下：

```
<根元素>
  <![CDATA[
    <标记 1>
    <子标记 1> #$%特殊字符</子标记 1>
    <子标记 2>$%^特殊字符</子标记 2>
      ⋮
   </标记 1>
  ]]>
  <标记 2>
  ⋮
  </标记 2>
</根元素>
```

示例代码如下：

```
<Example>
```

```
    <![CDATA[
      <Person>
          <Name>ZhangSan</Name>
          <Sex>Male</Sex>
      </Person>
    ]]>
  </Example>
```

以“<![CDATA[”开始，以“]]>”结束。

注意：在 CDATA 段中不要出现结束定界符“]]>”。

8) Entities(实体)语法

Entities 是 XML 的存储单元，一个实体可以是字符串、文件、数据库记录等。实体的用处主要是为了避免在文档中重复输入，可以为一个文档定义一个实体名，然后在文档里引用实体名来代替这个文档。XML 解析文档时，实体名会被替换成相应的文档。

Entities 的语法格式如下：

```
<?xml version="1.0" endcoding="gb2321"?>
<!DOCTYPE DOCTYPE 名 [
    实体声明
    ⋮
    ]>
  <根元素>
  </根元素>
```

XML 为字符“<”、“>”、“&”、“"”、“'”依次定义的实体名分别为 <、>、&、"和 '。

定义并引用实体的示例如下：

```
<!DOCTYPE example [
    <!ENTITY intro "Here is some comment for entity of XML">
    ]>
    <example>
        <hello> &intro;</hello>
    </example>
```

9) DOCTYPE 语法

<!DOCTYPE[]>紧随 XML 声明，包括所有实体的声明，语法格式如下：

```
<!DOCTYPE example [
    declare your entities here...
    ]>
    <example>
        Body of document...
    </example>
```

11.1.3 DTD与XML Schema

1. 什么是DTD

DTD是一种保证XML文档格式正确的有效方法，可以比较XML文档和DTD文件来看文档是否符合规范，元素和标签使用是否正确。一个DTD文档包含元素的定义规则，元素间关系的定义规则，元素可使用的属性，可使用的实体或符号规则。

DTD文件也是一个ASCII的文本文件，后缀名为.dtd。例如bank.dtd。

2. 为什么要用DTD文件

因为它满足了网络共享和数据交互的需要，使用DTD最大的好处在于DTD文件的共享，就是上文DTD说明语句中的PUBLIC属性。比如，两个相同行业不同地区的人使用同一个DTD文件来作为文档创建规范，那么他们的数据就很容易交换和共享。网上有其他人想补充数据，也只需要根据公用的DTD规范来建立文档，就立刻可以加入。

目前，已经有数量众多的写好的DTD文件可以利用。针对不同的行业和应用，这些DTD文件已经建立了通用的元素和标签规则。开发人员不需要自己重新创建，只要在他们的基础上加入开发人员需要的新标识。

当然，如果愿意，开发人员可以创建自己的DTD，它可能和他的文档配合的更加完美。建立自己的DTD也是一件很简单的事，一般只需要定义4～5个元素就可以了。

3. 调用DTD文件的方法

DTD可被成行地声明于XML文档中，也可作为一个外部引用。

(1) 直接包含在XML文档内的DTD。

若DTD被包含在XML源文件中，它应当通过下面的语法包装在一个DOCTYPE声明中：

```
<!DOCTYPE 根元素 [元素声明]>
```

带有DTD的XML文档示例代码如下：

```
<?xml version="1.0"?>
<!DOCTYPE note [
    <!ELEMENT note (to,from,heading,body)>
    <!ELEMENT to          (#PCDATA)>
    <!ELEMENT from        (#PCDATA)>
    <!ELEMENT heading     (#PCDATA)>
    <!ELEMENT body        (#PCDATA)>
]>
<note>
    <to>George</to>
    <from>John</from>
    <heading>Reminder</heading>
    <body>Don't forget the meeting!</body>
</note>
```

上述代码的 DTD 含义如下：

- !DOCTYPE note(第二行)定义此文档是 note 类型的文档。
- !ELEMENT note(第三行)定义 note 元素有 4 个元素：to、from、heading、body。
- !ELEMENT to(第四行)定义 to 元素为＃PCDATA 类型。
- !ELEMENT from(第五行)定义 from 元素为＃PCDATA 类型。
- !ELEMENT heading(第六行)定义 heading 元素为＃PCDATA 类型。
- !ELEMENT body(第七行)定义 body 元素为＃PCDATA 类型。

(2) 调用独立的 DTD 文件。

若 DTD 位于 XML 源文件的外部，那么它应通过下面的语法被封装在一个 DOCTYPE 定义中：

```
<!DOCTYPE 根元素 SYSTEM "文件名">
```

这个 XML 文档和上面的 XML 文档相同，但是拥有一个外部的 DTD。示例代码如下：

```
<?xml version="1.0"?>
<!DOCTYPE note SYSTEM "note.dtd">
<note>
    <to>George</to>
    <from>John</from>
    <heading>Reminder</heading>
    <body>Don't forget the meeting!</body>
</note>
```

而包含 DTD 的 note.dtd 文件的代码如下：

```
<!ELEMENT note(to,from,heading,body)>
<!ELEMENT to(#PCDATA)>
<!ELEMENT from(#PCDATA)>
<!ELEMENT heading(#PCDATA)>
<!ELEMENT body(#PCDATA)>
```

4. XML Schema 概述

尽管 DTD 能够对 XML 文档中数据结构的有效性进行验证，但是 DTD 自身存在着一些局限性，主要包括以下内容。

(1) DTD 提供的数据类型有限。例如不提供整型、浮点型、布尔型等数据类型。

(2) 基于正则表达式，描述能力有限。如不能定义一个元素的子元素的具体出现次数。

(3) 约束能力不强，结构化不够。

(4) 构建和访问没有标准的编程接口。

(5) 对命名空间的支持不足。

鉴于上述原因，又推出了另一种用于验证 XML 文档结构合法性的方法，即 XML Schema。它使用 XML Schema 定义语言（XML Schema Definition Language，XSD，基于

XML的一种语言)来定义用户标记语言,验证XML文档的有效性,比DTD更为有效,能够更好地控制标记语言的设计。与DTD相比,XML Schema本身就是一个XML文档。可以由XML文档编辑器编辑,并由XML解析器解析,甚至为其他应用程序(如DOM和SAX)提供了标准的编程接口。

此外,XML Schema机制提供了丰富的数据类型,如String、Bollean和DateAndTime等。用户甚至可以根据需要自行定义所需的数据类型。

5. XML Schema语法

XML Schema是用一套预先规定的XML元素和属性创建的,这些元素和属性定义了文档的结构和内容模式。相应的一套规则指定了每个Schema元素或者属性的合法用途。如果违反这些规则,解析器就会拒绝解析Schema以及任何同它相联系的文档。

下面通过一个实例介绍XML Schema。catalog.schema的示例代码如下:

```
<?xml version="1.0" encoding="UTF-8"?>
<xs:schema xmlns:xs="http://www.w3.org/2001/XMLSchema"
        elementFormDefault="qualified" attributeFormDefault="unqualified">
  <xs:complexType name="booktype">
        <xs:annotation>
            <xs:documentation> Models one book in a catalog,including one or more
            authors,each of genre,title,price,publish date,and an optional description.
            </xs:documentation>
        </xs:annotation>
        <xs:sequence>
            <xs:element name="author" type="xs:string" maxOccurs="unbounded"/>
            <xs:element name="title" type="xs:string"/>
            <xs:element name="genre" type="xs:string"/>
            <xs:element name="price" type="xs:double"/>
            <xs:element name="publish_date" type="xs:date"/>
            <xs:element name="description" type="xs:string" minOccurs="0"/>
        </xs:sequence>
    <xs:attribute name="id" type="xs:ID" use="required"/>
  </xs:complexType>
  <xs:complexType name="catalogtype">
    <xs:annotation>
        <xs:documentation> a catalog of one or more books</xs:documentation>
    </xs:annotation>
    <xs:sequence>
        <xs:element name="book" type="booktype" maxOccurs="unbounded"/>
    </xs:sequence>
  </xs:complexType>
</xs:schema>
```

上述代码中包含了标准的XML头<?xml version = "1.0"? >,这表示schema自己就是一个XML文档。任何schema的根元素都必须是schema,它有一个或者多个说明自己的属性。在这种情况下，schema 的 namespace 定义属性(xmlns)会定义名称空间为 xs，它将用作文档中所有元素的根名称空间。

接下来定义了两个主要的元素(根元素 catalog 及其子元素 book)，它们用在书目文档内，后者采用了两个 element 元素。这些元素都包含了定义名字的属性和各个元素准许的内容。在这种情况下，catalog 元素被定义为 catalogtype 类型，而 book 元素则被定义为 elementtype 类型。这两种类型以后还要在 schema 文档中被定义。

schema 示例中接下来的元素是 annotation，它的作用是代表同其父元素有关的文档。annotation 可以包含两个子元素 documentation 和 appinfo，前者用于可读的文档，而后者则用来保存供应用程序处理的指令。

XML Schema 可以让用户把 XML 文档中的元素声明为特定的类型，准许解析器检查文档的内容及其结构。XML Schem 定义了两种主要的数据类型：预定义简单类型和复杂类型。这两种数据类型之间的主要区别是复杂类型可以像数据一样包含其他元素，而简单类型则只能包含数据。简单类型给予了 XML Schema 低级类型检查能力，允许把元素定义为表 11-2 中的任何类型之一。

表 11-2　XML Schema 预定义简单类型

简单类型	定　义	简单类型	定　义
string	字符串数据	decimal	任意精度和位数的十进制数
boolean	二元类型的 True 或者 False	integer	整数
date	历法日期，格式是 CCYY-MM-DD	time	24 小时格式的时间可根据时区调节
dateTime	历法日期和时间	float	标准的 32 位浮点数
double	标准的 64 位浮点数		

复杂类型由 complexType 元素定义，它通常至少拥有一个 name 属性，用在声明其他元素时索引类型，除非它位于某一元素之内。所有的复杂类型都会包含一个内容定义类型，其主要功能是定义类型能包含的内容模式，如表 11-3 所示。

表 11-3　一些准许的 XML Schema 复杂类型

复杂类型	定　义
sequence	在其定义范围之内的所有元素都必须按顺序出现，范围由 minOccurs 和 maxOccurs 指定
choice	其范围内有且只有一个元素必须出现
any	定义的任何元素都必须出现
simpleContent	这种复杂类型只包含了非嵌套元素。可以通过包含扩展元素的方式扩展先前定义的简单类型
complexContent	这种复杂类型只能包含其他元素。可以通过包含扩展元素的方式扩展先前定义的复杂类型
attribute	这种复杂类型只能包含命名属性

示例schema中的第一个complexType元素定义了booktype类型，从文档注释元素中看出，该类型给目录中单一的书建模型。booktype包含一个sequence元素，通过它告诉解析器在sequence标签内出现的所有元素必须按照同样准确的顺序出现。就booktype而言，元素author、title、genre、price和publish_date都必须出现在booktype元素之内。

11.2 XML的转换

11.2.1 XML转换概述

1. XSL：XML的样式表

HTML网页使用预先确定的标识(tags)，这就是说所有的标记都有明确的含义，例如＜p＞是另起一行，＜h1＞是标题字体等。所有的浏览器都知道如何解析和显示HTML网页。

然而，XML没有固定的标识，可以建立我们自己需要的标识，所以浏览器不能自动解析它们，例如＜table＞可以理解为表格，也可以理解为桌子。由于XML的可扩展性，使我们没有一个标准的办法来显示XML文档。

为了控制XML文档的显示，有必要建立一种机制，CSS就是其中的一种，但是XSL(eXtensible Stylesheet Language)是显示XML文档的首选样式语言，它比CSS更适合于XML。

2. XSL不仅仅是一种样式表

XSL由两部分组成：转化XML文档和格式化XML文档。

如果不理解这个意思，可以这样想：XSL是一种可以将XML转化成HTML的语言，一种可以过滤和选择XML数据的语言，一种能够格式化XML数据的语言(比如用红色显示负数)。

3. XSL能做什么

XSL可以被用来定义XML文档如何显示，可以将XML文档转换成能被浏览器识别的HTML文件。通常，XSL是通过将每一个XML元素“翻译”为HTML元素来实现这种转换的。

XSL能够向输出文件里添加新的元素，或者移动元素。XSL也能够重新排列或者索引数据，它可以检测并决定哪些元素被显示，以及显示多少。

11.2.2 XSL的使用

1. XML文档转换原理

数据格式转换的重要思想是把XML文档视为一种树结构，转换的过程就是从源树(Source Tree)生成结果树(Result Tree)的过程。XSL样式单定义了源树和结果树中对应部分的转换规则，每条规则中包含了一个模板，并对应着一种模式。模板定义了转换的结果，而模式则规定了需要进行转换的元素或属性对象。

XML中引用XSL的语法格式如下：

```
<?xml-stylesheet type=" text/xsl "href=" sample.xsl "?>
```

如果在声明部分引用了多个 XSL 样式单，则只有第一个样式单会生效，其余的都会被忽略掉。

XSL 的格式转换功能在复杂的电子商务解决方案中大有用武之地。比如，A 公司和 B 公司都是生产机器零件的厂家，在货物清单中都包含了产品序列号以及质量等级评分。A 公司的文件格式如下：

```
<Order>
  <OrderItem>
    <ItemID>12980-235</ItemID>
    <Quantity>200</Quantity>
  </OrderItem>
</Order>
```

而 B 公司的文件格式有所不同，相关信息都出现在元素的属性中：

```
<Order>
    <OrderLine PartNo=" 12980-235 "NumRequired=" 200 " />
</Order>
```

这样，虽然两个公司的产品完全一样，但由于文档格式的差异给双方的贸易往来设置了障碍。而使用 XSL 样式单可以轻松地把 A 公司的文档转换成 B 公司的格式，反之亦然。

2. XML 文档转换步骤

XML 文档的转换过程分为两步：

(1) 根据 XML 文档构造源树，然后根据 XSL 规则将源树转换为结果树。目前，这种转换协议已经日趋完善，并从 XSL 中独立出来，成为 W3C 正式推荐的标准，称为 XSLT (XSL Transformations)。

(2) 生成结果树后，就可以对其进行解释，产生一种适合显示、打印或是播放的格式，这一步称为格式化(Formatting)。

XSL 处理器负责实现转换过程。首先，XML 文档被解析成 DOM 树存放在内存中，接着对文档进行分析，每一个 DOM 树中的节点都会与一个模式相比较，当二者匹配时，就会按照模板中定义的规则进行转换，否则继续往下匹配。如此循环，直至整个文档处理完毕。

3. XSL 文档标准格式

XSL 文档的标准格式如下：

```
<xsl:stylesheet xmlns:xsl=" http://www.w3.org/TR/WD-xsl ">
    template rule                                    //模板规则
    output template                                  //输出模板
</xsl:stylesheet>
```

XSL 文档本身是格式良好的 XML 文档，所以在书写时要注意标签的匹配问题。<xsl:stylesheet>既是 XSL 的声明语句，也是根元素，必须位于文件的首部。通常也要利用 xmlns 属性指明 XSL 的名称空间，如 xsl。样式单中所有的模板规则都由标签<xsl:

template>标明。模板规则可以说明处理的对象(元素/属性)、处理的方式或是转换的结果。此时,可以把该标签理解为编程语言中函数的概念。

<xsl:template>标签内的文本内容描述了转换结果的形式,称为输出模板。属性match的取值把模板规则与指定的元素或属性相比较,只有匹配的DOM节点才会被处理,其余的节点将被忽略。整个过程中最先匹配的是树的根节点,根节点用"/"表示,例如:

```
<xsl:template match="/">
    output template for root element                    //针对根节点的输出模板
</xsl:template>
```

然后匹配其他节点,此时只要在引号中指明要处理的元素对象名称即可。如果在引号中出现的是"*",那么表示该规则适用于所有未单独指定处理的元素节点。比如下例中的第二个模板就表示要处理除<Employee>元素之外的所有节点:

```
<xsl:template match=" Employee ">
    output template
</xsl:template>
<xsl:template match=" * ">
    output template
</xsl:template>
```

此外,XSL中还可以使用路径指示符来指定一些特殊位置的元素与模板相匹配。"//"代表任意深度位置,如<xsl:template match="//Employee">用来匹配文档中任何位置的<Employee>元素;而如果是<xsl:template match="Employee//Name">,则表明是匹配<Employee>元素的后继节点中所有<Name>元素。另外一个路径指示符是"/",表示直接的父子节点关系。将刚才例子中的"//"换为"/",就意味着匹配的是<Employee>元素子节点中的<Name>元素。

很显然,某些树节点在XSL中可能会对应多个模板,在这种情况下,只有最后一个对应模板会生效,前面的模板规则都会被XSL处理器忽略掉。

XSL在输出模板中描述输出格式,这些格式可以是各种字符串、标签符号、节点值或者是一些XSL语法结构,如条件判断、循环处理(将在下面介绍)等。在许多应用场合中,输出模板中需要使用节点的取值,此时可以根据需要使用元素输出节点值,这样可以输出当前节点及其所有后继节点的取值。而如果仅仅是想输出指定节点的取值,可以利用select属性进行限定(select属性可以是任意合法的路径表达式)。

4. XSL的语法结构

XSL的逻辑语法结构包括循环和条件判断。这两种结构使用户能够灵活地书写转换规则。循环判断是通过<xsl:for-each>元素实现的,它的可选属性包括select和order-by。循环结构能够遍历整个结果集合,而不必针对每一条结果都单独书写转换规则。它的标准语法格式如下:

```
<xsl:for-each select=" pattern" order-by=" patternlist" >
    ...
```

```
</xsl:for-each>
```

条件判断结构分为 if 语句和 Case 语句两种形式。if 语句是简单地对条件进行判断，结果为真就执行条件内部的规则，因此可以把 if 条件与简单的布尔表达式联合使用。下面这个例子就是对薪水超过 100 万元的职员输出“Overpaid employee”信息，代码如下：

```
<xsl:if match=".[Salary $gt$1000000]" >
    Overpaid employee
</xsl:if>
```

case 语句是对多种情况的分支判断。该语句包括<xsl:choose>、<xsl:when>和<xsl:otherwise>三个元素。下面的例子是对薪水不足 1 万元的职员输出“No tax”，对超过 5 万元的职员输出“High tax rate”，对介于其间的职员输出“Normal tax rate”信息，代码如下：

```
<xsl:choose>
    <xsl:when match=".[Salary $lt$  10000] " >
        No tax
    </xsl:when>
    <xsl:when match=".[Salary $gt$50000]" >
        High tax rate
    </xsl:when>
  <xsl:otherwise>Normal tax rate </xsl:otherwise>
</xsl:choose>
```

11.3 XML 的操作

在.NET 环境下，对 XML 操作的工具都作为一组可扩展类内置于.NET Framework 的 System.XML 命名空间中，利用这些工具可以读写和编辑 XML。ASP.NET 中有多种操作 XML 的方法，主要包括 4 种方式：使用 XML 控件、使用 XmlTextReader 和 XmlTextWriter、使用 XmlDocument(W3C DOM)技术和使用 DataSet 对象。

11.3.1 使用 XML 控件

ASP.NET 提供的 XML 控件可以很好地解决 XML 文档的显示问题。如果要浏览一个 XML 文档的数据，则只需设置该控件的 DocumentSource 属性对应的 XML 文档即可。

使用 Visual Studio 2008 能够创建 XML 文档，创建和使用 XML 文档无需 XML 语法分析器来专门负责分析语法，在.NET Framework 中已经集成了可扩展类。选中 ASP.NET Web 项目右击，从弹出的快捷菜单中选择“添加”→“新建项”命令，打开“添加新项”对话框，依次选择 Visual C# 和“XML 文件”选项，输入文件名称为 bank.xml，如图 11-2 所示。

XML 文件 bank.xml 的示例代码如下：

```
<?xml version="1.0"?>
```

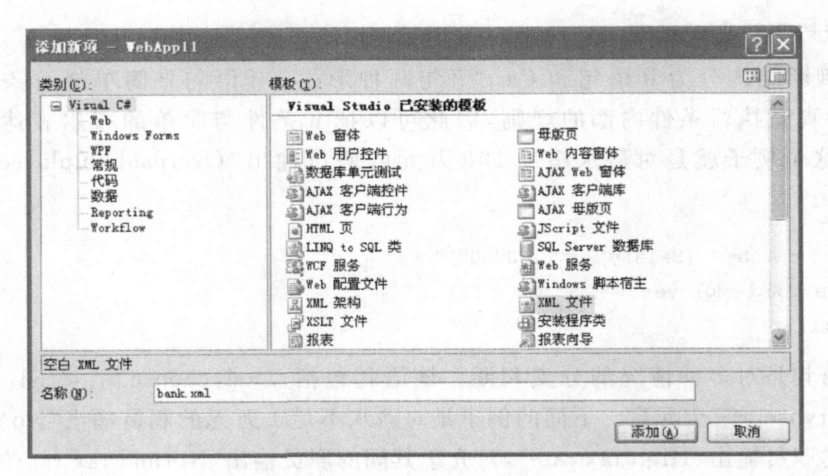

图 11-2 创建 XML 文档

```
<bank>
  <employee>
     <empID>2105</empID>
     <empName>Ronald Reagan</empName>
     <workAddress>Nashua,NH</workAddress>
     <workPhone>555/555-1245</workPhone>
     <salary>60000</salary>
  </employee>
  <employee>
     <empID>77</empID>
     <empName>Jimmy Carter</empName>
     <workAddress>Denver,CO</workAddress>
     <workPhone>555/555-1235</workPhone>
     <salary>250000</salary>
  </employee>
  <employee>
     <empID>666</empID>
     <empName>George Bush</empName>
     <workAddress>Dallas,TX</workAddress>
     <workPhone>555/555-1235</workPhone>
     <salary>200000</salary>
  </employee>
</bank>
```

然后在 Visual Studio 下新建一个名称为 XML1.aspx 的 Web 页面，选择工具箱中的“标准”标签，将 XML 控件拖到 XML1.aspx 页面中，并指定该 XML 控件的 DocumentSource 为 bank.xml。配置完成后，页面的示例代码如下：

```
<%@ Page Language="C#" AutoEventWireup="true" CodeBehind="XML1.aspx.cs"
         Inherits="WebApp11.XML1"%>
<!DOCTYPE html PUBLIC "-//W3C//DTD XHTML 1.0 Transitional//EN"
```

```
        "http://www.w3.org/TR/xhtml1/DTD/xhtml1-transitional.dtd">
<html>
  <head>
    <title> XmlControl</title>
  </head>
  <body>
    <form runat="server">
      <asp:Xml id="Xml1" runat="server" DocumentSource="bank.xml">
      </asp:Xml>
    </form>
  </body>
</html>
```

代码中设置了 XML 控件的 DocumentSource 属性，其值指向 bank. xml 文档，这样就可以把 book. xml 中的内容显示出来，但是并没有把记录分开，而是连续的。如果要想把每条记录分开，或者按照自己的方案显示在网页中，必须用 XSL 样式表。

接着需要创建 XSLT 文档。选中 ASP. NET Web 项目右击，从弹出的快捷菜单中选择“添加”→“新建项”命令，打开“添加新项”对话框，依次选择 Visual C＃ 和“XSLT 文件”选项，输入文件名称为 employee. xslt，如图 11-3 所示。

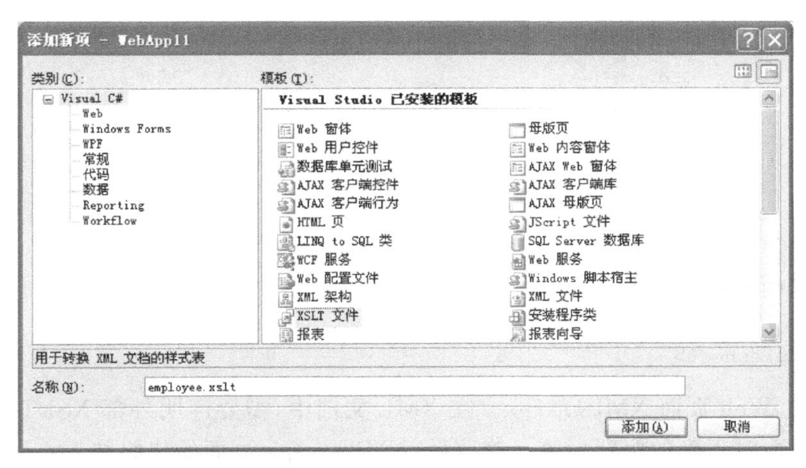

图 11-3 创建 XSLT 文件

创建 XSLT 文件后，默认输出方法设置为 XML。为了能够方便对 XML 页面进行样式控制，可以将输出方法设置为 HTML。编辑 XSLT 文件后的示例代码如下：

```
<?xml version="1.0" encoding="utf-8"?>
<xsl:stylesheet version="1.0" xmlns:xsl="http://www.w3.org/1999/XSL/Transform">
  <xsl:output method="html"/>
    <xsl:template match="/">
      <html>
        <head>
          <title>Employee 列表</title>
        </head>
```

```
            <body>
              <center>
                <b>Employee 列表</b>
              </center>
              <table width="80%" border="1">
                <tr>
                  <td><b>empID</b></td>
                  <td><b>empName</b></td>
                  <td><b>workAddress</b></td>
                  <td><b>workPhone</b></td>
                  <td><b>salary</b></td>
                </tr>
                <xsl:for-each select="bank/employee">
                  <tr>
                    <td><xsl:value-of select="empID" /></td>
                    <td>
                      <xsl:value-of select="empName" /></td>
                    <td>
                      <xsl:value-of select="workAddress" /></td>
                    <td>
                      <xsl:value-of select="workPhone" /></td>
                    <td>
                      <xsl:value-of select="salary" /></td>
                  </tr>
                </xsl:for-each>
              </table>
            </body>
          </html>
        </xsl:template>
      </xsl:stylesheet>
```

接着修改 Web 页面 XML1.aspx。在 XML 文档中，需要声明外部 XSLT 文件才能在访问 XML 页面时正确的解释标签。修改后，XML1.aspx 页面的代码如下：

```
<%@ Page Language="C#" AutoEventWireup="true" CodeBehind="XML1.aspx.cs"
    Inherits="WebApp11.XML1" %>
<!DOCTYPE html PUBLIC "-//W3C//DTD XHTML 1.0 Transitional//EN"
    "http://www.w3.org/TR/xhtml1/DTD/xhtml1-transitional.dtd">
<html xmlns="http://www.w3.org/1999/xhtml" >
  <head runat="server">
    <title>XML读取方式一</title>
  </head>
  <body>
    <h3><font face="Verdana">读取 XML 方法一:使用 XML 控件</font></h3>
    <form id="form1" runat="server">
      <div>
```

```
            <asp:Xml ID="Xml1" DocumentSource="~/bank.xml" runat="server"
                    TransformSource="~/employee.xslt">
            </asp:Xml>
        </div>
    </form>
</body>
</html>
```

直接在浏览器中浏览 XSLT 文件，可以看到 XSLT 的结构树，如图 11-4 所示。XSLT 文件制作了 XML 页面呈现时所需要的样式。从另一个角度来说，当用户在 XML 页面中定义了标签后，浏览器并不能解释这个标签，而可以通过 XSLT 文件告知浏览器如何解释自定义标签并呈现到页面。XML1.aspx 页面在浏览器中的运行结果如图 11-5 所示。

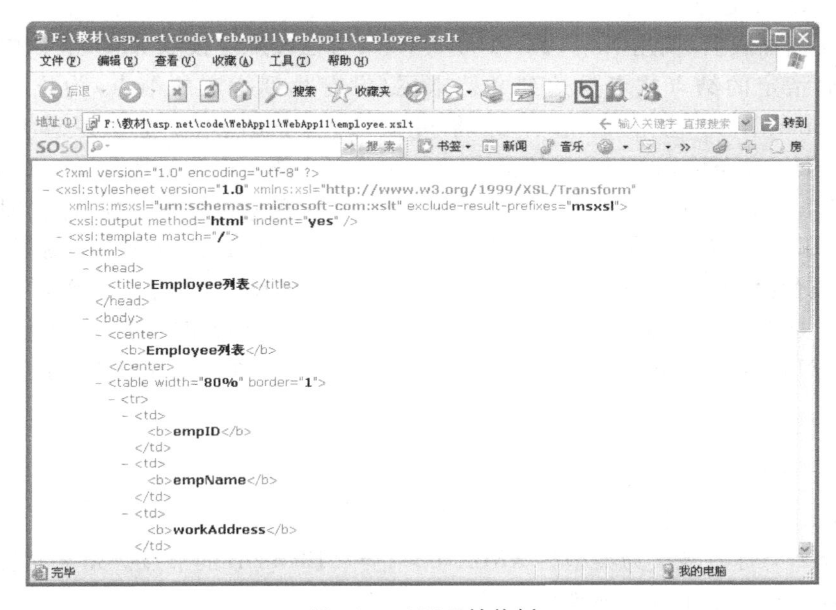

图 11-4 XSLT 结构树

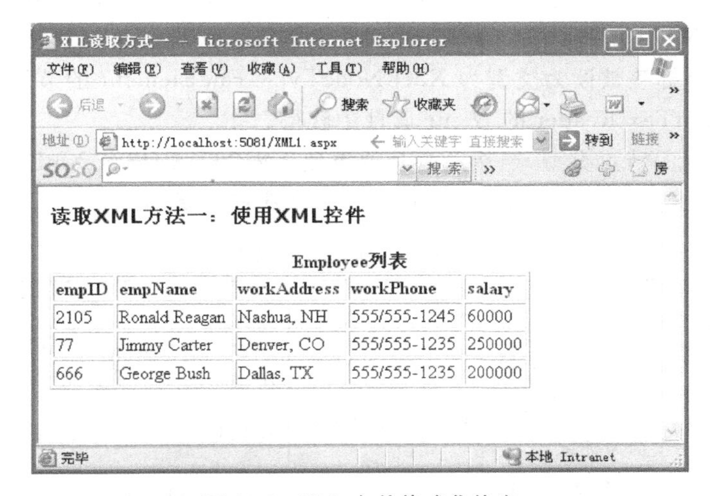

empID	empName	workAddress	workPhone	salary
2105	Ronald Reagan	Nashua, NH	555/555-1245	60000
77	Jimmy Carter	Denver, CO	555/555-1235	250000
666	George Bush	Dallas, TX	555/555-1235	200000

图 11-5 XML 文件格式化输出

11.3.2 使用XmlTextReader和XmlTextWriter

1. XmlTextReader类

XmlTextReader类属于命名空间System.xml,提供对XML数据的快速、单向、无缓冲的读取功能。它是基于流的,意味着只能从前往后读取XML文件,而不能逆向读取。

用XmlTextReader类的对象来读取XML文档的方法很简单,只需在创建新对象的构造函数中指明XML文档的位置即可,例如:

```
XmlTextReader xtr=new XmlTextReader("test.xml");
```

上面代码中的xtr是新创建的对象引用,构造函数为XmlTextReader的参数值指明了需要读取的XML文档路径。

XML文档加载后,调用XmlTextReader.Read方法按顺序读取XML文档中的每个结点,直到找到指定的结点或者是达到文档末尾(没有找到指定的结点)为止。每次调用XmlTextReader.Read方法后指针都将指向下一个结点。同时在读取过程中,XmlTextReader类会检查XML文档格式,不正确时会引发一个XmlException异常。

每次成功调用Read()之后,XmlTextReader实例化程序包含了目前节点(即刚刚从文件中读取的那个节点)的信息。可以从XmlTextReader的成员中获得上述信息并通过NodeType属性判断出当前节点的类型。在节点类型的基础上,程序的代码可以读取节点数据,检查它是否有属性,到底是忽略它还是根据程序需要进行相应的操作和处理。

当使用NodeType属性时,理解节点怎么联系到XML单元是非常重要的。示例代码如下:

```
<city>Chongqing</city>
```

XmlTextReader把这个元素看做三个节点,顺序如下:

(1) <city>标签被读为类型为XMLNodeType.Element的节点。元素的名字city可从XmlTextReader的Name属性中获得。

(2) 文本数据Chongqing被读为类型为XMLNodeType.Text的节点。数据Chongqing可从XmlTextReader的Value属性中取得。

(3) </city>标签被读为类型为XMLNodeType.EndElement的节点。同样,元素的名称city可从XmlTextReader的Name属性中获得。

这是三种重要的节点类型,当然还有其他类型。表11-4列出了XmlNodeType中一些常用的结点类型,这些结点类型由XmlNodeType枚举的成员表示。

表11-4 XmlNodeType的结点类型

成员名	说明	范例
Attribute	XML元素的属性	<priceformat="dollar">,属性format表示价格的单位是美元
CDATA	用于转义文本块,避免将文本块识别为标记	<!CDATA["This is character date"]>
Comment	XML文档的注释	<!my comment>

续表

成员名	说　明	范　例
Document	作为文档树的根的文档对象，可提供整个 XML 文档的访问。其中的一个子结点 Element 最多只有一个	<books>
DocumentType	XML 文档类型声明，由<!DOCTYPE>标记表示	<!DOCTYPE 13-1(1). xml>
Element	XML 元素	<book>
EndElement	XML 元素	</book>
Entity	实体声明	<!ENTITY filename13-1(1). xml>
EntityReference	对实体的引用	&It
Notation	文档类型声明中的表示方法	<!NOTATION GIF10a SYSTEM"gif">
ProcessingInstruction	处理指令	<?xml-stylesheet type="text/xsl" href="13-1(1). xsl">
Text	元素的文本内容	<author>Lucy</author>
Whitespace	标记间的空白	<pubdate/>\r\n<publisher/>

当 XmlTextReader 使用完毕后，调用 Close 方法及时将其关闭是重要的，因为只有如此才能把与其相关的文件关闭掉。

下面先看一个简单实例。选中 ASP. NET Web 项目右击，从弹出的快捷菜单中选择"添加"→"新建项"命令，打开"添加新项"对话框，依次选择 Visual C# 和"Web 窗体"选项，输入文件名称为"XML2. aspx"，单击"添加"按钮创建一个网页。XML2. aspx 页面的示例代码如下：

```
<%@ Page Language="C#" AutoEventWireup="true" CodeBehind="XML2.aspx.cs"
        Inherits="XMLWebApp.XML2" %>
<!DOCTYPE html PUBLIC "-//W3C//DTD XHTML 1.0 Transitional//EN"
        "http://www.w3.org/TR/xhtml1/DTD/xhtml1-transitional.dtd">
<html xmlns="http://www.w3.org/1999/xhtml" >
  <head id="Head1" runat="server">
    <title>XML 读取方式二</title>
  </head>
  <body>
    <h3><font face="Verdana">XML 读取方式二:使用读文本方式</font></h3>
    <form id="form1" runat="server">
      <div>
        <asp:Label ID="LblFile" runat="server" ></asp:Label>
      </div>
    </form>
  </body>
</html>
```

接着编辑 XML2. aspx. cs 文件，修改后 XML2. aspx. cs 文件的代码如下：

```
using System;
using System.Collections;
using System.Configuration;
using System.Data;
using System.Linq;
using System.Web;
using System.Web.Security;
using System.Web.UI;
using System.Web.UI.HtmlControls;
using System.Web.UI.WebControls;
using System.Web.UI.WebControls.WebParts;
using System.Xml.Linq;
using System.Xml;
namespace XMLWebApp
{
    public partial class XML2 : System.Web.UI.Page
    {
        protected void Page_Load(object sender, EventArgs e)
        {
            XmlTextReader objXMLReader=new
                       XmlTextReader(Server.MapPath("bank.xml"));
            string strNodeResult="";
            XmlNodeType objNodeType;
            while (objXMLReader.Read())
            {
                objNodeType =objXMLReader.NodeType;
                switch (objNodeType)
                {
                    case XmlNodeType.XmlDeclaration:
                        //读取XML文件头
                        strNodeResult+="XML Declaration:<b>"
                                 +objXMLReader.Name
                                 +""+objXMLReader.Value+"</b><br/>";
                        break;
                    case XmlNodeType.Element:
                        //读取标签
                        strNodeResult+="Element:<b>"
                                +objXMLReader.Name+"</b><br/>";
                        break;
                    case XmlNodeType.Text:
                        //读取值
                        strNodeResult+=" -Value:<b>"
                                +objXMLReader.Value+"</b><br/>";
                        break;
                }
```

```
                //判断该节点是否有属性
                if (objXMLReader.AttributeCount > 0)
                { //用循环判断完所有节点
                    while (objXMLReader.MoveToNextAttribute())
                    { //取标签和值
                        strNodeResult+=" -Attribute:<b>"
                                    +objXMLReader.Name
                                    +"</b> value:<b>"
                                    +objXMLReader.Value+"</b><br/>";
                    }
                }
            }//while end
            //将内容设置到 Label 标签显示
              LblFile.Text=strNodeResult;
        }//Page_Load end
    }//class XML2 end
}
```

在上述代码中一定要引入 using System.Xml;名字空间,否则无法识别 XMLReader 类。程序运行的结果如图 11-6 所示。

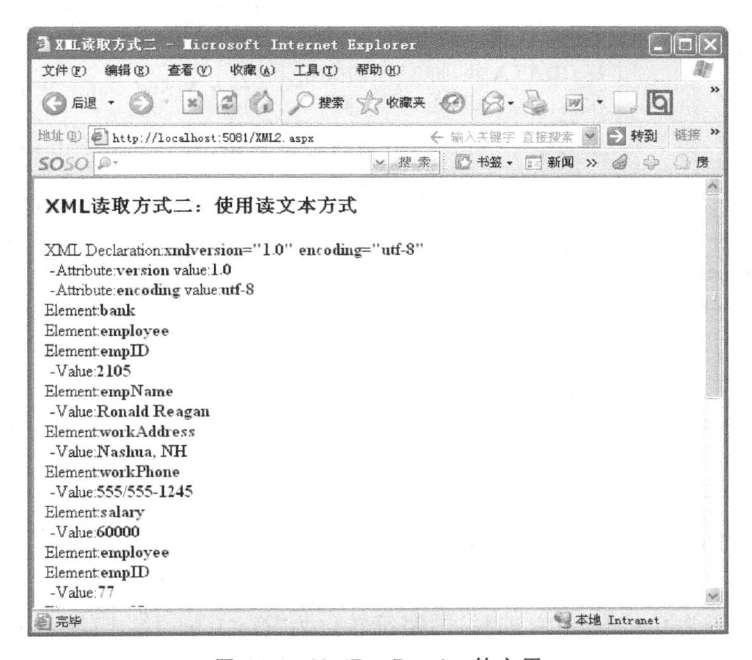

图 11-6 XmlTextReader 的应用

2. XmlTextWriter 类

XmlTextWriter 类属于命名空间 System.Xml,也提供一种没有缓存、只向前的方式,但它的作用刚好与 XmlTextReader 相反,用于编写 XML 文档。它的构造函数 XmlTextWriter 有三种重载形式,其参数分别为一个字符串、一个流对象和一个 TextWriter 对象。

假定要写入的XML文件在C盘根目录下，示例代码如下：

```
XmlTextWriter writer=new XmlTextWriter("C:\\sample2.xml",null);
```

在这里如果不想把数据写入文件，而只是想在命令窗口显示，则可以把Console.Out作为参数传递给构造器，此时应把上述语句改为：

```
XmlTextWriter writer=new XmlTextWriter(Console.Out);
```

下面介绍一下写入XML文件数据的一些常用方法，如表11-5所示。

表11-5　写入XML文件数据的一些常用方法

方 法 名	说　明	举　例
WriteStartDocument	写XML的声明部分，即“<?xml version="1.0"?>”	writer.WriteStartDocument();
WriteEndDocument	使没有闭合元素闭合	writer.WriteEndDocument();
WriteDocType	写DOCTYPE声明	writer.WriteDocType("sample2",null,null,"<!ENTITY h 'hardcover'>");
WriteStartElement	写元素的开始标志	writer.WriteStartElement("sample2");
WriteEndElement	写元素的结束标志	writer.WriteEndElement();
WriteString	写入字符串	writer.WriteString("Pride And Prejudice");
WriteCData	写CDATA块，即写入的文字在<![CDATA[…]]>间	writer.WriteCData("Price 15% off!!");
WriteRaw	手工写入一行，不作任何处理	writer.WriteRaw("this & that");
WriteEntityRef	写入实体引用，即前面加“&”，后面加“;”	writer.WriteEntityRef("h");
WriteProcessingInstruction	写入处理指令，即前面加“<?”，后面加“?>”	writer.WriteProcessingInstruction("xml-stylesheet",PItext);
WriteComment	写入注释，自动加入注释标志“<!--”和“-->”	writer.WriteComment("sample XML");
Flush	把缓存中的内容写入文件	writer.Flush();
Close	关闭，如有未闭合的元素自动闭合	writer.Close();

其中WriteString方法会对字符串进行下述处理：

(1) 字符“&”、“<”和“>”转化为“&”、“<”和“>”。

(2) ASCII码为0～1F(十六进制)的字符转化为“�”～“F”。

(3) 如果是在写属性的值，则双引号“"”转化为“"”；单引号“'”转化为“'”。

下面介绍一个简单的实例。首先创建一个控制台应用程序。在菜单栏中选择“文件”→“新建”→“项目”命令，打开“新建项目”对话框，依次选择Visual C#和“控制台应用程序”选项，输入文件名称为“XMLConsoleApp”，单击“确定”按钮创建一个控制台应用程序。编辑Program.cs类文件后的代码如下所示：

```
using System;
```

```
using System.Collections.Generic;
using System.Linq;
using System.Text;
using System.Xml;
namespace XMLConsoleApp
{
    class Program
    {
        private const string filename="booksample.xml";
        public static void Main()
        {
            XmlTextWriter writer=null;
            writer=new XmlTextWriter(filename,null);
            //为使文件易读,使用缩进
            writer.Formatting=Formatting.Indented;
            //写 XML 声明
            writer.WriteStartDocument();
            //引用样式
            String PItext="type='text/xsl' href='book.xsl'";
            writer.WriteProcessingInstruction("xml-stylesheet",PItext);
            //写文档类型结点
            writer.WriteDocType("book",null,null,"<!ENTITY h 'hardcover'>");
            //写入注释
            writer.WriteComment("sample XML");
            //写一个元素(根元素)
            writer.WriteStartElement("book");
            //genre 属性
            writer.WriteAttributeString("genre","science");
            //ISBN 属性
            writer.WriteAttributeString("ISBN","978-7-121-8630-014");
            //书名元素
            writer.WriteElementString("title","Core Java");
            //写 style 元素
            writer.WriteStartElement("style");
            writer.WriteEntityRef("h");
            writer.WriteEndElement();
            //价格元素
            writer.WriteElementString("price","59.00");
            //关闭根元素
            writer.WriteEndElement();
            writer.WriteEndDocument();
            //缓冲器内的内容写入文件
            writer.Flush();
            writer.Close();
        }
    }
}
```

接着运行该应用程序，写出的 booksample. xml 文件格式如下所示：

```
<?xml version="1.0"?>
<?xml-stylesheet type='text/xsl' href='book.xsl'?>
<!DOCTYPE book[<!ENTITY h 'hardcover'>]>
<!--sample XML-->
<book genre="science" ISBN="978-7-121-8630-014">
    <title>Core Java</title>
    <style>&h;</style>
    <price>59.00</price>
</book>
```

11.3.3 使用 XmlDocument(W3C DOM)技术

在介绍 XmlDocument 之前，首先介绍一下 W3C DOM(Document Object Model，文档对象模型)。

DOM 是 XML 文档在内存中的表示形式。通过 DOM 可以以编程方式读取、操作和修改 XML 文档。

DOM 是以树的结点形式来表示 XML 数据的。它以一个层次结构树的形式把整个的 XML 数据加载到内存中，则在内存中的构造图如图 11-7 所示，从而允许以任何方式对数据的任意结点进行访问，使插入、更新、删除或移动 XML 数据变得方便。XmlDocument 与 XmlTextReader、XmlTextWriter 最大的区别是后者不需要 DOM 提供的结构或编辑功能，它们只提供对 XML 的非缓存的只进流访问，因此省去了对 DOM 的访问，节省了大量的内存，并加快了对 XML 数据的读取。前者虽然提供了一种灵活的方式，可以访问任意所需的结点。但是，它的最大缺点在于整个 XML 数据都被加载到内存中，会消耗大量的内存空间。因此，如果对内存有限制，那么最好采用非缓存的只进流访问，除非 XML 数据需要修改。

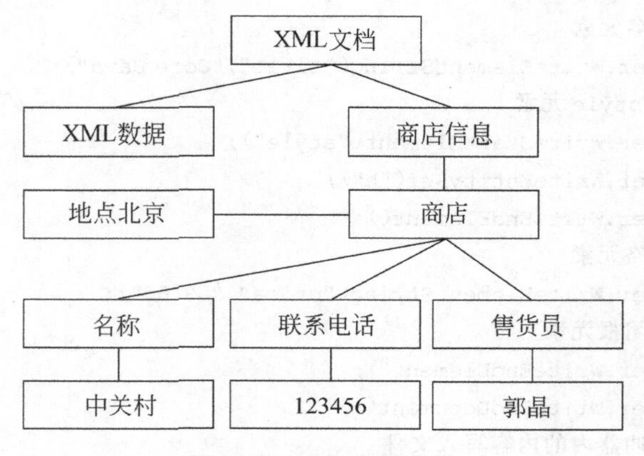

图 11-7 XML 文档构造

XmlDocument 类同样也属于命名空间 System. Xml，XmlDocument 类可以实现第一、第二级的 W3C DOM。它使用 DOM 以一个层次结构树的形式将整个 XML 数据加载到内存中，从而能够使开发人员对内存中的任意节点进行访问、插入、更新和删除。

XmlDocument 类简化了开发人员对 XML 文档进行访问、插入和删除等操作。

创建一个名为 XML3.aspx 的网页。该网页的示例代码如下：

```
<%@ Page Language="C#" AutoEventWireup="true" CodeBehind="XML3.aspx.cs"
    Inherits="XMLWebApp.XML3" %>
<!DOCTYPE html PUBLIC "-//W3C//DTD XHTML 1.0 Transitional//EN"
    "http://www.w3.org/TR/xhtml1/DTD/xhtml1-transitional.dtd">
<html xmlns="http://www.w3.org/1999/xhtml" >
  <head runat="server">
    <title>XML 读取方式三</title>
  </head>
  <body>
    <h3><font face="Verdana">XML 读取方式三:使用 DOM 技术</font></h3>
    <form id="form1" runat="server">
    <div>
      <asp:Xml id="xml1" runat="server" TransformSource="~/employee.xslt" />
      </div>
    </form>
  </body>
</html>
```

上述代码通过使用 XmlDocument 类遍历节点。首先需要创建一个 XmlDocument 对象,并使用 Load 方法加载一个 XML 文档。XML3.aspx.cs 文件的示例代码如下：

```
protected void Page_Load(object sender,EventArgs e)
{
    XmlDocument doc=new XmlDocument();
    doc.Load(Server.MapPath("bank.xml"));
    xml1.Document=doc;
}
```

程序的运行结果如图 11-8 所示。

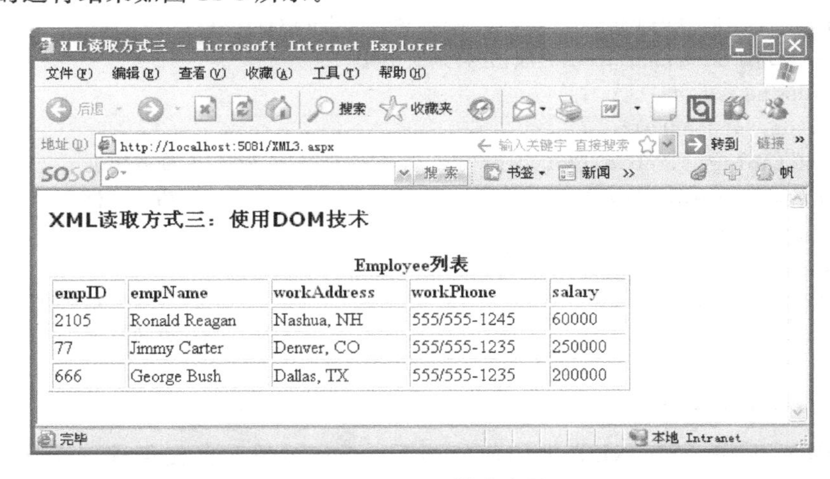

图 11-8　DOM 技术应用

11.3.4 使用 DataSet 对象

数据集(DataSet)对象是 ADO.NET 的核心,是实现离线访问技术的载体。数据集相当于内存中暂存的数据库,不仅可以包括多张数据表(DataTable),还可以包括数据表之间的关系和约束。由于 DataSet 对象是使用无连接传输模式访问数据源,因此在用户要求访问数据源时,无须经过冗长的连接操作,而且有数据读入 DataSet 对象之后便关闭数据连接,解除数据库的锁定,其他用户便可以再使用该数据库,避免了用户之间对数据源的争夺。

使用 DataSet 对象访问数据库的步骤如下:

(1) 使用 Connection 对象创建数据连接。

(2) 使用 DataAdapter 对象执行 SQL 命令并返回结果,DataAdapter 对象构造在 Command 对象之上。

(3) 使用 DataSet 对象访问数据库。

DataSet 对象的创建方法如下:

```
DataSet myDS=new DataSet("scores");
```

DataSet 对象模型由三个集合组成: Tables、Relations 和 ExtendedProperties,这三部分组成了 DataSet 的关系数据结构。

DataSet 对象每次调用 DataAdapter 对象的 Fill 方法都会检索一组新的记录,同时刷新 DataSet 的内容。但因为 DataSet 是面向无连接的,如果改变了 DataSet 的内容,就必须将改动写回数据库。

ADO.NET 提供了 DataAdapter 的 Update 方法来完成更新数据库的功能。此方法分析 DataSet 中每个记录的 RowState,并且调用适当的 Insert、Update 和 Delete 语句。

下面演示了插入一条记录的方法。

```
string ConnString="server=(local);uid=sa;pwd=frock;database=stu;";
string mySQLstr="select * from student";
SqlDataAdapter sda=new SqlDataAdapter(mySQLstr,ConnString);
SqlCommandBuilder builder=new SqlCommandBuilder(sda);
//声明一个 SqlCommandBuilder 对象,并将其实例化
DataSet ds=new DataSet();
sda.Fill(ds,"student");
DataTable table=ds.Tables["student"];                    //插入数据
DataRow row=table.NewRow();                              //插入一行
row["id"]="1008";
row["name"]="李思";
table.Rows.Add(row);                                     //插入一条记录
sda.Update(table);                                       //更新数据
this.GridView1.DataSource=ds;
this.GridView1.DataBind();
```

下面介绍一下在 ASP.NET 中如何使用 DataSet 对象。首先创建一个名为 XML4.aspx 的网页,然后将 DataGrid 控件拖到网页的设计界面上。修改后网页的示例代码如下:

```
<%@ Page Language="C#" AutoEventWireup="true" CodeBehind="XML4.aspx.cs"
       Inherits="XMLWebApp.XML4" %>
<!DOCTYPE html PUBLIC "-//W3C//DTD XHTML 1.0 Transitional//EN"
       "http://www.w3.org/TR/xhtml1/DTD/xhtml1-transitional.dtd">
<html xmlns="http://www.w3.org/1999/xhtml" >
  <head runat="server">
    <title>XML读取方式四</title>
  </head>
  <body>
    <h3><font face="Verdana">XML读取方式四:使用 DataSet 对象</font></h3>
    <form id="form1" runat="server">
      <div>
        雇员数据:
        <asp:DataGrid id="dgBankEmployees" runat="server" />
      </div>
    </form>
  </body>
</html>
```

接着编辑 XML4.aspx.cs 文件。修改后 XML4.aspx.cs 文件的代码如下:

```
using System;
using System.Collections;
using System.Configuration;
using System.Data;
using System.Linq;
using System.Web;
using System.Web.Security;
using System.Web.UI;
using System.Web.UI.HtmlControls;
using System.Web.UI.WebControls;
using System.Web.UI.WebControls.WebParts;
using System.Xml.Linq;

namespace XMLWebApp
{
    public partial class XML4:System.Web.UI.Page
    {
        protected void Page_Load(object sender, EventArgs e)
        {
            //加载 XML 数据到 DataSet
            DataSet objDataSet=new DataSet();
            objDataSet.ReadXml(Server.MapPath("bank.xml"));
            //展现 employee
            dgBankEmployees.DataSource=objDataSet.Tables["employee"].DefaultView;
            dgBankEmployees.DataBind();
```

```
            }
        }
    }
```

程序的运行结果如图 11-9 所示。

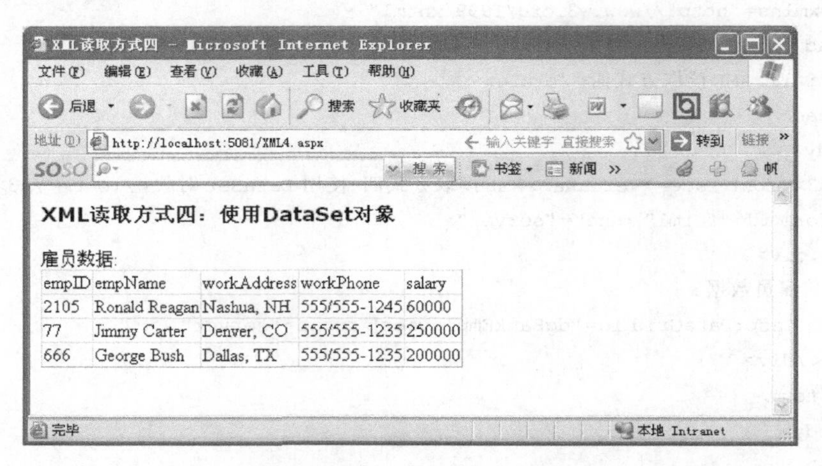

图 11-9 DataSet 对象的应用

11.4 项目案例

11.4.1 学习目标

了解 XML 定义、语法规则以及 XML 的作用和功能。

11.4.2 案例描述

本案例是艾斯医药商务管理系统的配置文件，通过该配置文件的框架来讲述 XML 的结构，将其分解阐述。

11.4.3 案例要点

本案例大部分代码是自动生成的，极少部分需要自己去添加，例如本案例中数据库连接 URL 的配置需要自己去添加等，编写 XML 语言。

11.4.4 案例实施

XML 被普遍用在应用系统的配置文件中。前面介绍过，艾斯医药商务系统中的配置文件 Web. Config 就是一个标准的 XML 文件，它的内容如下：

```
<?xml version="1.0"?>
<!--
```

注意：除了手动编辑此文件以外，还可以使用 Web 管理工具来配置应用程序的设置。可以使用 Visual Studio 中的“网站”→“Asp. Net 配置”选项。

设置和注释的完整列表在 machine.config.comments 中，该文件通常位于\Windows\Microsoft.Net\Framework\v2.x\Config 中。

```
-->
<configuration>
    <configSections>
        <sectionGroup name="system.web.extensions"
type="System.Web.Configuration.SystemWebExtensionsSectionGroup,System.Web.Extensions,
Version=3.5.0.0,Culture=neutral,PublicKeyToken=31BF3856AD364E35">
            <sectionGroup name="scripting"
type="System.Web.Configuration.ScriptingSectionGroup,System.Web.Extensions,Version=
3.5.0.0,Culture=neutral,PublicKeyToken=31BF3856AD364E35">
                <section name="scriptResourceHandler"
type="System.Web.Configuration.ScriptingScriptResourceHandlerSection,System.Web.
Extensions, Version = 3. 5. 0. 0, Culture = neutral, PublicKeyToken = 31BF3856AD364E35"
requirePermission="false" allowDefinition="MachineToApplication"/>
                <sectionGroup name="webServices"
type="System.Web.Configuration.ScriptingWebServicesSectionGroup,System.Web.Extensions,
Version=3.5.0.0,Culture=neutral,PublicKeyToken=31BF3856AD364E35">
                    <section name="jsonSerialization"
type="System.Web.Configuration.ScriptingJsonSerializationSection,System.Web.
Extensions,Version=3.5.0.0,Culture=neutral,PublicKeyToken=31BF3856AD364E35"
requirePermission="false" allowDefinition="Everywhere"/>
                    <section name="profileService"
type="System.Web.Configuration.ScriptingProfileServiceSection,System.Web.Extensions,
Version=3.5.0.0,Culture=neutral,PublicKeyToken=31BF3856AD364E35"
requirePermission="false" allowDefinition="MachineToApplication"/>
                    <section name="authenticationService"
type="System.Web.Configuration.ScriptingAuthenticationServiceSection,System.Web.
Extensions, Version = 3. 5. 0. 0, Culture = neutral, PublicKeyToken = 31BF3856AD364E35"
requirePermission="false"
allowDefinition="MachineToApplication"/>
                    <section name="roleService"
type =" System. Web. Configuration. ScriptingRoleServiceSection, System. Web. Extensions,
Version=3.5.0.0,Culture=neutral,PublicKeyToken=31BF3856AD364E35"
requirePermission="false"
allowDefinition="MachineToApplication"/></sectionGroup></sectionGroup>
</sectionGroup></configSections><appSettings/>

  <!--数据库连接 URL 的配置-->
  <connectionStrings>
    <!--add name="web1ConnectionString" connectionString="Data Source=.;Initial
Catalog=web1;Integrated Security=True" providerName="System.Data.SqlClient"/-->
    <add name="connUrl"
connectionString="Data Source=localhost;Initial Catalog=ascentsystem;User ID=sa;
Password=123456"/>
```

```
        </connectionStrings>
        <system.web>
            <!--
```

设置 compilation debug="true" 将调试符号插入已编译的页面中。但由于这会影响性能,因此只在开发过程中将此值设置为 true。

```
    -->
        <compilation debug="true">
          <assemblies>
            <add assembly="System.Core,Version=3.5.0.0,Culture=neutral,PublicKey-
            Token=B77A5C561934E089"/>
            <add assembly="System.Web.Extensions,Version=3.5.0.0,Culture=neutral,
            PublicKeyToken=31BF3856AD364E35"/>
            <add assembly="System.Xml.Linq,Version=3.5.0.0,Culture=neutral,PublicKey-
            Token=B77A5C561934E089"/>
            <add assembly="System.Data.DataSetExtensions,Version=3.5.0.0,Culture=neutral,
            PublicKeyToken=B77A5C561934E089"/></assemblies></compilation>
        <!--
```

通过<authentication>节可以配置 ASP.NET 使用的安全身份验证模式,以标识传入的用户。

```
    -->
    <authentication mode="Windows"/>
    <!--
```

如果在执行请求的过程中出现未处理的错误,则通过<customErrors>节可以配置相应的处理步骤。具体说来,开发人员通过该节可以配置要显示的 html 错误页以代替错误堆栈跟踪。

```
    <customErrors mode="RemoteOnly" defaultRedirect="GenericErrorPage.htm">
        <error statusCode="403" redirect="NoAccess.htm" />
        <error statusCode="404" redirect="FileNotFound.htm" />
        </customErrors>
        -->
        <pages>
          <controls>
            <add tagPrefix="asp" namespace="System.Web.UI"
    assembly="System.Web.Extensions,Version=3.5.0.0,Culture=neutral,PublicKeyToken=
   31BF3856AD364E35"/>
            <add tagPrefix="asp" namespace="System.Web.UI.WebControls"
    assembly="System.Web.Extensions,Version=3.5.0.0,Culture=neutral,PublicKeyToken=
   31BF3856AD364E35"/></controls></pages>
        <httpHandlers>
          <remove verb="*" path="*.asmx"/>
          <add verb="*" path="*.asmx" validate="false"
```

```
type=" System. Web. Script. Services. ScriptHandlerFactory, System. Web. Extensions,
Version=3.5.0.0,Culture=neutral,PublicKeyToken=31BF3856AD364E35"/>
      <add verb="* " path="* _AppService.axd" validate="false"
type=" System. Web. Script. Services. ScriptHandlerFactory, System. Web. Extensions,
Version=3.5.0.0,Culture=neutral,PublicKeyToken=31BF3856AD364E35"/>
      <add verb="GET,HEAD" path="ScriptResource.axd" validate="false"
type="System.Web.Handlers.ScriptResourceHandler,System.Web.Extensions,Version=
3.5.0.0,Culture=neutral,PublicKeyToken=31BF3856AD364E35"/></httpHandlers>
    <httpModules>
      <add name="ScriptModule" type="System.Web.Handlers.ScriptModule,System.Web.
Extensions,Version=3.5.0.0,Culture=neutral,PublicKeyToken=31BF3856AD3640E35"/>
</httpModules></system.web>
  <system.codedom>
      <compilers>
        <compiler language="c#;cs;csharp" extension=".cs"
type=" Microsoft. CSharp. CSharpCodeProvider, System, Version = 2. 0. 0. 0, Culture =
neutral,PublicKeyToken=b77a5c561934e089" warningLevel="4">
          <providerOption name="CompilerVersion" value="v3.5"/>
          <providerOption name="WarnAsError" value="false"/></compiler>
        <compiler language="vb;vbs;visualbasic;vbscript" extension=".vb"
type=" Microsoft. VisualBasic. VBCodeProvider, System, Version = 2. 0. 0. 0, Culture =
neutral,PublicKeyToken=b77a5c561934e089" warningLevel="4">
          <providerOption name="CompilerVersion" value="v3.5"/>
          <providerOption name="OptionInfer" value="true"/>
          <providerOption name="WarnAsError"
value="false"/></compiler></compilers></system.codedom>
  <system.webServer>
      <validation validateIntegratedModeConfiguration="false"/>
    <modules>
      <remove name="ScriptModule"/>
      <add name="ScriptModule" preCondition="managedHandler"
type="System.Web.Handlers.ScriptModule,System.Web.Extensions,Version=3.5.0.0,
Culture=neutral,PublicKeyToken=31BF3856AD364E35"/></modules>
    <handlers>
      <remove name="WebServiceHandlerFactory-Integrated"/>
      <remove name="ScriptHandlerFactory"/>
      <remove name="ScriptHandlerFactoryAppServices"/>
      <remove name="ScriptResource"/>
      <add name="ScriptHandlerFactory" verb="*" path="*.asmx"
preCondition="integratedMode" type="System.Web.Script.Services.ScriptHandlerFactory,
System.Web.Extensions,Version=3.5.0.0,Culture=neutral,PublicKeyToken=
31BF3856AD364E35"/>
      <add name="ScriptHandlerFactoryAppServices" verb="*"
path="*_AppService.axd" preCondition="integratedMode"
type=" System. Web. Script. Services. ScriptHandlerFactory, System. Web. Extensions,
```

```
Version=3.5.0.0,Culture=neutral,PublicKeyToken=31BF3856AD364E35"/>
      <add name="ScriptResource" verb="GET,HEAD" path="ScriptResource.axd"
preCondition="integratedMode" type="System.Web.Handlers.ScriptResourceHandler,
System.Web.Extensions,Version=3.5.0.0,Culture=neutral,
PublicKeyToken=31BF3856AD364E35"/></handlers></system.webServer>
  <runtime>
    <assemblyBinding xmlns="urn:schemas-microsoft-com:asm.v1">
      <dependentAssembly>
        <assemblyIdentity name="System.Web.Extensions"
publicKeyToken="31bf3856ad364e35"/>
        <bindingRedirect oldVersion="1.0.0.0-1.1.0.0"
newVersion="3.5.0.0"/></dependentAssembly>
      <dependentAssembly>
        <assemblyIdentity name="System.Web.Extensions.Design"
publicKeyToken="31bf3856ad364e35"/>
        <bindingRedirect oldVersion="1.0.0.0-1.1.0.0"
newVersion="3.5.0.0"/></dependentAssembly></assemblyBinding></runtime>
</configuration>
```

11.4.5 特别提示

现在大多数应用系统的配置文件都采用XML格式。

11.4.6 拓展与提高

使用DOM技术，解析Web.config文件，获取其中关于数据库连接的信息。

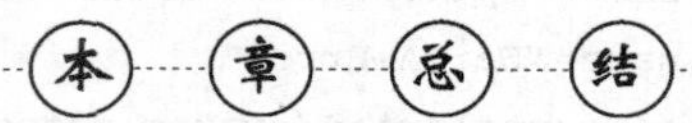

本章讲解了XML文件基础，包括XML定义、语法规则和XML转换XSL的使用。XML作为.NET平台下微软强推的一种标记语言技术，其作用是不言而喻的。在SQL Server以及微软的其他应用软件中，也能够经常看到XML的影子，并且SQL Server 2005已经开始尝试支持XML数据类型，这说明XML在当今世界中的运用越来越广阔，也说明在未来的应用中，XML技术包含着广大的前景。

本章重点讲解了XML的操作功能，包括如何使用XML控件，如何使用XmlTextReader类、XmlTextWriter类和XmlDocument类读写和编辑XML，最后还简单介绍了DataSet对象的使用。

习题

一、填空题

1. XML文档包含________、________和________三个部分。
2. 在HTML中，________是组成HTML文档的最小单位。
3. 一个XML的声明语句为________。
4. ________是用来定义XML文档中元素、属性以及元素之间关系的。

5. encoding 表示文档所用的语言编码，默认是________。

6. ________为标签之间的字符数据分类，表示已解析的字符数据。

7. ________是用一套预先规定的 XML 元素和属性创建的，这些元素和属性定义了文档的结构和内容模式。

8. 数据格式转换的重要思想是把________视为一种树结构，转换的过程就是从源树（Source Tree）生成结果树（Result Tree）的过程。

9. XSL 的逻辑语法结构包括________和________判断。这两种结构使用户能够灵活地书写转换规则。

10. ________是 XML 文档在内存中的表示形式。通过它可以以编程方式读取、操作和修改 XML 文档。

11. DOM 是以________形式来表示 XML 数据的，它以一个层次结构树的形式把整个的 XML 数据加载到内存中。

12. ________对象是 ADO.NET 的核心，是实现离线访问技术的载体。

二、选择题

1. 声明 XML 语法的属性包括（　　）。
   A. Version　　B. Encoding　　C. Standalone　　D. 以上都是

2. ASP.NET 中有多种操作 XML 的方法，主要包括（　　）。
   A. 使用 XML 控件　　B. 使用 XmlTextReader 和 XmlTextWriter
   C. 使用 XmlDocument（W3C DOM）技术　　D. 使用 DataSet 对象

3. XmlTextWriter 类的构造方法的参数包括（　　）。
   A. 一个字符串　　B. 一个流对象　　C. 一个 TextWriter 对象　　D. 以上都是

4. 在 DOM 中，装载一个 XML 文档的方法是（　　）。
   A. save 方法　　B. load 方法　　C. loadXML 方法　　D. send 方法

5. 下面关于 XML 的描述错误的是（　　）。
   A. XML 提供一种描述结构化数据的方法
   B. XML 是一种简单、与平台无关并被广泛采用的标准
   C. XML 文档可承载各种信息
   D. XML 只是为了生成结构化文档

6. XML 文档既包含数据，同时也可包含（　　）。
   A. 元数据　　B. 架构　　C. 代码　　D. 图片

7. 一个 DTD 文档主要包含（　　）。
   A. 元素的定义规则　　B. 元素间关系的定义规则
   C. 元素可使用的属性　　D. 可使用的实体或符号规则

8. DTD 文档中的 DOCTYPE 表示（　　）。
   A. 元素的属性　　B. 根元素　　C. 子元素　　D. 空元素

9. XSLT 中的 xsl: attribute 用来定义（　　）。
   A. 属性节点　　B. 加入注释　　C. 创建新元素　　D. 排序节点

10. XMLDocument 对象中可以用来创建节点的方法为（　　）。
   A. CreateAttribute　　B. CreateComment　　C. CreateElement　　D.以上都是

三、简答题

1. 简述 XML 的概念。
2. 简述 XmlReader 类和 XmlWriter 类的作用。
3. 简述 XML 语法规则、DTD 以及 XSL。
4. 简述 XML 文档规范的内容。
5. 简述使用 DataSet 对象访问数据库的步骤。

四、编程题

1. 使用 XML 控件、XSLT 模板读写和编辑 XML。首先创建一个 XML Schema 模板，名称为 MySchema.xslt，该文件的内容如下所示：

```
<?xml version="1.0" encoding="GB2312"?>
<Schema xmlns="urn:schemas-microsoft-com:xml-data"
        xmlns:dt="urn:schemas-microsoft-com:datatypes">
    <ElementType name="姓名"/>
    <ElementType name="电话"/>
    <ElementType name="传真"/>
    <ElementType name="地址"/>
    <ElementType name="编号"/>
    <ElementType name="名称"/>
    <ElementType name="规格"/>
    <ElementType name="价格"/>
    <ElementType name="购买数量"/>
    <ElementType name="客户" content= "eltOnly">
            <element type="姓名"/>
             <element type="电话"/>
             <element type="传真"/>
             <element type="地址"/>
    </ElementType>
    <ElementType name="产品" content="eltOnly">
             <element type="名称" />
             <element type="规格"/>
             <element type="价格"/>
             <element type="购买数量"/>
    </ElementType>
    <ElementType name="订单" content="eltOnly">
            <element type="客户" />
            <element type="产品"/>
    </ElementType>
    <ElementType name="全部订单" content="eltOnly">
            <element type="订单" />
    </ElementType>
</Schema>
```

根据上面的模板创建一个 XML 文档，并在 Visual Studio 下新建一个名称为 XML1.aspx 的 Web 页面，利用 XM 控件显示 XML 文档的内容。

2. 使用 XMLWriter 类创建一个 MySch.xml，该文件的内容如下：

```
<?xml version="1.0" encoding="GB2312"?>
<?xml:stylesheet type="text/xsl" href="S2_xls.xslt"?>
<全部订单 xmlns="x-schema:MySch.xml">
    <订单>
        <客户>
            <名称>张三</名称>
            <电话>010-11111111</电话>
            <传真>010-81111111</传真>
            <地址>北京市 海淀区</地址>
        </客户>
        <产品>
            <名称>桌子</名称>
            <价格>10</价格>
            <规格>中</规格>
            <购买数量>2</购买数量>
        </产品>
    </订单>
    <订单>
        <客户>
            <名称>李四</名称>
            <电话>010-22222222</电话>
            <传真>010-22200000</传真>
            <地址>北京市 海淀区</地址>
        </客户>
        <产品>
            <名称>椅子</名称>
            <价格>5</价格>
            <规格>中</规格>
            <购买数量>5</购买数量>
        </产品>
    </订单>
</全部订单>
```

3. 使用 XmlReader 把 MySch.xml 文件读到内存中，并显示到网页上。

4. 创建一个页面，在页面中拖入一个 GridView 控件和一个 XmlDataSource 控件，利用这两个控件来显示前面创建的 XML 文档。

第12章 JavaScript

学习目的与要求

尽管在开发Web页面过程中，ASP.NET中的Web窗体和控件极大地简化了服务器端脚本，但是运行服务器程序毕竟需要一次浏览器与Web服务器的交互，即一次页面的提交，需要来回传送大量的数据，从而导致性能低下和资源浪费。实际上，很多功能，例如输入验证、删除确认、日期提示等完全可以用客户端脚本来实现。客户端脚本是运行在浏览器中的脚本代码，可以用JavaScript编写。通过本章的学习将能够：

- 了解JavaScript定义、特点以及开发简单的JavaScript程序。
- 了解JavaScript的语法基础知识。
- 掌握JavaScript常用的程序控制流及语句，包括if语句、for循环语句、while循环、break语句和continue语句。
- 了解JavaScript函数定义、函数中的形式参数。理解JavaScript中事件的基本概念、事件处理程序和主要事件驱动事件。
- 掌握如何创建对象、创建对象实例以及使用对象的方法。了解JavaScript中数组的应用。
- 了解JavaScript中常用内部对象和系统函数的使用。
- 了解JavaScript中浏览器对象系统的层次结构及其主要作用。

本章主要内容

- JavaScript概述：包含JavaScript的概念、特点和开发。

- JavaScript 的语法基础：介绍基本数据类型、表达式和运算符。
- JavaScript 程序构成：讲解流程控制、函数以及事件驱动和事件处理。
- 基于对象的 JavaScript 语言：阐述对象的基础知识、创建新对象，以及内部核心对象系统和浏览器对象系统。

12.1 JavaScript 概述

因特网的出现极大地改变了我们的工作和生活方式。采用超链接技术(超文本和超媒体技术)是实现这个目标最简单、最快速的手段和途径。具体实现这种手段的技术就是 HTML。然而采用 HTML 技术存在一定的缺陷，那就是它只能提供一种静态的信息资源，缺少客户端与服务器端的动态交互。而 JavaScript 的出现无疑为 Internet 上的用户带来了一线生机。可以这样说，JavaScript 的出现是时代的需求，是当今的信息时代造就了 JavaScript。

JavaScript 可以让用户创建直接运行于 Internet 上的应用。使用 JavaScript 可以创建所需要的动态 HTML 页面，用于处理用户输入及使用特殊的对象、文件和关系数据库维护稳固的数据。从内部的协作信息管理和内联网发布到大型超市的电子交易和商务都可得到应用。通过 JavaScript 的 LiveConnect 功能，用户程序还可以访问 Java 和 CORBA 发布的应用程序。

12.1.1 JavaScript 简介

JavaScript 是一种基于对象(Object Based)和事件驱动(Event Driven)并具有安全性能(Security)的脚本语言。使用它的目的是与 HTML、Java 脚本语言(Java 小程序)一起实现在一个 Web 页面中链接多个对象，与 Web 客户交互作用等，从而开发出客户端的应用程序等。它是通过嵌入在标准的 HTML 语言中实现的。它的出现弥补了 HTML 语言的缺陷，它是 Java 与 HTML 折中的选择，具有以下几个基本特点：

1) 脚本编写语言

JavaScript 是一种脚本语言，它采用小程序段的方式实现编程。像其他脚本语言一样，JavaScript 同样是一种解释性语言，它提供了一个简单的开发过程。

它的基本结构形式与 C、C++、VB 十分类似。但它不像这些语言一样，需要先编译，而是在程序运行过程中被逐行地解释。它与 HTML 标识结合在一起，从而方便用户的操作和使用。

2) 基于对象的语言

JavaScript 是一种基于对象的语言，这意味着它能运用自己已经创建的对象。因此，许多功能可以来自于脚本环境中的对象及其与脚本之间的相互作用。

3) 简单性

JavaScript 的简单性主要体现在：首先，它是一种基于 Java 基本语句和控制流之上的简单而紧凑的设计，因此对于学习 Java 是一种非常好的过渡。其次，它的变量类型是采用弱类型，并未使用严格的数据类型。

4）安全性

JavaScript是一种安全性语言，它不允许访问本地的硬盘，并不能将数据存入到服务器上，不允许对网络文档进行修改和删除，而只能通过浏览器实现信息浏览或动态交互。这样一来有效地防止数据的丢失。

5）动态性

JavaScript是动态的，它可以直接对用户或客户输入做出响应，无须经过Web服务程序。它对用户的响应是采用以事件驱动的方式进行的。所谓事件驱动就是指在主页(Home Page)中执行了某种操作所产生的动作，称为“事件(Event)”。比如按下鼠标、移动窗口、选择菜单等都可以视为事件。当事件发生后，可能会引起相应的事件响应。

综上所述，JavaScript是一种新的描述语言，它可以被嵌入到HTML的文件之中。JavaScript语言可以做到回应使用者的需求事件(如form的输入)，而不用任何的网络来回传输资料，所以当一位使用者输入一项资料时，它不用经过传给服务器端(server)处理再传回来的过程，而直接可以被客户端(client)的应用程序所处理。

12.1.2 JavaScript的开发

1. JavaScript的开发工具

当今大多数流行的Java IDE——Eclipse、1st JavaScript Editor Pro、Edit Plus、NetBeans和IntelliJ IDEA等都提供对编辑JavaScript源代码文件的支持。

Eclipse是替代IBM Visual Age for Java(IVJ)的下一代IDE开发环境，但它未来的目标不仅仅是成为专门开发Java程序的IDE环境，根据Eclipse的体系结构，通过开发插件，它能扩展到任何语言的开发，甚至能成为图片绘制的工具。

目前，Eclipse已经开始提供C语言开发的功能插件。Eclipse还是一个开放源代码的项目，任何人都可以下载Eclipse的源代码，并且在此基础上开发自己的功能插件。

1st JavaScript Editor Pro是JavaScript脚本编辑软件，有着丰富的代码编辑功能(JavaScript、HTML、CSS、VbScript、PHP、ASP语法在代码中将加亮显示)，内置预览功能，提供了HTML标记、HTML属性、HTML事件、JavaScript事件和JavaScript函数等完整的代码库，可以轻松插入到网页中。

EditPlus是一套功能强大，可取代记事本的文字编辑器，拥有无限制的撤销与重做、自动换行、英文拼字检查、查找替换、列数标记、同时编辑多文件、全屏幕浏览功能，能够同步于剪贴板，自动将文字粘贴进EditPlus的编辑窗口中，让用户省去粘贴的步骤。

它还有一个好用的功能，就是可以监视剪贴板。

2. 编写第一个JavaScript程序

JavaScript通常内嵌在HTML页面的头(<head></head>)或者<body>…</body>标签对之间，与页面同时被浏览器加载和运行。JavaScript代码可以写在HTML文件中的任何地方。

通过<script>…</script>标签对嵌入多段JavaScript代码，该<script>标签有两个可选属性(见表12-1)，且HTML文档中可以放置多个<script>标签，但<script>标签之间不能嵌套。

表 12-1 <script>标签的属性

属 性	描 述
src	包含 JavaScript 源代码的文件的 URL，文件应以.js 为扩展名
language	表示在 HTML 中使用哪种脚本语言

下面介绍编写一个 JavaScript 脚本的几种不同方法。

(1) 利用<script>标签的 language 属性。

在 HTML 中可以直接将 JavaScript 脚本加入文档，语法格式如下：

```
<script language="JavaScript">
    JavaScript 语言代码;
    JavaScript 语言代码;
    ⋮
</script>
```

上述语法通过标识<script>…</script>指明 JavaScript 脚本源代码将放入其间。通过属性 language ="JavaScript"说明标识中使用的是何种语言，这里的值是 JavaScript，表示使用的是 JavaScript 的语言。

下面看一个例子，test1.html 文档的示例代码如下：

```
<html>
  <head>
      <script language="JavaScript">
          //JavaScript Appears here
          alert("Hello World using JavaScript!")
      </script>
  </head>
</html>
```

图 12-1 消息对话框

在浏览器中运行后会弹出图 12-1 所示的消息对话框。

test.html 是 HTML 文档，其标识格式为标准的 HTML 格式。如同 HTML 一样，JavaScript 程序代码是一些可用于处理软件浏览的文本，它在描述页面的 HTML 相关区域出现。alert()是 JavaScript 的窗口对象方法，其功能是弹出一个具有“确定”按钮的对话框并显示括号中的字符串。

而<!--……-->或 //标识代表的是注释。若不认识 JavaScript 代码的浏览器，则所有在其中的标识均被忽略；若认识，则执行其结果。使用注释是一个好的编程习惯，它使其他人可以读懂你的语言。

下面再看一个例子，test2.html 的示例代码如下：

```
<html>
    <head>
        <script language="JavaScript">
            document.write("欢迎来到亚思晟科技!");
```

```
            document.close();
        </script>
    </head>
</html>
```

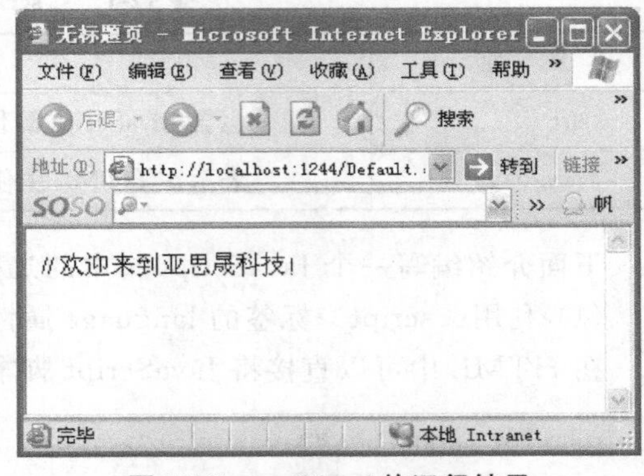

图 12-2　test2.html 的运行结果

在浏览器的窗口中调用 test2.html，显示“欢迎来到亚思晟科技!”字串，如图 12-2 所示。document.write()是文档对象的输出函数，其功能是将括号中的字符或变量值输出到窗口；document.close()是将输出关闭。

(2) 利用<script>标签的 type 属性。

还可以利用<script>标签的 type 属性(即 type="text/javascript")编写一个 JavaScript 脚本。test3.html 示例代码如下：

```
<html xmlns="http://www.w3.org/1999/xhtml">
  <head>
    <title>HTML Sample Page</title>
        <script type="text/javascript">
            alert("你好,JavaScript!");
        </script>
  </head>
  <body>
      <h1>你好,JavaScript!</h1>
  </body>
</html>
```

程序运行后首先弹出图 12-3 所示对话框，单击“确定”按钮后如图 12-4 所示。

图 12-3　单击“确定”按钮前

图 12-4　单击“确定”按钮后

(3) 利用<script>标签的 src 属性。

还可以利用<script>标签的 src 属性编写一个 JavaScript 脚本。示例代码如下：

```
<script Language="JavaScript" src="hello.js">
</script>
```

其中 hello.js 是外部的 JavaScript 脚本，其内容为"alert("你好，JavaScript!");"。运行效果与图 12-3 一样。

(4) 利用页面的 onLoad 方法。

还可以利用页面的 onLoad 事件方法编写一个 JavaScript 脚本。test4.html 示例代码如下：

```
<html>
  <head>
    <title>an onload script</title>
    <script language="javascript">
    <!--
        function done(){
            alert("the page has finished loading.")
        }
    //-->
    </script>
  </head>
  <body onload="done()">
            页面原始内容不包含任何脚本语句.
  </body>
</html>
```

在浏览器的窗口中调用 test4.html 时，首先调用 onLoad 事件指定的 done()方法，也就是显示一个消息对话框。

注意：HTML 对大小写不敏感，但嵌入到 HTML 中的 JavaScript 代码对大小写是敏感的。

从上面的实例分析中可以看出，编写一个 JavaScript 程序确实非常容易。

12.2 JavaScript 语法基础

JavaScript 脚本语言同其他语言一样，有它自身的基本数据类型、表达式和算术运算符以及程序的基本框架结构等。首先介绍基本数据类型、变量和常量等。对于已经掌握 Java 语言的读者来说，学习 JavaScript 脚本语言是一件非常轻松的事。

12.2.1 基本数据类型

1. 基本数据类型

在 JavaScript 中有以下 4 种基本的数据类型：

(1) 数值(整数和实数)。

(2) 字符串型(用""号或''号括起来的字符或数值)。

(3) 布尔型(用 true 或 false 表示)。

(4) 空值。

在 JavaScript 的基本类型中的数据可以是常量，也可以是变量。由于 JavaScript 采用弱类型的形式，因而一个数据的变量或常量不必首先作声明，而是在使用或赋值时确定其数据的类型。当然，也可以先声明该数据的类型，它是通过在赋值时自动说明其数据类型的。

2. 常量

1）整型常量

JavaScript的常量通常又称为字面常量，它是不能改变的数据。其整型常量可以使用十六进制、八进制和十进制表示其值。

2）实型常量

实型常量是由整数部分加小数部分表示，如12.32、193.98。可以使用科学或标准方法表示，如5E7、4e5等。

3）布尔值

布尔常量只有两种状态：true或false。它主要用来说明或代表一种状态或标志，以说明操作流程。它与C++是不一样的，C++可以用1或0表示其状态，而JavaScript只能用true或false表示其状态。

4）字符型常量

使用单引号(')或双引号(")括起来的一个或几个字符。如"This is a book of Java Web Development"、"3245"、"aerrt1673488"等。

5）空值

JavaScript中有一个空值null，表示什么也没有。如试图引用没有定义的变量，则返回一个null值。

6）特殊字符

同C语言一样，JavaScript中同样有一些以反斜杠(/)开头的不可显示的特殊字符，通常称为控制字符。

3. 变量

变量的主要作用是存取数据、提供存放信息的容器。对于变量必须明确变量的命名、变量的类型、变量的声明及其变量的作用域。

1）变量的命名

JavaScript中的变量是使用var关键字加变量名定义的，例如var a=1。

JavaScript中的变量命名同其他计算机语言非常相似，这里要注意以下两点：

(1) 必须是一个有效的变量，即变量以字母开头，中间可以出现数字，如test1、text2等。除下划线(_)作为连字符外，变量名称不能有空格、+、-，或其他符号。

(2) 不能使用JavaScript中的关键字作为变量。

在JavaScript中定义了多个关键字，如表12-2所示。

这些关键字是JavaScript内部使用的，不能作为变量的名称。另外，在对变量命名时，最好把变量的意义与其代表的意思对应起来，以免出现错误。

2）变量的类型

在JavaScript中，变量可以用命令var作声明，示例代码如下：

```
var myVariable;
```

表 12-2 JavaScript 中的关键字

abstract	boolean	break	import	package	byte	case
catch	char	class	in	null	const	continue
default	do	double	instanceof	new	else	extends
false	final	finally	int	native	float	implements
for	function	goto	interface	long	if	private
protected	public	return	short	static	super	switch
synchronized	this	throw	throws	transient	true	try
var	void	while	with			

上例定义了一个 myVariable 变量，但没有赋予它的值。

```
var myTest="this is a test"
```

上例定义了一个 myTest 变量，同时赋予了它的值。

在 JavaScript 中，变量可以不作声明，而在使用时再根据数据的类型来确定其变量的类型。示例代码如下：

```
x=100
y="100"
xy=true
cost=109.55
```

其中 x 为整数，y 为字符串，xy 为布尔型，cost 为实型。

3) 变量的声明及其作用域

JavaScript 变量可以在使用前先作声明，并可赋值。通过使用 var 关键字对变量作声明。对变量作声明的最大好处就是能及时发现代码中的错误。因为 JavaScript 是采用动态编译的，而动态编译不容易发现代码中的错误，特别是变量命名等方面。

对于变量还有一个重要性，那就是变量的作用域。在 JavaScript 中同样有全局变量和局部变量的划分。全局变量是定义在所有函数体之外，其作用范围是整个函数；而局部变量是定义在函数体之内，只对该函数是可见的，而对其他函数则是不可见的。

4) 语句

同许多编程语言一样，语句是组成 JavaScript 程序的基本单元，每一条 JavaScript 语句由若干表达式组织在一起，完成一个任务。

和 Java、C 语言类似，JavaScript 使用分号“;”表示一条语句的结束；而与 Java、C 语言不同的是，用分号结束一条语句并不是强制性的要求。

例如下面的写法：

```
var a=1;                    //以分号结尾的 JavaScript 语句
```

```
var b=2                          //没有分号结尾的 JavaScript 语句
```

JavaScript 解释器在语法检查方面相对比较宽松，但是在这里还是建议开发人员编写 JavaScript 代码时要尽量保持比较严谨的书写风格，最好使用分号结束语句。

一组大括号"{}"内的 JavaScript 语句称为语句块，一个语句块内的语句可以被当作一条语句来处理。

此外，在 JavaScript 语言中函数定义内部声明的变量只在其内部有效。示例代码如下：

```
function test(){
    var v1=20;
    var v2=40;
}
```

如果在 test()之外访问变量 v1 或者 v2，会返回 undefined 错误。

12.2.2 表达式和运算符

1. 表达式

在定义完变量后，就可以对它们进行赋值、改变、计算等一系列操作，这一过程通常又叫表达式，可以说它是变量、常量、布尔及运算符的集合，因此表达式可以分为算术表述式、字串表达式、赋值表达式以及布尔表达式等。

2. 运算符

运算符是完成操作的一系列符号，在 JavaScript 中有算术运算符，如+、-、*、/等；有比较运算符，如!=、==等；有逻辑布尔运算符，如!（取反）、|、||等；有字串运算符，如+、+=等。

在 JavaScript 中主要有双目运算符和单目运算符。

双目运算符的组成如下：

```
操作数 1  运算符  操作数 2
```

即由两个操作数和一个运算符组成。如 50+40、"This"+"is"等。

而单目运算符只需一个操作数，其运算符可在前或后。

1）算术运算符

JavaScript 中的算术运算符可分为单目运算符和双目运算符。

JavaScript 中的双目运算符包括+（加）、-（减）、*（乘）、/（除）、%（取模）、|（按位或）、&（按位与）、<<（左移）、>>（右移）、>>>（右移，零填充）。

在 JavaScript 语言中有 4 个单目运算符：-（取反）、~（取补）、++（递加 1）、--（递减 1）。其中单目取正"+"和单目取负"-"只影响表达式的运算结果。

2）比较运算符

比较运算符的基本操作过程是首先对它的操作数进行比较，然后再返回一个 true 或 false 值。有 6 个比较运算符，如表 12-3 所示。

表 12-3 比较运算符

操作符	描 述	返回真的例子
相等(==)	如果操作数相等,则返回真	3==var1
不等(!=)	如果操作数不等,则返回真	var1!=4
大于(>)	如果左操作数大于右操作数,则返回真	var2>var1
大于或等于(>=)	如果左操作数大于等于右操作数,则返回真	var2>=var1 var1>=3
小于(<)	如果左操作数小于右操作数,则返回真	var1<var2
小于或等于(<=)	如果左操作数小于等于右操作数,则返回真	var1<=var2 var2<=5

3) 布尔逻辑运算符

逻辑运算符的运算结果只有真(true)和假(false)两种。在 JavaScript 中增加了几个布尔逻辑运算符:!(取反)、&=(与之后赋值)、&(逻辑与)、|=(或之后赋值)、|(逻辑或)、^=(异或之后赋值)、^(逻辑异或)、?:(三目操作符)、||(或)、==(等于)和|=(不等于)。

其中三目操作符的格式如下:

```
操作数? 结果 1: 结果 2
```

若操作数的结果为真,则表达式的结果为结果 1,否则为结果 2。

下面是一个跑马灯(scroller)效果的 JavaScript 文档,testScroller. html 的示例代码如下:

```
<html>
  <head>
    <script Language="JavaScript">
        var msg="欢迎来到亚思晟科技!";
        var interval=100;
        var spacelen=120;
        var space10=" ";
        var seq=0;
        function Scroll1() {
            len=msg.length;
            window.status=msg.substring(0,seq+1);
            seq++;
          if(seq>=len) {
              seq=spacelen;
              window.setTimeout("Scroll2();",interval);
          }
          else
              window.setTimeout("Scroll1();",interval);
        }

        function Scroll2() {
```

```
            var out="";
            for(i=1;i<=spacelen/space10.length;i++)
                out+=space10;
            out=out+msg;
            len=out.length;
            window.status=out.substring(seq,len);
            seq++;
            if(seq>=len) {
                seq=0;
            };
            window.setTimeout("Scroll2();",interval);
        }

        Scroll1();
    </script>
  <body>
  </body>
</html>
```

程序运行的效果就是在浏览器的状态栏中从右向左滚动出现“欢迎来到亚思晟科技!”字符串,其整体效果类似于一个跑马灯。

12.3 JavaScript程序构成

JavaScript程序利用控制语句、函数、对象、方法、属性等来实现编程的。

12.3.1 流程控制

在任何一种语言中,程序控制流是必需的。下面介绍JavaScript中常用的程序控制流及语句。

1. if条件语句

if条件语句的基本格式如下:

```
if(表达式)
    语句段1;
    ⋮
else
    语句段2;
⋮
```

功能:若表达式为true,则执行语句段1;否则执行语句段2。

说明:

(1) if-else语句是JavaScript中最基本的控制语句,通过它可以改变语句的执行顺序。

(2) 表达式中必须使用关系语句来实现判断,它是作为一个布尔值来估算的。

(3) 它将0和非0的数分别转化成false和true。

(4) 若 if 后的语句有多行，则必须使用花括号将其括起来。

if 语句的嵌套格式如下：

```
if(布尔值)语句 1;
    else(布尔值)语句 2;
    else if(布尔值)语句 3;
    ⋮
    else 语句 4;
    ⋮
```

在这种情况下，每一级的布尔表达式都会被计算，若为真，则执行其相应的语句，否则执行 else 后的语句。

2. for 循环语句

for 循环常用于遍历数组，对数组的每个成员执行相同或者类似的操作。for 循环语句的语法格式如下：

```
for(初始化;条件;增量)
    语句集;
```

功能：实现条件循环，当条件成立时执行语句集，否则跳出循环体。

说明：

(1) 初始化参数告诉循环的开始位置，必须赋予变量的初值。

(2) 条件是用于判别循环停止时的条件。若条件满足，则执行循环体，否则跳出。

(3) 增量主要定义循环控制变量在每次循环时按什么方式变化。

(4) 三个主要语句之间必须使用逗号分隔。

3. while 循环

while 循环是一种常见的循环结构，其语法格式如下：

```
while(条件)
    语句集;
```

该语句与 for 语句一样，当条件为真时重复循环，否则退出循环。

for 与 while 语句比较：两种语句都是循环语句，使用 for 语句在处理有关数字时更易看懂，也较紧凑；而 while 循环对复杂的语句效果更特别。

4. break 和 continue 语句

与 Java 语言相同，使用 break 语句使得循环从 for 或 while 中跳出，而 continue 使得跳过循环内剩余的语句而进入下一次循环。

12.3.2 函数

函数为程序设计人员提供了一个非常方便的功能。通常在进行一个复杂的程序设计时，总是根据所要完成的功能将程序划分为一些相对独立的部分，每个部分编写一个函数，从而使各部分充分独立，任务单一，程序清晰，易懂、易读、易维护。另外，JavaScript 函数可以封装那些在程序中可能要多次用到的模块,并可作为事件处理程序与事件驱动相关联。这是与其他语言不一样的地方。

1. JavaScript函数定义

JavaScript函数的基本格式如下:

```
function 函数名(参数,变元){
    函数体;
    return 表达式;
}
```

说明:

(1) 当调用函数时,所用变量均可作为变元传递。

(2) 函数由关键字function定义。

(3) 函数名定义自己函数的名字。

(4) 参数表是传递给函数使用或操作的值,其值可以是常量、变量或其他表达式。

(5) 通过指定函数名(实参)调用一个函数。

(6) 必须使用return将值返回。

(7) 函数名对大小写是敏感的。

2. 函数中的形式参数

在函数的定义中,看到函数名后有参数表,这些参数变量可能是一个或几个。那么怎样才能确定参数变量的个数呢?在JavaScript中可通过arguments.length检查参数的个数。示例代码如下:

```
function function_Name(exp1,exp2,exp3,exp4){
    number=function _Name.arguments.length;
    if (number>1)
        document.write(exp2);
    if (number>2)
        document.write(exp3);
    if(number>3)
        document.write(exp4);
    ⋮
}
```

上述代码可根据arguments.length的值利用document对象输出对应的表达式。

12.3.3 事件驱动及事件处理

1. 基本概念

JavaScript是基于对象(object-based)的语言。这与Java不同,Java是面向对象的语言。而基于对象的基本特征就是采用事件驱动(event-driven)。它是在图形界面的环境下使得一切输入变得简单化。通常鼠标或热键的动作称为事件(Event),而由鼠标或热键引发的一连串程序的动作称为事件驱动(Event-Driven)。对事件进行处理的程序或函数称为事件处理程序(Event Handler)。

2. 事件处理程序

在 JavaScript 中对象事件的处理通常由函数(function)担任。其基本格式如下：

```
function 事件处理名(参数表){
    事件处理语句集;
    ⋮
}
```

3. 事件驱动

JavaScript 事件驱动中的事件是通过鼠标或热键的动作引发的。下面介绍以下几个事件：

1) 单击事件 onClick

当用户单击鼠标按钮时产生 onClick 事件。同时 onClick 指定的事件处理程序或代码将被调用执行。通常产生 onClick 事件的基本对象包括 button(按钮对象)、checkbox(复选框或检查列表框)、radio(单选钮)、reset buttons(重要按钮)和 submit buttons(提交按钮)。

可通过下列按钮激活 change 函数，示例代码如下：

```
<form>
    <input type="button" value=" " onClick="change()">
</form>
```

在 onClick 等号后，可以使用自己编写的函数作为事件处理程序，也可以使用 JavaScript 内部的函数，还可以直接使用 JavaScript 的代码等。示例代码如下：

```
<input type="button" value=" "onclick=alert("这是一个例子");>
```

2) 改变事件 onChange

当使用 text 或 textarea 元素输入字符值改变时触发该事件，同时在 select 表格项中一个选项状态改变后也会引发该事件。示例代码如下：

```
<form>
    <input type="text" name="Test" value="Test"onCharge="check('this.test)">
</form>
```

3) 选中事件 onSelect

当 text 或 textarea 对象中的文字被加亮后引发该事件。

4) 获得焦点事件 onFocus

当用户单击 text 或 textarea 以及 select 对象时产生该事件。此时该对象成为前台对象。

5) 失去焦点 onBlur

当 text 或 textarea 以及 select 对象不再拥有焦点，退到后台时引发该事件，它与 onFocus 事件是一个对应的关系。

6) 载入文件 onLoad

当文档载入时产生该事件。onLoad 的一个作用就是在首次载入一个文档时检测

cookie 的值，并用一个变量为其赋值，使它可以被源代码使用。

7）卸载文件 onUnload

当 Web 页面退出时引发 onUnload 事件，并可更新 Cookie 的状态。

下面是一个自动装载和自动卸载的例子，test5. html 的示例代码如下：

```
<html>
  <head>
    <script language="JavaScript">
    <!--
      function loadform(){
          alert("这是一个自动装载例子!");
      }
      function unloadform(){
          alert("这是一个自动卸载例子!");
      }
    //-->
    </script>
  </head>
  <body OnLoad="loadform()" OnUnload="unloadform()">
          <a href="test.htm">调用</a>
  </body>
</html>
```

即当装入 HTML 文档时调用 loadform 函数，而退出该文档进入另一个 HTML 文档时则首先调用 unloadform 函数，确认后方可进入。程序在浏览器中运行的结果如图 12-5 所示。

图 12-5　test5.html 的运行结果

下面是一个获取浏览器版本号的程序，test6. htm 的示例代码如下：

```
<html>
  <head>
    <script language="JavaScript"><! --
    //-->
    function makeArray(n){
      this.length=n
      return this
```

```
}
function hexfromdec(num){
    hex=new makeArray(1);
    var hexstring="";
    var shifthex=16;
    var temp1=num;
    for(x=1;x>=0;x--){
        hex[x]=Math.round(temp1/shifthex-.5);
        hex[x-1]=temp1-hex[x] * shifthex;
        temp1=hex[x-1];
        shifthex/=16;
    }
    for(x=1;x>=0;x--){
        hexstring+=getletter(hex[x]);
    }
    return(hexstring);
}
function getletter(num){
    if(num<10){
          return num;
    }
    else{
      if(num==10){return"A"}
      if(num==11){return"B"}
      if(num==12){return"C"}
      if(num==13){return"D"}
      if(num==14){return"E"}
      if(num==15){return"F"}
    }
}
function rainbow(text){
      var color_d1;
      var allstring="";
      for(i=0;i<text.length;i=i+2){
          color_d1=255* Math.sin(i/(text.length/3));
          color_h1=hexfromdec(color_d1);
          allstring+="<FONT COLOR="+color_h1+"ff"+color_h1+">"
                          +text.substring(i,i+2)+"</FONT>";
      }
      return allstring;
    }
    function sizefont(text){
      var color_d1;
      var allstring="";
      var flag=0;
      for(i=0,j=0;i<text.length;i=i+1){
          if(flag==0){
```

```
            j++;
            if(j>=7){
                flag=1;
            }
        }
        if(flag==1){
            j=j-1;
            if(j<=0){
                flag=0;
            }
        }
        allstring+="<FONT SIZE="+j+">"+text.substring(i,i+1)+"</FONT>";
        }
        return allstring;
      }
      document.write("<font size=8><CENTER>")
      document.write("<BR><BR>")
      document.write(sizefont("这是一个获取 WEB 浏览器的程序"))
      document.write("</CENTER></font>")
      document.write("浏览器名称:"+navigator.appName+"<br>");
      document.write("版本号:"+navigator.appVersion+"<br>");
      document.write("代码名字:"+navigator.appCodeName+"<br>");
      document.write("用户代理标识:"+navigator.userAgent);
    </script>
    <body>
    </body>
  </html>
```

程序在浏览器中运行的结果如图 12-6 所示。该程序首先显示提示信息,之后显示浏览器的版本号的有关信息。

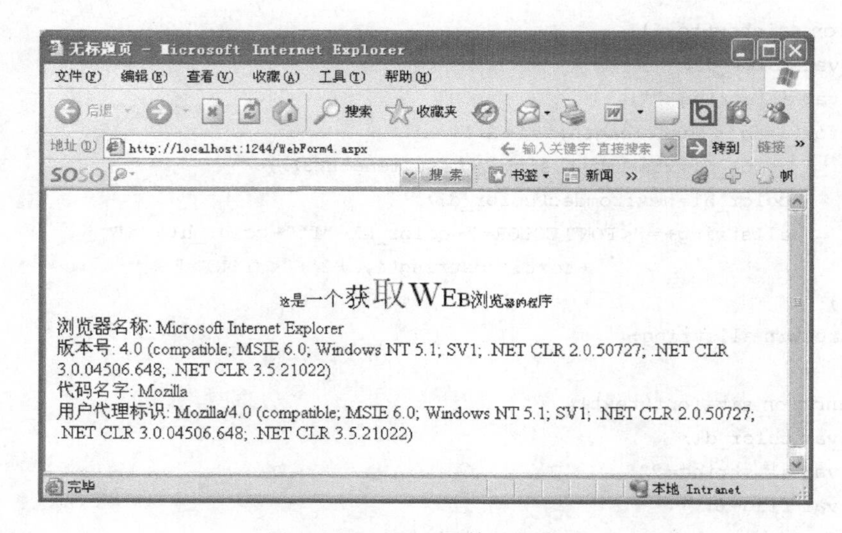

图 12-6　test5.html 的运行结果

12.4 基于对象的 JavaScript 语言

JavaScript 语言是基于对象(Object-Based)的,而不是面向对象(Object-Oriented)的。之所以说它是一门基于对象的语言,主要是因为它没有提供与面向对象语言有关的抽象、继承、重载等许多功能,而是把其他语言所创建的复杂对象统一起来,从而形成一个非常强大的对象系统。

虽然 JavaScript 语言是基于对象的,但它还是具有一些面向对象的基本特征。它可以根据需要创建自己的对象,从而进一步扩大 JavaScript 的应用范围,增强编写功能强大的 Web 程序。

12.4.1 对象的基础知识

1. 对象的基本结构

JavaScript 中的对象是由属性(Properties)和方法(Methods)两个基本的元素构成的。前者是对象在实施其行为的过程中与变量相关联的单位;后者是指对象能够按照设计者的意图而被执行,它与特定的函数相联。

2. 引用对象的途径

一个对象要真正地被使用,可采用以下几种方式获得:

(1) 创建新对象。

(2) JavaScript 内部核心对象。

(3) 由浏览器环境提供。

这就是说一个对象在被引用之前,这个对象必须存在,否则引用将毫无意义,而出现错误信息。从上面的内容可以看出,JavaScript 引用对象可通过不同方式获取,要么创建新的对象,要么利用现存的对象。

3. 有关对象操作语句

JavaScript 不是纯面向对象的语言,它没有提供面向对象语言的许多功能。在 JavaScript 中提供了几个用于操作对象的语句和关键词及运算符。

1) for…in 语句

for…in 语句的格式如下:

```
for(对象属性名 in 已知对象名)
```

说明: 该语句的功能是用于对已知对象的所有属性进行操作的控制循环。它是将一个已知对象的所有属性反复赋给一个变量,而不是使用计数器来实现的。

该语句的优点就是无须知道对象中属性的个数即可进行操作。

下列函数显示数组中的内容,示例代码如下:

```
function showData(object){
    for(var X=0;X<30;X++)
        document.write(object[i]);
```

```
}
```

该函数通过数组下标顺序值来访问每个对象的属性，使用这种方式首先必须知道数组的下标值，否则若超出范围就会发生错误。而使用 for…in 语句，则根本不需要知道对象属性的个数。示例代码如下：

```
function showData(object){
    for(var prop in object)
        document.write(object[prop]);
}
```

使用该函数时，在循环体中 for 自动将 object 中的属性取出来，直到最后为止。

2) with 语句

使用该语句的意思是在该语句体内，任何对变量的引用会被认为是这个对象的属性，以便节省一些代码。语法格式如下：

```
with object{
    ⋮
}
```

所有在 with 语句后的花括号中的语句都是在后面 object 对象的作用域的。

3) this 关键词

this 是对当前的引用，在 JavaScript 中由于对象的引用是多层次、多方位的，往往一个对象的引用又需要对另一个对象的引用，而另一个对象有可能又要引用另一个对象，这样有可能造成混乱，最后自己也不知道现在引用的是哪一个对象。为此，JavaScript 提供了一个用于将某对象指定为当前对象的语句 this。

4) new 运算符

虽然在 JavaScript 中对象的功能已经非常强大，但更强大的是设计人员可以按照需求来创建自己的对象，以满足某一特定的要求。使用 new 运算符可以创建一个新的对象。创建对象使用如下格式：

```
newObject=new Object(Parameters argument);
```

其中 newObject 是创建的新对象；Parameters argument 为参数表；new 是 JavaScript 中的命令语句。

创建一个日期新对象的示例代码如下：

```
newDate=new Date()
birthday=new Date(December,12,1998)
```

之后就可以将 newDate、birthday 作为一个新的日期对象使用。

4. 对象属性的引用

对象属性的引用可以由下列三种方式之一实现。

1) 使用点(.)运算符

使用点运算符的示例代码如下：

```
university.province="安徽省"
university.city="合肥市"
university.date="1996"
```

其中 university 是一个已经存在的对象，province、city 和 date 是它的三个属性，并通过操作对其赋值。

2）通过对象的下标实现引用

通过对象的下标实现引用的示例代码如下：

```
university[0]="安徽省"
university[1]="合肥市"
university[2]="1996"
```

通过数组形式的访问属性，可以使用循环操作获取其值。示例代码如下：

```
function showUniversity(object){
    for(var j=0;j<2; j++)
        document.write(object[j]);
}
```

若采用 for…in，则可以不知其属性的个数就可以实现。示例代码如下：

```
function showUniversity(object){
    for(var prop in this)
        document.write(this[prop]);
}
```

3）通过字符串的形式实现

通过字符串的形式实现的示例代码如下：

```
university["Province"]="安徽省"
university["City"]="合肥市"
university["Date"]="1996"
```

5. 对象的方法的引用

在 JavaScript 中对象方法的引用是非常简单的，其语法格式如下：

```
ObjectName.methods()
```

实际上 methods()＝FunctionName 方法实质上是一个函数。如引用 university 对象中的 showMe()方法，则可使用如下代码：

```
document.write(university.showMe())
```

或

```
document.write(university)
```

如引用 math 内部对象中 cos()的方法，则示例代码如下：

```
with(math) {
```

```
    document.write(cos(35));
    document.write(cos(80));
}
```

若不使用with,则引用时相对要复杂些,示例代码如下:

```
document.write(math.cos(35))
document.write(math.sin(80))
```

12.4.2 创建新对象

使用JavaScript可以创建自己的对象。虽然JavaScript内部和浏览器本身的功能已十分强大,但JavaScript还是提供了创建一个新对象的方法,使其不必像超文本标识语言那样求助于其他工具,因为它本身就能完成许多复杂的工作。

在JavaScript中创建一个新的对象是十分简单的。首先它必须定义一个对象,而后再为该对象创建一个实例。这个实例就是一个新对象,它具有对象定义中的基本特征。

1. 对象的定义

JavaScript对象的定义,其基本格式如下:

```
function Object(属性表) {
    this.prop1=prop1;
    this.prop2=prop2;
    ⋮
    this.meth1=FunctionName1;
    this.meth2=FunctionName2;
    ⋮
}
```

在一个对象的定义中,可以为该对象指明其属性和方法。通过属性和方法构成了一个对象的实例。下面是一个关于university对象的定义,代码如下:

```
function university(province,city,creatDate,URL){
    this. province=province;
    this.city=city;
    this.creatDate=New Date(creatDate);
    this.URL=URL;
}
```

其基本含义如下:

- province:记载university对象所在省。
- city:记载university对象所在城市。
- creatDate:记载university对象的更新日期。
- URL:该对象指向一个网址。

2. 创建对象实例

一旦对象定义完成后,就可以为该对象创建一个实例,语法格式如下:

```
newObject=new object();
```

其中 newObject 是新的对象，object 是已经定义好的对象。示例代码如下：

```
u1=new university("安徽省","合肥市","January 05,1996 12:00:00","http://www.ustc.edu")
u2=new university("河北省","石家庄市","January 07,1997 12:00:00","http://www.hbsd.edu")
```

3. 对象方法的使用

在对象中除了使用属性外，有时还需要使用方法。在对象的定义中可以看到 this.meth1=FunctionName1 语句，那就是定义对象的方法。实质上，对象的方法就是一个函数 FunctionName1，通过它实现自己的意图。

若在 university 对象中增加一个方法，该方法是显示它自己本身，并返回相应的字串，则示例代码如下：

```
function university(province,city,createDate,URL){
    this.province=province;
    this.city=city;
    this.createDate=new Date(creatDate);
    this.URL=URL;
    this.showUniversity=showUniversity;
}
```

其中 this.showUniversity 就是定义了一个方法，即 showUniversity()。而 showUniversity() 方法是实现 university 对象本身的显示，其示例代码如下：

```
function showUniversity(){
    for(var prop in this)
        alert(prop+="+this[prop]+ "");
}
```

其中 alert 是 JavaScript 中的内部函数，显示其字符串。

现在就可以使用此对象的方法，调用该方法的代码如下：

```
u1.showUniversity();
```

4. JavaScript 中的数组

1) 使用 new 创建数组

JavaScript 中没有提供像其他语言那样明显的数组类型，但可以通过 function 定义一个数组，并使用 new 对象操作符创建一个具有下标的数组，从而可以实现任何数据类型的存储。

首先定义对象的数组。示例代码如下：

```
function arrayName(size){
    this.length=size;
    for(var X=; X<=size;X++)
        this[X]=0;
    return this;
```

```
}
```

其中arrayName是定义数组的一个名字，size是有关数组大小的值，即数组元素的个数。通过for循环对一个当前对象的数组进行定义，最后返回这个数组。

从中可以看出，JavaScript中的数组下标是从1到size，这与其他0到size的数组表示方法有所不同，当然可根据需要将数组的下标由1到size调整到0到size－1。示例代码如下：

```
function arrayName(size){
    for(var X=0; X<=size;X++)
        this[X]=0;
    this.lenght=size;
    return this;
}
```

从上面的内容可以看出该方法只是调整了this.lenght的位置，该位置用于存储数组的大小，所以调整后的数组下标将与其他语言一致。

然后创建数组实例。一个数组定义完成以后，还不能马上使用，必须为该数组创建一个数组实例。示例代码如下：

```
Myarray=new arrayName(n);
```

并赋予初值：

```
Myarray[1]="字串 1";
Myarray[2]="字串 2";
Myarray[3]="字串 3";
⋮
Myarray[n]="字串 n";
```

一旦给数组赋予初值，数组中就具有真正意义的数据了，以后就可以在程序设计过程中直接引用。

2）创建多维数组

创建多维数组的示例代码如下：

```
function createMArray(row,col){
    var indx=0;
    this.length=(row*10)+col;
    for(var x=1;x<=row;x++)
        for(var y=1;y<=col;y++)
            indx=(x*10)+y;
    this[indx]=" ";
}
myMArray=new createMArray();
```

之后可通过Myarray[11]、Myarray[12]、Myarray[13]、Myarray[21]、Myarray[22]和Myarray[23]来引用。

12.4.3 使用内部核心对象系统

JavaScript 为我们提供了一些非常有用的常用内部对象和方法，用户不需要用脚本来实现这些功能。这些核心对象如表 12-4 所示。

表 12-4 JavaScript 的核心对象

对 象	描 述
Array	表述数组
Boolean	表述布尔值
Date	表述日期
Function	指定了一个可编译为函数的字符串 JavaScript 代码
Math	提供了基本的数学常量和函数，如其 PI 属性包含了 π 的值
Number	表述实数数值
Object	包含了由所有 JavaScript 对象共享的基本功能
RegExp	表述了一个正则表达式，同时包含了由所有正则表达式对象共享的静态属性
String	表述了一个 JavaScript 字符串

1. 常用内部对象

在 JavaScript 中提供了 String(字符串)、Math(数值计算)和 Date(日期)三种常用对象和其他一些相关的方法，从而为编程人员快速开发强大的脚本程序提供了非常有利的条件。

在 JavaScript 中对于对象属性与方法的引用有两种情况：一种是说该对象是静态对象，即在引用该对象的属性或方法时不需要为它创建实例；而另一种对象在引用它的对象或方法时必须为它创建一个实例，即该对象是动态对象。

对 JavaScript 内部对象的引用是紧紧围绕着它的属性与方法进行的，因而明确对象的静动性对于掌握和理解 JavaScript 内部对象具有非常重要的意义。

1) 字符串 string 对象

string 对象具有内部静态性。

访问属性和方法时，可使用(.)运算符实现。其基本使用格式如下：

```
objectName.prop/methods
```

(1) 字符串对象的属性。

该对象的一个关键属性，即 length。它表明了字符串中的字符个数，包括所有符号。示例代码如下：

```
mytest="This is a JavaScript"
mystringlength=mytest.length
```

最后 mystringlength 返回 mytest 字符串的长度为 20。

(2) 字符串对象的方法。

String 对象的方法有很多，它们主要用于有关字符串在 Web 页面中的显示、字体大小、字体颜色、字符的搜索以及字符的大小写转换。其主要方法如表 12-5 所示。

表 12-5　string 对象的主要方法

方 法 名	说 明
anchor()	锚点。该方法创建如用 html 文件一样的 anchor 标记
italics()	斜体字显示
bold()	粗体字显示
blink()	字符闪烁显示
small()	用小体字显示
big()	用大字体显示
fixed()	固定高亮字显示
fontsize(size)	控制字体大小
fontcolor(color)	字体颜色方法
toLowerCase()	字符串小写转换
toUpperCase()	大写转换
indexOf[charactor,fromIndex]	字符搜索。从指定 formIndtx 位置开始搜索 charactor 第一次出现的位置
substring(start,end)	返回字符串的一部分。从 start 开始到 end 的字符全部返回

示例代码如下：

```
string.anchor(anchorName)
string=stringValue.toUpperCase
string=stringValue.toLowerCase
```

2) 算术函数的 Math 对象

功能：提供除加、减、乘、除以外的一些运算。如对数、平方根等。

静动性：静态对象。

(1) 主要属性。

math 中提供了多个属性，它们是数学中经常用到的常数 E、以 10 为底的自然对数 LN10、以 2 为底的自然对数 LN2、3.14159 的 PI、2 的平方根 SQRT2。

(2) 主要方法。

算术函数的 math 对象的主要方法包括绝对值(abs())、正弦和余弦值(sin()和cos())、反正弦和反余弦(asin()和 acos())、正切和反正切(tan()和 atan())、四舍五入(round())、平方根(sqrt())以及基于几方次的值(pow(base,exponent))等。

3) 日期及时间 Date 对象

功能：提供一个有关日期和时间的对象。

动态性，即必须使用 new 运算符创建一个实例。示例代码如下：

```
MyDate=new Date()
```

Date 对象没有提供直接访问的属性，只具有获取和设置日期和时间的方法。日期起始值：1770 年 1 月 1 日 00:00:00。

(1) 获取日期和时间的方法。

获取日期和时间的方法主要包括 getYear()、getMonth()、getDate()、getDay()、getHours()、getMintes()、getSeconds()和 getTime()等。

(2) 设置日期和时间。

设置日期和时间的主要方法包括 setYear()、setDate()、setMonth()、setHours()、setMintes()、setSeconds()和 setTime()等。

2. JavaScript 中的系统函数

JavaScript 中的系统函数又称为内部方法。它提供了与任何对象无关的系统函数，使用这些函数不需要创建任何实例就可以直接使用。

(1) 返回字符串表达式中的值。方法名：eval(字符串表达式)。示例代码如下：

```
test=eval("8+9+5/2");
```

(2) 返回字符串 ASCII 码。方法名：unEscape(string)。

(3) 返回字符的编码。方法名：escape(character)。

(4) 返回实数。方法名：parseFloat(floustring)。

(5) 返回不同进制的数。方法名：parseInt(numbestring ,radix)。其中 radix 是数的进制，numbstring 是字符串数。

12.4.4 使用浏览器对象系统

使用浏览器的内部对象系统，可实现与 HTML 文档进行交互。它的作用是将相关元素组织包装起来，提供给程序设计人员使用，从而减轻编程人员的劳动，提高设计 Web 页面的能力。浏览器对象系统的层次结构如图 12-7 所示。

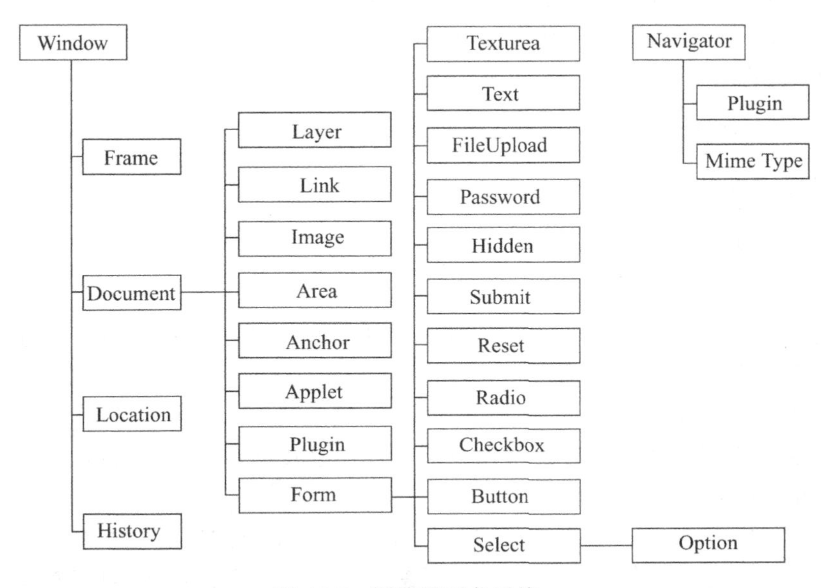

图 12-7 浏览器对象系统

1. 浏览器对象的层次及其主要作用

除了前面提到过的文档(Document)对象外,浏览器中还提供了窗口(Window)对象、框架(Frame)对象以及历史(History)和位置(Location)对象。

- 浏览器对象(Navigator):Navigator对象提供有关浏览器的信息。
- 窗口对象(Window):Window对象处于对象层次的最顶端,它提供了处理Navigator窗口的方法和属性。
- 框架对象(Frame):Frame对象包含了框架的版面布局的信息以及每一个框架所对应的窗口(Window)对象。
- 位置对象(Location):Location对象提供了与当前打开的URL一起工作的方法和属性,它是一个静态的对象。
- 历史对象(History):History对象提供了与历史清单有关的信息。
- 文档对象(Document):Document对象包含了与文档元素(elements)一起工作的对象,它将这些元素封装起来供编程人员使用。

编程人员利用这些对象可以对Web浏览器环境中的事件进行控制并作出处理。在JavaScript中提供了非常丰富的内部方法和属性,从而减轻了编程人员的工作,提高了编程效率。这正是基于对象与面向对象的根本区别所在。在这些对象系统中,文档对象是非常重要的,它对于实现Web页面信息交互起到关键作用,因而它是对象系统的核心部分。

2. Window对象

1) Window对象简介

Window对象包括许多有用的属性、方法和事件驱动程序,编程人员可以利用这些对象控制浏览器窗口显示的各个方面,如对话框、框架等。在使用时应注意以下几点:

(1) 该对象对应于HTML文档中的<Body>和<FrameSet>两种标识。

(2) onLoad和onUnload都是窗口对象属性。

(3) 在JavaScript脚本中可直接引用窗口对象。

示例代码如下:

```
window.alert("窗口对象输入方法")
```

可直接使用以下格式:

```
alert("窗口对象输入方法")
```

2) 窗口对象的事件驱动

窗口对象主要有装入Web文档事件onLoad和卸载事件onUnload。用于文档载入和停止载入时开始和停止更新文档。

3) 窗口对象的方法

窗口对象的方法主要用来提供信息或输入数据以及创建一个新的窗口。

(1) 创建新的Window对象。

可以使用window.open()方法创建新的窗口。open()方法有三个参数:打开窗口中的页面地址URL(包括路径和文件名),给新窗口取的一个英文名字,打开窗口的一些属性设置(如窗口的高度、宽度、是否显示滚动条、是否显示浏览器的菜单栏等)。

新窗口的名字在某些时候可能会用到，在别的窗口中使用 TARGET="新窗口的名字" 使超链接所链接的页面在新窗口中显示。描述窗口特性的参数是一个包含关键字和关键字值的字符串，各个关键字之间使用英文逗号(,)隔开。使用这个参数的时候一定要小心，各个关键字、关键字值、逗号之间千万不要有空格。

window 属性参数是一个由逗号分隔的字符串列表项，它指明了有关新创建窗口的属性，如表 12-6 所示。

表 12-6 window 属性参数

参数	设定值	含义	参数	设定值	含义
toolbar	yes/no	建立或不建立标准工具条	scrollbar	yes/no	建立或不建立滚动条
location	yes/no	建立或不建立位置输入字段	revisable	yes/no	能否改变窗口大小
directions	yes/no	建立或不建立标准目录按钮	width	yes/no	确定窗口的宽度
status	yes/no	建立或不建立状态条	height	yes/no	确定窗口的高度
menubar	yes/no	建立或不建立菜单条			

(2) 给窗口指定页面。

当使用上面的方法创建了一个新窗口之后，还可以再次给这个窗口指定新的页面，这就要用到 open()方法的返回值。示例代码如下：

```
myWin=window.open(url,"","height=100,width=100");
⋮
myWin.location="newpage.html";
```

上面的代码将打开的新窗口的页面重新指定为 newpage.html，这样窗口中就会显示 newpage.html 页面。同时，在打开的新窗口中，也可以通过使用 window 对象的 opener 属性将窗口对象指向打开此窗口的母窗口，这样也就可以对母窗口的数据或函数进行操作。若需要将母窗口的页面重新指定为 newpage.html，其示例代码如下：

```
window.opener.location="newpage.html";
```

其他方法还有：

- 具有 OK 按钮的对话框。alert()方法能创建一个具有 OK 按钮的对话框。
- 具有 OK 和 Cancel 按钮的对话框。confirm()方法为编程人员提供一个具有两个按钮的对话框。
- 具有输入信息的对话框。prompt()方法允许用户在对话框中输入信息，并可使用默认值，其基本格式如下：

```
prompt("提示信息",默认值)
```

4) 窗口对象中的属性

窗口对象中的属性主要用来对浏览器中存在的各种窗口和框架的引用，其主要属性有以下几个：

- frames：确定文档中帧的数目。

frames(帧)作为实现一个窗口的分隔操作,起到非常有用的作用,在使用时需要注意两点:一是frames属性是通过HTML标识<Frames>的顺序来引用的,它包含了一个窗口中的全部帧数。二是帧本身已是一类窗口,继承了窗口对象所有的全部属性和方法。

- parent:指明当前窗口或帧的父窗口。
- defaultstatus:默认状态,它的值显示在窗口的状态栏中。
- status:包含文档窗口中帧中的当前信息。
- top:包括用以实现所有下级窗口的窗口。
- window:指的是当前窗口。
- self:引用当前窗口。

3. Frame对象

正如在前边提到的那样,Frame其实是单独的窗口,它对应于单独的窗口对象,有自己的location、history和document属性。

由于一些自身的限制和缺点,Frame的使用越来越少了。这里不再详细介绍Frame了。下面举个简单的例子,示例代码如下:

```
<html>
  <head>
    <title></title>
  </head>
  <frameset rows="300,*">
    <frame name="a" src="example1.html">
    <frameset cols="33%,33%,33%">
      <frame name="b" src="example2.html">
      <frame name="c" src="example3.html">
      <frame name="d" src="example4.html">
    </frameset>
  </frameset>
</html>
```

图12-8很直观地显示了上边所讲的帧对象的指定关系。

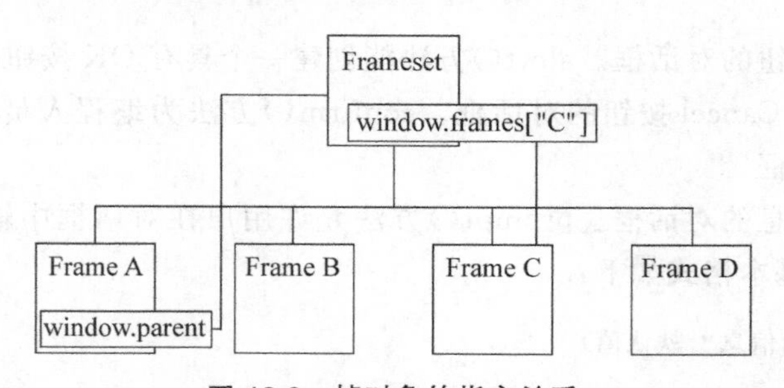

图12-8 帧对象的指定关系

4. Location对象

Window对象的location属性包含了当前页面的地址(URL)信息,用户可以直接改变此属性值，将其设置成新的地址。示例代码如下：

```
window.location="http://www.yahoo.com";
```

或者

```
location="http://www.yahoo.com";
```

还可以通过下面两种方法中的任何一种来使浏览器从服务器上下载(Load)页面：

(1) reload()：促使浏览器重新下载当前的页面，也就是"刷新"当前页面。

(2) replace(URL)：促使浏览器根据 URL 参数中给出的地址下载页面，同时在当前浏览器存储的历史记录(即所浏览过的页面的列表)中使用新的地址(即此方法中的 URL 参数)覆盖当前的页面。

5. History 对象

History 对象是一个很有用的对象，此对象记录着浏览器所浏览过的每一个页面，这些页面组成了一个历史记录列表。History 对象具有三个主要方法：

(1) forward()：将历史记录向前移动一个页面。

(2) back()：将历史记录向后移动一个页面。

(3) go()：产品控制历史记录，而且功能更加强大。使用此方法需要一个参数，这个参数值可以是正负整数、0 和字符串，例如 history. go(－2)将使当前页后退两页。如果给定的参数是字符串，那么浏览器就会搜索列表，找到最接近当前页面位置并且地址中含有此字符串的页面，然后转到该页面。

下边的两条语句是等价的：

```
history.go(-1);
history.back();
```

下边的代码将页面转到距离本页面位置最近的，同时页面地址中含有字符串"netscape"(不区分字母的大小写)的页面：

```
history.go("netscape");
```

在使用这三个方法的时候，如果没有找到符合条件的历史记录的话，将不会发生任何变化，不会改变当前的页面，也不会显示错误。

注意：如果在你的网站中有很多页面，那么提供一个"返回"功能是很有必要的，这样可以方便用户浏览你的网站，但是你并不知道用户是从哪一个页面来到当前页面的，就不能使用<A href＝"页面的地址">…</A>的方式来做超链接了，但是可以使用下边的代码来做"返回"的超链接：

```
<a href="#" onClick="history.back(); return false;">返回</a>
```

6. Document 对象

在浏览器中，Document 对象是核心，同时也是最重要的。Document 对象的主要作用就是把这些基本的元素(如 links、anchor、form、method 和 prop 等)包装起来，提供给编程人员使用。从另一个角度看，Document 对象又是由属性和方法组成。

1）document中三个主要的对象

在document中主要有links、anchor和form三个最重要的对象。

（1）锚对象anchor

anchor对象指的是＜A name=…＞＜/A＞标识在HTML源码中存在时产生的对象。它包含着文档中所有的anchors信息。

（2）链接对象links

link对象指的是用＜A href=…＞＜/A＞标记的连接一个超文本或超媒体的元素作为一个特定的URL。

（3）表单对象form

表单对象是文档对象的一个元素，它含有多种格式的对象储存信息，使用它可以在JavaScript脚本中编写程序进行文字输入，并可以用来动态改变文档的行为。

通过document.Forms[]数组使得同一个页面上可以有多个相同的表单，使用forms[]数组要比使用表单名字方便得多。

下面就是一个使用表单数组和表单名字的例子。该程序使得两个表单中的字段内容保持一致。testFormArray.html的示例代码如下：

```
<html>
  <head>
  </head>
  <body>
   <form >
       <input type=text onChange="document.my.elements[0].value=this.value;" >
   </form>
   <form name="my">
       <input type=text onChange="document.forms[0].elements[0].value=this.value;">
       </form>
   </body>
</html>
```

其中用了OnChange事件（当表单内容改变时激发）。第一个使用表单名字标识my，第二个使用表单数组Forms[]，其效果是一致的。

因为表单的重要性，将在后面展开详细讲解。

2）文档对象中的attribute属性

Document对象中的attribute属性主要用于在引用Href标识时，控制着有关颜色的格式和有关文档标题、文档源文件的URL以及文档最后更新的日期。这部分元素的主要含义如下：

- 链接颜色alinkcolor：这个元素主要用于当选取一个链接时，链接对象本身的颜色就按alinkcolor指定改变。
- 链接颜色linkcolor：当用户使用“＜A href=…＞Text string＜/A＞”链接后，Text string的颜色就会按linkcolor所指定的颜色更新。
- 浏览过后的颜色vlinkColor：该属性表示的是已被浏览存储为已浏览过的链接颜色。

- 背景颜色 bgcolor：该元素包含文档背景的颜色。
- 前景颜色 Fgcolor：该元素包含 HTML 文档中文本的前景颜色。

下面通过一个例子来说明文档对象的综合应用。testDOM. htm 的示例代码如下：

```
<html>
  <head>
  </head>
  <body>
    <form Name="mytable">
        请输入数据：
        <Input Type="text" Name="text1" Value="">
    </form>
    <A name="Link1" href="http://www.sohu.com">链接到第一个文本</a><br>
    <A name="Link2" href="http://www.sina.com.cn">链接到第二个文本</a><br>
    <A name="Link3" href=" http://www.163.com">链接到第三个文本</a><br>
    <A href="#Link1">第一锚点</a>
    <A href="#Link2">第二锚点</a>
    <A href="#Link3">第三锚点</a>
    <BR>
    <script Language="JavaScript">
          document.write("文档有"+document.links.length+"个链接"+"<br>");
          document.write("文档有"+document.anchors.length+"个锚点"+"<br>");
          document.write("文档有"+document.forms.length+"个表单");
    </script>
  </body>
</html>
```

程序运行的输出结果如图 12-9 所示。

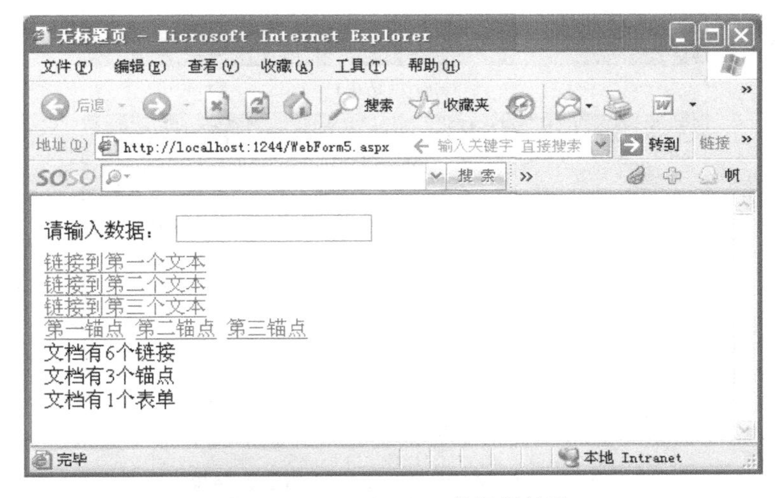

图 12-9 testDOM.htm 的运行结果

下列程序随机产生每日一语。randomWord. html 的示例代码如下：

```
<html>
  <head>
    <script Language="JavaScript">
    <!--
    tips=new Array(6);
    tips[0]="我强,因为我专!";
    tips[1]="欢迎来到亚思晟!";
    tips[2]="我能!";
    tips[3]="谁用谁知道!";
    tips[4]="一般人我不告诉他.";
    tips[5]="男人就该对自己狠一点。";
    index=Math.floor(Math.random() * tips.length);
    document.write("<FONT SIZE=8 COLOR=DARKBLUE>"+tips[index]+"</FONT>");
    </script>
  </head>
  <body>
  </body>
</html>
```

程序运行的输出结果如图12-10所示。根据产生的随机数不同,每次运行的结果也不相同。

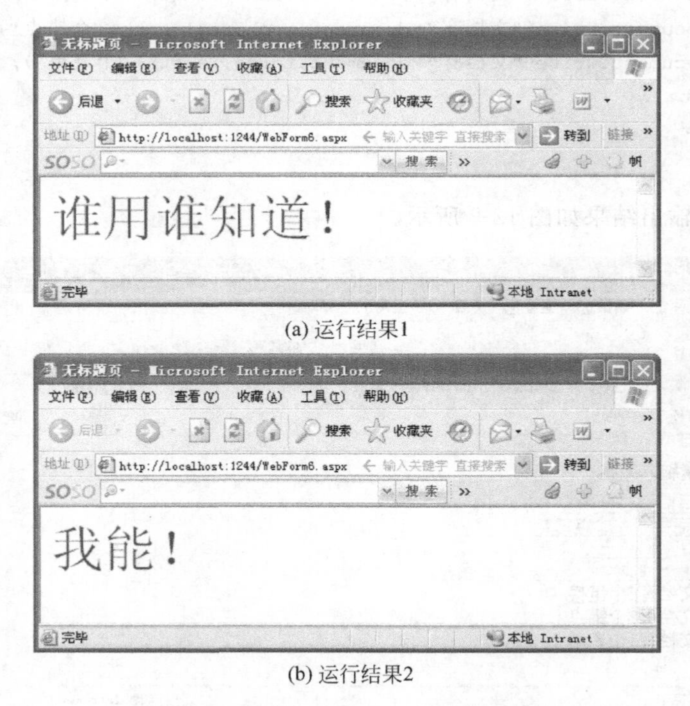

(a) 运行结果1

(b) 运行结果2

图12-10 randomWord.html的运行结果

7. 表单对象概述

表单对象可以使设计人员用表单中不同的元素与客户端用户相交互,而用不着在之前首先进行数据输入,就可以实现动态改变 Web 文档的行为。

1) 什么是表单对象

表单是构成 Web 页面的基本元素。通常一个 Web 页面有一个表单或几个表单,使用 Forms[]数组来实现不同表单的访问。示例代码如下:

```
<form Name=Form1>
    <Input type=text...>
    <Input type=text...>
    <Input type=text...>
</form>
<form Name=Form2>
    <Input type=text...>
    <Input type=text...>
</form>
```

在 Forms[0]中共有三个基本元素,而 Forms[1]中只有两个元素。

表单对象最主要的功能就是能够直接访问 HTML 文档中的表单,它封装了相关的 HTML 代码。其相关语法格式如下:

```
<Form
    name="表的名称"
    target="指定信息的提交窗口"
    action="接收表单程序对应的 URL"
    method=信息数据传送方式(get/post)
    enctype="表单编码方式"
    [onsubmit="JavaScript 代码"]>
< /Form>
```

2) 表单对象的方法

表单对象的方法只有一个,即 submit()方法,该方法的主要功用就是实现表单信息的提交。如提交 Mytest 表单,则使用下列格式:

```
document.mytest.submit()
```

3) 表单对象的属性

表单对象中的属性主要包括 elements、name、action、target、encoding 和 method。除 elements 外,其他几个均反映了表单的标识中相应属性的状态,这通常是单个表单标识;而 elements 常常是多个表单元素值组成的数组,例如:

```
elements[0].Mytable.elements[1]
```

4) 访问表单对象

在 JavaScript 中访问表单对象可由两种方法实现:

(1) 通过表单名访问表单。

在表单对象的属性中首先必须指定其表单名,然后就可以通过下列标识访问表单:

```
document.Mytable()
```

(2) 通过数组访问表单。

除了使用表单名来访问表单外,还可以使用表单对象数组来访问表单对象。但需要注意一点,因为表单对象是由浏览器环境提供的,而浏览器环境所提供的数组下标是从0到n,所以可通过下列格式实现表单对象的访问。示例代码如下:

```
document.forms[0]
document.forms[1]
document.forms[2]...
```

5) 引用表单的先决条件

在JavaScript中要对表单引用的条件是必须先在页面中用标识创建表单,并将定义表单部分放在引用之前。

8. 表单中的基本元素

表单中的基本元素由按钮、单选按钮、复选按钮、提交按钮、重置按钮、文本框等组成。主要的表单对象如表12-7所示。

表12-7 表单中的对象

对　象	描　　述
Button	HTML表单中的一个按钮
Checkbox	HTML表单中的一个复选框
FileUpload	HTML表单中的一个文件上传元素
Form	允许用户从像复选框、单选钮、选择列表等这样的表单元素中输入文本并做出选择
Hidden	HTML表单中的一个不可见文本对象
Option	Select对象的一个选项
Password	HTML表单中的一个文本域,其中的值以星号(*)显示
Radio	HTML表单中的一组单选钮
Reset	HTML表单中的一个重置按钮
Select	HTML表单中的一个选择列表
Submit	HTML表单中的一个提交按钮
Text	HTML表单中的一个文本输入域
Textarea	HTML表单中的一个多行输入域

在JavaScript中要访问这些基本元素,必须通过对应特定表单元素的数组下标或表单元素名来实现。每一个元素主要是通过该元素的属性或方法来引用。其引用的基本格式如下:

```
formName.elements[].methodName(表单名.元素名或数组.方法)
formName.element[].propertyName(表单名.元素名或数组.属性)
```

下面分别介绍:

(1) 单行单列输入元素Text。

功能:对Text标识中的元素实施有效的控制。

Text 的基本属性如下：

- name：设定提交信息时的信息名称。对应于 HTML 文档中的 name。
- value：用以设定出现在窗口中对应 HTML 文档中 value 的信息。
- defaultValue：包括 Text 元素的默认值。

Text 的基本方法如下：

- blur()：将当前焦点移到后台。
- select()：加亮文字。

Text 的主要事件如下：

- onFocus：当 Text 获得焦点时产生该事件。
- OnBlur：从元素失去焦点时产生该事件。
- OnSelect：当文字被加亮显示后产生该事件。
- onChange：当 Text 元素值改变时产生该事件。

示例代码如下：

```
<form name="test">
    <input type="text" name="test" value="this is a javascript" >
</form>
⋮
<script language="Javascirpt">
    document.mytest.value="that is a Javascript";
    document.mytest.select();
    document.mytest.blur();
</script>
```

(2) 多行多列输入元素 textarea。

功能：实施对 Textarea 中的元素进行控制。

Textarea 的基本属性如下：

- name：设定提交信息时的信息名称，对应 HTML 文档 Textarea 的 name。
- value：用以设定出现在窗口中对应 HTML 文档中 value 的信息。
- defaultValue：元素的默认值。

Textarea 的主要方法如下：

- blur()：将输入焦点失去。
- select()：将文字加亮。

Textarea 的主要事件如下：

- onBlur：当失去输入焦点后产生该事件。
- onFocus：当输入获得焦点后产生该事件。
- OnChange：当文字值改变时产生该事件。
- OnSelect：当文字加亮后产生该事件。

(3) 选择元素 Select。

功能：实施对滚动选择元素的控制。

Select 的基本属性如下：

- name：设定提交信息时的信息名称，对应文档 select 中的 name。
- length：对应文档 select 中的 length。
- options：组成多个选项的数组。
- selectIndex：该下标指明一个选项。

在 Select 中每一个选项都含有以下属性：

- text：选项对应的文字。
- selected：指明当前选项是否被选中。
- index：指明当前选项的位置。
- defaultSelected：默认选项。

Select 的主要事件如下：

- OnBlur：当 select 选项失去焦点时产生该事件。
- onFocas：当 select 获得焦点时产生该事件。
- OnChange：选项状态改变后产生该事件。

(4) 按钮 Button。

功能：实施对 Button 按钮的控制。

Button 按钮的主要属性如下：

- name：设定提交信息时的信息名称，对应文档中 button 的 name。
- value：用以设定出现在窗口中对应 HTML 文档中 value 的信息。

Button 按钮的主要方法：click()，该方法类似于一个按下的按钮。

Button 按钮的主要事件：onClick，当单击 button 按钮时产生该事件。

示例代码如下：

```
<form name="test">
    <input type="button" name="testcall" onClick=tmyest()>
</form>
⋮
<script language="javascirpt">
    document.elements[0].value="mytest";                    //通过元素访问
</script>
⋮
```

可以将上述代码中的 document. elements[0]. value="mytest"；语句替换成 document. testcallvalue="mytest"；，从而实现通过名字访问方法。

(5) 检查框 checkbox。

功能：实施对一个具有复选功能的元素的控制。

Checkbox 的主要属性如下：

- name：设定提交信息时的信息名称。
- value：用以设定出现在窗口中对应 HTML 文档中 value 的信息。
- checked：该属性指明框的状态 true/false。
- defaultChecked：默认状态

Checkbox 的主要方法：click()，该方法使得复选框的某一个项被选中。

Checkbox 的主要事件：onClick，当框被选中时产生该事件。

(6) 无线按钮 radio。

功能：实施对一个具有单选功能的无线按钮的控制。

Radio 的主要属性如下：

- name：设定提交信息时的信息名称，对应 HTML 文档中 radio 的 name。
- value：用以设定出现在窗口中对应 HTML 文档中 value 的信息，对应 HTML 文档中 radio 的 value。
- length：单选按钮中的按钮数目。
- defaultChecked：默认按钮。
- checked：指明选中还是没有选中。
- index：选中按钮的位置。

Radio 的主要方法：chick()，选定一个按钮。

Radio 的主要事件：onClick，单击按钮时产生该事件。

(7) 隐藏 hidden。

功能：实施对一个具有不显示文字并能输入字符的区域元素的控制。

hidden 的主要属性如下：

- name：设定提交信息时的信息名称，对应 HTML 文档的 hidden 的 name。
- value：用以设定出现在窗口中对应 HTML 文档中 value 的信息，对应 HTML 文档的 hidden 中的 value。
- defaultValue：默认值。

(8) 口令 Password。

功能：实施对具有口令输入的元素的控制。

Password 的主要属性如下：

- name：设定提交信息时的信息名称，对应 HTML 文档中 password 的 name。
- value：用以设定出现在窗口中对应 HTML 文档中 value 的信息，对应 HTML 文档中 password 的 value。
- defaultValue：默认值。

Password 的主要方法如下：

- select()：加亮输入口令域。
- blur()：丢失 passward 输入焦点。
- focus()：获得 password 输入焦点。

(9) 提交元素 submit。

功能：实施对一个具有提交功能按钮的控制。

Submit 的主要属性如下：

- name：设定提交信息时的信息名称，对应 HTML 文档中 submit 的 name。
- value：用以设定出现在窗口中对应 HTML 文档中 Value 的信息，对应 HTML 文档中的 value。

Submit 的主要方法：click()，相当于按下 submit 按钮。

Submit 的主要事件：onClick()，当按下该按钮时产生该事件。

下面看一个例子。通过单击一个按钮(red)来改变窗口颜色，单击“调用动态按钮文档”调用一个动态按钮文档。testColorChange. htm 的示例代码如下：

```
<html>
    <head>
        <script Language="JavaScript">
        //原来的颜色
        document.bgColor="blue";
        document.vlinkColor="white";
        document.linkColor="yellow";
        document.alinkcolor="red";
        //动态改变颜色
        function changecolor(){
            document.bgColor="red";
            document.vlinkColor="blue";
            document.linkColor="green";
            document.alinkcolor="blue";
        }
        </script>
      </head>
      <body bgColor="White" >
            <A href="test4.htm">调用动态按钮文档</a>
      <form >
            <Input type="button" Value="red" onClick="changecolor()">
      </form>
      </body>
</html>
```

程序运行结果如图 12-11 所示。

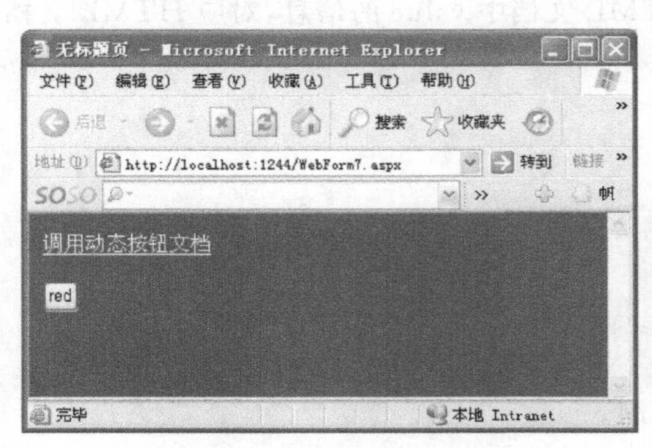

(a) 运行结果1

(b) 运行结果2

图 12-11 testColorChange.htm 的运行结果

最后看一个 JavaScript 树形菜单的综合实例。testTree. htm 的示例代码如下：

```
<html>
  <head>
    <meta http-equiv="Content-Type" content="text/html; charset=gb2312">
```

```
    <title></title>
</head>
<body>
    <SCRIPT language=JavaScript type=text/javascript>
    <!--
    function doMenu(MenuName){
        var arrMenus=new Array("title1","title2","title3");
        for (var i=0; i<arrMenus.length; i++){
            if (MenuName==arrMenus[i]) {
                if(document.getElementById(MenuName).style.display=="block"){
                    document.getElementById(arrMenus[i]).style.display="block";
                }else{
                    document.getElementById(MenuName).style.display="block";
                }
            }else{
                    document.getElementById(arrMenus[i]).style.display="none";
            }
        }
    }
    -->
    </SCRIPT>

    <h1>ASCENT 树型目录</h1>
    <DIV style="CURSOR:hand" onclick="return doMenu('title1');">
                        <STRONG>+用户管理</STRONG></DIV>
    <DIV id=title1 style="DISPLAY:none">
    <DIV><A href="#">添加用户</A></DIV>
    <DIV><A href="#">权限变更</A></DIV>
    </DIV>

    <DIV style="CURSOR:hand" onclick="return doMenu('title2');">
    <STRONG>+系统管理管理</STRONG></DIV>
    <DIV id=title2 style="DISPLAY:none">
    <DIV><A href="#">系统权限管理</A></DIV>
    <DIV><A href="#">密码修改</A></DIV>
    </DIV>

    <DIV style=style="CURSOR:hand" onclick="return doMenu('title3');">
                        <STRONG>+信息系统管理</STRONG></DIV>
    <DIV id=title3 style="DISPLAY:none">
    <DIV><A href="#">点击报表分析</A></DIV>
    <DIV><A href="#">点击饼型图分析</A></DIV>
    </DIV>
```

```
  </body>
</html>
```

程序运行结果如图12-12所示。

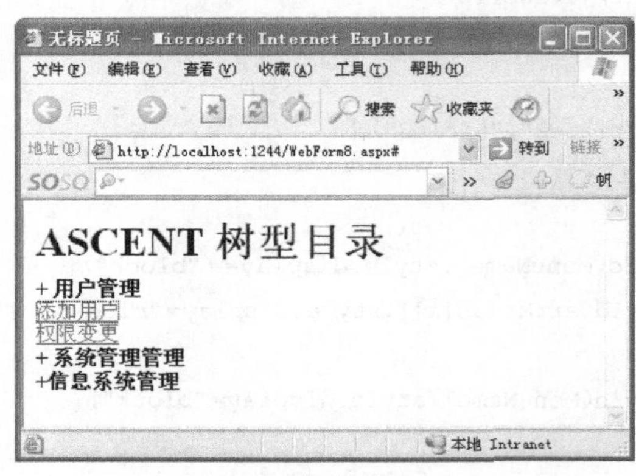

(a) 运行结果1

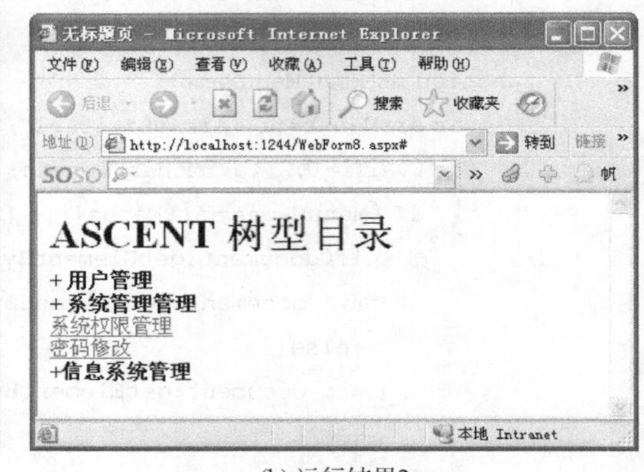

(b) 运行结果2

图12-12 testTree.htm的运行结果

12.5 项目案例

12.5.1 学习目标

通过本案例，使读者对JavaScript更进一步了解：

(1) JavaScript中数据类型和变量的使用。

(2) JavaScript中函数的定义和使用。

(3) JavaScript的事件驱动。

(4) JavaScript外部js文件的使用。

(5) Asp. net事件的绑定。

12.5.2 案例描述

本案例是艾斯系统注册功能。注册页面表单通过使用JavaScript对输入信息进行检验，只有所有字段验证通过，用户的信息符合格式才能保存到数据库中，实现用户注册功能，否则只要有字段非法，就不能实现注册，录入数据库信息。

12.5.3 案例要点

(1) 编写注册页面的表单，定制每个需要验证输入域的验证规则，编写注册表单验证的JavaScript函数的外部js文件。

(2) 注册页面引入外部js文件。

(3) 将函数绑定给注册表单的提交按钮，在按钮提交表单事件执行前先执行函数验证。

(4) 注册功能的实现。

12.5.4 案例实施

(1) 注册界面 register.aspx 表单设计如图 12-13 所示。

加拿大·亚思晟科技
Quality is everything!
ASCENT TECHNOLOGIES
首页 | IT服务 | 医药商务系统 | 员工招聘 | 关于我们
欢迎注册系统用户
注册信息(*为必输项):
用户名: 是否可用 *
密码: *
密码确认: *
公司名称:
公司地址:
国家:
城市:
工作:
电话:
Zip:
Email: *
注册 取消
版权所有:北京亚思晟商务科技有限公司 ©2004-2008|京ICP备05005681

图 12-13 注册界面

(2) 注册表单验证的 javascript 函数编写,代码如下:

```
//注册验证函数
function check(){
    if(form.username.value=="")
    {
        alert("用户名不能为空!");
        form.username.focus();
        return false;
    }
    if(form.password.value=="")
    {
        alert("请输入密码!");
        form.password.focus();
        return false;
    }
    if(form.password2.value=="")
    {
        alert("请再次输入密码!");
        form.password2.focus();
        return false;
    }
    if(form.password.value!=form.password2.value){

      alert("两次输入的密码不一致!");
```

```
            form.password2.focus();
            return false;
        }
        if(form.email.value=="")
        {
            alert("请输入邮件!");
            form.email.focus();
            return false;
        }
    else
        return true;
    }
```

(3) 将上面验证注册表单的javascript函数check()以外部文件形式编写在js/acesys.js文件中。注册页面使用该函数需要引入外部脚本文件,在register. aspx页面的head标签内引入该脚本文件,代码如下:

```
<script type="text/javascript" src="js/acesys.js"></script>
```

(4) 表单的提交按钮绑定事件。JavaScript是以事件驱动的,所以编写完前三步后,需要将js的验证函数添加到提交按钮的单击事件上,当单击注册的提交按钮时,驱动事件,处理验证,代码如下:

```
<asp:Button ID="ButtonRegist" runat="server" Text="注册"
onclick="ButtonRegist_Click" />
```

上面为注册按钮控件代码,ID为ButtonRegist,单击执行功能代码是onclick="ButtonRegist_Click",在该服务器端ButtonRegist_Click函数处理注册功能,但是应该在该注册功能前执行JavaScript验证功能,所以要在执行该功能前执行验证功能,代码如下:

```
protected void Page_Load(object sender,EventArgs e)
    {
    if (!IsPostBack)
    {
        LabelInfo.Text="欢迎注册系统用户";

        ButtonRegist.Attributes.Add("onclick","return check();");

    }
    else
    {
        LabelInfo.Text="请重新注册系统用户";
    }
}
```

其中ButtonRegist. Attributes. Add("onclick","return check();");代码表示给注册

按钮 ButtonRegist 绑定的单击事件是 JavaScript 函数 check()，return 表示接收 check 返回值，控制表单提交，如果返回 false，表单不会提交；如果为 true，表单才提交。

(5) 测试。如果必输项没有输入信息就提交表单，会被 JavaScript 验证函数验证拦截。例如没有输入用户名信息就提交注册，效果如图 12-14 所示。

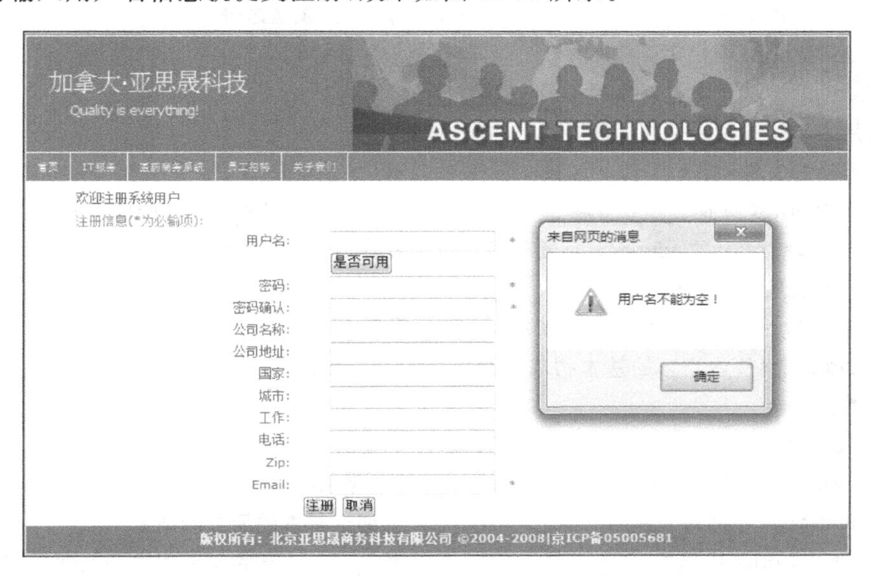

图 12-14 用户名信息不全时的提示信息

12.5.5 特别提示

尽管 JavaScript 可以大大加强客户端的动态交互，但它的缺点是依赖于客户端浏览器的种类(比如 IE 或是 Mozilla)和版本(比如 IE6 或 IE7)，因此带来了 JavaScript 兼容性和移植性的问题，所以 JavaScript 技术是一个双刃剑，开发人员要慎重选择。

12.5.6 拓展与提高

如何使用 JavaScript 开发一个树型菜单？

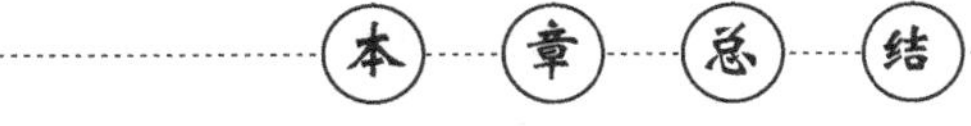

本章首先对 JavaScript 的基本概念、JavaScript 的语法基础进行简要介绍，然后介绍了 JavaScript 常用的程序控制流及语句，包括 if 语句、for 循环语句、while 循环、break 和 continue 语句。接着简单介绍了 JavaScript 函数、事件驱动和事件处理等内容。

本章还阐述了 JavaScript 中常用内部对象的功能、属性、主要方法和主要事件，以及如何利用系统函数快速地完成用户程序功能。最后简单地介绍了 JavaScript 中浏览器对象系统的层次结构及其主要作用。

习　题

一、填空题

1. JavaScript 是一种________语言，且 JavaScript 的变量是区分________。

2. 在 JavaScript 中代码要放在 ________与________ 之间。

3. 在 JavaScript 中文档对象模型是一个________结构。

4. 在用表单验证最大长度时需要用到的属性是________。

5. 在 HTML 文件中，________应该出现在 JavaScript 脚本的最后。

6. JavaScript 是一种________和________并具有安全性能（Security）的脚本语言。

7. 定义 JavaScript 的<script> 标签有两个可选属性是________和________。

8. 布尔常量只有两种状态:________或________ 。

9. 在 JavaScript 中，变量可以用命令________ 作声明。

10. JavaScript 脚本语言的基本构成是由________、函数、________、方法、________等来实现编程的。

11. 在 JavaScript 中可通过________检查参数的个数。

12. 当 Web 页面退出时引发________事件，并可更新 Cookie 的状态。

13. JavaScript 中的对象是由________和________两个基本的元素构成的。

14. 在 JavaScript 中提供了________、________和________三种常用对象和其他一些相关的方法。

15. 可以使用________方法创建新的窗口。

16. Window 对象的________属性包含了当前页面的地址（URL）信息。

17. ________对象记录着浏览器所浏览过的每一个页面，这些页面组成了一个历史记录列表。

18. Document 对象中的________属性主要用于在引用 href 标识时，控制着有关颜色的格式和有关文档标题、文档原文件的 URL 以及文档最后更新的日期。

二、选择题

1. 用（　　）可以编辑 JavaScript 程序。

   A. 浏览器　　B. 文本编辑器　　C. Word 文档　　D. 铅笔和纸张

2. 下面关于 JavaScript 的描述不正确的是（　　）。

   A. JavaScript 代码可以放到 HTML 文件中的任何地方

   B. JavaScript 代码必须放到<script> 与</script> 标签之间

   C. <script> 与</script> 标签之间可以放置多行代码

   D. <script> 标签之间可以嵌套

3. 下面关于 JavaScript 和 Java 的描述正确的是（　　）。

   A. JavaScript 和 Java 完全相同

   B. Java 的有些特性在 JavaScript 中不支持

   C. Java 创作者可以不那么注重程序

   D. Java 是一种比 JavaScript 简单得多的语言

4. 下面的浏览器中，不支持 JavaScript 的是（　　）。

A. Netscape Navigator　　B. Microsoft Internet Explorer 4.0

C. Mozilla Firefox　　D. Microsoft Internet Explorer 3.0

5. 当用户浏览包含 JavaScript 程序的页面时，在（　　）执行脚本。

A. 运行 Web 浏览器的用户机器上

B. Web 服务器上

C. 一台在 Netscape 的核心计算机上

D. 主机上

6. 下面不属于 JavaScript 中基本的数据类型的是（　　）。

A. 实数　　B. 字符串型　　C. 整型　　D. 字符

7. 下面不属于 JavaScript 语言的单目运算符的是（　　）。

A. –（取反）　　B. |（或）　　C. ++（递加 1）　　D. --（递减 1）

8. 下面不属于 JavaScript 中双目运算符的是（　　）。

A. +（加）　　B. –（减）　　C. %（取模）　　D. ~（取补）

9. JavaScript 脚本语言的基本构成是由（　　）等来实现编程的。

A. 控制语句　　B. 函数和对象　　C. 方法和属性　　D. 以上都是

10. 下面不属于产生 onClick 事件的基本对象的是（　　）。

A. button　　B. checkbox　　C. radio　　D. select

11. 除了前面提到过的文档（Document）对象外，Navigator 浏览器中还提供了（　　）。

A. 窗口（Window）对象　　B. 框架（Frame）对象

C. 历史（History）对象　　D. 位置（Location）对象

12. History 对象具有三个主要方法，它们是（　　）。

A. forward ( )　　B. back ( )　　C. go ( )　　D. exit ( )

13. 在 Document 中主要有（　　）三个最重要的对象。

A. links　　B. anchor　　C. attribute　　D. form

14. 关于 JavaScript 中的函数和对象，下列说法不正确的是（　　）。

A. 每一个函数都有一个 prototype 对象

B. 函数就是一个特殊类型的对象

C. 函数附属于它所附加到的对象上，只能通过该对象访问

D. 同一个函数可以被附属到多个对象上

15. 下列（　　）工具不能用来调试浏览器中的 JavaScript。

A. MS Visual InterDev　　B. Eclipse

C. MS Script Debugger　　D. Mozilla Venkman

三、简答题

1. 简述 JavaScript 的概念以及 JavaScript 的基本特点。
2. 简述编写一个 JavaScript 脚本的几种不同方法。
3. 简述引用对象的几种途径。
4. 简述 JavaScript 中浏览器对象系统的层次结构及其主要作用。

四、编程题

1. 编程实现把当前日期以 YYYY-MM-DD 的形式输出在页面上显示。

2. 编程实现对某个页面的验证，要求：包含长度的验证，是否为空的验证，合法性的验证等。

3. 设计一个注册页面，主要利用 JavaScript 完成功能。包括姓名、年龄、性别（单选按钮）、籍贯（下拉菜单）、爱好（复选框）。提交之后在第二个页面显示这些内容。

第13章 ASP.NET和AJAX

学习目的与要求

基于XML的异步JavaScript(AJAX)是当前Web创新(称为Web 2.0)中的一个王冠。AJAX理念的出现,揭开了无刷新更新页面时代的序幕,并有代替传统Web开发中采用form(表单)提交方式更新Web页面的趋势,可以算是一个里程碑。本章将深入学习AJAX技术。通过本章的学习将能够:

- 了解AJAX的概念、工作原理、优势和缺点。
- 理解AJAX的核心技术的内容。了解XMLHttpRequest对象的属性、方法,以及进行交互的步骤和方法。
- 掌握脚本管理控件ScriptManger和ScriptMangerProxy的作用。
- 掌握使用更新区域控件UpdatePanel进行页面局部更新。
- 掌握如何使用更新进度控件UpdateProgress进行更新中进度的统计。
- 了解如何使用时间控件Timer进行时间控制。

本章主要内容

- AJAX基础:讲解AJAX的概念、核心技术、XMLHttpRequest对象等知识。
- ASP. NET 3. 5 AJAX控件:介绍ScriptManger、UpdatePanel、UpdateProgress和Timer等控件的使用。

13.1 AJAX基础

现今,在Web开发领域最流行的就属AJAX,AJAX能够提升用户体验,更加方便地与Web应用程序进行交互。

在传统的Web开发中，对页面进行操作往往需要进行回发，从而导致页面刷新，而使用AJAX就无需产生回发，从而实现无刷新效果。AJAX适用于交互较多、频繁读取数据、数据分类良好的Web应用。著名的应用实例包括msn space、Gmail、Google Groups、Flickr、Windows Live、Google Suggest以及GMaps。

下面就展开对AJAX的介绍。

13.1.1 AJAX简介

1. AJAX的定义

AJAX(Asynchronous JavaScript and XML)技术是由Jesse James Garrett提出的，而AJAX术语是由Adaptive Path公司最先提出的，它是综合异步通信、JavaScript以及XML等多种网络技术的新的编程方式。如果从用户看到的实际效果来看，也可以形象地称之为无页面刷新技术。

AJAX并不是一门新的语言或技术，AJAX通过将这些技术进行一定的修改、整合和发扬就形成了AJAX技术。AJAX技术的主要内容包括：

(1) 使用XHTML和CSS标准化呈现；

(2) 使用DOM(Document Object Model)实现动态显示和交互；

(3) 使用XML和XSLT进行数据交换与处理；

(4) 使用XMLHttpRequest进行异步数据读取；

(5) 最后用JavaScript绑定和处理所有数据。

AJAX技术的最大优点就是能在不更新整个页面的前提下维护数据，这使得Web应用程序能够更为迅捷地回应用户动作，并避免了在网络上发送那些没有改变过的信息。

2. AJAX的工作原理

AJAX的工作原理相当于在用户和服务器之间加了一个中间层，使用户操作与服务器响应异步化。并不是所有的用户请求都提交给服务器，像一些数据验证和数据处理等都交给AJAX引擎自己来做，只有确定需要从服务器读取新数据时再由AJAX引擎代为向服务器提交请求。AJAX的核心是JavaScript对象XmlHttpRequest。该对象在Internet Explorer 5中就被引入了，它是一种支持异步请求的技术。简而言之，XmlHttpRequest使用户可以使用JavaScript向服务器提出请求并处理响应，而不会影响客户端的信息通信。

传统的Web应用模型与AJAX的Web应用模型对比如图13-1和图13-2所示。

AJAX Web应用模型的优点在于无须进行整个页面的回发就能够进行局部的更新，这样能够使Web服务器尽快地响应用户的要求。而AJAX Web应用无需安装任何插件，也无须在Web服务器中安装应用程序，但是AJAX需要用户允许JavaScript在浏览器上执行，若用户不允许JavaScript在浏览器上执行，则AJAX可能无法运行。但是随着AJAX的发展和客户端浏览器的发展，先进的浏览器都能够支持AJAX，包括最新的IE8、Firefox 4以及Opera等。

3. AJAX的优势

AJAX的优势具体如下：

(1) 减轻服务器的负担。因为AJAX的根本理念是“按需取数”，所以最大可能地减少

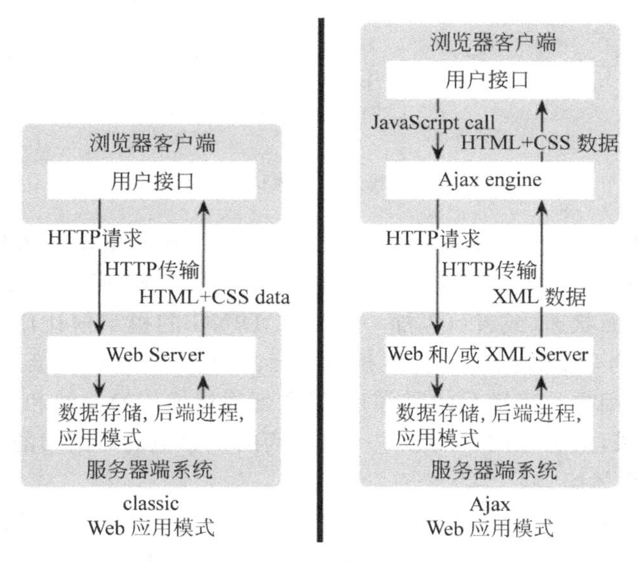

图 13-1 两种 Web 应用模型的流程对比

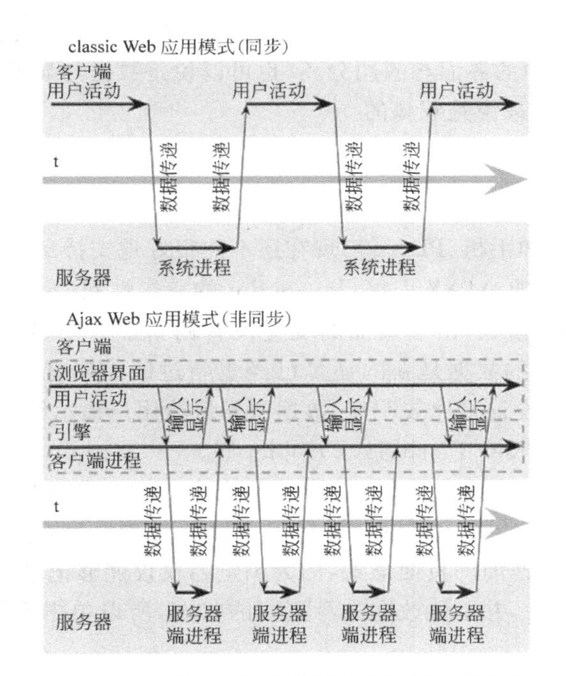

图 13-2 两种 Web 应用模型的执行过程对比

了冗余请求和响应对服务器造成的负担。

(2) 无刷新更新页面，减少用户实际和心理等待时间。

首先，“按需取数”的模式减少了数据的实际读取量，打个很形象的比方，如果说重载的方式是从一个终点回到原点再到另一个终点的话，那么 AJAX 就是以一个终点为基点到达另一个终点，具体过程如图 13-3 所示。

其次，即使要读取比较大的数据，也不用像 RELOAD 一样出现白屏的情况。由于

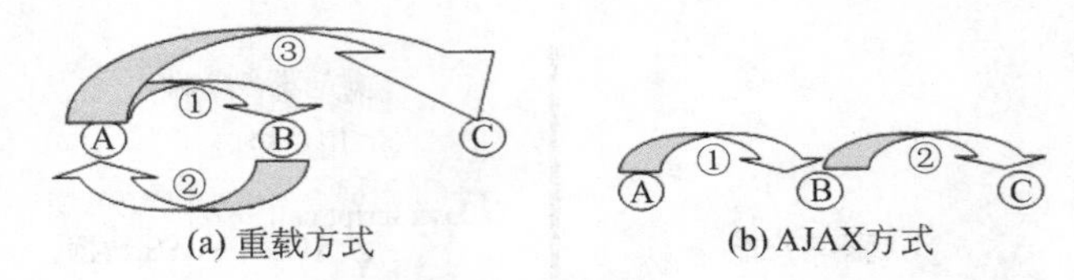

图 13-3 重载方式与 AJAX 方式对比

AJAX 是用 XMLHTTP 发送请求得到服务端应答数据，在不重新载入整个页面的情况下用 JavaScript 操作 DOM 最终更新页面的，所以在读取数据的过程中，用户所面对的也不是白屏，而是原来的页面状态(或者可以加一个 LOADING 的提示框让用户了解数据读取的状态)，只有当接收到全部数据后才更新相应部分的内容，而这种更新也是瞬间的，用户几乎感觉不到。总之，用户是很敏感的，他们能感觉到你对他们的友好和体贴，虽然不太可能取得立竿见影的效果，但会在用户的心中一点一滴的积累他们对网站的依赖和亲切感。

(3) 更好的用户体验。

(4) 可以把以前的一些服务器负担的工作转嫁到客户端，利于客户端闲置的处理能力来处理，减轻服务器和带宽的负担，节约空间和带宽租用成本。

(5) AJAX 可以调用外部数据。

(6) 基于标准化的并被广泛支持的技术，并且不需要插件或下载小程序。

(7) AJAX 使 Web 中的界面与应用分离(也可以说是数据与显示分离)。

(8) 对于用户和 ISP 来说是双赢的。

4. AJAX 的缺点

AJAX 的缺点具体如下：

(1) 一些手持设备(如手机、PDA 等)现在还不能很好地支持 AJAX。

(2) 用 JavaScript 作的 AJAX 引擎，JavaScript 的兼容性和 Debug 都是让人头痛的事。

(3) AJAX 的无刷新重载，由于页面的变化没有刷新那么明显，所以容易给用户带来困扰：用户不太清楚现在的数据是新的还是已经更新过的。现有的解决方法是在相关位置提示、数据更新的区域设计得比较明显、数据更新后给用户提示等。

(4) 对流媒体的支持没有 Flash、Java Applet 好。

(5) AJAX 无法维持刚刚的"历史"状态，当用户在一个页面进行操作后，AJAX 将破坏浏览器的功能中的"后退"功能。当用户执行了 AJAX 操作之后，单击浏览器的后退按钮时，不会返回到 AJAX 操作前的页面形式，因为浏览器仅仅能够记录静态页面的状态，而使用 AJAX 进行页面操作后，并不能改变本身页面的状态，所以单击后退按钮并不能返回操作前的页面状态。

5. 客户端技术

ASP.NET AJAX 有两个部分：第一部分是客户端架构和一系列完全位于客户端的服务。另一部分是服务器端架构。

因此，Microsoft 提供了一个客户端脚本库，这是一个 JavaScript 库，负责必要的通信。客户端脚本库如图 13-4 所示。

客户端脚本库提供了一个面向对象的 JavaScript 界面，它与.NET Framework 的各个方面都很一致。因为浏览器兼容组件是内置的，所以在这一层上完成的所有工作或(在大

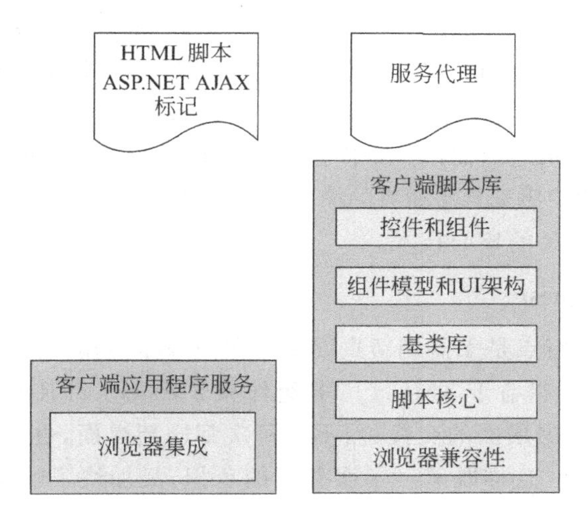

图 13-4 客户端脚本库

多数情况下)让 ASP.NET AJAX 执行的工作都可以在许多不同的浏览器上完成。另外,有一些组件支持丰富的 UI 基础结构,它可以帮助开发人员完成大量的工作。

ASP.NET AJAX 提供的客户端技术的一个有趣之处是它们完全独立于 ASP.NET。实际上,任何开发人员都可以免费下载 Microsoft 的 AJAX 库(从 ASP.NET/AJAX 上下载),把它和其他 Web 技术结合使用,例如 PHP(php.net)和 Java Server Pages(JSP)。因此,整个 Web 在有了 ASP.NET AJAX 提供的服务器端技术之后才更加完整。

6. 服务器端技术

ASP.NET 开发人员很可能在 ASP.NET AJAX 的服务器端方面花费大部分时间,而 ASP.NET AJAX 主要是客户端技术与服务器端技术的通信。可以在 ASP.NET AJAX 的服务器端执行许多任务。

服务器端架构知道如何处理客户端请求(例如使响应具有正确的格式),还负责在 JavaScript 对象和服务器端代码中使用的.NET 对象之间编组(marshal)对象。图 13-5 是 ASP.NET AJAX 提供的服务器端架构。

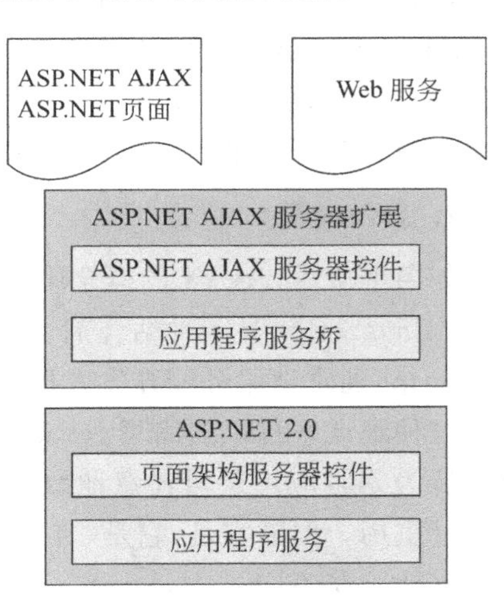

图 13-5 AJAX 的服务器端架构

安装了.NET Framework 4 后,ASP.NET AJAX 服务器扩展就位于核心 ASP.NET 架构、Windows Communication Foundation 和基于 ASP.NET 的 Web 服务(.asmx)的上方。

13.1.2 AJAX 核心技术概述

虽然 Garrent 列出了 7 条 AJAX 的构成技术,但实际上所谓 AJAX 的核心只有 JavaScript、XMLHTTPRequest、CSS 和 DOM,如果所用数据格式为 XML 的话,还可以再加上 XML 这一项(AJAX 从服务器端返回的数据可以是 XML 格式,也可以是文本等其他格式)。

在旧的交互方式中，由用户触发一个HTTP请求到服务器，服务器对其进行处理后再返回一个新的HTML页响应到客户端，每当服务器处理客户端提交的请求时，客户都只能空闲等待，并且哪怕只是一次很小的交互或者只需从服务器端得到很简单的一个数据，都要返回一个完整的HTML页，而用户每次都要浪费时间和带宽去重新读取整个页面。

而使用AJAX后用户感觉几乎所有的操作都会很快响应，没有页面重载(白屏)的等待。

下面分别介绍AJAX的核心技术。

1. XMLHTTPRequest

AJAX的一个最大特点是无需刷新页面便可向服务器传输或读写数据(又称无刷新更新页面)。这一特点主要得益于XMLHTTP组件和XMLHTTPRequest对象。因此，应用程序只同服务器进行数据层面的交换，而不用每次都刷新界面，也不用每次将数据处理的工作提交给服务器来做。这样既减轻了服务器的负担，又加快了响应速度，缩短了用户等候时间。

最早应用XMLHTTP的是微软，IE(IE5以上)通过允许开发人员在Web页面内部使用XMLHTTP ActiveX组件扩展自身的功能，这样一来开发人员可以不用从当前的Web页面导航而直接传输数据到服务器上或者从服务器取数据。这个功能是很重要的，因为它帮助减少了无状态连接的痛苦，它还可以排除下载冗余HTML的需要，从而提高进程的速度。Mozilla(Mozilla 1.0以上及NetScape 7以上)做出的回应是创建它自己的继承XML代理类——XMLHttpRequest类。Konqueror(与Safari v1.2，同样也是基于KHTML的浏览器)也支持XMLHttpRequest对象，而Opera将在其v7.6x+以后的版本中支持XMLHttpRequest对象。对于大多数情况，XMLHttpRequest对象和XMLHTTP组件很相似，方法和属性也类似，只是有一小部分属性不支持。

13.1.3节会详细介绍XMLHttpRequest对象。

2. JavaScript

如名字所示，AJAX的概念中最重要而最容易被忽视的是它也是一种JavaScript编程语言。JavaScript是一种粘合剂，它把AJAX应用的各部分集成在一起。在大部分时间，JavaScript通常被服务端开发人员认为是一种企业级应用，不需要使用的东西应该尽力避免。这种观点来自以前编写JavaScript代码的经历：繁杂而又易出错的语言。类似的，它也被认为是将应用逻辑任意地散布在服务端和客户端中，这使得问题很难被发现，而且代码很难重用。但事实是，它是一门真正的编程语言，有着自己的标准，并在各种浏览器中被广泛支持。在AJAX中，JavaScript主要被用来传递用户界面上的数据到服务端并返回结果。XMLHttpRequest对象用来响应通过HTTP传递的数据，一旦数据返回到客户端就可以立刻使用DOM将数据放到网页上。

3. Document Object Model(DOM)

DOM是给HTML和XML文件使用的一组API。它提供了文件的结构表述，让用户可以改变其中的内容。其本质是建立网页与Script或程序语言沟通的桥梁。

所有Web开发人员可操作及建立文件的属性、方法及事件都以对象来展现(例如，document就代表“文件本身”这个对象，table则代表HTML的表格对象等)。这些对象可以由当今大多数的浏览器以 Script 方式来取用。

一个用 HTML 或 XHTML 构建的网页也可以看做是一组结构化的数据，这些数据被封在 DOM 中，DOM 提供了网页中各个对象的读写支持。

4. XML

可扩展的标记语言(Extensible Markup Language，XML)具有一种开放的、可扩展的、可自描述的语言结构，它已经成为网上数据和文档传输的标准。它是用来描述数据结构的一种语言，正如它的名字一样。它使得对某些结构化数据的定义更加容易，并且可以通过它和其他应用程序交换数据。

5. CSS

为了正确地浏览 AJAX 应用，CSS 是一种 AJAX 开发人员所需要的重要武器。CSS 提供了从内容中分离应用样式和设计的机制。虽然 CSS 在 AJAX 应用中扮演着至关重要的角色，但它也是构建跨浏览器应用的一大阻碍，因为不同的浏览器厂商支持各种不同的 CSS 级别。

6. 综合

Jesse James Garrett 提到的 AJAX 引擎实际上是一个比较复杂的 JavaScript 应用程序，用来处理用户请求，读写服务器和更改 DOM 内容。

JavaScript 的 AJAX 引擎读取信息，并且互动地重写 DOM，这使网页能无缝化重构，也就是在页面已经下载完毕后改变页面内容，这是我们一直在通过 JavaScript 和 DOM 广泛使用的方法。但要使网页真正动态起来，不仅要内部的互动，还需要从外部获取数据。在以前，是让用户来输入数据并通过 DOM 改变网页内容的，现在，XMLHTTPRequest 可以让我们在不重载页面的情况下读写服务器上的数据，使用户的输入达到最少。

基于 XML 的网络通信也并不是新事物，实际上 Flash 和 Java Applet 都有不错的表现，现在这种交互在网页上也可用了，它是基于标准化的并被广泛支持的技术，并且不需要插件或下载小程序。

AJAX 是传统 Web 应用程序的一个转变。以前是服务器每次生成 HTML 页面并返回给客户端(浏览器)。在大多数网站中，很多页面中至少 90%都是一样的，比如结构、格式、页头、页尾和广告等，所不同的只是一小部分的内容，但每次服务器都会生成所有的页面再返回给客户端，这无形之中是一种浪费，不管是对于用户的时间、带宽、CPU 耗用，还是对于 ISP 的高价租用的带宽和空间来说。如果按一页来算，只能几千字节或是几十千字节可能并不起眼，但对于每天要生成几百万个页面的 ISP 来说，可以说是损失巨大的。而 AJAX 可以成为客户端和服务器的中间层，以便用来处理客户端的请求，并根据需要向服务器端发送请求，用什么就取什么、用多少就取多少，就不会有数据的冗余和浪费，减少了数据下载总量，而且更新页面时不用重载全部内容，只更新需要更新的那部分即可，相对于纯后台处理并重载的方式缩短了用户等待时间，也把对资源的浪费降到最低。它基于标准化的并被广泛支持的技术，并且不需要插件或下载小程序，所以 AJAX 对于用户和 ISP 来说是双赢的。

AJAX 使 Web 中的界面与应用分离(也可以说是数据与呈现分离)，而在以前两者是没有清晰的界限的，数据与呈现的分离有利于分工合作、减少非技术人员对页面的修改造成的 Web 应用程序错误、提高效率，也更加适用于现在的发布系统。也可以把以前的一些服务器负担的工作转嫁到客户端，利用客户端闲置的处理能力来处理。

7. 开发工具

在实际构建 AJAX 应用中，需要的不只是文本编辑器。既然 JavaScript 是非编译的，它可以容易地编写和运行在浏览器中。然而，许多工具提供了有用的扩展，如语法高亮和智能完成。

不同的 IDE 提供了对 JavaScript 支持的不同等级。来自 JetBrains 的 IntelliJ IDEA 是一个用来开发 JavaScript 的更好的 IDE，虽然许多开发人员也喜欢 Microsoft's Visual Studio 产品（承诺会在最新的版本中改善对 AJAX 的支持）。Eclipse 包含了两个免费的 JavaScript 编辑器插件和一个商业的来自 ActiveStat 的 Komodo IDE。

另一个 JavaScript 和 AJAX 开发中的问题是调试困难。不同的浏览器提供不同的通常是隐藏的运行时错误信息，而 JavaScript 的缺陷如双重变量赋值（通常是由于缺少数据类型）使得调试更加困难。在 AJAX 的开发中，调试就更复杂了，因为其需要标识究竟是客户端还是服务端产生的错误。在过去，JavaScript 调试的方法是删除所有代码，然后一行行的增加直到错误出现。现在，更多开发人员回到为 IE 准备的 Microsoft Script Debugger 和为 Mozilla 浏览器准备的 Venkman。

13.1.3 XMLHttpRequest 对象

在 13.1.2 节中提到，作为 AJAX 技术的核心部分，XMLHttpRequest 最早在 IE5 中以 ActiveX 控件的形式出现，现在已被大多数浏览器支持。下面将对 XMLHttpRequest 进行详细介绍。

1. XMLHttpRequest 对象描述

在使用 XMLHttpRequest 对象发送和处理响应之前，必须先用 JavaScript 创建一个 XMLHttpRequest 对象。由于 XMLHttpRequest 不是一个 W3C 标准，因此可以采用多种方法使用 JavaScript 来创建 XMLHttpRequest 实例。IE 把 XMLHttpRequest 实现为一个 ActiveX 对象，其他浏览器（如 Firefox、Opera 等）把它实现为一个本地 JavaScript 对象。由于存在这些差别，JavaScript 代码中必须包含相关的逻辑，从而使用 ActiveX 技术或者使用本地 JavaScript 对象技术 XMLHttpRequest 的一个实例。由于不同浏览器所支持的技术不同，在具体操作中，首先需要检测浏览器是否提供对 ActiveX 对象的支持。如果浏览器支持 ActiveX 对象，就可以使用 ActiveX 来创建 XMLHttpRequest 对象。否则，就要使用本地 JavaScript 对象技术来创建。可以利用跨浏览器的 JavaScript 代码创建 XMLHttpRequest 对象，示例代码如下：

```
var xmlHttp;
function createXMLHttpRequest() {
    if(window.ActiveXObject) {
        xmlHttp=new ActiveXObject("Microsoft.XMLHttpRequest");
    }
    else if(window.XMLHttpRequest) {
        xmlHttp=new XMLHttpRequest();
    }
```

```
}
```

可以看到，创建 XMLHttpRequest 对象相当容易。首先，要创建一个全局作用域变量 xmlHttp 来保存这个对象的引用。createXMLHttpRequest 方法完成创建 XMLHttpRequests 实例的具体工作。这个方法中只有简单的分支逻辑(选择逻辑)来确定如何创建对象。对 window. ActiveXObject 的调用会返回一个对象，也可能返回 null，if 语句会把调用返回的结果看做是 true 或 false(如果返回对象则为 true，返回 null 则为 false)，以此指示浏览器是否支持 ActiveX 控件。

由于 JavaScript 具有动态类型特性，而且 XMLHttpRequest 在不同浏览器上的实现是兼容的，因此可以用相同的方法访问 XMLHttpRequest 实例的属性和方法，而不论这个示例是使用什么方法创建的。这就大大简化了开发过程，而且在 JavaScript 中也不必编写特定于浏览器的逻辑。

2. XMLHttpRequest 对象的方法和属性

表 13-1 显示了 XMLHttpRequest 对象的一些典型方法。

表 13-1 标准的 XMLHttpRequest 操作

方法	描述
abort()	停止当前请求
getAllResponseHeaders()	把 HTTP 请求的所有响应首部作为键/值对返回
getResponseHeader("header")	返回指定首部的串值
open("method", "url")	建立对服务器的调用。method 参数可以是 GET、POST 或 PUT。url 参数可以是相对 URL 或绝对 URL。这个方法还包括三个可选参数
send(content)	向服务器发送请求
setRequestHeader("header", "value")	把指定首部设置为所提供的值。在设置任何首部之前必须先调用 open()

除了这些标准方法外，XMLHttpRequest 对象还有许多属性，在设计 AJAX 交互时这些属性非常有用，如表 13-2 所示。

表 13-2 标准 XMLHttpRequest 属性

属性	描述
onreadystatechange	每个状态改变时都会触发这个事件处理器，通常会调用一个 JavaScript 函数
readyState	请求的状态。有 5 个可取值：0＝未初始化，1＝正在加载，2＝已加载，3＝交互中，4＝完成
responseText	服务器的响应，表示为一个串
responseXML	服务器的响应，表示为 XML。这个对象可以解析为一个 DOM 对象
status	服务器的 HTTP 状态码(200 对应 OK，404 对应 Not Found，等等)
statueText	HTTP 状态码的相应文本

3. AJAX交互的基本步骤

不同于标准Web客户中所用的标准请求/响应方法，AJAX应用的做法稍有差别。AJAX进行交互的典型步骤如下：

(1) 一个客户端事件触发一个AJAX事件。

(2) 创建XMLHttpRequest对象的一个实例。

(3) 向服务器做出请求。可能调用任何服务器端技术。

(4) 服务器响应请求并进行相应处理，包括访问数据库，甚至访问另一个系统。

(5) 请求返回到浏览器。Content-Type设置为text/xml——XMLHttpRequest对象只能处理text/html类型的结果。在另外一些更复杂的示例中，响应可能涉及更广，还包括JavaScript、DOM管理以及其他相关的技术。

(6) 调用XMLHttpRequest对象配置的callback函数，这个函数会检查XMLHttpRequest对象的readyState属性，然后查看服务器返回的状态码。如果一切正常，callback函数就会在客户端上做些有意思的工作。

13.1.4 AJAX的简单示例

有两种类型的Web开发人员。一种Web开发人员习惯于使用ASP. NET，对使用服务器端控件和在服务器端处理这些控件很有经验。另一种Web开发人员主要考虑客户端，使用DHTML和JavaScript处理和控制页面及其行为。

虽然AJAX的原理听上去非常的复杂，但是AJAX的使用却是非常方便的。ASP. NET 3.5提供了AJAX控件以便开发人员快速地进行AJAX应用程序开发。

首先在Visual Studio工具箱的AJAX Extensions标签中把一个脚本管理控件(ScriptManger)添加到页面(如Default. aspx)的顶部，然后再拖动一个UpdatePanel控件、两个Label控件和Button控件，要求在UpdatePanel控件中包含第二个Label控件和Button控件。各控件的HTML代码如下所示：

```
<asp:ScriptManager ID="ScriptManager1" runat="server">
</asp:ScriptManager>
    <asp:Label ID="Label1" runat="server"></asp:Label>
        <br />
        <br />
        <asp:Button ID="Button1" runat="server"
            Text="Click to get machine time"
            onclick="Button1_Click" />
        <br />
        <br />
<asp:UpdatePanel ID="UpdatePanel1" runat="server">
        <ContentTemplate>
            <asp:Label ID="Label2" runat="server" Text=""></asp:Label>
            <br />
            <br />
```

```
            <asp:Button ID="Button2" runat="server"
                Text="Click to get machine time using AJAX"
                onclick="Button2_Click" />
        </ContentTemplate>
    </asp:UpdatePanel>
```

UpdatePanel 用来确定需要进行局部更新的控件，要保证 ScriptManger 控件在 UpdatePanel 控件之前。UpdatePanel 控件是一个模板服务器控件，允许在其中包含任意多项（与其他 ASP.NET 模板服务器控件一样）。

上述代码使用了 UpdatePanel 控件将服务器控件进行绑定，当浏览者操作 UpdatePanel 控件中的控件实现某种特定的功能时，页面只会针对 UpdatePanel 控件之间的控件进行刷新操作，而不会进行这个页面的刷新。在页面中为控件进行事件操作编写代码，示例代码如下：

```
<script runat="server">
    protected void Button1_Click(object sender,EventArgs e)
    {
        Label1.Text=DateTime.Now.ToString();                    //获取当前时间
    }
    protected void Button2_Click(object sender,EventArgs e)
    {
        Label2.Text=DateTime.Now.ToString();                    //获取当前时间
    }
</script>
```

在浏览器中打开这个页面，会看到它包含两个按钮。单击第一个按钮会回送完整的页面，更新 Label1 服务器控件上的当前时间。单击第二个按钮会进行 AJAX 异步回送，更新 Label2 服务器控件上的当前服务器时间。单击第二个按钮时，Label1 控件中的时间不会改变，因为它在 UpdatePanel 控件的外面。最终结果如图 13-6 所示。

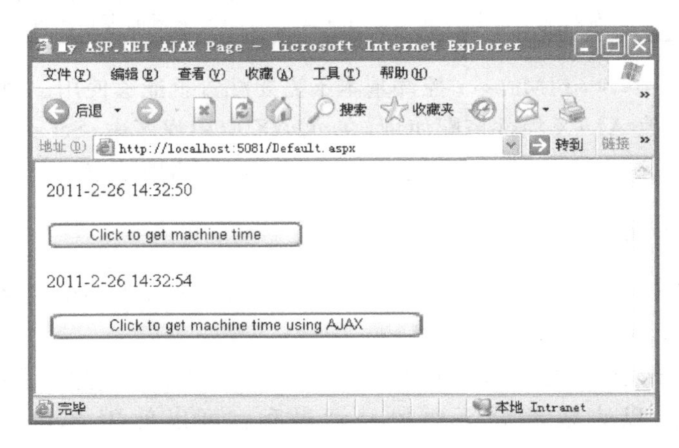

图 13-6 简单 AJAX 的运行结果

13.2 ASP.NET 3.5 AJAX控件

在ASP.NET 2.0中,AJAX需要下载和安装,开发人员还需要将相应的DLL文件分类存放并配置Web.config文件才能够实现AJAX功能。而在ASP.NET 3.5中,AJAX已经成为.NET框架的原生功能。创建ASP.NET 3.5 Web应用程序就能够直接使用AJAX功能,如图13-7所示。

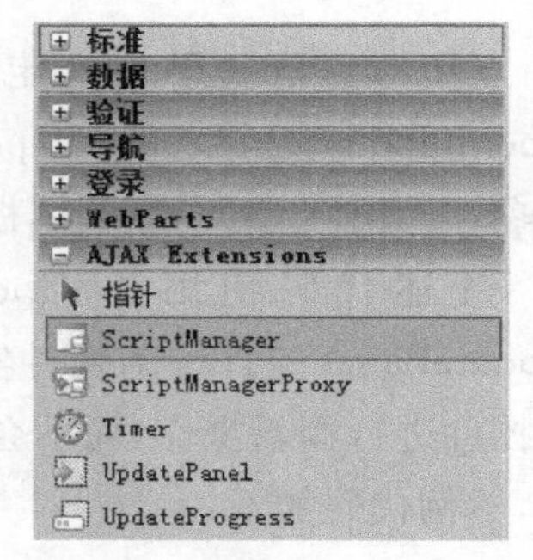

图13-7 ASP.NET 3.5 AJAX

在ASP.NET 3.5中,可以直接拖动AJAX控件进行AJAX开发。AJAX能够同普通控件一同使用,从而实现ASP.NET 3.5 AJAX中页面无刷新功能。在ASP.NET 3.5中,Web.config文件已经被更改,并且声明了AJAX功能。

ASP.NET 3.5中的ASP.NET AJAX服务器控件如表13-3所示。

表13-3 ASP.NET 3.5 AJAX控件

控件类型	说明
ScriptManager	该组件控件管理消息的编组,为需要部分更新的页面提供AJAX的服务器支持。每个ASP.NET页面都需要一个ScriptManager控件
ScriptManagerProxy	该组件控件用作内容页面的ScriptManager控件。ScriptManager Proxy控件位于内容页面(或子页面)上,与位于母版页上的ScriptManager控件协同工作
Timer	该控件以指定的时间间隔执行客户端事件,允许页面的指定部分在这些时间间隔内更新或刷新
UpdatePanel	该容器控件允许定义页面的某些区域支持使用ScriptManager,之后这些区域就可以回送部分页面,在正常的ASP.NET页面回送过程之外更新它们自身
UpdateProgress	该控件允许给终端用户显示一个可视化元素,说明部分页面回送操作正在更新页面的某个部分。这是长时间运行AJAX更新的理想控件

在AJAX应用中,ScriptManger控件基本不需要配置就能够使用。因为ScriptManger控件通常需要同其他AJAX控件搭配使用,在AJAX应用程序中,ScriptManger控件就相当于一个总指挥官,这个总指挥官只是进行指挥,而不进行实际的操作。

13.2.1 ScriptManager控件

脚本管理控件(ScriptManager)是ASP.NET AJAX中最重要的控件,它负责处理页面,允许进行部分页面的显示。

ScriptManager控件负责管理在页面上使用的JavaScript库,并在服务器和客户端之间来回编组消息,以完成部分页面的显示过程。可以使用SOAP或JSON,通过ScriptManager控件完成消息的编组。

注意: 一个页面上只能有一个ScriptManager控件。

创建一个ScriptManger控件后,系统自动生成HTML代码,如下所示:

```
<asp:ScriptManager ID="ScriptManager1" runat="server">
</asp:ScriptManager>
```

ScriptManger 控件负责用户整个页面的局部更新管理。ScriptManger 控件的常用属性如表 13-4 所示。

表 13-4 ScriptManger 控件的常用属性

属性名	说明
AllowCustomErrorRedirect	指明在异步回发过程中是否进行自定义错误重定向
AsyncPostBackTimeout	指定异步回发的超时事件,默认值为 90s
EnablePageMethods	是否启用页面方法,默认值为 false
EnablePartialRendering	在支持的浏览器上为 UpdatePanel 控件启用异步回发。默认值为 True
LoadScriptsBeforeUI	指定在浏览器中呈现 UI 之前是否应加载脚本引用
ScriptMode	指定在多个类型时可加载脚本的类型,默认值为 Auto

下面分别介绍各种控件的创建和使用。

1. 使用 ScriptManger

每个要使用 ASP.NET 提供的 AJAX 功能的页面都需要使用一个 ScriptManager 控件。有了 ScriptManager 控件和 UpdatePanel 控件,支持 AJAX 功能的 ASP.NET 应用程序就可以在页面上添加两个服务器控件以执行操作。

ScriptManger 控件在页面中相当于指挥的功能,如果需要使用 AJAX 的其他控件,就必须使用 ScriptManger 控件并且页面中只能包含一个 ScriptManger 控件。示例代码片段如下所示:

```
<body>
    <form id="form1" runat="server">
        <div>
        <asp:ScriptManager ID="ScriptManager1"  runat="server">
        </asp:ScriptManager>
        <asp:UpdatePanel ID="UpdatePanel1"  runat="server">
            <ContentTemplate>
                <asp:Calendar ID="Calendar1"  ShowTitle="True"  runat="server" />
                    <div>
                        背景色:
                            <br />
                            <asp:DropDownList ID="ColorList"  AutoPostBack="True"
                                    OnSelectedIndexChanged="DropDownSelection_
                                    Change"runat="server">
                             <asp:ListItem Selected="True" Value="White">白色</asp:
                             ListItem>
                             <asp:ListItem Value="Silver">银灰色</asp:ListItem>
                             <asp:ListItem Value="DarkGray">深灰色</asp:ListItem>
```

```
                        <asp:ListItem Value="Khaki">土黄色</asp:ListItem>
                            <asp:ListItem Value="DarkKhaki">深黄褐色</asp:
                            ListItem>
                    </asp:DropDownList>
                </div>
            </ContentTemplate>
        </asp:UpdatePanel>
    </div>
    </form>
</body>
```

上述代码创建了一个ScriptManger控件和一个UpdatePanel控件用于AJAX应用开发。在UpdatePanel控件中包含一个日期控件和一个下拉框控件，根据下拉框选择的不同，日期控件背景变为不同的颜色。当下拉框控件触发OnSelectedIndexChanged事件，示例代码如下：

```
<script runat="server">
    void DropDownSelection_Change(Object sender,EventArgs e) {
        try
        {
            Calendar1.DayStyle.BackColor=
                System.Drawing.Color.FromName(ColorList.SelectedItem.Value);
                                                                    //改变背景色
        }
        catch
        {
            Response.Write("错误");                                   //抛出异常
        }
    }
< /script>
```

上述代码通过下拉框中的改变进行背景色的控制，当改变下拉列表框的内容时，会触发该事件并执行相应的代码。运行后如图13-8和图13-9所示。

2. 捕获异常

当页面回传发生异常时会触发AsyncPostBackError事件。示例代码如下：

```
protected void ScriptManager1_AsyncPostBackError(object sender,
                                                    AsyncPostBackErrorEventArgs e)
{
    ScriptManager1.AsyncPostBackErrorMessage="回传发生异常:"
                        +e.Exception.Message;
}
```

AsyncPostBackError事件的触发依赖于AllowCustomErrorsRedirct属性、AsyncPostBackErrorMessage属性和Web. config中的<customErrors>配置节。其中，AllowCustomErrorsRedirct属性指明在异步回发过程中是否进行自定义错误重定向，而

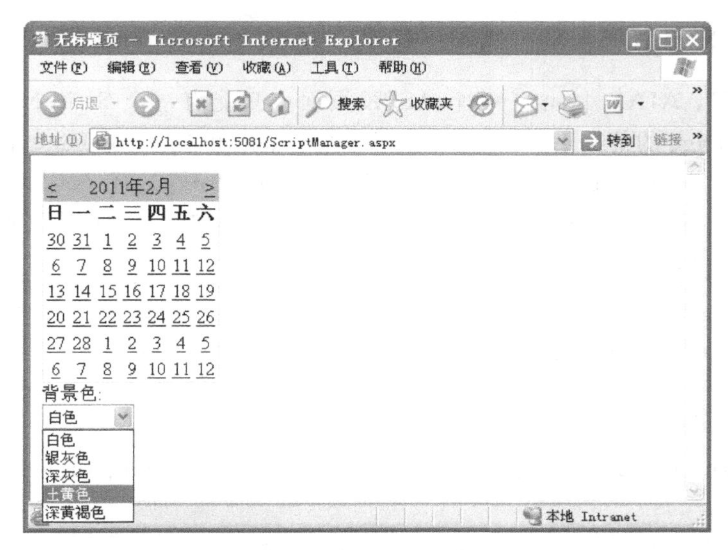

图 13-8　改变背景选项

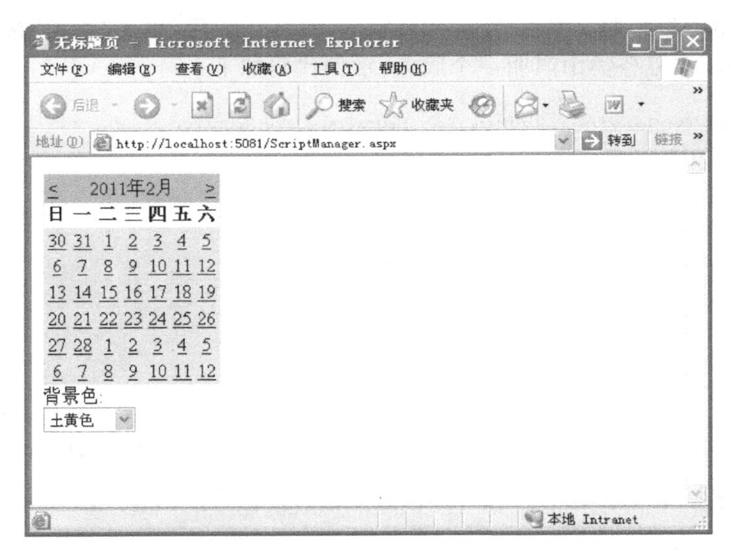

图 13-9　调整背景颜色

AsyncPostBackErrorMessage 属性指明当服务器上发生未处理异常时要发送到客户端的错误消息。示例代码如下：

```
protected void Button1_Click(object sender,EventArgs e)
{
    throw new ArgumentException();                          //抛出异常
}
```

上述代码当单击按钮控件时会抛出一个异常，ScriptManger 控件能够捕获异常并输出异常，运行代码后系统会提示异常“回传发生异常：值不在预期范围内”。

13.2.2 ScriptManagerProxy 控件

在 ASP. NET AJAX 中，由于一个 ASPX 页面上只能有一个 ScriptManager 控件，因此在有 Master-Page 的情况下，如果需要在 Master-Page 和 Content-Page 中引入不同的脚本，就需要在 Content-page 中使用 ScriptManagerProxy，而不是 ScriptManager。ScriptManagerProxy 和 ScriptManager 是两个非常相似的控件。简单定义形式如下：

```
<asp:ScriptManagerProxy id="ScriptManagerProxy1" runat="server">
    <Services>
        <asp:ServiceReference Path="CalculWebService.asmx" />
    </Services>
</asp:ScriptManagerProxy>
```

在 ScriptManagerProxy 中可以添加的子标签有 Services、Scripts、AuthenticationService 和 ProfileService。

下面看一个简单的使用 ScriptManagerProxy 的例子。

首先创建两个 WebService。选中项目，执行“添加”→“新建项”命令，依次选择 Visual C# 和“Web 服务”选项，输入服务名如 WebService1. asmx 后，单击“添加”按钮就创建了一个 Web Service。在服务类中声明一个服务，示例代码如下：

```
public class WebService1:System.Web.Services.WebService
{
    ⋮
    [WebMethod]
    public string EchoString(String s)
    {
        return "Hello "+s;
    }
}
```

该服务主要用于输出一个字符串信息。同样再创建一个名称为 WebService2. asmx 的服务，示例代码如下：

```
public class WebService2:System.Web.Services.WebService
{
    ⋮
    [WebMethod]
    public int Add(int a,int b)
    {
        return a+b;
    }
}
```

该服务主要用于加法的运算并将结果返回。

然后创建母版页。选中项目，执行“添加”→“新建项”命令，依次选择 Visual C# 和“母版页”选项，输入母版名如 Site1. Master 后，单击“添加”按钮就创建了一个 Master-Page。

在母版页中定义母版的布局，示例代码如下：

```
<div>
    <asp:ContentPlaceHolder ID="ContentPlaceHolder1" runat="server">
    </asp:ContentPlaceHolder>
    <asp:ScriptManager ID="ScriptManager1" runat="server" >
        <Services>
            <asp:ServiceReference Path="WebService1.asmx" />
        </Services>
    </asp:ScriptManager>
    <asp:contentplaceholder id="ContentPlaceHolder2" runat="server">
    </asp:contentplaceholder>
     <h3>请输入名称:</h3>
    <input id="inputName" type="text" />
    <input id="button"type="button" value="确定"onclick="return OnbuttonGo_click()"/>
</div>
```

上述代码创建了母版页，并且母版页中使用了 ScriptMangerProxy 控件为母版页中的控件进行 AJAX 应用支持。母版页中按钮控件的事件代码如下所示：

```
<script type="text/JavaScript" language="JavaScript">
function OnbuttonGo_click()
{
    requestSimpleService=WebService1.EchoString(
      document.getElementById('inputName').value,            //利用 ID 获得元素的值
      OnRequestComplete                                      //指定实现的事件
      );
        return false;
    }
    function OnRequestComplete(result)
    {
        alert(result);
    }
</script>
```

接着创建一个内容窗体。选中项目，执行“添加”→“新建项”命令，依次选择 Visual C# 和“Web 内容窗体”选项，输入窗体名如 ScriptMangerProxy.aspx 后，单击“确定”按钮就创建了一个 Content-Page。在内容窗体中可以使用母版页进行样式控制和布局，内容窗体页面代码如下所示：

```
<%@ Page Language="C#" MasterPageFile="~/Site1.Master" AutoEventWireup="true"
        CodeBehind="ScriptMangerProxy.aspx.cs"
        Inherits="WebApp11.ScriptMangerProxy"
        Title="无标题页" %>
    <asp:Content ID="Content1" ContentPlaceHolderID="head" runat="server">
    </asp:Content>
    <asp:Content ID="Content2" ContentPlaceHolderID="ContentPlaceHolder1"
```

```
        runat="server"></asp:Content>
    <asp:Content ID="Content3" ContentPlaceHolderID="ContentPlaceHolder2"
        runat="server">
    <div>
        <asp:ScriptManagerProxy id="ScriptManagerProxy1" runat="server">
          <Services>
            <asp:ServiceReference Path="WebService2.asmx" />
              </Services>
        </asp:ScriptManagerProxy>
        <h3>请输入两个数:</h3> 
        <input id="inputA" type="text" style="width: 110px" /> + 
        <input id="inputB" style="width: 110px" type="text" /> 
        <input id="buttonEqual" type="button" value="="
                        onclick="return OnbuttonEqual_click()"/>
    </div>
    <script type="text/JavaScript" language="JavaScript">
        function OnbuttonEqual_click()
        {
            requestSimpleService =WebService2.Add(
                document.getElementById('inputA').value,
                document.getElementById('inputB').value,
                OnRequestComplete);
            return false;
        }
        function OnRequestComplete(result)
        {
            alert(result);
        }
    </script>
</asp:Content>
```

上述代码为内容窗体代码，在内容窗体中使用了 Site1.Master 母版页作为样式控制，并且通过使用 ScriptMangerProxy 控件进行内容窗体 AJAX 应用的支持。运行后如图 13-10 所示。

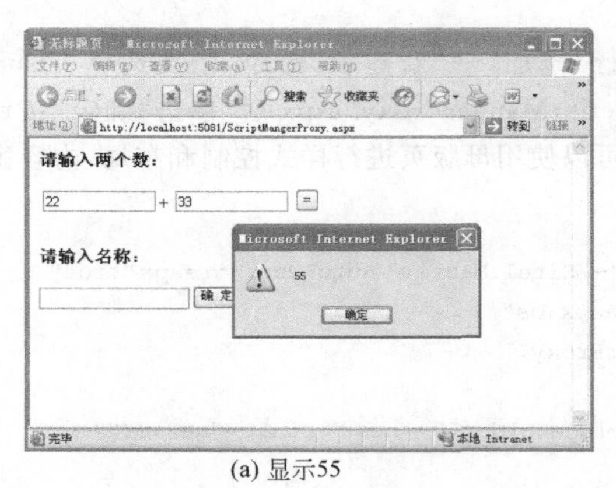

(a) 显示55　　(b) 显示Hello 您好！

图 13-10　ScriptMangerProxy 控件的应用

ScriptMangerProxy 控件与 ScriptManger 控件非常的相似，但是 ScriptManger 控件只允许在一个页面中使用一次。当 Web 应用需要使用母版页进行样式控制时，母版页和内容页都需要进行局部更新时 ScriptManger 控件就不能完成需求，使用 ScriptMangerProxy 控件就能够在母版页和内容页中都实现 AJAX 应用。

13.2.3 Timer 控件

在 ASP.NET 页面上处理异步回送时，一项常见的任务是希望这些异步回送以特定的时间间隔发生。在 ASP.NET AJAX 中，AJAX 提供了一个 Timer 控件用于执行局部更新。使用 Timer 控件能够控制应用程序在一段时间内进行事件刷新。Timer 控件的 HTML 代码如下：

```
<asp:Timer ID="Timer1" runat="server">
</asp:Timer>
```

开发人员能够配置 Timer 控件的属性进行相应事件的触发。Timer 的属性如下所示：

- Enabled：是否启用 Tick 事件触发。
- Interval：设置 Tick 事件之间的连续时间，单位为毫秒。若属性设置为 10 000ms。这就表示每隔 10s 进行一次异步回送，调用一次 Timer1_Tick 函数。

通过配置 Timer 控件的 Interval 属性，把一些时间戳放在页面上，并把回送设置为在指定的时间间隔处进行，能够指定 Timer 控件在一定时间内进行事件刷新操作。示例代码如下：

```
<body>
    <form id="form1" runat="server">
        <div>
                <asp:ScriptManager ID="ScriptManager1" runat="server">
                </asp:ScriptManager>
                <asp:UpdatePanel ID="UpdatePanel1" runat="server">
                    <ContentTemplate>
                        系统时间<asp:Label ID="Label1" runat="server" Text="Label">
                        </asp:Label>
                        <asp:Timer ID="Timer1" runat ="server" Interval="1000"
                                                    ontick="Timer1_Tick">
                        </asp:Timer>
                    </ContentTemplate>
                </asp:UpdatePanel>
            </div>
    </form>
</body>
```

上述代码使用了一个 ScriptManager 控件进行页面全局管理，ScriptManager 控件是必需的。另外，在页面中使用了 UpdatePanel 控件，该控件用于控制页面的局部更新，而不会引发整个页面刷新。在 UpdatePanel 控件中包括一个 Label 控件和一个 Timer 控件，Label 控件用于显示时间，Timer 控件用于执行 Timer1_Tick 事件。Timer 控件的事件代码如下所示：

```
protected void Page_Load(object sender,EventArgs e)                //页面打开时执行
{
    Label1.Text=DateTime.Now.ToString();                           //获取当前时间
}
protected void Timer1_Tick(object sender,EventArgs e)              //Timer控件计数
{
    Label1.Text=DateTime.Now.ToString();                           //遍历获取时间
}
```

上述代码在页面第一次加载时，通过调用Page_Load事件处理程序使用DateTime值填充Label控件。在第一次加载时给Label控件填充DateTime值后，Timer控件就负责修改这个值。

Timer控件的OnTick属性可以完成这项任务，它指向到达Interval属性指定的时间间隔时触发的函数。Interval属性设置为10 000，即10 000ms(1000ms等于1s)。这就表示，每隔10s进行一次异步回送，调用一次Timer1_Tick函数，这样就形成了一个可以计数的时间。运行结果如图13-11和图13-12所示。

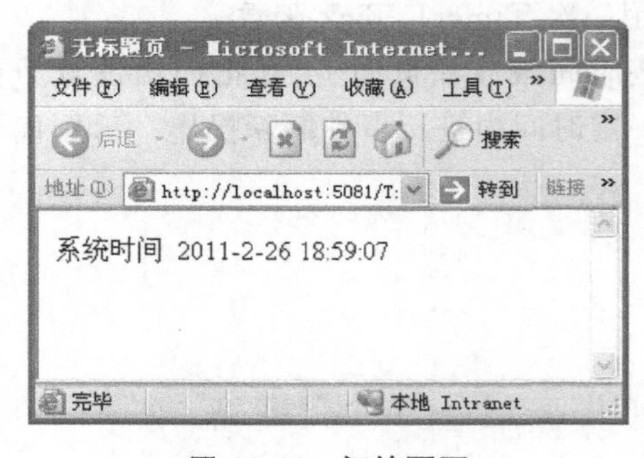

图13-11 初始页面

图13-12 刷新操作

Timer控件能够通过简单的方法让开发人员无须通过复杂的JavaScript实现Timer控制。但是从另一方面来讲，Timer控件会占用大量的服务器资源，如果不停地进行客户端服务器的信息通信操作，很容易造成服务器假死。

13.2.4 UpdatePanel控件

更新区域控件(UpdatePanel)在ASP.NET AJAX中是最常用的控件，这个控件保存回送模型，允许执行部分页面的显示。

UpdatePanel控件是一个容器控件，只需要在UpdatePanel控件中放入需要刷新的控件就能够实现局部刷新。使用UpdatePanel控件，整个页面中只有UpdatePanel控件中的服务器控件或事件会进行刷新操作，而页面的其他地方都不会被刷新。UpdatePanel控件的HTML代码如下所示：

```
<asp:UpdatePanel ID="UpdatePanel1" runat="server">
</asp:UpdatePanel>
```

UpdatePanel 控件的属性如表 13-5 所示。

表 13-5 UpdatePanel 控件的属性

属性名	说明
RenderMode	该属性指明 UpdatePanel 控件内呈现的标记应为<div>或<span>
ChildrenAsTriggers	该属性指明来自 UpdatePanel 控件的子控件的回发是否导致 UpdatePanel 控件的更新，其默认值为 True
EnableViewState	指明控件是否自动保存其往返过程
Triggers	指明可以导致 UpdatePanel 控件更新的触发器的集合
UpdateMode	指明 UpdatePanel 控件回发的属性，是在每次进行事件时进行更新还是使用 UpdatePanel 控件的 Update 方法再进行更新
Visible	UpdatePanel 控件的可见性

UpdatePanel 控件包括两个子元素：<ContentTemplate>和<Triggers>。需要在异步页面回送中改变的内容都应包含在 UpdatePanel 控件的<ContentTemplate>部分中。这些控件就能够实现页面无刷新的更新操作，示例代码如下：

```
<asp:UpdatePanel ID="UpdatePanel1" runat="server">
    <ContentTemplate>
        <asp:Label ID="Label1" runat="server"></asp:Label>
        <asp:Button ID="Button1" runat="server" Text="初始化异步请求"
                    OnClick="Button1_Click" />
    </ContentTemplate>
</asp:UpdatePanel>
⋮
<script runat="server">
    protected void Button1_Click(object sender, EventArgs e)
    {
        Label1.Text="This button was clicked on "+DateTime.Now.ToString();
    }
</script>
```

在这个例子中，Label 和 Button 服务器控件都包含在 UpdatePanel 服务器控件中。在默认情况下，包含在<ContentTemplate>部分中的任何类型的控件触发器（一般会触发页面回送）都会触发异步页面回送。这就表示页面上的 Button1 按钮会触发一个异步页面回送，而不是完整页面回送。每次单击该按钮都会改变显示在 Label 控件中的时间。

UpdatePanel 控件还包括 Triggers 标签，Triggers 标签可以指定引发异步页面回送的各种触发器。Triggers 标签包括两个属性 AsyncPostBackTrigger 和 PostBackTrigger。AsyncPostBackTrigger 仅执行异步页面回送，用来指定某个服务器端控件，以及将其触发的服务器事件作为 UpdatePanel 异步更新的一种触发器。示例代码如下：

```
<div>
    <asp:ScriptManager ID="ScriptManager1" runat="server">
    </asp:ScriptManager>
    <asp:UpdatePanel ID="UpdatePanel1" runat="server">
      <ContentTemplate>
        <asp:Label ID="Label1" runat="server"></asp:Label>
      </ContentTemplate>
      <Triggers>
        <asp:AsyncPostBackTrigger ControlID="Button1"
            EventName="Click" />
      </Triggers>
      </asp:UpdatePanel>
    <asp:Button ID="Button1" runat="server"
                Text="初始化异步请求"
            OnClick="Button1_Click" />
</div>
⋮
<script runat="server">
    protected void Button1_Click(object sender, EventArgs e)
    {
        Label1.Text ="This button was clicked on "+DateTime.Now.ToString();
    }
</script>
```

从上例中可以看出,Button控件和HTML元素在UpdatePanel控件的<ContentTemplate>部分之外,因此在每次异步页面回送时不发送回客户端。唯一包含在<ContentTemplate>部分中的项是页面上需要通过回送改变的项(Label控件)。把它们关联在一起的就是<Triggers>部分。

上例使用了<Triggers>部分的AsyncPostBackTrigger控件,只使用了两个属性:ControlID和EventName,就把Button控件和异步回送的触发器关联在一起。要用作异步页面回送触发器的控件放在ControlID属性中(使用控件的ID属性指定控件名,如Button1)。EventName属性的值是在ControlID属性中指定的控件的事件名,在客户端的异步请求中调用该事件。在这个例子中调用了Button控件的Click()事件,这个事件改变了位于UpdatePanel控件的<ContentTemplate>部分中的控件值。

可以利用Visual Studio的设计界面为UpdatePanel控件创建触发器。把一个UpdatePanel服务器控件放在页面上,打开该控件的"属性"对话框,如图13-13所示。

单击列表中Triggers项旁边的▫按钮,打开"UpdatePanelTrigger集合编辑器"对话框,单击"添加"按钮可以添加一个触发器。它允许用户添加任意数量的触发器,并且非常方便地把它们关联到控件和控件事件上,如图13-14所示。

单击"确定"按钮,把触发器添加到UpdatePanel控件的<Triggers>部分中。

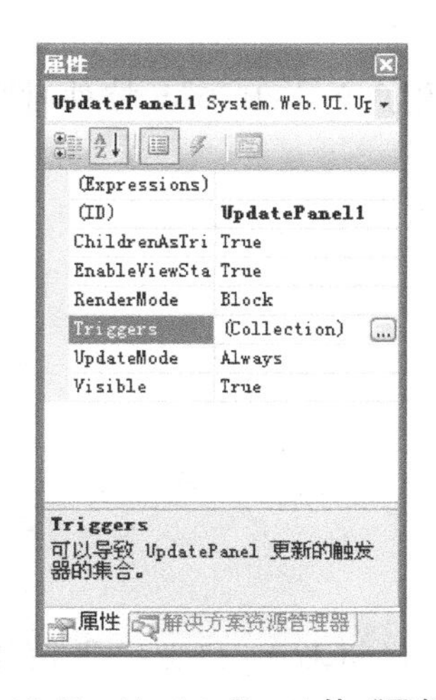

图 13-13 UpdatePanel 的“属性”对话框

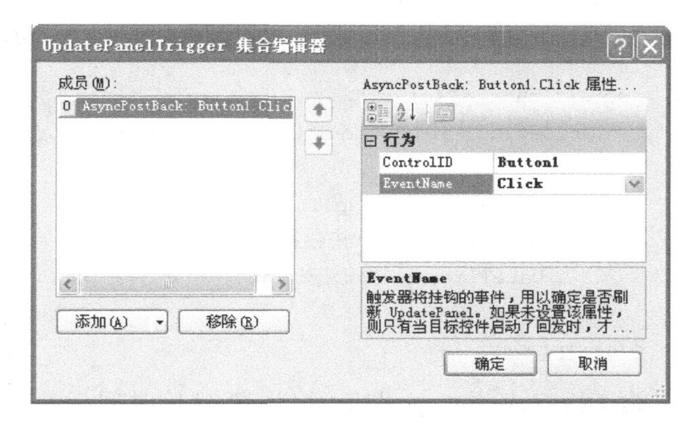

图 13-14 “UpdatePanelTrigger 集合编辑器”对话框

13.2.5 UpdateProgress 控件

更新进度控件(UpdateProgress)为客户端提供了一个可视化的指示器，显示工作完成的情况，并会很快得到结果(而不是显示为页面锁定)。UpdateProgress 控件解决了一些异步回送需要执行一段时间，从而响应比较大或获得结果以发送回客户端所需的计算时间较长的问题。

例如当用户进行评论时，用户单击按钮提交表单，系统应该提示“正在提交中，请稍后”，这样就提供了便利，从而让用户知道应用程序正在运行中。这种方法不仅能够让用户操作更少的出现错误，也能够提升用户体验的友好度。示例代码如下：

```
<asp:ScriptManager ID="ScriptManager1" runat="server">
</asp:ScriptManager>
<asp:UpdatePanel ID="UpdatePanel1" runat="server">
    <ContentTemplate>
        <asp:UpdateProgress ID="UpdateProgress1" runat="server">
            <ProgressTemplate>
                正在操作中，请稍后 ...<br />
            </ProgressTemplate>
        </asp:UpdateProgress>
    <asp:Label ID="Label1" runat="server" Text="Label"></asp:Label>
    <asp:Button ID="Button1" runat="server" Text="Button"
            onclick="Button1_Click" />
    </ContentTemplate>
</asp:UpdatePanel>
```

上述代码在页面中希望显示更新消息的部分添加了一个 UpdateProgress 控件，并通过使用 ProgressTemplate 标记进行等待中的样式控制。当用户单击按钮进行相应的操作后，如果服务器和客户端之间需要时间等待，则 ProgressTemplate 标记就会呈现在用户面前,以提示用户应用程序正在运行。

上例同时创建了一个Label控件和一个Button控件,当用户单击Button控件时则会提示用户正在更新。Button按钮更新事件代码如下所示:

```
<script runat="server">
    protected void Button1_Click(object sender, EventArgs e)
    {
        System.Threading.Thread.Sleep(10000);                    //挂起 10s
        Label1.Text =""按钮被单击的时间是:"+
        DateTime.Now.ToString();                                 //获取时间
    }
</script>
```

为了给响应添加一些延迟(以模拟长时间运行的计算机进程),上述代码使用了System.Threading.Thread.Sleep方法指定系统线程挂起的时间,这里设置10 000ms。这也就是说当用户进行操作后,在这10s的时间内会呈现“正在操作中,请稍后...”几个字样,当10 000ms过后,就会触发UpdateProgress控件,放在控件的这个部分中的内容就会显示出来。运行结果如图13-15和图13-16所示。

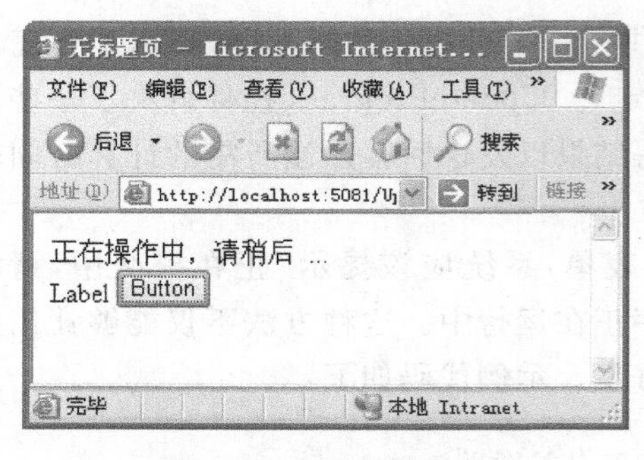

图13-15 正在操作中

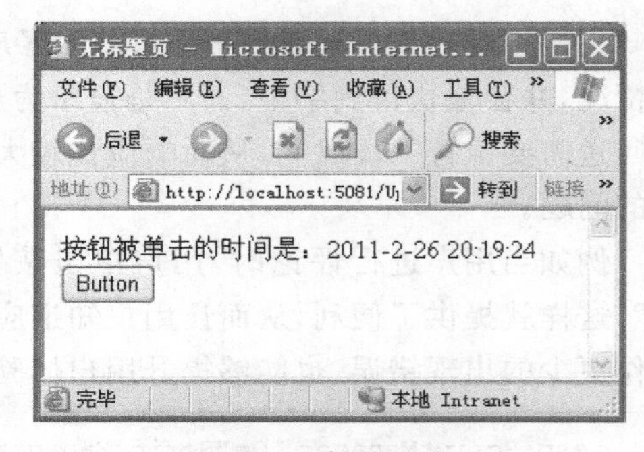

图13-16 操作完毕后

在用户单击后,如果服务器和客户端之间的通信需要较长时间的更新,则等待提示语会出现“正在操作中”。如果服务器和客户端之间交互的时间很短,基本上看不到UpdateProgress控件的显示。

为了不让进度通知从客户端上消失,需要利用UpdateProgress控件的DisplayAfter属性,它允许控制进度更新消息的显示时间。DisplayAfter属性的值是一个数字,表示UpdateProgress控件在显示包含在<ProgressTemplate>部分中的内容之前的等待时间(毫秒)。示例代码如下:

```
<asp:UpdateProgress ID="UpdateProgress1" runat="server" DisplayAfter="5000">
    <ProgressTemplate>
        正在操作中,请稍后 ...< br />
    < /ProgressTemplate>
< /asp:UpdateProgress>
```

上例表示<ProgressTemplate>部分中的文本在5000ms(5s)后显示。

13.3 项目案例

13.3.1 学习目标

通过本案例使读者对 ASP.NET 中使用 AJAX 更进一步了解：

(1) ASP.NET 中 AJAX 控件 ScriptManager 的使用。

(2) ASP.NET 中 AJAX 控件 UpdatePanel 的使用。

(3) 应用 ASP.NET 控件实现 AJAX 功能，完成注册用户名验证，实现异步刷新功能。

13.3.2 案例描述

本案例是艾斯系统注册表单中验证注册用户名是否可用功能。

该功能要求当用户输入注册的用户名后，单击用户名后面的“是否可用”按钮，直接实现验证该用户名在数据库中 usr 表是否存在，从而提示是否可用。该验证功能应该是后台服务器端验证，提示信息应该是该注册页面的用户名输入域后面局部区域刷新提示，所以应该使用 AJAX 的局部刷新功能来实现。

13.3.3 案例要点

(1) ASP.NET 实现 AJAX 需要使用 AJAX 控件来完成。

(2) 验证用户名是否存在的后台服务器端程序的实现。

13.3.4 案例实施

(1) 注册界面 register.aspx 表单中用户名 Ajax 验证的控件设计，应该在表单中添加 ScriptManager 控件，然后在用户名输入域后面添加 UpdatePanel 控件用于局部更新，包含更新提示信息的 Label 控件。表单设计结构如图 13-17 所示。

图 13-17 表单设计结构

页面显示效果如图 13-18 所示。

图 13-18　页面显示效果

(2) AJAX 控件代码如下：

```
<!--ajax控件实现注册用户名验证的代码添加　开始-->
    <asp:ScriptManager ID="ScriptManager1" runat="server">
    </asp:ScriptManager>
    <asp:UpdatePanel ID="UpdatePanel1" runat="server">
        <ContentTemplate>
            <asp:Button ID="Button_checkName" runat="server" Text="是否可用"
                onclick="Button_checkName_Click" />
            <asp:Label ID="Label_checkName" runat="server" Text=""></asp:Label>

        </ContentTemplate>

    </asp:UpdatePanel>

<!--ajax控件实现注册用户名验证的代码添加　结束-->
```

(3) AJAX 验证用户名后台服务器端程序代码如下：

```
///ajax验证注册用户名是否存在的实现代码
    protected void Button_checkName_Click(object sender,EventArgs e)
    {
        //获取用户名
        string userName=username.Text.ToString().Trim();
        bool flag=new UsrBO().checkUsername(userName);
        if (flag)
        { //只局部更新 Label_checkName 标签提示信息
            Label_checkName.Text="用户名已经存在";
        }
        else
        { //只局部更新 Label_checkName 标签提示信息
            Label_checkName.Text="用户名可以使用";
```

```
        }
    }
```

(4) 测试。

当输入一个注册用户名后单击“是否可用”按钮进行 AJAX 验证，AJAX 程序会执行后台服务器端验证，并只局部更新“是否可用”按钮后面提示信息 Label 控件中的内容，效果如图 13-19 所示。

图 13-19 测试效果图

13.3.5 特别提示

AJAX 并不是一门新的语言或技术，它是将异步通信、JavaScript 以及 XML 等多个技术进行一定的修改、整合和发扬而形成的新的编程方式。

13.3.6 拓展与提高

在实际的 AJAX 应用开发中，框架的使用是很必要的，请读者熟悉几个常用的 AJAX 开发框架，例如 JQuery、ExtJS 等。

本章介绍了 AJAX 基础，并介绍了 ASP.NET AJAX 的一些控件和特性。在 Web 应用程序开发中，使用一定的 AJAX 技术能够提高应用程序的健壮性和用户体验的友好度。使用 AJAX 技术能够实现页面无刷新和异步数据处理，让页面中其他的元素不会随着“客户端——服务器”的通信再次刷新，这样不仅能够减少客户端和服务器之间的带宽，也能够提高 Web 应用的速度。

虽然 AJAX 包括诸多功能和特性，但是 AJAX 也增加了服务器负担，如果在服务器中大量使用 AJAX 控件的话，有可能造成服务器假死，熟练和高效的编写 AJAX 应用对 AJAX Web 应用程序开发是非常有好处的。

习题

一、填空题

1. AJAX的核心是JavaScript对象________。

2. AJAX技术的最大优点就是________。

3. AJAX的核心技术主要包括________、________、________和________。

4. ________是ASP.NET AJAX中最重要的控件，它负责处理页面，允许进行部分页面的显示。

5. 一个页面上只能有一个________控件。

6. 使用________控件能够控制应用程序在一段时间内进行事件刷新。

7. Timer控件的主要属性包括________和________。

8. ________控件保存回送模型，允许执行部分页面的显示。

9. ________为客户端提供了一个可视化的指示器，显示工作完成的情况，并会很快得到结果。

二、选择题

1. AJAX的核心是JavaScript对象（　　）。

A. XmlHttpRequest　B. JavaScript　C. CSS　D. DOM

2. 下面不属于AJAX核心技术的是（　　）。

A. XmlHttpRequest　B. DOM　C. CSS　D. DHTML

3. VB 6.0和.NET中都有计时器控件，在VB 6.0中，计时器控件在其Timer事件中进行编码。在.NET中，计时器控件提供触发的是（　　）事件。

A. Start　B. Stop　C. Timer　D. Tick

4. AJAX是（　　）。

A. 一种技术　B. 几种技术的精妙应用

C. 属于Java的类库　D. 属于.NET

5. AJAX效果能（　　）。

A. 移动页面控件　B. 跳转到新页面

C. 动态更新页面数据　D. 异步提交数据

6. 以下（　　）Web应用不属于AJAX应用。

A. Hotmail　B. GMaps　C. Flickr　D. Windows Live

7. AJAX术语是由（　　）公司或组织最先提出的。

A. Google　B. Jesse James Garrett

C. Adaptive Path　D. Dojo Foundation

三、简答题

1. AJAX是什么?

2. AJAX应用和传统Web应用有什么不同?

3. 介绍一下XMLHttpRequest对象。

4. AJAX主要包含了哪些技术?

四、编程题

1. 编程实现利用 JavaScript 发送一个 AJAX 请求。

2. 写一段 AJAX 程序，页面左方是一个用户列表，页面右方是三个用户分组，可以通过拖曳用户将用户分配到不同的组，一个用户只可以属于一个分组，或不属于任何分组。一个用户必须且仅可以在页面上现一次。最后可以把结果提交到服务器端。

参 考 文 献

[1] [黎巴嫩]海德. 开发安全可靠的 ASP.NET 3.5 应用程序——涵盖 C# 和 VB.NET. 颜炯,译. 北京:电子工业出版社,2010.

[2] [美]瓦拉洛. ASP.NET 3.5 商用开发架构精解. 刘建宁,张敏,常洁,译. 北京:清华大学出版社,2010.

[3] [美]伊文詹,[美]汉森姆,[美]瑞德,著. ASP.NET 3.5 SP1 高级编程(第 6 版). 姜奇平,译. 北京:清华大学出版社,2010.

[4] [美]麦克唐纳. ASP.NET 3.5 从入门到精通(C# 2008 版). 施宏斌,马煜,译. 北京:清华大学出版社,2010.

[5] [意]埃斯帕托. ASP.NET 3.5 核心编程(微软技术丛书). 张大威,译. 北京:清华大学出版社,2009.

[6] 郭靖. ASP.NET 开发技术大全. 北京:清华大学出版社,2009.

[7] 微软官方 ASP.NET 专题网站. http://www.asp.net.

[8] .NET 中华网. http://aspxcn.com.

[9] http://www.csdn.net/.

后　记

本系列规划教材的编写得到了北京亚思晟科技有限公司(以下简称亚思晟)的大力协助。亚思晟的资深专家梁立新协同系统设计师、高级培训经理和软件工程师针对软件行业各个职业岗位所需关键技术能力、职业素质、可持续发展能力进行了深入的调查研究,并在此基础上构建了软件工程专业学生的知识、技能和素质体系结构,为本套系列教材设计了"项目驱动式"教学法并提供了真实项目案例。

亚思晟作为教育部首家"软件工程大学生实习实训基地"和跨国企业(包括海辉、IBM、SONY、华为、百度、腾讯、雅座、苏宁、亚信联创、趋势科技等)高端IT人才实训基地,力主为大学生建立起从学校到跨国企业的桥梁,解决高校学子就业难的社会化问题。通过亚思晟人才培养方略以及IT高端人才订单培养方案,以"项目驱动"作为基本实训方式,为IT行业培养优秀IT人才。

亚思晟自主研发并持续更新着国际化软件教育产品和实训体系,公开出版的系列教材得到学校、企业和社会的一致认可。公司团队以雄厚的海外人才资源为核心,平均拥有10年以上管理和技术经验,多数具有海外著名大学管理或技术专业背景。亚思晟还研发和打造了远程教育平台,将高端精品课程体系网络化,采用线上学习和线下实训相结合的模式,保证可扩展性和持续性发展。另外,亚思晟一直开展软件项目的研发和外包服务,具有针对金融、企业信息化、政府信息化、电信等多个行业的国内外项目经验和真实项目案例。

高等学校计算机科学与技术项目驱动案例实践规划教材

近期出版书目

- Java 程序设计案例教程
  赵凤芝、邢煜、王茉、张宇　编著　梁立新　主审
  ISBN：978-7-302-26107-0
  定价：32.00 元
- Java Web 应用开发案例教程——基于 MVC 模式的 JSP＋Servlet＋JDBC 和 AJAX
  赵俊峰、姜宁、焦学理　编著　梁立新　主审
  ISBN：978-7-302-27225-0
  定价：35.00 元
- 网页制作案例教程（HTML＋CSS＋JavaScript）
  毋建军、郑宝昆、郭锐　编著　梁立新　主审
  ISBN：978-7-302-26222-0
  定价：45.00 元
- Java 软件工程与项目案例教程
  李学相、梁恒　编著　梁立新　主审
  ISBN：978-7-302-27351-6
  定价：39.00 元
- C＃程序设计案例教程
  蔡朝晖、安向明、张宇　编著　梁立新　主审
  ISBN：978-7-302-27019-5
  定价：33.00 元

★ ASP. NET 应用开发案例教程——基于 MVC 模式的 ASP. NET＋C＃＋ADO. NET
  徐大伟、杨丽萍、焦学理　编著　梁立新　主审
  ISBN：978-7-302-27460-5
  定价：49.00 元

- . NET 软件工程与项目案例教程
  刘光洁、雷玉广　编著　梁立新　主审
  ISBN：978-7-302-27127-7
  定价：29.00 元
- 软件测试技术案例教程
  李海生、郭锐　编著　梁立新　主审
  ISBN：978-7-302-27607-4
- Java 高级框架应用开发案例教程——Struts 2＋Spring＋Hibernate
  王永贵、郭伟、冯永安、焦学理　编著　梁立新　主审
- 数据库设计开发技术案例教程
  张浩军、张凤玲、毋建军、郭锐　编著　梁立新　主审